普通高等教育"十二五"规划教材

铸造设备及其自动化

主　编（按姓氏笔画为序）
　　　王录才　宋延沛
副主编（按姓氏笔画为序）
　　　孙清洲　贾　鲁
参　编（按姓氏笔画为序）
　　　王建民　向青春　李立新　武建国
主　审　姜青河

机械工业出版社

本书共分九章，内容包括造型和制芯设备的工艺基础、粘土砂造型设备及生产线、树脂砂与水玻璃砂造型设备及生产线、消失模与真空密封造型设备及生产线、制芯设备、熔炼与浇注设备、型砂处理系统及其自动化、落砂与清理设备以及铸造车间的环境保护。

本书适用于材料成形及控制工程专业或其铸造方向本科教学，也可供从事铸造技术和研发的工程技术人员参考。

图书在版编目（CIP）数据

铸造设备及其自动化/王录才，宋延沛主编．—北京：机械工业出版社，2013.8（2022.1 重印）
普通高等教育"十二五"规划教材
ISBN 978-7-111-43631-7

Ⅰ.①铸… Ⅱ.①王…②宋… Ⅲ.①铸造设备－自动化－高等学校－教材 Ⅳ.①TG23

中国版本图书馆 CIP 数据核字（2013）第 185297 号

机械工业出版社（北京市百万庄大街 22 号　邮政编码 100037）
策划编辑：冯春生　责任编辑：冯春生
版式设计：霍永明　责任校对：张　媛
封面设计：张　静　责任印制：单爱军
北京虎彩文化传播有限公司印刷
2022 年 1 月第 1 版第 5 次印刷
184mm×260mm・23.25 印张・574 千字
标准书号：ISBN 978-7-111-43631-7
定价：59.00 元

封底无防伪标均为盗版

电话服务　　　　　　网络服务
客服电话：010-88361066　机　工　官　网：www.cmpbook.com
　　　　　010-88379833　机　工　官　博：weibo.com/cmp1952
　　　　　010-68326294　金　书　　　网：www.golden-book.com
封底无防伪标均为盗版　机工教育服务网：www.cmpedu.com

普通高等教育"十二五"规划教材编审委员会

主 任 委 员　李荣德　沈阳工业大学

副主任委员（按姓氏笔画排序）

方洪渊	哈尔滨工业大学	王智平	兰州理工大学
朱世根	东华大学	许并社	太原理工大学
邢建东	西安交通大学	李大勇	哈尔滨理工大学
李永堂	太原科技大学	周　荣	昆明理工大学
聂绍珉	燕山大学	葛继平	大连交通大学

委　　　员（按姓氏笔画排序）

丁雨田	兰州理工大学	文九巴	河南科技大学
王卫卫	哈尔滨工业大学（威海）	计伟志	上海工程技术大学
邓子玉	沈阳理工大学	刘永长	天津大学
刘金合	西北工业大学	华　林	武汉理工大学
毕大森	天津理工大学	许映秋	东南大学
闫久春	哈尔滨工业大学	何国球	同济大学
张建勋	西安交通大学	李　尧	江汉大学
李　桓	天津大学	李　强	福州大学
李亚江	山东大学	邹家生	江苏科技大学
周文龙	大连理工大学	武晓雷	中国科学院
侯英玮	大连交通大学	姜启川	吉林大学
赵　军	燕山大学	梁　伟	太原理工大学
黄　放	贵州大学	蒋百灵	西安理工大学
薛克敏	合肥工业大学	戴　虹	西南交通大学

秘 书 长　袁晓光　沈阳工业大学

秘　　　书　冯春生　机械工业出版社

铸造方向教材编委会

主 任 委 员　李荣德　沈阳工业大学

副主任委员　（按姓氏笔画排序）

  王智平　兰州理工大学　　　　朱世根　东华大学
  李大勇　哈尔滨理工大学　　　李元元　华南理工大学
  陈维平　华南理工大学　　　　周　荣　昆明理工大学
  孟祥才　佳木斯大学　　　　　黄　放　贵州大学
  傅高升　福州大学　　　　　　翟启杰　上海大学

委　　　员　（按姓氏笔画排序）

  丁雨田　兰州理工大学　　　　刘敬福　辽宁工程技术大学
  孙清洲　山东建筑大学　　　　米国发　河南理工大学
  许春香　太原理工大学　　　　宋延沛　河南科技大学
  李秋书　太原科技大学　　　　李培耀　上海工程技术大学
  苏　勇　合肥工业大学　　　　陈美玲　大连交通大学
  荣守范　佳木斯大学　　　　　祖方遒　合肥工业大学
  赵占西　河海大学　　　　　　赵玉华　沈阳航空航天大学
  徐　瑞　燕山大学　　　　　　袁晓光　沈阳工业大学
  梁维中　黑龙江科技大学　　　曾大新　湖北汽车工业学院
  樊自田　华中科技大学　　　　潘　冶　东南大学

秘 书 长　李润霞　沈阳工业大学
秘　　书　冯春生　机械工业出版社

前 言

我国铸件产量已连续多年居于世界第一，2010年铸件总量为3950万t，占到全世界铸件总量的近40%，是名副其实的铸造大国。然而，我国生产的铸件中高档次铸件（技术难度大、附加值高）比例少、铸造厂生产率低、铸件质量不高，总体大而不强也是不争的事实。随着我国国民经济的发展方式向调整优化结构、注重效益环保、提升产业层次方向的转变，铸造行业的转型跨越发展也势在必行，基于循环经济模式的绿色、环保、节能型铸造企业将是今后的发展方向。与此相适应，铸造装备将向着以自动化、数字化、智能化、轻量化、集成化等为技术特征的低碳节能方向发展，工业机器人的应用范围也将迅速增加，铸造装备在整个行业发展中将发挥更为重要的作用，成为提高企业竞争力的关键因素。

根据行业发展的需要和普通高等院校人才培养目标，按照中国机械工业教育协会铸造学科教学分委员会2009工作会议精神，编写了《铸造设备及其自动化》这本教材。本书在内容上力图反映近年来国内外铸造设备发展的新技术，着重讲述当前铸造生产中的主要设备的基本原理、结构特点及其在生产系统中的作用等内容。本书内容新颖、丰富，既概括了铸造生产中传统的主要设备，也反映了铸造设备的最新进展。为了便于学生自学并使学生到工厂实习时有所参考，本书篇幅相对于课程讲授学时是偏多的，插图亦较多。本书注重铸造设备的系统性，和原有教材相比，增加了树脂砂、水玻璃砂及真空负压工艺的内容；熔炼设备内容也有所增加。全书共分九章，即造型和制芯设备的工艺基础、粘土砂造型设备及生产线、树脂砂与水玻璃砂造型设备及生产线、消失模与真空密封造型设备及生产线、制芯设备、熔炼与浇注设备、型砂处理系统及其自动化、落砂与清理设备以及铸造车间的环境保护。

本书第1章、第6章由太原科技大学王录才和武建国编写；第2章2.1~2.7.3由河南科技大学宋延沛编写，2.7.4由太原科技大学王录才编写；第3章由山东建筑大学孙清洲编写；第4章由河北科技大学李立新编写；第5章由内蒙古工业大学王建民编写；第7章由沈阳工业大学向青春和内蒙古工业大学王建民编写；第8章由河北科技大学李立新和合肥工业大学贾鲁编写；第9章由合肥工业大学贾鲁和山东建筑大学孙清洲编写。全书由王录才和宋延沛任并列主编，孙清洲和贾鲁任并列副主编。山东大学姜青河教授对全书进行了仔细审阅。

由于我们理论水平和经验有限，时间仓促，书中难免存在不少错误和不妥之处，恳切希望读者批评指正。

编 者

目 录

前言
第1章 造型和制芯设备的工艺基础 1
1.1 型砂紧实的工艺基础 1
1.1.1 型砂的紧实过程 1
1.1.2 型砂紧实度及其测量方法 1
1.1.3 对型砂紧实的工艺要求 3
1.1.4 型（芯）砂紧实方法的分类 3
1.2 压实紧实 4
1.2.1 压实过程 4
1.2.2 砂箱和模样对压实的影响 7
1.2.3 压实比压对压实的影响 9
1.2.4 使压实实砂均匀化的方法 10
1.2.5 其他压实实砂方法 14
1.3 震击及微震实砂 15
1.3.1 震击实砂 15
1.3.2 微震实砂 16
1.4 射砂法实砂 19
1.4.1 射砂过程 19
1.4.2 射砂时砂粒在芯盒中的紧实 23
1.4.3 射砂法实砂的应用 25
1.5 气流实砂法 25
1.5.1 气流渗透实砂法 26
1.5.2 气流冲击实砂法 28
1.6 其他实砂方法 31
1.6.1 真空负压造型 31
1.6.2 化学硬化法实砂 32
1.7 填砂及起模 34
1.7.1 填砂 34
1.7.2 起模 35
复习思考题 38

第2章 粘土砂造型设备及生产线 40
2.1 震击及震压造型机 40
2.1.1 Z145震压造型机 40
2.1.2 其他震击和震压造型机 46
2.2 低压微震压实造型机 47
2.2.1 ZB148A气动微震压实造型机 47
2.2.2 四立柱气动微震压实造型机 53
2.3 多触头高压造型机 56
2.3.1 高压多触头造型的特点 56
2.3.2 多触头高压造型机的结构 56
2.3.3 多触头高压造型机基本部件 57
2.4 气流实砂造型机 65
2.4.1 气冲造型机 66
2.4.2 静压造型机 73
2.4.3 真空填砂压实造型机 77
2.5 垂直分型无箱造型机 77
2.5.1 垂直分型无箱造型机的结构 77
2.5.2 垂直分型无箱造型机的工作原理及特点 82
2.5.3 垂直分型无箱射压造型生产线 87
2.6 水平分型脱箱造型机 89
2.6.1 水平分型脱箱射压造型机 89
2.6.2 水平分型机械加砂压实脱箱造型机 91
2.6.3 水平分型脱箱造型生产线 94
2.7 造型生产线 94
2.7.1 生产线的组成、布置原则及类型 94
2.7.2 生产线上的辅机 99
2.7.3 铸型输送机 108

2.7.4 自动化造型生产线实例 …………… 118
复习思考题 …………………………………… 120

第3章 树脂砂与水玻璃砂造型设备及生产线 …………… 122

3.1 树脂砂、水玻璃砂的特点及振动紧实台 ………………………………… 122
    3.1.1 树脂砂、水玻璃砂的特点 …… 122
    3.1.2 振动紧实台 …………………… 122
3.2 树脂砂、水玻璃砂造型线辅助机械及运输设备 ……………………… 123
3.3 自硬树脂砂造型生产线 ………………… 129
3.4 水玻璃砂造型生产线 …………………… 132
复习思考题 …………………………………… 135

第4章 消失模与真空密封造型设备及生产线 …………… 136

4.1 消失模铸造设备 ………………………… 136
    4.1.1 预发泡机 …………………… 137
    4.1.2 成形设备 …………………… 140
    4.1.3 涂料制备设备 ……………… 143
    4.1.4 造型设备 …………………… 144
    4.1.5 其他消失模铸造设备 ……… 147
4.2 消失模铸造生产线 ……………………… 149
    4.2.1 白区平面布置 ……………… 149
    4.2.2 消失模生产线 ……………… 150
    4.2.3 砂处理系统 ………………… 152
4.3 真空密封造型设备 ……………………… 153
    4.3.1 真空负压系统 ……………… 155
    4.3.2 振动紧实台 ………………… 156
    4.3.3 塑料薄膜烘烤器 …………… 157
    4.3.4 模板 ………………………… 157
    4.3.5 砂箱 ………………………… 158
4.4 真空密封造型生产线 …………………… 159
复习思考题 …………………………………… 159

第5章 制芯设备 …………………………………… 161

5.1 概述 ……………………………………… 161
5.2 制芯设备基础 …………………………… 161
    5.2.1 制芯设备的分类和选用 …… 161
    5.2.2 制芯设备的计算 …………… 163
    5.2.3 砂芯后处理设备的选择 …… 163
5.3 热芯盒射芯机 …………………………… 164
    5.3.1 单工位热芯盒射芯机 ……… 164
    5.3.2 多工位热芯盒射芯机 ……… 169
5.4 冷芯盒射芯机 …………………………… 170
5.5 多用途射芯机 …………………………… 172
5.6 壳芯机 …………………………………… 173
    5.6.1 壳芯机的原理 ……………… 173
    5.6.2 壳芯机的类型 ……………… 174
5.7 制芯中心 ………………………………… 178
    5.7.1 概述 ………………………… 178
    5.7.2 自动化制芯中心实例 ……… 179
复习思考题 …………………………………… 184

第6章 熔炼与浇注设备 …………………… 185

6.1 概述 ……………………………………… 185
6.2 冲天炉 …………………………………… 185
    6.2.1 冲天炉的分类 ……………… 185
    6.2.2 冲天炉结构及熔炼系统 …… 186
    6.2.3 冲天炉配套设备 …………… 187
    6.2.4 冲天炉熔炼的自动化系统 … 192
6.3 感应电炉 ………………………………… 195
    6.3.1 感应电炉的分类 …………… 195
    6.3.2 感应电炉熔炼的特点 ……… 196
6.4 电弧炉 …………………………………… 196
6.5 浇注设备及自动化 ……………………… 197
    6.5.1 浇注设备的类型和结构 …… 197
    6.5.2 浇注自动化的基本技术 …… 200
    6.5.3 自动化浇注机的控制系统 … 203
复习思考题 …………………………………… 205

第7章 型砂处理系统及其自动化 ………… 206

7.1 湿型砂制备系统 ………………………… 207
    7.1.1 湿型砂处理系统和工艺特点 … 207
    7.1.2 混砂机 ……………………… 209
    7.1.3 松砂机 ……………………… 219
    7.1.4 磁分离设备 ………………… 220
    7.1.5 破碎设备 …………………… 222
    7.1.6 筛分设备 …………………… 223
    7.1.7 冷却设备 …………………… 225
    7.1.8 新砂烘干设备 ……………… 228
    7.1.9 湿型砂制备过程的检测与控制 … 231
7.2 树脂自硬砂和水玻璃自硬砂制备系统 …………………………………… 238
    7.2.1 自硬砂处理系统和工艺特点 … 238

7.2.2 自硬砂混砂设备 239
7.2.3 自硬砂再生系统设备 241
7.2.4 自硬砂制备过程的检测与控制 251
7.3 砂处理系统的运输设备和辅助装置 254
7.3.1 机械化运输设备 254
7.3.2 气力输送设备 264
7.3.3 料斗、给料机及定量器 267
7.4 砂处理系统的布置及自动化 272
7.4.1 砂处理系统的布置 272
7.4.2 砂处理系统的自动化 276
复习思考题 281

第8章 落砂与清理设备 282
8.1 落砂设备的分类 282
8.2 振动落砂机 283
8.2.1 偏心振动落砂机 283
8.2.2 单轴惯性振动落砂机 284
8.2.3 单轴惯性撞击式落砂机 285
8.2.4 双轴惯性振动落砂机 285
8.2.5 双质体共振落砂机 287
8.2.6 落砂机的工作过程和参数计算 288
8.3 滚筒落砂机 297
8.4 清理设备的分类 297
8.5 除芯机械 298
8.5.1 风动型芯落砂机 298
8.5.2 电液压清理设备 298
8.6 表面清理设备 301
8.6.1 抛丸清理设备 301
8.6.2 抛丸清砂设备 313
8.6.3 喷丸清理 315
8.6.4 其他清理设备和清理方法 319

8.7 浇冒口和飞边毛刺清理设备 322
8.7.1 去除浇冒口设备 322
8.7.2 飞边毛刺清理设备 324
8.7.3 铸件清理自动化 326
复习思考题 329

第9章 铸造车间的环境保护 330
9.1 概述 330
9.2 铸造生产的环境要求 331
9.3 通风除尘设备 334
9.3.1 除尘器的种类 334
9.3.2 铸造车间常用除尘器 334
9.3.3 除尘系统管网的布置 339
9.3.4 除尘系统管网的计算 340
9.4 废气净化设备 342
9.4.1 铸造车间对空气净化的要求 342
9.4.2 废气净化的基本方法 344
9.4.3 铸造车间废气净化的实例 347
9.5 污水处理设备 349
9.5.1 铸造车间污水来源与特征 349
9.5.2 铸造车间的污水治理特点 349
9.5.3 铸造污水净化设备 349
9.6 铸造车间噪声防治设备 351
9.6.1 噪声的危害及噪声标准 352
9.6.2 铸造车间的噪声污染 353
9.6.3 铸造车间噪声的控制措施及设备 354
9.7 固体废弃物治理设备 357
复习思考题 357

附录 铸造设备型号的编制方法 358
参考文献 360

第 **1** 章 造型和制芯设备的工艺基础

1.1 型砂紧实的工艺基础

1.1.1 型砂的紧实过程

型砂是包裹着粘结剂膜的砂粒。由于砂粒表面的粘结剂膜，使型砂成为具有粘性、塑性和弹性的散体。型砂的紧实过程就是在外力作用下砂粒不断靠近而形成紧实状态，使包裹型砂颗粒的粘结剂膜形成粘结剂桥的过程。

1.1.2 型砂紧实度及其测量方法

1. 紧实度

型砂紧实的目的就是使型砂具有一定的强度。型砂被紧实的程度称为紧实度，通常用单位体积内型砂的质量表示，即

$$\delta = \frac{m}{V} \tag{1-1}$$

式中，δ 为型砂的紧实度（g/cm³）；m 为型砂的质量（g）；V 为型砂的体积（cm³）。

下面是几个常见的型砂紧实度的数值：十分松散的型砂，0.6~1.0g/cm³；从砂斗填到砂箱的松散砂，1.2~1.3g/cm³；一般紧实后的型砂，1.55~1.7g/cm³；高压紧实后的型砂，1.6~1.8g/cm³。

型砂紧实前后体积的变化率为紧实率，可用 Δ 来表示，即

$$\Delta = \frac{V - V_0}{V} \tag{1-2}$$

式中，Δ 为紧实率；V 为型砂紧实前的体积；V_0 为型砂紧实后的体积。

紧实率为混制后型砂的本质属性，与型砂的含水量有密切的关系。

2. 紧实度的测量

（1）砂型硬度计 型砂的紧实度可以用硬度、容重、砂型强度来表示。硬度是用砂型硬度计在砂型表面直接测量而读取的数值。砂型硬度计如图 1-1 所示，有 A、B、C 三种型号，其中 A、B 型的压头为球形，用以测量一般的砂型，C 型硬度计的压头为圆锥形，用于测量硬度很高的砂型。硬度计测头如图 1-2 所示。使用时，将硬度计下平面贴在砂型上，压头由于砂型的阻力而上升，推动齿条齿轮，使指针转动。当硬度计下面的压头和砂型表面接触时，压头由于弹簧的压力使砂型表面产生变形。当与压头接触的砂表面的反作用力与弹簧

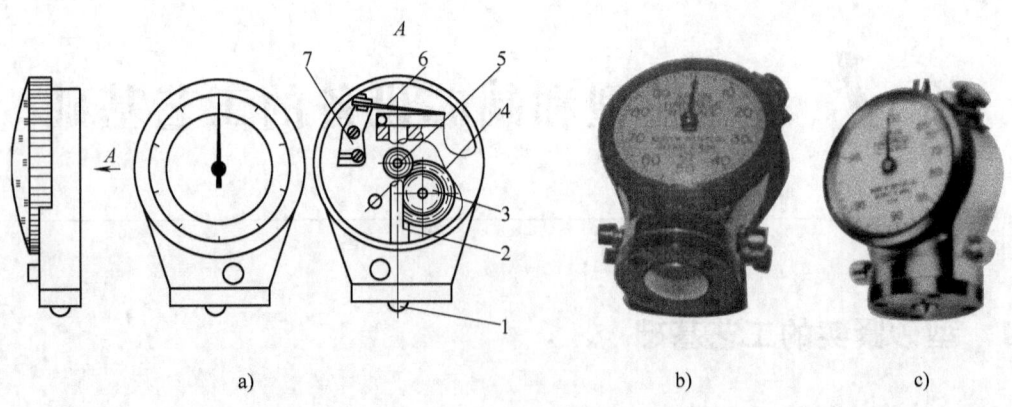

图 1-1 砂型硬度计
a）A 型硬度计　b）B 型硬度计　c）C 型硬度计
1—压头　2—齿条　3—小齿轮　4—大齿轮　5—小齿轮　6—弹簧片　7—调整螺钉

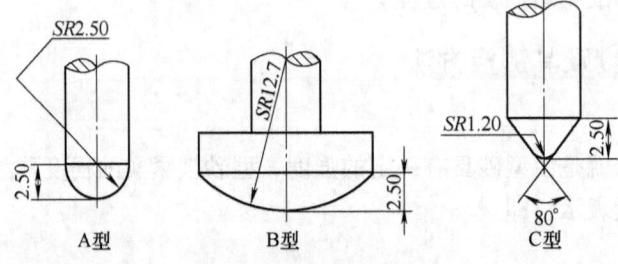

图 1-2　砂型硬度计测头

压力达到平衡时钢珠就不再下陷。上述硬度计压头的最大上升距离为 2.54 mm，相应的指针读数为 100 单位。一般砂型的表面硬度为 60~80 单位，高压造型可达 90 单位以上。硬度值实质上反映了相应的砂型表面单位面积所能承受的压力。砂型硬度计使用比较方便，测量值重复性好，应用广泛。

（2）容重测量法　容重是指单位体积内所包含的型砂重量。在砂型上要测定紧实度的部位，用带刀口薄壁钢管插入铸型中，取出一定长度砂柱后称重，可得出这一部位砂型的紧实度。由于该测量方法须破坏砂型，所以在生产中使用较少。

（3）砂型强度计　砂型强度计（图 1-3）是一种针入式测力计，它是将直径为 3.2mm 的测头压入砂型 9.2mm 的深度所需的压力在表盘上显示的数值作为砂型的强度值（$1N/cm^2 = 10kPa$）。20 世纪 80 年代瑞士 Georg Fischer 公司开发出电子式砂型强度计（图 1-4）。其结构紧凑、使用方便，得到了广泛的应用。

图 1-3　砂型强度计

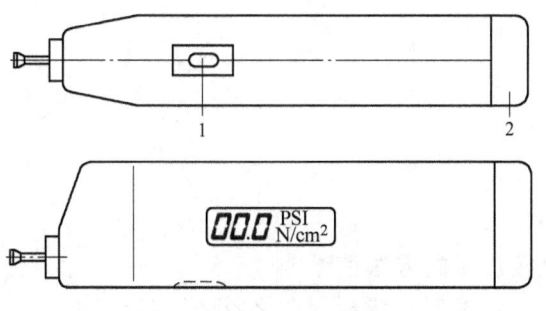

图 1-4 电子式砂型强度计
1—按钮 2—电池盖

1.1.3 对型砂紧实的工艺要求

为保证铸件的质量和成品率,砂型的紧实度应满足如下要求:

1)紧实后砂型的强度首先要抵抗住起模时模板的摩擦力和真空吸阻力,保证在起模时,铸型薄弱部位及边角处不发生损坏、裂纹及脱落等现象。砂型紧实度不易过大,过大会造成起模困难,回弹力大,难以保证铸型的尺寸精度。

2)紧实后砂型的强度除了能经受运输、翻转及合型过程中的振动和碰撞而不致损坏外,还要经得住浇注时金属液的冲击、冲刷以及静压力。在铸件凝固过程中,某些合金(如球墨铸铁)由于石墨化膨胀会对砂型内壁产生较大的膨胀压力,如果砂型紧实度不够大,就会引起型壁移动,从而影响铸件的尺寸精度和内部致密度。

3)紧实后的砂型应具备必要的透气性,以防止铸件产生气孔类缺陷。

现代造型方法的目标,就是要获得一个紧实度满足铸造工艺要求而且分布均匀的砂型。

1.1.4 型(芯)砂紧实方法的分类

现代铸造生产中,砂型的紧实方法有很多种,前苏联学者 Matbeehko 研究了加载速度对紧实效果的影响后发现,紧实砂型时,紧实度增幅和大小受加载速度的影响很大。当加载速度超过 2m/s 后,紧实度增加很快,最大紧实度比稳定的最终紧实度高 1.3~1.5 倍,而且紧实度是变化的,并有明显的凹谷区,这种压实力相当于冲击载荷。因此就以加载速度为标准对紧实方法进行了分类。当加载速度 >2m/s,称为动压紧实;当加载速度 <2m/s,称为静压紧实。按此标准,现代造型方法可以作如下分类:

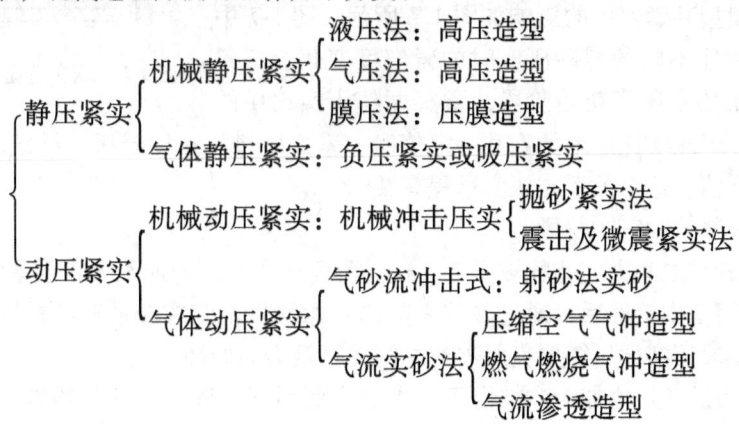

1.2 压实紧实

1.2.1 压实过程

1. 压实实砂

压实实砂就是用直接加压的方法使型砂得到紧实（图1-5）。压实时，压板在压力 p 作用下，压入辅助框中，砂柱高度降低而得到紧实。根据紧实前后型砂的质量不变可得到

$$H_0 \delta_0 = H\delta \qquad (1-3)$$

式中，H_0、H 为砂柱紧实前与紧实后的高度；δ_0、δ 为砂柱紧实前与紧实后的紧实度。

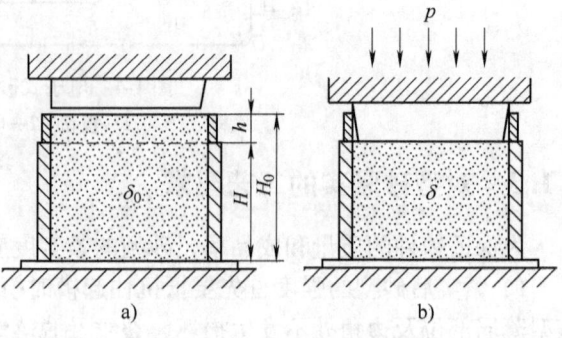

图1-5 压实实砂原理

为使紧实后的型砂达到预定指标，辅助框的高度 h 可由压实前后型砂质量不变来确定，即压板的压下量可由下式得出

$$h = H\left(\frac{\delta}{\delta_0} - 1\right) \qquad (1-4)$$

2. 紧实度与压实比压的关系

压实实砂的一个主要技术指标为压实比压，压实比压为砂型单位面积所受的压实力，单位为 MPa。以一个简单的压实造型机为例（图1-6），其压实比压可按下式计算

$$p = \frac{p_0 A - Qg - R}{A_{\text{型}}} \qquad (1-5)$$

式中，p_0 为压实行程结束时压实缸中的压力（MPa）；A 为压实活塞的面积（mm²）；Q 为造型机上升部分及砂箱、模板、型砂的质量（kg）；R 为摩擦力（N）；$A_{\text{型}}$ 为砂型面积（mm²）。

压实比压对型砂紧实度的影响如图1-7所示，图1-7中三条曲线表示性能不同的型砂压实时的紧实度变化。三条曲线的共同特征为：压实初始阶段，紧实度随压实比压的提高快速增加；但压实比压增加到某一定值时，紧实度增加速度趋缓；继续增加压实比压，紧实度趋于恒定值。这个关系与压实过程有关。

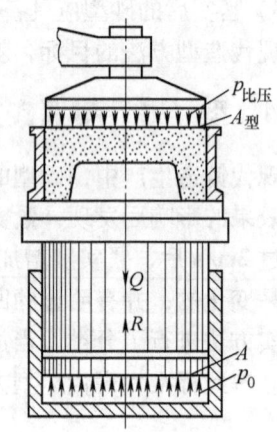

图1-6 压实造型机受力示意图

压实过程一般分为三个阶段：

1) 松散的砂粒之间大的孔隙被压合，这一阶段压实比压增加不大，但紧实度增加很快。

2) 砂粒表面基本接触后，通过砂粒之间的互相移位，变成较紧密的排列方式而使紧实度增加。这一阶段压实比压需要克服砂粒之间的粘结力与摩擦力。

3) 压实比压进一步增加，砂粒由于应力过大而引起破碎，破碎的粉末填充了砂粒之间

的缝隙，使紧实度产生微小增加，但型砂的回收率降低，增加了生产成本。

一般情况下，压实比压小于 0.4MPa 时，为低压压实；压实比压在 0.4～0.7MPa 之间时，为中压压实；压实比压超过 0.7MPa 时，为高压压实。

3. 压实速度对紧实度分布的影响

（1）低速压实 低速压实即静压紧实。当压板压入速度小于 0.01m/s 时，所得紧实度分布情况如图 1-8 所示。低速压实时，砂箱壁对砂粒移动的摩擦阻力较大。压实开始时，砂箱上部边角处的砂粒因受箱壁和压板的摩擦阻力而使应力升高，因此在砂型上部沿砂箱壁形成一个高紧实度环形区。由于型砂的内摩擦力 V 与压板的向下推力 W 形成一个斜向下指向中心的合力 T，并在中心点 G 交汇，成为一个倒弓形高紧实度区。

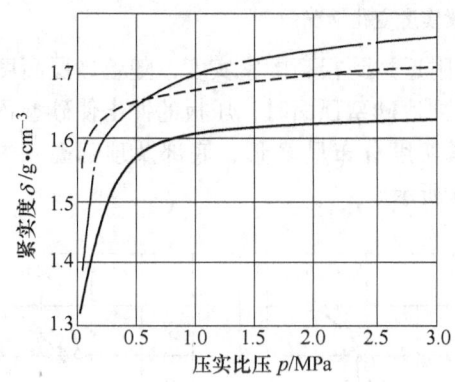

图 1-7 压实比压对型砂紧实度的影响

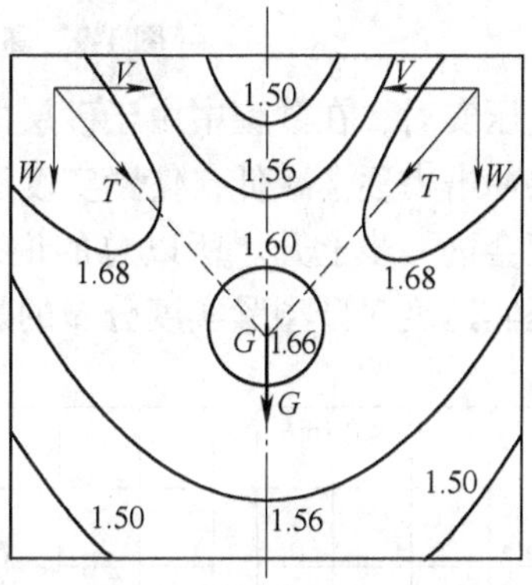

图 1-8 低速压实时砂型内紧实度分布情况
（曲线为等紧实度线，单位为 g·cm^{-3}）

低速压实时，紧实度在砂型纵向中心部分基本一致，在大约相当于砂型宽度 2/3 的深度上，出现极大值，砂箱壁上则是上高下低，砂箱下边角紧实度最低；在砂型横向断面紧实度分布为：上部是边角上紧实度高，而下部是中心紧实度高。

（2）高速压实 高速压实即动压紧实。当压板压入速度 >7m/s 时，压板的作用力主要是向下的，对砂粒的横向摩擦力很弱，弓形高紧实区不能形成。其压实过程大致可分为三个阶段：

1）型砂初紧实层形成并向下加速运动阶段。紧实开始时，砂型顶部的砂层一方面被初步紧实，另一方面被推动向下加速运动（图 1-9a）。初紧实层的紧实度主要由压板的速度、填砂的紧实度决定。初紧实层经加速后，立即推动它下面的砂层，同样使其得到紧实并向下加速运动。这样由上而下层层紧实形成一种紧实波。这种紧实波向下移动速度很快，可以达到压板速度的好几倍。图 1-9b 所示为这一紧实波到达模板前的情况。

2）砂层的冲击紧实阶段。当上述砂层紧实波到达模板表面时，高速运动的砂层与模板产生很高的冲击力，使型砂进一步紧实，达到很高紧实度（图 1-9c）。模板上的砂层紧实后，它上面的砂层受到更上层砂层的冲击，也得到冲击紧实。如此，冲击由下层层向上，砂层也层层得到紧实（图 1-9d）。

3）压板的冲击紧实阶段。砂层冲击将近结束时，砂层与高速运动的压板产生较大的冲击力，使砂型上部的砂层被充分紧实（图 1-9e），压板的质量越大，产生的冲击力也越大。

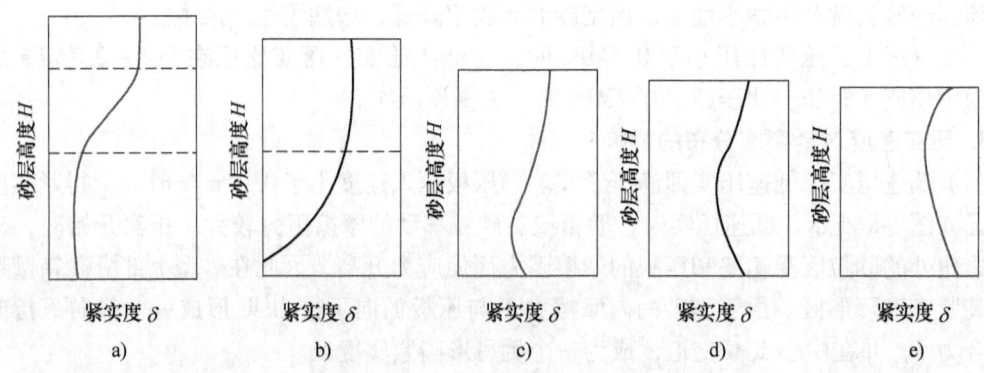

图 1-9 高速压实过程中紧实度变化情况

高速压实时,在砂型中由于砂层的冲击使模板附近达到很高的紧实度,随着砂层高度向上,砂层冲击力逐渐减低,使紧实度逐渐降低,但到达砂型顶面时,压板的冲击使砂型顶部的紧实度会进一步上升。所以总的说来,砂型的紧实度分布呈 C 形,底部及顶部高,中部较低。压实速度对砂型紧实度分布的影响如图 1-10 所示。

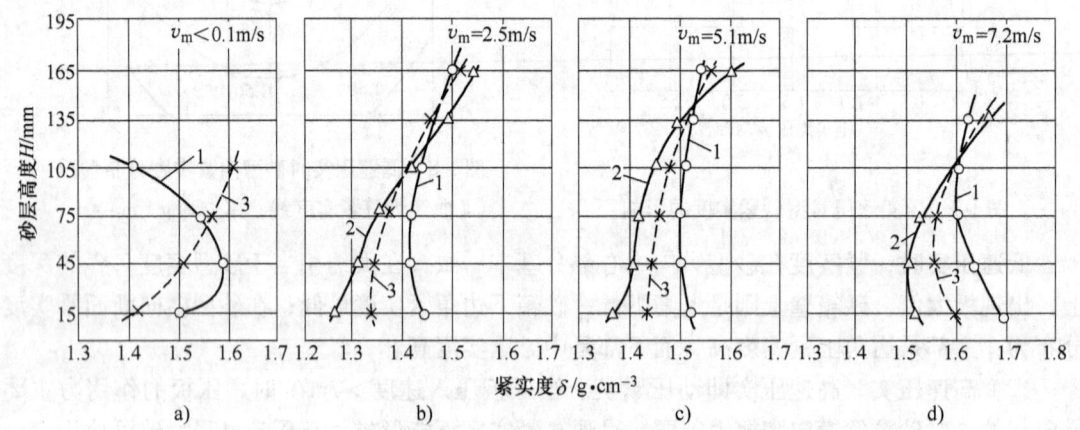

图 1-10 压实速度对砂型紧实度分布的影响
a) 压实比压 1000kPa,填砂高度 250mm b)、c)、d) 型砂紧实率为 45%,
粘土砂含量 5%,填砂高度 270mm
1—砂型中心紧实度 2—砂型角上紧实度 3—砂型边上紧实度

(3) 通常压实 通常压实是指在一般的低压压实造型机上的压实过程。如压入速度为 $0.5 \sim 1 \text{m/s}$,不属于高速压实,但和一般的低速压实也有所不同。这种压实方法中,压板不动,而模板、型砂及砂箱等受工作台下面的气缸推动,由下向上运动,压向压板,将型砂紧实。

1) 通常压实其压实过程大致可以分为四个阶段:①压实开始时,工作台推动模板、砂箱、型砂等向上运动,型砂速度由零变大,增大至与工作台等的速度相同。这一阶段是型砂的加速及初步紧实运动阶段,所达到的速度和初紧实度都不高(速度约 $0.5 \sim 1 \text{m/s}$)。②当型砂顶部碰到压板时,型砂的运动受阻,发生碰撞,先是最顶上一层型砂紧实,接着是它下面一层,这样型砂一层层由上向下被紧实,顶上部分受冲击力最大,紧实度最高,砂层由顶部向下，紧实度逐渐降低。③在上述型砂冲击紧实末了，砂箱、模板等尚具有较大的速度，因而紧跟着向砂型冲击，这一冲击力比较大，可以提高模板附近砂层的紧实度。④如果压实机构的压实力很大，这一压实力也可能将砂型进一步压实，但这只有当压实压力很高，或在冲击紧实阶段（阶段②或③）的冲击力都不大时才有可能。

2) 通常压实紧实度分布如图1-11所示，呈现出上高下低，底部又有所提高，中间最小。这是砂粒流由下向上冲击作用的结果。在砂型底部模板附近，紧实度又有所提高，这是阶段③模板冲击的结果。

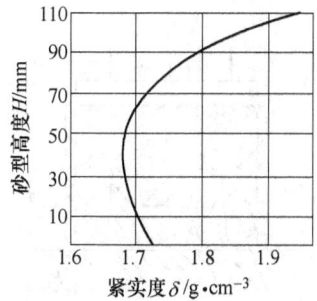

图1-11 通常压实紧实度分布曲线

1.2.2 砂箱和模样对压实的影响

1. 砂箱高度的影响

砂箱高度增加时，由于砂箱壁上摩擦力的增加，在砂箱下部，压实力逐渐减小，型砂紧实度也逐渐降低。图1-12所示的砂箱尺寸为100mm×100mm，砂箱高度不同时，压实后砂型中心部分紧实度的分布情况。当 $H=120$mm 时（图1-12中线3），砂型上、下紧实度基本上是均匀的。当 $H=250$mm 时（图1-12中线2），只有距离压板100mm左右高度上紧实度是均匀的，再往下，紧实度迅速降低。若 $H=400$mm 时（图1-12中线1），则曲线分成三段，离压板处120mm左右紧实度尚高；再往下则紧实度直线下降，而在接近模板的一段，紧实度很低，型砂基本上没有得到紧实。

2. 模样高度对紧实度分布的影响

以上所述是砂箱中没有模样或模样很矮时的情况，若砂箱内模样较高，情况将变得复杂。如图1-13所示，其模样深凹处底部的点，如1、2、3处的型砂就不容易得到紧实，因为除了型砂内部的阻力以及型砂与砂箱间的摩擦阻力外，还有模样与型砂间的摩擦力在起着阻碍紧实的作用。

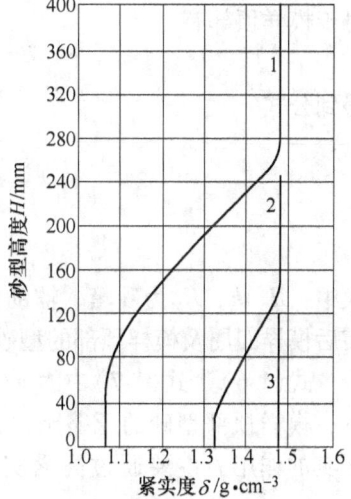

图1-12 砂箱高度不同时砂型紧实度分布曲线
1—$H=400$mm 2—$H=250$mm
3—$H=120$mm

(1) 深凹比 深凹处型砂的紧实同砂型压实一样，只是模样壁上的摩擦力代替了砂箱壁上的摩擦力。深凹处的高与宽之比对该处型砂的紧实有影响，其影响程度可用深凹比（A）表示

$$A = \frac{深凹处的高度（模样高度）}{深凹处短边宽度} = \frac{H_M}{B_{min}}$$

深凹比 A 越大，则深凹处底部型砂越不容易紧实。根据试验，对于粘土砂的压实，$A<0.8$ 时，深凹处尚容易紧实；若 $A>0.8$ 时，则深凹处底部的紧实度就难以得到保证。

(2) 压缩比 如图1-14所示，若把型砂分成模样顶部和模样四周两个部分，假定在压实过程中型砂无侧向移动，各自独立受压，则：

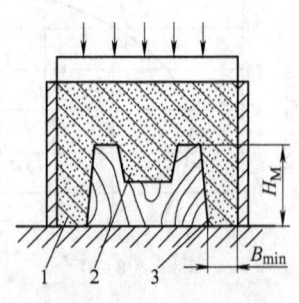
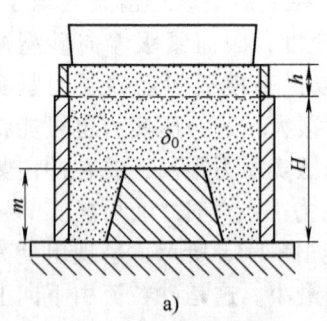
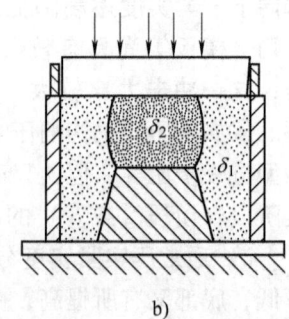

图 1-13 带高模样的砂型

图 1-14 压实实砂紧实度不均匀性的分析
a) 压实前 b) 压实后

对于模样四周有

$$(H+h)\delta_0 = H\delta_1$$

对于模样顶部有

$$(H+h-H_M)\delta_0 = (H-H_M)\delta_2$$

得到公式

$$\delta_1 = \delta_0 + \frac{h}{H}\delta_0 \tag{1-6}$$

$$\delta_2 = \delta_0 + \frac{h}{H-H_M}\delta_0 \tag{1-7}$$

式中，H、h、H_M 为砂箱、辅助框及模样的高度；δ_0、δ_1、δ_2 为压实前型砂的紧实度以及压实后模样四周及模样顶部的型砂平均紧实度。

式(1-6)、式(1-7)中的 h/H 及 $h/(H-H_M)$ 可以视为砂柱的压缩比，在 h 相同的情况下，模样顶部型砂的压缩比大，δ_2 增长就快，对压实的阻力迅速增加。尤其在 m 较大时，压实的作用力主要通过高紧实度的 δ_2 区传到模样顶部而被抵消掉，这时 δ_1 有可能还很低。

(3) 模样顶部的型砂向四周填充的可能性 以上分析中假定模样顶部和四周的砂柱独立受压，彼此没有联系。但实际上，压实过程中的确会有一些模样顶面砂柱的型砂向四周流动，填入四周深凹处，使四周的型砂量增加，使 δ_1 与 δ_2 的差值减小。但试验表明：除了油脂砂及流态砂等湿强度很低的型砂外，一般的粘土砂在压实过程中并没有显著的横向流动，不能过高地估计这种流动对紧实度均匀化的作用。模样顶部砂柱受压变形如图 1-15 所示。压实前，用不同颜色型砂分格填砂，每一方格最初呈正方形。图 1-15 所示是用 1MPa 的比压压实后方格的变形情况。由图 1-15 可见：在模样的转角上，有一部分型砂滑过模样转角被挤入模样四周区域中，模样顶面砂柱的下部，向外稍稍凸出，但总的说来，凸出量并不大，而且在砂柱上部 a 处，因受拱形高紧实区斜向中心力的作用，砂柱甚至向中心方向挤进。

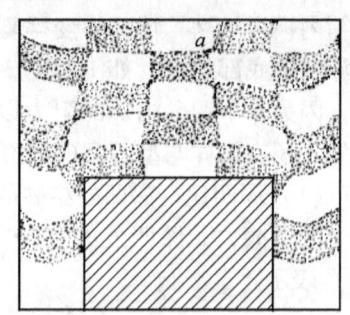

图 1-15 压实时型砂块的变形

(4) 模样顶部砂柱的高宽比　模样顶部的型砂在压实过程中，能否向四周移动、填充，可用高宽比来衡量，模样顶部砂柱的高宽比

$$B = \frac{模样顶部砂柱高度}{模样顶部窄边宽度} = \frac{h_s}{b_{min}}$$

当 B 值很小时，模样顶部的砂柱就会像图 1-16 所示的扁平砂柱一样，由于砂粒间互相啮和，无论多大的压力，只能把砂粒压碎，却不能使型砂像粘土砂团那样从四周挤出来。所以若 B 值较小，如 0.3～0.7 时，模样顶部砂柱会被过度紧实，压实力主要通过这一砂柱传到模样上，模样四周区域中紧实度很低。若 $B \geq 1$ ~1.25，模样顶部砂柱很容易变形，受挤滑出，补充到模样四周深凹处的砂量就比较大，有利于紧实度分布均匀化。

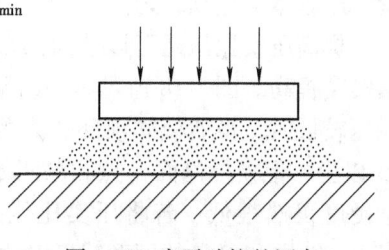

图 1-16　扁平砂柱的压实

综上所述，低比压压实实砂，只能在模样和砂箱都较低，而且深凹比比较小、模样顶部的砂柱较高的情况下应用（砂箱高度一般不超过 150mm）。若砂箱较高，或模样很复杂，就必须采用其他的实砂方法，或者加以一定的辅助措施，使紧实度不足的地方得到紧实。但压实实砂法动作简捷，生产率高，造型机的结构简单，容易维护，噪声小，所以仍被广泛应用。

1.2.3　压实比压对压实的影响

1. 高压实比压的应用

过去有人认为：压实比压达到 0.3～0.4MPa 时，再提高比压，对紧实度提高的作用不大。从图 1-7 的紧实曲线来看也似乎是这样，所以一般的压实造型机和震压造型机所用的比压都在 0.3～0.4MPa。但是后来的实践证明，提高比压能使砂型的紧实度增大，同时也提高了型壁强度，在浇注后能抵抗住金属液在凝固时的膨胀压力，减少了型壁移动，从而可提高铸件的尺寸精度和表面的光洁程度。当压实比压提高至 0.7MPa 以上时，铸件的尺寸精度可达 5～7 级，表面粗糙度值可降至低 12.5～25μm。另外，由于砂型紧实度高，强度大，砂型受振动或冲击而塌落的危险性小，可以减少铸型缺陷。同时，对于较大的砂型，例如，砂箱内尺寸为 800mm×600mm，或者更大时，可以使用不带箱带的砂箱，造型和落砂都非常方便。所以 20 世纪 50 年代以来，高压造型迅速发展，特别是大批量生产的铸造车间，纷纷采用高压造型。在工业发达国家，高压造型已基本取代了一般压实造型。

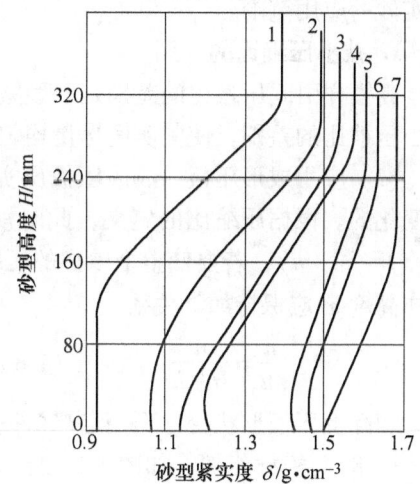

图 1-17　不同压实比压对紧实度
　　　　　分布的影响

1—$p = 0.1$MPa　2—$p = 0.2$MPa　3—$p = 0.3$MPa
4—$p = 0.4$MPa　5—$p = 0.5$MPa　6—$p = 0.6$MPa
7—$p = 0.7$MPa

2. 高压压实对紧实度均匀化的意义

使用高的压实比压，不但可以提高砂型的紧实

度，还可使砂型内紧实度分布更均匀。图1-17所示是一组不同压实比压对砂箱内砂型紧实度分布的影响曲线。砂箱内尺寸为100mm×100mm，初始高度为400mm。由图1-17可见：压实比压提高时，靠近模板一面的紧实度逐渐提高，当压实比压提高至0.7MPa时，砂型的紧实度基本上达到均匀。

提高压实比压还可以使深凹部和砂型侧壁的紧实度提高。图1-18所示是一组测试结果，压实比压较低时，虽然模样顶部A点的砂型硬度已在85以上，但模样侧面B点和深凹处底部C点的砂型硬度仍然很低。若将压实比压提高至0.8MPa以上，B点和C点的硬度就可以达到80左右，满足工艺要求。

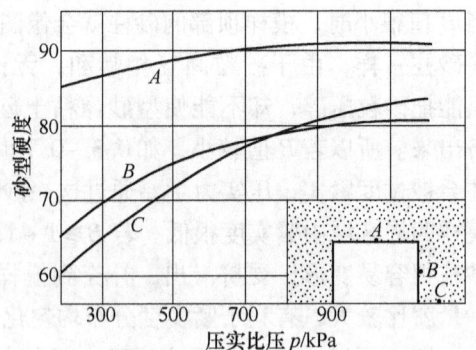

图1-18 压实比压大小对模样顶部和深凹处砂型硬度的影响

提高压实比压在增加砂型硬度和使紧实度均匀化的同时，也会使砂型的透气性减低，铸件容易产生气孔、粘砂等缺陷。同时砂型受压产生弹性变形，压实比压越高，弹性变形也越大。在压力撤消时，弹性变形消失，砂型发生回弹，回弹的砂型将挤住模样，造成起模困难。压实比压过高还会使机器结构复杂庞大。因此，尽管一度有的造型机采用5MPa以上的高压实比压，但目前常用的压实比压为0.7~0.9MPa，一般不超过1.5MPa。

1.2.4 使压实实砂均匀化的方法

高压造型虽然在一定程度上能使紧实度均匀化，然而对于较复杂的模样还是不能获得满意的结果。现在很多造型机针对压实实砂的缺点，采取了不同措施使紧实度均匀化，扩大压实实砂的应用范围。

1. 减小压缩比的差别

高模样引起压缩比的差别是砂型紧实度不均匀的一个主要原因，所以很多造型机就设法减小压缩比的差别，使紧实度尽量均匀化。

（1）应用成形压板 成形压板压实的原理如图1-19所示。成形压板是随着模样的形状而变化的。根据压缩比的定义，此时模样四周的压缩比为h/H，模样顶端的压缩比为$(h-n)/(H-m+n)$，若要使整个砂型的压缩比都一致即二者相等，则压板上的深度n与相应的模样高度m应保持如下关系

$$\frac{n}{m}=\frac{h}{H+h} \qquad (1-8)$$

实际上压板形状变化不一定严格按照式(1-8)与模样相似。如图1-19所示的情况，若压板完全与模板对应，则压板上的B点与模样上的A点压实后距离太近，反而不利于实砂。考虑到型砂在压实过程中有一定程度的塑性流动，所以压板与模板只要大概近似，避免模

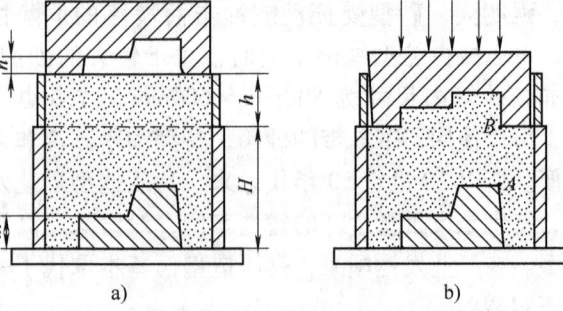

图1-19 成形压板压实原理图
a) 压实前　b) 压实后

样上某些高点的砂柱顶住压板，保证深凹部有足够的紧实度就可以了。应用成形压板，经过一次压实就可以得到紧实度比较均匀的砂型。但是制作成形压板增加了模具的制造成本，所以适用于较大批量的生产。

现在很多工厂在平压板的边上做出凸棱，这种带凸棱的压板也是一种成形压板，如图 1-20 所示，它的作用在于提高砂型四周靠近砂箱壁部分的压缩比，避免这些部位紧实度过低。

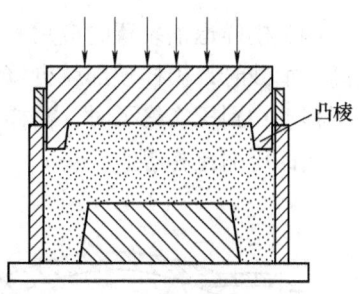

图 1-20 用带凸棱的压板实砂

（2）应用多触头压头　多触头压头（图 1-21）也是一种成形压头，只不过是由许多小压头组成的压头组合体，称为多触头压头。多触头的每个小压头的后面是一个液压缸，所有液压缸的油路是互相连通的。因此在压实型砂时，每个小压头的压力大致相等，这样即使对应于模样高点的一些压头被顶住，也不妨碍其他压头继续下压。所以压实时，各个触头能随着模样的高低，压入不同的深度，使砂型各部分的压缩比均匀化。因而对于比较复杂的模样，多触头压头一次压实可以得到紧实度大体均匀的砂型，但是如果砂型上有宽度小于触头的深凹处，触头就不能压入，多触头就不能使这些地方得到充分的紧实。

多触头压实后，各个小触头恢复至如图 1-21a 所示的位置，也可以在对某一种模板进行第一次压实时，把各个小触头设法锁止至如图 1-21b 所示的位置，使其压砂面在不同的高度上保持其相对位置，于是小触头就组成了一个成形压头。

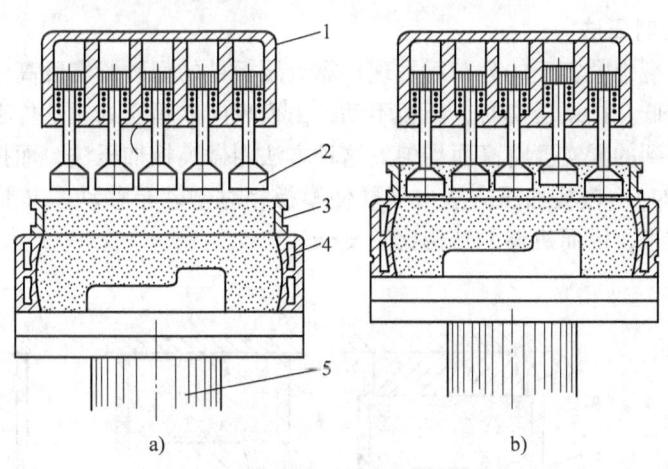

图 1-21　浮动多触头压头示意图
a）原始位置　b）压实位置
1—多触头箱体　2—浮动触头　3—辅助框　4—砂箱　5—压实活塞杆

多触头压头能自行调整砂型各部分的实砂压力，不需要为每一种模板设计和制造专用成形压板，用于成批生产比较合适。多触头高压造型机是目前自动化铸造车间中应用较多的造型机。但是多触头压头结构复杂，成本高昂，使它的应用受到一定的限制。

（3）压膜造型　压膜造型是用一块弹性的橡胶膜作压头，压缩空气作用于橡胶膜的内部，对型砂进行压实（图 1-22），这种橡胶膜可以视作能自动适应模样形状的成形压头，使各处的实砂力量相等，从而使紧实度均匀化。其主要缺点是橡胶膜容易损坏，砂箱上不能设置箱带。

(4) 模样退缩装置的应用　模样退缩装置如图 1-23 所示，开始时模样高度比实际铸件要高，填砂时，模样顶部就少填了型砂；压实时，模样在压实力的作用下，压缩下面的弹簧向下移动；到压实终了时，模样高度达到所要求的高度。由于模样的压缩，可以使模样顶部和四周的压缩比相等。

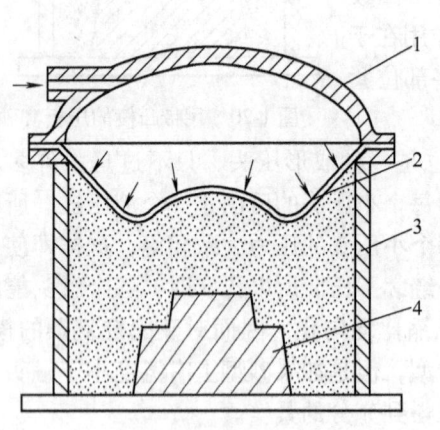

图 1-22　压膜造型原理
1—压头　2—橡胶膜　3—砂箱　4—模样

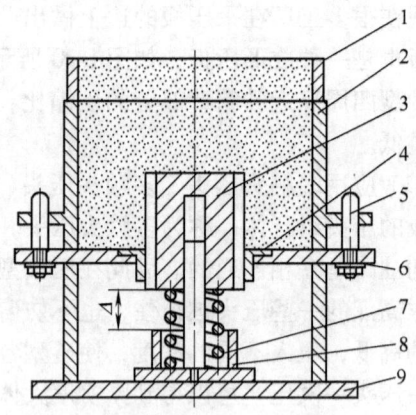

图 1-23　模样退缩装置
1—辅助框　2—砂箱　3—可退缩模样
4—模板　5—销钉　6—垫圈　7—弹簧
8—模样高度控制垫　9—垫板

2. 模板加压与对压法

分析压实后砂型中紧实度的分布后发现，靠近压板处的型砂紧实度高而均匀，而靠近模板处的紧实度比较低。如果压实时，压板不动，由模板向砂箱压入，这样在模板附近，亦即分型面上型砂所得到的紧实度将高而均匀。这种方法叫做模板加压法，而把原来的方法叫做压板加压法（图 1-24）。模板加压方法由于要使模板相对于砂箱移动，又要使移动后的模板平面与砂箱底面相平，因而机器的结构比较复杂。

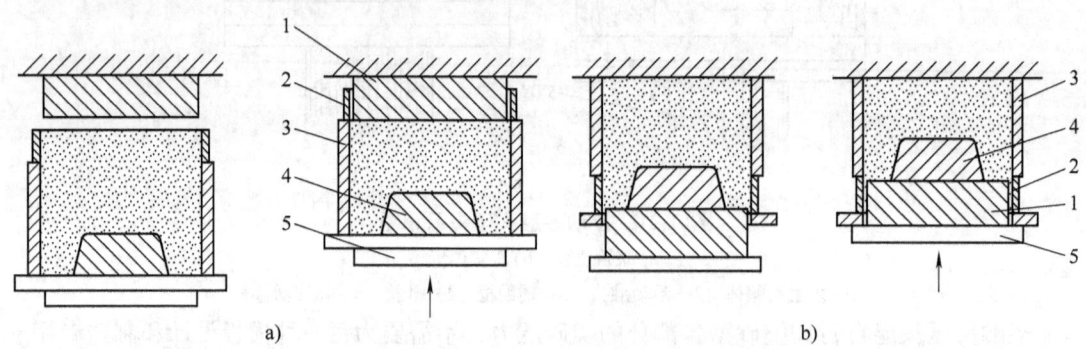

图 1-24　压板加压与模板加压
a) 压板加压　b) 模板加压
1—压板　2—辅助框　3—砂箱　4—模样　5—模板

如果把压板加压和模板加压结合起来，从砂型的两面加压，得到的砂型两面紧实度都较高，这种方法叫做对压法（图 1-25）。图 1-25a 所示是垂直分型的对压法，图 1-25b、c 所示是水平分型的对压法。如果在对压时分别控制压板和模板的加压距离，或先压板加压，后模板加压，或使模样作一定的退缩运动，以期达到所需的紧实度分布，这些加压方法统称差动加压法。

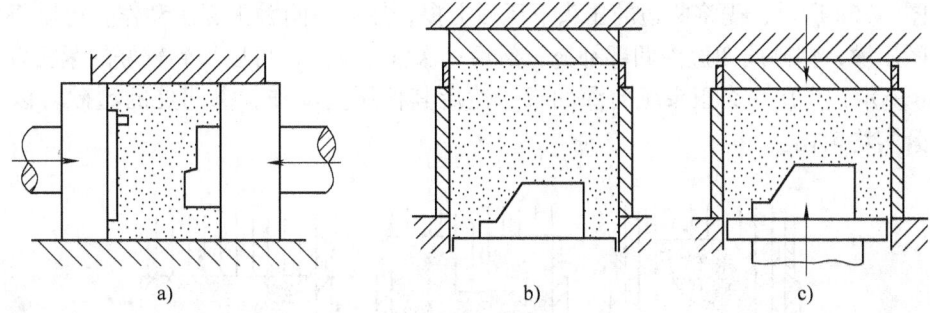

图 1-25 对压法
a) 垂直对压法 b)、c) 水平对压法

3. 提高压前的型砂紧实度

型砂在压实前紧实度越大，压板的压实行程就越短，摩擦力的影响就越小，相应地模样顶部和四周砂柱压缩比的差别也较小，因而紧实度可以相对地均匀一些。从式(1-6)和式(1-7)可推得

$$\delta_2 - \delta_1 = \frac{H_M}{H}(\delta_2 - \delta_0) \tag{1-9}$$

式中，H_M、H 为模样及砂箱高度；δ_0、δ_1、δ_2 为型砂压前紧实度、压实后模样四周及顶部的紧实度。

由式（1-9）可知，δ_0 增大时，能使（$\delta_2 - \delta_1$）即高紧实度与低紧实度的差减小，紧实度分布比较均匀。

（1）控制型砂紧实率 由式（1-2）可知，型砂紧实率越小，紧实前后体积可变化程度越小，同理紧实率小的型砂在松态时，砂粒互相堆积比较紧密，压前紧实度 δ_0 比较大。所以控制型砂紧实率，采用紧实率比较小的型砂，就可以提高型砂的压前紧实度。高压造型通常规定型砂的紧实率应在 40%～45% 之间。对于一些深凹部较深，难于造型的模样，有的甚至规定更低的紧实率，例如，紧实率为 35%～38%，其目的在于获得紧实度比较均匀的砂型。但型砂的紧实率也不宜过低，因为紧实率低的型砂，塑性比较差，砂型表面容易脱落，所以高压造型用砂的粘土含量通常比较高，以补偿塑性下降。当然，这种方法只能在一定程度上使实砂均匀化。

（2）提高填砂紧实度 提高填砂紧实度就是提高了压前紧实度，可以使实砂均匀。提高填砂紧实度的方法包括抛砂法、重力加砂法及真空加砂法，这些方法将在本章后面章节介绍。

（3）压前预实砂 提高压前紧实度的一个方法是进行预实砂，即先用别的实砂方法将型砂预紧实，提高压前紧实度，使实砂均匀化。实际铸造生产中很多造型机都采用复合实砂法。例如，射压造型机，就是先射砂后压实。单用射砂，紧实度不够高，射砂后加压，可以使实砂均匀，紧实度高。又如微震加压，也是一种复合实砂方法。

（4）多次加压与顺序加压 对于特别高的模样，可以采用多次加压、多次填砂的方法，使深凹处的型砂得到补充，使紧实度达到均匀化。

应用多触头压头进行顺序加压，也是一种多次加压达到向深凹处补充填砂，使实砂均匀化的方法（图1-26）。各个小触头不是一齐动作，而是按照模样的形状，按一定的顺序动作。如图1-26a所示，先将两边的压头下压后上提，然后中间触头逐次动作，可以将模样顶部的砂团压散，型砂向四边深凹部补充，然后一次整体加压，可以得到较好的紧实效果。如图1-26b所示，先用一个压头压向深凹部，然后其他压头动作，深凹处的型砂可以得到补充，使紧实均匀化。

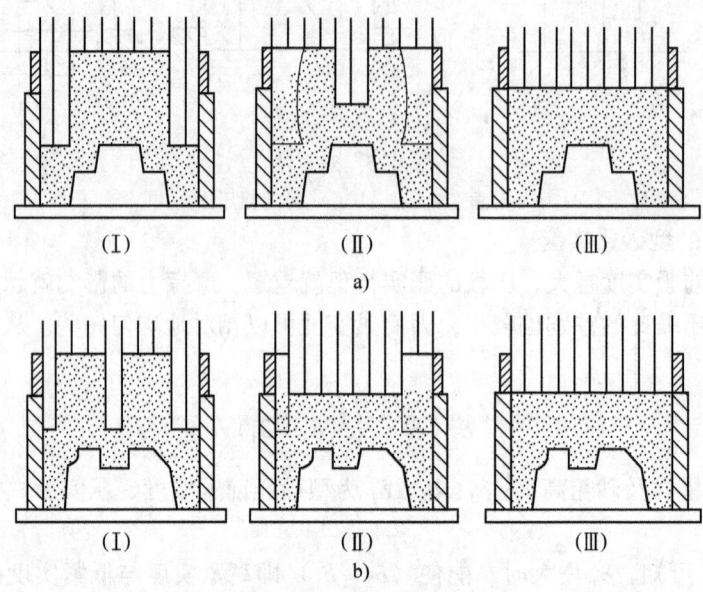

图1-26　顺序加压造型示意图

这种顺序加压法采用主动式多触头，动作程序控制容易实现。虽然压实时间稍长一些，但用于复杂的模样，可以得到较好的效果。

1.2.5　其他压实实砂方法

压实除了用压板或压头之外，还可以有其他很多方式，图1-27所示为其中的几种。

图1-27a所示为挤压法，挤压杆1作往复移动，后退时芯砂填入；向前时，挤压杆将芯砂从模孔2挤出，成为长条状的砂芯3。砂芯的断面可以是圆的、方的或其他形状。砂芯在槽上切成所需的长度。对于一些条状的砂芯，例如，拖拉机履带板上的销孔砂芯，就可以用这种方法制造，相应的制芯机叫做挤芯机。

图1-27b所示为滚压法，大的圆圈状砂型，如圆的钢锭模外形可以用这种方法造型。圆砂箱5放在滚轮7上慢慢地旋转，中间用一压辊6，一面填砂，一面压实成圆形的砂型4，达到所需的内径及砂型硬度。

图1-27c所示为气鼓法，在芯盒14里面是一个橡胶做的囊筒13。芯盒填砂并卡紧后，把压缩空气经管12通入橡胶囊筒之中，使它膨胀而将芯盒中芯砂紧实。这种方法可用来制作电动机壳铸件的型芯，制出中空的型芯。

图1-27d所示为叶片压实法，砂斗8中有几个转轴9，上有螺旋状叶片，将型砂10压入

砂箱 11，使型砂紧实。当紧实度达到预定值时，叶片停止旋转。这种方法用于小砂型造型。

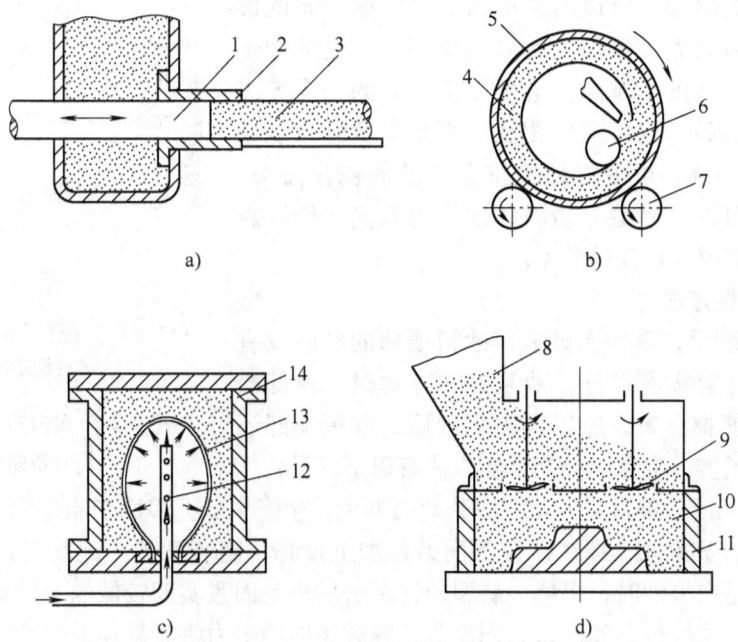

图 1-27 几种特殊的压实实砂方法
a）挤压法 b）滚压法 c）气鼓法 d）叶片压实法
1—挤压杆 2—模孔 3—型芯 4—砂型 5—圆砂箱 6—压辊 7—滚轮
8—砂斗 9—转轴 10—型砂 11—砂箱 12—管 13—囊筒 14—芯盒

1.3 震击及微震实砂

1.3.1 震击实砂

1. 震击实砂过程及所得紧实度的分布

震击实砂是将型砂填入砂箱，然后工作台将砂箱连同型砂举升到一定高度后让其自由下落，工作台与机座发生撞击。撞击时型砂的下落速度变成很大的冲击力，作用在下面的砂层上，使型砂层层得到紧实（图 1-28）。震击若干次后，砂型可以达到很大的紧实度。

震击过程中，砂箱下层的型砂受到上面各层型砂的作用，受的冲击大，因而紧实度高。上层砂层所受的冲击力随高度向上逐渐变小，所以其紧实度也随高度的增加而减小。至于最上层的型砂，由于没有上面型砂对它进行冲击，所以仍呈疏松状态。图 1-29 所示是震击

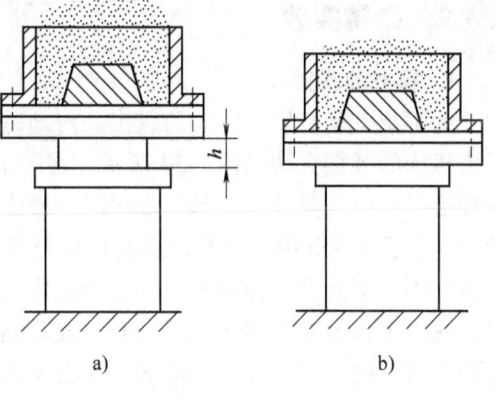

图 1-28 震击实砂
a）工作台举起 b）下落震击

实砂所得紧实度分布曲线的一个例子。由于震击主要是借型砂的冲击力紧实，所以模样形状对紧实度分布的影响不大，而且越是靠近模板处的砂型深凹部，受的冲击力越高，因而紧实度也越高，这是震击实砂的一个突出的优点。震击实砂与压实实砂相反，其紧实度分布以靠近模板一面为最高，可较好地抵抗金属液的浇注压力，特别在砂箱较高时，砂型分型面的硬度也较高。所以震击造型适用于造模样较高的砂型。

2. 补充压实方法

如图 1-28 所示，震击实砂后，砂箱顶部的型砂没有得到充分紧实，紧实度很低，砂箱翻转移动时，顶部松散的型砂就可能掉下来，所以震击实砂后，砂箱顶部还必须加以补充紧实。常见的补充紧实方法有以下三种：

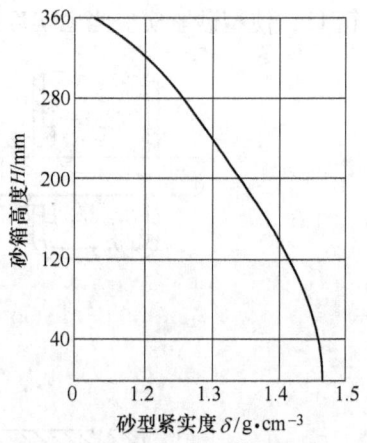

图 1-29 震击实砂的紧实度分布曲线

（1）用手工或砂舂紧实　该方法劳动强度大，生产率低，多用于制造中大型铸件。

（2）动力补充紧实　即在砂型上面另外加上重物，随着型砂一起震击，使上层型砂得到紧实。通常是在填砂时，多填一层型砂，震击后将上面紧实度较低的一层型砂刮去。也可以在砂层上加一块铁板，随砂型一同震击，随震物的冲击力将砂型顶部的型砂紧实。随震物也可以是装砂的布袋，震击时，砂布袋在一定的程度上能按模样的高低变化形状，犹如成形压板一样。动力补充紧实的方法，主要用于制造中大型铸件。

（3）补充加压法　补充加压是在震击之后再用压实方法使砂箱顶部的型砂也得到充分的紧实，具有足够的紧实度。这种补充加压法主要用于中小砂型。

只有震击机构的造型机为震击造型机。除震击机构外，还有补充压实机构的造型机为震压造型机。震压造型机多用于中小铸件造型，砂箱的尺寸一般不大于 1000mm × 800mm。

震击造型需要多次撞击，噪声大，生产率低，特别是震击力直接传到机器的基础上，振动很大，有时甚至引起厂房与其他设备的振动，妨碍附近其他设备的正常工作。所以近年来，人们都设法采用其他生产率高、工作更平稳的实砂方法，震击实砂处于被淘汰的地位，应用范围日趋缩小。

1.3.2　微震实砂

1. 震击的减振

为了减少震击机构巨大的震击力对地基的影响，必须设法减小震击对机座的影响。常用震击机构的减振方法如图 1-30 所示。在图 1-30a 中，震击气缸下面是一个气垫气缸。震击气缸和活塞先由气垫气缸升起，震击时，震击气缸被气垫气缸托住，能很好地消除震击对机座的影响。图 1-30b 中，所有的震击机构及压实气缸都被托在下面的弹簧上。在震击气缸进气时，震击活塞上升，而震击气缸则受缸内气压的作用，压着弹簧向下运动。气缸排气孔打开后，震击工作台在惯性作用下上升一段距离后下落，与此同时，震击气缸 2 下降一段距离后受到弹簧的推力而上升，下落的工作台与向上运动的气缸在一定的位置相遇发生撞击，这一撞击，是由两个运动着的物体之间互相碰撞产生的，震击力很大，但传到地基上的力较小，减振效果很好。

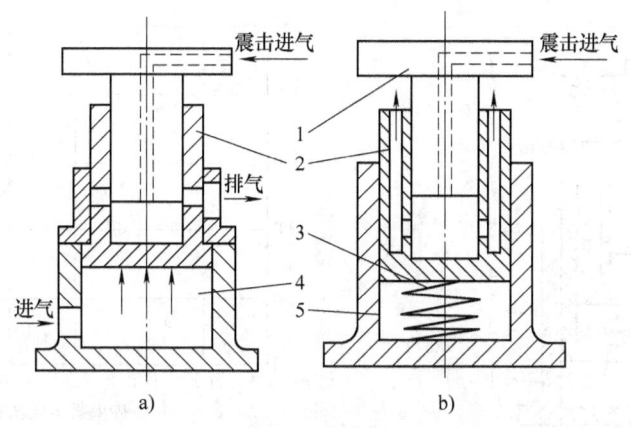

图 1-30　震击机构的减振方法
1—震击活塞　2—震击气缸　3—弹簧垫　4—气垫气缸　5—压实气缸

2. 微震实砂

上述的气垫或弹簧气垫机构，其振幅比较小而频率高，因而叫做微震。与震击机构相比，微震结构对地基的影响较小，噪声也相对减弱。将型砂及砂箱置于上述微震机构的工作台上，开动微震机构，使工作台下的气缸体上下作震击运动。每次震击，气缸体（也叫做震铁）撞击工作台一次，使工作台产生振幅较小而频率很高的微震，使型砂紧实。

微震实砂所得的紧实度分布与震击实砂相似，如图 1-31 所示。微震实砂砂型硬度比震击实砂高且紧实度提高速度快，从而提高了生产率。采用微震加补充压实后，砂型分型面和背面都能获得高且均匀的砂型硬度。

3. 压震实砂

只用微震实砂法无法满足生产要求，需要补充压实。先微震再补充压实的紧实方法为预震加压法。在压实的同时加以微震，即所谓的压震紧实。

压震紧实（图 1-32）时，压实气缸 1 先将震击活塞、工作台、砂箱及辅助框等举起，以一定的比压压在压板 7 的下面基本不动。震击活塞 5 进气时，使震铁 4 上下震动。震铁每上下一次，打击工作台下面的撞击面一次，不断撞击，形成微震。这时，加在砂型中的紧实力，除了原来压实气缸施加的静压力之外，还形成了动的压实力，加强了紧实的效果。

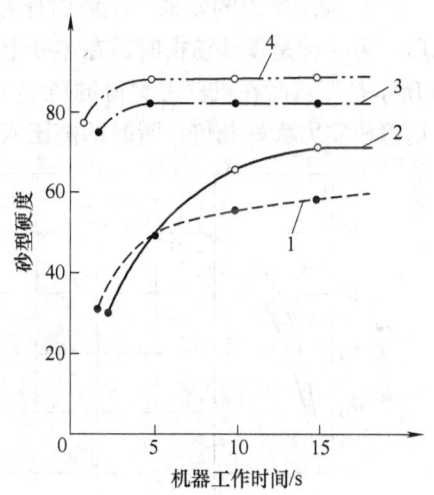

图 1-31　砂型硬度与机器工作时间的关系
1—震击分型面　2—微震分型面
3—微震压实分型面　4—微震压实背面
〇—压实背面　●—压实分型面

把微震和压实结合起来，可以有四种实砂方法：①单是微震；②震后加压；③单是压震；④预震后加压震。

图 1-33 所示是这四种紧实方法所得的砂型内的紧实度分布情况。由图 1-33 可见，震后加压不如压震，而以预震加压震所得的紧实度分布为最好。

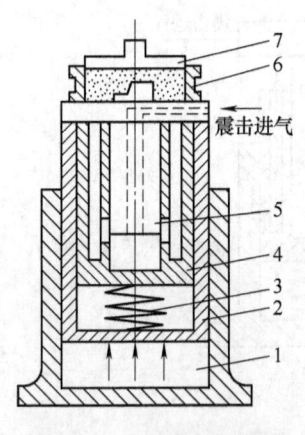
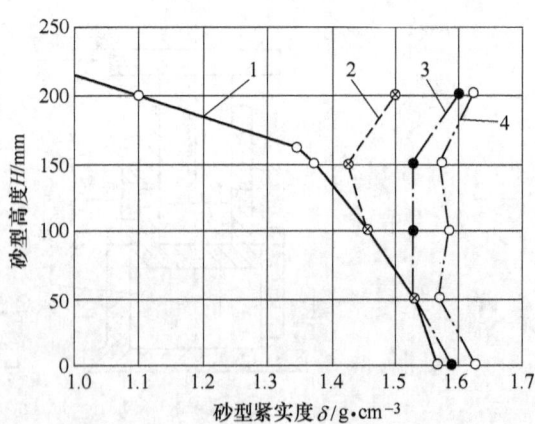

图 1-32 压震实砂示意图
1—压实气缸　2—压实活塞　3—弹簧垫　4—震铁
5—震击活塞　6—砂箱　7—压板

图 1-33 微震和压实不同组合方法所得的紧实效果
1—单是微震　2—震后加压　3—单是压震
4—预震后加压震

用同样比压压实，加微震所得紧实度比不加微震为高。如图 1-34 所示，要达到砂型表面硬度 93 单位，单纯压实需加比压为 1050 kPa，而若同时加上微震，只需 700kPa 就可以达到。

微震能使压实效果提高的原因，一般认为有以下两点：

（1）动压实力的效果　压震时作用在型砂上的力有两种：一是静压实力，就是压头的比压；另一种是震铁撞击时，在型砂上作用的一个瞬时很高的冲击力，称为动压实力。图 1-35 所示是压震时在机器上测得的压实力变化曲线，曲线中向上尖峰凸起的是动压实力，可见比静压实力大好几倍，瞬时的高压实力产生高紧实效果。

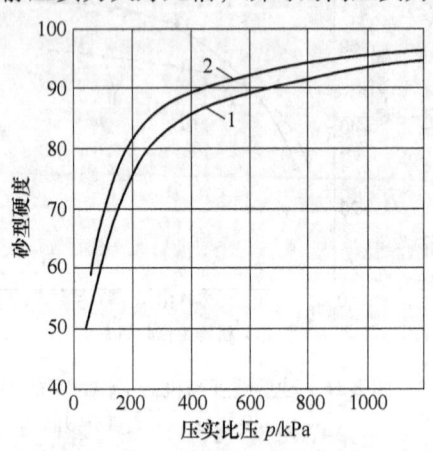
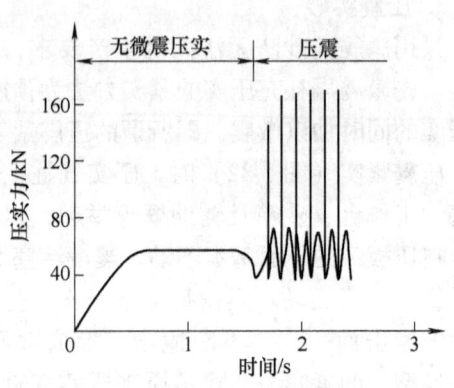

图 1-34 单纯压实与压震的实砂效果
1—单纯压实　2—压震

图 1-35 压震时的压实力变化曲线

（2）砂粒互相错位的效果　图 1-36 所示为微震使砂型内紧实度分布改变的情况。不加微震单纯压实时，砂型的边角上，特别在靠近模板处紧实度十分低；加了微震之后，模样顶部的砂粒在不断变化的压实力作用下互相错位，向模样四周填补，因而能提高砂型紧实度分布的均匀性。

有人用微震及低压压实（比压为 200kPa）进行试验。如果以深凹处底部的硬度达到 65 为标准，用先微震后补压的方法，允许的深凹比 A 可加大至 1.6；压震法时可达 1.4；用预震加压震时，允许 A 值可达 2.0。模样顶部砂柱的允许高宽比 B 值也可降低，用先微震后压实方法时，其 B 值最小值为 0.85；用压震法时为 0.72；而用预震加压震时为 0.55。

实践证明，用微震加压方法可造高度在 300mm 以下的各种砂型，一般皆可取得较好的工艺效果。但是气动微震的气缸结构比较复杂，噪声比较大，而且震动需延续一定时间，紧实所需时间长，因而生产率低，目前有被射砂及其他气流紧实方法取代的趋势。

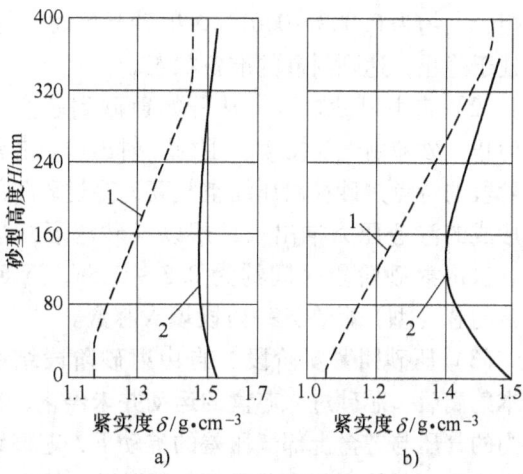

图 1-36　微震使砂型内紧实度分布改变的情况
a）砂型中部　b）砂型边角处
1—未加微震　2—加微震

1.4　射砂法实砂

1.4.1　射砂过程

1. 射砂方法

射砂法是利用压缩空气将芯砂（或型砂）以很高的速度吹入芯盒（或砂箱）而使型砂得到紧实的方法。射砂法的原理如图 1-37 所示。射砂时，型砂（芯砂）装在射砂筒 2 中，将芯盒压紧在射砂头 3 下，然后开启快速进气阀，压缩空气从气罐快速进入射砂筒 2，射砂筒内气压急剧提高，压缩空气穿过砂层，推动砂粒，将砂粒夹在气流之中通过射孔 4 射入芯盒 5，将芯盒填满，同时在气压的作用下，将型砂紧实。在芯盒（砂箱）上开有排气孔，孔上有排气塞，只让空气通过，而砂粒不能通过。

射砂法是由吹砂法发展起来的一种实砂方法，能同时具有快速填砂和紧实的双重作用。其所获得的铸件质量高，劳动条件好，无震击噪声，是一种高效的造型方法，广泛用于造型机和制芯机上。

2. 射砂过程

射砂过程大致可以分为以下几个阶段：

（1）射砂前期　也叫建立射砂压力期。快速进气阀打开后，射砂筒内气压上升的最初阶段，型砂尚不能射出，待气压提高到一定程度，型砂才能从射孔射出。射砂前期的时间

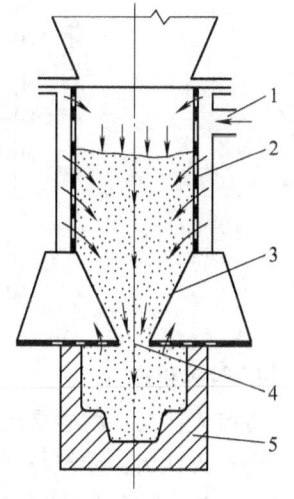

图 1-37　射砂法原理
1—压缩空气进口　2—射砂筒
3—射砂头　4—射孔　5—芯盒

很短，大约为 0.008~0.011s，射砂开始时，射砂筒内气压约为 50kPa。此阶段结束时，型砂处于静止，达到射砂的准备状态。

（2）自由射砂阶段　从开始射砂到芯盒基本填满为止。砂粒由气流推动，由射孔射出填入芯盒。这一阶段的特点是砂粒由压缩空气高速穿过砂粒间的空隙形成的渗透压力推出来，即以气砂流形式填入芯盒。自由射砂阶段时间约为 0.3~0.5s，近 80%~90% 的芯（型）砂在这一阶段填入芯盒。

（3）压砂团紧实阶段　自由射砂阶段结束芯盒基本射满后，芯砂进入芯盒的运动并未停止，在射砂头内的气压与芯盒上部气压差的推动下，芯砂继续向芯盒填充，射孔中原来是稀疏的气砂流，这时成为砂团互相推压的密集流。这一部分推入的型砂称为压砂团，它可使芯盒上部的紧实度继续增高（图 1-38）。

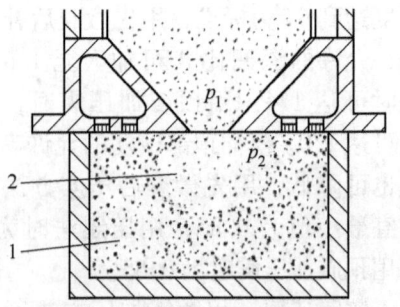

图 1-38　压砂团紧实阶段
1—先填入的型砂　2—压砂团

3. 射砂过程中气压的变化

射砂用的压缩空气由气罐供给，通过快速进气阀控制。进气阀开启后，压缩空气迅速进入射砂筒。图 1-39 所示是一组测量所得的射砂过程中气罐和射砂筒内气压变化的情况。由曲线 2 可见，进气阀打开后，射砂筒内气压急剧上升，同时气罐内气压下降，射砂筒内气压很快达到最高点。射砂过程很快，在射砂筒中气压达到最高点前后，射砂已基本完毕，芯盒已经填满。如果继续通以压缩空气，则气体透过砂层逸出，无论是气罐还是射砂筒内的气压均逐渐降低。

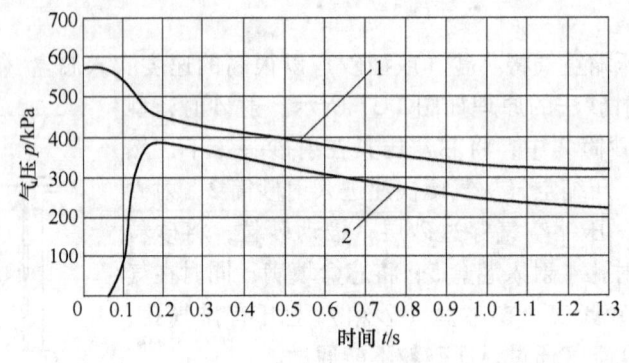

图 1-39　射砂过程中气罐和射砂筒内气压的变化
1—气罐内气压的变化　2—射砂筒内气压的变化

4. 射砂机理

曾有人认为：射砂是压缩空气以爆发状将砂粒从射孔中弹射出来的，或是整个地推出来的。还有人认为：砂粒与空气先在射砂筒中搅和在一起，然后由射孔喷射出来。目前多数学者倾向认为：砂粒是由压缩空气高速穿过砂粒间的空隙形成的渗透气压推出来的。

射砂时，压缩空气骤然进入射砂筒，使射砂筒顶部的气压急剧升高，于是高压气体渗透穿过砂粒间的空隙流向射孔。气体的渗透在砂层中形成气压差，或气压梯度 dp/dn（p 为气压，n 为气体流动方向上的距离）。气压梯度越大，高压空气的渗透流动的速度也越大，气体渗流而在砂层中产生的压力可（渗透压力）也越大。如果这一压力超过了砂粒与其邻近砂粒的粘结力，就会与它们分离随着气流射出。

5. 搭棚和空穴的形成

射孔附近的砂粒被吹走后，这里的气压立即降低，它上面区域中的气压梯度立即变大，这里的砂粒随即也被气流吹走，这样射孔附近的砂粒逐渐被吹走，形成空穴。在正常的情况下，空穴立即被附近的砂粒补充。射孔附近这样一个砂粒不断被吹走，又不断得到补充的区域叫做流化区，如图1-40所示的阴影部分。

但在有的情况下，或者由于型砂的粘结力过大，或是由于射砂气压太小，或是由于射孔过小等原因，使射砂筒内渗透流动速度过低，造成型砂在筒内某一高度处棚住。在一般情况下，这一搭棚能够自动垮解，但会使射砂流发生波动，形成射砂疏密流，进而影响下面芯盒中的射砂过程。如果搭棚不能自行垮解，则流化区将一直发展到射芯筒中砂层的顶部形成一个穿孔。穿孔形成后，射砂筒顶部的高压空气直接与芯盒相通，产生空吹现象，射砂停止（图1-41），此时如果芯盒与射头接触处不严密，往往会产生喷砂现象。

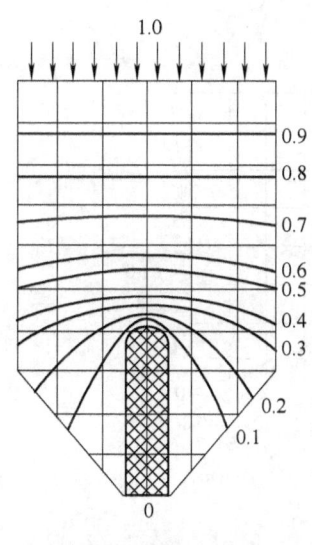

图1-40　流化区的形成

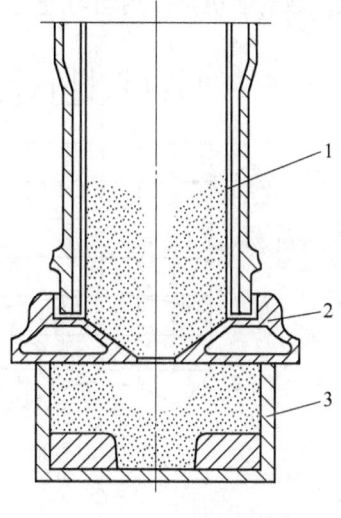

图1-41　穿孔的形成

1—射砂筒　2—射砂头　3—芯盒

6. 影响砂粒射出的因素

射砂要求砂粒能顺利自射孔射出，气砂流密度大，无明显波动。影响射砂射出的因素主要有以下几种：

（1）射砂气压及气压梯度　提高射砂的工作气压，能提高射砂筒内的气压梯度，加强空气的渗透，使砂粒能顺利射出。因此，要求射砂开始后，射砂筒内的气压升高要快一些，射砂时能维持筒内的高气压，所以射芯机都要求用流通断面足够大的快速进气阀。

（2）型砂性能与射砂筒中型砂的紧实　松散、容易流动的芯砂，如油砂、树脂砂等，砂粒相互间粘结力不大，易于射出，而且流动性好，流化区能得到很好的补充，所以射砂时不易产生搭棚及穿孔等现象。粘土砂及其他流动性差、湿强度高的型砂，砂粒间粘结力大，不易射出，而且在反复多次吹射的过程中，可能受到射砂筒内气压梯度的紧实，使砂粒间相互的粘结力增大，砂粒间孔隙率减小。其结果是，对空气渗透的阻力加大，在相同的工作气压条件下，渗透气流速度小，因而使砂粒的射出力减小。同时，由于流动性差，对流化区补充发生困难，射砂就会产生障碍，甚至形成穿孔、搭棚以至空吹等现象。

（3）射砂筒的进气方式　射砂筒的进气方式有两种。一种是高压空气直接从射砂筒的顶部进入，叫做顶部进气（图1-42a）。为了改善射砂时射砂筒内的气压分布，绝大多数射芯机的射砂筒的筒壁上开有竖的及横的缝隙，缝隙的宽度为0.3~0.5mm（竖缝）及0.6~0.8mm（横缝）。这些缝隙只让空气透过，砂粒不能通过，空气除了从顶部进入射砂筒外，还可以穿过四周壁上的这些缝隙进入，这种进气方式称为均匀进气方式。有人用计算机算出不同进气方式时射砂筒内的气压近似分布图（图1-42b），由图可见：均匀进气时，射砂筒本体内气压梯度不大，气压梯度主要集中于射孔附近锥形射头中，这既可以避免射砂筒的本体部分的型砂受气压梯度作用而紧实，又加大了射孔附近的气压梯度，增强气流的渗透，使砂顺利射出。另外，均匀进气时，射头边上的等压线比中心部分密，其流化区比较分散（对比图1-42a与图1-42b）；而顶部进气时，等压线在射砂筒壁附近比较稀疏，中心线上比较密集，射砂时形成中心流化区。该中心流化区容易向上发展，产生穿孔、搭棚等现象。因此，绝大多数射芯机都采用均匀进气方式。

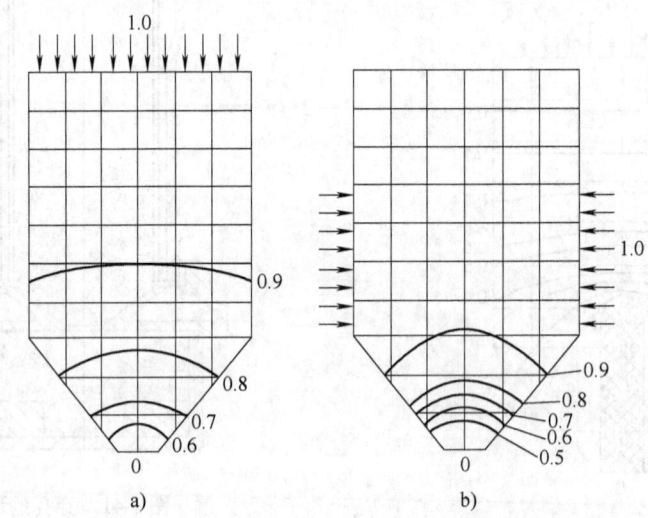

图1-42　不同进气方式射砂筒内气压的分布
a）顶部进气　b）均匀进气

但是带缝隙的射砂筒加工十分费时，使用时要经常清刷以免堵塞，所以如果芯砂的流动性好，湿强度低，容易射出，也可以不要筒壁上的缝隙。

（4）射头形状与射孔大小　射芯机的射头大都做成锥盆形，目的在于使射砂筒的气流向射头集中，在射孔处造成大的渗透流速，有利于砂粒的射出，也可使气压梯度逐渐向射孔增大，有利于型砂向流化区补充，同时也使射砂筒本体内气流的渗透流速减小，降低型砂在射砂筒内受紧实的程度。

射孔不能过小，小的射孔对砂粒的射出阻力相对较大，有可能造成射砂筒内渗透气流速度过低、产生射砂波动现象。但射孔也不宜过大，必须与气罐容量和射砂阀断面积相匹配，否则射砂筒出气过快，不能建立高的气压梯度，延缓砂粒的射出。一般可取射孔断面积为射砂筒断面积的0.2~0.5。

1.4.2 射砂时砂粒在芯盒中的紧实

以上介绍了砂粒从射砂筒射出的过程，下面分析一下砂粒在芯盒（或砂箱）中紧实的情况。

1. 芯盒中芯砂的紧实机理

关于射砂的紧实机理，目前尚无定论，比较多的说法有以下几种：

（1）动能紧实机理　动能紧实机理认为：从射孔出来的气砂流速度很高，具有很大的动能，当碰到芯盒中已填入的芯砂时，气砂流的动能转变为紧实芯砂的冲击力，将芯砂紧实。

（2）气砂流滞止时形成的高气压区的作用　按空气动力学的理论，气流遇障碍滞止时，在障碍正面形成的高气压，或称为总压强，大小约为气流的动压与静压之和，大约与原工作气压相等。射砂时，这一气砂流在砂层顶部滞止而形成的高气压区对已射入芯砂起紧实作用。这里强调总压强所形成的高气压区的作用，这比动能紧实说更为合理，紧实作用范围更大（图1-43）。

（3）压砂团的紧实作用　当芯砂基本填满芯盒时自由射砂停止，射孔中不再是疏松的气砂流，而是较密集的芯砂流，于是射孔对气砂流渗透的阻力骤然增大，进一步使射孔两面的气压差增大，亦即射孔的入口处气压升高，出口处的气压降低。射孔两面的气压差，将射孔中的砂团压入芯盒，使芯盒顶部的芯砂进一步压实。

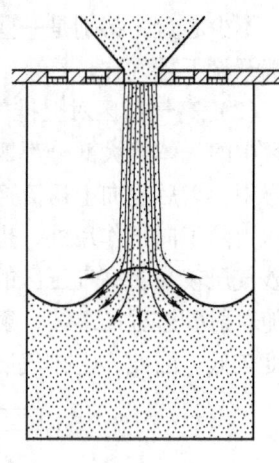

图1-43　高气压的形成

2. 高气压区作用方式

针对不同排气方式的芯盒，高气压区紧实芯砂的方式也不同。

（1）芯盒的排气方式　气砂流射入芯盒，芯砂在芯盒中紧实，同时，气体必须排出，使芯盒在射砂过程中保持低气压，有利于砂粒的射出。排气方式有两种：上排气与下排气，如图1-44所示。

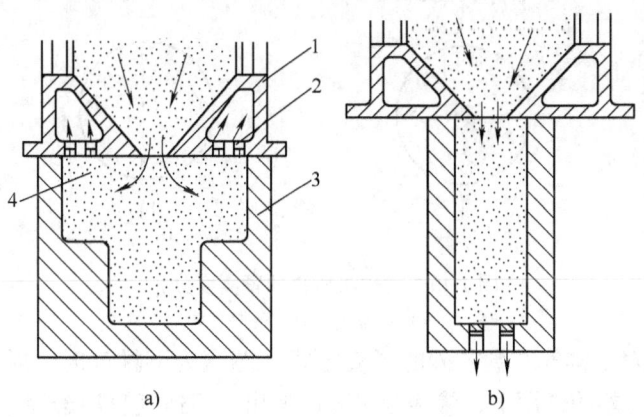

图1-44　上排气与下排气
a）上排气　b）下排气
1—射砂头　2—排气塞　3—芯盒　4—芯砂

上排气法排气孔开在射砂头上,射孔出来的气砂流向下面芯盒射出砂流后空气由上面排气孔排出。下排气法的排气孔设在芯盒下部,或芯盒支叉部分的末端,射砂时,空气透过砂层从排气孔排出,也可以在芯盒的上部和下部都开排气孔,即综合排气。

上排气法在射砂的大部分时间中,射孔直接与大气相通,保持射砂筒与射孔之间有较大的气压差,有利于砂粒的射出。同时,射出的气砂流在周围较低的气压中,可以进一步加速,更多地利用气砂流的动能使芯砂紧实;而且上排气法的排气塞开在射头上,芯盒不必开排气孔,结构比较简单,所以用得较多。

下排气法保持芯盒下部与大气相通,可以更好地利用气压差,使芯盒下部的芯砂得到紧实。不少芯盒,特别是一些高的芯盒以及分叉多的芯盒,多在采用上排气法的同时,在叉管末端开设下排气孔。

(2) 高气压区对上排气芯盒芯砂的紧实方式 芯盒上排气时,射入的气流生成的高气压区中的气体绝大部分都四向流开,并向上返流,从上面排气孔排出。有小部分气体渗透入砂层中,以后也向上返流逸出,高气压区附近的气压差大,产生的渗透推力也较大。这些渗透压力除了向下作用外,也压向边缘部分,产生横向紧实作用,使砂层紧实。射砂开始时,射砂气压较高,高气压区的气压也较高,而此时芯盒内的气压较低,因而所得紧实度较高;而随着射砂过程的继续,射砂气压降低,而芯盒内的气压变高,气压差减小,所以所得的紧实度较低。因此,上排气射砂所得的紧实度分布是芯盒底部高,上部较低(图1-45a)。

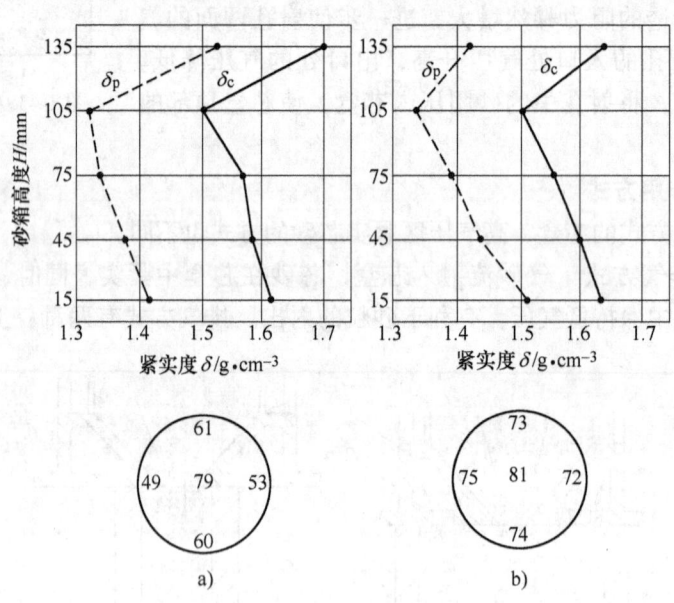

图1-45 射砂法所得的紧实度分布
a) 上排气 b) 下排气

(3) 高气压区对下排气芯盒芯砂的紧实方式 芯盒为下排气时,射入芯盒的空气在射孔与排气孔间的气压差的作用下,渗透穿过砂层逸出。高速气流渗透穿过砂层形成的渗透压力沿着气流的方向越来越大,因为,下一层砂粒除了受到气流的渗透推力之外,其上层砂粒还通过接触点,把自己由上层型砂所受到的压力传递到下层砂粒上。这样层层增加渗透压力,越是下面的砂层,所受的渗透作用力越大,因而射砂所得的紧实度是越向下越大。如图

1-45b 所示,下排气所得紧实度分布符合这一渗透压力所造成的紧实度分布。

3. 射砂所得紧实度的分布

射砂所得紧实度分布一般比较均匀。图 1-45 所示是一组试验数据,所用的芯盒为圆筒形,直径为 80mm,高为 150mm,图 1-45 中 δ_c 表示试样中心的紧实度,δ_p 是靠近芯盒筒壁处的紧实度,下面的圆形图中的数字分别表示试样底面上的砂型硬度。由图 1-45 可见,所得的紧实度都是芯盒的下部较高,由下往上,紧实度逐渐降低,只有在芯盒最上面,靠近射孔处,由于压砂团的紧实作用紧实度又重新有所提高。从图 1-45 还可见,不论上排气或是下排气,芯盒中心部分所得的紧实度都比边缘部分所得的紧实度为高。这两部分的紧实度差,上排气比下排气的为大,特别在芯盒底面上,下排气试样中心与边缘部分的砂型硬度差比较小,而上排气所得的硬度差较大。

1.4.3 射砂法实砂的应用

射砂方法在射孔和排气孔配置适当的条件下,可以得到紧实度比较均匀的砂型,而且射砂过程很快,所需时间不到一秒钟。射砂过程既是填砂过程,又是紧实过程,是一个高效率的生产方法。射砂方法在造型和制芯工作中应用越来越广,射砂方法普遍用于制芯,相应的制芯机叫做射芯机。特别是树脂砂,由于其硬化前湿强度很低,流动性好,适宜于射砂紧实,所以热芯盒制芯,大多采用射芯机。

射砂法的主要缺点是所得的紧实度尚不够高,虽然对于尚需硬化的砂芯是足够了,但是用来造型还不够。另外,射砂时,如果芯盒与工作台接触面封闭不好,容易产生喷砂现象,气砂流有一定的冲刷作用,芯盒与模样的磨损较大。

总的说来,射砂紧实是一个高效快速的实砂方法,喷砂和模具磨损可以采取一定措施设法避免和减弱。如果将射砂方法与压实方法结合起来,先用射砂方法填砂并使型砂有一定程度预紧实,然后用压实方法紧实,可以得到紧实度高而且比较均匀的砂型。射和压两者都是高速造型(芯)方法,所以射压造型生产率很高。目前很多新型的造型机都采用射压方法,如垂直分型无箱射压造型机及水平分型脱箱射压造型机,有箱射压造型机等。在射压造型机上,射砂压力的高低只是在压实比压不高时才对所获得的砂型硬度有影响;当压实比压提高至 0.7MPa 后,砂型硬度基本不受射砂压力的影响(图 1-46)。射压造型机射砂压力一般为 0.2 ~ 0.3MPa,所用的压实比压一般为 0.7 ~ 1.0MPa。

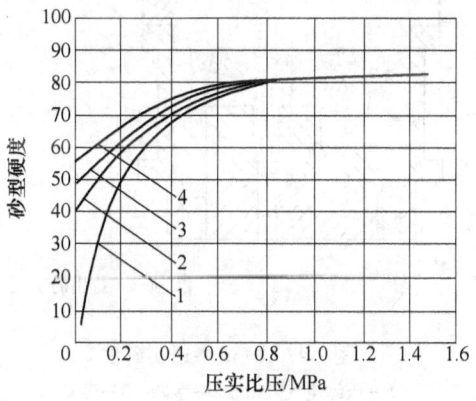

图 1-46 射砂压力、压实比压与砂型硬度的关系
1—单纯压实 2—射砂 0.4MPa 3—射砂 0.5MPa
4—射砂 0.4MPa

1.5 气流实砂法

利用压缩空气膨胀时产生的作用力紧实型砂的方法称为气流实砂法,根据压缩空气对型

砂作用方式的不同,气流实砂法主要有气流渗透实砂法和气流冲击实砂法。

1.5.1 气流渗透实砂法

1. 气流渗透实砂原理

气流渗透实砂法（简称气渗紧实）是先将型砂填入砂箱及辅助框中,并把砂箱及辅助框压紧在造型机的射孔下面,然后,打开快开阀将储气筒中的压缩空气（5～7MPa/s）引至砂型顶部,使气流在很短时间内（约0.35s）渗透通过型砂而使型砂紧实的方法（图1-47）。模板上面开有排气孔,气流由砂型顶部穿过砂层,经排气孔排出。气流渗透时,在型内所产生的渗透压力使型砂紧实。

向砂箱中的型砂短时间内通入压缩空气,气流透过型砂的作用过程如图1-48所示。未被紧实的各层型砂所受到的压力dp_1至dp_n仅取决于砂柱的重力。当压缩空气短时间内施加以作用力时,型砂的紧实度逐层增加。其总压力$p_1 = \sum_{x=1}^{7} dp_x$,它是在气流渗透穿过型砂时由于所受阻力增加而形成的。p_2相当于在模板上排气塞处的气流阻力所引起的气流压力。如果在型砂顶部通入0.5MPa的压缩空气,那么$p_1 + p_2$必然是0.5MPa。可以认为,气流渗透实砂法其主要作用就是使型腔周围的某些型砂填充的不够理想部位的填砂状况得到改善,为此必须在模板及模样的相应部位安置排气塞（图1-47）。提高压缩空气压力或增加排气塞的开口率都会强化填砂效果。

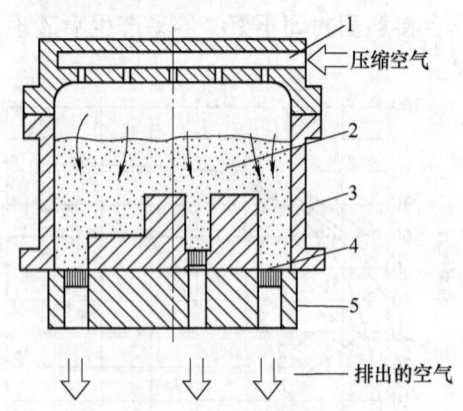

图1-47 气流渗透实砂法
1—压缩空气入口 2—型砂 3—砂箱
4—排气塞 5—模板

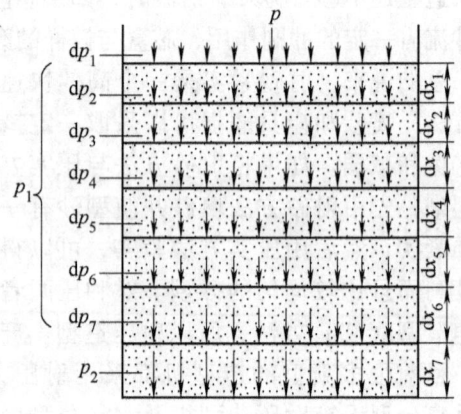

图1-48 气流透过型砂的作用过程示意图

2. 气流渗透实砂的紧实度分布

砂层受到的渗透压力沿着气流方向越来越大,因为下层砂层除了受到气流的渗透压力外,还受到上部所有受气流渗透向下运动的型砂所产生的压力。气流渗透紧实所得的砂型内的紧实度分布如图1-49所示。由图1-49可知,排气孔处的紧实度最高,沿砂层高度方向向上,紧实度越来越低,砂型顶部紧实度最低。

3. 静压造型

气流渗透实砂后,砂箱顶部型砂紧实度很低,砂箱在翻转、搬运过程中,顶部松散的型砂容易掉落,所以气流渗透实砂后,必须加以补充紧实。常见的补充紧实为高压压实,这种气流渗透紧实后再压实的方法,称为气流渗透加压法,如图 1-50 所示。由于气流渗透加压法机器结构简单,工作时噪声小,又叫静压造型。现在很多新型造型机均采用静压造型。

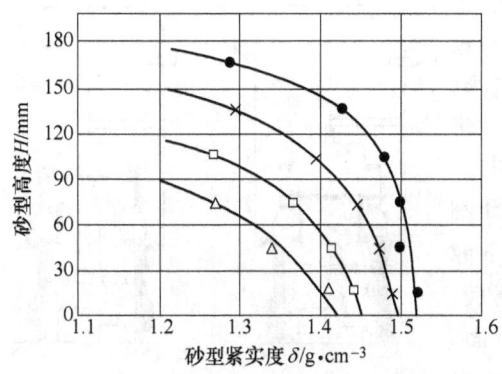

图 1-49 气流渗透紧实度分布曲线
注:各曲线代表不同型砂高度

图 1-50 气流渗透加压造型

静压造型过程是先将型砂填入砂箱及辅助框中,并把砂箱及辅助框压紧在造型机的射孔下面,然后打开快开阀将气罐中的压缩空气引至砂型顶部,使气流在较短的时间内渗透通过型砂,再经模板上开设的排气孔排出;气流在穿过砂层时,受到砂粒的阻碍而产生作用力使型砂得到预紧实,然后再对预紧实后的型砂进行压实,详见第 2 章。

图 1-51 所示为一组静压造型的砂型硬度分布曲线。由图 1-51 可见,气流渗透紧实后再进行高压压实,可以获得高而且均匀分布的砂型硬度。

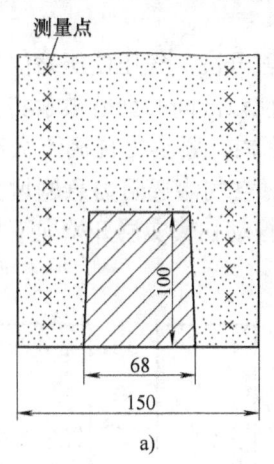
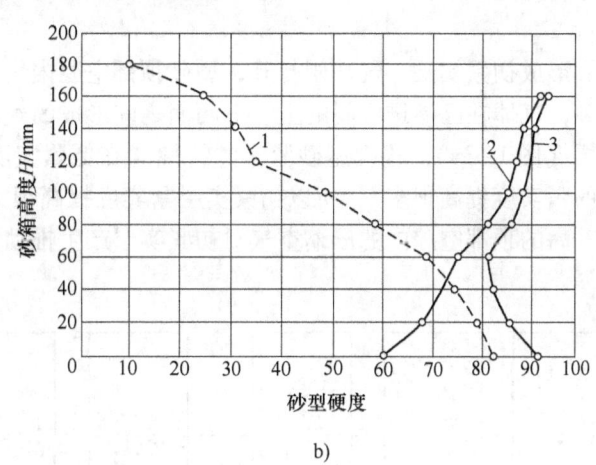

图 1-51 静压造型的砂型硬度分布
a) 硬度测量点的位置 b) 沿砂型高度的硬度分布
1—气流渗透实砂 2—压实实砂 3—静压造型

静压造型在 20 世纪 70 年代问世时,气流渗透紧实时的储气罐设定气压为 0.5MPa,升压时间为 0.3s,模板上的排气塞开口率要达到 4%。经过多年的发展,20 世纪 80 年代末推出了新一代的静压造型机,其储气罐设定气压为 0.3MPa,静压升压时间为 0.025s,模板上的气塞开口率为 0.5%。简化了模板加工工艺,同时增加了生产率。

1.5.2 气流冲击实砂法

1. 气流冲击实砂法

气流冲击实砂法（简称气冲紧实）在20世纪80年代被研制成功。这一方法也是先将型砂填入砂箱及辅助框中，并压紧在气冲喷孔下面，打开冲击阀，砂箱顶部空腔气压迅速提高，产生冲击作用力，将型砂紧实。图1-52所示为气冲紧实的工作原理，1是压缩空气罐，罐内充满压缩空气，内有一气冲阀2，气冲阀2处于关闭状态时，阀盘3受压压在下面阀座上。气冲紧实前，先将已填砂的砂箱、模板、辅助框等由升降夹紧机构7压紧在气冲喷孔下面。气冲紧实时，打开排气阀迅速排掉阀盘上面空腔内的压缩空气，阀盘3受下面压缩空气的推力，迅速上移，气冲阀打开，连通气罐与空腔a的进气通道，气流以极高速度进入空腔a，砂型顶部气压急剧提高，在0.01s内提高至0.35~0.50MPa，升压速度可达80~100MPa/s。压缩空气作用在砂型顶上，对型砂进行气冲紧实。

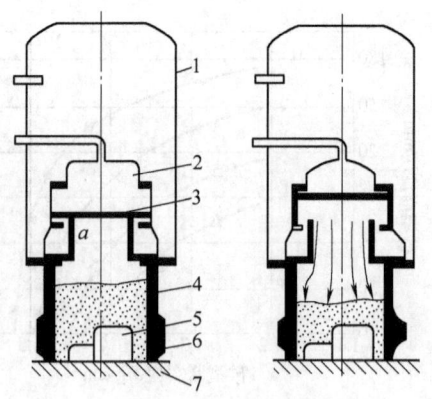

图1-52 气冲紧实工作原理
a) 紧实前 b) 紧实时
1—压缩空气罐 2—气冲阀 3—阀盘
4—辅助框 5—模板 6—砂箱
7—升降夹紧机构 a—砂型顶部空腔

2. 气冲紧实机理

气冲紧实过程中，型砂受到的紧实力主要是压缩空气的冲击力，其过程大致可以分为三个阶段：

（1）形成初紧实层 气冲阀打开，型砂顶部空腔内气压急剧升高。气压使压缩空气渗透进入型砂，气体在已渗透区间的上、下两面之间形成的气压差使该区间的型砂被紧实，形成初紧实层（图1-53a）。根据型砂紧实的特性"在低紧实度范围内，紧实力提高不大时，可使型砂的紧实度提高很多"，所以初紧实层紧实度提高很大，对空气渗透阻力急剧增大，气压急剧升高的顶部空腔内的压缩空气对初紧实层产生推动力，推动初紧实层开始向下加速运动及扩展。

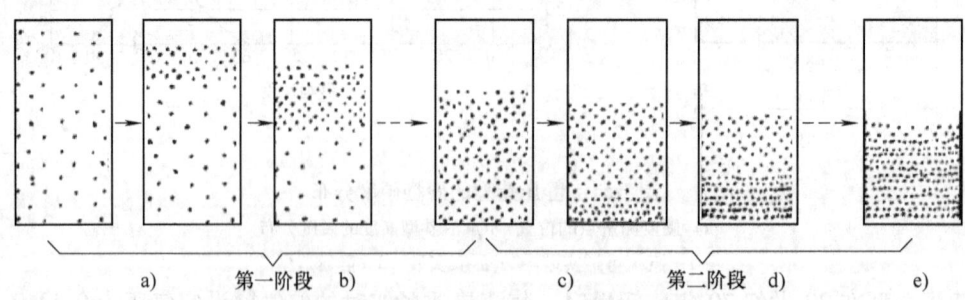

图1-53 气流冲击紧实过程示意图

影响初紧实层形成的关键因素为型砂顶部空腔的升压速度dp，dp越大，达到初紧实层形成气压p的时间越短，即空气渗入砂层深度越小，所形成的初紧实层厚度越薄。薄的初紧实层能获得强力的气冲,这是因为:薄的初紧实层标志着气体渗入初紧实层下面未紧实的砂层较薄,而渗入初紧实层下面的气体,不论是在初紧实层形成阶段渗入的,还是加速阶段渗入的,都是初紧实层向下扩展及加速的阻力;另外,初紧实层薄,其质量较小,气压推动向下运动能获得更高的加速度。同时,初紧实层薄,说明其形成时间早,其加速运动的行程长,最终可获得极高的冲击速度或冲击力。

(2) 紧实层自上而下的加速运动阶段 初紧实层受上面的气压推动,向下加速运动,接着这层型砂推动更下一层型砂紧实并向下运动,如此形成一个自上而下的型砂紧实波(图1-53a)。这一紧实波向下发展十分迅速,比空气向下渗透速度快得多(图1-53b)。砂层紧实波到达模板时,运动滞止。

(3) 自下而上的冲击紧实阶段 加速运动的紧实波遇到模板滞止时,型砂与模板发生强烈冲击,使紧靠模板处的型砂在最底层所受的冲击力最大,冲击力可达数倍于工作气压,可以达到很高的紧实度,刚度增加。此时上面砂层仍具有一定的运动速度,与刚度较大的型砂发生撞击所产生的冲击力更大,可以将型砂紧实到很高的紧实度。这一冲击,由下而上,一直到砂型顶部。

3. 气冲紧实的紧实度分布

气冲紧实所得的紧实度分布曲线如图1-54所示。最底层的砂层,由于受到上面各层型砂的冲击,所受的冲击力最大,所以其紧实度最高。由模板往上越高的砂层所受冲击的型砂质量越小,所以紧实度越低。砂型顶部的砂层,由于它上面没有砂层对它冲击,所以紧实度很低,仍呈疏松状态。

4. 气冲紧实中的漏斗堵塞

在气冲紧实过程中,砂粒的运动主要是由上向下的,因而对于有较高模样的砂型,与压实紧实相比,气冲紧实可以获得紧实度比较均匀的砂型。但是如果砂型中有很高的模样及大的深凹部,气冲紧实可能由于形成砂粒漏斗堵塞而出现局部紧实度低下的现象。

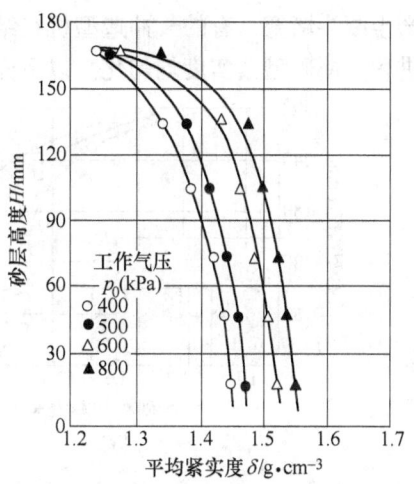

图1-54 气冲紧实的紧实度分布曲线

(1) 漏斗堵塞的形成机理 在气冲紧实过程中,砂型顶部初紧实层的砂层紧实波向下发展时,首先接触模样顶部,使模样顶部型砂(图1-55a中A区)预先进入冲击紧实阶段,而此时模样四周(图1-55a中B区)仍处于自上而下的初步紧实阶段,模样顶部由于受高速冲击紧实,很快形成一个锥形高紧实度区(图1-55a中H区)。H区形成后,由上面下来的冲击砂层a就会沿着锥形面滑向四周的深凹部的入口。这一从模样上斜向下滑出的冲击砂流与模样四周由上而下的砂流在深凹部(图1-55a中g处)入口不远处相撞,形成一个高紧实区。由于受砂箱壁及模样壁摩擦阻力的作用,这个高紧实区卡在了深凹部的上口处(图1-55a中d处),堵住型砂向深凹处流动,这种情况与型砂在小出口砂斗中互相棚住的现象相似,因而称之为漏斗堵塞。漏斗堵塞使它下面的砂层得不到上面砂层的补充及冲击,使模样深凹处型砂的紧实度急剧降低。图1-55b是气冲紧实结束的情况。图1-56所示是两种不同深凹比模样的砂型气冲紧实后的紧实度分布。图1-56a中模样很窄,所得砂型的紧实度分布由上至下不断增大,是一条无漏斗堵塞时的曲线。图1-56b所示是模样较宽、深凹比较大存在漏斗堵塞时的曲线,深凹处及砂箱角上的两条紧实度分布曲线都呈S形。曲线上有一向左的凹入,是由于漏斗堵塞而导致深凹部填砂不充分造成的紧实度低下。在情况严重时,甚至形成松孔,以至没有砂粒的空腔。

砂胎的深凹比对形成漏斗堵塞有显著的影响。砂胎的深凹比越大,模样顶部砂柱及四周砂柱的压缩比差也越大,越容易形成漏斗堵塞,通常砂胎的深凹比大于3.0时易出现漏斗堵塞。

(2) 防止漏斗堵塞的方法 为了防止产生漏斗堵塞,有的气冲造型机在结构上采用特殊装置,改变模样顶部及四周深凹部的实砂进程,使砂型紧实度均匀化。以下介绍几种方法。

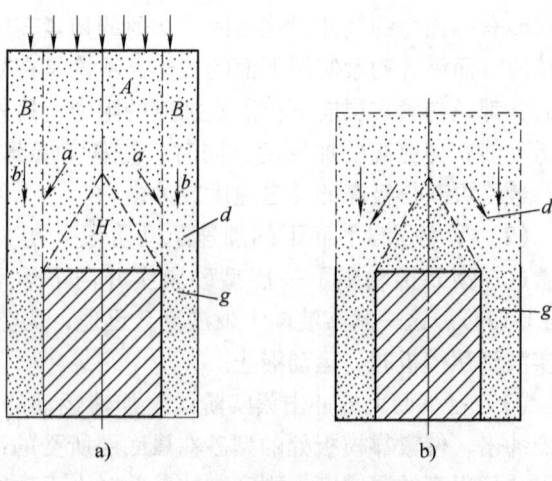

图1-55 气冲紧实时型砂的流动情况
a) 气冲紧实开始 b) 气冲紧实结束

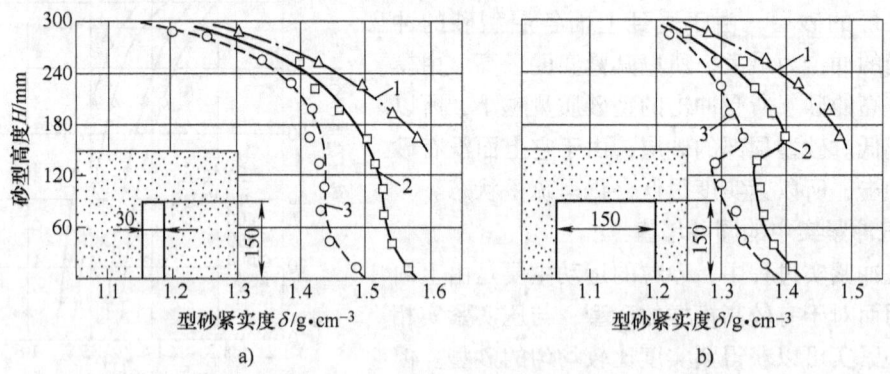

图1-56 不同深凹比模样气冲紧实后的紧实度分布曲线
1—模样顶部的紧实度分布 2—深凹处中间的紧实度分布
3—砂箱角上的紧实度分布

1) 使用紧实率低的型砂,可以提高气冲紧实砂型紧实度分布的均匀性,有利于防止漏斗堵塞。

2) 流态气冲法。这一方法的原理如图1-57所示。辅助框3做成带夹缝的,气冲时由气冲阀进来的高压空气,除了压向型砂外,还通过辅助框夹缝引向砂型中可能出现漏斗堵塞的部位,这一夹缝中的气流流速比型砂内的初始紧实波要快,因此先流到深凹部的入口处,使那里的砂层流态化,避免漏斗堵塞的形成,同时也使深凹处的型砂作一定的预紧实,从而防止了深凹部入口处紧实度低下的现象。

该方法工作气压的高低、夹缝的结构及大小均应适当,否则,过强的气流将在夹缝口处生成气旋,会在那里造成紧实度低下,严重时在吹入口附近形成空隙。另外,填砂时要注意避免砂粒落入辅助框的夹缝中,阻塞空气在夹缝中的流动。为了解决这一问题,往往需要结构特殊的加砂斗。

3）差动气冲法。从上面对漏斗堵塞的形成分析可知：模样顶部滑向四周的砂流与深凹部上面下来的初始紧实波相交汇时，砂胎深凹部的初始紧实及冲击紧实尚在进行中，因此，堵塞层挡住了上层型砂对深凹部的补充和冲击，导致了深凹部上口紧实度低下现象。如果气冲时设法使模样顶部砂层向四周的紧实流动过程稍稍慢一点，就可以使漏斗堵塞不影响深凹部入口处砂层的冲击紧实，避免该处紧实度低下的现象。按照这一想法，在辅助框内沿着模样轮廓设一导气框（图1-58），导气框的上盖是钻有许多小孔的阻流板。气冲时模样顶部区域气流受多孔阻流板的阻挡，流动比较慢一些，导气框中直的导气板又阻止了砂层的斜向流动，延缓了堵挡层的形成，等深凹部中的型砂已紧实完毕，再形成堵挡层已不起作用。这些因素都有利于避免深凹部入口处出现紧实度低下的现象。

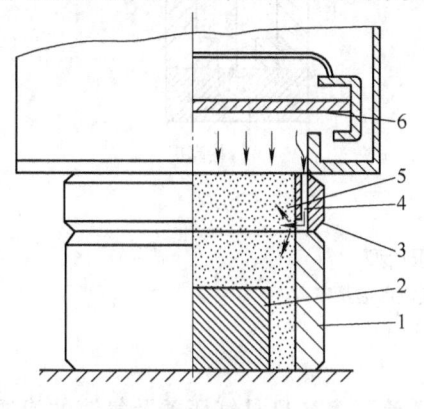

图1-57　流态气冲法原理
1—砂箱　2—模样　3—辅助框　4—夹缝
5—砂型流态化区　6—气冲阀

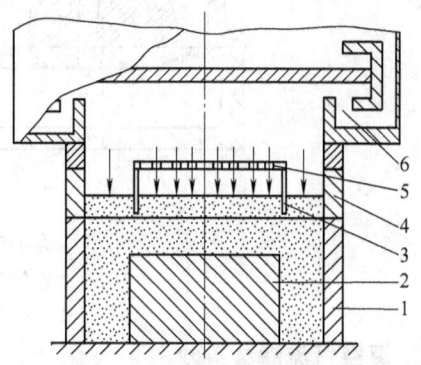

图1-58　差动气冲法原理
1—砂箱　2—模样　3—导气框　4—辅助框
5—阻流板　6—气冲阀

4）二次气冲。这一方法是在气冲机构中另开一个小的进气阀。气冲之前，先打开小进气阀，使砂层顶部气压提高到某一较小的气压，然后开启大的气冲阀，使型砂紧实。第一次进气，由于深凹部底上开有排气孔，可使深凹部底层型砂得到一定程度的紧实，这样深凹部因已有一定程度的紧实度，所以在大的冲击阀开启第二次进气时，紧实过程十分迅速，在深凹部上方出现堵塞前，型砂已经充分紧实。这里，第一次气压紧实是第二次冲击紧实的预紧实。

1.6　其他实砂方法

1.6.1　真空负压造型

1. 真空射砂法

真空射砂填砂的原理如图1-59a所示。工作时，将砂箱紧压于填砂斗及模板之间，模板上开有排气孔。填砂时，将真空引至模板上排气孔的下面，使模板处气压迅速降低，于是在填砂斗与模板之间形成气压差。这一气压差推动型砂向砂箱射砂填充砂箱。与此同时，气压差还使型砂在一定程度上得到紧实。所以真空填砂除了填砂作用，还有对型砂的预紧实作用。但是真空造成的气压差最大不超过100kPa，因而所得的砂型或砂芯的紧实度并不高，但是作为填砂预紧实，却可以获得良好的效果。特别是若将排气孔开在砂型的底部，则在填砂时，那里受到的紧实作用最大。这种真空预紧实作用，可使第二次紧实（一般用压实紧实）后所得砂型的紧实度分布更均匀化。

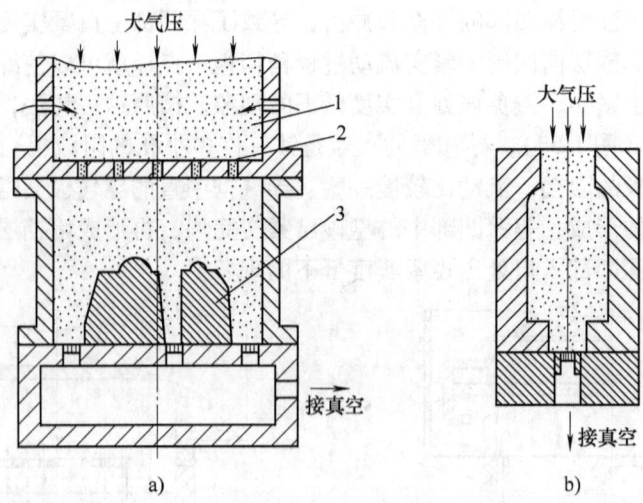

图 1-59 真空负压造型
a) 真空射砂 b) 真空气流渗透紧实
1—砂斗 2—射孔 3—模样

2. 真空气流渗透实砂

真空气流渗透实砂（图 1-59b）与气流渗透实砂差不多，只是气压差及气流的渗透由大气压与真空的压差形成。图 1-59b 中芯盒已填满芯砂，紧实时将芯盒底板上的排气孔接以真空系统，芯盒两端由于气压差出现气流渗透，气流渗透作用的压力将芯盒中的芯砂紧实。

真空紧实方法的优点是粉尘等可由真空系统抽走，不会产生喷砂现象，噪声低，劳动条件好，而且砂斗中没有气压，不用密封，砂斗中的型砂也存在被紧实的问题。但是真空实砂的气压差最大不超过 100kPa，因而所得的砂型紧实度比较低，而且产生真空的能量消耗相对较多。近几年来，有将真空实砂用于树脂砂制芯的，真空射砂填砂后，经过自硬或通以气体硬化剂制芯；也有用于粘土砂造型的，先用真空填砂，后再用多触头压头压实，可以获得紧实度分布良好的砂型。

3. 负压造型

负压造型也称为 V 法造型，因取英文 Vacuum（真空）一词的字头 "V" 而得名。它区别于传统砂型铸造最大的特点是不使用粘结剂，V 法铸造是利用塑料薄膜密封砂箱，靠真空抽气系统抽出型内空气，铸型内外有压力差，使干砂密实，形成所需型腔，经下芯、合型、浇注、抽真空使铸件凝固，解除负压型砂随之溃散而获得铸件（详见第 4 章）。

1.6.2 化学硬化法实砂

化学硬化就是将少量硬化剂加入到有机或无机粘结剂中，通过硬化剂与粘结剂的化学-物理作用，使砂型或型芯在短时间内硬化。化学硬化实砂相对于前面所述的实砂方法具有以下优点：

1) 型砂流动性好，易于紧实，故造型（芯）劳动强度低。
2) 可简化造型（芯）工艺，缩短生产周期，提高劳动生产率。

3）砂型浇注的铸件尺寸精度、表面光洁度好，减少了铸件缺陷。

4）降低能耗，改善了工作环境和工作条件。

化学硬化方式基本上可分为三种：

（1）自硬法　粘结剂和硬化剂都在混砂时加入。造型或制芯后，粘结剂在硬化剂的作用下发生化学反应而自行硬化。自硬化主要用于造型，但也用于制造较大的砂芯或生产批量不大的砂芯。

（2）气雾硬化法　混砂时先不加硬化剂，只加入粘结剂和其他附加物。造型后，吹入气态硬化剂或利用气体作为载体的雾化的液态硬化剂，使硬化剂快速与型砂中的粘结剂反应，使整个砂型硬化。气雾硬化法主要用于制芯，有时也用于制造小型砂型。

（3）加热烘干法　混砂时加入粘结剂和常温下不起反应或反应微弱的潜硬化剂，造型后，将其加热，这时潜硬化剂和粘结剂中的某些成分发生反应，使砂型硬化。加热烘干法主要用于制芯，有时也用于制造小型薄壳砂型。

1. 无机化学粘结剂砂型（芯）

当前铸造生产中应用最广泛的无机化学粘结剂是钠水玻璃，其次为水泥，近年又开发出磷酸盐聚合物粘结剂。钠水玻璃中的硅酸钠溶于水，产生溶剂化作用，使其周围形成水化膜，水化膜将硅酸钠质点隔离，使钠水玻璃呈稳定状态。钠水玻璃的粘结性能和强度的增长源于水分降低，水化膜被破坏，致使其粘度和强度迅速增长。所以凡是能去除钠水玻璃中水分的方法都可以使砂型硬化。目前钠水玻璃的硬化方法主要有吹 CO_2 硬化法，粉状、液态硬化剂自硬法，以及自然烘干或加热烘干法。

（1）吹 CO_2 硬化法　CO_2 是一种脱水能力相当强的气体，从砂粒周围流过，与钠水玻璃充分接触使其失水，CO_2 与钠水玻璃中的水发生化学反应形成碳酸，从而使表层钠水玻璃的 pH 值不断降低，达到迅速硬化。详细工艺方案可参阅《铸造工艺学》。

（2）粉状、液态硬化剂自硬法　自硬法为钠水玻璃砂的应用开辟了新的领域，因为砂芯（型）是由型砂内硬化剂致硬的，相对来说，它能制作更大的砂芯（型），并可用另外的型砂作背砂，具有较大的灵活性。

自硬钠水玻璃砂由原砂、钠水玻璃、粉状或液态有机酯硬化剂，以及可改善砂芯（型）的保存性、出砂性、减少铸件缺陷、提高铸件表面质量的附加物所组成。

为避免粉状物料使钠水玻璃胶凝太快，缩短型砂的可使用时间，因此，要求用作自硬砂的硬化剂应具有潜伏性，以延缓钠水玻璃的胶凝反应。采用硅铁粉（硅的质量分数为75%）可解决这一问题，其潜伏催化作用主要体现在与粘结剂的反应是由慢逐渐加快的，但由于这种硬化剂在反应中会析出无色、无味、易爆炸的氢气，有可能引起爆炸事故，因此，这种硬化剂已不那么流行。目前常用的粉状硬化剂为含硅酸二钙的粉末，由于赤泥、铬铁渣、碱性电炉炉渣、熔炼镁和熔炼铝的还原渣等的残渣或废料中存在大量的硅酸二钙，因此，在实际生产中广泛采用这类材料作为自硬钠水玻璃砂的硬化剂。采用粉状硬化剂自硬砂尽管制备简单，操作方便，但不易混匀，其活性不稳定，受炉渣成分、粒度、贮存期间吸水等因素的影响，粘结剂的粘结强度也得不到充分发挥。自液态硬化剂问世以后，由于它不存在粉状硬化剂的缺点，因此，很快引起人们的重视。

液态硬化剂活度各不相同，其中甘油单醋酸酯硬化钠水玻璃砂的反应速度很快，但硬化性能差；甘油双醋酸酯的反应速度也快，型（芯）砂可使用时间只有 3.5~4min；而甘油三醋酸酯硬化钠水玻璃砂的速度相当慢,可使用时间大于 2.4h;二甘醇二醋酸酯硬化的可使用时间为 1.5h。因此,单独使用液态硬化剂并不适宜,通常铸造用有机酯大都是由上述酯以不同比例混合而成的,以满足生产上所需不同的使用时间和硬化速度的要求。酯硬化的型、芯的存放性比 CO_2 硬化的要好,在潮湿的环境中像使用任何其他粘结剂一样,型、芯的强度也会降低,但在正常条件下,存放三个星期性能仍符合要求。其存放性受制芯(型)工艺过程的影响。例如,有机酯加入量不够,硬化不足;砂的含水量高,使用了超过可使用时间的钠水玻璃砂等都会显著缩短存放期。

在使用酯硬化钠水玻璃时,由于液态酯能与钠水玻璃形成均匀混合物,因此,型、芯所有部分均以相同速度建立强度;酯水解产物之一的丙三醇在浇注时被烧掉,有助于改善出砂性。有机酯钠水玻璃砂可用于单件和成批生产钢、铁及其他合金铸件,小的型、芯用单一砂,而大、中型砂型则用它作为面砂。它的典型配方按质量分数是石英砂 95.6%~97.0%,钠水玻璃 3.0%~4.4%,有机酯为钠水玻璃质量的 8.0%~12.5%。

2. 有机化学粘结剂砂型(芯)

用有机化学粘结剂型砂造型和制芯,具有生产率高,劳动强度低,节约能源,造型和制芯紧实方便,强度高、透气性好,落砂容易,旧砂可再生回用,生产的铸件表面质量好,尺寸精度高等许多优点,因此近年来在国内外发展甚为迅速。目前有机化学粘结剂砂型(芯)硬化方法主要有热(温)芯盒法、自硬法及气硬法。

(1) 热芯盒法 是用液态热固性树脂粘结剂和催化剂配制成的型(芯)砂,填入加热到一定温度的芯盒内,贴近芯盒表面的芯砂受热,其粘结剂在很短时间即可缩聚而硬化。热芯盒法使用的催化剂在室温下处于潜伏状态,一般采用在常温下呈中性或弱酸性的盐(这有利于混合好的树脂砂的存放,即达到可使用时间长的目的),而在加热时激活成强酸,促使树脂迅速硬化。

(2) 自硬法 将砂子、有机粘结剂及液态催化剂混合均匀后,填充到芯盒(或砂箱)中,稍加紧实即于室温下在芯盒(或砂箱)内硬化成形,称为自硬法制芯(型)。自硬法可大致分为酸催化树脂砂自硬法、脲烷系树脂砂自硬法及酚醛树脂自硬法。

(3) 气硬法 热芯盒法、壳法因耗能高,芯盒工装的设计和制造周期长、成本高,制芯时工人需在高温及强烈刺激气味下操作等,从而限制了它们的应用。采用自硬冷芯盒法制芯,芯砂可使时间短,脱模时间长,不利于高效大批量制芯,而气硬冷芯盒法基本可以弥补它们的不足。

气硬冷芯盒法制芯是将树脂砂填入芯盒,而后吹气硬化制成砂芯。根据使用的粘结剂和所吹气体及其作用的不同,有三乙胺法、SO_2 法、酯硬化法、低毒及无毒气体硬化法等。

1.7 填砂及起模

1.7.1 填砂

1. 填砂工艺要求

造型机造型时,填砂工艺应满足如下要求:

(1) 填砂均匀 根据前面对紧实过程的分析可知:填砂时最好在模样顶部少填一些砂,

而在深凹部多填一些砂，尽量减小压缩比的差值，压实后才能达到紧实度均匀。然而实际上往往遇到相反的情况，填砂后，砂箱上面的砂堆中间高四周低，使压实后紧实度更加不均匀，如图1-60a所示。所以，一般要求填砂后，最起码应保证砂型顶面齐平，如图1-60b所示。

（2）型砂松散 型砂中如有紧实度较高的砂团与其他松散的型砂一起填入砂箱，对均匀填砂很不利。因为这样的砂团具有一定的强度，实砂时妨碍它下面型砂的紧实。这样的砂团如果填在模样顶部或处于深凹部模样壁上，它下面

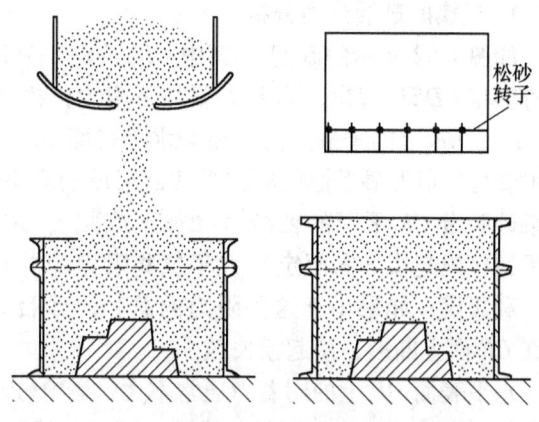

图1-60 填砂的均匀程度
a) 不均匀填砂　b) 砂型顶面齐平

的型砂就得不到紧实，造成砂型面上出现松孔；同时混杂有高紧实度砂团的型砂流动性不足，会大大减弱型砂的填充效果。所以现代造型机要求型砂在加入砂箱前先要经过松砂。有的造型机的加砂斗下部装有松砂转子，加砂时松砂转子高速旋转，将型砂松散后填入砂箱（图1-60b）。

（3）提高填砂紧实度 提高填砂紧实度，能增加紧实度的均匀性。在现代的一些造型机中，设法在填砂过程中提高填砂的紧实度，使造型机能适应比较复杂模样的砂型造型。

2. 填砂工艺

（1）重力填砂法 重力填砂法就是将型砂提升到一定高度后使其自由下落，使型砂以一定速度落入砂箱，所填的型砂因冲击力得到一定的紧实度。图1-61所示是一种重力填砂装置示意图。型砂先提到3m高的砂斗中，按需要定量。填砂时，砂斗底部的闸门很快打开，型砂因重力下落。为了避免型砂撒落在砂箱外边，型砂在一个方形导料套中下落。导料套的下端与砂箱离开一段距离，以免在型砂落入砂箱时形成气垫。由于提高了填砂的紧实度，中等复杂的砂型经过压实后可以得到满意的紧实度。国外有的铸造车间应用重力填砂法比较成功。

（2）真空填砂 真空填砂具有型砂紧实的辅助作用，并且真空除了预紧实作用外，尚有松砂作用。型砂从中间砂斗落入砂箱的过程中，砂粒之间间隙中原有的空气在真空中四散逸开，可以使型砂得到松散。

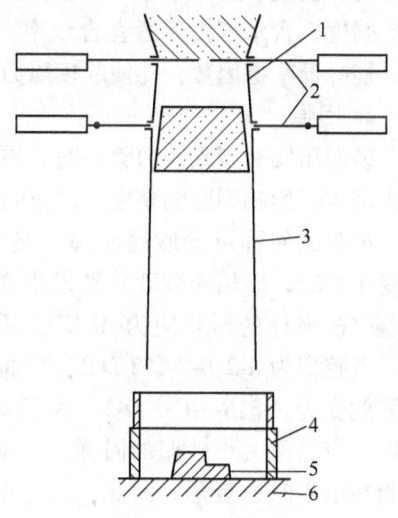

图1-61 重力填砂装置
1—中间加料斗　2—闸门　3—导料套
4—砂箱　5—模样　6—模板

1.7.2 起模

起模的质量直接影响砂型的质量，故对起模工作有两点要求：第一，动作平稳，避免对砂型产生冲击；第二，起模速度可调。

1. 起模时砂胎受力分析

如图 1-62 所示的砂型，其中 $CDEF$ 是一个砂胎。起模时要将 $CDEF$ 起出，需要克服如下阻力：模样垂直平面 CD 及 EF 上的摩擦阻力、模样水平表面 DE 上对型砂的附着力，以及砂胎起模时在深凹部形成的真空吸阻力。如果砂胎沿 CF 平面的粘结力（加上或减去 $CDEF$ 砂胎的重力，视起模方向而定）大于这些阻力的总和，就可以顺利起模；如果小于这些阻力的总和，砂胎 $CDEF$ 就会在 CF 面上断裂，使起模失败。

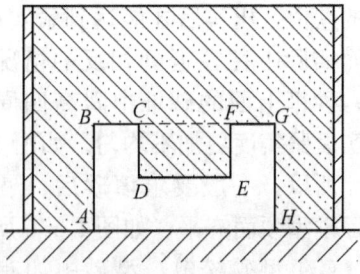

图 1-62 起模时砂胎受力分析图

水平表面 DE 上的附着力通常不大，影响较小；当型砂的紧实度高时，深凹处的真空吸阻力往往会成为一个主要的起模困难因素。所以在高压造型时，最好在模样的砂胎底部开几个通气孔，将空气引入，减小真空度，或者调节起模速度，使得起模比较顺利。

起模阻力的最主要因素是模样垂直面上的摩擦阻力，可以有下式

$$f = \sigma_R A \mu k \tag{1-10}$$

式中，f 为垂直表面上的摩擦力（N）；A 为模样垂直表面的表面积（m²）；σ_R 为紧实力撤消后，砂型作用于模样表面的平均残留侧应力（N/m²）；μ 为型砂与模样表面的摩擦因数；k 为砂胎的形状系数。

总的来说，起模阻力除了与砂胎的形状和高度有关外，还受到很多因素的影响。压实比压提高，会使砂型作用于模样表面的平均残留侧应力增大，起模阻力增加，起模困难；提高型砂强度，含水率接近适宜含水率，提高粘土含量等，都能使起模阻力增大；型砂中的煤粉，能降低摩擦因数，能使起模阻力略有降低。

2. 回弹

砂型压实后当紧实力除去时，原来的变形有微小的回复，这种回复叫做回弹。回弹使起模力增大，影响型腔的精度，严重时甚至能使砂型开裂损坏。

型腔的回弹可分砂箱回弹和型砂回弹两部分。在受压实时，砂箱和型砂分别发生变形（图 1-63）。如型腔按模样的形状应为 $ABCD$，后由于砂箱的回弹，型腔变为 A-2-B-2-C-2-D-2，再加上型砂的回弹，型腔就变为 A-3-B-3-C-3-D-3。为了减少型腔的回弹变形，应尽量减小砂箱的回弹，也就是要尽量减小砂箱在压实时的变形。因此，高压造型的砂箱要求做成刚度大的结构。很多高压造型用的砂箱做成框形结构，其目的也就在于提高其刚度。

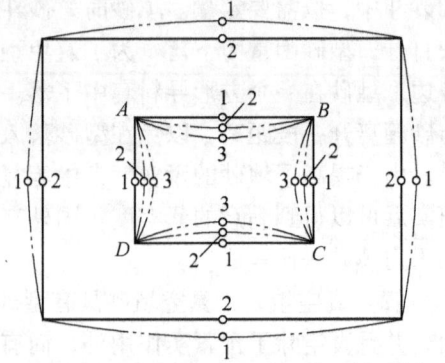

图 1-63 砂箱及模样的回弹示意图

型砂的回弹主要是由于砂粒间粘土膜的回弹。回弹量大小受压实比压、型砂含水率、粘土及煤粉含量等因素的影响，但是最主要的影响因素是压实比压。压实比压越高，则型砂的回弹越大。因此，为了控制型砂回弹，高压造型的压实比压不能过高。

3. 起模机构及起模方式

为了保证起模平稳而且精确，要求起模动作平稳，没有冲击，特别是在模样与砂型相脱

离的一瞬间,要求速度缓慢,所以起模机构大多数采用液压或气压传动,而且起模的速度可以调节,同时对起模机构的运动精度要求较高,在起模过程中不发生歪斜。

起模的方式有顶箱起模及翻转起模两种。

(1) 顶箱起模　顶箱起模就是在造型完毕后,砂型不经翻转,将模样自砂型中起出。通常有托箱法和顶杆法两种。

1) 托箱法。托箱法也叫回程起模法(图1-64),现在很多半自动造型机都采用这种方法。空砂箱由边辊道送入,压实时砂箱上行顶住压头,压实完毕,砂箱及工作台下落过程中,砂箱被边辊托住,模板及工作台继续下落而起模。

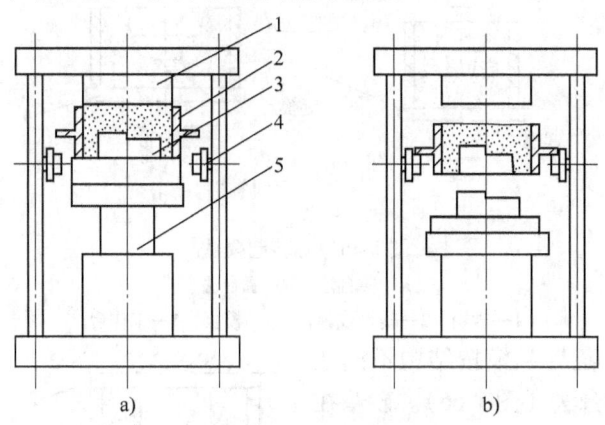

图 1-64　托箱法起模
a) 压实　b) 起模
1—压头　2—砂型　3—模样　4—边辊道　5—压实机构

2) 顶杆法。顶杆法起模(图1-65)就是在砂型紧实完毕后,用四根顶杆顶着砂箱的四个角垂直上升,使砂型与模板分离。起模时,模板不动,砂型向上运动。为了保证砂箱平稳顶起,四个顶杆的运动必须完全同步,因此,通常四根顶杆都装在一个顶杆架上,一起运动。

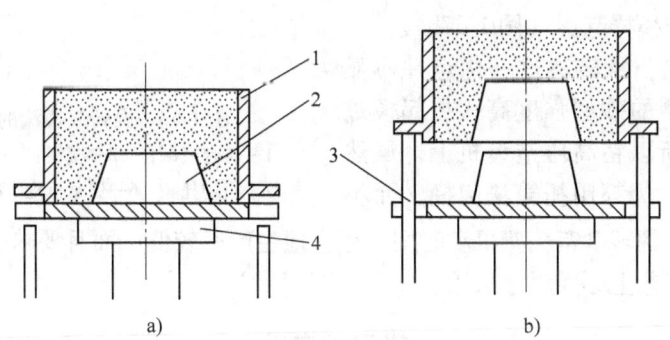

图 1-65　顶杆法起模
a) 实砂　b) 起模
1—砂箱　2—模板　3—顶杆　4—工作台

由图 1-62 的分析可知,顶箱起模时,砂胎本身的重量与起模阻力合在一起,作用在 CF 面上,使砂胎容易断裂。如果将砂箱与模板翻转 180°后起模,则砂胎本身的重量变得与 CF 面上的粘结力同一方向,有助于起模,所以对于有大的砂胎的砂型,常用翻转起模法。

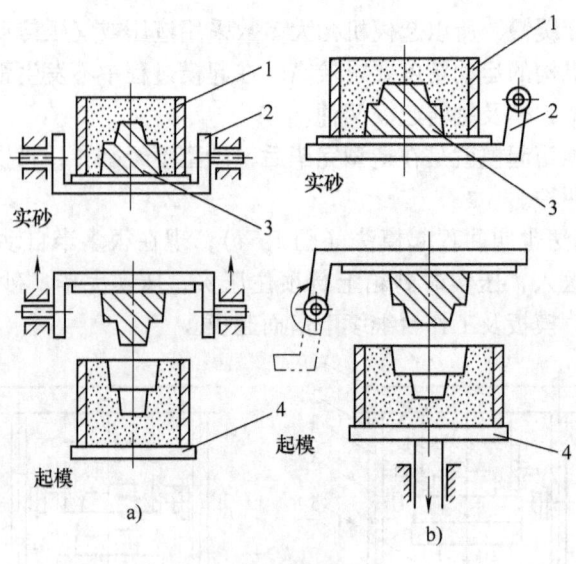

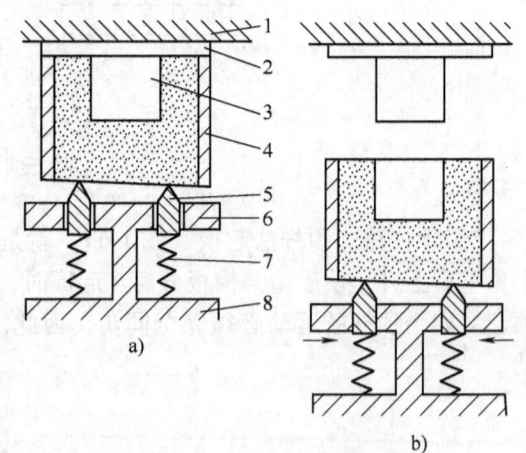

图 1-66 翻转起模法
a) 转台法 b) 翻台法
1—砂箱 2—转台或翻台 3—模板 4—工作台

(2) 翻转起模 翻转起模按结构不同还可以分为转台法及翻台法（图 1-66）。砂箱在翻转后，砂箱顶面往往不平，而且它与起模方向也不完全垂直，所以在接箱台上还需一个校平机构。校平机构的原理如图 1-67 所示。接箱台上有两个或四个托条，每个托条由两根弹簧顶住。接箱台接住砂箱时，托条即随着砂箱顶面的形状托住砂箱（图 1-67a），这时锁紧机构把托条的位置固定，接箱台下降时，就能平稳地把模样起出（图 1-67b）。

对于高压造型，翻转法这一优点并不显著，因为高压造型的砂型强度高，在起模过程中不易掉砂，所以在高压造型机上，虽然砂型的尺寸较大，仍都用托箱法起模，而不

图 1-67 翻转起模法的校平机构
1—转台或翻台 2—模板 3—模样 4—砂箱
5—校平机构托条 6—锁紧机构 7—弹簧 8—接箱台

用翻转法。翻转法翻转砂箱耗费机动时间，相应地生产率较低，而且要求机器的结构也较复杂，所以只有在工艺上必要时才采用。

复习思考题

1. 型砂紧实度与紧实率的概念是什么？生产中如何测定型砂的紧实度？
2. 何谓压实比压？压实比压在型砂紧实不同阶段的变化特征是什么？
3. 在压实实砂中，不同压实速度下的紧实度分布情况以及影响紧实度均匀分布的因素有哪些？
4. 简述震击实砂的特点及紧实度分布。震击实砂后用成形压板补充紧实是否合适？
5. 预震加压实与震压有哪些区别？

6. 在射砂法实砂中，影响砂粒射出及砂粒在芯盒中紧实的因素有哪些？
7. 简述气流渗透实砂原理及紧实度分布。
8. 何谓静压造型？静压造型的工艺过程及特点是什么？
9. 何谓漏斗堵塞？生产中可采取哪些方法加以消除？
10. 真空射砂法与负压造型有哪些区别？
11. 简述化学硬化法实砂的分类。
12. 填砂与起模的工艺要求有哪些？

第 2 章 粘土砂造型设备及生产线

2.1 震击及震压造型机

震击和震压造型机是铸造车间中历史最悠久的造型机,虽然因其振动大、噪声大、生产率低等原因,现正逐渐被各种新型造型机所代替,但它仍是目前我国铸造车间中普遍应用的一种造型机。

2.1.1 Z145 震压造型机

Z145B 震压造型机主要用于小铸件生产,其最大砂箱尺寸为 500mm×400mm,主要用于小型机械化的铸造车间。Z145B 造型机具有典型的悬臂式结构,它由转臂压头、震压机构、机身、管道系统等组成,其总图如图 2-1 所示。造型机工作时,先将上面的压板 12 拉开,把砂箱放入工作台上的模板框上,然后将型砂填入砂箱。在填砂时也可以开动震击气缸 4,

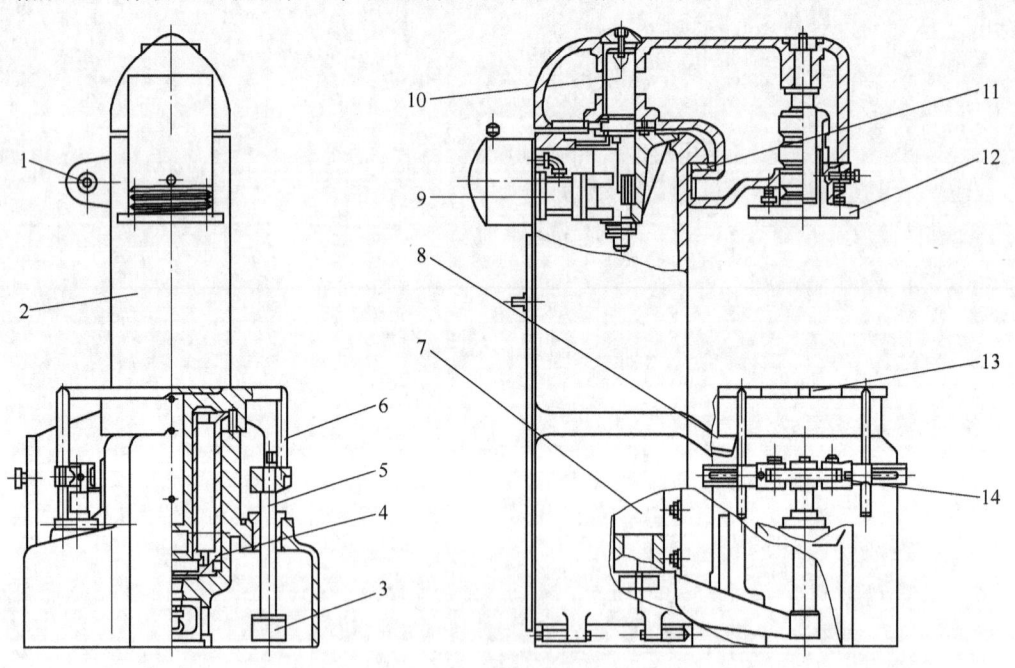

图 2-1 Z145B 震压造型机总图

1—按压阀 2—机身 3—起模同步架 4—震击气缸 5—起模导向杆 6—起模顶杆
7—起模液压缸 8—振动器 9—转臂动力缸 10—转臂中心轴 11—垫块
12—压板 13—工作台 14—起模架

产生震击,使型砂边填入边初步紧实,然后,将压板转入造型机中心位置与砂箱相对,接着开动压实气缸,使工作台13及砂箱一起上升,压板压入辅助框内,将型砂紧实。工作台上升时,四根起模顶杆一起上升,工作台下降时,四根起模顶杆受顶不能下落,将砂箱托住,于是模样从砂型内起出。这时,将紧实后的砂型取出,然后使起模顶杆下落,造型机回至起始状态,造型完成一个循环。

1. Z145 震压造型机的结构及工作原理

Z145B 震压造型机根据其结构特点可分为震击机构、压实机构及起模机构三个部分。

(1) 震击机构

1) 震击机构及震击循环。图 2-2 所示是 Z145B 型震压造型机的气缸结构图。震击机构由压实气缸 1 中心的震击气缸 2 和震击活塞 5 组成,震击气缸同时兼作压实活塞。压缩空气从震击活塞 5 中心的小孔进入气缸,排气由震击气缸壁上的排气孔 4 及活塞运动的位置而确定,这种由活塞的运动实现气缸的进、排气方式称为活塞司气。这种震击机构在整个震击过程中,进气孔并不关闭,即使气缸排气时也在进气,因此将这种进气方式称为不间断进气司气方式。

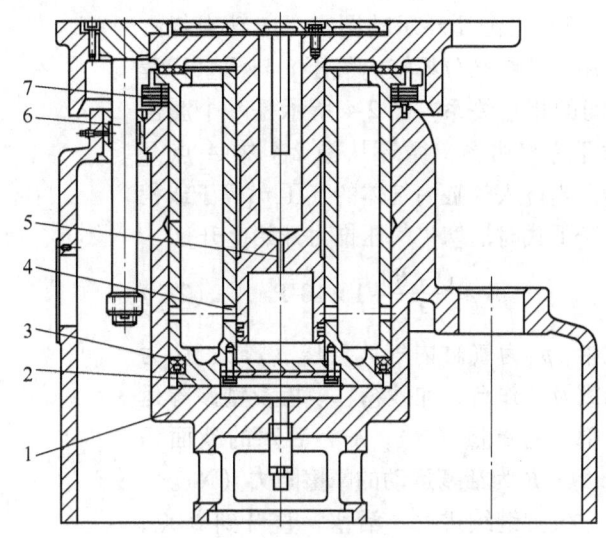

图 2-2 Z145B 型震压造型机的气缸结构
1—压实气缸 2—压实活塞及震击气缸 3—密封圈
4—震击气缸排气孔 5—震击活塞 6—导杆
7—折叠式防尘罩

震击气缸产生不断震击的原理如图 2-3 所示。震击开始时,压缩空气通过活塞 1 中的空腔,经气缸壁上的环形间隙,从进气孔 2 进入气缸。缸内气压上升,推动活塞向上运动(图 2-3a)。活塞向上升起一段距离 S_e 后,空气的气路被切断,气缸不再进气。这段活塞运动的距离称为进气行程 S_e。这时,由于气缸中的气压仍然比较高,它一面膨胀,一面推动活塞继续上升,如图 2-3b 所示。活塞又走过一小段距离 S_r(称为膨胀行程)后,将排气孔 3 打开,气缸内的压缩空气便迅速排出。这时气缸内气压降低,但是活塞尚具有向上的惯性力,

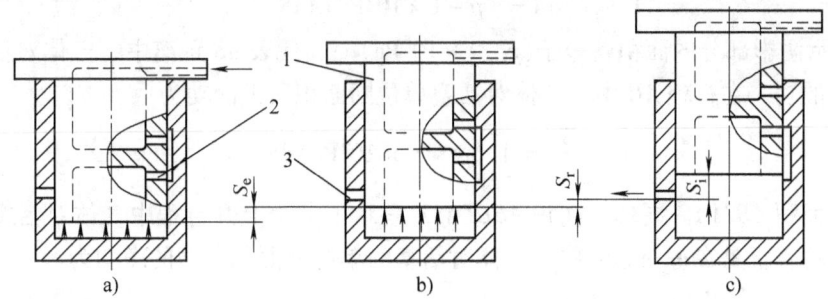

图 2-3 震击气缸的工作过程示意图
1—震击活塞 2—进气孔 3—排气孔

因而仍然继续上升（图 2-3c）。惯性使活塞再上升一段距离 S_i（排气工作行程）后，上升惯性丧失，开始下落。下落时，先关闭排气孔 3，一直下落到活塞以相当大的速度与工作台发生撞击，此时，进气孔被打开，气缸又开始进气。震击工作台由于受撞击时回弹力的作用，加上气缸内气压的作用，活塞及工作台重又上升，一个震击循环结束，新的循环重新开始，形成重复的震击。这种震击机构的优点是结构比较简单，但空气浪费很大，只用于小型震压造型机。

2）震击循环示功图。一般动力气缸常用示功图来分析缸内气压 p 与活塞行程 S 间的相互关系。图 2-4 所示是一个震击循环的示功图，循环从图 2-4 中 A 点开始，当进入气缸内气体的气压 p'_A 等于或稍大于下式时活塞受气压推力开始上升

$$p'_A \geq \frac{Q+R}{A} + 1 \times 10^5 \text{Pa} \quad (2\text{-}1)$$

式中，p'_A 为气缸内气体气压（Pa）；Q 为活塞及工作台、加砂箱、模板及型砂等运动部分的重量（N）；A 为活塞的断面积（m^2）；R 为活塞运动的摩擦阻力（N）。

气缸继续进气，活塞一直升到 B 点，进气孔关闭。由 B 点至 C 点是膨胀行程。至 C 点时排气孔打开，气缸排气，缸内气压下降。由于惯性力的作用，活塞一直升至 D 点，直至气压低于 $(Q-R)/A + 1 \times 10^5 \text{Pa}$ 时才开始下落。活塞下落至 E 点，排气孔关闭，到 F 点进气孔又打开，但因活塞的下落速度大，气缸内气压尚不很大，所以此过程缸内空气被压缩，活塞继续下落，直至 A 点发生撞击，工作台反跳上升，开始新的循环。第一个循环以后，活塞在 A 点所需的上升气压可以比式（2-1）所要求的气压低些，因为撞击时的回弹力可以减少活塞上升所需的推力。

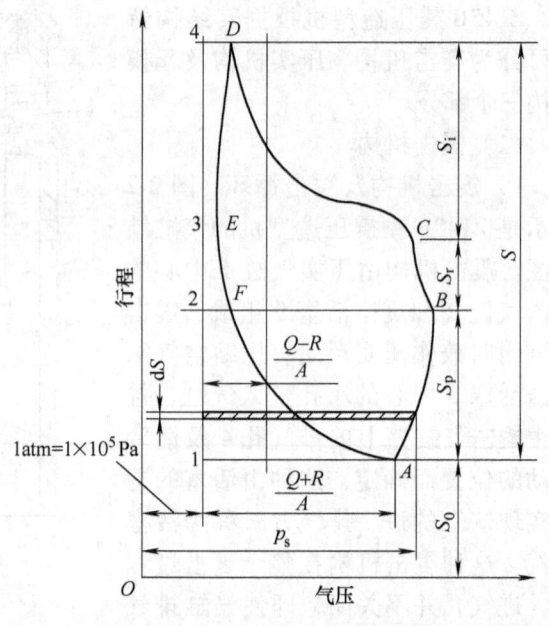

图 2-4 震击循环的示功图

示功图表示了循环过程中功的变化。活塞受气体推动上升时，气体对活塞做功。假设在气压为 p 时，上升距离为 dS，则气体对活塞所做的功为

$$dW = (p - 1 \times 10^5 \text{Pa}) A dS$$

如图 2-4 所示阴影部分的面积就等于 $(p - 1 \times 10^5 \text{Pa}) dS$，代表 dS 距离中，气体对活塞的单位断面积所做的功。在行程 AB 中，气体对活塞单位断面积所做的功为

$$\frac{W}{A} = \int_A^B (p - 1 \times 10^5 \text{Pa}) dS$$

亦即相当于面积 $AB21A$。同理，面积 $ABCD41A$ 表示了整个上升行程中气体对活塞的单位断面积所做的功。于是在每一循环中，气体对活塞的单位断面积所做的净功为

$$\frac{W}{A} = \text{面积 } ABCD41A - \text{面积 } AFED41A = \text{面积 } ABCDEFA$$

即循环曲线所包围的面积代表了每个震击循环中气体对活塞单位断面积所做的功。

然而，在一次震击中活塞实际所获得的能量，还必须从 W 中减去运动摩擦所消耗的功，即

$$e_0 A = W - 2RS \tag{2-2}$$

式中，e_0 为折合活塞单位断面积的震击能量或震击比能(J/m^2)；A 为活塞断面积(m^2)；W 为循环一次气体对活塞所做的功(J)；R 为活塞运动的摩擦阻力(N)；S 为活塞的总行程(m)。

设活塞在碰击后回弹时具有反跳比能 e'，则 $e_0 + e'$ 就是工作台的撞击比能 e。显然，撞击比能 e 越大，震击效果就越好。设撞击的弹性恢复系数为 k，则 e 与 e' 的关系为 $e' = k^2 e$。对于一般的震击造型机，$k = 0.3 \sim 0.4$，所以反跳能约为撞击能的 0.1~0.15。

3）影响震击循环的因素

① 进气行程 S_e 及膨胀行程 S_r。由以上分析可知，若示功图的面积大，则震击的能量也大，震击也更为有效。一般说来，进气行程 S_e 及膨胀行程 S_r 越大，则示功图的面积也越大。但若 S_e 过大，则消耗压缩空气多，而且在活塞下落时，过早打开进气孔，气缸中气压过早升高，会对活塞下落产生很大的阻力，减弱震击的力量，反而使震击的效率降低。所以 S_e 和 S_r 必须选择适当。

② 余隙高度 S_0。活塞在上升之前，活塞与气缸之间存在着一定的间隙，这部分空隙体积叫做余隙体积，对震击过程影响很大。若余隙体积过大，压缩空气进入气缸时，须先把这一体积填满，于是气压升高速度减慢。而在排气时，需排出更多的空气量，占用时间较长，这些都可能导致震击过程减缓，并且多消耗压缩空气。设余隙体积为 V_0，气缸的断面积为 A，则余隙高度为

$$S_0 = \frac{V_0}{A} \tag{2-3}$$

式中，S_0 即表示余隙体积折合成活塞行程的高度。如图 2-4 所示，A 点以下的距离即为 S_0。在实际结构上，震击气缸的设计应不使余隙体积过大，但余隙体积也不应过小。如果 S_0 过小，则在活塞下行阶段，排气孔关闭后（相当于图 2-4 中的 FA 阶段），气缸内的剩余空气受活塞的压缩，气压升高较快，增加了对活塞的阻力，使震击能量降低，故余隙高度 S_0 也必须选择适当。

③ 管路气压。管路气压高，可以使进气后缸内气压迅速提高，活塞受推力大，上升速度快，惯性行程加大，使示功图扩大，增加震击效果；反之，管路气压低，能使震击减弱。若气压降低到一定限度以下，或工作负荷过大，震击循环会出现双重撞击现象（图2-5）。在第一次震击后，由于气压升高慢，所以活塞上升速度不高，惯性行程也不大，因而下落震击力不大，形成一次较轻的撞击。同时，由于进气孔开启后，活塞下降速度不大，撞击时气压已升到一定高度，于是在第二个循环开始时，气缸内气压较高，所以第二个循环可得到一个较大的示功图，产生一个较大的撞击。这种双重撞击，轻重交替，轻的一次往往没有实砂效果，说明震击机构工作很不正常。

④ 进气孔和排气孔的大小。若进气孔太小，进气过慢，也容易出现双重撞击现象。如果排气孔不够大，惯性行

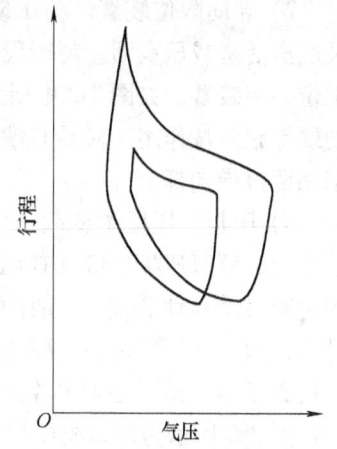

图 2-5 双重撞击的示功图

程后,缸内气体不能及时排出,则活塞下落时,缸内仍有相当大的气压,会影响震击的力量。同样,进气孔也不能太大,否则下落的活塞将进气孔开启后进气太快,气缸尚未发生撞击而缸内气压已升得很高,也会削弱震击的力量。

震击总高度 S 是影响砂型紧实度的主要工艺参数之一,S 一般可在 40~80mm 之间选取,小型造型机取低值,大型造型机取高值。对于 Z145 这样的小造型机,其进气行程 S_e 约为 $(0.4~0.5)S$,膨胀行程 $S_r = (0.2~0.4)S_e$,而余隙高度 S_0 约为 $(0.7~1.0)S$。震击气缸的进、排气孔的断面积:进气孔断面积 A_j 约为 $(0.005~0.007)A$,而排气孔的总断面积 A_p 约为 $(0.03~0.05)A$,A 为震击气缸的总断面积。气缸的震击频率通常在 150~200 次/min 之间选取,小造型机选用较高的频率,大造型机可选用较低的频率。

(2) 压实机构　Z145 造型机的压实机构包括压实缸、导向限位装置、压板以及机架等几个部分。

1) 压实气缸。Z145 造型机所用的压实比压较低,约为 250kPa,所以压实缸绝大多数是气缸,并且主要是由下向上作用的伸缩气缸(图 2-2)。图 2-2 中 2 是震击气缸兼压实活塞。压实气缸 1 由下面进气,气体推动压实活塞 2 上升。压实活塞的下降是靠自重。

压实气缸直径的计算通常按所需的压实推力确定,压实推力可根据下式计算

$$P = \frac{\pi}{4}p_0D^2 = pA + Q + R \tag{2-4}$$

式中,D 为压实气缸直径(m);p_0 为工作气压(kPa),一般为 500~600kPa;p 为压实比压(kPa),常为 250~350kPa;A 为砂箱内腔横断面积(m^2);Q 为活塞及工作台等机器运动部分重量加上砂箱、模板及型砂的重量(N),计算时可用经验公式 $Q = (1.3~1.8) \times 10^4 A$;$R$ 为气缸壁对活塞运动的摩擦阻力(N),其值不大,可以略去。

将上述数据代入式(2-4)可得压实气缸直径的计算公式

$$\frac{\pi}{4}p_0D^2 = [p + (1.3~1.8) \times 10^4]A \tag{2-5}$$

压实气缸的长度可以按以下经验公式计算

$$L \geq 0.8D + S$$

式中,L 为压实气缸的长度(m);S 为活塞的最大行程(m)。

2) 导向限位装置。为了防止震压过程中工作台转动以及震击活塞或压实活塞超行程运动跳出缸外,工作台设置有限位导向装置。如图 2-2 中所示的导杆 6 是导向用的,端部的螺母起限位作用。对导向精度要求高的导向限位装置,可采用两根导向杆。

3) 压板。压板主要起压实型砂作用,在压实时承受实砂压力,所以压板架应具有足够的强度和刚度,压板通常有固定和移动两种形式。一般的震压造型机,其压板架多为移动式,因为在压实之前,要进行填砂及震击实砂操作,为了不妨碍工作,压板必须先移开。

图 2-6 所示为造型机压板机构的结构。压板 5 的位置可以上下调节,以适应不同高度的砂箱或模板。压板需要调整

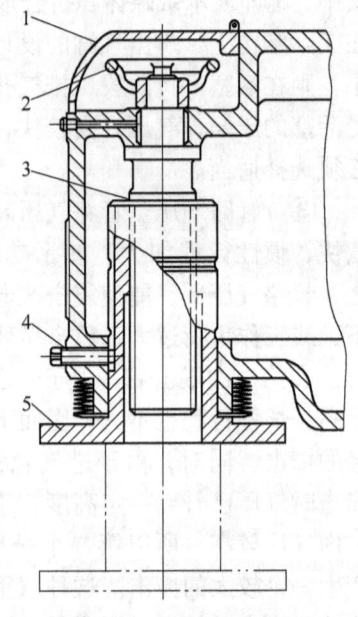

图 2-6　压板机构的结构
1—防尘罩　2—调整手轮　3—调整螺杆　4—导向及锁紧螺钉　5—压板

时，松开导向及锁紧螺钉4，打开防尘罩1，转动调整手轮2即可。

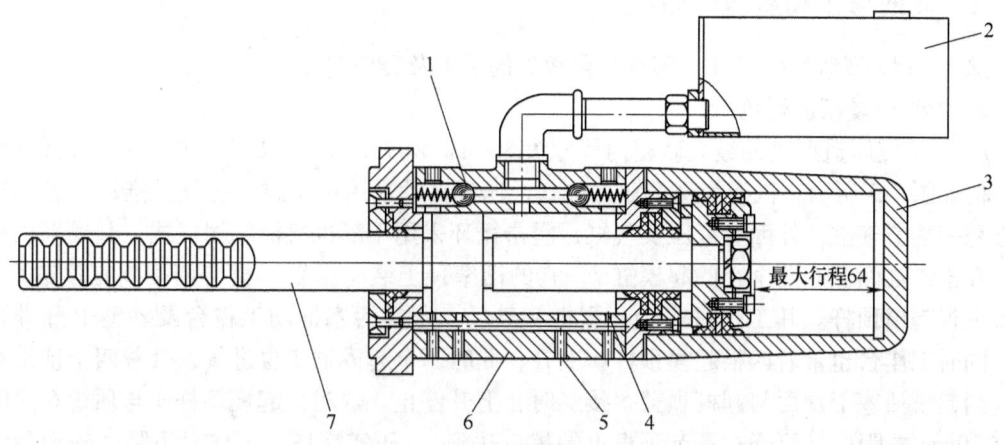

图 2-7　Z145 的转臂动力缸
1—钢球　2—高位油箱　3—气缸　4—阻尼油孔　5—圆销　6—阻尼液压缸　7—活塞杆及齿条

压板还可以绕造型机转臂中心轴10旋转（图2-1），压板转动由转臂动力缸9推动一齿条，带动转臂绕转臂中心轴10上的齿轮转动，转臂动力缸的结构如图2-7所示。为了使转臂在转动终了时能平稳停住避免冲击，转臂动力缸前面串联一个阻尼液压缸6，转臂转到接近最后20°时，阻尼液压缸6上一部分油孔被堵住，油对运动产生阻力。以后油孔越来越小，使转臂缓缓停住，达到缓冲的目的。

为了使压实时转轴不受弯矩的作用，转臂前后各加一个楔形的垫块（图2-1中的11），压板在压实时对机架形成的弯矩力，由这两块垫块承担。

（3）起模机构　Z145 震压造型机采用顶杆法起模。装在机身内的起模液压缸7（图2-1）带动起模同步架3，在起模时，起模同步架3带动装在工作台两侧的两个起模导向杆5同时向上运动，带动起模架14 和顶杆同步上升，起模顶杆顶着砂箱四个角而起模。为了适应不同大小的砂箱，顶杆在起模架上的位置可以在一定范围内调节。为了确保起模质量，起模时要求缓慢、平稳，因而采用气压油驱动。Z145 造型机起模液压缸的结构如图 2-8 所示。空气由进气孔 3 进入起模缸上腔，作用在缸内的油液上，油液通过节流阀2的小孔，进入下面的液压缸，推动起模缸向上运动，因此起模速度十分平稳，起模的速度可通过节流阀2调节。起模回程时，液压缸下部中的油液可以通过芯杆5的中心孔推开上面的单向阀4快速回流，因而回程速度可以很快。

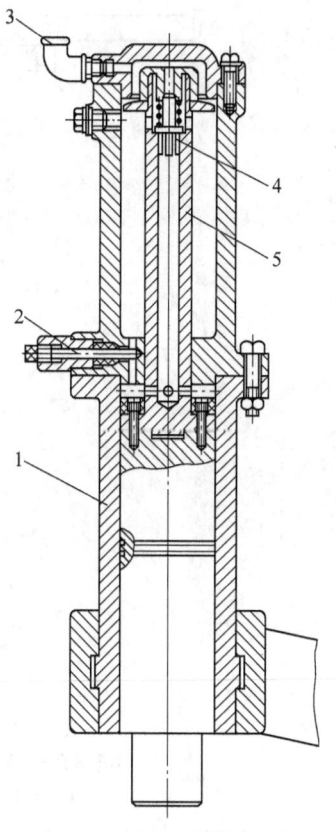

图 2-8　Z145 造型机的起模液压缸结构
1—起模缸　2—节流阀　3—进气孔
4—单向阀　5—芯杆

2.1.2 其他震击和震压造型机

除了 Z145 型造型机以外,还有几种常见的震击及震压造型机。

1. Z148 型震压造型机

Z148 型震压造型机的最大砂箱内尺寸为 800mm×475mm,主要用于中、小型铸件生产,其结构如图 2-9 所示。机架为悬臂双立柱式,压板移动采用小车式,由气缸推动。震压机构中心是一震击气缸,外面套以压实气缸,震击循环采用不断进气活塞司气式,起模采用托箱法。震击气缸两侧有两个小的起模缸 7,它的活塞顶上装有横臂,横臂两端装有顶销 6,各对着一根起模顶杆。其工作过程为:震击实砂后,压实活塞推动工作台及砂型上升进行压实,同时工作台也带着四根起模顶杆 3 上升,此时两个起模缸 7 也进气,带着四个顶销 6 上升,当起模活塞上顶面与起模顶盖 5 接触时,上升停止。这时,起模顶杆 3 与顶销 6 之间至少有 10mm 的距离(可通过调节顶杆上的螺钉达到)。压实完毕,工作台下降,砂型和起模顶杆因自重也随着下降。当起模顶杆下降到和顶销接触时,起模顶杆和砂型被顶销顶住不能下降,而工作台和模板继续下降,从而实现起模。起模结束后,将砂型取走,起模缸排气,起模活塞和起模顶杆继续下降至原始位置。

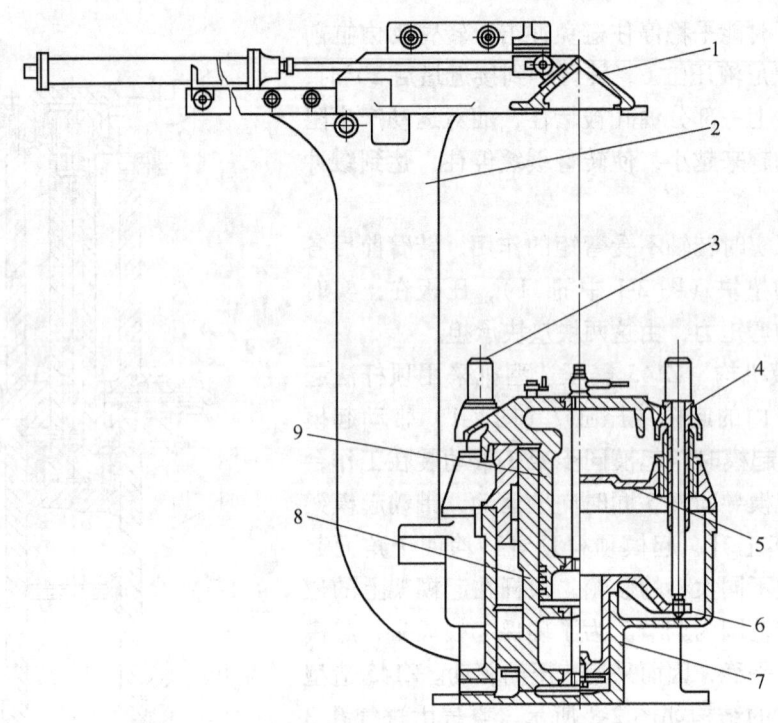

图 2-9 Z148B 震压造型机

1—小车式压板架 2—立柱 3—起模顶杆 4—工作台 5—起模顶盖
6—顶销 7—起模缸 8—压实活塞 9—震击活塞

2. 震击造型机

震击造型机采用震击法实砂,主要用于制造大的砂型或砂芯,目前最常见的震击造型机为 Z2310 型翻台震击造型机,其砂箱尺寸为 1000mm×800mm×300mm。该震击造型机结构除了震击机构以外,还有翻台机构,由于翻台起模质量较高,有的工厂将其用于生产比较复杂的大砂型,如机床床身、柴油机机体等。但是这种造型机结构比较复杂,造价较高,造型时的振动和噪声很大,所以应用日渐减少。

2.2 低压微震压实造型机

前面曾分析过,对于较高的砂型,采用微震压实方法,可以获得紧实度分布良好的砂型。与震击式造型机相比,气动微震造型机具有生产率高,振动小,对基础要求低,所造砂型紧实度分布比较均匀等优点。所以在20世纪60及70年代,微震压实造型方法应用非常广泛。然而由于微震实砂时所产生的振动和噪声仍然很大,而且微震机构的结构相当复杂,因而这种造型机的应用逐渐减少,而被其他新型造型机所代替。

2.2.1 ZB148A 气动微震压实造型机

图 2-10 所示为 ZB148A 气动微震压实造型机的结构图,该造型机由机身、压头、气动微震压实机构、加砂机构、起模机构及控制系统组成。适用的砂箱尺寸为 800mm×600mm×250mm,最大有效震击举升力为 4000N,震击力为 5500N,振动频率为 750~780 次/min,总压实力为 135kN,压实行程为 130mm,起模行程为 250mm,生产率为 180 箱/h。

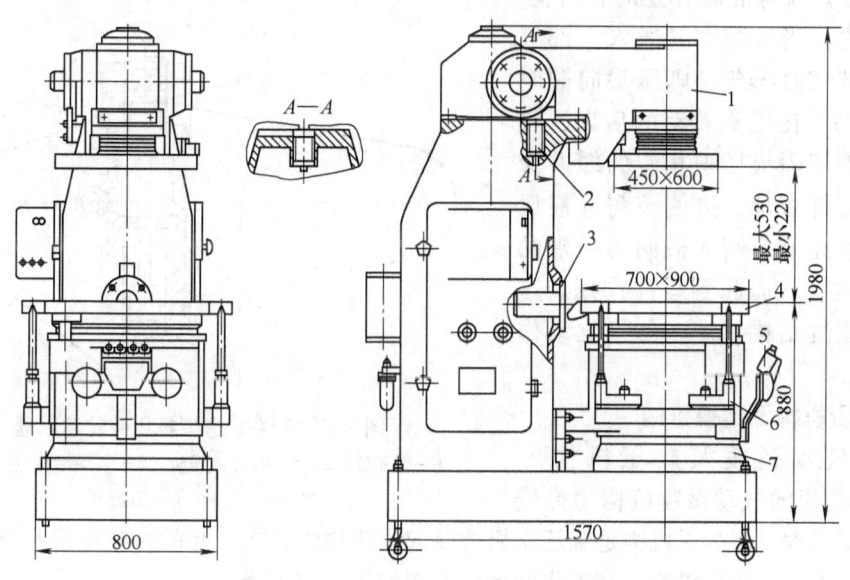

图 2-10 ZB148A 气动微震压实造型机
1—压头 2—转臂定位销 3—工作台卡紧器 4—工作台 5—开关组
6—起模机构 7—震压机构

1. 压头

图 2-11 所示是 ZB148A 造型机压板高度调节机构,当转动升降盘 3 时,差动丝杆 1 随之转动,由于螺母 2 固定在转臂 9 上,故差动丝杆 1 随升降盘的转动而升降。固定于压板 5 上的丝杆 6 与差动丝杆 1 以左螺纹联接,而压板 5 因受偏心轴 8 的限制不能转动,故当差动丝

杆 1 旋转升降时，丝杆 6 也随之升降，因而升降盘 3 每转动一个螺距，压板就能获得两个螺距的升降距离。

压头的支承采用支承点结构，即在转轴前后有两个支承点支承，如图 2-10 所示。压实时压头所承受的力几乎完全由这两点承受，转轴及轴承受力很小，所以结构合理。

压头的回转是通过两只气缸来实现的。为了防止压头回转终了时的冲击，系统中设有缓冲液压缸，其工作原理如图 2-12 所示。整个压头转臂被活套在齿轮轴 1 上，当压缩空气通入下部气缸时，上部气缸排气，由于齿轮轴是固定的不能转动，所以与之啮合的齿条（即气缸中的气动活塞 3）也不能移动。这样，进入下部气缸的压缩空气只能推动气缸体（与压头转臂是一体的）绕齿轮轴作逆时针方向转动。反之，当压缩空气通入上部气缸时，下部气缸排气，则压头向顺时针方向转动。在压头转动的后期，气动活塞的中间隔板压迫相应的缓冲液压缸的活塞杆端部，迫使该缓冲液压缸中的油液经节流阀 6 流向另一端的缓冲液压缸，从而起到缓冲作用。这种缓冲液压缸结构紧凑，使气缸动作平稳。

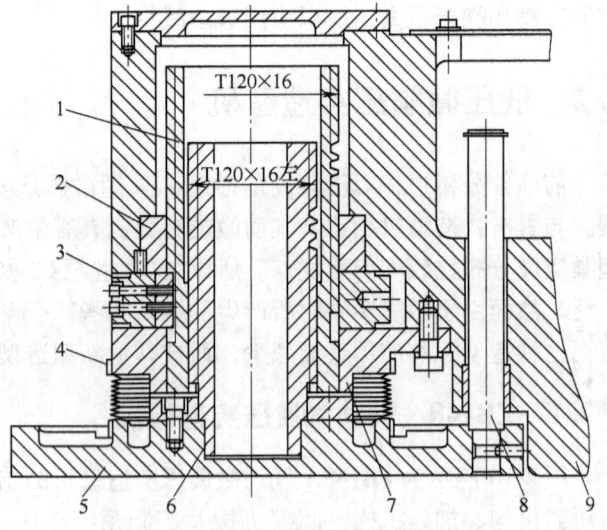

图 2-11 ZB148A 造型机压板高度调节机构
1—差动丝杆　2—螺母　3—升降盘　4—卡箍　5—压板
6—丝杆　7—托架　8—偏心轴　9—转臂

2. 震压机构及起模机构

（1）气动微震及震压机构
ZB148A 造型机的气动微震机构为弹簧式气动微震机构。该微震机构是和压实机构及起模机构组合在一起的，震击活塞与工作台合为一整体，中间是微震机构。其工作原理示意图如图 2-13 所示。

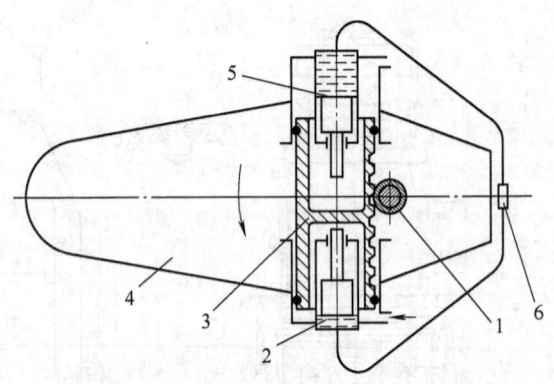

图 2-12 Z148C 造型机压头转动原理
1—齿轮轴　2、5—缓冲液压缸　3—气动活塞（齿条）
4—压头转臂　6—节流阀

1）原始位置。图 2-13a 左半部分所示为弹簧式微震压实造型机的原始位置，此时弹簧高度为 H。工作台下沿和压实活塞上沿间，留有一定的间隙 Δ，以防止预震时工作台与压实活塞发生撞击，Δ 一般取 15～20mm。

2）预震。预震是指加砂过程中或加砂后压实之前进行的震击。预震开始时，压缩空气由工作台上 a 孔引入，经 b、c 孔进入震击缸，使震击活塞（工作台）上升，同时使震铁 8 压缩弹簧向下移动一段距离 ΔH，如图 2-13a 右半部分所示。在震击活塞和震铁相对运动的过程中，进气孔 b 自动关闭，压缩空气在缸内经过一段膨胀做功后，打开排气孔 d，压缩空

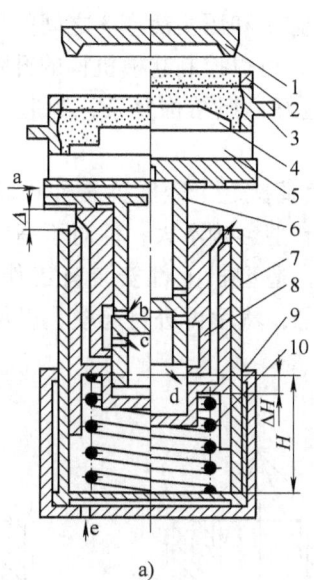 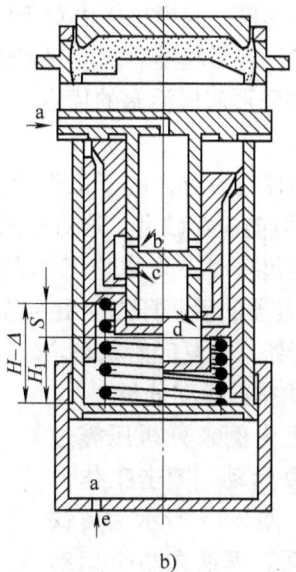

图 2-13 弹簧式气动微震压实机构工作原理
1—压头 2—辅助框 3—砂箱 4—模板 5—模板框 6—震击活塞（工作台）
7—压实活塞 8—震击缸（震铁） 9—压实缸 10—弹簧

气快速排出，震击缸内气压迅速下降，震击活塞和震铁由于惯性仍继续沿原方向运动一段距离。之后，震击活塞和工作台等靠自重下落，震铁 8 则在弹簧恢复力作用下向上运动，两者发生碰撞，完成一次震击，如此重复循环。

3）压震 压震就是在压实的同时进行震击。压震时，压缩空气由 e 孔进入压实缸 9，使压实活塞 7 上升并通过弹簧 10 托起震铁及工作台等。当砂箱中的型砂与压头接触并受压时，压实活塞克服弹簧的恢复力而消除间隙 Δ，使压实活塞与工作台相接触。此时弹簧的高度变为 $H-\Delta$，如图 2-13b 左半部分所示。此时压缩空气由 a 孔引入，经 b、c 孔进入震击缸，由于工作台已被压头压住不能上升，压缩空气只能推动震铁 8 克服弹簧恢复力向下运动。当震铁 8 向下移动 S_e（进气行程）距离后，进气孔 b 关闭，压缩空气膨胀做功，使震铁继续下移 S_r（膨胀行程）距离后，排气孔 d 打开，震击缸内气压快速降低，但由于惯性作用，震铁仍将继续下移 S_i 距离（即惯性行程）。此时，震铁 8 向下运动的最大行程为 $S = S_e + S_r + S_i$，弹簧高度为 $H_1 = H - \Delta - S$，如图 2-13b 右半部分所示。在整个向下行程结束后，震铁 8 在弹簧恢复力作用下向上运动撞击工作台。这样，震铁连续周期性地撞击工作台，从而获得边压实边微震的紧实效果。

(2) 起模机构 图 2-14 所示是 ZB148A 造型机的震压机构及起模机构的示意图，它

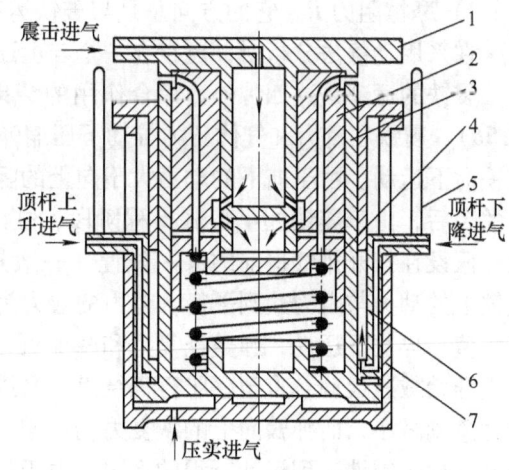

图 2-14 ZB148A 造型机震压机构及起模机构
1—震击活塞（工作台） 2—震铁 3—压实活塞
4—弹簧 5—起模顶杆 6—环形起模活塞
7—压实气缸

的起模方式是顶箱起模。起模机构由置于压实气缸 7 和压实活塞 3 之间的环形起模活塞 6 和起模顶杆 5 所组成,环形起模活塞内开有通气道,可以控制起模机构的升降,其最大起模行程为 250mm。这种环形起模活塞的优点是同步性好,但结构复杂,制造精度要求高,防止灰尘进入比较困难。

这种起模机构在起模时,由于工作台上的负荷减轻,微震弹簧伸长而导致工作台产生"浮动"现象,有可能碰坏砂型。这对于低模样砂型影响不大,但对于高或深的复杂模样砂型应采取措施。在起模时,为防止工作台浮动,造型机上都安装有工作台卡紧器(图 2-10)。起模前,卡紧器的活塞杆先伸出卡紧工作台,然后再进行起模,以保证起模平稳。起模完毕再松开卡紧器,恢复起始状态。

3. 气动微震机构的运动分析

现以压震过程为例来分析压震过程中震铁上下往复运动,撞击工作台使型砂得到紧实。图 2-15 所示为震铁向下运动的受力图。震铁在整个运动过程中,始终受到四种外力的作用:

1)缸内气压 p 所产生的推力 pA_z,方向向下,其大小随震铁的运动而变化,一般随进气行程的增加而变大。其中 F_z 为震击缸的断面积。

2)弹簧恢复力 N,方向始终向上,其大小与震铁的行程成正比,它是一个线性变化的外力。

3)震铁重力 G_T,方向始终向下,大小不变。

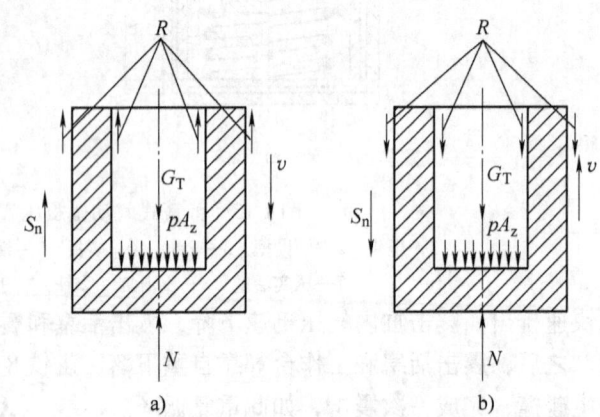

图 2-15 压震过程中震铁受力状态
a)震铁向下运动时 b)震铁向上运动时

4)摩擦阻力 R,它的方向总是与震铁运动的方向相反,其大小一般可视为常数。

在采用动静法分析时,还存在一个与上述外力的合力相平衡的假想力,即惯性力 S_n。

震铁的运动是这四种外力综合作用的结果。当压震开始时,压缩空气进入震击缸(图 2-15a),震铁在重力和气体压力推动下压缩弹簧向下运动,而弹簧恢复力和摩擦阻力则阻碍震铁向下运动。由于向下的动力大于向上的阻力,故震铁由静止开始向下加速运动。当进气口关闭后,由于震铁处于膨胀行程阶段,缸内气压开始下降,而弹簧的恢复力则一直在增大。假设在打开排气口前的某一位置(一般是在膨胀行程结束之前一段距离)时,作用于震铁上的动力与阻力达到平衡,外力的合力为零,即加速度为零,震铁向下运动的速度达到最大值。再往下运动,弹簧恢复力和摩擦阻力开始大于气体压力向下的推力和震铁的重力,震铁开始减速运动,直至膨胀行程结束。当排气口打开后,由于缸内气压骤降,气压向下的推力急剧减小,而弹簧向上的恢复力仍在增加,故震铁向下运动的速度迅速减小,直到走完惯性行程,震铁达到运动行程的下限。由于弹簧恢复力的作用,震铁改变运动方向,开始向上运动(图 2-15b),与前者不同是,外力中仅摩擦阻力的方向改变了,其他外力方向均没有改变,但缸内气压和弹簧恢复力的大小还是变化的。在震铁向上运动阶段,弹簧的恢复力已成为推动震铁向上运动的唯一动力,其他各外力均为阻力。当震铁处于最低位置时,弹簧恢复力达到最大值。这时缸内仍在排气，气压继续下降，由于弹簧向上的恢复力大于震铁等各向下的阻力，因此震铁在弹簧恢复力的作用下开始加速向上运动，当震铁走完惯性行程后，排气口关闭，缸内气体开始绝热压缩，气压稍有回升。压缩行程（膨胀行程的回程）终了，进气口打开，压缩空气重新进入使气缸内气压迅速增大，震铁向上运动的阻力增加，而弹簧恢复力不断减小，当震铁向上运动到撞击面之前某一位置时，作用在震铁上的诸外力再次达到平衡，加速度为零，震铁向上运动的速度达到最大值，然后开始减速运动直到撞击工作台，完成一次震击循环。

4. 弹簧式气动微震机构示功图

气动微震压实造型机的微震机构撞击效果的优劣，功能转换是否经济，主要参数选择得是否适当，都可以通过测试得出示功图进行分析评定。有关示功图的制作原理和测试方法前已叙述。弹簧式气动微震机构的工作方式和示功图与震击式造型机类似，所不同的是在压震过程中，由于弹簧恢复力随震铁位移而变化，故示功图有其特殊性，需要时可参考其他相关书籍。

5. 弹簧气动微震机构的设计

（1）实现压震的条件　气动微震压实造型机要实现压震，缸内气压除了要克服活塞、工作台及有效负荷的重力外，还要克服为消除工作台与压实活塞上沿间的间隙 Δ 而增加的弹簧恢复力和震铁下移过程中进气行程 S_e、膨胀行程 S_r 所产生的弹簧恢复力，因此，压震要比预震困难。导致压震机构不能正常工作的原因可能有以下几个方面：

1) 运动部件，如活塞、震铁及震击缸的加工精度低，配合过紧或进气通道阻力过大等。

2) 弹簧恢复力（或弹簧刚度）过大，这往往是不能实现压震的主要原因。在设计压震机构时，需对微震弹簧的刚度进行认真的核算。

压震过程中震铁所处的状态如图2-16 所示。图 2-16a 所示为静止状态；

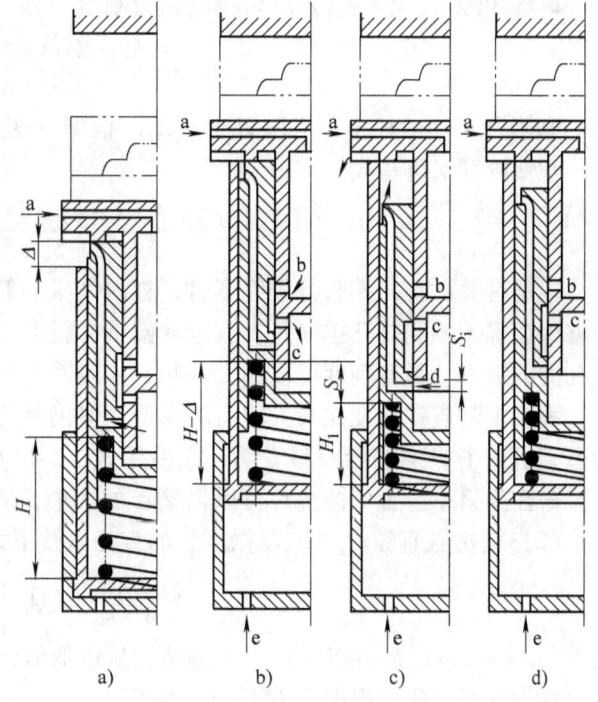

图 2-16　压震过程中的震铁状态
a) 静止状态　b)、c)、d) 压震状态

图 2-16b 所示是震击缸刚刚开始进气时震铁的状态；图 2-16c 所示是震铁向下走完全部行程 S 时的状态；图 2-16d 所示是膨胀行程终了即将打开排气孔时震铁的状态。

震铁从状态 b 下移至状态 c 是一个从静止到运动，然后又到静止的过程。开始时震铁加速运动，速度从零到最大，然后减速，速度又从最大减小到零。为了保证震铁在膨胀行程终了时能够顺利地打开排气孔，并且能向下继续走完惯性行程，震铁在打开排气孔时必须具有足够的运动速度，以便确保震铁仍能靠惯性向下走完惯性行程。要达到这一目的，最可靠的假设就是要求震铁在打开排气孔之前,一直加速向下运动,即作用于震铁上外力的合力的方向始终向下,惯性力 S_n 方向向上。根据动静法,可列出震铁受力平衡方程式为

$$p_p A_z + G_T + S_n = N + R \tag{2-6}$$

要满足上述假设,在打开排气孔前惯性力 $S_n \leq 0$,代入上式得

$$p_p A_z + G_T \geq N + R$$
$$N \leq p_p A_z + G_T - R \tag{2-7}$$

式中,p_p 为膨胀行程终了时缸内气压。

膨胀行程终了时弹簧的恢复力为

$$N = N_0 + (\Delta + S_e + S_r)p' \tag{2-8}$$

式中,N_0 为预震开始前弹簧的恢复力,$N_0 = Q_y + Q_z + G_T$,Q_y 为有效负荷重量,Q_z 为震击机构升起部分自身重量,G_T 为震铁的重量;Δ 为预震开始前,工作台下沿到压实活塞上沿间的距离;S_e 为进气行程;S_r 为膨胀行程;p 为弹簧刚度。

将 $N_0 = Q_y + Q_z + G_T$ 代入式 (2-8) 可得

$$N = Q_y + Q_z + G_T + (\Delta + S_e + S_r)p' \tag{2-9}$$

再将式(2-9)代入式(2-7)可得出弹簧刚度

$$p' \leq \frac{p_p A_z - R - (Q_y + Q_z)}{\Delta + S_e + S_r} \tag{2-10}$$

摩擦力 R 一般较小,可取 $R = a p_p A_z$。根据一些实测数据得出,a 约为 0.05~0.15。因此,弹簧刚度又可写成

$$p' \leq \frac{p_p A_z (1-a) - (Q_y + Q_z)}{\Delta + S_e + S_r} \tag{2-11}$$

根据有关试验,膨胀行程终了时,缸内气压一般为 250~350kPa。按该值确定弹簧刚度能够保证震铁顺利打开排气孔,若刚度偏小,震击力相应也小,对撞击不利。在确保打开排气孔的前提下,弹簧刚度可以稍大一些,使震铁受力平衡状态能提前一些达到,这虽然使膨胀行程终了时震铁速度比最大值有所降低,但仍保持一定的速度。通过对现有震击效果较好的造型机震击机构进行验算表明,在使用式 (2-11) 时,取 p_p = 300~350 kPa 是比较合适的。若在弹簧下设置可换垫片可以调整 Δ 的大小,从而也可起到调整弹簧恢复力的作用。

(2) 震击缸直径 D_z 气动微震缸的直径可按下式计算

$$p \times \frac{\pi}{4} D_z^2 = \mu (Q_y + Q_z) \tag{2-12}$$

式中,μ = 1.3~2.2(统计值),大的造型机取低值,小的造型机取高值。

在设计时,Q_z 可根据 Q_y 值按下式估算

$$Q_z = K_1 Q_y \tag{2-13}$$

式中,K_1 为自身重量系数,其值可参考表 2-1 选取,也可参考类似机器来确定。

表 2-1 自身质量系数 K_1 数值

Q_y/N	<2500	2500~5000	5000~10000	10000~25000	>25000
K_1	≤0.8	≤0.7	≤0.6	≤0.5	≤0.4

(3) 震击活塞长度 L_x 为了保证活塞升降过程中的导向良好,震击活塞必须有一定的长度,通常取活塞长度为

$$L_x = (1.6 \sim 2.0) D_z$$

(4) 震铁重量 G_T 的计算 震铁重量对震击强度有直接影响，它是气动微震机构的一个主要参数，因此要求震铁的重量不能低于某一极限值，否则会出现紧实度不足或震击效率太低的现象。

对低压微震压实造型机，震铁重量可按下式选取

$$G_T = (0.2 \sim 0.3)(Q_y + Q_z) \tag{2-14}$$

对高压微震压实造型机，震铁重量可按下式选取

$$G_T = (0.15 \sim 0.20)(Q_y + Q_z) \tag{2-15}$$

式（2-14）及式（2-15）是以在保证型砂紧实度达到工艺要求的前提下，尽量采用比较小的微震机构作为出发点的，如果从高的震击效率考虑，这时所选用的震铁重量可比式（2-14）、式（2-15）为大。

2.2.2 四立柱气动微震压实造型机

四立柱气动微震压实造型机由移动定量斗压头机构、微震压实机构、四立柱机架及控制系统组成，其结构如图 2-17 所示。

1. 工作程序

四立柱移动定量斗压头气动微震压实造型机的工作过程示意图如图 2-18 所示。开始造型前压头处于工作台上方（图 2-18a）。开始造型时，砂箱进入边辊道架 11，定位机构使砂箱准确定位后，接砂缸 1 底部 a 孔进气，接砂活塞 2 上升，顶起压实活塞 5，并通过弹簧 3 推动震铁 6 及工作台 7 上升，直到抬起砂箱并使砂箱上平面将辅助砂框 12 顶起一段距离（一般为 5mm 左右），使其上平面与定量砂斗下面的托板上平面平齐为止。接着压头 13 在移位气缸 14 带动下移出，同时定量砂斗 16 移入工作台上方，在移入过程中将砂填入砂箱中。同时工作台上 d 孔进气，使预震机构预震。待加砂及预震完毕后，移位气缸 14 再将定量砂斗 16 移出，压头 13 移入，完成加砂预震过程（图 2-18b）。然后压实气缸 4 底部 e 孔进气，压实活塞 5 上升顶起工作台使砂箱中的型砂被压头压实，同时工作台上 d 孔进气，使微震机构进行压实微震（图 2-18c）。此时接砂缸底部 a 孔排气，接砂活塞 2 下降。上述过程完成后，压实气缸底部 e 孔排气，压实活塞下降，在压实活塞下降过程中砂型被边辊道架 11 托住，工作台继续下降完成回程起模。辅助砂框在自身重量和其上面的加压

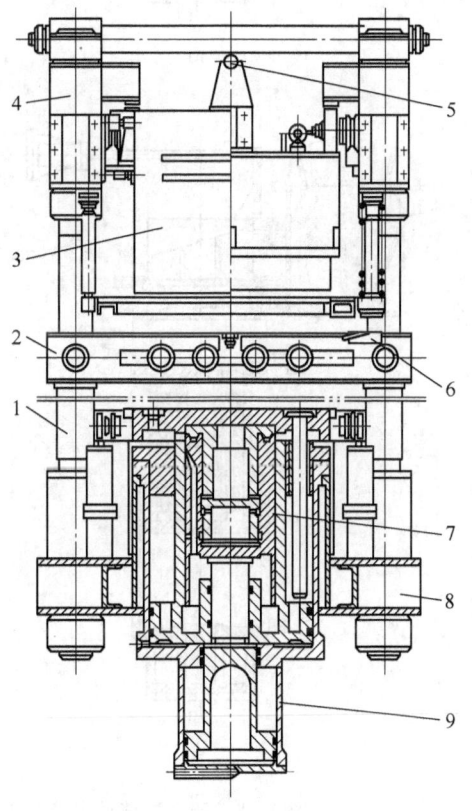

图 2-17 四立柱气动微震压实造型机结构图
1—立柱 2—辊道架 3—定量斗压头 4—大梁
5—移位气缸 6—砂箱定位挡块 7—震压机构
8—压座 9—接砂缸

弹簧作用下，恢复到原始位置（图2-18d）。此时，完成一个造型循环。

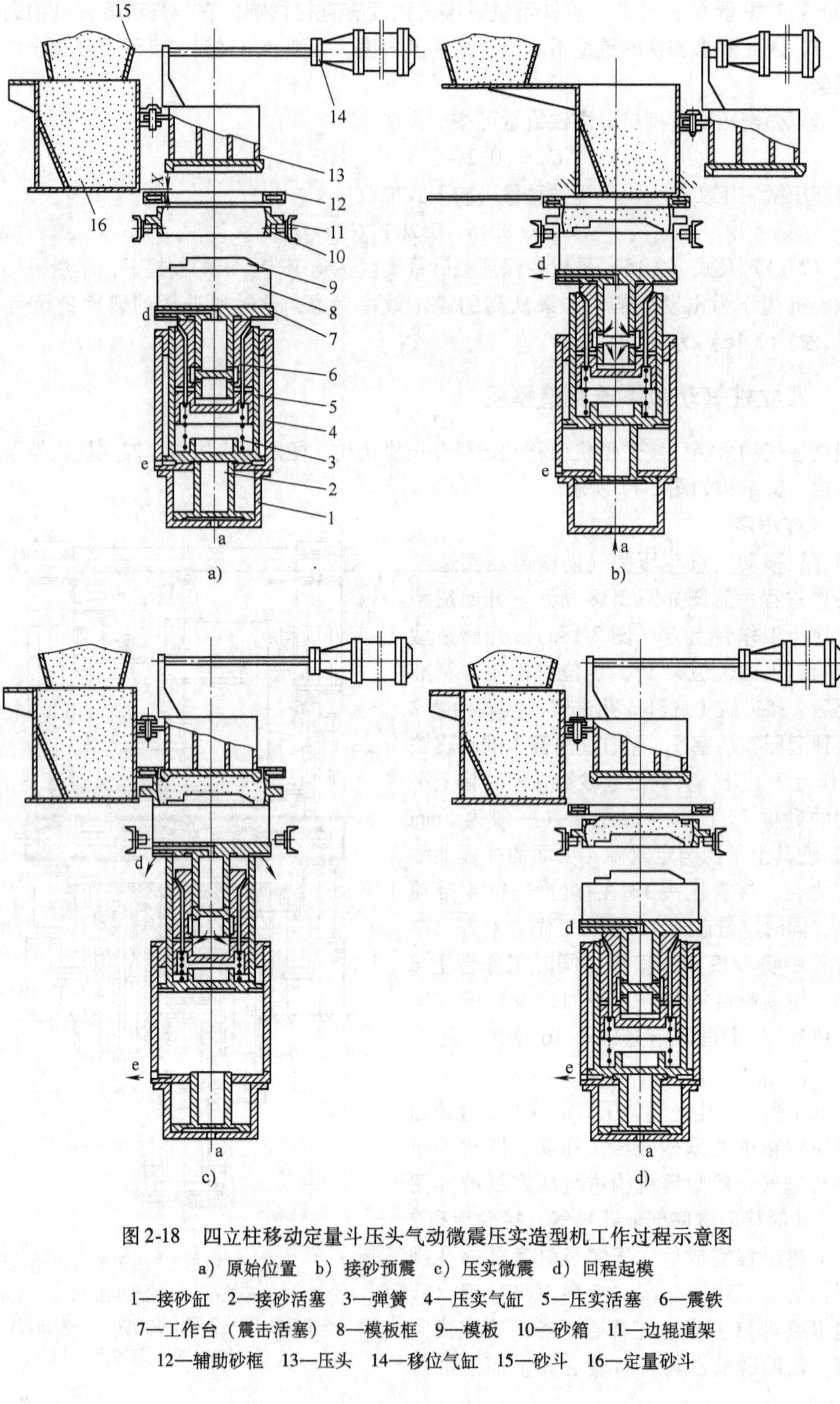

图2-18 四立柱移动定量斗压头气动微震压实造型机工作过程示意图
a) 原始位置 b) 接砂预震 c) 压实微震 d) 回程起模
1—接砂缸 2—接砂活塞 3—弹簧 4—压实气缸 5—压实活塞 6—震铁
7—工作台（震击活塞） 8—模板框 9—模板 10—砂箱 11—边辊道架
12—辅助砂框 13—压头 14—移位气缸 15—砂斗 16—定量砂斗

2. 四立柱气动微震压实造型机特点

与摇臂压头气动微震震压造型机相比，四立柱气动微震压实造型机有如下特点：

1) 采用四立柱机架不仅受力均匀，而且强度和刚度也较高。通过调节立柱的上、下螺母，可在一定范围内适应砂箱或辅助框等高度的改变。

2) 该造型机的震压机构中增加了接砂缸18（图2-19），其作用除接砂外，还可在预震时起到气垫的作用，减少机器对基础的冲击负荷。

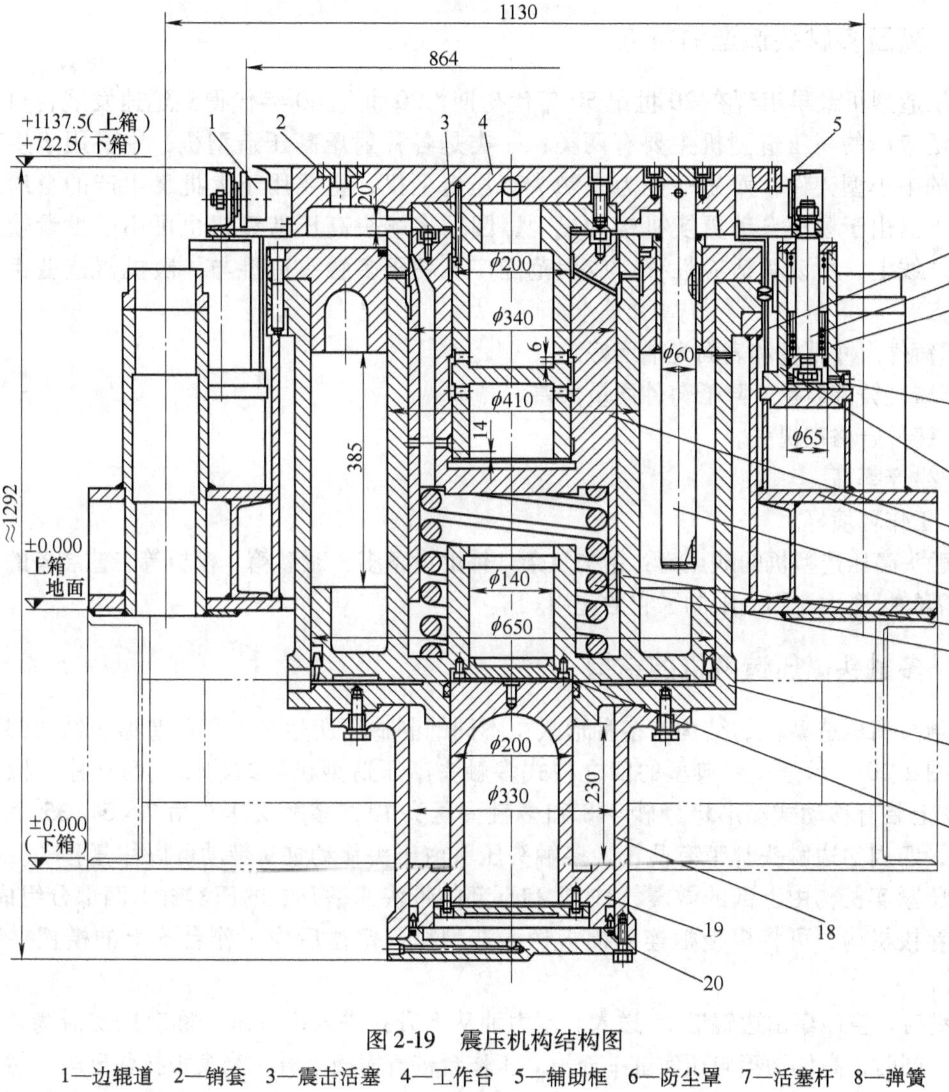

图 2-19 震压机构结构图

1—边辊道 2—销套 3—震击活塞 4—工作台 5—辅助框 6—防尘罩 7—活塞杆 8—弹簧
9—活塞 10—气缸体 11—震铁 12—底座 13—导向杆 14—压实活塞 15—弹簧
16—压实气缸 17—闷头 18—接砂缸 19—接砂活塞 20—接砂缸盖

3) 利用回程起模减少了一套独立的顶杆起模机构，同时避免了顶箱起模时，因起模活塞升降而使压实气缸吸入灰尘导致的气缸磨损。此外，它还缩短了造型周期，提高了生产率。

4) 辅助框可上下运动，并且辅助框上有外套弹簧的活塞杆导向。预震开始时，辅助框上的弹簧弹力已将空砂箱压紧，故可减轻砂箱的跳动，改善了用固定辅助框时砂箱定位销与销套之间的严重磨损，同时还缩小了加砂时辅助框与定量斗间的垂直距离，使散落的型砂大为减少。

5）设有砂箱定位机构，与模板框移动装置配合，便于组织自动化生产且安全可靠。

2.3 多触头高压造型机

2.3.1 高压多触头造型的特点

高压造型机最早出现在 20 世纪 50 年代初期，20 世纪 60 年代得到迅速发展，目前国内外广泛应用的高压造型机主要有两类：一类是各种射压高压造型机，主要用于生产批量较大的中小型铸件；而另一类为多触头高压造型机，主要用于大批量生产的自动造型生产线上。由于模板自动更换机构的出现，因而多触头高压造型机也可用于批量较小的造型生产线上，所以其适应性强，应用范围广。高压多触头造型与一般机器造型相比有下列优点：

1）铸件尺寸精度和表面光洁度好。
2）减轻铸件质量，降低铸件质量偏差。
3）铸件合格率提高。
4）生产率高。
5）工作环境好。

多触头高压造型机的缺点为：结构复杂，辅助设备多，对砂箱、模板等工艺装备的要求高，所需的投资大，因而限制了它的应用。

2.3.2 多触头高压造型机的结构

多触头高压造型机的结构有多种形式，不同的制造厂所生产的高压造型机结构都不尽相同。图 2-20 所示是一台典型的四立柱式多触头高压造型机的结构图。四立柱式机架的横梁 10 上装有移动式箱形定量砂斗 8 和多触头压头 13，多触头压头由 7×5 = 35 个小触头组成，四周的边触头都带有凸棱。多触头压头由压头移动缸 9 带动可以往复移动。机体内的震压紧实机构由上部的微震气缸 17 和下部的带快速举升缸的压实缸 1 两部分组成。4 是模板穿梭机构，可将模板框连同模板送入造型机，定位后由工作台 6 上的模板夹紧器 16 夹紧。

造型时，空砂箱由边辊道 15 送入。压力油从上升孔进入举升缸，推动压实活塞 2 先快速上升。同时，高位油箱向压实缸 1 充液。工作台带着模板上升，当模板托住砂箱，然后再托住辅助框 14 时，压头小车移位，加砂斗向砂箱填砂。同时开动微震机构进行预震，型砂得到初步紧实。加砂及预震完成后，压头小车再次移位，将加砂斗移出造型工位，多触头压头移入。在加砂斗移出造型工位的过程中将砂型顶面刮平。然后，微震缸与压实缸同时工作，高压油从压实孔和上升孔同时进入高压液压缸，实施高压压实。紧实后，工作台 6 下降，待砂箱接触边辊道后，即进行回程起模。当模样脱离砂型后，工作台上的夹紧液压缸将模板框松开，继续下降把模板框落在模板小车上，而工作台回到初始位置，即完成一个工作循环。造型机所用砂箱的内尺寸为 850mm×600mm×200mm，生产率约为 150 型/h。

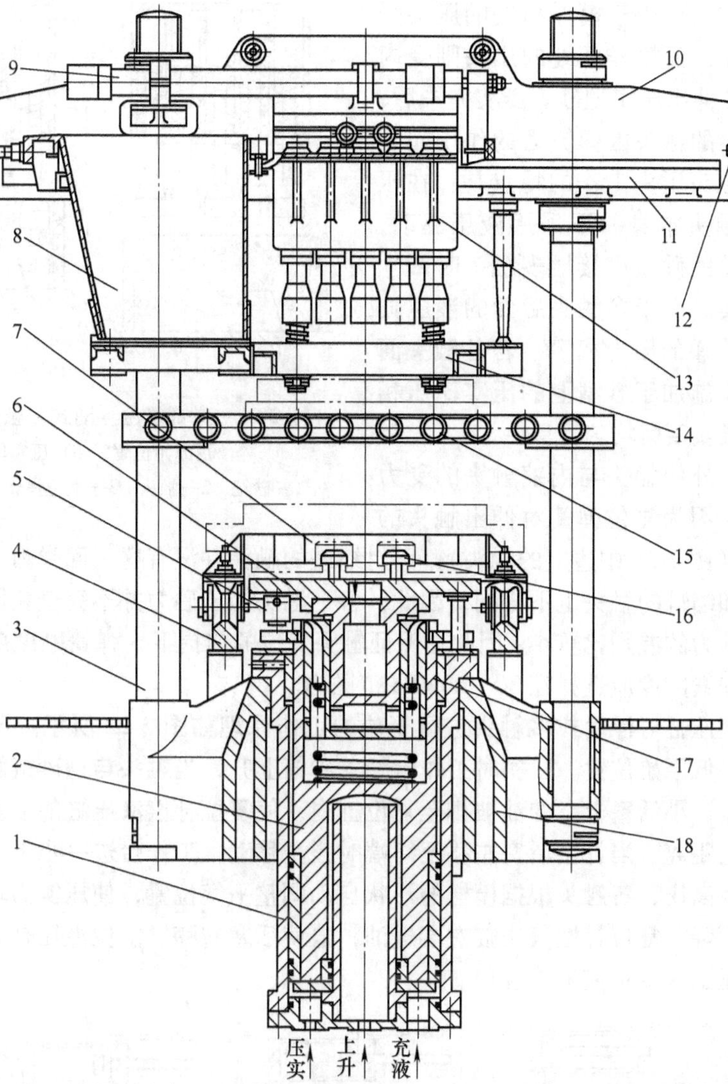

图 2-20 四立柱式多触头高压造型机

1—压实缸 2—压实活塞 3—立柱 4—模板穿梭机构 5—振动器 6—工作台 7—模板框
8—定量砂斗 9—压头移动缸 10—横梁 11—导轨 12—缓冲器 13—多触头压头
14—辅助框 15—边辊道 16—模板夹紧器 17—微震气缸 18—机座

2.3.3 多触头高压造型机基本部件

1. 多触头压头

多触头压头是高压造型机的主要部件之一，它由许多小的压头组装成为一个压头体。一个压头体上触头的数目在 20～120 个之间，甚至更多。触头一般呈矩形，单个触头边长为 100～200mm，相邻两触头之间有 6～10mm 的间隙。边触头外缘与砂箱内壁之间应有 10～15mm 的间隙。多触头大都采用液压缸推动，这种液压式多触头主要分为浮动式与主动式两类。

（1）液压浮动式多触头压头 浮动式多触头压头有弹簧复位和补偿液压缸复位两种形式。弹簧复位浮动式多触头的工作原理如图 2-21 所示。压实时，工作台托着填满型砂的砂箱上升进行压实，对应于模样高处的压头受压实力作用内缩，而模样低处的压头则受内部油压作用向外伸出压实型砂。压实完毕后，压力去除，伸出的触头因弹簧力的作用而复位。浮动式多触头压头工作的特点是：在压砂过程中，多触头本身并不采用液压驱动，而是由向上运动的砂型在接触多触头时产生压力，实现压实。由于多触头后面的液压缸内液体向各处传递的压力相等，若各触头面积相等，各触头施加于砂型上的压实比压相等，砂型所得紧实度就均匀。

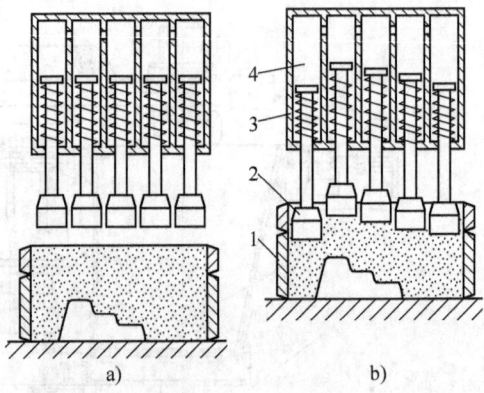

图 2-21 弹簧复位浮动式多触头工作原理
a) 原始位置 b) 压实位置
1—砂箱 2—触头 3—复位弹簧 4—液压缸

但实际上，外伸触头与内缩触头的受力情况是不同的。因为复位弹簧对伸出触头的运动有回弹力（图 2-21 中边上的触头），而对缩进的触头并没有这一回弹力，加之运动的摩擦阻力对伸出和缩进的触头也不相同，因此，各个触头的压砂力并不完全相同。复位弹簧的刚度小时，压砂力的差别比较小，因此在保证触头复位的前提下，弹簧刚度应尽量选择小一些。一般复位弹簧刚度应选择在 30~60MPa 范围内。

采用补偿液压缸对浮动式多触头进行复位的工作原理如图 2-22 所示。压实型砂前，各个触头都处在最低原始位置。压实时工作台托着砂箱上升，当触头与型砂接触时，各触头的小活塞开始后退，小活塞上方的油被排至复位缸内，使复位补偿液压缸的活塞左移，同时各触头都退后一定距离。当补偿活塞左移至终端时停止移动，工作台进一步上升，触头液压缸内压力升高产生高压，各触头根据模样的形状自动调整平衡位置，使压实力均匀化。型砂紧实后，工作台下降，复位补偿液压缸左端进油，迫使活塞右移。复位液压缸右腔的油被压入各触头的小液压缸内，迫使触头复位。

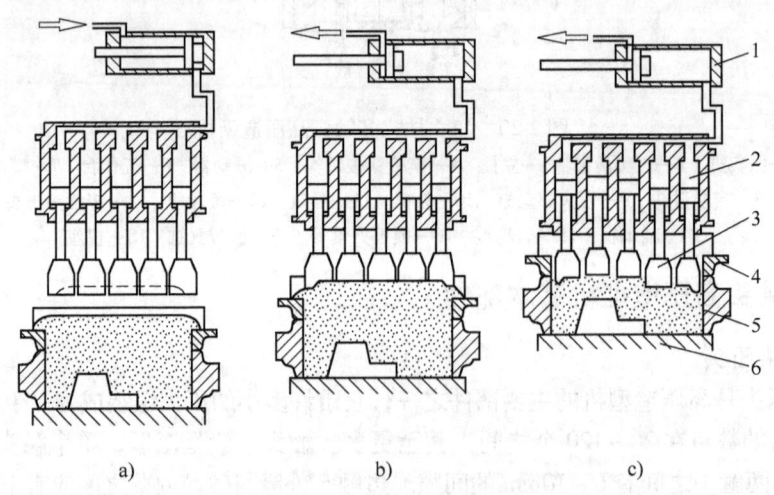

图 2-22 补偿液压缸复位浮动式多触头工作原理图
a) 原始位置 b) 压实开始位置 c) 压实位置
1—液压缸 2—触头液压缸 3—触头 4—辅助框 5—砂箱 6—模板

(2)液压主动式多触头压头 主动式多触头压头的每一个触头均由一个独立的液压缸驱动。其工作原理如图2-23所示。图2-24所示是一个主动式多触头压头的结构。油的压力可根据需要通过减压阀调节。压实型砂前,触头处于最高的原始位置。压实时工作台不动,压力油通过减压阀从触头液压缸顶部A孔进入液压缸,将触头压向砂型进行压实。液压缸内的油压可以是相同的,以保证各触头的实砂压力相同;但也可以另通油路,通过调节减压阀来改变油路的压力,实现边触头液压缸的油压高一些,以增加边触头的压实比压。也可以根据砂型实砂比压的需要,调节触头液压缸的油压。

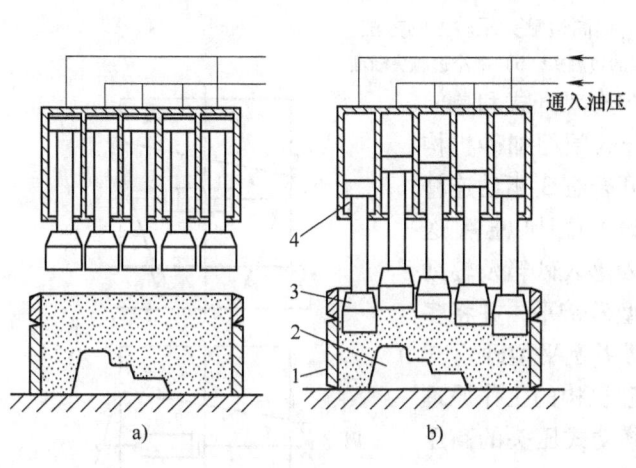
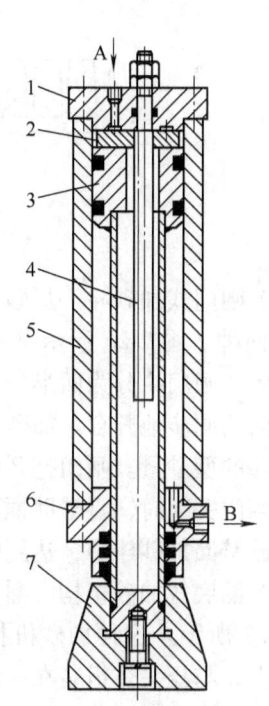

图2-23 主动式多触头压头工作原理
a)原始位置 b)加压位置
1—砂箱 2—模样 3—触头 4—液压缸

图2-24 主动式多触头压头的结构
1—上缸盖 2—导向板 3—活塞
4—导向杆 5—缸体 6—下缸盖
7—触头 A、B—进、出排油孔

(3)提高边触头压砂力的方法 压实实砂所得砂型边角上的紧实度比较低,有时甚至能造成塌箱。为了克服这一缺点,可在多触头压头的结构上采取一些措施,以提高边触头的压实力。

1)把位于四周的边触头做成带凸棱的(图2-25a)。

2)对于主动式多触头,可将边触头后面的液压缸相互连接,自成一封闭油路,通以较高的油压(图2-23)。

3)对浮动式多触头压头,利用各触头液压缸内油压相同的特性,适当减小边触头压头的断面积,提高边触头压头的压实比压(图2-25b)。

2. 加砂机构

如前所述,对加砂工序的要求是:均匀、齐平和松散,需要时还要求能定量加砂。随着造型机械的发展,加砂机构的结构也在不断变化,以适应上述要求。多触头高压造型机常用的加砂机构有如下几种:

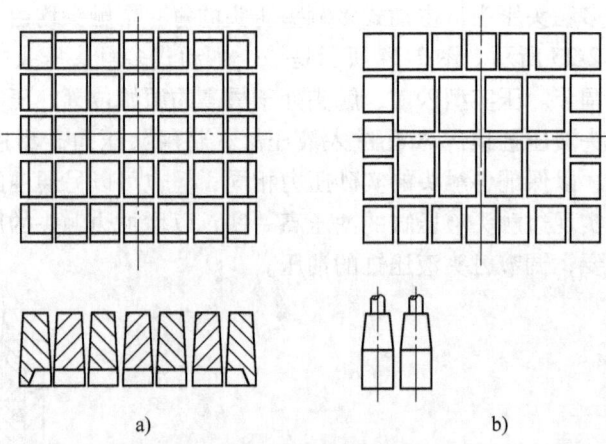

图 2-25 提高边触头压砂力的方法
a) 带凸棱的边触头 b) 减小边触头断面

(1) 闸门式加砂斗　加砂斗的闸门有对开式和单向开合式两种。图 2-26 所示是一种对开式闸门加砂机构的原理图。闸门 4 分为两半，由闸门开合缸 3 驱动连杆机构使闸门同步地开合。加砂斗内装设料位计以控制送入加砂斗的型砂量。闸门打开时，型砂落入砂箱及辅助框内；闸门关闭时，将辅助框顶面的型砂铲平，并将多余的型砂铲回加砂斗中，达到定量加砂并刮平型砂。

(2) 漏底式加砂机构　漏底式加砂机构的工作原理如图 2-27 所示。这种加砂机构用于移动式压头的高压造型机上，与压头体组装在一起。加砂斗由一个上、下都敞开的箱形定量砂斗 7 和与它互不连接的托砂底板 11 共同组成。加砂时由移动缸 3 带动，砂斗与多触头一起移动，由于托砂底板 11 固定不动，于是加砂斗底在移动过程中打开，型砂落入下面的砂箱中。这时拖板 10 将上方储砂斗 6 的下口封闭。加砂完毕，加砂斗复位时将型砂刮平。

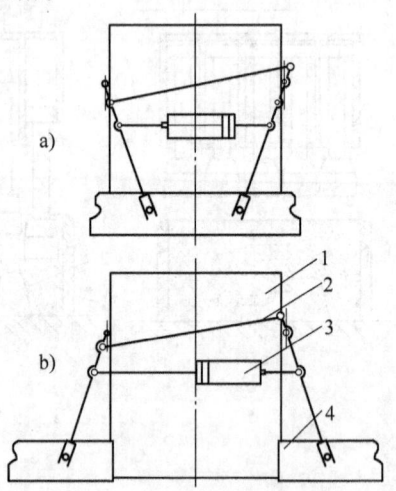

图 2-26　对开式闸门加砂机构原理图
a) 闭合状态　b) 开门加砂状态
1—加砂斗　2—连杆　3—闸门开合缸
4—闸门

这种漏底式加砂斗结构简单，可与各种形式的压头（平压头、成形压头、多触头压头）相连，用于高、中、低压的各种造型机上。但这种加砂机构的缺点是加砂不均匀，特别是砂箱的四个角，填砂量偏少，而且常有一些砂团落入砂箱，局部堆积于砂箱正对砂斗移动方向的一侧，对于尺寸大的砂型，这一问题尤为突出。为了弥补这些缺点，在设计时通常应将加砂斗的驱动液压缸行程增加，使加砂斗的前壁在行程终端能越过砂箱壁一段距离。

(3) 百叶窗式加砂机构（图 2-28）　这种加砂机构是在箱形加砂斗 7 底部装一百叶窗式底板。型砂由百叶窗式加砂机构上面的带式输送机供给，给砂量由装在加砂斗内的料位计或用其他方法定量控制。加砂时，加砂斗移至砂箱上面，百叶窗底板的驱动缸 1 通过小连杆 2 使百叶窗旋转呈垂直状态，型砂均匀地落入砂箱和辅助框内。加砂完毕，百叶窗底板关闭，加砂斗复位。

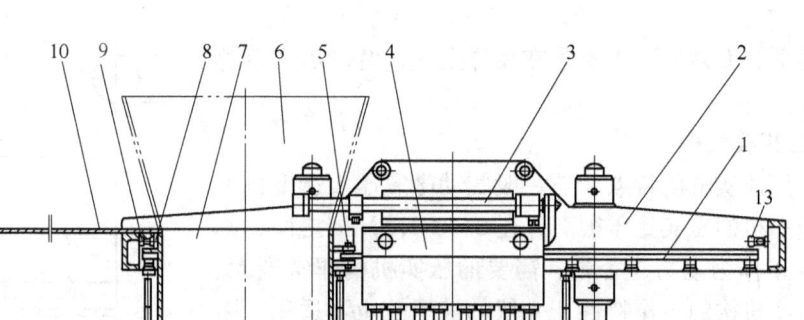

图 2-27 漏底式加砂机构

1—轨道　2—上横梁　3—定量砂斗-压头移动缸　4—压头　5—连接销
6—储砂斗　7—箱形定量砂斗　8—限位螺栓　9—托轮　10—拖板
11—托砂底板　12—辅助框　13—可调的限位挡铁

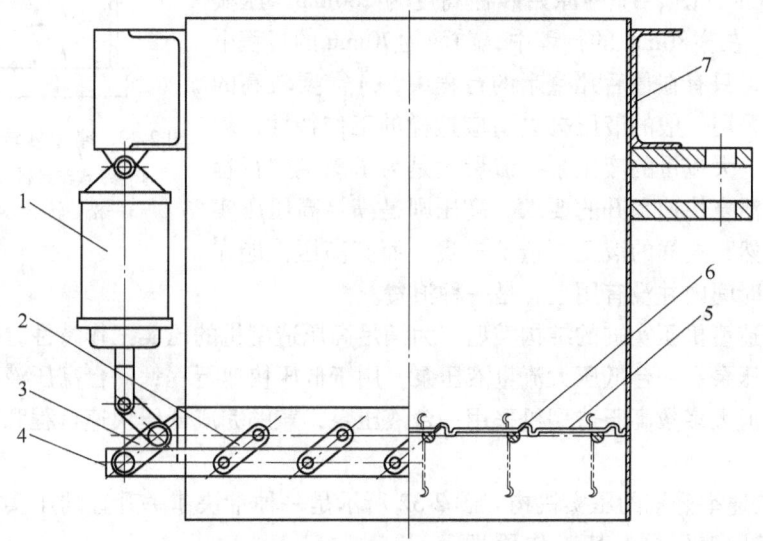

图 2-28 百叶窗式加砂机构

1—驱动缸　2—小连杆　3—曲柄　4—连杆　5—百叶片　6—转轴　7—箱形加砂斗

这种加砂机构的优点是加砂均匀，定量准确，对尺寸大的砂箱效果尤佳，常应用于大型造型机。

(4) 带松砂转子的加砂机构　为了使填入砂箱中的型砂松散以保证实砂质量，在新型的加砂机构中加装有松砂转子。图 2-29 所示是在百叶窗式加砂机构下面安装了一组旋转的松砂转子 3。加砂时从百叶窗落下的型砂经松砂转子打松后填入砂箱中。

(5) 加面砂及背砂的加砂机构　生产中有时造型工艺要求造型时先加面砂再加背砂。图 2-30 所示是一种能加面砂和背砂的加砂机构。它是在移动式漏底加砂斗前增加一个面砂斗，面砂斗下面是一星形加砂轮。在加砂机构移向砂箱上面的过程中，星形加砂轮转动，先将面砂均匀地撒在模板上，然后背砂斗 1 再加一层背砂。

这种工艺要求也可由两台带式输送机分别向百叶窗式加砂机构供面砂和背砂，一条带式输送机先给一层面砂，然后再由另一台带式输送机加入背砂。给砂箱加砂时，百叶窗打开，型砂分层落下，面砂先下落覆盖在模样上面，背砂后下落填在面砂上面。

3. 高压紧实机构

（1）高压压实缸的特点　与一般气动微震压实造型机不同，高压造型机的压实比压很高，在 0.7～1.5MPa 之间，不能用空气直接作为动力，否则，需要的压实机构非常庞大。由于高压压实机构的工作特性，一般的液压缸也不适用。因为高压造型机的工作台在实际压实动作之前，其上升接箱、接砂等动作占了活塞行程的大半，而在这些行程中液压缸仅需要将工作台、活塞等运动部件举升以及克服摩擦阻力，并不需要很大的压力，而且在压实过程中，也并不是自始至终都需要高的压实比压。压实过程中实砂压力与压实行程的关系如图 2-31 所示，图 2-31 中原始砂柱高度为 280mm，压实行程为 80mm，在这 80mm 的行程中，前面约 70mm 的行程中压实阻力很小，只有在最后几毫米的行程中，才需要较高的压实力。如果采用一般的液压缸去适应这样的工作特性，就必须配备高压、大流量的液压泵。流量大是为了满足空行程及低压运动时活塞快速举升的要求，高压则是满足高压压实的要求。很显然，这样的液压泵造价昂贵，而其高压性能在绝大部分工作时间内并没有用上，是一种浪费。

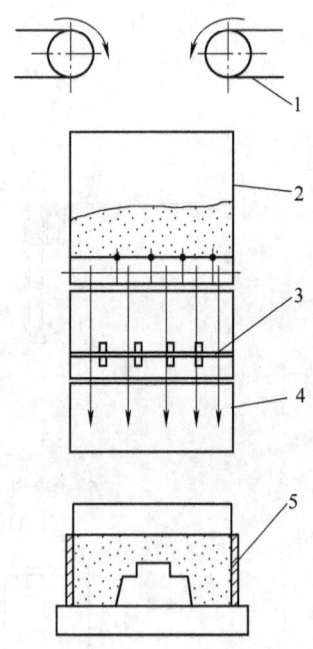

图 2-29　带松砂转子的加砂机构
1—带式输送机　2—加砂斗
3—松砂转子　4—导砂套
5—砂箱

（2）高压造型机压实缸的结构类型　为满足高压造型机的压实工作特性，有的高压造型机采用两台液压泵。一台低压大流量液压泵，用于低压快速行程；一台高压液压泵，用于高压压实行程。但大多数高压造型机采用一台液压泵，兼顾完成低压快速行程和高压压实行程的工作过程。

1）具有快速举升缸的压实机构。图 2-32 所示是一种带快速举升缸的压实机构，所采用的是高压小流量液压泵。其工作原理是：当需要快速举升和低压压实时，高压油从底部中央的 A 孔输入。由于中心导杆 1 的直径较小，压实活塞 2 能快速举升，同时高位油箱经孔 B 向压实缸 3 内充油。在需要高压压实时，切断油路 B，从 A、C 两孔同时输入高压油以获得高的压实力。采用这种结构，可利用高压小流量泵，获得大断面液压缸快速举升的效果。此种机构虽然附设了高位油箱，但压实液压缸本身比较简单，便于加工和保证尺寸精确度，所以目前这种类型的压实机构在高压造型机中应用较多。

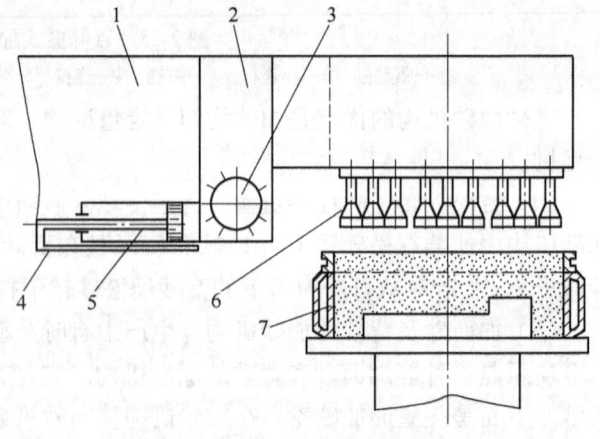

图 2-30　加面砂及背砂的加砂机构
1—背砂斗　2—面砂斗　3—星形加砂轮　4—闸门
5—闸门液压缸　6—多触头液压缸　7—砂箱

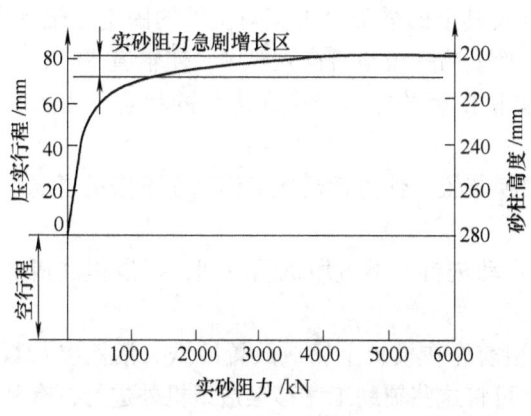

图 2-31　压实实砂压力与压实行程的关系

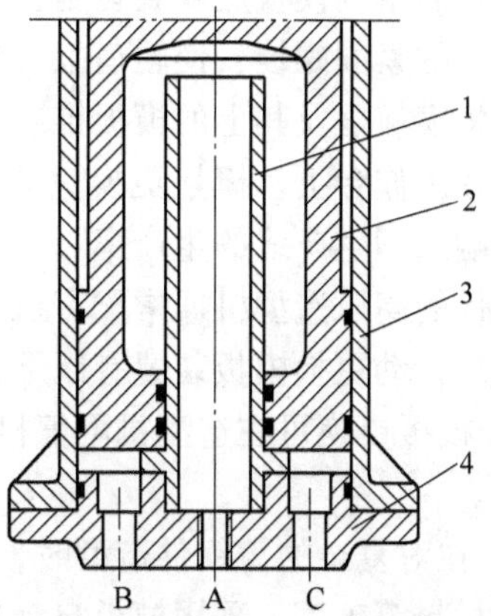

图 2-32　具有快速举升缸的压实机构
1—中心导杆　2—压实活塞　3—压实缸　4—缸盖

2）带增压器的压实机构。图 2-33 所示是一种增压器示意图，它采用一台低压大流量液压泵以实现低压快速行程。在高压压实时，低压油从低压油入口 2 进入，推动增压活塞 3 的大端向右移动，从而在活塞的小端产生高压油液，经高压油出口 4 将高压油送入压实液压缸，实现高压压实。

图 2-34 所示是在造型机机体内附设增压器的压实机构。在低压快速举升和低压压实行程中，压力油从 A 孔进入，由于中间液压缸的直径较小，所以导向缸 1 快速上升。在高压压实时，将油路 A 切断，从 B、C 孔同时输入压力油。增压活塞 2 的大端受油液压力的作用，在活塞小端产生极高的压力，于是增压活塞 2 推使导向缸 1 上升实现高压压实。这种机构采用一台低压大流量液压泵，在避免采用高位油箱补充油液的情况下，满足了低压快速举升和高压压实的工作要求。该结构虽然比较紧凑，但比较复杂，加工困难。

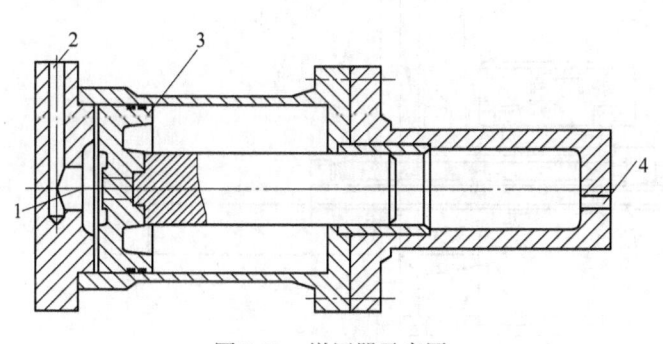

图 2-33　增压器示意图
1—增压液压缸　2—低压油入口　3—增压活塞
4—高压油出口

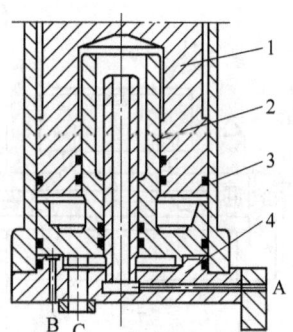

图 2-34　带增压器的压实机构
1—导向缸　2—增压活塞　3—压实缸
4—缸盖

4. 模板更换装置

多触头高压造型机的模板和模板框都因要求高刚度而十分笨重，绝大多数高压造型机是四立柱式的，要在工作台上更换模板，十分费力。因此，现在高压造型机上都设置有模板更换装置。

比较简单的模板更换装置是在造型机上装以可以升降的辊道。需要更换模板时，先松开工作台上的紧固螺栓，使辊道上升托起模板框及其上的模板，直至与机外的固定边辊平齐；用人工将模板框及其上的模板推或拉至机外，换上另一模板后推入机中；使辊道下降，把模板固定在工作台上，模板更换完毕。但这种更换模板的操作必须在停机的状态下由人工进行，影响造型生产线的生产率。

近代的高压造型机通常配有机械化模板更换装置，使更换模板工作能在不停机情况下自动进行。自动更换模板装置有以下几个作用：

1) 模板更换可在造型机不停机的情况下自动进行，不占用机动时间，可以提高机器的生产率。

2) 在对复杂的铸钢件造型时，需要在造型前先在模板上完成放置冷铁、活块以及敷盖防粘砂材料等工序，采用模板自动更换装置，可将这些辅助工序移至造型机外进行，有利于增加机器的机动时间。

3) 更换模板不占机动时间，使造型机在进行多品种、小批量生产时仍不降低其生产率，使小批量生产铸件时也能使用自动化高压造型生产线。

4) 调节生产。利用模板更换装置，可以使生产线轮流造几种不同的砂型，有利于均衡生产线对型砂、砂芯及金属熔液的需要。

模板更换装置有不同的类型。常用的主要有两块模板组成的模板穿梭机构和由四块以至八块模板组成的模板循环机构以及更复杂的模板更换机构。

(1) 模板穿梭机构　模板穿梭机构如图 2-35 所示。两块模板及模板框 1、2 放在穿梭小车 3 上由驱动液压缸 4 带动，可以穿过造型机的机架作往复穿梭运动。造型时工作台上升，顶住中间的模板框进行造型；更换模板时，穿梭小车移位，另一模板转入造型位置。这种模板穿梭装置，主要用于由单台造型机组成的造型生产线，可用一台造型机交替地造出上型和下型；用于一对造型机组成的造型生产线，可以轮流造两种砂型，对生产起均衡调节作用。

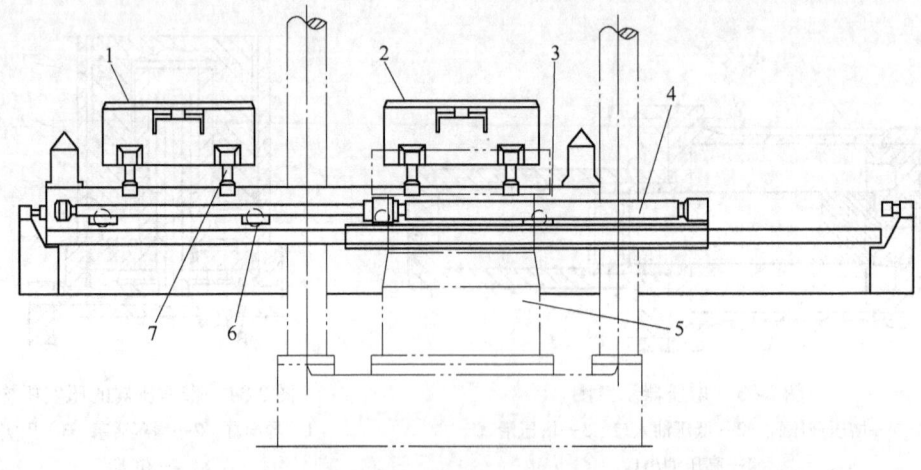

图 2-35　模板穿梭机构

1、2—模板及模板框　3—穿梭小车　4—驱动液压缸　5—高压造型机　6—车轮　7—定位销

(2) 模板自动循环机构　图 2-36 所示是一种由四块模板组成的模板自动循环机构。它由四台辊式输送机 5 和两个带机动辊道的升降台 4 组成。借模板穿梭机构 1 的往复运动交替

生产上型和下型。模板自动循环机构的工作过程为：起初模板 $A_上$ 在Ⅱ工位，模板 $A_下$ 在造型工位，模板 $B_上$ 及 $B_下$ 在Ⅰ、Ⅳ辊式输送机上等候或进行放冷铁等辅助工序。当欲造 B 型时，左边升降台上升，托起模板框，此时左边机动辊道运转，使 $A_上$ 移出至Ⅲ位置，$B_上$ 移至Ⅱ位置。模板穿梭机构 1 移位，将 $B_上$ 转运至造型工位造型，$A_下$ 移至Ⅴ工位。同时右边升降台上升，托起模板框，右边辊道运转将 $A_下$ 移出至Ⅵ工位，$B_下$ 移入Ⅴ工位，以后 $B_下$ 穿梭至造型工位。这时 $A_上$ 及 $A_下$ 分别在机外Ⅲ和Ⅵ工位，可以进行辅助工序，也可以换上新的模板框。按以上程序循环造型，可以使 $A_上$、$A_下$、$B_上$、$B_下$ 交替地进入造型工位造型，若造型线上是一对造型机，每台造型机配备一组这样的模板更换机构，则可以有四对模板交替造型，更有利于生产的组织和均衡。

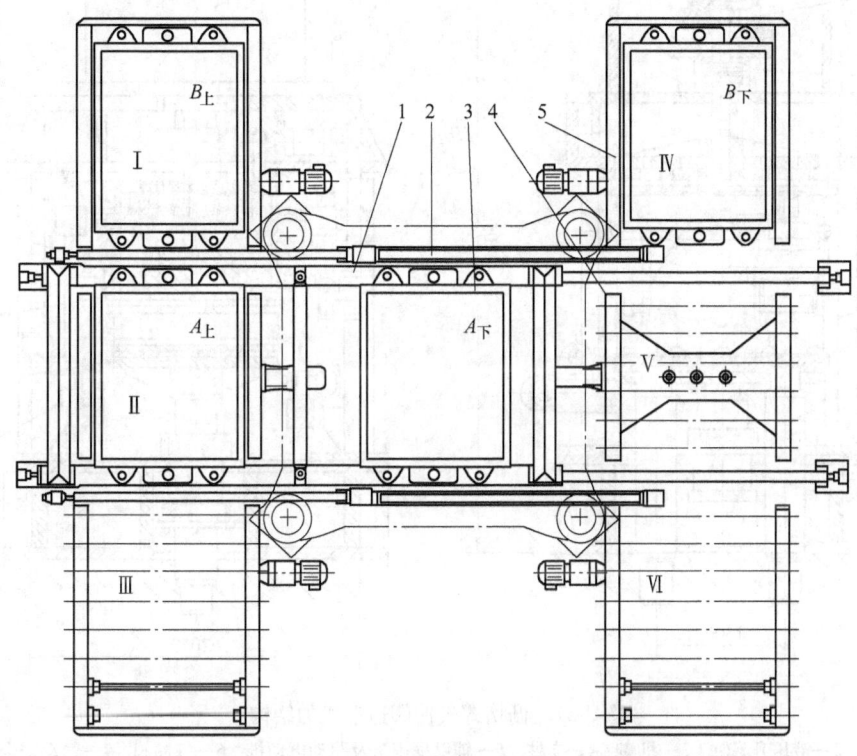

图 2-36　由四块模板组成的模板自动循环机构
1—模板穿梭机构　2—驱动液压缸　3—模板　4—带机动辊道的升降台　5—辊式输送机

2.4　气流实砂造型机

气流实砂造型机在近 20 年来得到了较广泛的应用，主要分为气冲造型机和静压造型机两类。20 世纪 80～90 年代气冲造型机应用较多，发展极快，但由于其噪声和型砂用量较大等原因，进入 21 世纪后逐渐被静压造型机所代替。目前静压造型机是大尺寸、复杂结构、大批量铸件生产的首选机型。

2.4.1 气冲造型机

气冲造型机与高压造型机在结构上差不多,其加砂机构、起模机构以及工作台举升机构等与高压造型机相似,主要区别在于紧实机构。

1. 栅格式气冲阀造型机

栅格式气冲阀造型机为四立柱结构,从外形上看与高压微震造型机很相似,如图 2-37 所示。它由栅格式气冲阀、气动安全锁紧机构、工作台及液压升降缸等组成。

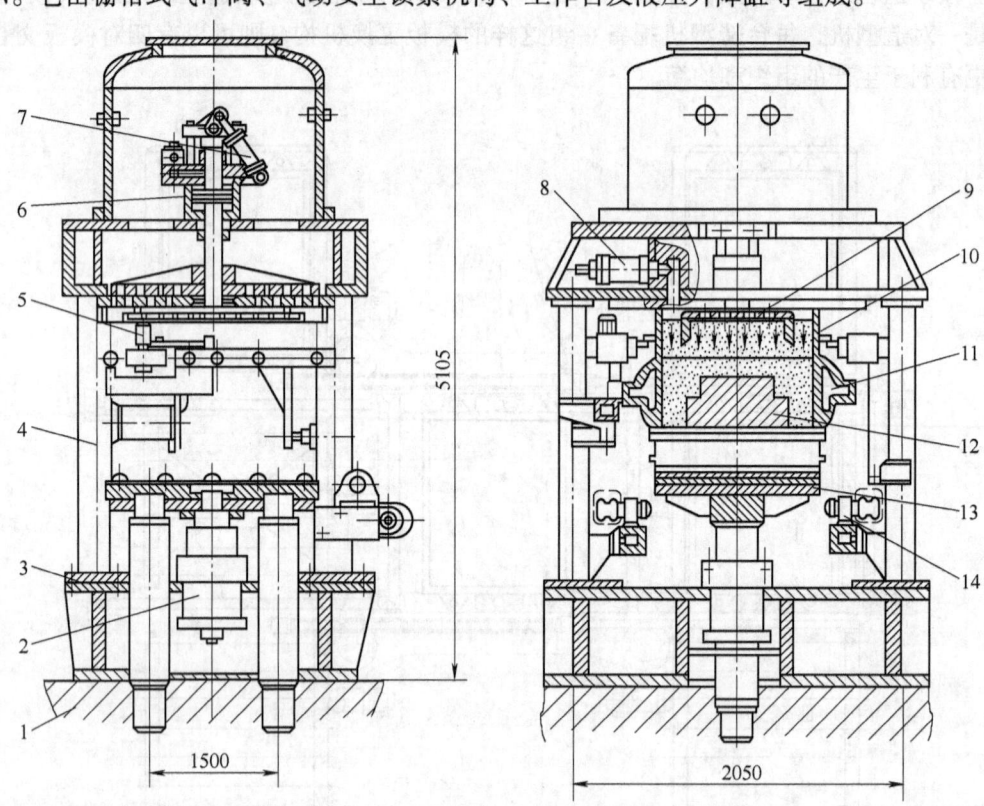

图 2-37 栅格式气冲阀造型机的结构
1—底座 2—液压升降缸 3—机座 4—支柱 5—辅助框辊道及驱动电动机 6—气冲阀 7—气动安全锁紧缸
8—胶胆阀 9—阻流板 10—辅助框 11—砂箱 12—模样及模板框 13—工作台 14—模板辊道

(1) 造型过程 气冲造型开始时,套箱机和套框机分别将砂箱和辅助框套在模板框上,并填入型砂,由机动辊道将其推入造型机内的紧实工作台上。同时刮砂器刮去辅助框 10 上面的多余型砂,并用压缩空气吹去散落在工作台上的型砂。这时液压升降缸 2 上升,带动模样及模板框 12、砂箱 11 及辅助框 10 等上升脱离辅助框辊道,使辅助框上平面与气冲阀 6 的下口紧压在一起,并由高压油顶紧。辅助框 10 的下端面和气冲阀的下端面外边均设计有聚氨酯密封垫,将气冲阀与辅助框上端面之间的空腔密封,此时,辅助框的辊道支架由外张状态回复为内收状态。

气冲开始时,打开位于气冲阀杆顶端的气动安全锁紧缸 7,使锁紧凸轮偏转,不再压住气冲阀杆,此时,阀杆活塞上部液压腔中的油液迅速排油,活塞下部的高压氮气迅速膨胀,推动活塞及气冲阀杆迅速向上运动打开气冲阀,储气包中的高压空气通过带有栅格孔的两块阀盘快速进入砂型顶面，使砂型顶部空腔的气压急剧升高，产生气冲作用将型砂紧实。

型砂紧实后，阀杆活塞上面的液压腔通入高压油，迫使阀杆下移将气冲阀关闭。然后，气动安全锁紧缸 7 通过凸轮将活塞杆锁住，保证安全。铸型顶部空腔中的残留压缩空气可由胶胆阀 8 通过胶管排入地坑。余气排尽后，工作台 13 连同模板框、辅助框及紧实好的铸型一起下降。在下降过程中，辅助框 10 先被机动边辊道托住，并推回至套框机，最后砂箱及模板框也落在模板辊道上被移出造型机，铸型顶部的多余型砂在推出过程中被刮砂机刮去，砂箱及模板框被推至起模机起模。造型机在推出已紧实的铸型的同时，推入下一个套上辅助框并填完型砂的砂箱及模板框进行下一个造型循环。

从图 2-37 还可以看到，在气冲阀出口处，有一钻有许多小孔的阻流板 9，而在辅助框 10 的相应位置上，装有导气框，这是根据差动气冲法原理，用以消除模样四周形成漏斗堵塞和由于进气不匀在砂型顶部产生砂流旋涡，使砂型内紧实度分布均匀而采取的措施。

(2) 栅格式气冲阀的结构　栅格式气冲阀的结构简图如图 2-38 所示。图 2-38 中 7 为动阀盘，8 为定阀盘。当动阀盘 7 和定阀盘 8 闭合时（图 2-38a），两个阀盘上的栅格孔互相遮盖住，气冲阀关闭。气冲时，提起动阀盘 7（图 2-38b），储气包 1 中的压缩空气穿过两个阀盘上互相错开的孔，进入铸型顶部，实现气冲紧实。

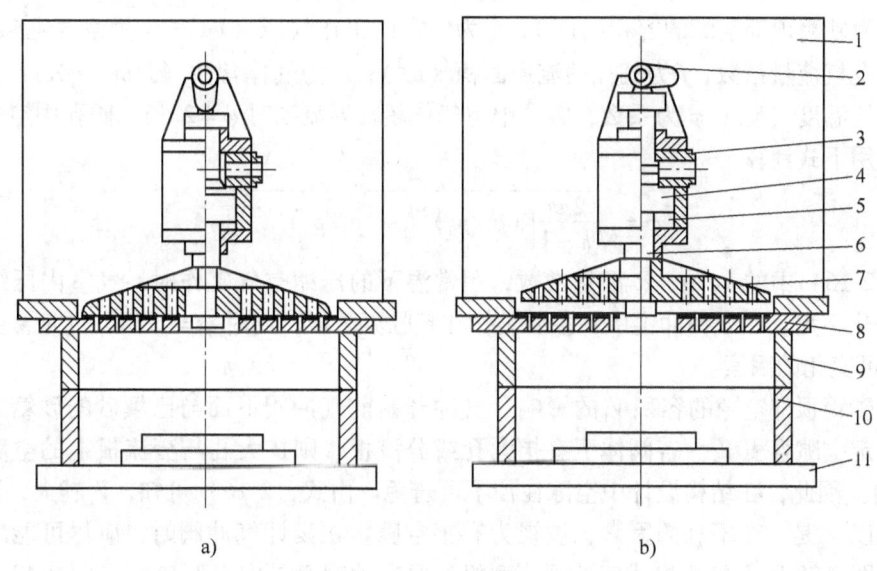

图 2-38　栅格式气冲阀的结构
1—储气包　2—气动安全锁紧凸轮　3—高压液压缸　4—活塞　5—高压氮气缸　6—活塞杆
7—动阀盘　8—定阀盘　9—辅助框　10—砂箱　11—模板

动阀盘的启闭（气冲阀的开关），由上面一个复合的气/液压缸控制。活塞 4 的下部是高压氮气缸 5，气压为 10~15MPa；活塞 4 的上部为高压液压缸，其油液压力为 22~25MPa。气冲时，先将气动安全锁紧凸轮 2 放开，然后，高压液压缸 3 排油，压力迅速降低，活塞 4 在其下面的高压氮气推动下，带动活塞杆 6 向上运动，将动阀盘 7 上提，打开气冲阀，进行气冲紧实。由于液压缸的排油阀是一个快速排油阀，所以活塞 4 受高压氮气推动上行速度可以很快，达到高速提阀的目的。

2. 气冲阀的结构及气冲紧实的影响因素

(1) 对气冲阀的要求 气冲实砂时,强力气冲紧实的获得,关键在于砂型顶上空隙中气压的升压速度 $\mathrm{d}p_1/\mathrm{d}t$ 要大,尤其在开阀的最初瞬间,更是要求有大的 $\mathrm{d}p_1/\mathrm{d}t$,而且越大越好,这就要求气冲阀在结构上应加以保证。图 2-38 及图 2-39 所示是两种结构不同的气冲阀,但都能实现这一要求。

(2) 对砂型顶上空腔充气的升压速度 $\mathrm{d}p_1/\mathrm{d}t$ 的一些影响因素的分析 气冲过程实质上是一个高压气室向低压气室充气的过程,根据气体动力学,在这样的充气过程中气室气压 p_1 的升压速度 $\mathrm{d}p_1/\mathrm{d}t$ 可以用一个等焓充气公式加以表述

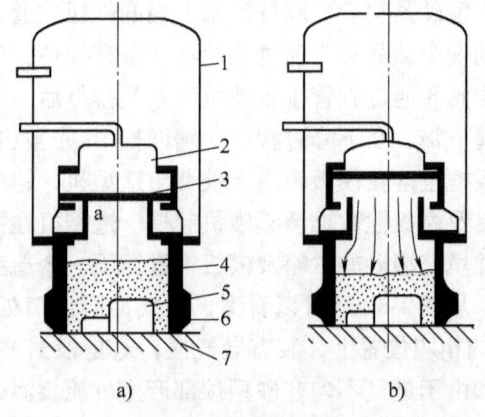

图 2-39 圆盘式气冲阀
a) 闭合时 b) 开启时
1—压缩空气包 2—气冲阀 3—阀盘 4—辅助框 5—模板
6—砂箱 7—升降夹紧机构 a—型顶空腔

$$\frac{\mathrm{d}p_1}{\mathrm{d}t} = kp_0\mu f\varphi\sqrt{RT}/V_1 \tag{2-16}$$

式中,V_1 为砂箱顶部空隙的容积(m^3);p_0 为气室的工作气压(Pa);k 为空气绝热系数;μ 为阀孔的空气流量系数;f 为阀孔的流通面积(m^2);R 为气体常数(J/mol·K);T 为气室内压缩空气温度(K);φ 为系数,阀孔中空气作超临界流动时 $\varphi = 2.15$;阀孔中空气作亚临界流动时用下式计算

$$\varphi = \sqrt{\frac{2gk}{k-1}[(p_1/p_0)^{2/k} - (p_1/p_0)^{k+1/k}]} \tag{2-17}$$

式 (2-16) 中的 k、μ、R 都是常数,用常温下的压缩空气工作时,气室内压缩空气温度 T 的变化不大。在气冲冲击中,主要工作在超临界阶段,此时 $\varphi = 2.15$,也是常数,只有 V_1 及 f 是可变化的因素。

(3) 砂箱顶部空隙的容积 V_1 的影响 气冲开始前气冲阀下面与已填砂的砂箱之间,结构上有一定空隙容积 V_1。若阀体下有扩大孔或分流板,则扩大孔与分流板上的空隙也包括在 V_1 之内。因此,在结构设计中空隙往往不可避免。由式 (2-16) 可知,V_1 越大,则 $\mathrm{d}p_1/\mathrm{d}t$ 越小,所以 V_1 是一个不利的因素,被视为有害空隙。在设计气冲阀时,应尽可能减小这一空隙。如图 2-38 所示的栅格式气冲阀造型机,原来动阀盘是向下开启的(图 2-40a),阀门本身及四周的空隙很大,形成相当大的有害空隙。新的设计将动阀盘向上开启(图 2-40b),由于减小了阀盘结构本身所造成的空隙,从而也减小了有害空隙,增强了气冲冲击。

(4) 阀孔的流通面积 f 的影响 在诸影响因素中,阀孔的流通面积对升压速度的影响最大。现以图 2-41 所示为例分析阀孔的流通面积 f 对升压速度的影响。气冲开始时,在动阀盘上提开阀的瞬间,其开口的距离 q 较小,阀的流通面积 f 并不是阀孔的断面积 $\pi D^2/4$,而是

$$f = qS \tag{2-18}$$

式中,S 为阀孔的周长。

为了增大阀孔的流通面积,在气冲阀盘上设计有许多孔,使阀孔的周长 S 加大,以提高气冲实砂的紧实度。

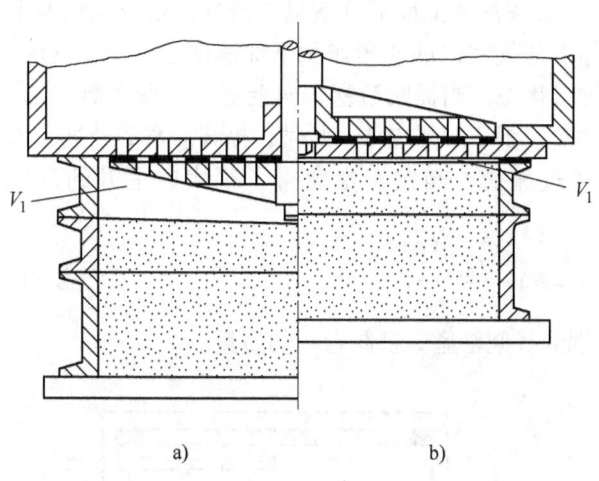

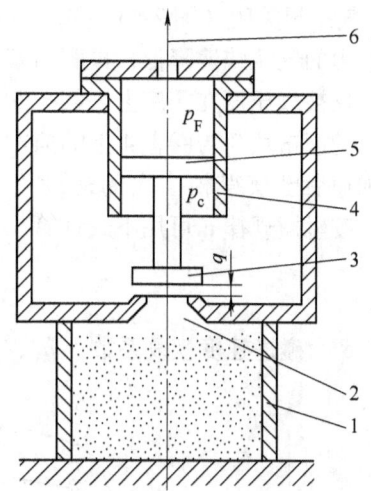

图 2-40 阀门开启方向对有害空隙的影响
a) 阀门向下开启 b) 阀门向上开启

图 2-41 气冲控制阀结构示意图
1—砂箱 2—阀孔 3—动阀盘 4—气冲的控制气缸 5—提阀活塞 6—接快速排气阀

(5) 提阀速度 dq/dt 的影响 增加提阀速度 dq/dt 可以有效提高开阀速度。现设动阀盘、阀杆及活塞等运动部分的质量为 m，气冲时向上提阀的作用力为 F，则提阀速度为

$$\frac{dq}{dt} = at = \frac{F}{m}t \tag{2-19}$$

式中，a 为动阀盘运动的加速度；m 为动阀盘等运动部分的质量；F 为提阀的作用力；q 为阀盘开口的距离。

由式 (2-19) 可知，要提高提阀速度 dq/dt，可采取的措施为：①加大提阀的作用力 F；②减小动阀盘、阀杆及活塞等运动部件的质量 m。例如，原瑞士 GF 公司生产的气冲造型机采用的圆盘式气冲阀（图 2-39），其结构简单，运动部分的质量小，气冲时阀盘的运动速度很快，可以获得强力的气冲效果。

此外，提阀作用力 F 的大小直接与提阀活塞上面气缸中的压力 p_F 及提阀活塞下面气缸中的压力 p_c 的压力差 $(p_c - p_F)$ 有关（图 2-41）。要提高开阀作用力 F，就需要增加 p_c，并且尽可能迅速减小 p_F 对提阀活塞的阻力。因此，绝大多数气冲控制阀上腔的排气均采用快速排气阀。

(6) 改善提阀的特性曲线 图 2-41 所示是一个简化的由压力缸启闭的气冲控制阀结构示意图。开阀时，动阀盘的上升距离 q 与时间 t 的关系大致如图 2-42 中所示的曲线 2。在刚开阀瞬间，阀的开口 q 很小，开阀速度不大，需要一段时间才能获得较大的提阀速度。这种初始提阀速度不大的特性，按照初实层气冲紧实的原理，对气冲紧实是不利的。

为了获得强力的气冲，提阀特性曲线最好能像图 2-42 中曲线 1 那样，在阀盘刚开始向上运动时，就具有相当大的运动速度。使气冲时很快形成初实层，产生好的冲击紧实效果。

为了增加气冲开阀瞬间的提阀速度，改善开阀特性曲线，有的气冲阀采取以下两种特殊的结构：

1) 撞击式气冲阀。图 2-43 所示是撞击式气冲阀的结构示意图。气冲之前，由于提阀活塞 2 上面气室中的高压气压大于活塞下面气室中的气压，提阀活塞 2、阀盘 4 被压紧在阀座

6上,气冲阀关闭(图2-43左边)。气冲时,提阀活塞上面的气室迅速排气,使提阀活塞上部气室内的气压快速降低,提阀活塞2在其下部气室内的气压作用下加速向上运动,此时,阀盘4仍被气压压在阀座上,阀孔5保持封闭状态。当提阀活塞2向上运动一段距离C后,它下面的撞击块3与阀盘4上的撞击块相碰撞(图2-43右边)。此时,提阀活塞2经过一段时间加速后已获得相当大的速度(v_1)。通过碰撞,阀盘4也获得了很大的上升的速度(v_2),按碰撞规律v_2可用下式计算

$$v_2 = v_1(1+R)\frac{m_1}{m_1+m_2} \tag{2-20}$$

式中 R 为碰撞速度恢复系数;m_1、m_2 分别为提阀活塞2及阀盘4的质量。

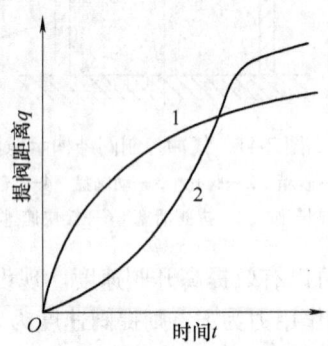

图 2-42 开阀过程特性曲线

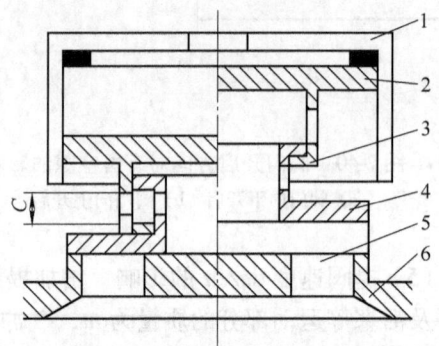

图 2-43 撞击式气冲阀结构示意图
1—提阀气缸 2—提阀活塞 3—撞击块
4—阀盘 5—阀孔 6—阀座

适当选择m_1、m_2及距离C,可以获得相当大的初始提阀速度v_2。其提阀特性曲线类似于图2-42中所示的曲线1,呈向上凸出状。实践证明,采用这种结构的气冲阀所得砂型的紧实度很高。

2)中途开阀法。其结构原理如图2-44所示,图左半边为闭阀状态,活塞及阀盘2紧压在阀座3上,气冲阀封闭。气冲时,提阀气缸1上部气室排气,而气缸下部气室中的气压将活塞向上推,在活塞上升的最初一段距离内,气冲阀一直处于关闭状态,待活塞向上运动一段距离d后,阀盘将阀孔打开开始气冲进气。中途开阀的优点是:避免了在提阀速度尚小时打开阀孔,而阀盘在向上加速运动的中途获得较大提阀速度时才打开阀孔,可提高初始开阀速度(图2-44右半边),改善了提阀特性曲线,因而提高了气冲紧实的效果。

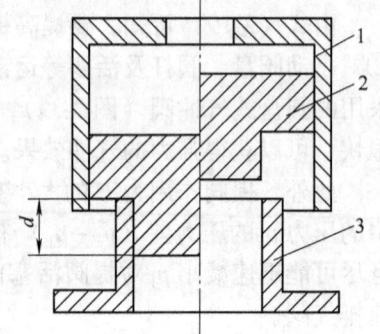

图 2-44 中途开阀气冲阀结构原理
1—提阀气缸 2—活塞及阀盘 3—阀座

3. 气冲造型机的优缺点

(1) 气冲造型的优点

1) 气冲造型可直接利用车间的压缩空气,使用方便。

2) 在极短的冲击时间内就可使型砂获得很高的紧实度,生产率高,动能消耗少,运行成本低。

3) 砂型上、下硬度高，质量好。
4) 砂型硬度从分型面向上逐渐减小，砂型透气性好，对减少铸件气孔缺陷有利。
5) 设备简单，维修费用低，一次投资少。

(2) 气冲造型机的缺点

1) 气冲造型时，压缩空气产生的冲击波噪声很大。同时它还给模板与砂箱、砂箱与辅助框、辅助框与压头座之间带来不太容易解决的密封问题。容易导致环境污染甚至伤人。砂箱与辅助框容易破损，砂箱分型面四周砂型紧实度低，使铸件产生跑火、浇不足、变形、胀型等缺陷。

2) 如果模板布置不当，将会在模样和砂箱之间、高模样深凹处产生搭棚现象，使砂型深凹处及靠近砂箱底部的砂型紧实度降低，铸件产生的缺陷增多。

3) 由于砂型上部的紧实度较低，不宜造高模样的砂型。

4) 造型过程中由于刮走的型砂较多，型砂浪费较严重。

5) 强烈冲击波的循环作用易导致造型机机架的焊缝及板材疲劳开裂，这已成为制约气冲造型机发展的一个主要因素。

4. 气冲造型机的改进

尽管气冲造型机存在诸多问题，但由于气冲造型工艺确有许多其他造型工艺不可比拟的优点，因此，有一些制造厂家对气冲造型机进行了改进，以克服其缺点。下面介绍几种改进型气冲造型机。

(1) 增压气冲造型机 该造型机是主要针对高模样深凹处砂型紧实度低的缺陷而改进的气冲造型机，它采用两个不同尺寸的气冲阀（图2-45），造型时在加满型砂后，先打开小气冲阀4对型砂进行预紧实，然后再打开大气冲阀2对型砂进行强烈冲击，使型砂获得高的紧实度。这对高模样造型有利。

(2) 气冲加压造型机 气冲加压造型机是在气冲紧实后再用压头压实，使砂型顶部紧实度得到进一步提高。

气冲加压造型机的加压压头有两种结构类型：一种为弹性橡胶压头，如图2-46所示；另一种为多触头压头，如图2-47所示。而意大利AF公司将这两种类型综合起来，在多触头下面加装了一块130mm厚的弹性橡胶板。

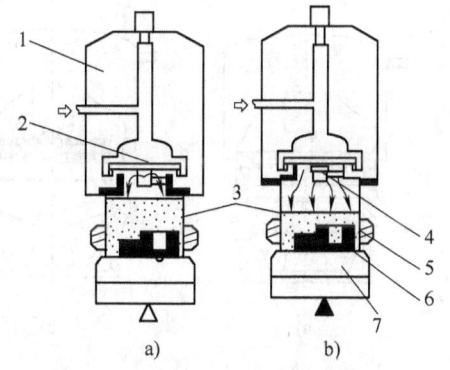

图2-45 增压气冲造型原理图
a) 小冲击预紧实 b) 大气冲紧实
1—气罐 2—大气冲阀 3—辅助框 4—小气冲阀
5—砂箱 6—模底板 7—工作台

(3) 两次气冲造型机 该造型机是在单一气冲造型机上增加了第二次气冲，图2-48所示为两次气冲造型过程示意图。第一次气冲时采用较低的气压，仅对型砂进行预紧实作用，第二次气冲是在填满砂箱后再对型砂进行第二次强烈气冲，这样可减轻单一气冲所产生的搭棚现象。两次气冲时间间隔和强度可根据模样的复杂程度而定。两次气冲造型机适用于高模样、大吊砂砂型。两次气冲造型机由于增加了一次加砂和一次冲击使得造型周期延长，因此，降低了生产率。

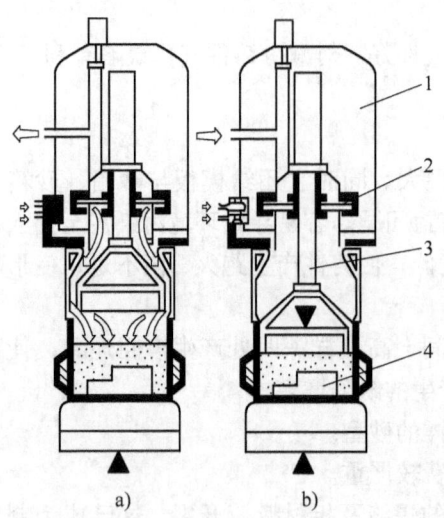

图 2-46 气冲加弹性橡胶压头造型机示意图
a) 气冲 b) 压实
1—气罐 2—气冲阀 3—压实杆 4—模样

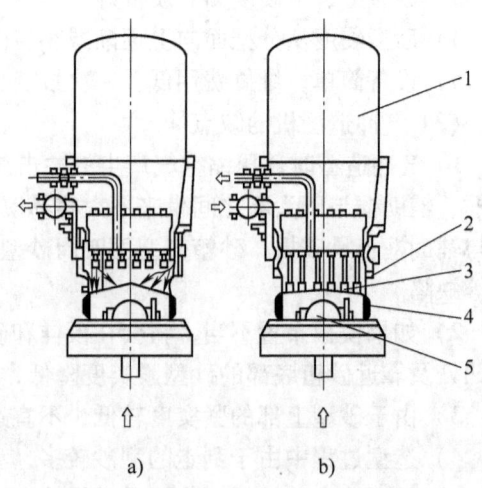

图 2-47 气冲加多触头压实造型机原理示意图
a) 气冲 b) 压实
1—气罐 2—气冲阀 3—压实杆 4—砂箱 5—模样

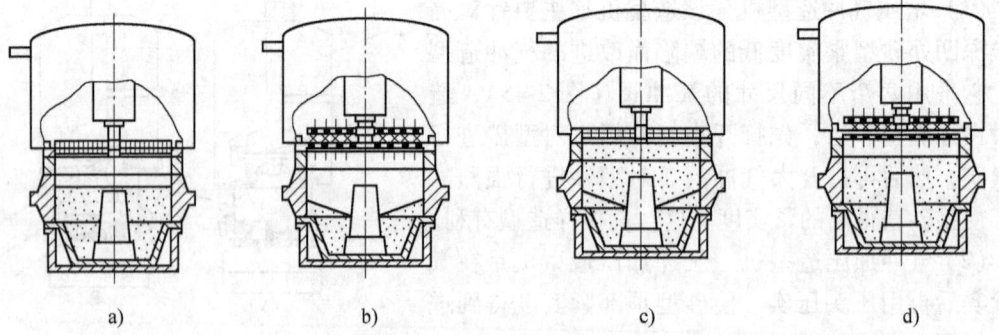

图 2-48 两次气冲造型过程示意图
a) 第一次加砂 b) 第一次气冲 c) 第二次加砂 d) 第二次气冲

(4) 动力冲击造型机 动力冲击造型机采用冲头代替气冲紧实型砂，冲头在压缩空气的强烈驱动下获得很大的加速度来冲击型砂，使型砂产生类似于气冲造型那样的效果。动力冲击造型与气冲造型的主要区别是型砂在紧实过程中受到的冲击力是冲头的冲击力，而不是压缩气体的冲击力。因此，也可将动力冲击造型机看作为压力造型和冲击造型相结合的产物。

动力冲击造型机造型示意图如图 2-49 所示。其造型原理为：紧实头 3 内安装有许多下端为舂砂杆的小气缸。舂砂杆返回时与舂砂板平齐，伸出时其长度为砂箱高度的 70%，舂砂杆的小气缸由相互独立的控制气阀与压缩空气连通。不同的砂箱尺寸可选择数量不同的舂砂杆，根据模样形状的不同可调节每个气缸内的预加载气压，冲击时因气缸内气垫压力的不同舂砂杆伸出的长度也不同，从而可达到调整紧实度使砂箱紧实度均匀化的目的。

紧实头 3 上方的驱动装置为气-液传动缸，浮动活塞 1 上部注入液压油，下方注入高压氮气,氮气的压力可通过浮动活塞1在15MPa压力内调节。在传动缸下部注入液压油时紧实头升起,紧实头通过调节高压氮气的压力可获得四种冲击速度(0.5~5.0m/s),以满足不同模板的需要。

紧实型砂时,驱动缸下部快速排油减压,紧实头在高压氮气驱动下高速春实型砂。春砂杆根据模样的形状及预先调定的压力伸入型砂一定的深度,没伸出春砂杆的位置由春砂板紧实型砂。

动力冲击造型机的特点是可将不同模板所选定的春砂杆驱动缸压力、高压氮气压力等工作参数存入PLC中,生产时只需输入模板编号、名称,造型机就能自动按预先制订的工艺参数造型。

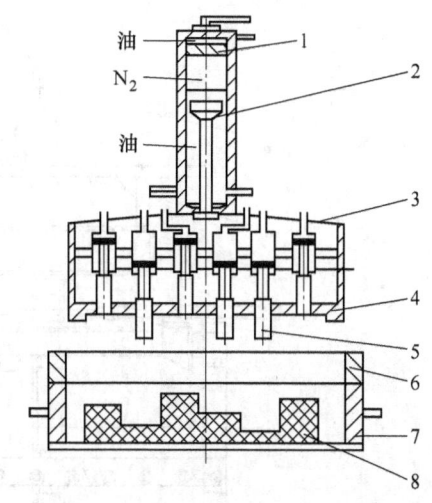

图 2-49 动力冲击造型机造型示意图
1—浮动活塞 2—气-液传动缸 3—紧实头 4—春砂板
5—春砂杆 6—加砂框 7—砂箱 8—模样

2.4.2 静压造型机

静压造型机主要由加砂机构、压头机构、压实机构、模板更换装置、机架、液压气控系统及电气控制系统等组成,其外形结构与多触头高压造型机类似,不同的是静压造型机增加了气流预紧实机构。

静压造型工艺是由日本新东公司在1979年发明的,由于种种原因,加上20世纪80年代初气冲造型工艺开始盛行,大大限制了静压造型机的发展,直到气冲工艺逐渐显露其工艺和设备本身存在的缺点以后,静压造型机才被国内外铸造厂家重视和采用。静压造型实质上是一种"先气流预紧然后再压实"的造型工艺。由于在造型过程中气流预紧实时噪声低,故称为"静压造型"。

1. 静压造型机的结构

图2-50所示是HWS静压造型机的结构简图。它由机架、加砂机构、气流渗透预紧实机构、高压压实机构、工作台及模板转台机构等组成,是一种比较典型的静压造型机。其造型工艺流程为:打开静压阀,压缩空气从气罐中流出,经导流管均匀地分布于通气框内,再经过多触头压头的缝隙进入辅助框对型砂进行气渗预紧实,然后再进行多触头高压压实。图2-51所示为新东公司ACE造型机外形图。

2. 静压造型机的造型过程

静压造型工艺过程如图2-52所示。造型时,定量砂斗1先对砂箱进行加砂,然后定量砂斗移出至加砂输送带机头部装砂,与此同时与定量砂斗铰链的多触头压头9移入砂箱上方(图2-52a);举升液压缸7上升,使模板5、砂箱3、辅助框2与多触头压头9紧贴形成一个密闭系统,然后打开快速冲击阀,压缩空气产生的冲击波将型砂推向模板方向进行预紧实,紧实型砂的压缩空气则通过模板5上的排气塞和模板框6排出(图2-52b);多触头压头9从砂型顶面对型砂进行压实(图2-52c);之后举升液压缸7下降起模,同时多触头压头9移出压实位置并带动定量砂斗1进入砂箱3和辅助框2上方(图2-52d),等待下一次造型。

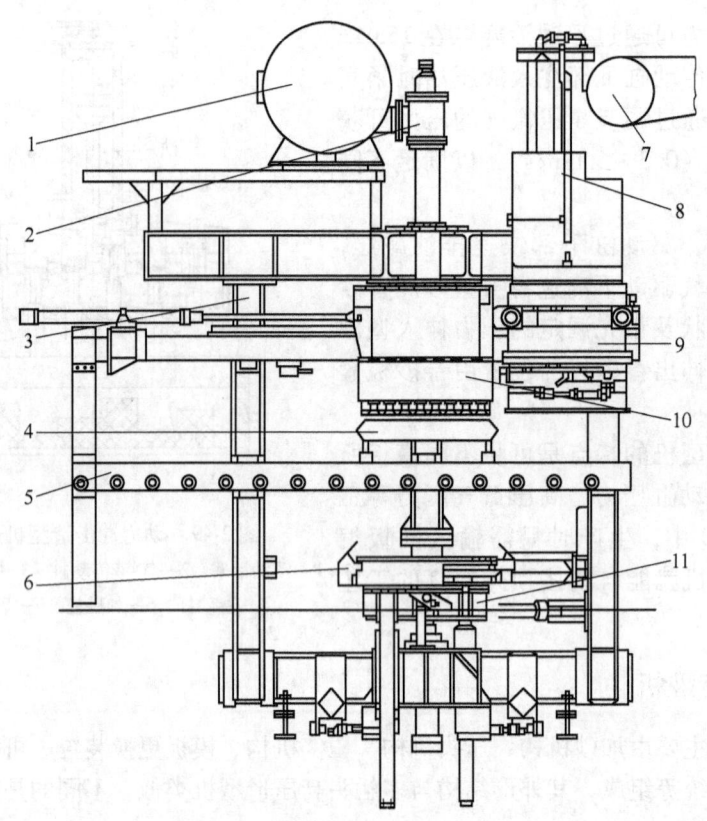

图 2-50 HWS 静压造型机结构简图
1—压缩空气罐 2—静压阀 3—立柱 4—辅助框 5—砂箱辊道 6—模板转台
7—加砂输送带 8—砂分布调节器 9—加砂斗 10—通气框 11—工作台

图 2-53 所示为日本新东（SINTO）公司生产的 ACE 型系列静压造型机的造型过程。造型时空砂箱进入造型位置（图 2-53a），压头和定量砂斗在液压缸驱动下向下运动，使辅助框、砂箱 3 及模板 4 或 5 与定量砂斗紧压在一起形成一个密封系统（图 2-53b）；然后打开气流阀，压缩空气通过定量砂斗夹层壁上的通气孔进入定量砂斗使型砂流态化（图 2-54），流态化的型砂在气流推动下进行气流加砂，并对型砂预紧实，紧实型砂的气流通过模板上的排气塞排出（图 2-53c）；型砂预紧实后压头 2 向下运动再对型砂实施压实（图 2-53d）；之后压实起模框在起模液压缸的驱动下举升起模（图 2-53e 和图 2-55），定量砂斗和压头继续上升完成造型（图 2-53f）。造好型的砂箱被移出，空砂箱进入造型位置，模板更换装置更换模板，同时定量砂斗上面的闸门打开，型砂输送机向定量砂斗中加砂，加砂量由料位计控制。型砂量达到要求的数量后，关闭定量砂斗上面的闸门，进行下一次造型。

图 2-51 ACE 造型机外形图

3. 静压造型机的特点

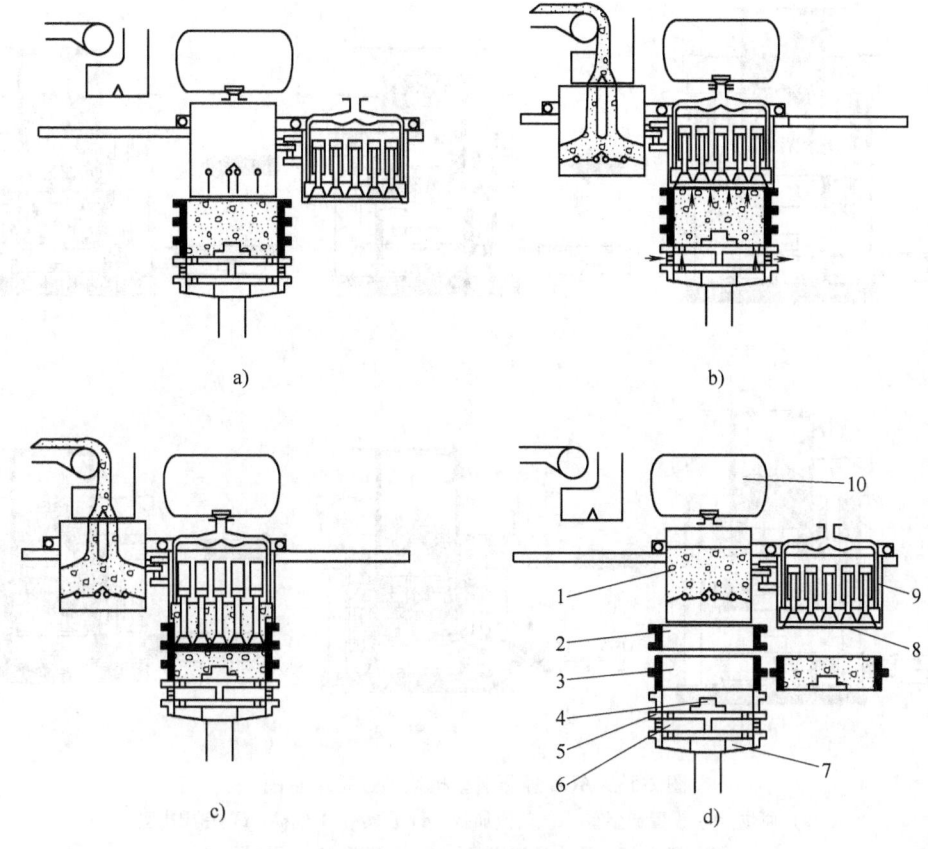

图 2-52 静压造型工艺过程示意图
a）加砂 b）气冲预紧实 c）压实 d）起模/空砂箱进入
1—定量砂斗 2—辅助框 3—砂箱 4—模样 5—模板 6—模板框
7—举升液压缸 8—多触头 9—多触头压头 10—气罐

静压造型机与气冲造型机相比有如下特点：

1) 加砂装置和压实装置合为一个整体，结构紧凑简单，不需地坑。

2) 可根据模样形状于加砂前预置各触头的空间位置，使砂型紧实度均匀。

3) 加砂时，型砂被砂斗内壁密集小孔冲出的压缩空气流态化，流动性大大提高，型砂的充填性好。

4) 静压造型采用气流预紧实方式可以在很大程度上减轻气冲实砂过程中的漏斗堵塞现象。同时由于采用排气塞排气，预紧实时压缩空气向着模板上的排气塞方向流动，使装有排气塞的局部区域型砂充填性好，紧实度高，砂型整体紧实度高且分布均匀。这就允许采用较小的吃砂量和模间距，也适应了较深的吊砂，模板利用率高，适宜生产薄壁、复杂的铸件。

5) 静压造型预紧实时，气流的压力与型砂被推向模板表面时所产生的压力之间有一定的比例关系，通过调节预紧实的冲击压力可以使砂型的强度达到最佳值；模板上排气塞的开口面积与砂型硬度也有一定的比例关系，开口面积越大，砂型的强度也越高。因此，也可通过调整模板上排气塞的开口面积使砂型获得良好的硬度。

6) 具有"加砂反馈系统"对加砂量进行准确控制，节省型砂用量。

7) 采用压实起模框，起模精度有所提高。

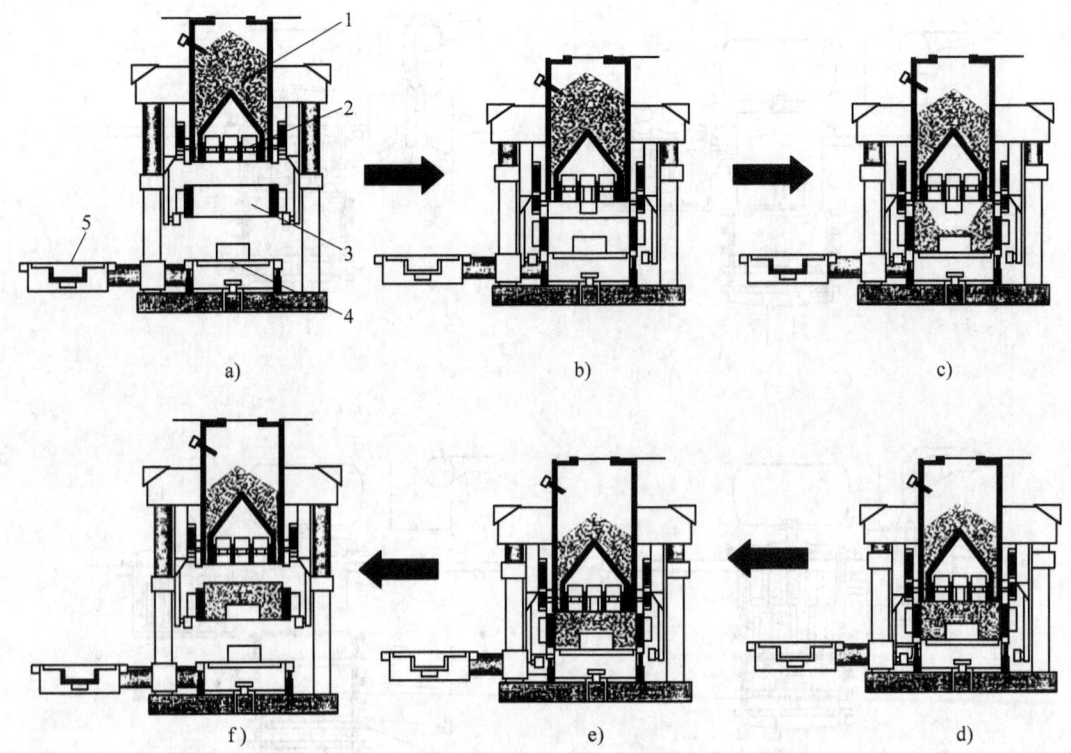

图 2-53 ACE 静压造型机造型过程示意图
a) 原位 b) 设置造型室 c) 气流加砂 d) 压实 e) 起模 f) 完成造型
1—型砂 2—压头 3—砂箱 4—上模板 5—下模板

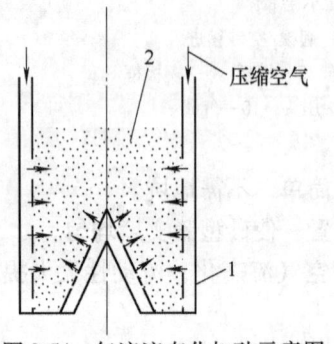

图 2-54 气流流态化加砂示意图
1—定量砂斗夹层壁 2—型砂

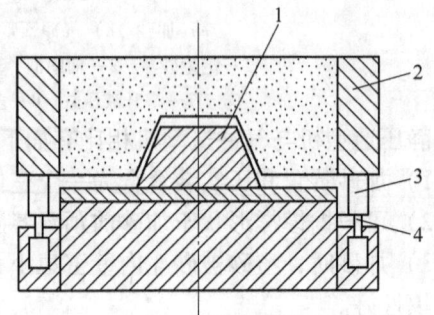

图 2-55 压实起模框机构示意图
1—模板 2—砂箱 3—压实起模框 4—液压缸

4. 静压造型与气冲造型的异同点

静压造型和气冲造型（特别对气冲+压实的气冲造型机）在造型机的结构和工艺过程上有许多相似的地方，但仍有许多差别，主要表现为：

（1）砂型达到最终紧实的方法不同　不论气冲造型机怎么改进，砂型获得最终紧实度的关键仍在于气流冲击，而静压造型机型砂获得最终紧实度的关键则是压实，气流冲击只起预紧实作用。

（2）气流冲击时冲击阀开启时间和气流升压速度不同　气冲造型工艺要求冲击阀开启时间要快（一般为 0.005~0.01s），型砂上方气流的升压速度高（一般要求 30MPa/s 以上）；

静压造型工艺冲击阀开启时间较慢（一般为0.3s左右），型砂上方气流的升压速度也较低（一般为5MPa/s）。

(3) 冲击气流的功能不同　气流冲击造型工艺仅要求瞬时间产生强烈冲击波来紧实型砂，并不依赖一定的时间和一定流量的气流；静压造型工艺在冲击阀打开后有一定的延时（总的通过时间为0.5~1.5s），使砂箱内型砂砂粒间隙之间形成流向模板的气流，该气流推动型砂向模板方向流动，从而达到预紧实型砂的目的，型砂中的细小粉尘更容易被流动的气流带到模板表面，使型腔表面光滑，生产的铸件表面质量更好。

(4) 冲击后排气方式不同　气冲造型工艺气流冲击后由装在压头上的排气阀集中排气，而静压造型工艺则通过模板上的排气塞经模板框分散排气。

(5) 气流冲击时产生的噪声和对设备基础的影响不同　气冲造型时气流冲击产生的噪声比静压造型机大，对设备基础产生的振动也比静压造型机强烈；另外，气冲造型的密封处理难度大，对造型机本身的破坏性也较大。

2.4.3　真空填砂压实造型机

真空填砂的高压压实造型机的结构如图2-56所示。造型时，工作台8推着模板7、砂箱6及辅助框5向上，压紧于填砂斗的下面。这时，使紧实工作室2接真空源，真空由紧实工作室引至模板底下的排气孔处，于是在模板与填砂斗之间形成的气压差推动型砂从填砂斗落入砂箱；落入砂箱的型砂在该压差的作用下获得一定程度的紧实，待砂箱填满后，开动填砂斗-多触头压头小车移位，使多触头压头3左移进入工作位置；工作台在压实活塞的驱动下带着砂箱及模板上升，将浮动式多触头压头压入型砂顶面，将型砂压实。

这种造型机既用真空填砂实现预紧实，又采用浮动式多触头高压压实，可使砂型紧实均匀；同时，真空预紧实和高压压实这两种方法振动都很小，也不产生喷砂现象，这两种方法的结合使劳动环境特别好。所以尽管真空填砂高压压实方法由于增加了真空系统，增加了结构的复杂性，也增大了能量消耗，但还是在很多造型生产线上得到了应用。

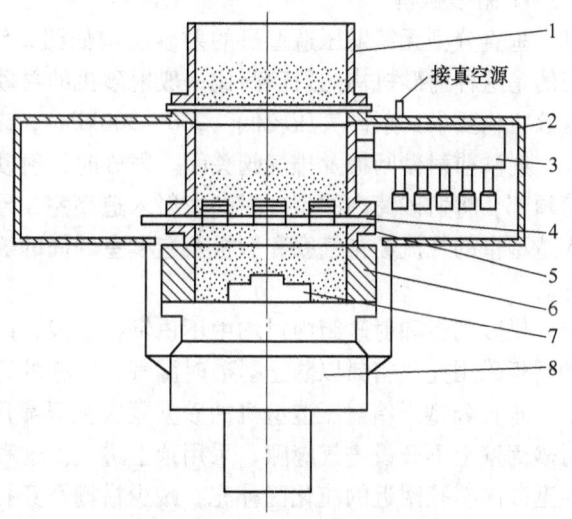

图2-56　真空填砂的高压压实造型机
1—砂斗　2—紧实工作室　3—多触头压头　4—填砂闸板
5—辅助框　6—砂箱　7—模板　8—工作台

2.5　垂直分型无箱造型机

2.5.1　垂直分型无箱造型机的结构

垂直分型无箱射压造型机主要由射砂机构、压实机构、下芯机构、推出合型机构及铸型输送机构等组成。最常见的垂直分型无箱射压造型机外形如图2-57所示。

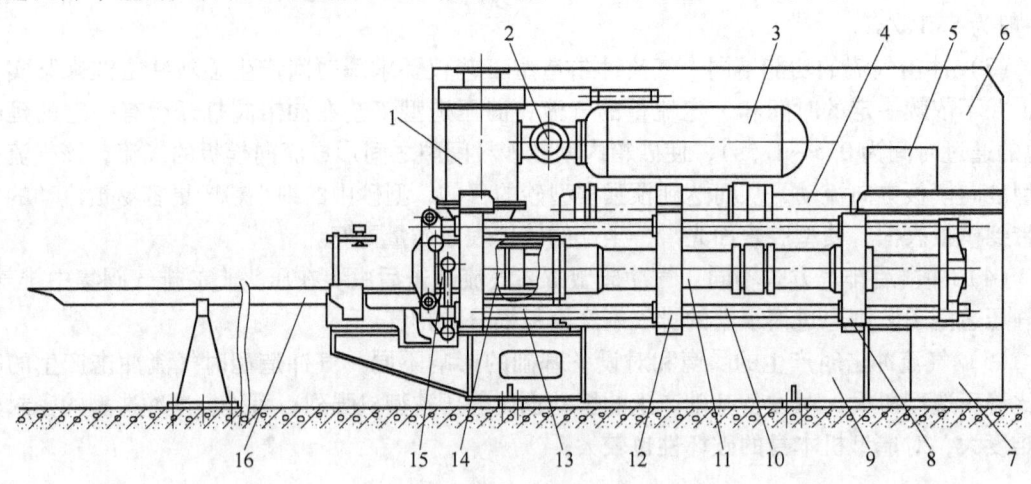

图2-57 垂直分型无箱射压造型机
1—射砂筒 2—射砂阀 3—气罐 4—增速液压缸 5—控制系统 6—罩壳 7—泵站 8—后框架 9—机座
10—导杆 11—主液压缸 12—中框架 13—压实板 14—造型室 15—反压板 16—浇注台

1. 射砂机构

垂直分型无箱射压造型机的射砂机构如图2-58所示,其结构与一般射砂机构相似。不同的是这种射砂机构的射砂筒比一般射砂机的射砂筒高,以满足快速造型用砂量的要求。通常该机构要求的射砂气压较低（200~300kPa）,以避免型砂在射砂筒中被紧实。

射砂前射砂闸板及排气阀关闭。射砂时,射砂阀快速开启,气罐内的压缩空气进入射砂筒顶部,将射砂筒内的型砂以高速射入造型室,形成一个硬度不高但很均匀的"砂型",进入造型室的气流经排气塞和型板及造型室四周的缝隙汇集在机座前部的空腔中,最后排出机外。

供砂闸板和射砂筒内衬均由不锈钢板制成,以防止因生锈而引起的动作失灵和挂砂。供砂闸板采用充气密封以防止射砂时漏气,闸板的开启由一气缸驱动。

垂直分型无箱射压造型机的砂型紧实主要靠压实,对射砂并不要求高的紧实度,所以,射砂筒壁上不开设进气缝隙,采用顶上进气。这种射砂机构的射砂头较高而且锥度较大,易使型砂向射孔附近的流化区补充,减少搭栅及穿孔的可能性。射孔为长条形,造型室通常采用上排气方式排气。

为了控制射砂筒内砂位的高度,射砂筒内装有料位传感器,用以控制供砂系统。

对于大型无箱射压造型机,通常采用二次射砂系统,以克服采用一次射砂所得砂型紧实度上、下不均匀的现象。因为采用一次射砂所得砂型紧实度往往会出现远离射孔处的砂型底部紧实度较高,而砂型上部紧实度较低,压实后得到的最终砂型,其上、下紧实度不均匀,甚至出现砂型上、下厚度不一样。砂型在推合后,两砂型结合处可能出现一定的间隙（有时可达1mm左右）,浇注时导致跑火而使铸件报废。因此,采用二次射砂系统以克服这一缺点。二次射砂系统是在加大气罐的容量的基础上,在原来的射砂阀管路上又并联加装了一个直径较小的射砂阀。射砂时,先开启小的射砂阀射砂,经过0.1~0.2s后,再开启第二个直径较大的射砂阀。这样可降低砂型下部的紧实度,提高射砂后期射砂筒内气压,增加砂型上部的紧实度。实际生产表明,这样的结构效果较好。

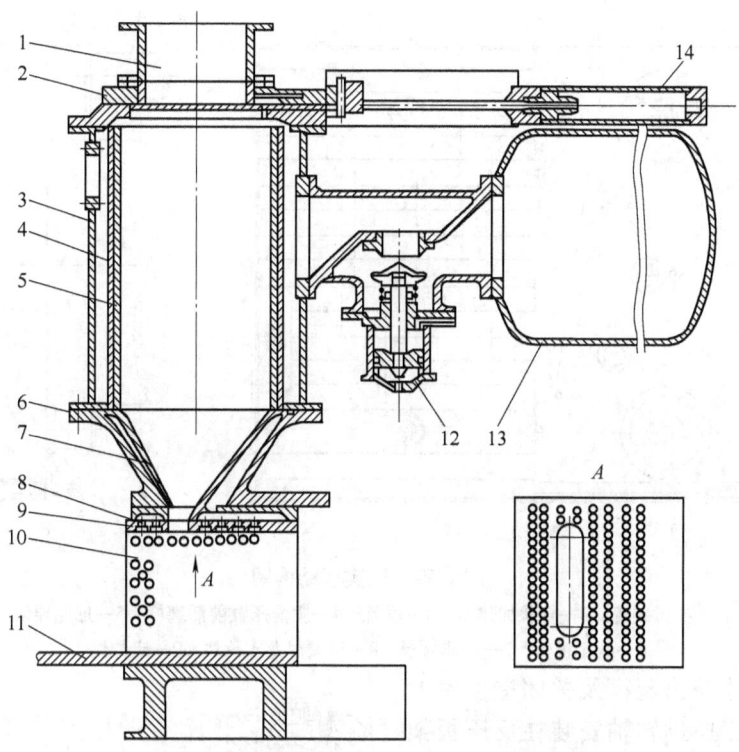

图 2-58 垂直分型无箱射压造型机的射砂机构
1—加砂口 2—闸门 3—射砂筒体 4—射砂筒 5—不锈钢射砂筒衬 6—射砂头
7—射砂筒内衬 8—排气孔 9—造型室顶板 10—造型室侧板 11—造型室底板
12—射砂阀 13—气罐 14—闸门气缸

2. 压实机构

（1）压实板 压实板固定于前活塞杆端部，其内部装有振动器和管状加热器 2（图 2-59）。它的作用主要是用来将型板加热至比型砂温度稍高的温度，以免压实板粘砂。

压实板在造型室中运动，与四壁均有约 1mm 的间隙。为了使压实板上的模板在造型室中准确定位，在压实板上面和两个侧面都装有尼龙导块 5，在其底面则装有两个可调尼龙支承块 8，以便磨损后可以进行调节。压实板和反压板上各装有四个气动夹紧装置 1，以便快速更换模板。在压实板运动过程中，不断向尼龙导块底部通入压缩空气以形成气垫，它既可减少尼龙导块与造型室底板的磨损，又能吹走撒落在尼龙导块底部的型砂。同时压实板在前进时，尼龙支承块还有刮除前方撒落砂的作用。滑管 3 的作用主要是向压实板内引入电线和压缩空气管。另外，压实板上还安装有一根导杆，随压实板一起运动，其作用是控制压实板的速度和停止位置。

（2）反压板 反压板的结构如图 2-60 所示。反压板的转轴 5 两端分别由三个斜楔杆 7 支承，调节斜楔杆及顶丝 6 的位置，可在一定范围内调节反压板在转轴上的位置，使压实板和反压板上的模板位置精确相对，确保砂型合型精度，避免铸件错箱。反压板上端和两侧均装有"L"形断面的橡胶条 1，底部装有一块带弹性的尼龙刮板，造型室封闭后可以保证造型室密封，射砂时防止型砂从反压板漏出。

反压板的运动及翻起动作原理如图 2-61 所示。由主液压缸的后活塞带动四根长导杆 7

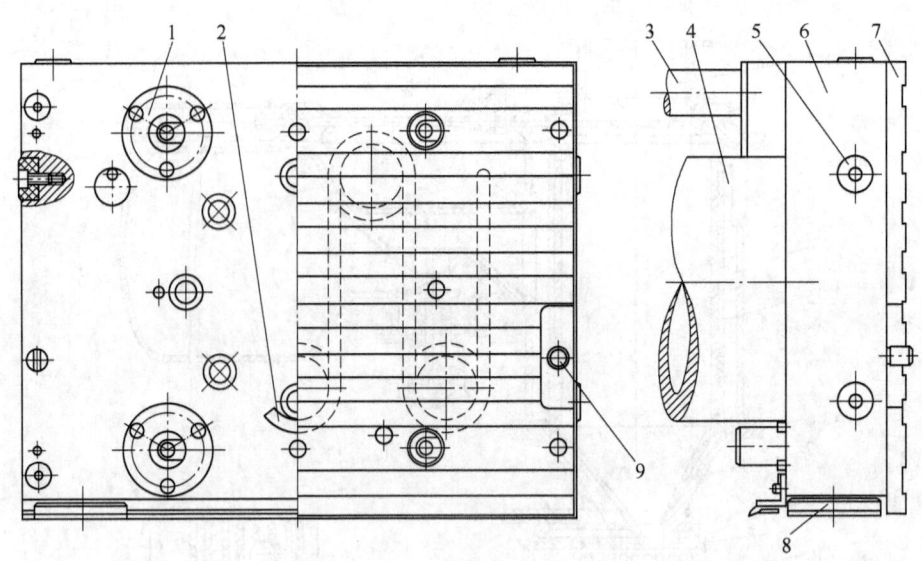

图 2-59 压实板结构图
1—夹紧装置 2—管状加热器 3—滑管 4—主液压缸前活塞杆 5—尼龙导块
6—压实板体 7—加热衬板 8—可调尼龙支承块 9—定位销

使反压板架 1 作退出起模及关闭造型室的运动，反压板 2 通过转轴安装在反压板架上，由连杆 3 带动作翻起运动。连杆 3 的下端是一个导轮 6，可在安装在机座两侧的凸轮导板 5 上滚动。当反压板架向左起模退出一定距离时，导板 5 就将导轮 6 托起（图 2-61b），顶着反压板向上翻起（图 2-61a），让出空间，使以后的砂型能顺利地从它下面通过，穿过反压板架框推到合型浇注平台上。

（3）下芯机构　垂直分型无箱射压造型机上所造砂型若需要下芯的话，下芯操作可在射砂和压实工序时进行。尽管下芯可用手工操作，但是比较紧张而且不安全。因此，现代化的垂直分型无箱射压造型机上均配有平移式机械化下芯机构，其工作原理如图 2-62 所示。

下芯前，下芯机构位于造型机前方砂型一边，操作工人先将砂芯放入下芯框的塑料胎具中。塑料胎具的芯腔槽上开有小孔与真空泵相连（图 2-63），当工人将砂芯放入下芯框塑料胎具的芯腔槽中时，接通真空泵，用真空将砂芯吸住。在反压板封闭造型室后，下芯框由气缸带动平移至造型室前

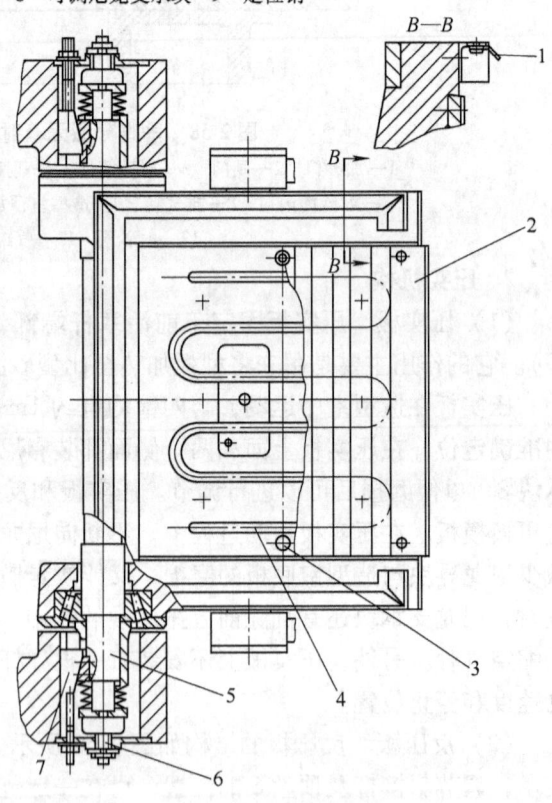

图 2-60　反压板的结构
1—橡胶条　2—加热衬板　3—定位销　4—管状加热器　5—转轴　6—顶丝　7—斜楔杆

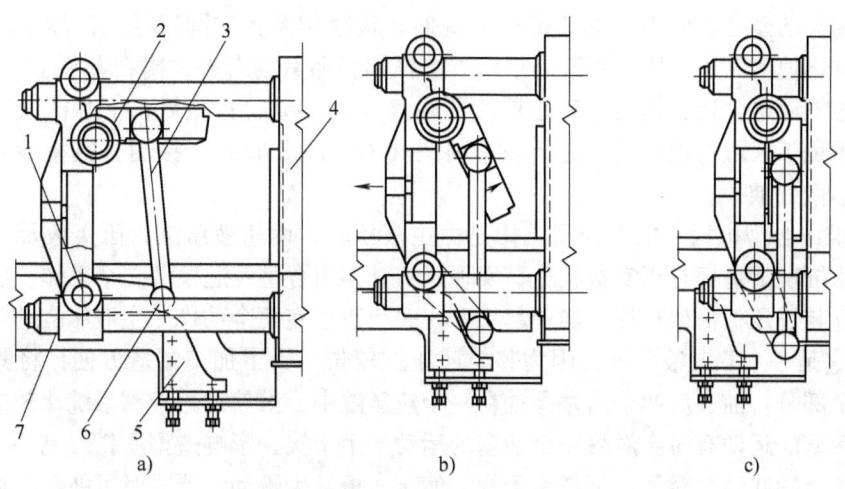

图 2-61　反压板运动及翻起动作原理
a）翻起位置　b）中间位置　c）合上位置
1—反压板架　2—反压板　3—连杆　4—造型室　5—导板　6—导轮　7—导杆

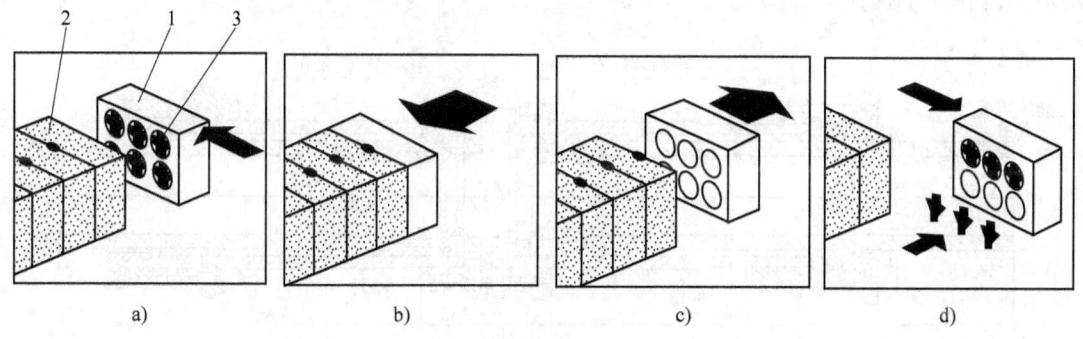

图 2-62　下芯机构工作原理
1—下芯机　2—已造好的砂型　3—砂芯

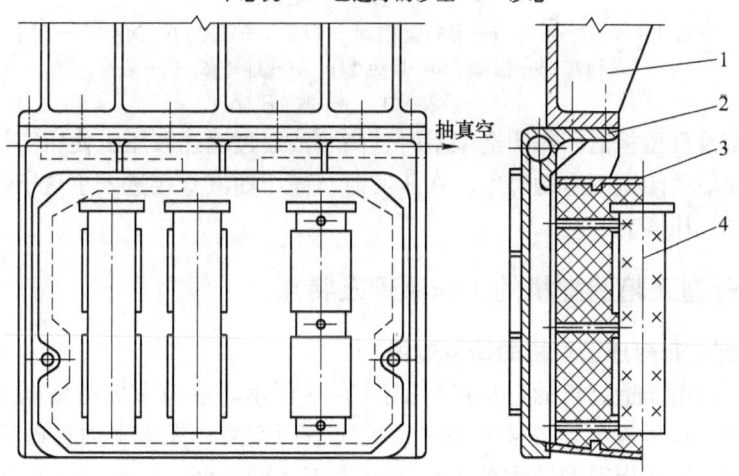

图 2-63　下芯框的结构
1—托架　2—下芯框底板　3—下芯框及塑料胎具　4—型芯

面，与造好的砂型相对（图 2-62a）；然后下芯框向前移动，合在刚推出的砂型上，使砂芯芯头进入相应的砂型芯座中（图 2-62b）；此时，快速切断真空同时通入压缩空气，使下芯框内的真空迅速变为正气压，将砂芯推出下芯框塑料胎具的芯腔，附在砂型上，下芯完成。此后，下芯框后退，让出相当于砂芯厚度的距离（图 2-62c）；最后，下芯框又迅速回到原始位置。于是工人可以把新的砂芯下在塑料胎具中（图 2-62d），接通真空将砂芯吸住，为下一次下芯做好准备。

(4) 推出合型机构　推出合型机构是由主液压缸、增速液压缸、压实板及反压板组成的。主液压缸前活塞杆与压实板相连，实现压实、推出合型及起模Ⅱ三个动作；后活塞杆通过四根导杆与反压板框架相连，实现起模Ⅰ、关闭造型室两个动作。主液压缸的结构如图 2-64 所示。它是一个双向液压缸，因为整个液压缸较长，为了加工制造方便，将其分成前缸及后缸两个部分。前、后两个活塞同处在一个液压缸中，虽然油路控制系统比较简单，但工作时一个活塞的运动有时会对另一个活塞的运动产生干扰，影响造型质量。例如，在起模Ⅰ工序中反压板的起动会对压实板产生干扰，使压实板发生颤动，严重时可能会损坏砂型。为了克服这种现象，新的主液压缸在结构上作了改进，在前缸和后缸之间增加了一个中间隔板，使前、后两个活塞相互隔离，并在液压系统上作了相应的改变，增加两个油阀，以避免前后活塞相互干扰（图 2-65）。

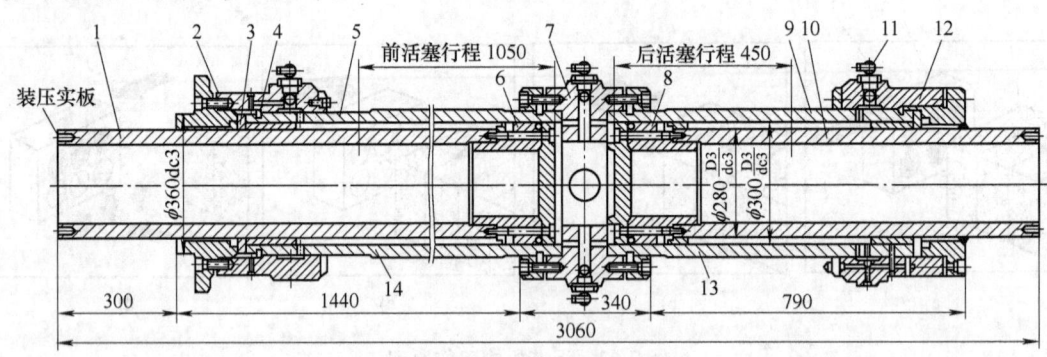

图 2-64　主液压缸结构图

1—前活塞杆　2—端盖　3—导向套筒　4—半环　5—缸体　6—活塞　7—端盖
8—活塞　9—缸体　10—后活塞杆　11—排气塞　12—端盖
13—后液压缸　14—前液压缸

在推出合型及反压板退回封闭造型室时，高压油通过增速液压缸使压实板和反压板获得快速运动，以缩短关闭造型室的时间。在压实时，高压油液直接进入主液压缸，可产生高的压实力，实现高压压实。

2.5.2　垂直分型无箱造型机的工作原理及特点

1. 垂直分型无箱射压造型机的造型过程

垂直分型无箱射压造型机的造型过程如图 2-66 所示。造型室由造型框及压实板、反压板组成，压实板、反压板上均安装有模样，关闭造型室后，先由上面射砂机构向造型室射砂，再由压实板、反压板对型腔内的型砂进行紧实（图 2-66a）；然后，反压板退出造型室并向上翻起，让出砂型通道（图 2-66b）；接着，压实板将造好的砂型从造型室 3 中推出，并与前一砂型合型，同时将整个砂型列向前推进一个砂型的厚度（图 2-66c）；接着压实板

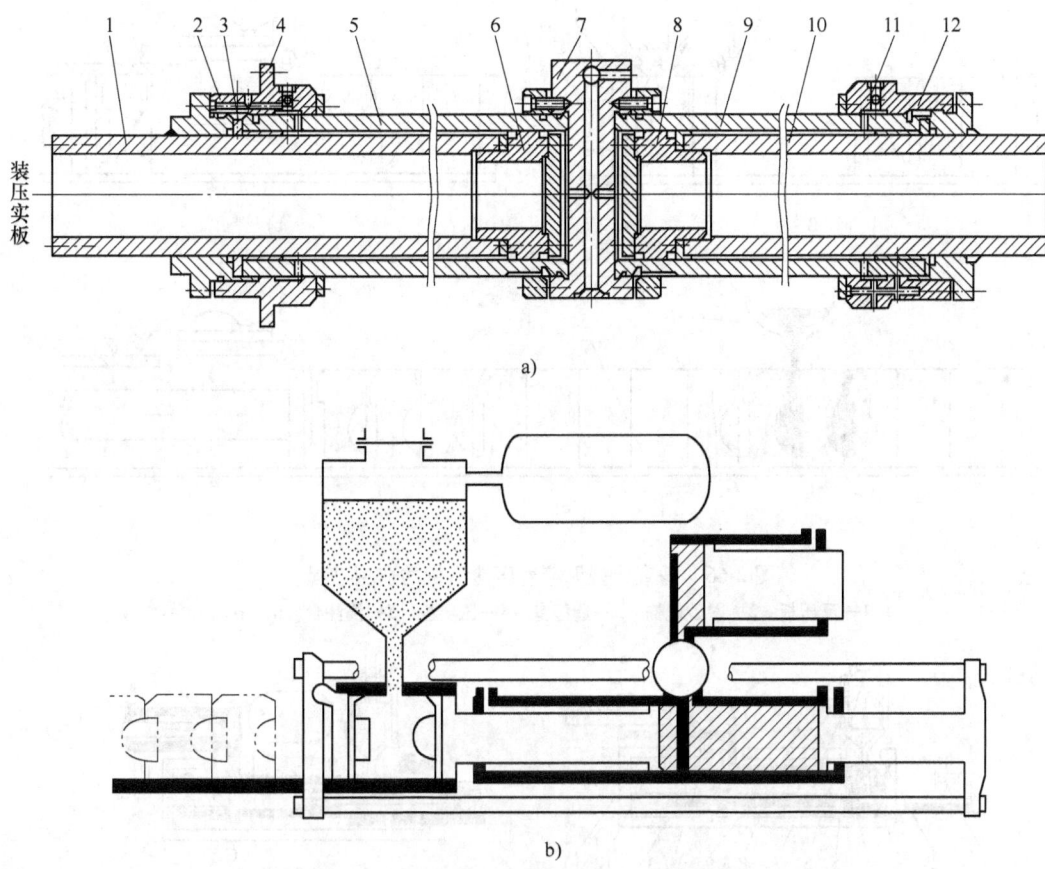

图 2-65 主液压缸带中间隔板的造型机结构示意图
a) 改进后分成前后两个液压缸的主液压缸结构示意图
b) 改进后射压造型机的结构示意图
1—前活塞杆 2—端盖 3—导向套筒 4—半环 5—缸体 6—活塞 7—端盖
8—活塞 9—缸体 10—后活塞杆 11—排气塞 12—端盖

退回,反压板放下并封闭造型室,造型机进入另一个造型循环。

2. 垂直分型无箱射压造型机的工作循环

垂直分型无箱射压造型机的工作过程可分为以下六个工序实现造型循环（图2-67）：

(1) 射砂工序 当压实板、反压板关闭造型室后,射砂机构开始对造型室进行射砂,待射砂结束后,射砂阀关闭,打开排气阀,排出筒内残余空气,射砂工序结束（图2-67a）。

(2) 压实工序 高压油经 C 孔进入主液压缸,同时作用于前、后活塞上,后活塞使反压板压紧在造型室上,前活塞在高压油作用下推动压实板对经射砂后初步形成的砂型进一步压实。当砂型比压达到预定值时,压实板停止挤压,压实工序结束（图 2-67b）。砂型需要下芯时,造型机待下芯结束信号发出后才能转入下道工序,以防反压板与下芯机构碰撞。若砂型不需要下芯,则造型机在压实结束后自动转入下道工序。

(3) 起模 I 工序 高压油由 B 孔进入后液压缸,推动后活塞前移,通过固定在后活塞上的导杆使反压板平行外移,使固定在反压板上的模样脱离砂型实现起模；然后反压板在导向凸轮的控制下向上翻起到水平位置,造型室前门被打开（图 2-67c）。在起模时反压板上

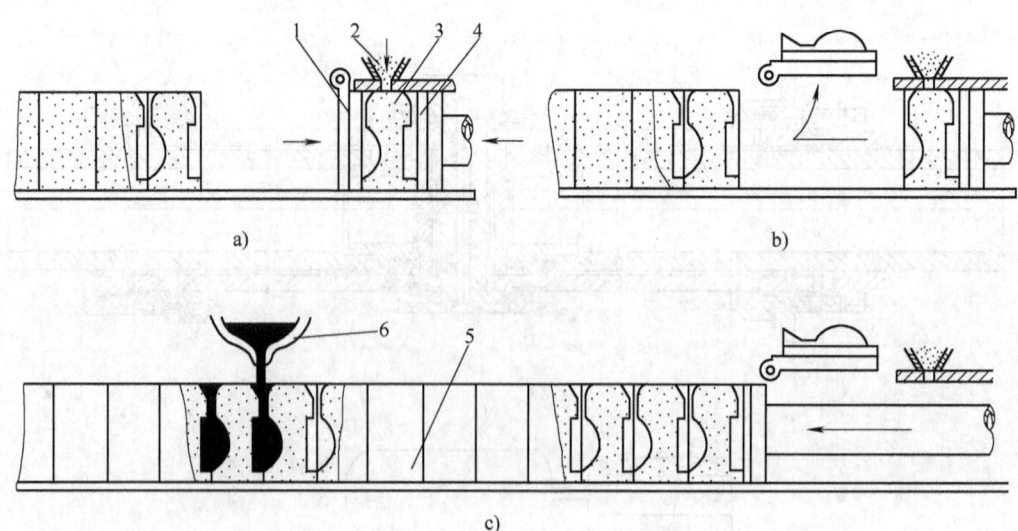

图 2-66 垂直分型无箱射压造型机的造型过程
1—反压板 2—射砂机构 3—造型室 4—压实板 5—浇注台 6—浇包

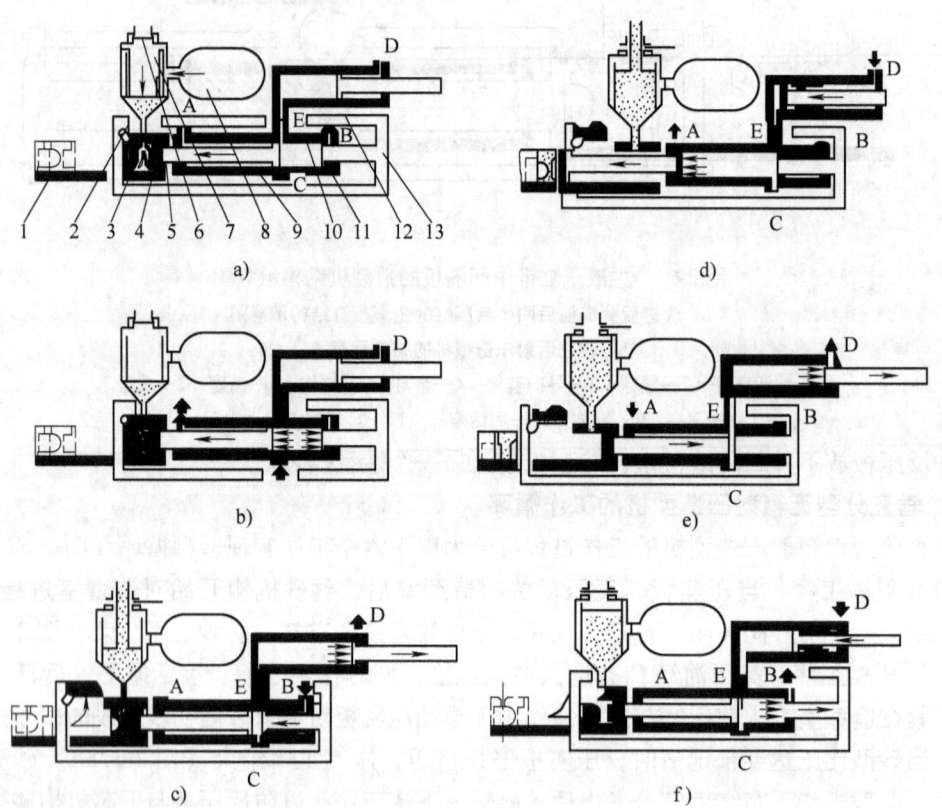

图 2-67 带增速液压缸的垂直分型无箱射压造型机的工作循环
1—造好的砂型 2—反压板 3—前模板 4—后模板 5—压实板 6—加砂闸门 7—射砂筒
8—气罐 9—前液压缸 10—增速液压缸 11—后液压缸 12—导杆 13—后框架

的振动器动作。同时，射砂筒上加砂闸板开启，对射砂筒补充型砂。

（4）推出合型工序　高压油由 D 孔进入增速液压缸，并通过活塞使增速液压缸内的液压油经 E 孔进入主液压缸，并作用于前活塞上带动压实板将砂型推出造型室实现合型，并将整个砂型列向前推进相当于一个砂型厚度的距离（图 2-67d）。

（5）起模 II 工序　高压油由 A 孔进入前液压缸，使前活塞带动压实板后退，实现起模 II（图 2-67e）。后退的行程可根据不同的砂型厚度进行调节。

（6）关闭造型室工序　由 D 孔进入增速液压缸的高压油，推动活塞使增速液压缸中的油液经 E 孔流入主液压缸，推动与导杆相连的后活塞后移将反压板返回至初始位置，造型室关闭（图 2-67f）。同时加砂闸板关闭，停止加砂，并开始下一循环。

3. 垂直分型无箱射压造型机的控制原理

垂直分型无箱射压造型机的工作过程是自动进行的。操作者只需在机器旁进行监视即可。造型机的控制系统由液压、气压及计算机控制系统联合组成。造型机的液压工作原理如图 2-68 所示。

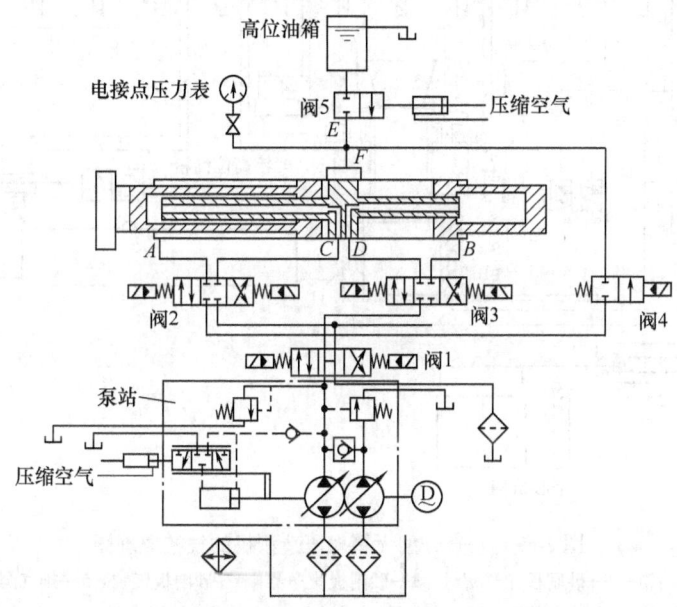

图 2-68　垂直分型无箱射压造型机的液压工作原理图

系统供油是由单电动机驱动两台并联的变量轴向柱塞泵来完成的，其输出的油量为两泵流量之和。轴向柱塞泵具有尺寸小、重量轻、使用寿命长、效率高的优点。在造型循环中推出合型及起模 II 两工序所要求的压实板运动速度的变化，是通过容积调速来实现的。它可在电动机转速不变的情况下，通过变量机构的调节而改变输出油的流量。

造型时液压缸的动作由电液动换向阀 1、2、3 及 4 控制。电液动换向阀具有能实现换向缓冲，又能获得大流量的优点。阀 5 为充液阀，用于向高位油箱补充液压油，因其通径大（100mm），故采用气动推杆驱动其阀芯。对应于各造型工序，液压换向阀的状态见表 2-2。

垂直分型无箱射压造型机的气控原理如图 2-69 所示。从气源来的压缩空气先经过气水分离器，然后一路经减压阀进入环形气罐，另一路经油雾器进入造型机和下芯机构的控制气路。串联在后一管路中的油雾器使气流中含有油雾，以便对各气缸及气阀进行润滑。

表 2-2　造型循环各工序中液压换向阀的状态

工序号	工序名称	液压换向阀号					工序号	工序名称	液压换向阀号				
		1	2	3	4	5			1	2	3	4	5
I	射砂	中	中	中	左	右	IV	推出合型	左	右	中	左	左
II	压实	左	右	左	右	右	V	起模II	左	左	中	左	左
III	起模I	左	中	右	左	左	VI	关闭造型室	左	中	左	左	左

进入环形气罐的压缩空气的压力由远程减压阀控制，改变此压力就可以改变射砂压力。造型循环各个工序的气动动作均由两位五通阀控制。

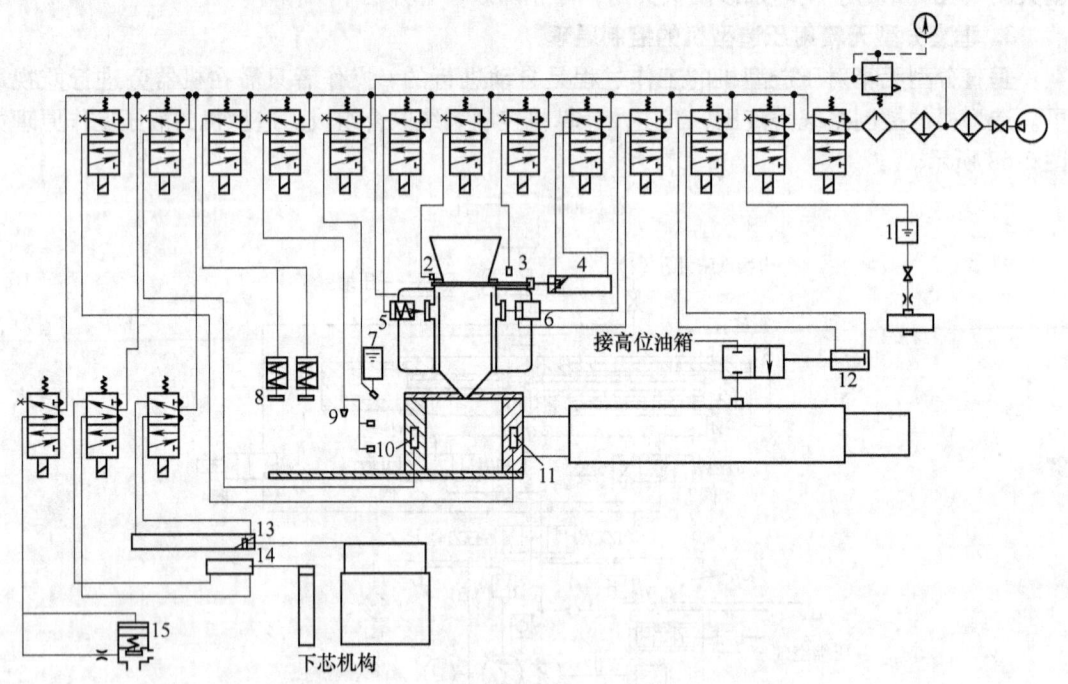

图 2-69　垂直分型无箱射压造型机的气控原理图
1—导柱润滑油箱　2—砂闸板充气密封　3—砂闸板吹净器　4—砂闸板气缸　5—排气阀　6—射砂阀
7—脱模剂桶　8—压砂型器　9—砂型、桩头吹净器　10—反压板振动器　11—压实板振动器
12—充液阀气缸　13—下芯机构长气缸　14—下芯机构短气缸　15—下芯机构换气阀

4. 垂直分型无箱射压造型机的特点

1）采用射压方法紧实砂型，所得砂型紧实度高而均匀，铸型尺寸精度高。

2）砂型两面都有型腔，铸型由两个砂型组成，分型面是垂直的。

3）连续造出的砂型互相推合，形成一个很长的铸型列。浇注系统设在垂直分型面上，由于铸型相互推合，在铸型列中间浇注时，铸型列与浇注平台之间的摩擦力可以抵抗浇注压力，铸型间不需要夹紧装置。

4）由于采用射、压快速造型方法连续造出铸型，所以造型机的生产率很高，造小型铸件时，生产率可达 500 型/h 以上。

造型机的主要缺点是局限性较大，主要用于大批量形状较简单的中小铸件，对于生产型芯较多，或有较长悬壁芯的铸件比较困难；造型室四面板件和模板磨损严重。

2.5.3 垂直分型无箱射压造型生产线

垂直分型无箱射压造型生产线比较简单，由主机配以适当的铸型输送机就可组成造型生产线，基本上不需要其他辅机。目前生产垂直分型无箱射压造型机的主要厂家有国内的保定科盟、保定维尔铸造机械有限公司生产的 FR415 和 FR516A 型号，国外丹麦 DISA 公司的 2110、2013、2070、230 系列，西班牙 LORAMENDI 公司的 VMM 系列，以及日本 KOYO 会社生产的 SM—V 型系列。图 2-70 所示是一条由丹麦 DISA 公司生产的 DISA2013MK5 造型生产线。

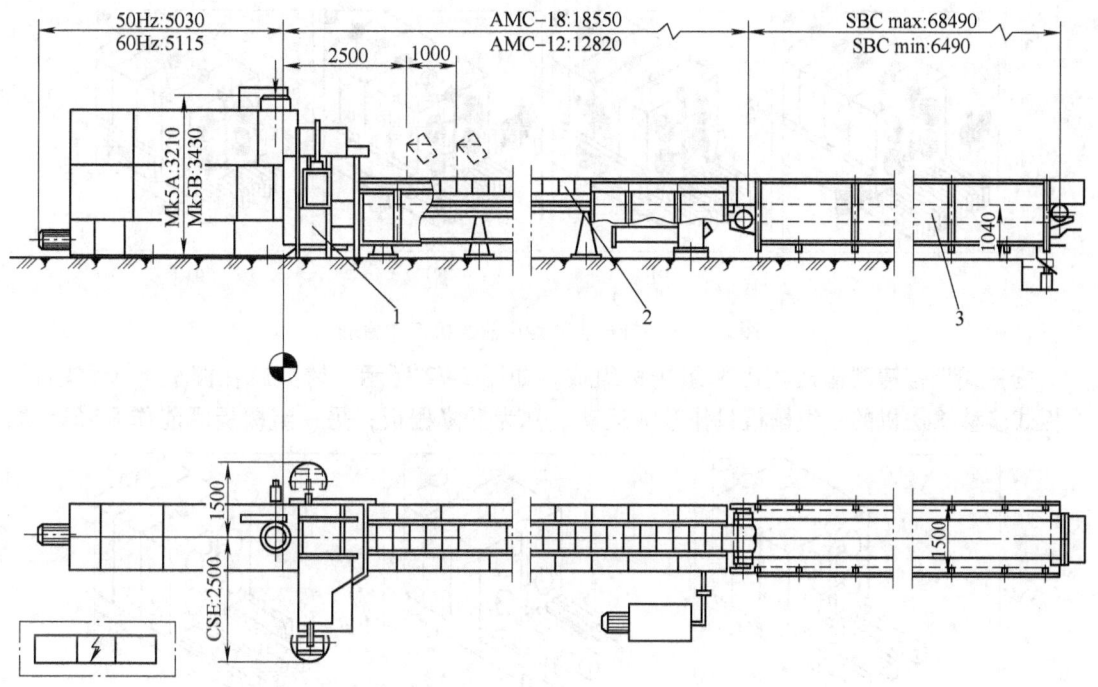

图 2-70 DISA2013MK5 垂直分型无箱射压造型机（线）
1—造型机 2—自动铸型输送机（AMC） 3—同步带式输送机（SBC）

该造型线将造好的铸型从造型机推出后，就可进行浇注。浇注采用底注式浇包，以便充分发挥设备生产率高的优势。铸型浇注后继续向前推进入冷却段，冷却后的铸型，直接推入落砂装置落砂。由于没有砂箱，铸件落砂非常方便，既可以采用振动式落砂机，也可以用滚筒式落砂机。

为了保证铸件在砂型中有一定的冷却时间，冷却段通常比较长（往往有 20~30m），由自动铸型输送机和同步带式输送机组成。造型机设计生产率：无芯 318 型/h，有芯 305 型/h，砂型厚度 120~360mm；最大冷却时间 88 min。铸型输送系统最大长度 86.5m。

垂直分型无箱射压造型生产线的铸型输送系统应具备两个功能：

1) 直线的步移运动。输送机应按造型机的造型节拍，将砂型列每隔一定的时间向前推进一个砂型厚度的距离，因此，它的运动是直线步进式运动。

2) 输送机的运动必须与造型机同步，以防止由于不同步引起铸型从浇注段到冷却段过渡时互相脱开或铸型被推坏。通常使砂型输送机驱动缸的推力约占推动铸型列向前移动所需力的90%，其余10%的力应由推型活塞承担。单靠铸型输送机本身并不能使铸型列移动，只有两者同步向前推进时，铸型列才能向前移动。这样既保证了铸型列不会相互脱开，又保证了铸型不会被推坏。

垂直分型无箱射压造型生产线的步移铸型输送机主要有夹持式和栅板式两种形式。

夹持式步移铸型输送机的工作原理如图 2-71 所示。输送铸型时，铸型列两侧的夹板从两边夹紧整列铸型（图 2-71a），然后夹板夹着砂型列向前移动一个砂型厚度（图 2-71b），接着夹板松开砂型列（图 2-71c），返回原始位置（图 2-71d），完成一次工作循环。DISA2013MK5 铸造生产线所采用的铸型输送机就是夹持式步移铸型输送机。

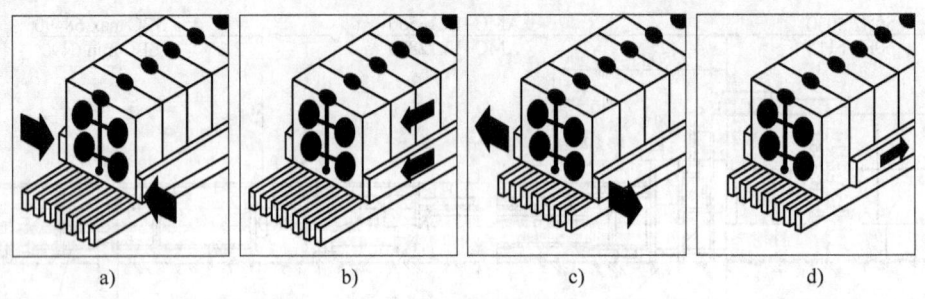

图 2-71 夹持式步移铸型输送机工作原理

栅板式步移铸型输送机由两组栅板组成，如图 2-72 所示。铸型就在栅板上步移输送。栅板式步移输送机的一组栅板只作升降运动，称为升降栅板；另一组栅板既能作升降运动，

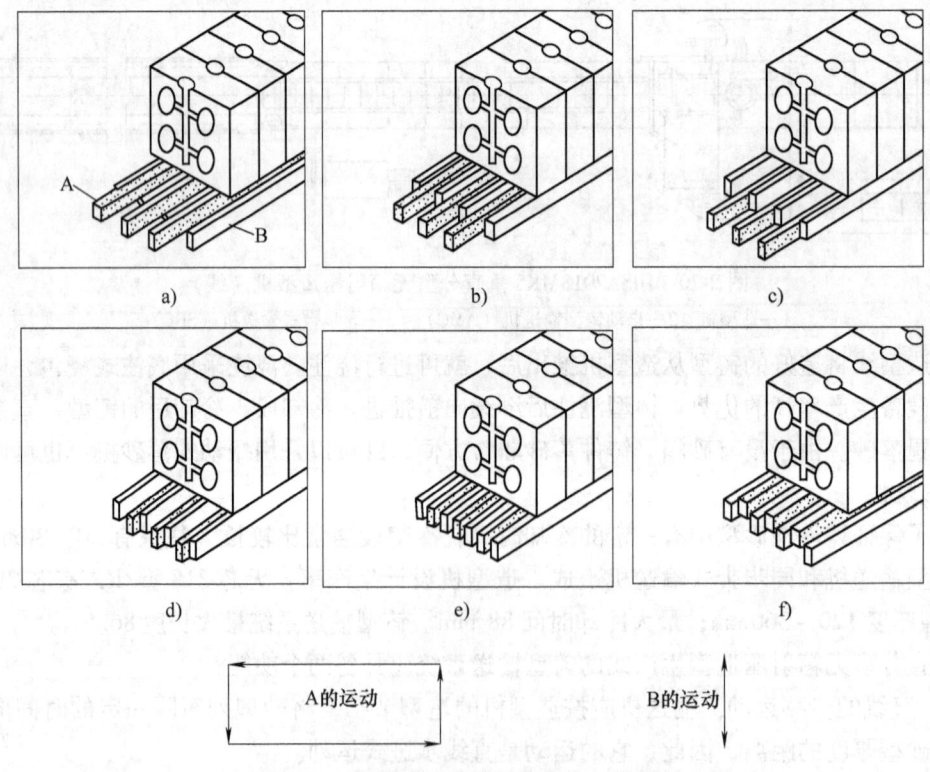

图 2-72 栅板式步移铸型输送机工作原理
A—输送栅板 B—升降栅板

又能作前后往复运动,称为输送栅板。其输送运动有以下几个步骤:

1) 输送栅板 A 上升托起砂型,然后升降栅板 B 下降,输送栅板 A 将砂型列向前输送一个砂型厚度的距离(图 2-72a)。

2) 升降栅板 B 上升与砂型底面接触,即与输送栅板 A 共同托住砂型列(图 2-72b)。

3) 输送栅板 A 下降,砂型由升降栅板 B 托住(图 2-72c)。

4) 输送栅板 A 后退回至原处(图 2-72d)。

5) 输送栅板 A 上升,与升降栅板 B 共同托住砂型列(图 2-72e)。

6) 升降栅板 B 下降,砂型列由栅板 A 托住(图 2-72f),造型机推出下一个砂型并与已在栅板上的砂型合型,再重复上述动作。

为了防止栅板上集砂,两组栅板的升降距离都调整在 0.6~0.8mm。这种铸型输送机动作平稳可靠,但制造精度要求较高,价格较贵,通常用于砂型尺寸较大的情况。

2.6 水平分型脱箱造型机

水平分型的脱箱造型机由于组线简单,模板面积有效利用率高,紧实度均匀,下芯和下冷铁比较方便,没有砂箱进入生产线,占地面积小,可以保持原来的工艺特点等,因此,被广泛用于铸造行业。水平分型脱箱造型机的类型很多。上箱和下箱可以在一台主机上造出并合型、脱箱,也可以分别在两台机器上造出,然后在一个专门装置上合型并脱箱。实砂的方法也有多种,例如,射砂加压实、重力加砂并压实、机械加砂并加层压紧实等方法。另外,造型工位数可以不同,有单工位、双工位、四工位等不同结构形式。以下介绍两种比较典型的结构。

2.6.1 水平分型脱箱射压造型机

水平分型脱箱射压造型机采用先射砂后压实的造型工艺,先射砂可对型砂起到预紧实作用。这种造型机由于不用砂箱,所以结构紧凑,占地面积小,生产率较高。根据射砂方式、加压方式以及具体结构的不同,水平分型脱箱射压造型机有很多类型。

1. 水平分型脱箱射压造型机的主要结构

图 2-73 所示为德国 BMD 公司生产的水平分型脱箱射压造型机的结构图。它由射砂机构、压实机构、双面模板、模板穿梭机构、上下砂箱和辅助框、脱箱机构、转盘机构、横梁、底座及控制系统等组成。上下模板相背安装而组成模板框,上模板向上与造型框和上压板组成上造型室,而下模板朝下与下造型框和下压板组成下造型室。上下两个造型室各由上下射砂筒 2 和 11(顶射和底射)同时向造型室射砂。射砂筒是一种卡腰形的射砂筒,射头又兼作压板固定在射砂筒上,上下射砂筒外均有上下环形压实液压缸 1 和 12,分别可以带动上、下射砂筒在固定的射筒内伸缩移动,使射压板作压实运动。在上下砂箱对角线上还分别安装有两个脱箱液压缸,上脱箱液压缸与上砂箱相连,可控制上砂箱的脱箱及合型等运动。由于下砂箱需要在转盘上转位,所以下脱箱液压缸不能直接与下砂箱连接。它是通过在下砂箱的下面安装一个高度很小的辅助框 13,辅助框和下砂箱上都有钩形装置,脱箱时,辅助框上的钩形装置钩住下砂箱下拉,这样既可实现脱箱,也不妨碍下砂箱转位。中间是模板穿梭小车,下部为砂箱转盘机构,可实现下芯及合型。

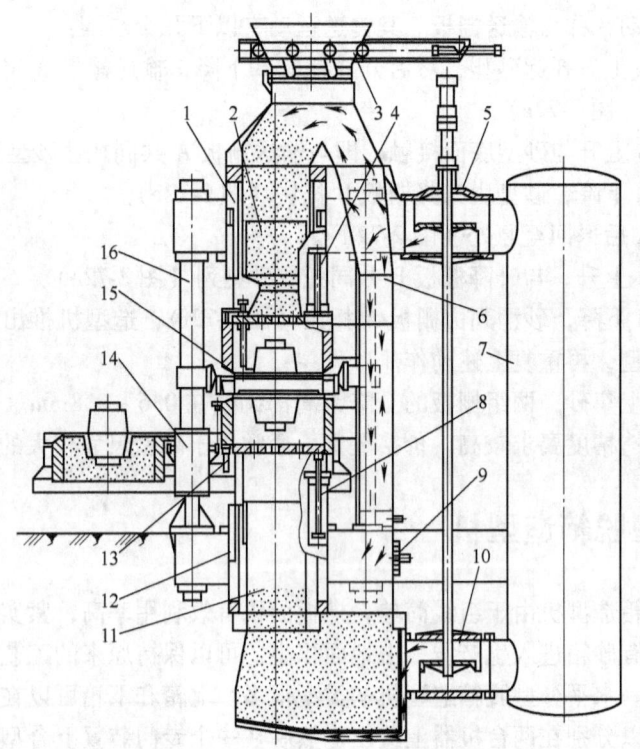

图 2-73 水平分型脱箱射压造型机的结构
1—上环形压实液压缸 2—上射砂筒 3—加料开闭机构 4—上脱箱液压缸
5—上射砂阀 6—落砂管道 7—气罐 8—下脱箱液压缸 9—料位器
10—下射砂阀 11—下射砂筒 12—下环形压实液压缸 13—辅助框
14—转盘机构 15—模板小车 16—中立柱

图 2-74 所示为无锡华佩机械制造有限公司生产的具有自主知识产权的水平分型脱箱射压造型机（型号 XZ42—7060H）。该造型机的显著特点是侧面射砂，模板压实，生产率高，紧实度分布好，其最大生产率可以达到 100 型/h。

图 2-74 水平分型脱箱射压造型机照片

2. 水平分型脱箱射压造型机的工作过程

水平分型脱箱射压造型机的工作过程如图 2-75 所示。当模板进入工作位置后（图 2-75a），上、下砂箱从两面合在模板上（图 2-75b）；这时上、下射砂机构将型砂射入砂箱同时对型砂预紧实（图 2-75c），随即射压板压入砂箱将型砂压实（图 2-75d）；接着上、下砂箱分开，从模板上起模（图 2-75e）。下砂箱留在转盘上，这时转盘旋转 180°，下砂箱随转盘转至外面的下芯工位，而前一个下箱在下芯工位已下芯完毕同时转入到工作工位；与此同时，模板小车向旁移出（图 2-75f），于是上、下砂箱合型（图 2-75g）。合型后上射压板不动，上砂箱被向上拉起脱箱（图 2-75h），然后下射压板不动，下砂箱向下拉出脱箱（图 2-

75i），这时在下射压板上就是已造好的脱箱砂型。在下一工序中，将它推出至浇注平台或铸型输送机，同时模板小车进入造型位置，开始下一造型工作循环。

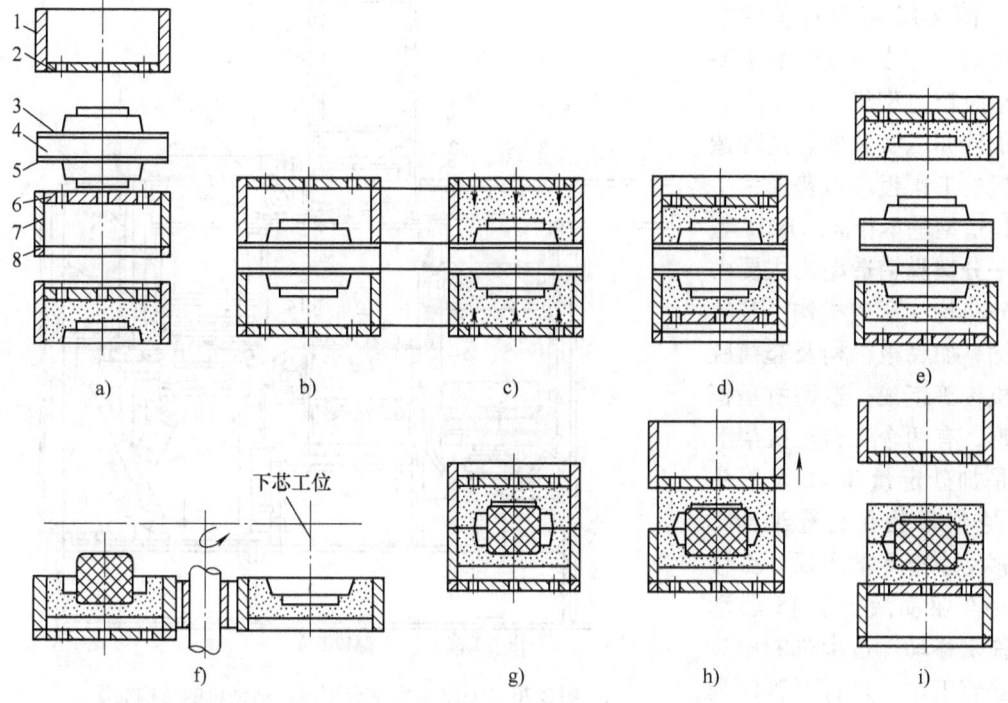

图 2-75 水平分型脱箱射压造型机的工作过程
1—上砂箱 2—上射压板 3—上模板 4—模板框
5—下模板 6—下射压板 7—下砂箱 8—辅助框

3. 水平分型脱箱射压造型机的特点

与垂直分型无箱射压造型机相比，水平分型脱箱射压造型机有如下优点：

1）水平分型脱箱射压造型机的下芯和下冷铁均在机外进行，安全方便。

2）水平分型时，直浇道与分型面垂直，模板面积有效利用率高，而垂直分型的浇注系统位于分型面上，模板面积利用率小。

3）垂直分型时，若模样高度较大，模样下面的射砂阴影处紧实度会较低，而水平分型可避免这一缺点。

4）水平分型时，铁液压力主要取决于上半型的高度，易保证铸件质量。

但水平分型脱箱造型机的射砂筒与压实液压缸的结构比较复杂，维修比较困难，射砂耗气量大，并且生产线上需要配备压铁装置和取放套箱装置。因此，生产线较复杂，应用有一定限制。

2.6.2 水平分型机械加砂压实脱箱造型机

水平分型脱箱造型机除了上述的射砂加砂外，还有机械（重力）加砂的压实脱箱造型机。机械加砂省去了射砂机构及其附带的排气措施，但机械加砂的造型速度较射砂加砂的速度慢，生产率较低。采用机械加砂，上、下箱需要分别造型，因此，其结构较为复杂和庞大。下面以美国亨特公司生产的 HMP 型水平分型脱箱造型机为例，介绍这类造型机的结构、工作过程及特点。

1. 造型机的结构

图 2-76 所示是美国亨特公司生产的 HMP 型水平分型脱箱造型机,它采用机械加砂和压实紧实。这种造型机的工作程序与普通手工脱箱造型基本相同。HMP 型水平分型脱箱造型机主要由加砂机构、压实机构、翻转机构、加底板机构及起模脱箱机构等组成。造型机呈框架形,有两个工位。机架上部是加砂定量斗 11 及压头 9,它们都装在定量斗及压头移动小车 8 的上面,由移动小车驱动液压缸 18 驱动作往复移动。造型机的中央是翻转工位,进行下箱的翻转、填砂及加底板等工序。左边是压实工位,进行上箱填砂和上、下砂型压实及起模、脱箱等工序。压实工位上有工作台 4、定位器 3 及压实液压缸 2。工作台的尺

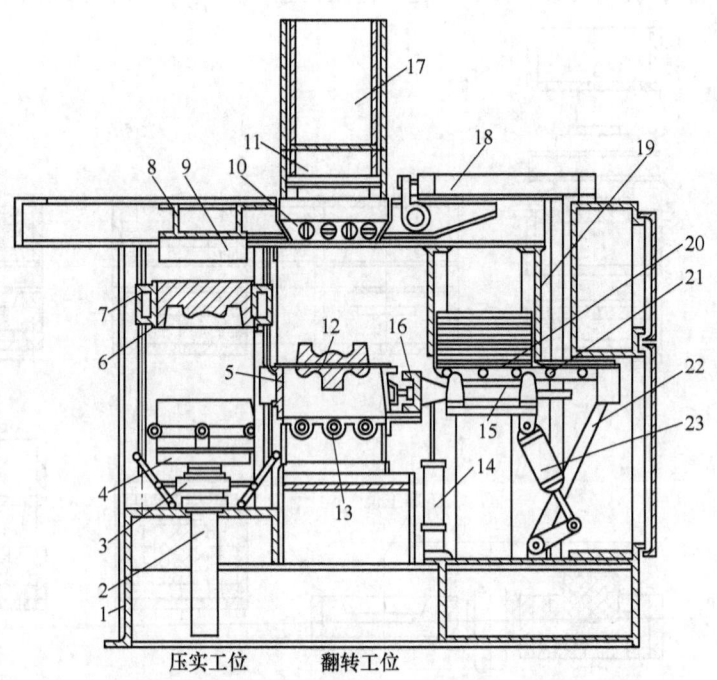

图 2-76 HMP 型水平分型脱箱造型机的结构简图
1—机架 2—压实液压缸 3—定位器 4—工作台 5—下箱 6—压头
7—上箱 8—定量斗及压头移动小车 9—压头 10—松砂器 11—加砂定量斗 12—模板 13—底板夹紧滚轮 14—翻转液压缸 15—下箱移动液压缸 16—翻转架 17—储砂斗 18—移动小车驱动液压缸
19—底板存储斗 20—底板升降器 21—底板辊道
22—连杆装置 23—底板推进气缸

寸略小于下箱的内边尺寸,所以能将底板压入砂箱,作主动压实。右边是底板存储和供给工位,通常底板存储斗中储有 4~8 块底板。底板存储斗下面有底板升降器 20。当底板升降器松开时,底板存储斗 19 中的底板都落到底板辊道 21 上。但在底板升降器夹紧时,只能放出一块底板。底板的供给由底板推进气缸 23 通过连杆装置 22 上的滑块推动,将底板插入下箱上面,经翻转、压实、脱箱后托住下砂型。

2. 造型机的工作过程

水平分型机械加砂压实脱箱造型机的工作过程如图 2-77 所示。开始造型时,双面模板 10 及下箱 11 在中央的翻转工位上,已造好的下型及上型停放在压实工位上(图 2-77a)。这时,下箱及模板由翻转机构翻转(图 2-77b),并由加砂定量斗 8 加砂(图 2-77c);此时,压实工位上无动作,可以进行下芯操作。接着,在翻转工位上向加满型砂的下箱顶面插入底板并翻转,同时压实工位上进行合型和上型脱箱(图 2-77d、e)操作。随后,将翻转工位上的下箱及模板向压实工位推出,同时将合型完毕的砂型推到铸型输送机上(图 2-77f),加砂定量斗 8 与压头 6 向左移位,使加砂定量斗移至上箱上方,压头移出压实工位。随后在压实工位的下箱连同模板上升,与上箱扣合(图 2-77g),加砂定量斗 8 向上箱加砂(图 2-

77h)。然后，定量加砂斗与压头向右移位，压头再移到上箱上面的压实工位（图 2-77i），压实工作台继续上升，压头及底板都压向模板，上、下箱同时得到压实（图 2-77j）。在压实到预定比压（约 500kPa）之后工作台下降，上箱首先被托住而起模，然后下箱及模板被托住，下型起模并脱箱（图 2-77k）。接着模板与下箱右移至中央翻转工位，造型机各部分又回复到初始状态（图 2-77l），机器进入下一个造型循环。从模板推出到模板返回至翻转位置之间，中央翻转工位上没有动作。

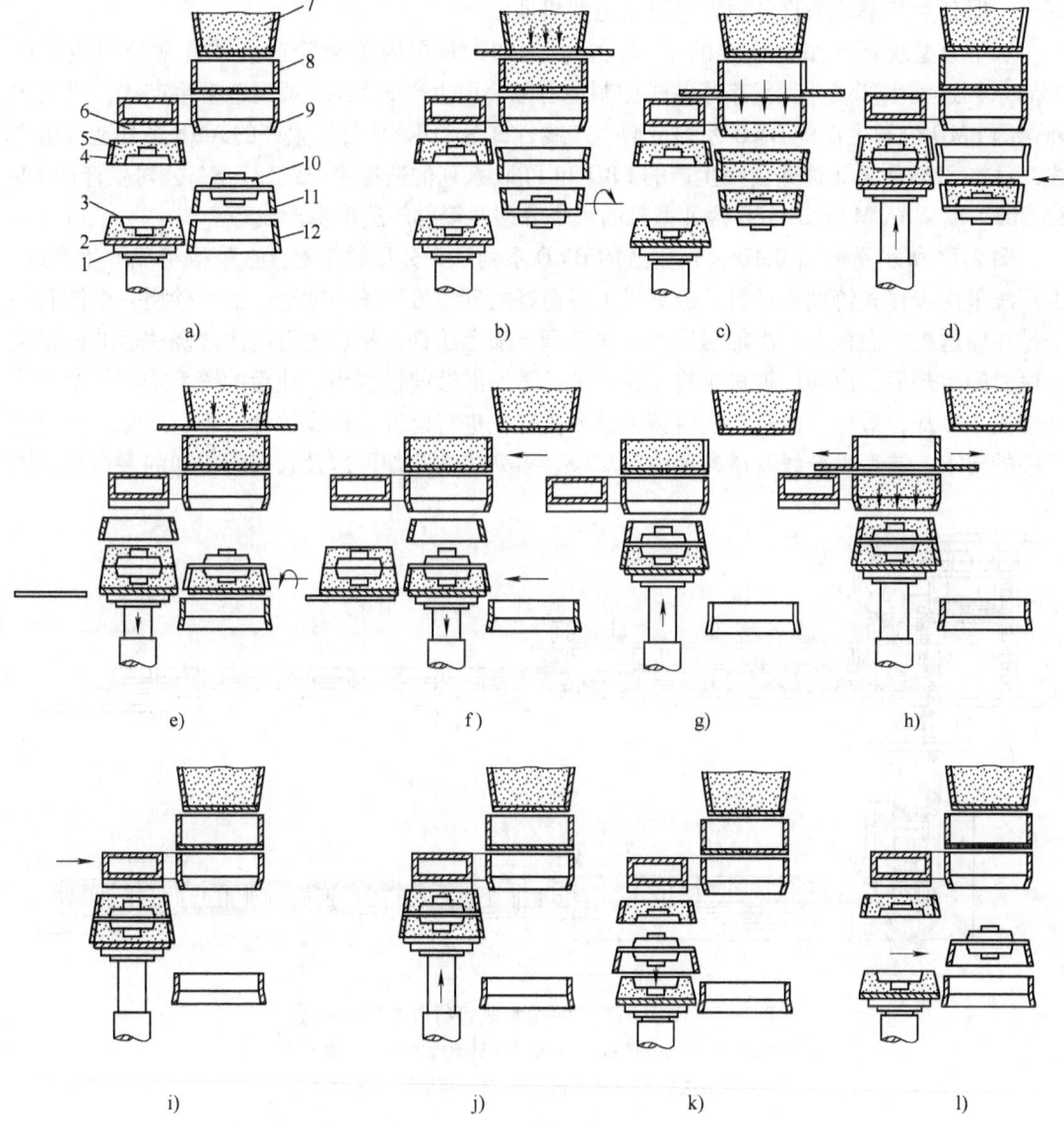

图 2-77 HMP 型造型机的工作过程

a）原始状态 b）下箱反转 c）下箱加砂 d）合型及插底板 e）上型脱箱及下箱返回
f）下箱及定量斗移位 g）与上箱扣合 h）上箱加砂 i）定量斗返回 j）压实 k）起模 l）下箱返回
1—工作台 2—底板 3—下砂型 4—上箱 5—上砂型 6—压头 7—储砂斗 8—加砂定量斗
9—松砂器 10—双面模板 11—下箱 12—导向槽

2.6.3 水平分型脱箱造型生产线

水平分型脱箱造型生产线由于其具有辅机少、布线简单的特点,被广泛用于汽车、拖拉机、机械设备及轻纺工业等行业。这种造型机不用砂箱,结构紧凑,占地面积小,生产率也较高,并采用传统的水平分型工艺,容易下芯;同时采用射砂预紧实更适合高模样的砂型,砂型紧实度均匀,质量高。因此,水平分型脱箱射压造型机比垂直分型无箱射压造型机用途更广,但其生产率较垂直分型无箱射压造型机低。

水平分型脱箱造型生产线的系列较多,例如,有国内苏州铸造机械有限公司生产的 BSM 系列造型生产线,无锡市华佩机械制造有限公司生产的 XZ42 系列造型生产线,以及国外德国 BMD 公司生产的 BMD 系列造型生产线,日本 TOKYU 公司生产的 AMF 系列造型生产线,日本 SINTO 工业株式会社生产的 FBO 和 FBM 系列的造型生产线,DISA 公司生产的 DISA 3030 和 DISA MATCH 130 两种型号的水平分型脱箱射压造型生产线等。

图 2-78 所示是德国 BMD 公司生产的 BMD 系列水平分型脱箱射压造型机组成的生产线,生产线采用步移式铸型输送机。造型机 1 将造好的砂型推到铸型输送机上,砂型一个推着一个排在输送机的栅板上,由加压铁机 2 在砂型上加上压铁,然后进行浇注。浇注后的铸型经一段时间冷却后,由卸压铁机 4 将压铁取走,铸型继续前推就将浇注后的铸型推到一个带式输送机上冷却,最后,由推型机将铸型推入落砂机进行落砂。根据铸件大小、冷却时间及生产率的要求,造型生产线有单列浇注冷却段、多列浇注冷却段以及长时间冷却的多列冷却段等。

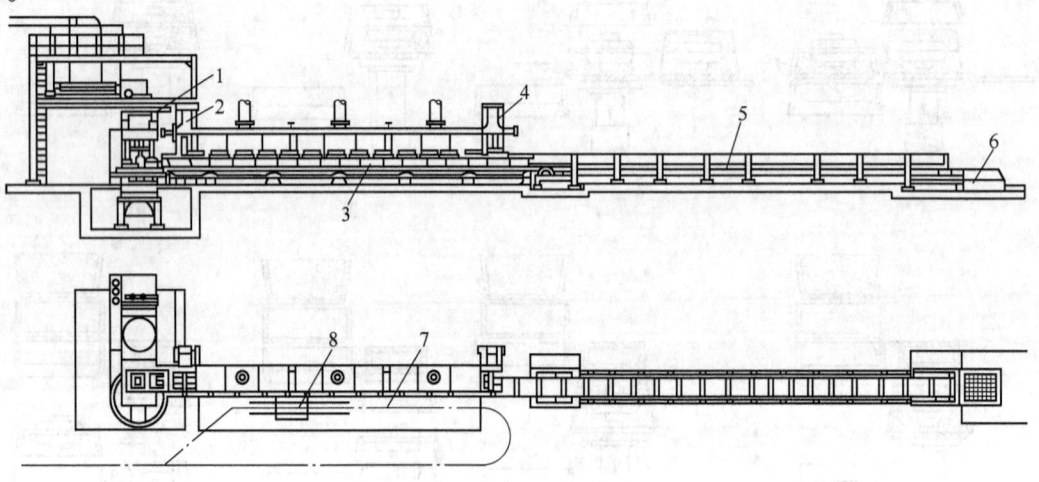

图 2-78 BMD 系列水平分型脱箱射压造型生产线
1—造型机 2—加压铁机 3—步移式铸型输送机 4—卸压铁机
5—带式输送机 6—落砂机 7—悬轨起重机 8—浇注车

2.7 造型生产线

2.7.1 生产线的组成、布置原则及类型

1. 生产线的组成

在铸造车间中,人们通常将造型机和辅助设备按一定的工艺流程,用运输设备连接在一起,并采用一定的控制方法组成机械化、自动化造型生产体系,用于批量生产铸件,这种生产体系称为造型生产线。由于不同的造型机和辅助设备以不同的组合形式布置,这就使得造型线差别较大,铸件生产的适应范围和批量规模也不同。

图 2-79 所示是由一对能分别造上、下型的两台主机和辅机(翻箱机、合箱机、压铁机、浇注机、捅箱机、落砂机、分箱机等)组成的气冲造型自动生产线。砂箱尺寸为 1250mm × 900mm × 300mm/350mm,生产率为 110 ~ 160 型/h,带有模板自动更换装置。

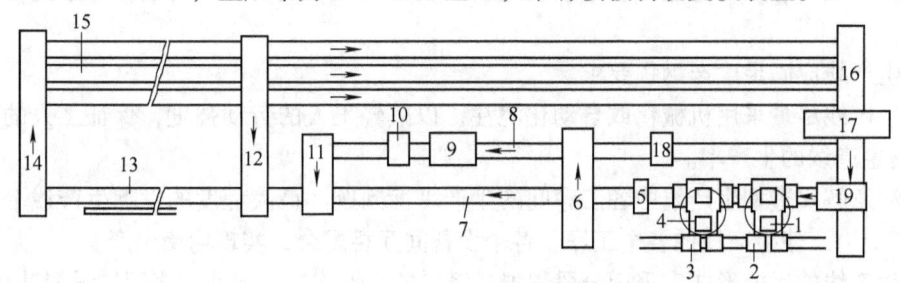

图 2-79 气冲造型自动生产线

1、4—造型机 2、3—往复式上、下模板小车 5—翻箱机 6—上型转运装置 7—下芯段 8—上型铸型段 9—钻通气孔装置 10—上型翻转机 11—合箱机 12—压铁机 13—浇注段 14—转运装置 15—冷却输送机 16—转运装置 17—带机械手的振动落砂机 18—小车清扫机 19—砂箱清理机

该生产线为开放式布置,所用的间歇式铸型输送机可以是小车或输送机,也可以是辊式输送机。驱动形式可以是驱动小车、气动、液动柱杆或机动边辊等。

实际生产中,由于生产线的组成受所造铸件的类型、生产量的大小、造型工艺的差异、不同公司生产的造型机以及具体厂房条件等因素的影响,造型生产线的布置存在一定的差别,但其主要组成部分基本相同。

2. 影响造型生产线布置的因素

影响造型生产线布置的因素诸多,概括起来有以下几个方面:

1)造型生产线主、辅机的选用及生产线的布置主要受造型材料种类,如普通粘土砂、水玻璃砂、树脂砂等;造型方法;金属的种类,如铸铁、铸钢;铸件大小及对冷却时间的要求;铸件质量及精度要求等因素的直接影响。

2)造型机的形式、规格及性能是影响生产线布置的决定性因素,如采用普通造型机还是气冲造型机,有箱造型机还是无箱造型机,单机组组线还是多机组组线,生产率及机械化和自动化的程度等,都直接决定辅机的选用及生产线的布置。

3)生产线的运行方式将影响辅机的结构形式和生产线的布置方式,例如,连续式、脉动式或间歇式等。

4)辅机的结构形式、性能及配套方式,也可以反过来影响生产线的布置。例如,合型方式(静态合型还是动态合型),浇注方式及浇注机的结构,落砂机的结构及落砂方式,砂箱回送方式以及分箱机和接箱机的结构等。

5)生产线的控制方式以及信号发送装置也会影响组线辅机及铸型输送机的局部结构及生产线的布置形式。

6)厂房条件和环保要求对主、辅机的选择和生产线的布置也有影响。老厂房改造对造型生产线的布置会有种种限制和要求，有时车间防尘和减小噪声的要求也会影响主、辅机的选择。例如，严格限制噪声时，生产线上就不能选用振动落砂机，而应采用滚筒式落砂机。

3. 造型生产线的布置原则

在布置造型生产线时通常应遵循以下原则：

1）生产线的布置应根据实际条件和具体要求来决定，切不可一味追求先进性，盲目提高机械化和自动化程度。

2）生产线所选用的铸造工艺必须经过实践验证，证明是切实可行的，并通过可行性论证。

3）生产线应满足生产纲领要求。

4）生产线尽量采用机械化或自动化浇注，以减轻工人的劳动强度，保证工人的人身安全，提高生产线的生产率。

5）注意解决造型生产线中各工序间的生产平衡问题。最大程度的发挥生产线上主要设备的生产能力，使生产线的各个工序、各个设备间互相配合，实现均衡生产。

6）生产线的运输形式宜采用分段累加式滚道的柔性连接，或在工序间增设缓冲环节。

7）生产线各机械传动方式宜采用电动、液动、气动机械和油阻尼的综合传动，并有自动润滑系统。

8）生产线的控制系统宜采用分散控制。

9）生产线的结构尽可能简单，配件尽量采用标准件以便维修方便。

10）有良好的建筑适应性，占地面积小，在场内没有大的动载荷及地坑，起重设备载荷不大等。

此外，还应尽量使能耗低，重视生产环境的改善（降低噪声、减少有害气体含量、控制环境温度）降低工人的疲劳程度，提高劳动的舒适程度等。

4. 造型生产线布置的几种类型

为称呼方便，人们通常习惯于采用造型线主机的名称来为造型线分类。例如，气动微震造型线、高压造型线、气冲造型线、静压造型线、垂直分型无箱射压造型线、水平分型脱箱压实造型线等。当然，有时人们也会使用造型生产线制造公司的名称来为生产线命名。例如，KW造型线、亨特造型线、DISA造型线等。

按自动化程度可将国内铸造企业布置的造型生产线分为半机械化、机械化、半自动化及自动化生产线四种类型。

（1）半机械化生产线 除采用造型机造型，铸型输送机运送铸型，砂型用带式输送机运送到造型机上方的砂斗外，其他工作均由人工完成。半机械化生产线适合于小铸件、小批量生产。

（2）机械化生产线 是在半机械化生产线的基础上，增加了合箱机、悬链型芯输送机以及气动起重机等装置，完成下芯、合型、搬运砂箱及浇注操作，可进一步减轻工人的劳动强度。机械化生产线主机多采用震击式、震压式及压板式等造型机，适合于批量生产。

（3）半自动化生产线 该线上除了浇注及下芯等少数几个工序是由工人完成之外，其他工序主要由各种主、辅机自动完成。生产线上的造型、合型、砂箱运输、铸型输送、浇注后冷却以及落砂等均由PLC按预先设计的程序和时间控制进行。半自动化生产线主机多采用高压造型机、气冲造型机或静压造型机，适合于大批量生产。

(4) 自动化生产线　铸件生产的全部工作均由主、辅机自动完成，生产线有完备先进的电控系统，可以监控和显示整个生产过程，人只是起到调整、维修设备的作用。自动化生产线适合于大批量生产。

5. 用连续式铸型输送机组成的机械化造型生产线

(1) 造型机成组布置的生产线　图 2-80 所示为造型机成组布置的生产线。成组布置的造型机分别造上、下箱，用单轨气动起重机将铸型搬运至铸型输送机上，并在输送机上进行下芯、合型操作。铸型浇注、冷却、落砂后的空砂箱则由辊道 5 送至造型机旁循环使用。

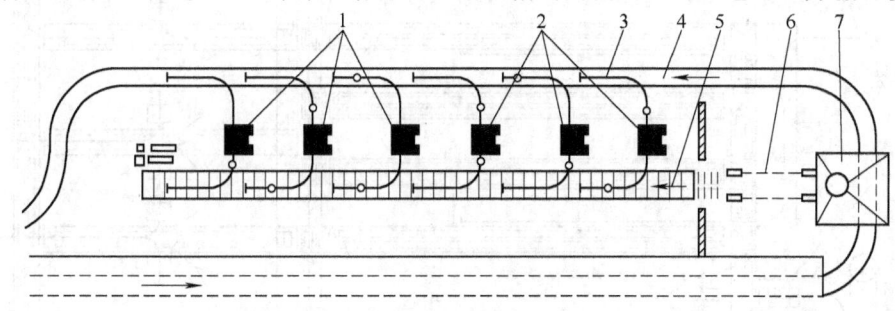

图 2-80　造型机成组布置的生产线
1—上箱造型机　2—下箱造型机　3—气动起重机　4—铸型输送机　5—辊道　6—边辊　7—落砂栅格

(2) 造型机成对布置的生产线　图 2-81 所示为造型机成对布置的机械化造型线，它由五对造型机 1 和单轨气动起重机 2、落砂装置 5、回箱辊道 3、分箱机 4、过渡小车 7、单梁起重机 9 以及两条铸型输送机 8 等组成。五对造型机分别造上、下型，用单梁起重机吊箱、放箱及合型，灵活方便。用单轨气动起重机将空砂箱从回箱辊道上吊入主机造型。该造型线设计生产率为 180 型/h。

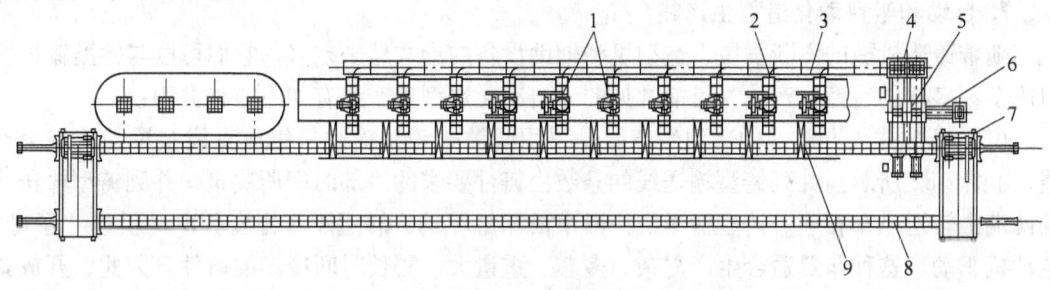

图 2-81　造型机成对布置的机械化造型线
1—造型机　2—单轨气动起重机　3—回箱辊道　4—分箱机　5—落砂装置
6—落砂机　7—过渡小车　8—铸型输送机　9—单梁起重机

6. 用辊式输送机组成的机械化造型生产线

用铸型输送机组成封闭式的生产线，对实现连续生产是有利的，但是它要求造型与熔化相平衡，铸型输送与浇注相平衡。如果熔化不是用冲天炉连续进行，而是间歇地用电炉炼钢，或坩埚炉化铜，则有可能出现熔炼期间铸型造好没有地方放的情况；在浇注期间也可能由于输送机按一定速度循序前进而不适当地拖长浇注时间，使后浇的铸型因浇注温度过低而产生废品。在这种情况下，使用辊式输送机或辊道非常有利于均衡地组织生产。

图 2-82 所示是用辊式输送机和辊道组成生产线的例子，用于生产中小铸钢件。工作时用单轨气动起重机或旋臂起重机从回送辊道 8 上取来空砂箱，在造型机 7 上造型，之后搬运

到辊道上下芯、合型；再用转运小车 6 分别送到四条间歇式气动推箱的辊道 5 上，进行浇注和冷却，以后经换向机 4 到达落砂段，由气动推杆 13 将其推入落砂机 1。落砂后的空砂箱用单轨气动起重机送到带式输送机 12 上，再沿倾斜辊道 11 下滑，经换向机 9 回到回送辊道 8 上待用。辊道的长度，根据每次要浇注的砂型数及冷却时间来确定。

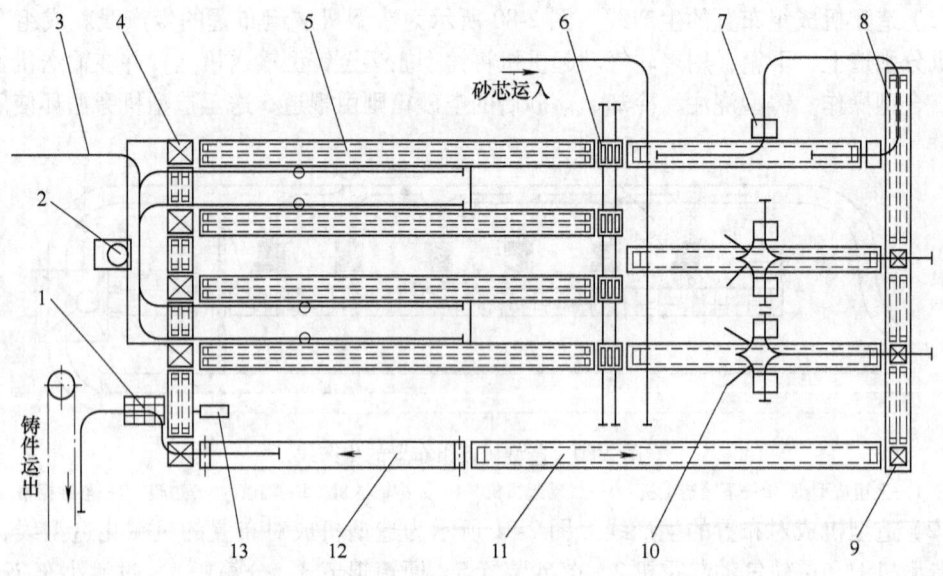

图 2-82 用辊式输送机和辊道组成的生产线

1—落砂机 2—保温包 3—浇注单轨 4、9—换向机 5—辊道 6—转运小车 7—造型机
8—空砂箱回送辊道 10—旋臂起重机 11—回送空砂箱的倾斜辊道 12—带式输送机 13—气动推杆

7. 自动和半自动化造型生产线

随着铸造机械的不断发展，造型机和辅助设备的形式越来越多，它们可以与铸型输送机组成多种多样的造型生产线。目前常见的半自动化造型生产线有如下布置类型：

（1）开放式　开放式的造型生产线是采用间歇式铸型输送机组成直线布置的流水生产线，如图 2-82 所示。并列铸型输送线的条数由铸件要求的冷却时间所决定，并列铸型输送线的两端由转运小车相连。铸型输送机一般由液压缸驱动，转运小车由变频电动机或"子母"电动机驱动。这种布置适合生产复杂、多芯、重量大、需长时间冷却的铸件。因此，开放式造型生产线具有布线灵活的特点，对多品种、批量较小、需周期性浇注，并希望有适当的铸型储备和不同的型内冷却时间的铸件生产，采用开放式直线布线较为有利。

（2）封闭式　封闭式造型生产线是采用连续式或脉动式铸型输送机组成的不间断环形流水生产线。封闭式布置的优点是：铸型转运少，辅机类型少，对控制系统较为有利。因此，对于大量生产、连续浇注、不需要铸型储备的铸件生产，选择封闭式环形布线较为合适。但其缺点是：封闭式布线受车间限制较大，灵活性差。图 2-79 ~ 图 2-81 所示均为封闭式造型线。

（3）直列式　直列式直线生产线主要用于垂直分型无箱射压造型线或水平分型脱箱造型线。这种布线方式使主机、浇注段和冷却段均在同一直线上（图 2-70、图 2-78）。砂型同步段的长度可根据铸件要求的工艺冷却时间而定，适合于比较狭长的铸造车间。直列式布线的缺点是局限性大，尽管在宽度方向上占地面积小，但由于布线长，有时会给车间平面布置带来一定的困难。

(4) 串联式　串联式布线的特点是造好的上型从造型机到合箱机之间的运行方向，与造型段或下芯段铸型输送机小车的运行方向平行或重叠，如图 2-83 所示。串联式布线适于占地狭长的场合，大多采用连续式铸型输送机组线，可以动态合型，也可以在边辊道上或静态合箱机上实现合型，落砂后的空砂箱采用专用的回箱辊道送回主机。串联式布线紧凑，除动态合箱机外所采用的辅机结构都比较简单。这种布线的缺点是：当生产线上采用多对主机时，造好的砂型穿越辅机的机会较多，砂粒易落入型腔影响铸件质量。

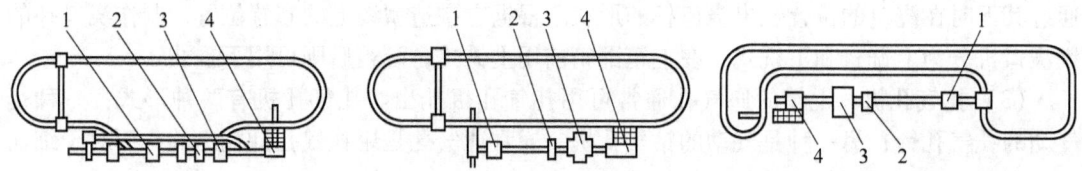

图 2-83　几种串联式布置

1—合箱机　2—翻箱机　3—造型机　4—分箱机

(5) 并联式　并联式布线的特点是造好的上型从主机到合箱机的运行方向与铸型输送机在造型段或下芯段的运行方向垂直或成一定角度，如图 2-84 所示。并联式布线适合于车间跨度较大，允许占地短而宽的场合。无论采用脉动式输送机或连续式输送机都可以实现静态合型，尤其是采用脉动式铸型输送机时，下芯与浇注等工序都是静态进行，这对简化生产线设计和保证铸件质量都很有利。在并联式布置的造型线上，落砂后的空砂箱可以利用铸型输送机回送至造型机，也可以设置专用的回箱辊道将其回送至造型机。并联式布线时，冷却段距离相对较长，适合于生产较大的铸件。

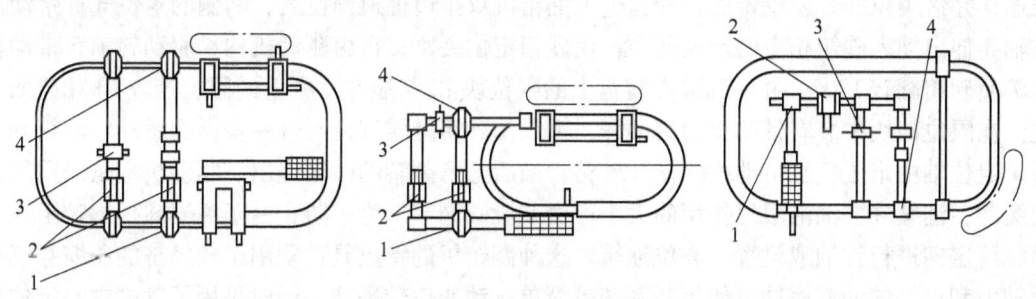

图 2-84　几种并联式布置

1—分箱机　2—造型机　3—翻箱机　4—合箱机

2.7.2　生产线上的辅机

在自动化和半自动化造型生产线上，除了造型机外还有为完成铸造工艺过程而设置的各种辅机，例如，刮砂装置、扎气孔机、翻箱机、合箱机、落箱机、压铁机、浇注机、捅箱机、落砂机、分箱机、清扫机等；此外，还有为完成砂箱运送而设置的辅机，如升箱机、降箱机、推箱机和挡箱机等。这些辅机的结构和工作原理大多比较简单，一般由工作机构（常以机械手的形式出现）、驱动装置（气动、液压或机械传动）以及定位和缓冲装置等组成。

造型生产线上的辅机种类很多，结构各不相同，本节主要介绍有箱造型生产线上常见的几种主要辅机及装置。

1. 刮砂、铣浇冒口及扎气孔机

（1）刮砂机　对中低压造型机常在出箱侧附设犁形刮砂器，当造好的砂型经过其下方时将砂刮平。而对高压造型机，则需安装旋转刮砂机，它是由一个电动机驱动镶有叶片刀的转子，转子的转动方向与砂型移动方向一致，在铸型通过叶片刀转子的下方时，叶片刀将砂面削平。

（2）铣浇冒口机　它是一个由电动机或气体驱动的高速旋转的锥形成形刀具，当上箱通过其下时在浇口的位置铣出浇口杯的形状。根据它在造型线上的布置位置，制作浇口杯的铣浇口机分为上铣式和下铣式，在上箱翻箱前用上铣式，翻箱后则可用下铣式。

（3）扎气孔机　上箱的通气孔通常可用扎气孔机扎出。扎气孔机有两种形式：一种是气动的扎气孔针；另一种是气动的钻气孔机。通常通气孔是用扎气孔针扎出的，而对于细而深的通气孔，则可用气动钻代替扎气孔针钻出。

2. 翻箱、升降箱、合箱机

（1）翻箱机　翻箱机有许多不同的形式，其驱动机构有齿轮齿条式、回转液压缸式、曲柄连杆式及各种回转滚筒式。翻箱机的作用主要是将造好的下型翻转180°，有的上型也翻转，目的是为检查型腔有无缺损和浮砂，然后再翻回原状。对翻箱机的要求是，在翻转时砂箱要有可靠的限位和缓冲装置，铸型在翻转过程中要求平稳而无冲击，以保证翻箱可靠，不损坏铸型。

图2-85所示是一个回转式翻箱机结构图。该翻箱机借助支承盖16和支承套14、15安装在两个立柱6中。它由定位气缸1、驱动机构4、转盘7等组成。两个转盘上装有双排边辊道9并借用拉杆8连成转框。砂箱进入翻箱机双排边辊道到位后，两侧的定位气缸带动定位轴3伸出插入砂箱相应的定位孔中，使砂箱定位夹紧；再由驱动机构4驱动转轴5带动转盘7使砂箱翻转180°，并借助装在转盘上的限位块12与装在立柱上的限位挡块13相碰而定位。在限位挡块中装有带弹簧的缓冲杆，可以使砂箱翻转到位时进一步得到缓冲。砂箱翻转后，定位轴由定位气缸带动缩回松开砂箱，最后把已翻转的砂箱送出。驱动机构是采用气动油缓冲，油缓冲中油液阻尼作用的大小可由节流阀调节。为了防止由于油液漏损影响阻尼效果，可定期进行加油或设置一高位油箱。这种翻箱机的特点是：采用了较经济的压缩空气作为动力和良好的油液缓冲，使控制系统较简单，动作也较平稳。同时采用了气缸中心定位夹紧，并且是对中翻转，转动惯量小，故工作可靠。

图2-86所示为滚筒式翻箱机，滚筒体由两对滚轮3和6支承。当砂箱进入翻箱机后，电动机起动，通过主动轮6，依靠摩擦力带动筒体转动。此时在弹簧作用下，定位杠杆机构8端部的小轮开始沿左侧定位撞块7的斜面滚动，滚筒体在刚开始转过的一个微小角度的过程中，弹簧迫使定位插销9前进，逐渐插入砂箱侧面的定位孔，保证砂箱在翻转过程中不会窜位和滑出。滚筒继续翻转至临近终点时，杠杆机构另一端小轮接触右侧定位撞块2，迫使杠杆机构逆时针转动，拔出定位插销，翻箱机转至180°时完成翻箱，砂箱即可推出。

（2）升降箱机　升降箱机主要用于把已翻转的下型或已合完型的铸型平稳地搬放到铸型输送机上。它的动作不多，结构较简单。

图2-87所示是一上抓式落箱机简图。当砂箱进入机械手5上的边辊时，升降缸3带动滑动梁2沿立柱6下降，将砂箱放在铸型输送机小车上。落箱后，机械手开合缸将机械手张

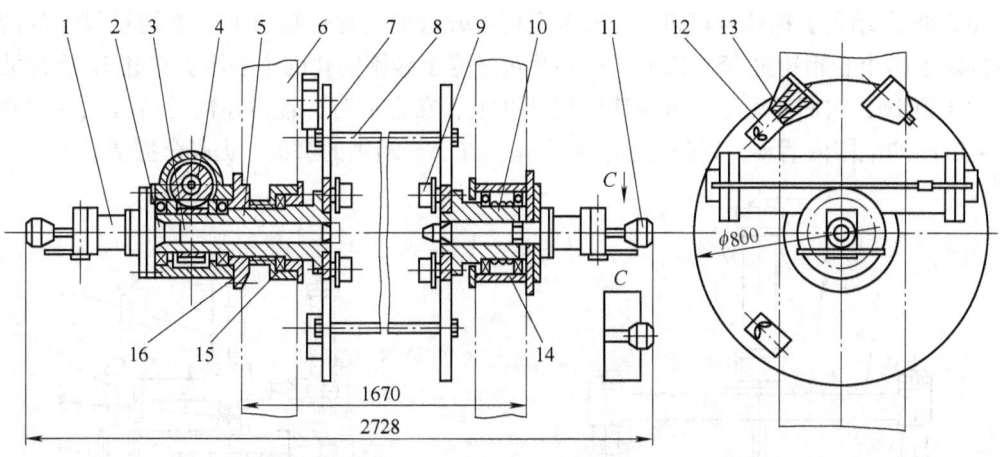

图 2-85 回转式翻箱机结构
1—定位气缸 2—活塞杆 3—定位轴 4—驱动机构 5—转轴 6—立柱 7—转盘 8—拉杆 9—边辊道
10—被动转轴 11—撞块 12—限位块 13—限位挡块 14、15—支承套 16—支承盖

开,接着升降缸 3 上升,然后机械手开合缸使机械手合拢复位。

(3) 合箱机 在铸造生产线上的各辅机中,合型机处于一个相当重要的地位,因为合型质量的优劣,直接关系到铸型乃至铸件的质量。因此,合箱机应满足如下工艺要求:① 在合型过程中,合箱机的动作应平稳无冲击,保证上、下砂型合型准确;② 合型动作应迅速灵活,并能与主机及其他辅机协调动作,充分发挥生产线的效率。

在造型生产线上使用的合箱机有静态合箱机和动态合箱机两种类型。

1) 静态合箱机。所谓静态合箱机就是在合型过程中,上、下砂箱只有垂直方向运动,而没有水平方向运动。这种合箱机结构比较简单,合型准确,容易保证质量。因

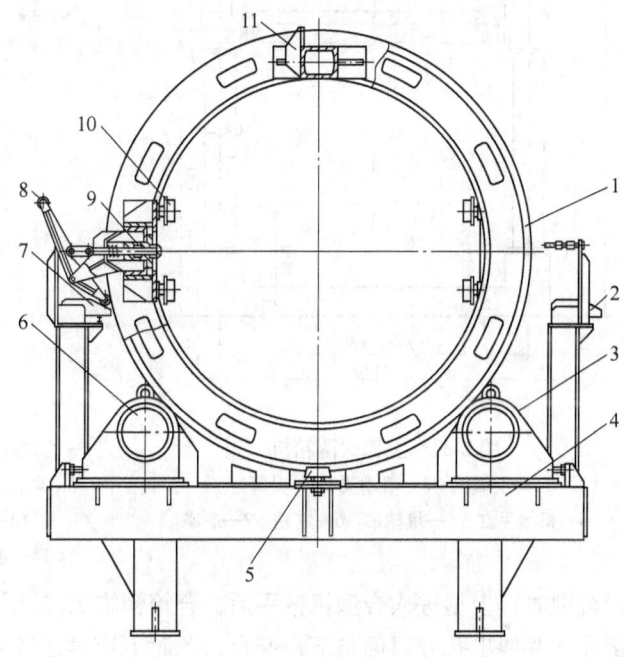

图 2-86 一种滚筒式翻箱机
1—滚筒体 2—右定位撞块 3—从动轮 4—底座
5—限位轮 6—主动轮 7—左定位撞块 8—杠杆机构 9—定位插销 10—进出箱辊道 11—限止块

此,目前较普遍地被采用。静态合型可先在辊道上进行,然后通过落箱机将已合好的铸型放到连续式铸型输送机小车台面上。也可使合型、落箱两个工序由同一台合箱机来完成,通常称之为合箱-落箱机。也可直接在脉动式铸型输送机上进行合型,这样就不需设置单独的合型滚道和落箱机,使造型生产线的布置简化紧凑,可克服在辊道上来回搬运而造成铸型塌型和错型的弊病,适用于型芯重而复杂、尺寸大的铸型。

图 2-88 所示是上抓式合箱机。它有两只可以开合的上型边辊道 13，在滑动梁 4 的两侧上方固定了两个合箱销缸 15，它们的中心距正好等于砂箱销孔的中心距。立柱 12 下部装有下型边辊道 10，它们浮动地支承在四颗钢球 9 上，在合型时，辊道连同下型可以在水平方向 1~2mm 的范围内活动，以防止合箱销卡箱，减小合箱销的磨损，提高合型精度。

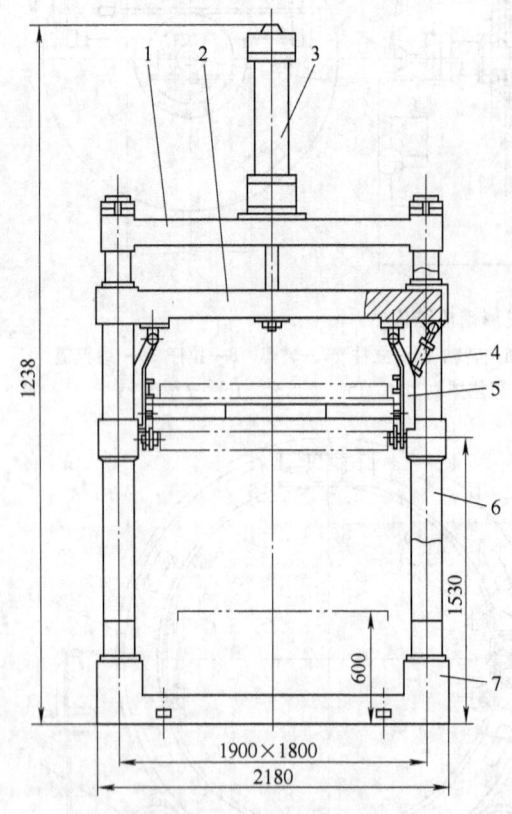

图 2-87　上抓式落箱机
1—上横梁　2—滑动梁　3—升降缸
4—机械手缸　5—机械手　6—立柱　7—底座

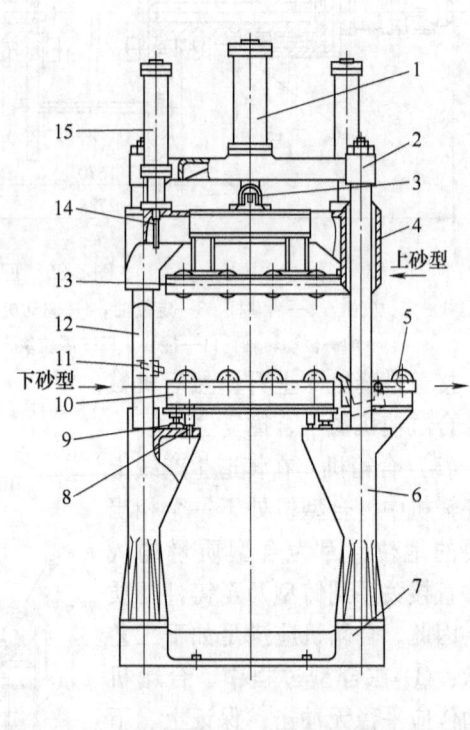

图 2-88　上抓式合箱机
1—合型缸　2—上横梁　3—边辊道开合缸　4—滑动梁
5—限位器　6—支架　7—底座　8—销轴　9—钢球
10—下型边辊道　11—止回爪　12—立柱
13—上型边辊道　14—合箱销　15—合箱销缸

合型时，上型进入合型机械手后，合箱销缸 15 的活塞下行，使合箱销 14 插入上箱两侧的销孔，并伸出孔外以便与下箱配合。此时下箱早已进入合型位置，合型缸 1 推动滑动梁 4 下降，合箱销 14 在下降的过程中先插入下箱两侧的销孔中，使上、下箱对准，滑动梁 4 继续下降，实现上、下箱合型。然后上型边辊道脱离上箱箱翼，合箱销缸随即将合箱销退出销孔，上型边辊道张开让砂箱上升复位；上型边辊道合拢，同时推杆推入另一个下型，并将合完型的铸型推出。采用此种合箱机的铸型仍需另设箱销，否则易产生错型。

2）动态合箱机。动态合型是指上、下砂箱在水平方向连续运动的过程中进行合型。为了保证合型准确，合型时上、下砂箱在水平方向的运动必须同步。

动态合型是上、下砂型在运动过程中合在一起，这就需要设置一套同步合型机构，以确保合型准确平稳。由于动态合箱机增加了同步机构，这就导致了合型机结构复杂，且难以保证合型动作平稳和准确，容易出现故障。虽然以前曾使用过不同形式的动态合箱机，但均不尽人意，易出故障。因此，目前生产中很少使用。

3. 下芯设备、压铁机、分箱机

（1）下芯设备 目前大多数机械化和半自动化造型生产线的下芯工作仍用手工进行，这不仅增加了工人的劳动强度，而且不利于充分发挥造型线的生产率及造型线自动化的实现。由于型芯的形状、尺寸、数量及下芯方式和位置各不相同，因此实现下芯工序的机械化和自动化的确是比较困难的问题。下面介绍两种目前生产中较常用的下芯方法。

1）辅助机械式下芯机构。图2-89所示为一机械式下芯机构的自动下芯工艺流程图，它作为生产线的一部分，安装在有箱射压造型生产线中。粘土砂芯在射芯机中射好后与下芯盒一起从右边辊道送出，经芯盒换向机换向后送入合芯机中，与从造型机送来的已造好但未翻转的下型合在一起，然后再由铸型输送机送至滚筒式自动翻芯机中翻转180°，翻转后下型在下，芯盒在上，砂芯落在下型中，再送至开芯盒机中，将芯盒升起与下型分开，芯盒被送至空芯盒翻转机中翻转后送至射芯机处以备使用，而下好砂芯的下型则由铸型输送机送至合箱机处等待与上砂型合型。

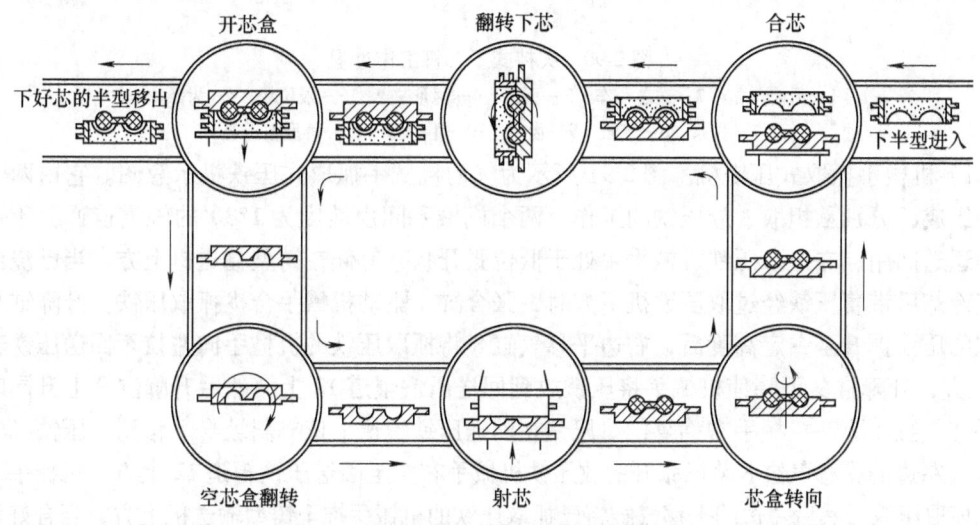

图2-89 自动下芯工艺流程示意图

这种下芯方法需要型芯在生产线中制造。如果砂芯烘干和硬化的时间过长，就会影响生产率，并且使生产线十分复杂。因此，该方法适用于湿砂芯或快速硬化的型芯。

2）机械夹持式自动下芯机。图2-90所示为一圆柱形自动夹持式下芯机的工作过程。它有两块与型芯曲率相同的弧形夹板4，各与一个齿条相连，弧形夹板的开合是通过气缸8驱动齿条7、齿轮9来实现的，弧形夹板向内收缩夹紧型芯的最终位置及夹板向内的收缩量均由一个比型芯直径略小的限位块5控制，限位块的尺寸应通过试验确定，确保既能夹起型芯，又不至于因夹紧力过大而夹坏型芯。

（2）压铁机 造型生产线上合好的铸型在浇注前，为了克服浇注时金属液对砂箱的抬箱力，需要加放压铁，避免浇注过程中跑火，导致铸件报废。浇注后的铸型经过一定时间的凝固冷却后，须将压铁取走以备循环使用。压铁机就是造型生产线上用于取、放压铁和运输压铁的设备。根据造型生产线的机械化、自动化程度和砂型尺寸，可选用不同的压铁机。下面介绍两种使用较普遍的压铁机。

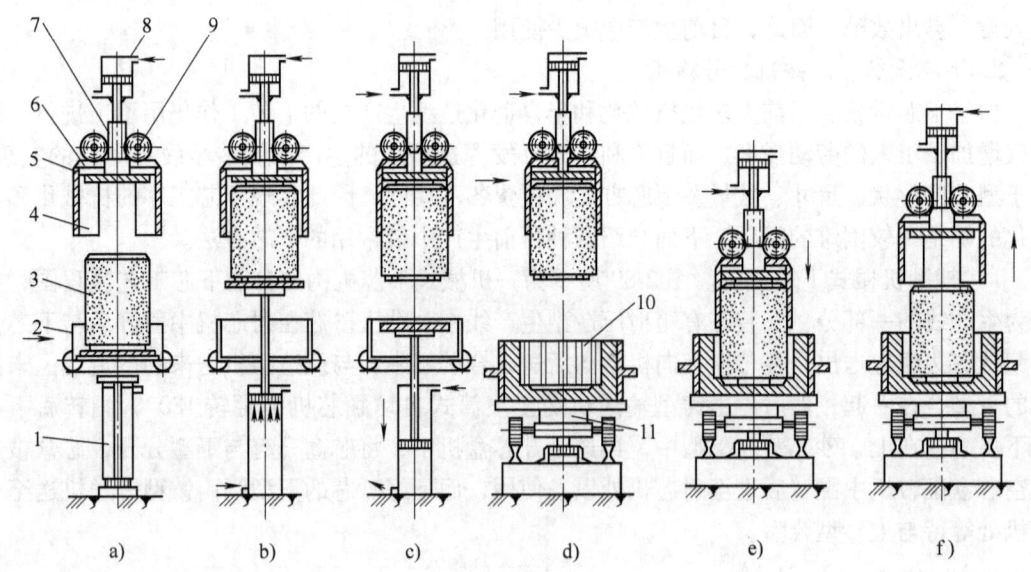

图 2-90 夹持式下芯机工作过程
1—升降气缸 2—送芯小车 3—型芯 4—弧形夹板 5—限位块 6—齿条块
7—齿条 8—气缸 9—齿轮 10—下砂型 11—铸型输送机

1) 机械手抓取式压铁机。图 2-91 所示为气动机械手抓取式压铁机示意图。它由两个机械手组成,分别承担取、放压铁的工作,两个机械手间由坡度为 1°30′ 的辊道连通,压铁能自动运送回用;右边取压铁机械手 4 处于低位张开状态等候在铸型输送机上方。当已浇注的铸型冷却后带着压铁经过取压铁机下方时,张合缸 6 驱动机械手合拢抓取压铁。升降缸 9 将抓取的压铁提升至一定高度后,右边平移气缸 8 将抓取压铁的机械手向左拉至回送压铁辊道 12 上方,升降缸 9 下降使机械手将压铁放到回送压铁辊道 12 上;然后升降缸 9 上升同时右边平移气缸 8 驱动机械手右移复位。压铁在回送压铁辊道上依靠斜坡自动移到放压铁机械手前方。左边的平移气缸 8 将已张开的放压铁机械手右拉至回送压铁辊道 12 上方,机械手下降合拢抓取压铁,然后左边的平移气缸将已抓取压铁的机械手推至铸型输送机上方,当合好型的砂箱进入机械手位置时,机械手下降将压铁放在铸型上。之后放压铁机械手上升,左边的平移气缸 8 又将放压铁机械手复位。这种压铁机结构简单,但由于机械手是挂在工字梁上,左右移动会产生较大摆动,且放压铁时对砂型有一定的冲击。故只适用于取放较轻的压铁。

2) 移动机械手式压铁机。图 2-92 所示为移动机械手式压铁机示意图。它主要由结构基本相同的放、取压铁机械手 3、9 和把它们连接起来的回送压铁辊道 10 三部分组成。该压铁机采用全液压传动,动作平稳可靠,便于实现自动化。

取压铁时取压铁机械手 9 从浇注冷却后的砂型上抓起压铁,放到回送压铁辊道 10 上,由它将压铁一块块地依次送到放压铁机械手 3 下方。升降缸 5 下降,放压铁机械手合拢抓住压铁,升降缸升起同时移动缸 2 缩回,将压铁 6 带到铸型 7 上方;升降缸 5 下降,同时放压铁机械手张开将压铁放在铸型上,之后上升复位;移动缸伸出准备抓取下一块压铁。取压铁机械手 9 的动作与之相同。

3) 其他压铁方法。除上面介绍的两种压铁机外,生产中还常采用几种其他压铁方法。

① 依靠铸型自重。由于目前的半自动和自动造型线上采用的造型比压较高,对砂箱的

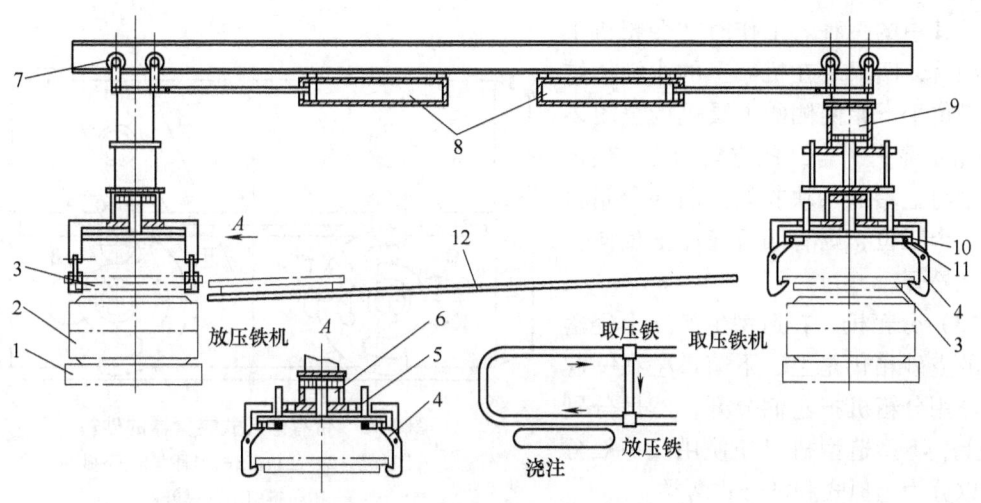

图 2-91 气动机械手抓取式压铁机示意图

1—铸型输送机 2—砂箱 3—压铁 4—机械手 5—导杆 6—张合缸 7—走轮
8—平移气缸 9—升降缸 10—导槽 11—小滚轮 12—回送压铁辊道

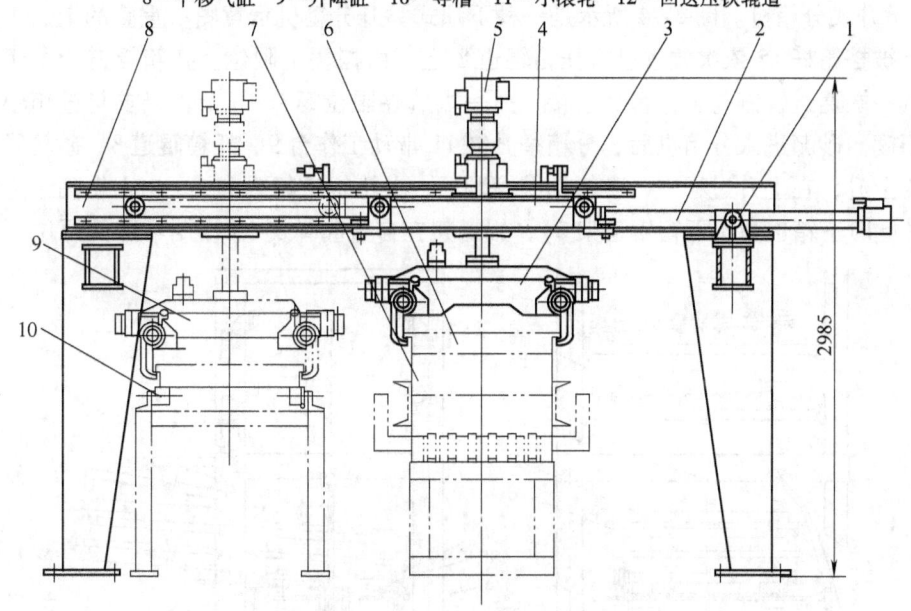

图 2-92 移动机械手式压铁机示意图

1—铰支座 2—移动缸 3—放压铁机械手 4—移动小车 5—升降缸
6—压铁 7—铸型 8—机架 9—取压铁机械手 10—回送压铁辊道

刚度要求高,砂箱的重量也随之增加。在这种场合下,在设计时只要有意识加大上铸型重量,就可以兼起压铁作用。这种方法虽然可以节省一套压铁装置,但可靠性较差。

② 浇注时辅助加压。当采用铸型自重还不满足要求时,有的工厂就在浇注的同时用支架上的气缸压一压砂箱,防止铁液的静压力引起抬箱跑火。总之,当压实比压及上箱重量足够大时,尽量不用压铁设备。

③ 带卡紧机构的砂箱。在铸钢件或大尺寸铸铁件的造型线上,由于铸型在冷却段停留时间长,采用压铁机构已不适宜,这时可以采用特制的本身带有卡紧机构的砂箱,图 2-93

所示是其中的一种。工作时在合箱机上合完型后，四只装在机架上的小液压缸分别把位于下箱两侧的卡紧机构按图2-93中所示箭头"合"的方向加力，使卡环转动与上箱的凸块扣紧。而在分箱机的前一个工位，则有四只液压缸反向作用使之松开。

(3) 分箱机　在造型生产线上经落砂后的空砂箱仍是上、下箱重叠在一起的，需用分箱机把它们分开，然后分别送至上、下型造型机以便使用。一般分箱可以分为上抓式和举升式两类。

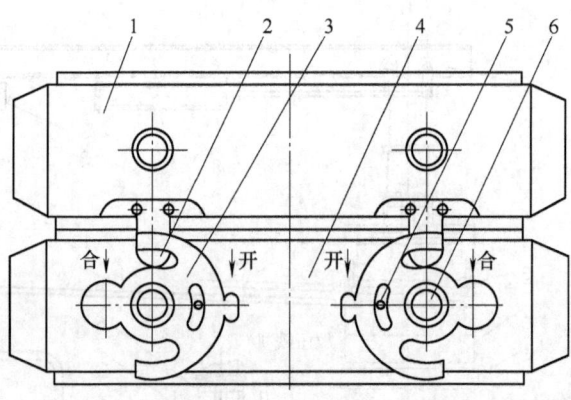

图 2-93　带有卡环式夹紧器的砂箱
1—上砂箱　2—凸块　3—卡环　4—下砂箱
5—限位螺钉　6—转轴

1) 上抓式分箱机。上抓式分箱机的结构与上抓式落箱机类似，只需将结构及动作略作改动即可。

2) 举升式分箱机。图2-94所示是一种下顶式举升分箱机示意图。重叠的上、下箱在斜坡辊道上被挡箱杆15依次放过进入托箱辊道8上，由挡块7限位。托箱辊道8处于原始位置时，其一端通过铰链与工作台9连接，另一端放在限位螺钉16上，以求与进箱辊道有一致的倾斜度。砂箱进入分箱机后，分箱举升缸11带动工作台9、托箱辊道8、砂箱及砂箱推杆机构4上升，在上升过程中，砂箱相继撞翻下、上箱辊道架2和1。当上箱高于上箱辊道架1时（此时下箱也高于下箱辊道架2），辊道架在自重和弹簧13作用下翻回原位（若为自

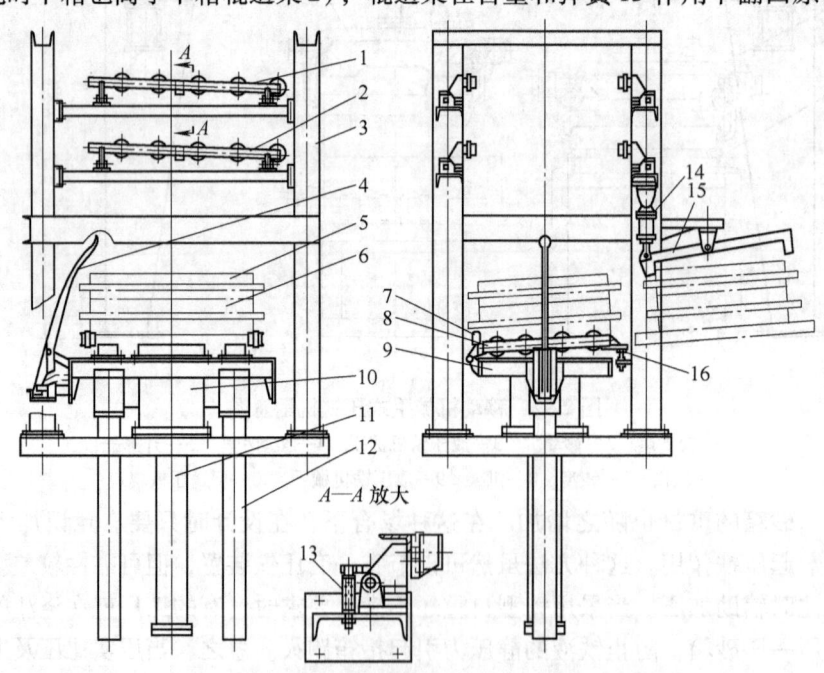

图 2-94　下顶式举升分箱机示意图
1—上箱辊道架　2—下箱辊道架　3—机架　4—砂箱推杆机构　5—上砂箱　6—下砂箱　7—挡块　8—托箱辊道
9—工作台　10—套座　11—举升缸　12—导向杆　13—弹簧　14—挡箱气缸　15—挡箱杆　16—限位螺钉

重复位的则不用弹簧）。举升缸11当即下降，在下降过程中即将上、下箱分别搁置在上、下箱辊道架上。举升缸继续下降时，装设在升降工作台9一侧的弹性砂箱推杆机构4先后拨动上、下砂箱滑出分箱机，沿斜坡回箱辊道被分别送至上、下造型机。工作台恢复原位，完成一次分箱动作。该结构主要用于中、小机械化造型线上。其缺点是冲击和磨损较大。

4. 捅箱机与铸型顶出机

（1）捅箱机　捅箱机的作用是把铸型从砂箱中捅出，使空砂箱送至分箱机进行分箱回用，铸型与铸件落到落砂机上进行落砂。

图2-95所示是半自动造型生产线上采用的捅箱机简图。铸型被送到落砂位置时，推箱气缸2将砂箱推入捅箱机中，并由定位装置1定位；捅箱缸7推动捅头8将型砂及铸件捅出落到振动落砂机中，使铸件落砂。空砂箱则由挡箱缸11控制，依次进入分箱机进行分箱回送。这种捅箱机的优点是结构简单，噪声小，生产率高，砂箱不受振动冲击；缺点是推铸型时砂箱下平面与小车台面相互摩擦，不仅使铸型输送机侧向受力，而且砂箱口容易磨损，薄壁铸件容易被摔坏。

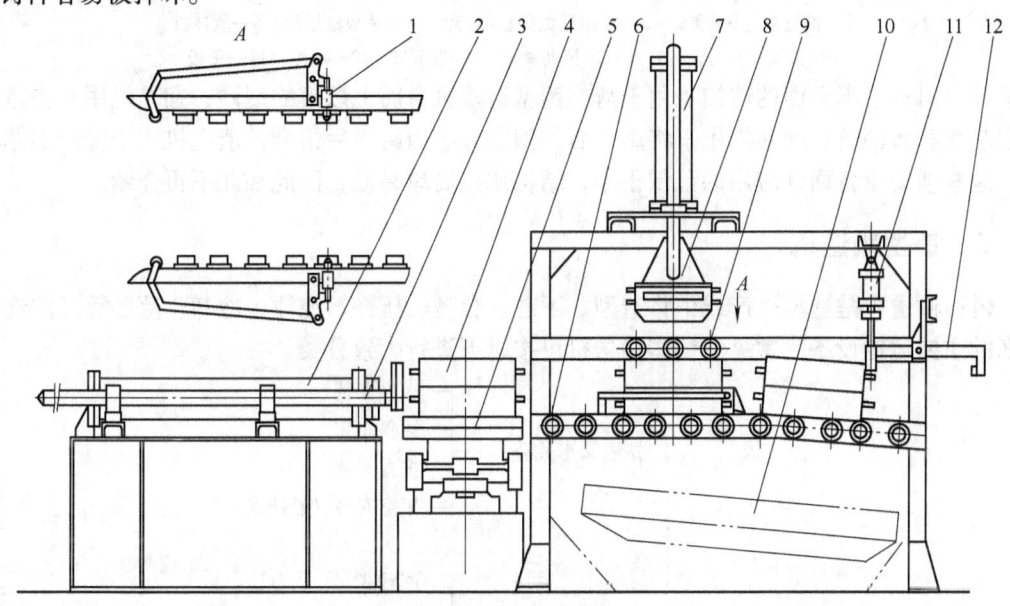

图2-95　捅箱机

1—定位装置　2—推箱气缸　3—导向杆　4—铸型　5—铸型输送机　6—辊道
7—捅箱缸　8—捅头　9—压箱辊道　10—落砂机　11—挡箱缸　12—挡箱爪

（2）铸型顶出机　为了克服捅箱机的缺点，延长铸件在砂型中的冷却时间，造型线上常采用将铸型自下而上顶出砂箱的顶出机构。图2-96所示为铸型顶出机的工作简图。

经过一定时间冷却的铸型被机械手转运到边辊上，推入铸型顶出机后，四只砂箱夹紧缸8上升将砂箱托起，使其上平面直接压在上横梁上；顶型缸9的活塞上升，将整个砂型及其中的铸件一起顶出砂箱，直至顶板11与链板输送机4的底板平齐；之后推型缸1前进将整个铸型及其中的铸件推送到链板输送机4上进行二次冷却，而后推型缸1复位，顶型缸下降。顶板四边安装的毛刷10将砂箱内壁粗略地清理一下后复位，准备下一循环。

5. 其他辅助设备

在造型生产线上除了上述的辅机外还有很多其他辅助设备。例如，换向机用来改变砂箱

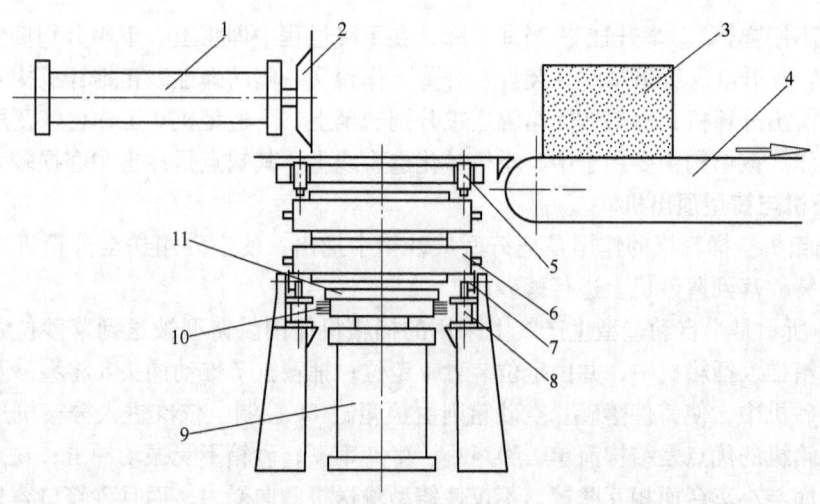

图 2-96 铸型顶出机

1—推型缸 2—推头 3—顶出后的砂型和铸件 4—链板输送机 5—缓冲缸
6—铸型 7—边辊道 8—砂箱夹紧缸 9—顶型缸 10—毛刷 11—顶板

的运行方向;小车台面的清扫机用于清扫铸型运输机台面上散落的型砂;翻芯机用于将造好的型芯和芯盒翻转;磨芯机用于将烘干后的型芯分芯面磨平后组合;清洗机用于洗涤烘芯板等。这些辅助设备通常应用的范围很小,结构比较简单易懂,因此在此不再介绍。

2.7.3 铸型输送机

铸型输送机是造型生产线中将造型、下芯、合型、压铁、浇注、冷却、落砂等工序连接起来的主要运输设备。常见的铸型输送机可按以下进行大致分类:

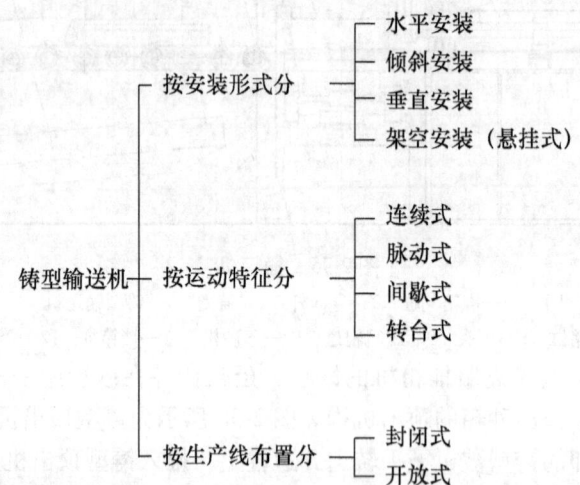

1. 水平连续式铸型输送机

连续式铸型输送机的定型产品有 SZ—60 型连续式铸型输送机,如图 2-97 所示。它由铸型输送小车、传动装置、张紧装置、轨道系统等部分组成。

(1) 输送小车 输送小车是输送机的承载部分。它由车面 5、车体 6、走动轮 7、牵引链条和导轮 8 等组成,如图 2-97A—A 所示。车面 5 通过销轴铰接于车体 6 上。小车有平板

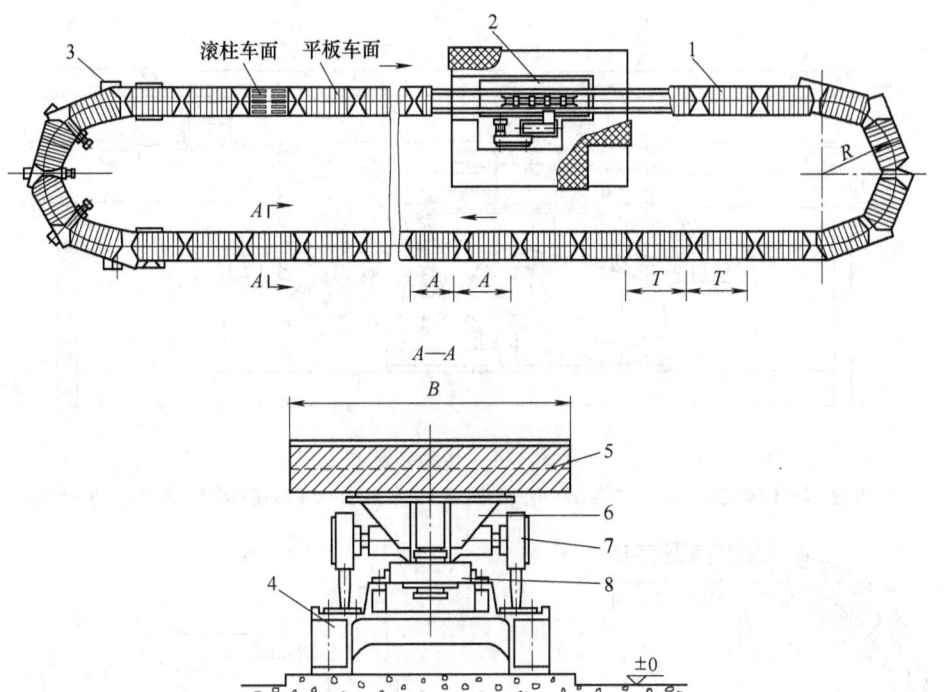

图 2-97 SZ—60 型连续式铸型输送机
1—输送小车 2—传动装置 3—张紧装置 4—轨道系统 5—车面 6—车体 7—走动轮 8—导轮

车面和辊柱车面两种形式,一般采用带沟槽的铸铁平板车面;辊柱车面只有在把砂型由辊柱台推上输送机的特殊情况下才采用。小车车面尺寸是输送机的主要参数之一,可根据砂箱尺寸大小进行选择。

车面尺寸:在用手工或起重机搬运砂箱时,车面长 A 及宽 B 应分别比砂箱外框尺寸大 $100\sim150$mm;在采用落箱机等专用设备的情况下,通常车面长度 A 略大于砂箱的外框长度,而车面宽度 B 可与砂箱外框的宽度相同。车体两侧装有走动轮 7,为了减少摩擦阻力,走动轮一般没有凸出的边缘。车体下面传动链条 2 的铰接处装有起导向作用的导轮 8(图 2-98)。

(2)传动装置 铸型输送机的传动装置如图 2-98 所示。输送机在工作时,电动机通过减速器的链轮 1 驱动传动链条 2 及其上的推块 4 运动,推块 4 又推动小车下面传动链条上的导轮 8,使输送机运动。

为了满足生产的需要,输送机的运行速度 v 应在一定的范围内可调,因此传动装置常配有无级变速器,其动力通常采用双速电动机。

为了避免转弯处导轨过分磨损,传动装置应设置在小车转弯段前 $5\sim6$ 节小车的直线距离处。

(3)张紧装置 输送机的螺旋张紧装置如图 2-99 所示,它安装在小车传动链张力较小的一端。在安装小车时借助张紧螺杆推移轨枕,其上的走轮轨道和导轮轨道随之移动,使传动链产生一定的初张力,以保证输送机小车平稳运行。在张紧段轨道与固定轨道之间嵌入楔形调整块 6,调整它们即可保持上述两段轨道紧密平滑地相互衔接。

(4)轨道系统及布置 轨道系统主要由走轮轨道、导轮轨道及轨枕组成,如图 2-99 所

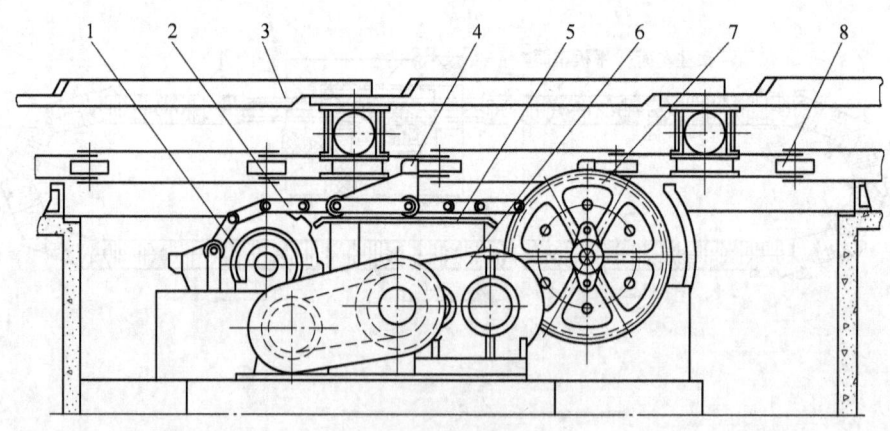

图 2-98 传动装置

1—链轮 2—传动链条 3—小车台面 4—推块 5—支承轨道 6—减速器 7—大齿轮 8—导轮

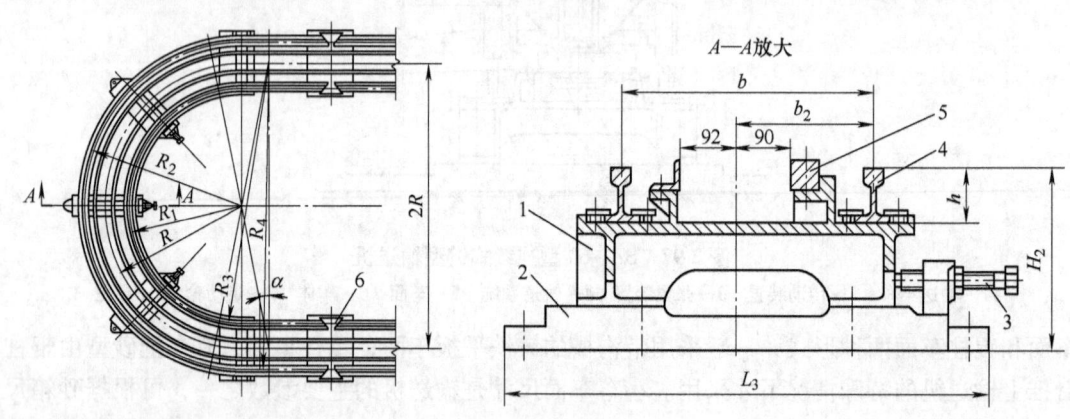

图 2-99 螺旋张紧装置

1—轨枕 2—滑槽底座 3—张紧螺杆 4—走轮轨道 5—导轮轨道 6—调整块

示。走轮轨道起承重作用,导轮轨道通过导轮控制小车运动轨迹。在直线段中,走轮轨道中心线与导轮轨道中心线相重合;而当小车在圆弧段行走时,导轮中心沿着半径为 R 的圆弧运动,而车体中心则是沿着径向偏离一个距离为 x 的圆弧运动(图2-100),这将会引起走轮"脱轨"。因此,在铺设圆弧段的走轮轨道时,必须以导轮轨道中心线为基准进行修正,使走轮轨道中心线沿径向相应地向内偏移 x。

由图 2-100 可见,这个偏移的距离 x,就等于相邻两导轮中心连线所对应圆弧的弓顶至两走轮中心连线的间距,即

$$x = R - \sqrt{R^2 - \left(\frac{t}{2}\right)^2} \tag{2-21}$$

式中,x 为走轮轨道中心线相对于导轮轨道中心线的偏移量(mm);R 为导轮轨道中心线的转弯半径(mm);t 为牵引链条的节距(mm)。

因此,当走轮轨道从直线段转入圆弧段时,走轮轨道中心线应是一条偏移量从 0 增到 x 的过渡曲线,习惯上把这段走轮轨道称为过渡段。

(5) 铸型输送机的参数确定

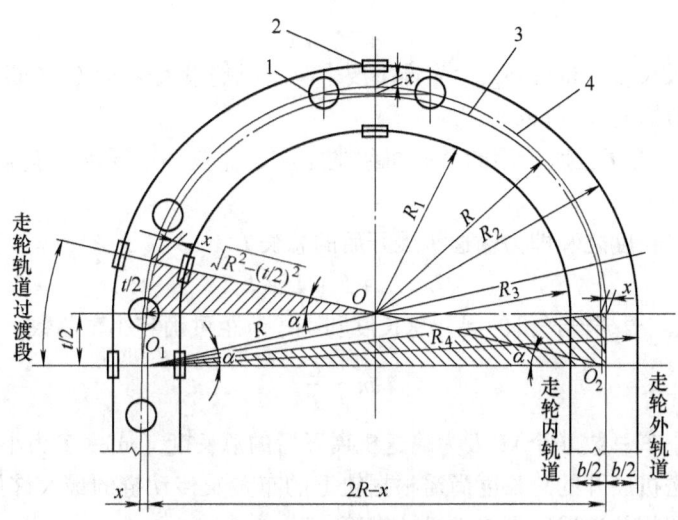

图 2-100 圆弧段走轮轨道位置修正图
1—小车导轮 2—小车走轮 3—车体中心轨迹 4—导轨中心线

1）输送机的运行速度。输送机的运行速度可由下式计算出

$$v = \frac{nT}{60z\eta} \tag{2-22}$$

式中，v 为输送机的计算速度（m/min）；z 为每小时装上输送机的铸型数（个）；T 为小车节距（m）；n 为每个小车上存放的铸型数（个）；η 为装载系数，对于机械化生产线取 $\eta = 0.8 \sim 0.85$。

2）输送机的展开长度。铸型输送机一般由造型下芯段、浇注段、冷却段及落砂段组成，如图 2-101 所示。

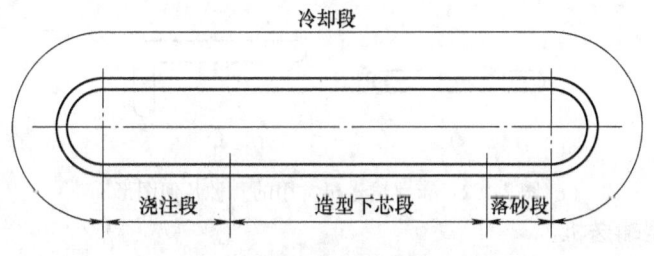

图 2-101 铸型输送机的组成

造型下芯段 L_z 主要取决于造型机的类型、数量、布置形式、下芯方式及所需时间，一般为 30～42m。

浇注段长度 L_j 取决于浇注机的结构尺寸和台数。若用人工单轨吊包浇注时可参考表 2-3 确定。

表 2-3 人工单轨吊包浇注时浇注段长度与输送机速度和浇注台形式的关系

输送机速度/m·min^{-1}	浇注段长度/m	浇注台形式
<5	6～8	固定式
>5	8～15	移动式

冷却段长度 L_l 可根据铸件在砂型内冷却所需的最短时间与铸型输送机的运行速度来计算

$$L_1 = v_{max}t_1 \qquad (2\text{-}23)$$

式中，L_1 为冷却段长度（m）；v_{max} 为生产率要求输送机的最大速度（m/min）；t_1 为铸件在铸型内冷却所需的最短时间（min）。

落砂段长度 L_s 可根据所选用的落砂机组的结构、作业环境要求、隔振及隔噪声的程度来适当确定。

以上各工艺段长度之和即为输送机展开后的总长 L（m）

$$L = L_z + L_j + L_1 + L_s \qquad (2\text{-}24)$$

3）小车总数。根据输送机的展开总长度和小车节距可确定小车总数，即

$$m = \frac{L}{T} \qquad (2\text{-}25)$$

式中，m 为输送小车总数（个）；L 为输送机展开后的总长度（m）；T 为小车节距（m）。

最后确定输送机展开的总长度尚需根据轨道的布置及传动链的最大许用张力进行校核，其计算方法可查阅相关论述铸型输送机的书籍。

（6）轨道的布置　水平连续式铸型输送机可以根据工艺要求铺设成各种复杂的路线，因此在生产中使用得很广泛。图 2-102 所示为布置输送机常用的几种几何图形。尽管水平连续式铸型输送机在生产中得到广泛使用，但在这种输送机组成的造型线上，落箱、浇注、放取压铁等工序都必须在小车运动过程中进行，这就会使实现这些工序的机械设备复杂化。所以，目前国内有的工厂将这种输送机的传动装置改成脉动式，即可使上述工序在静态下进行。

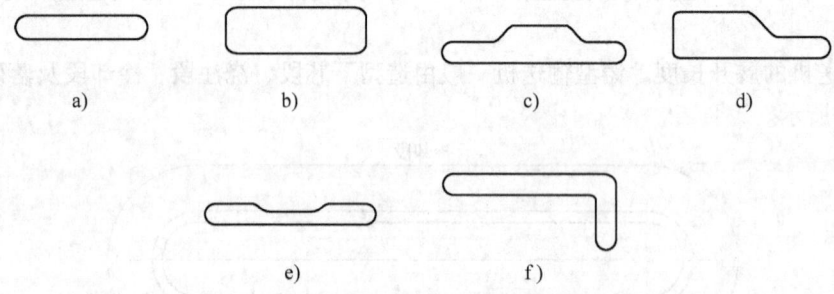

图 2-102　布置输送机常用的几种几何图形

2. 脉动式铸型输送机

脉动式铸型输送机的运动是有节奏的。按工艺要求定出静止及运动的时间，每次移动一个小车距离，且要求定位准确，以便实现下芯、合型、浇注等工序的自动化。

脉动式铸型输送机根据其传动方式可分为液压传动及机械传动两类。由于液压传动具有缓冲性能好、速度容易控制、动作平稳、无噪声、结构紧凑等优点，故对于起动频繁、严格按节奏运动的脉动式铸型输送机，大多采用液压传动。

图 2-103 所示是一种液压传动的脉动式铸型输送机，它的导轮之间不用传动链条连接，而是直接装在车体上，并能对称于车体中心回转。车体中心下面设有圆销孔供传动及定位用。

工作时，传动装置的插销缸首先动作，把插销插入车体的圆销孔内，同时拔出定位销。驱动缸随即带动车体向前移动一个小车节距，待定位装置的插销插入定位销孔后，拔出驱动装置的插销，驱动缸退回原始位置，如此有节奏地往复循环，小车即脉动地前进。

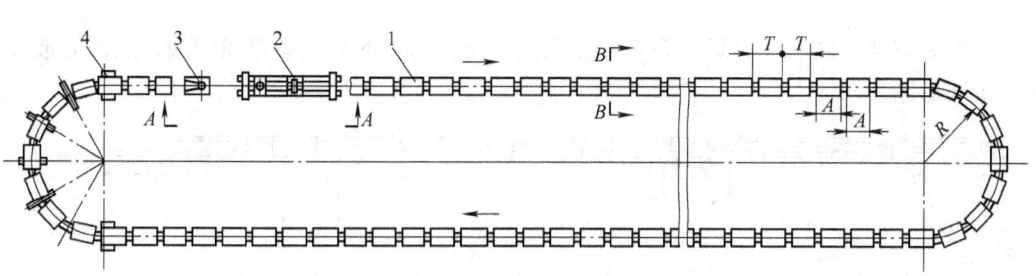

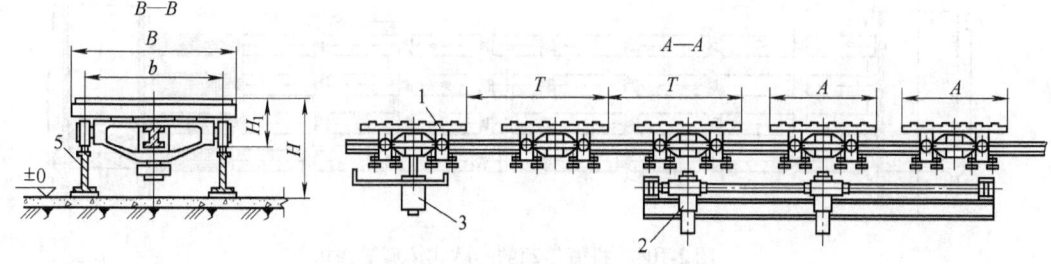

图 2-103 液压传动的脉动式铸型输送机
1—小车 2—传动装置 3—定位装置 4—张紧装置 5—轨道系统

脉动式输送机除了传动装置定位外,其他需要准确定位的地方(如合箱机、落箱机等附近)都应设置定位装置,其主要作用一是在传动装置动作完毕后,保持输送机的位置固定不动;二是分摊各节小车连接部分的积累误差,确保小车能停在各工序要求的指定位置上。

脉动式铸型输送机传动装置的制造和调试工作比较困难,对车体相互连接的尺寸精度要求较高。因此,脉动式铸型输送机的成本高,维修工作量大。另外,由于起动次数频繁,因此消耗动力也较大。脉动式铸型输送机的优点在于小车每次移动的距离不变,能在静态下实现下芯、合型、浇注等工序,因此常用于并联布线的半自动或自动化的造型生产线上。

脉动式铸型输送机的张紧装置和轨道系统与水平连续式铸型输送机基本相同。

3. 间歇式铸型输送机

间歇式铸型输送机的静止与移动是根据需要而定的,是非节奏性的运动。间歇式铸型输送机按传动方式可分为液压传动、机械传动以及手动。间歇式铸型输送机的特点是输送小车为分离的,互不连接。

图 2-104 所示是一种机械传动的间歇式铸型输送机。输送小车布置在四条平行轨道上,每条轨道均有传动装置。在平行轨道两端各有一垂直轨道,其上各有一个带有驱动装置的转运小车。每条轨道传动装置的结构与 SZ—60 型输送机的类似,不同的是把推块的节距增大,前一个推块与导轮脱离接触,过一定时间后第二个推块才与导轮接触推动小车前进,因此使小车作间歇运动。小车之间的连接采用固定的挂钩。

与前述的连续式或脉动式输送机不同,间歇式铸型输送机的线路一般都设计成非封闭的,各条线路都有单独的传动装置,线路之间采用转运机构以实现循环运输。当它的某一条线路(图 2-104 中为最下面一条)开始运行时,转运小车必须停在此线路的两端。在运行方向前端的转运小车为空载,而后端为满载。开动传动装置 3 后,该线路上的所有小车都向前移动一个节距后停止。此时,前端的转运车承接一个小车成为满载,而后端的转运车放出一个小车后成为空载。之后,转运小车都作横向运动至欲运行的另一条路线两端,从而完成线路间的循环运输。

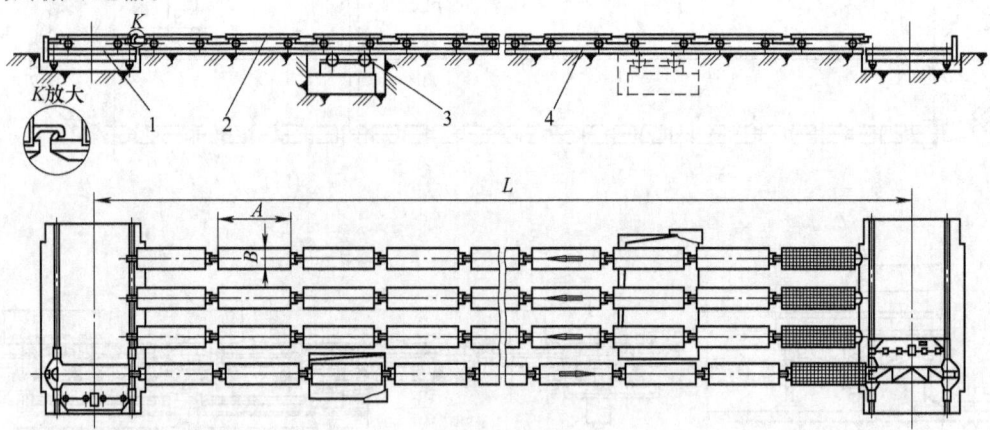

图 2-104 机械传动的间歇式铸型输送机
1—转运小车 2—小车 3—传动装置 4—轨道

间歇式铸型输送机结构简单,布线紧凑,能在静止状态下实现落箱、下芯、合型、浇注等工序,工作节奏可以灵活安排或随时任意调整。但消耗动力大,组成自动线时所需控制系统复杂,且由于工作时间不连续,使生产率不高。所以多用于输送成批生产的大尺寸铸型和多品种、中小件连续造型间歇浇注的场合。

4. 辊式输送机

辊式输送机(无传动装置时称为辊道)在机械化生产线的各个工段中用得较多。例如,熔化工段用来输送料桶;清理工段用来输送铸件;而在造型和制芯工段中,则与其他铸型输送机配合组成生产线。

辊式输送机上的长辊一般由钢管与滚珠轴承等制成,如图 2-105a 所示。在输送带箱翼的砂箱及压铁时,通常采用边辊道,如图 2-105b 所示。物体在辊道上运动,可用手推、气缸或液压缸推动,也可使辊道与水平线成 $1°30′ \sim 2°30′$ 的倾角,利用物件的自重运动。有的造型生产线上,在下芯段及捅箱机输出空砂箱段,也有采用传动链带动的辊式输送机,如图 2-105c、d 所示。

5. 其他地面铸型输送机

除了上面介绍的几种铸型输送机外,造型生产线上常用的连续式输送设备还有鳞板输送机、链板输送机以及钢带输送机等。

(1) 鳞板输送机 鳞板输送机的结构如图 2-106 所示,它是由许多钢板制作的鳞板组成循环的鳞板带,鳞板的两端分别固定在两条传动链 5 上,鳞板之间互相搭接,其铰接轴两端安装有行走轮,可以沿上层轨道 4 或下层轨道 14 行走。电动机 13 通过减速器 11 驱动主动链轮 7,带动传动链及整条鳞板带运转。

鳞板输送机结构笨重,造价较高,但因能经受物料的冲击,不怕高温,所以常用于输送落砂后的灼热铸件,以及在冲天炉配料中用于输送铁料。

(2) 链板输送机 链板输送机的结构原理与鳞板输送机基本相同,不同的是链板输送机采用一块块相互衔接的平板代替了鳞板。它可以用来输送很长的铸型,也可以用作与水平

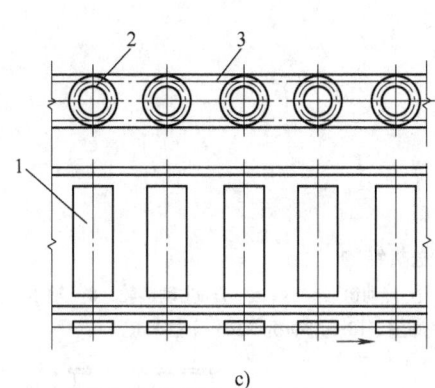
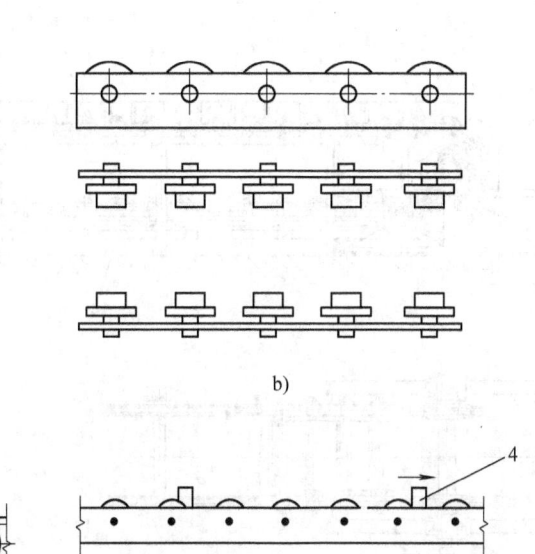

图 2-105 辊式输送机的几种形式
a) 长辊 b) 边辊道 c) 辊式输送机 d) 传动链带推块的辊式输送机
1—辊子 2—链轮 3—传动链 4—推块 5—带推块的传动链

连续式铸型输送机同步移动的浇注台

6. 悬挂输送机

悬挂输送机广泛应用于大量生产的铸造车间内,是运送型芯和清砂后的铸件的运输设备。它主要由架空轨道系统、传动装置、牵引链条及张紧装置等组成。悬挂输送机主要有普通悬挂输送机和推式悬挂输送机两种形式。

(1) 普通悬挂输送机 普通悬挂输送机由架空轨道、承载吊具滑架、传动装置、牵引链条及张紧装置等组成 (图 2-107)。传动装置 2 的位置应设在链条张力最大处。一般情况下,可选择在重载段的末端及线路最高部分,而且要使整个线路上不得产生负张力(可拆式链条产生负张力后易脱链),所以,其位置通常都放在 90°水平转弯处。传动装置的支架可以悬吊在屋架下,也可以在地面上竖立支架。这种传动装置的特点是减速器的减速比大。作纯输送用时没有变速要求,在完成一定工艺操作的情况下通常要求能变速,其线速度一般是 0.5~9m/min。

垂直式张紧装置 1 的作用是便于输送机链条的安装、补偿链长和轨道长的制造误差;减少输送机在运转过程中因磨损使链条节距增长的影响,以保持链条的张紧状态,消除线路中可能产生的负张力。

应用最多的张紧装置是重锤式,它可以实现自动张紧。图 2-108 所示是单链轮式张紧装

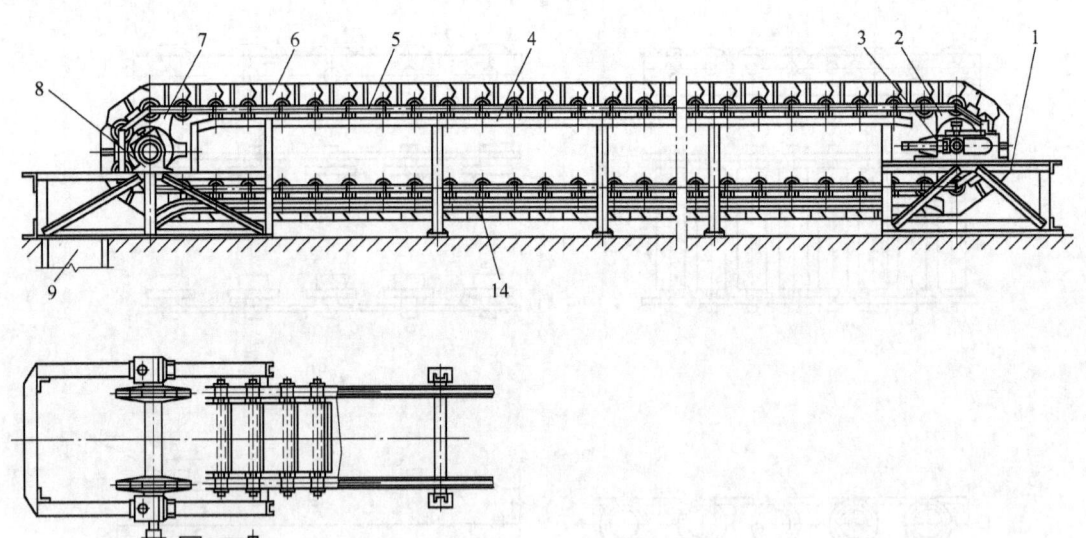

图 2-106 鳞板输送机结构

1—支架 2—从动链轮 3—张紧装置 4—上层轨道 5—传动链 6—鳞板 7—主动链轮 8—轴承 9—出料口 10—联轴器 11—减速器 12—底座 13—电动机 14—下层轨道

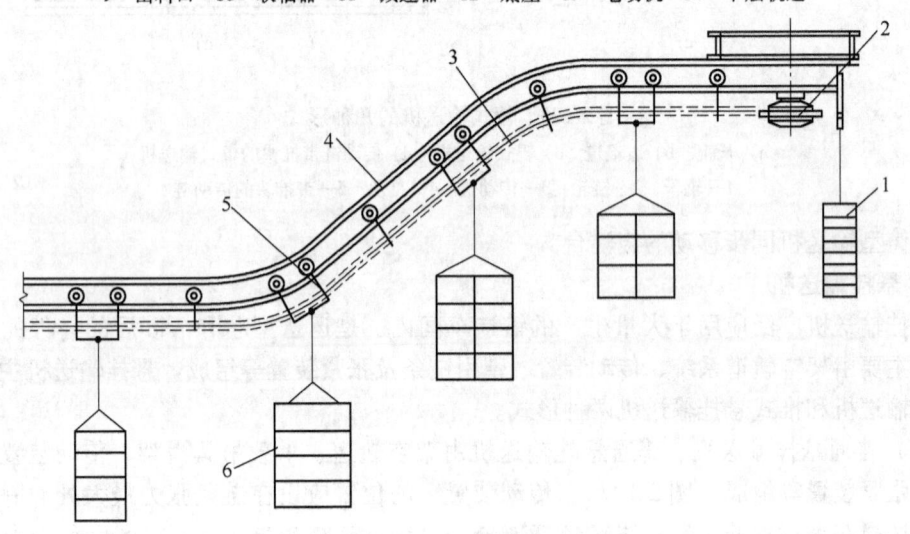

图 2-107 普通悬挂输送机

1—垂直式张紧装置 2—传动装置 3—牵引链 4—架空轨道 5—承载吊具的滑架 6—物件

置。它的张紧小车一端滚动而另一端滑动。这种方式运动阻力小,移动平稳。使用的单滑轮配重器结构简单,所占空间高度小。

悬挂输送机工作时,在传动装置 2 的驱动下,使悬挂在输送机上的物件 6 能沿着架空轨道 4 连续地运行(图 2-107)。普通悬挂输送机的优点是:不占造型工段的地面,便于布置,而且可以上下曲折,运输距离长,工作可靠,常用于运送砂芯;缺点是:承载吊具的滑架和传动链条连在一起,工作状态下不能分开,被吊运的物料只能沿着输送机的封闭轨道运行,

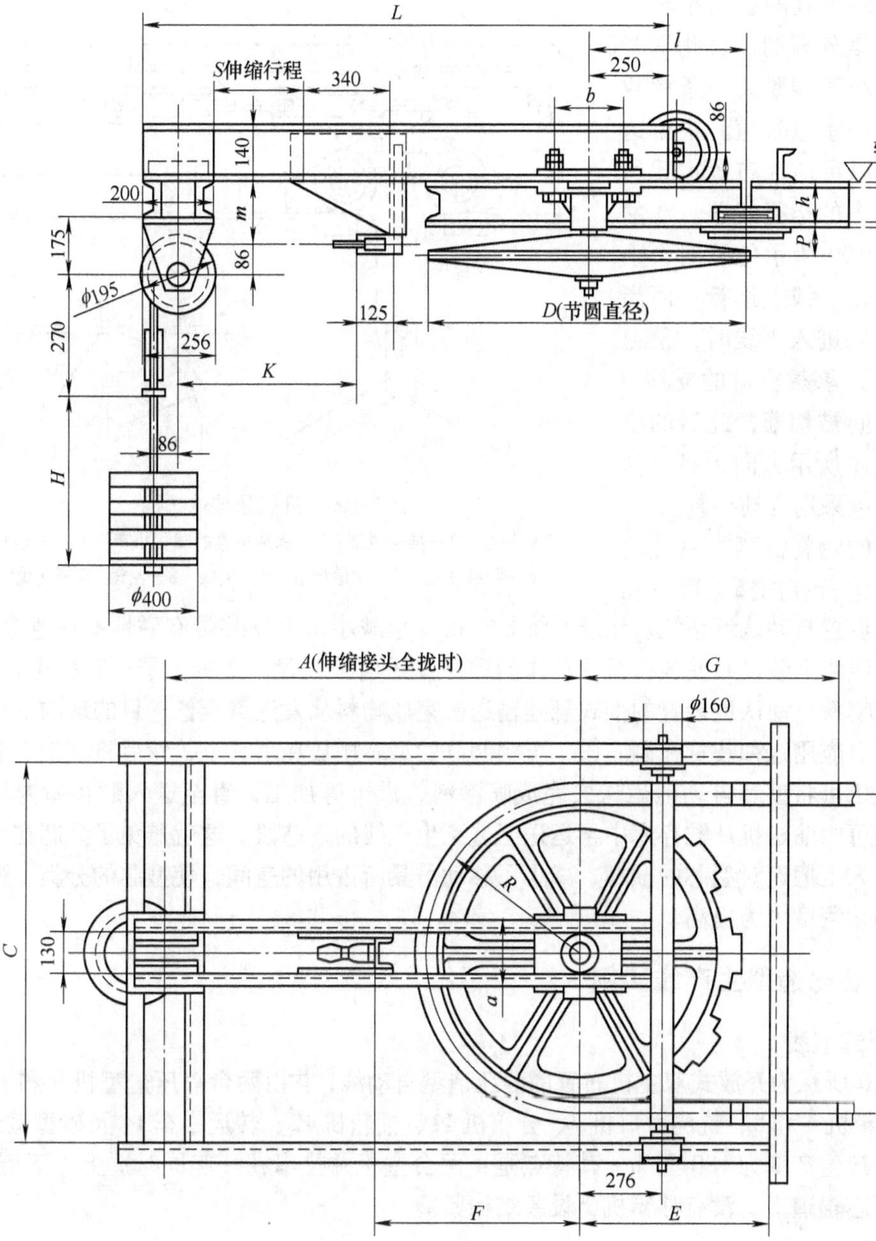

图 2-108 单链轮式张紧装置

造成使用中的不便。

(2) 推式悬挂输送机　为了克服普通悬挂输送机的上述缺点，并实现被输送物料的分类、储存及运输自动化，有些铸铁车间中使用了一种推式悬挂输送机（图 2-109）。它主要由起牵引作用的悬挂输送机 4 和承载吊具的载货小车 3 两部分组成。悬挂输送机沿上层的牵引轨道运行，而承载吊具的载货小车则沿下层的承载轨道 5 运行。承载吊具的载货小车 3 与悬挂输送机 4 是分离的，承载吊具的载货小车本身没有传动装置，它是在悬挂输送机推进滑架 2 的拨爪推动下，沿承载轨道运行的。

由于承载吊具的载货小车与悬挂输送机是分离的，因此承载吊具的载货小车能脱离一条承载轨道进入另一承载轨道。根据这一特点，可以灵活地布置承载吊具的载货小车的运行线路。在岔道处于图 2-109 所示位置时，小车沿箭头 b 在支线上运行；而当小车不再需要进入支线时，岔道推缸 6 推出，承载轨道的支线 9 与主线 7 之间被切断，此后的小车即沿箭头 a 所示方向运行。岔道的动作可以采用自动控制。

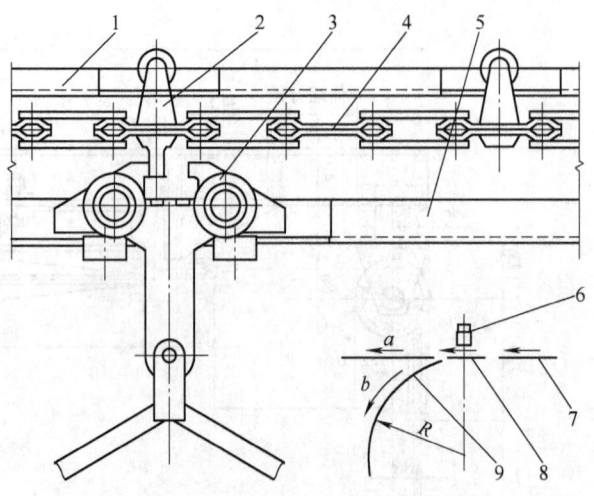

图 2-109　推式悬挂输送机
1—牵引轨道　2—推进滑架　3—承载吊具的载货小车　4—悬挂输送机
5—承载轨道　6—岔道推缸　7—主线　8—岔道　9—支线

当运送的物料需要在悬挂输送机上自动进行有选择地取下和挂上时，需设置自动认址系统。认址系统是在每个承载小车上安装带有磁性的信息存储器，并在输送机线路上装设有使执行机构动作的顺序发送信号装置，通过电子计算机进行控制，可使这种带物料自动认址装置的推式悬挂输送机完成物料从发送点至任一目的地的自动控制及自动认址。应用这种装置在制芯段，可将制好的型芯搬放在吊具上，然后将其推上输送机主线，输送机可将型芯自动地运送去完成喷涂料、烘干等加工，直至送入贮存库内集中存放。需要时可由输送机从贮存库中再运送至造型生产线的下芯段。这就避免了型芯在各工序之间周转时人工搬运对型芯的损坏，减少了移动吊具所占用的空间，使型芯的分类、贮存及运输的自动化程度大为提高。

2.7.4　自动化造型生产线实例

1. 静压造型线

图 2-110 所示为开放式双主机布置的静压造型自动线，它由两台静压造型机 9 和 10、合箱机 3、翻箱机 4 和 8、铣浇冒口机 7、分箱机 11、捅箱机 12、转运小车 14 及砂型输送机 1 等组成，设计生产率为 180 型/h。其特点是：两台主机并排串在一起同时造上、下型；上、下型均在下芯辊道上，没有移箱机，设备结构紧凑。

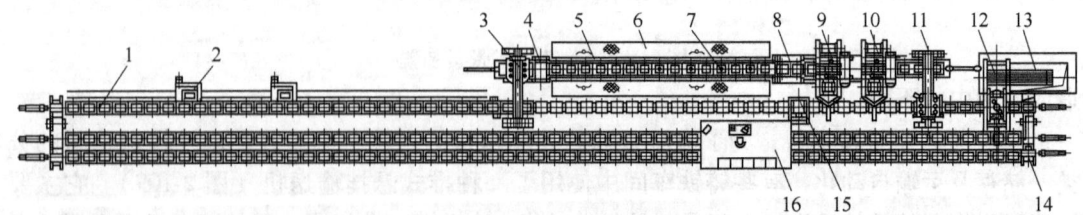

图 2-110　开放式双主机布置的静压造型自动线
1—砂型输送机　2—浇注机　3—合箱机　4—单翻箱机　5—下芯辊道　6—下芯平台　7—铣浇冒口机　8—双翻箱机
9—上造型机　10—下造型机　11—分箱机　12—捅箱机　13—落砂筛
14—转运小车　15—小车清扫机　16—电气控制室

2. 射压造型线

图 2-111 所示是一条有箱射压造型带自动下芯的生产线，所采用的砂箱内尺寸为 450mm×350mm×110mm，连续式铸型输送机，专用于大批量生产高压绝缘子上的钢帽，自动化程度很高，生产率可达 200～240 型/h。

这条造型线的特点之一是把制芯也包括在生产线之内，而且下芯工作是自动进行的。9 是一台粘土砂射芯机，用一个上半芯盒装在射芯机上作为射头，而下半芯盒则有若干个，在生产线中周转使用。造好的下型及砂芯，送入合芯机 6 进行合芯，再经自动下芯翻转机 8 翻转，在开芯盒机 10 中起去芯盒，这些过程可参阅图 2-89 及有关说明。从开芯盒机 10 中出来的下半芯盒经过空芯盒翻转机 11 回到射芯机 9 重复使用。上型由上箱射压造型机 14 推出，在合箱机 12 中与已下完芯的下型进行合型，然后进入落箱机 13，由它把铸型放落到铸型输送机上。以后，加压铁、浇注、冷却、落砂皆与前述造型线类似。从捅箱机 1 出来的空砂箱，用分箱机 2 送到回送辊道 3 运往造型机继续使用。生产线的各个机构都用无触点的电控制系统进行集中控制。

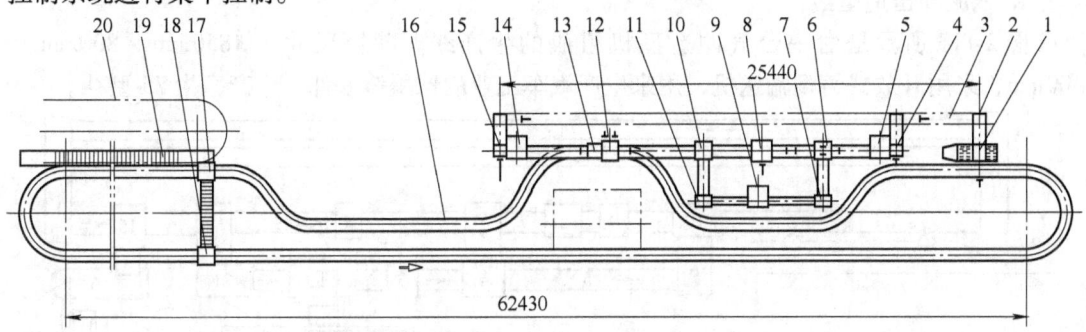

图 2-111 有箱射压造型带自动下芯的生产线
1—捅箱机　2—分箱机　3—回送辊道　4、15—转向机　5—下箱射压造型机　6—合芯机
7—芯盒换向机　8—自动下芯翻转机　9—粘土砂射芯机　10—开芯盒　11—空芯盒翻转机
12—合箱机　13—落箱机　14—上箱射压造型机　16—铸型输送机　17—加压铁机
18—卸压铁机　19—浇注同步平台　20—浇注单轨

3. 多触头高压造型线

图 2-112 所示为我国 20 世纪 60 年代末从德国引进的封闭式多触头高压造型自动生产线，由两个主机分别造上、下箱，翻箱、铣浇冒口和扎气孔、合型、压铁、浇注、分箱等辅助工序由辅机完成。其工艺流程为：落砂后的空砂箱由脉动式铸型输送机 15 运送至分箱机 6 下方，分箱机将上、下砂箱分开，下砂箱留在铸型输送机上，而上砂箱被提箱机提至上型辊道架并送入上主机 7 造上型。造好的上型送入上箱翻箱机 13，经正反两次翻箱将浇口杯内及砂箱面上的浮砂清扫干净后送入合箱机 14 等待合型。下空砂箱由下箱提升机 8 提至下箱辊道架上并送入下主机 9 造下型。造好的下型被送入下箱翻箱机 12 翻箱，然后由下箱落箱机 11 落至脉动铸型输送机台面上，在下芯段下芯后进入合箱机 14 合型。合完型的砂箱由自动压铁机 2 放置压铁，然后进行浇注并送入通风冷却除尘罩 16 冷却。冷却后的砂型在经过自动压铁机 2 时去掉压铁，送入捅箱机 5 处，捅箱机将砂型连同铸件一起捅出，由砂型推送装置 4 将其推至鳞板输送机 3 上，然后送入落砂机进行落砂。该造型线设计生产率 200 型

/h，砂箱内尺寸：1050mm×700mm×300mm。

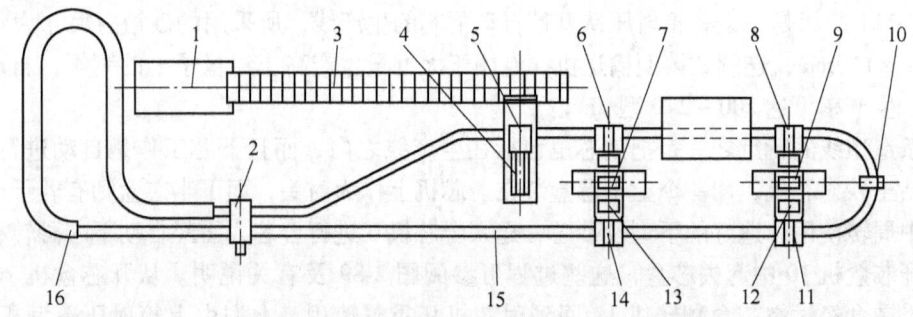

图 2-112　封闭式多触头高压造型自动生产线
1—落砂机　2—自动压铁机　3—鳞板输送机　4—砂型推送装置　5—捅箱机　6—分箱机　7—上主机
8—下箱提升机　9—下主机　10—小车清扫机　11—下箱落箱机　12—下箱翻箱机　13—上箱翻箱机
14—合箱机　15—铸型输送机　16—通风冷却除尘罩

4. 气流冲击造型线

图 2-113 所示是由一台气冲造型机组成的生产线。砂箱尺寸为 1850mm×800mm×300mm，采用开放式铸型输送机，用来生产汽车工业的球墨铸铁件，生产率为 75 型/h。

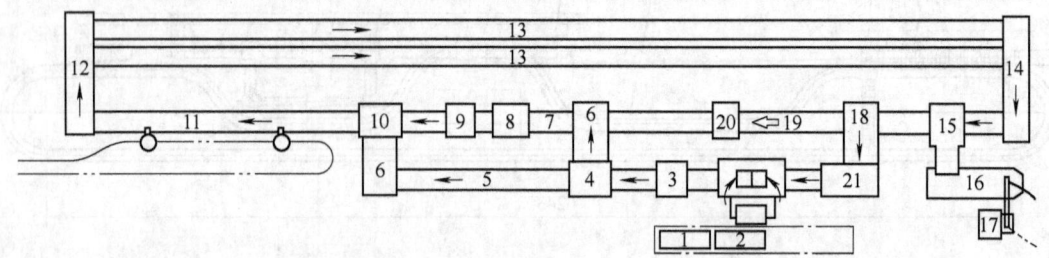

图 2-113　采用一台气冲造型机组成的生产线
1—空气冲击造型设备带回转式模板更换系统　2—模板框更换装置　3—翻箱机　4—转运和下降装置
5—下芯段　6—转运小车　7—上箱铸型段　8—钻直浇道机　9—上箱翻回装置　10—合箱机
11—浇注段　12、14、18—转运小车　13—冷却段　15—捅箱机　16—落砂机
17—铸件机械手　19—小车回运装置　20—小车清扫装置　21—分箱机

该线是用一台气冲造型机交替造上、下铸型。下型造好后，经翻箱机 3 翻转后，送至下芯段 5 进行下芯。下芯后，经转运小车送至合箱机 10 处等待合型。上型造好后，经翻箱机 3 翻转后，经转运小车 6 送至钻直浇道机 8 处，钻出直浇道；再送至上箱翻回装置 9 处翻转回来，再到合箱机 10 中与下铸型合型。合型后送至浇注段 11 浇注。浇注后送到转运小车 12，根据铸件要求的冷却时间长短，可分送不同冷却时间的冷却段 13 上进行冷却。冷却后再由转运小车 14 转运到捅箱机 15 处将铸型捅出，型砂及铸件落在落砂机 16 上，进行落砂；空砂箱经转运小车送至分箱机 21 处进行分箱，再把上、下箱依次送至气冲造型机中。

该气冲造型机有一三工位的回转式模板框更换装置 2，可在不停机的情况下更换模板。因此该线适宜生产批量不大，且品种较多的球墨铸铁件。全线采用自动编程计算机控制。

图 2-79 所示为由两台造型机组成的气冲造型生产线，技术参数说明见前。

复习思考题

1. 如果发现 Z145B 型震压造型机工作中发生双重撞击现象，试问它可能是由什么原因引起的？应如何排除？

2. 弹簧式微震压实造型机的工作台下沿与压实活塞上沿间为什么要保留一定的间隙？间隙的大小应如何确定？若发现间隙过小，可采取什么措施？

3. 如果在现场发现弹簧式气动微震压实造型机不能进气压震，你将从哪几个方面去查清原因？

4. 设如图 2-32 所示的压实机构中，中心导杆 1 的直径为 d，压实缸 3 的内径为 D，试求在用同一高压液压泵进行快速举升时，压实活塞 2 上升的速度比不用快速举升结构时快多少？

5. 如图 2-34 所示的压实机构，设中心导杆的直径为 d_1，增压活塞 2 的外径为 d_2，而压实缸 3 的内径为 d_3，试问用同样的流量，从 A 孔进油与从 B、C 孔同时进油相比，所得的增压活塞 2 上升速度相差几倍？又设从 C 孔进油的油压为 p_0，则在中心液压缸内得到的油压是多大？

6. 为什么自动造型生产线上要力求配备机械化和自动化模板更换装置？这对于提高生产线的开动率和工作灵活性有什么好处？

7. 用大的射芯机采用小射孔射制小的砂芯（例如，用 25kg 的射芯机射制 3kg 的砂芯）有什么缺点？在射芯机射砂完毕，工作台及芯盒下降离开射孔前，必须注意哪些问题？

8. 试比较图 2-38 中气冲造型机的栅格式气冲阀与图 2-39 中圆盘式气冲阀的优劣。

9. 垂直分型无箱射压造型机为什么要采用增速液压缸？如不用图 2-67 所示那样的单独增速液压缸，而采用图 2-32 所示的套在压实缸（或主液压缸）中的增速液压缸是否可以？

10. 垂直分型无箱射压造型机的生产率很高，而且造型基本能自动化，但是为什么许多小型铸件的造型仍然希望采用水平分型的脱箱造型机？

11. 静压造型机与多触头高压造型机和气冲造型机相比有什么优缺点？

12. 封闭式与开放式造型生产线各有何特点？各适用于什么地方？

13. 什么叫做串联式布线及并联式布线？各有何特点？

14. 砂箱或铸型在辅机间如何运行？采用哪些驱动装置？如何保证其运行迅速、平稳、无撞击？在各辅机中如何保证位置准确？

15. 试问完成造型工艺过程的辅机有哪些？完成砂箱运输的辅机有哪些？

16. 推式悬挂输送机的工作原理是什么？它有什么特点？

17. 一条造型生产线上若采用一台主机时，它是如何进行工作的？

第3章 树脂砂与水玻璃砂造型设备及生产线

3.1 树脂砂、水玻璃砂的特点及振动紧实台

3.1.1 树脂砂、水玻璃砂的特点

粘土砂、树脂砂、水玻璃砂是目前应用最多的三大砂型铸造工艺。将原砂（或再生砂）、液态树脂及液态硬化剂混合均匀后，填充到砂箱中稍加紧实即于室温下在砂箱内硬化成铸型的工艺方法，称为自硬树脂砂造型。由于自硬树脂砂粘结剂和硬化剂均为液态，刚刚混制好的型砂流动性好，靠自然流动即可充满砂箱及型腔，稍加紧实即可通过化学硬化获得具有一定紧实度、尺寸精度高、强度高的铸型。自硬树脂砂造型过程简单，生产周期短，铸件尺寸精度及表面精度高，旧砂的溃散性及再生回用性好，铸件易清理，受到了铸造工作者的欢迎。

水玻璃砂工艺因其粘结剂无嗅、无味被称为绿色铸造工艺，在铸钢件生产中获得了广泛的应用。按硬化方法的不同水玻璃砂工艺可分为 CO_2 硬化法、烘干硬化法及自硬法。CO_2 硬化法又可分为普通 CO_2 硬化法和真空吹 CO_2 硬化法（VRH-CO_2 法）。普通 CO_2 硬化水玻璃砂工艺，造型采用手工、风冲子或震击式造型机，个别企业采用垂直分型无箱射压造型线，可以完全借用粘土砂造型机或借用粘土砂造型机的原理进行紧实，水玻璃的加入量大，旧砂的溃散性差。烘干硬化法一般不单独使用，只作为 CO_2 硬化法和自硬法的补充硬化措施。自硬法又分为粉末硬化剂自硬法和有机酯自硬法。在粉末硬化剂自硬法中，粉末硬化剂的加入，使型砂总比表面积增加，水玻璃的用量大，旧砂的溃散性差，加之粉尘污染加剧，该工艺没有获得大面积的推广应用。在水玻璃砂诸多硬化方法中，有机酯自硬及 VRH-CO_2 法因其水玻璃加入量少，旧砂的溃散性好，可再生性强，受到了铸造工作者的欢迎，但无论哪种水玻璃砂工艺，水玻璃型砂的流动性都比自硬树脂砂差，但比粘土砂要好得多，因此在造型时无需较大的紧实力，即可获得一定紧实度的铸型，然后通过化学硬化获得所需的铸型强度。当采用型内硬化工艺时可获得尺寸精度高的铸型。

虽然在酯硬化水玻璃自硬砂工艺、真空硬化水玻璃砂工艺中水玻璃加入量少，旧砂的溃散性得到了明显的改善，但和树脂砂、粘土砂相比，仍属溃散性较差的型砂。水玻璃旧砂的再生利用还没有得到彻底的解决，型砂的废弃率较高。

3.1.2 振动紧实台

树脂自硬砂和酯硬化水玻璃自硬砂的流动性好，具有自硬的特点，硬化前不需要很高的紧实度即可获得高的型砂强度，因此在造型或制芯时不必施加很大的紧实力，可用木棍、锤

子等工具进行人工舂实,也可采用造型震实台进行紧实,以减轻工人的劳动强度,提高生产率。

振动紧实多采用以振动电动机为振源的震实台。造型时为避免产生水平方向的振动,一般均采用双振动电动机驱动或四振动电动机驱动的垂直振动方式。垂直震实台由固定支架、辊道架、辊子、气压弹簧、震实台、振动电动机等组成,其结构原理如图3-1所示。工作前,气压弹簧处于排气状态,震实台放置在支撑架上,台面低于辊道架上方辊子的上缘。工作时,

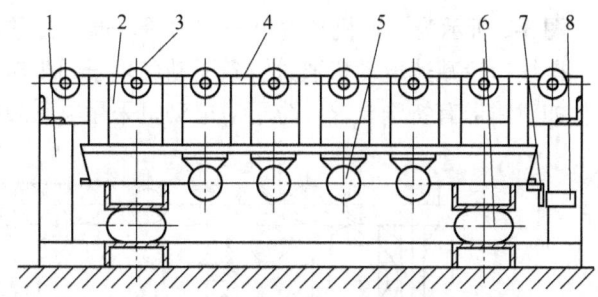

图 3-1 垂直震实台结构原理
1—固定支架 2—辊道架 3—辊子 4—震实台
5—振动电动机 6—空气弹簧 7—感应铁 8—位置开关

先把砂箱和模板从机外辊道推至震实台上面的辊道上,然后填入型砂,向气压弹簧中通入压缩空气,将震实台举起,并使震实台台面高出辊子上缘一定的高度。震实台在上升途中接住模板和砂箱并一起上升,举升到一定高度后,感应铁接近行程开关,发出信号使气压弹簧停止进气,震实台停止在要求的高度上。起动振动电动机,使震实台连同模板、砂箱及型砂一起产生高频低幅垂直振动,型砂在惯性力作用下充满整个砂箱并得以紧实。型砂紧实后,关闭振动电动机,气压弹簧排气,震实台又回落到支撑架上,模板、砂箱在随震实台下落的途中被辊道接住,将铸型推出机外,完成一个铸型紧实过程。

为了保证在载荷变化或出现偏载时震实台面保持水平,在通往气压弹簧的压缩空气管道上设置了高度控制器。在工作过程中四个气压弹簧除起减振和台面升降作用外,还可以通过改变充入其中的压缩空气的压力或调节附加室容积的大小来调节弹簧刚度,以改变震实台的振动特性。

震实台的振动频率以 47~50Hz 为宜,频率过低实砂效果不好,过高对振动机构强度的要求高,且振动噪声会急剧增加。震实台的振幅一般控制在 0.4~0.8mm,最大不超过 1mm,过高的振幅不但不会进一步紧实型砂,反而易使已被紧实的型砂重新松动,降低对型砂的紧实效果。激振力的控制分为三档,Ⅰ档是只起动中间两台振动电动机,这时激振力最小;Ⅱ档为仅起动外侧两台振动电动机,激振力居中;Ⅲ档是同时起动四台振动电动机,这时激振力最大。激振力的大小可根据台面上载荷的大小进行调节,总载荷和激振力之比取 1:1.2。

震实台的选用一般应考虑砂箱尺寸、砂箱、模板及型砂等被举升部分的质量以及是否组成造型生产线等因素。震实台台面尺寸应大于模底板的尺寸,其有效载荷应大于或等于最大砂型和其工装等被举升部分的质量。

3.2 树脂砂、水玻璃砂造型线辅助机械及运输设备

1. 机动辊道

水玻璃砂、树脂自硬砂造型过程中的填砂、紧实、起模等过程均为半机械化或机械化操作。为了实现各工艺过程间的顺畅连接,要求各工艺过程之间要有一定的柔性,因此铸型的

输送不像粘土砂造型线那样采用铸型输送机,而是采用机动或非机动辊道、板式输送机、带式输送机及转运小车。

图 3-2 所示为一种机动辊道的结构图。辊子支撑在机架上,每个辊子的端部都安装有链轮,摆线针轮减速电动机通过链条驱动各辊子同步转动,以实现位于辊子上铸型或模板的输送。如对输送有特殊要求,也可对电动机采用电磁或变频调速,以满足实际工作的需要。

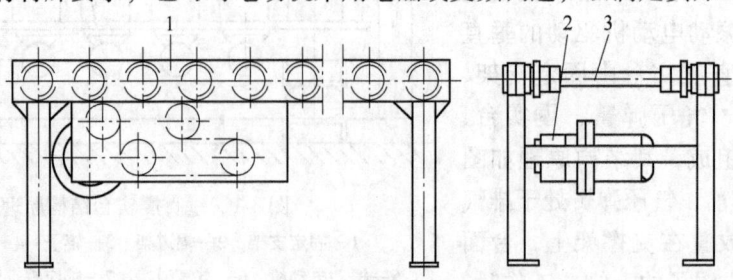

图 3-2 机动辊道结构
1—机架 2—驱动装置 3—辊子

机动辊道多采用开放式直线布置。辊道离地面高度一般为 300~500mm。辊道太低,相应的混砂机高度也降低,翻转起模机的地坑就要深。机动辊道的选择主要考虑承载质量、模板或托板的尺寸以及与各生产节拍相适应的输送速度等。

2. 平板输送机

平板输送机是树脂砂造型线上另一种常用的输送设备,运行平稳,可耐受 600~700℃ 高温,多用于上涂料及表干工段,结构如图 3-3 所示。牵引链 4 绕过头轮和尾轮呈环状,其中间通过位于牵引链各节点处的辊轮支撑在轨道 6 上。平板 5 固定在牵引链 4 上。当驱动装置 1 驱动头部驱动轮 2 回转时,牵引链带动上面的平板作水平直线运动,实现物料的输送。选择平板输送机时应使铸型托板的横向尺寸小于平板的宽度,模板及铸型的单位长度质量小于或等于输送机的承载能力,输送速度应满足工艺要求。

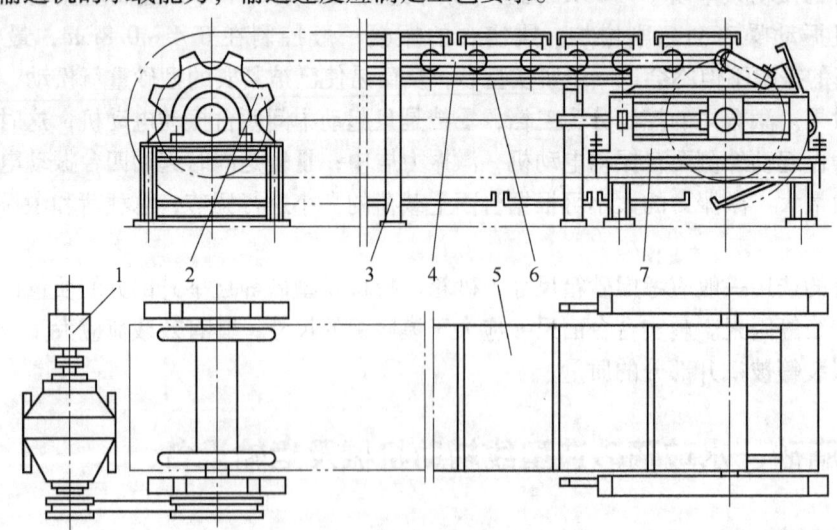

图 3-3 平板输送机结构
1—驱动装置 2—头部驱动轮 3—机架 4—牵引链 5—平板 6—轨道 7—尾轮张紧装置

3. 转运小车

转运小车用于各输送辊道间铸型、模板或砂箱的转运，以建立各条辊道之间的联系。图 3-4 所示为一种长辊转运小车的结构。小车 1 上安装有机动辊道，小车运动方向和机动辊道输送方向交叉垂直。工作时铸型、模板或砂箱被送到小车上的机动辊道上，小车减速电动机驱动小车运动到小车上的机动辊道轴线和某一条机动辊道输送线的轴线重叠时，小车停止运动，起动小车上的机动辊道驱动装置，将铸型或模板转运到相应的机动辊道上。当一条造型线有多条机动辊道时，为了缩短铸型在各条机动辊道间的转运时间，提高工作效率，转运小车驱动电动机可采用变频调速。在选用转运小车时，应使其额定载荷大于或等于所输送物体的质量，宽度与所选用的机动辊道宽度相对应，且输送速度满足工艺要求。

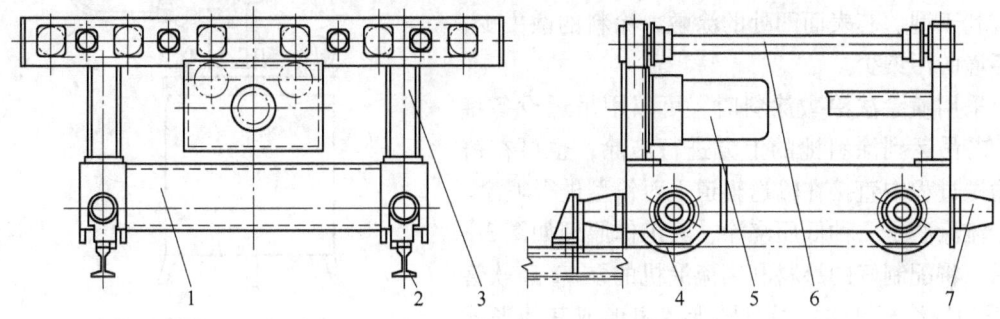

图 3-4 长辊转运小车结构
1—小车 2—行走轨道 3—辊子支架 4—车轮 5—辊子驱动装置 6—辊子 7—限位块

4. 涂料施涂设备

铸型一般应上涂料，造型线上对铸型上涂料可采用喷涂或流涂的方式。喷涂法是在一定压力下，使涂料呈雾状、细小的液滴状喷射到铸型的表面形成涂层的涂敷方法。喷涂法可分为有气喷涂和无气喷涂。有气喷涂是利用压缩空气及喷枪使涂料雾化并与压缩空气混合喷射到型、芯表面上形成涂层的涂敷方法，常用的喷枪有两种类型：吸力型喷枪和压力型喷枪。吸力型喷枪工作原理如图 3-5 所示。图 3-5a 所示为常用型喷枪的原理。工作时将控制阀 2 打开，压缩空气从水平管子喷出，在倾斜的涂料管上端形成负压，罐内涂料在大气压作用下进入涂料管并在管口和压缩空气混合，涂料被压缩空气的高速气流冲散，形成气液两相流射向型、芯表面，形成薄而均匀的涂层。图 3-5b 所示是流吸型喷枪的原理。工作时将控制阀 2 打开，压缩空气从水平管子喷出，开启涂料控制阀，涂料在重力及虹吸作用下和高速气流混合，形成气液两相流射向型、芯表面。吸力型喷枪和涂料罐紧连，而压力型喷枪的涂料罐与喷枪分离，两者用软管相连。压力型喷涂装置的结构原理如图 3-6 所示。压缩空气由管道进入涂料罐和喷枪，涂料

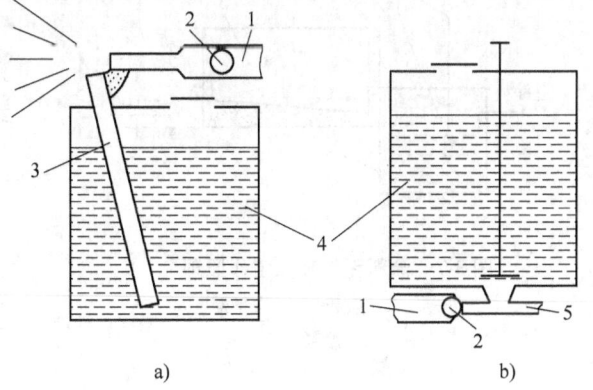

图 3-5 吸力型喷枪工作原理示意图
a) 常用型 b) 流吸型
1—空气管 2—控制阀 3—涂料管 4—涂料罐
5—涂料喷出管

在压缩空气的压力作用下由涂料输送管送到喷枪,当扳动喷枪开关时,涂料和压缩空气混合,形成气液两相流从喷枪喷出。有气喷涂法易使涂料随压缩空气散入作业场所,造成环境污染,也可因在铸型表面形成气垫而影响型、芯表面凹处的涂敷质量。

无气喷涂法是通过对涂料加压,使之在没有气体混入的状况下通过喷嘴,呈细小液滴状喷射到铸型的表面,工作原理如图 3-7 所示。工作时用泵或压缩空气对涂料进行加压,迫使其沿管道进入喷枪。扳动喷枪上的开关,涂料即可从喷嘴中喷出。这种涂敷方法容易形成足够的涂层厚度,也有利于型、芯表面凹处的涂敷,涂料的散失少,对环境的污染少。

采用喷涂法涂敷涂料时,可以用吊运设备将型、芯吊运到涂料池的上方进行施涂,也可在铸型输送过程中直接在输送辊道上对铸型进行喷涂。

流涂法是一种低压浇涂,其工作原理如图 3-8 所示。将配制好的涂料利用流涂机的泵 11 经软管 10 送到流涂杆头 8,通过圆形、扇形或其他形式的流涂嘴送出,浇到型、芯的表面,使粗糙不平的型、芯表面均匀覆盖一层涂料,而多余的涂料

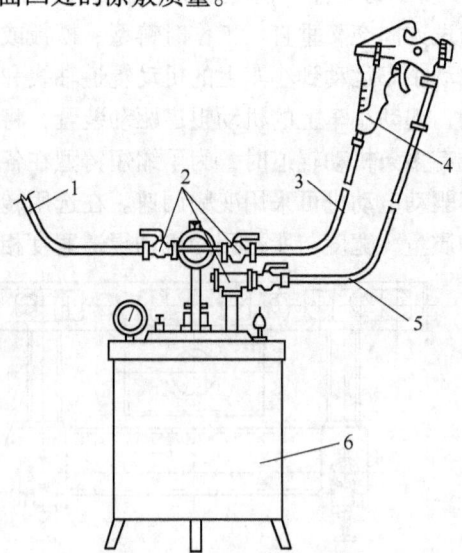

图 3-6 压力型喷涂装置结构
1、3—空气管 2—控制阀 4—喷枪
5—涂料输送管 6—涂料罐

则流到型、芯下部的回收槽 6 中,经滤网 5 过滤后返回到涂料罐 2 供继续使用。流涂生产率高,适用于成批大量生产凹腔少的型、芯的施涂。

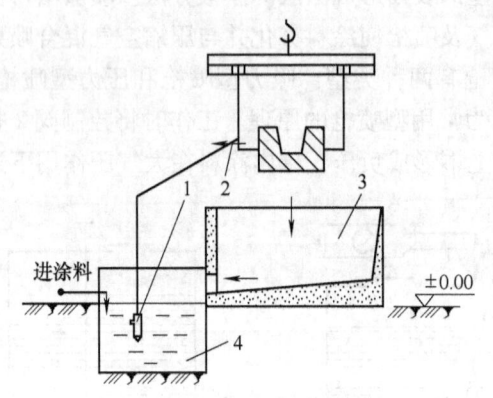

图 3-7 涂料无气喷涂工作原理
1—泵 2—喷枪 3—涂料槽
4—涂料

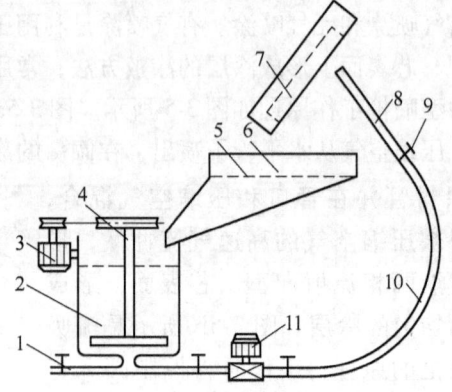

图 3-8 流涂工作原理
1—泄流阀 2—涂料罐 3—电动机 4—搅拌杆
5—滤网 6—回收槽 7—砂型 8—流涂杆头
9—控制开关 10—软管 11—泵

5. 铸型表干炉

涂料的种类按载液不同可分为水基和醇基两大类。醇基涂料所用的载液为工业酒精,其酒精含量一般不低于 90%,采用点火的方式进行表面干燥,但由于其渗透能力大,点火表干干不透时,可进表干炉进行二次干燥。水基涂料比醇基涂料便宜,上涂料后必须经烘炉表

干。

涂料的表干方式可采用台车式表干炉，通过式表干炉及烘干罩等形式。台车式表干炉系间歇式烘炉，主要用于阶段工作制车间铸型的表干。烘干罩在铸造车间较少应用。通过式表干炉系连续式烘干炉，可用于平行工作制条件下型、芯的表面干燥。表干炉加热方式有远红外直接加热烘干和热风烘干两种，烘干温度一般为 180～200℃。

6. 翻转起模机

翻转起模机是造型线上的重要设备之一，主要用于铸型的翻转起模，其结构有滚筒式及 C 型开口式两种类型。图 3-9 所示为滚筒式翻转起模机的结构。左圆盘 3、右圆盘 6、支撑轮 9、翻转电动机 8、链轮 11 构成翻转起模机的翻转机构，可以实现正负 180°的翻转运动，翻转角度的准确性由限位挡块 7 和缓冲液压缸 10 控制。上、下机动辊道分别安装在和左、右圆盘相连接的机架 1 上，用于支撑并运输进入翻转起模机的铸型或模板。液压缸 4、压头 2 用于夹持或承接铸型。满足起模要求的铸型被推入起模机内，液压缸 4 驱动压头 2 下降将铸型压紧在下辊道上，同时夹紧机构将模板夹紧，翻转机构工作将铸型翻转 180°。液压缸 4 驱动压头 2 缓慢下降，同时起模振动器工作实现起模，直至将铸型放到位于下方的上辊道上。起动上机动辊道电动机 14，将铸型送出起模机；翻转机构复位，松开模板夹紧机构，起动下机动辊道电动机 12，将模板送出起模机，一个工作循环结束。图 3-10 所示为 C 型开口式翻转起模机，和滚筒型翻转起模机相比，其回转体不再是一个完整的圆盘，而是一个开

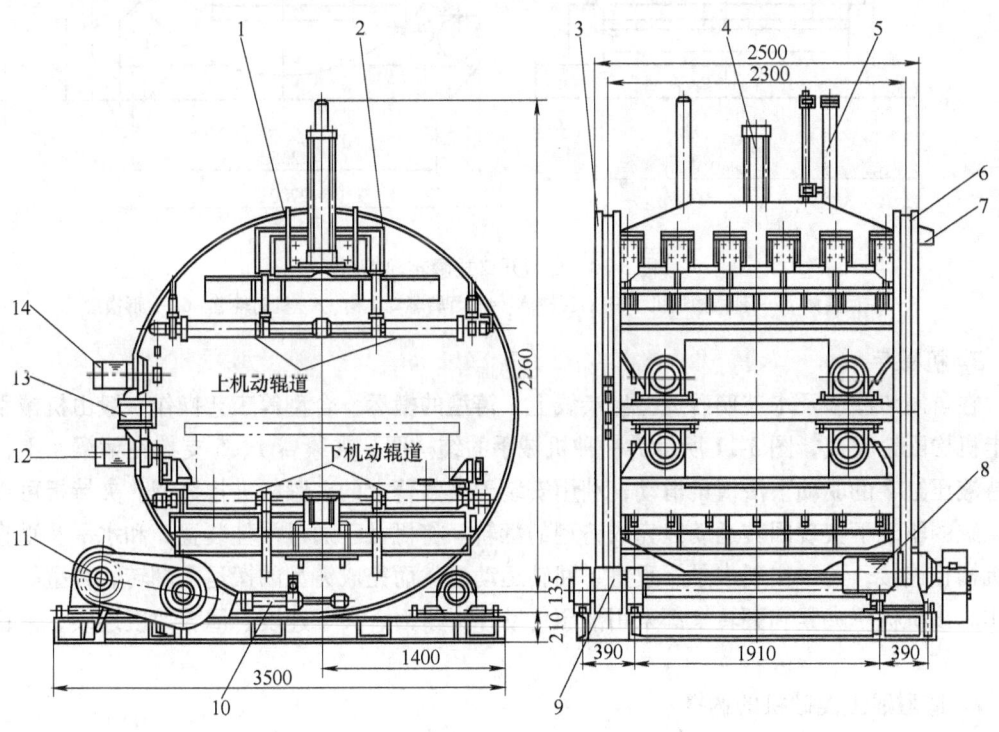

图 3-9 滚筒式翻转起模机结构

1—机架 2—压头 3—左圆盘 4—液压缸 5—导向杆 6—右圆盘 7—限位挡块
8—翻转电动机 9—支撑轮 10—缓冲液压缸 11—链轮 12—下机动辊道电动机
13—减速器横梁 14—上机动辊道电动机

有缺口的圆盘，因圆盘的断面像一个"C"字，因此称为 C 型开口式翻转起模机。在 C 型开口式翻转起模机中，上辊道改为带式输送机，并可以在液压缸的驱动下升降，实现铸型翻转时的夹紧及起模时铸型的承接。C 型开口式翻转起模机工作过程和滚筒式翻转起模机相似，C 型侧面开口的结构，使起模机的布置具有更大的灵活性。根据空间的需要，起模后的铸型既可以在砂型输入的前进方向送出，亦可沿垂直于砂型输入方向送出，使造型线的布置更加灵活；但 C 型结构，其设备的刚度及承载能力较滚筒型低。翻转起模机以生产率、最大载重量、最大砂箱尺寸和上、下输送辊道间距作为主要技术规格，所选翻转起模机的规格应和造型线上所用工艺装备相适应。

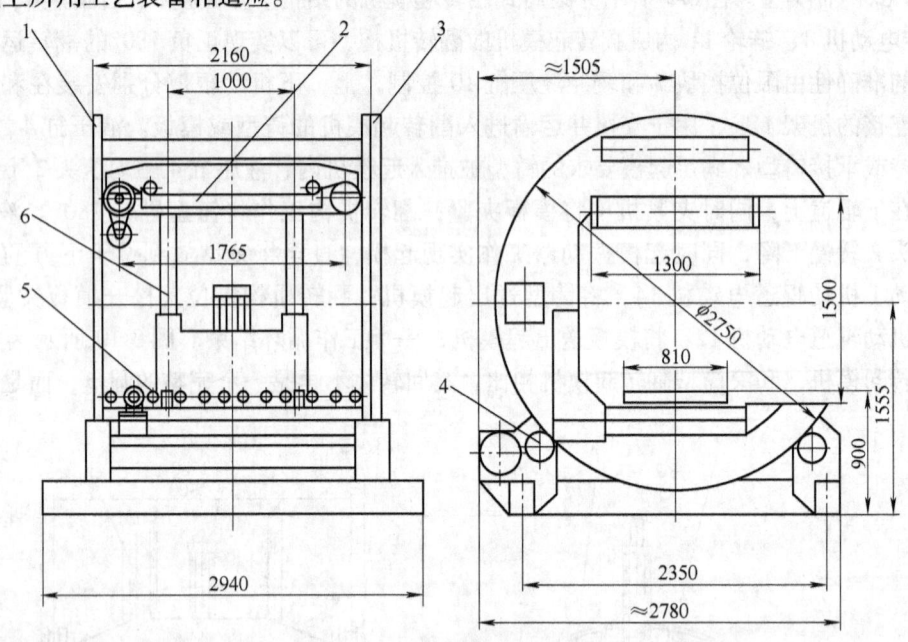

图 3-10　C 型开口式翻转起模机
1—左回转体　2—带式输送机　3—右回转体　4—翻转驱动机构　5—机动辊道　6—L 形横梁

7. 机械手

在自硬树脂砂及水玻璃砂造型生产线上，铸型的搬运、合型等工艺操作一般由机械手和行走机构配合完成，图 3-11 所示为一种机械手的结构图。夹紧臂 1、5 支撑在横梁 4 上，在夹持液压缸 2 的驱动下沿横梁滑动，利用安装于夹紧臂上的夹紧板夹持铸型。夹持板可以在液压缸的驱动下实现回转运动以完成铸型的翻转。将机械手通过吊挂装置 3 和水平及垂直运动机构相连接，可以实现水平、垂直、回转运动，从而完成铸型的搬运、翻转、合型等工艺操作。该机械手夹紧和翻转全部采用液压传动，夹紧力、夹紧速度、回转速度连续、平稳可调。

8. 造型线上混砂机的选择

混砂设备的基本功能是在很短的时间内把粘结剂、硬化剂及砂子混合均匀成为型砂，并将型砂直接填充到砂箱进行造型。混砂机的选择包括两个方面：一是选用什么形式的混砂机；二是选择多大生产能力的混砂机。在混砂机的形式选择上，由于造型线生产的特殊性，一般均选用固定连续式混砂机。当砂箱尺寸较小时可选用单臂连续式混砂机，砂箱尺寸较大

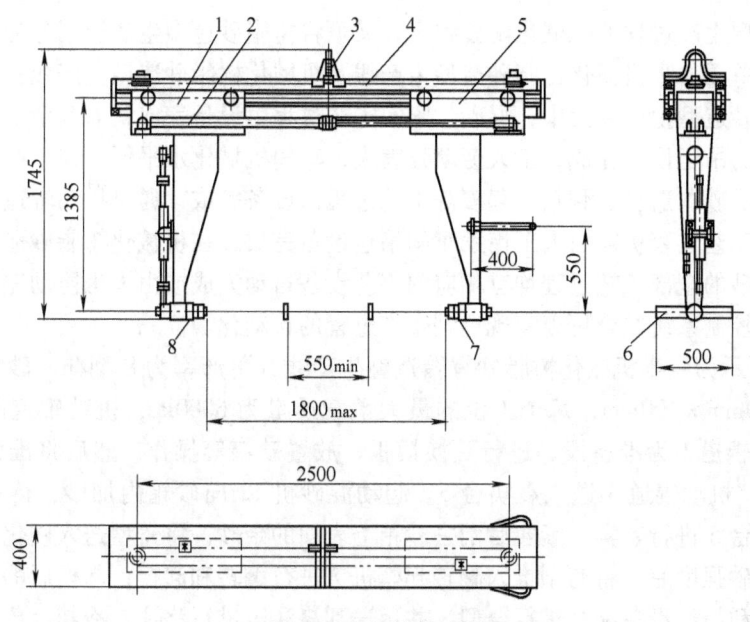

图 3-11 机械手结构

1、5—左、右夹紧臂　2—夹持液压缸　3—吊挂装置　4—横梁
6—夹持板　7、8—右、左夹持翻转机构

时应选用双臂连续式混砂机。

混砂机生产能力的选择主要考虑每型的填砂量及生产节拍，可按下式进行计算

$$q = \frac{q_z w_a}{\eta} \tag{3-1}$$

式中，q 为混砂机的生产率（t/h）；q_z 为造型线的造型生产率（型/h）；w_a 为平均每型用砂量（t/型）；η 为混砂机利用率（%），一般取 $\eta = 40\% \sim 60\%$。

在通过式（3-1）计算出 q 后，对于自硬砂造型尚需按照型砂可使用时间的要求进行复核。混砂机的混砂能力须满足在可使用时间内完成最大砂型填砂的要求，即 $q \geq q_m$，因此还需计算瞬时生产率 q_m

$$q_m = \frac{w_m}{T_m} \tag{3-2}$$

式中，q_m 为混砂机的瞬时生产率（t/h）；w_m 为最大砂型的质量（t）；T_m 为型砂的可使用时间（h）。

3.3　自硬树脂砂造型生产线

为了提高生产率，增强工艺保障能力，减轻工人的劳动强度，提高铸造生产的机械化及自动化水平，在铸件批量较大、砂箱或铸型规格差异较小的情况下，可将造型、铸型翻转、起模、上涂料及烘干、合型等工艺操作用机械设备完成，并将各工艺设备用机械化运输设备连接起来形成造型生产线。树脂砂生产线包括造型部分和砂再生部分两个系统。砂再生系统将在自硬树脂砂处理系统的工艺设备章节介绍。

树脂砂造型线可分为脱箱造型生产线和有箱造型生产线两大类，一般均采用开放式布线形式。根据造型生产过程的机械化配套程度，又可将树脂砂造型生产线划分为简单机械化树脂砂造型生产单元、半机械化树脂砂造型生产线及机械化树脂砂造型生产线三种类型。在简单机械化树脂砂造型生产单元中，混砂、紧实工艺过程由设备完成，而其余工艺过程则由人工配合车间内的吊运设备完成，工人劳动强度大，车间机械化水平低。在半机械化树脂砂造型生产线中，混砂、造型、翻箱、起模等工艺过程由设备完成，通过机动辊道组成封闭的造型圈，而其余工艺过程仍需由人工借助车间吊运设备完成。在机械化树脂砂造型车间内，从造型到铸件落砂的全部工艺过程均有相应的工艺设备自动完成或由人工协助完成，机械化程度高，和自动控制系统结合可以实现造型生产过程的自动化。

图 3-12 所示为一半机械化树脂砂有箱造型生产线，生产率为 8 型/h，砂箱最大尺寸为 2550mm×2100mm×400mm，每个工位的最大承载质量为 6000kg，机动辊道的运行速度为 0.1m/s。机动辊道 1 为准备段，进行更换模板、放置砂箱等操作，然后将准备好的砂箱通过过渡小车 3、机动辊道 4 送入震实台 5。起动混砂机 12 向砂箱内加砂，待型砂加满砂箱后，起动震实台 5 进行紧实；紧实后刮去砂箱上表面的余砂，将铸型送入硬化段；待达到起模所要求的型砂强度后，将铸型推入翻转起模机 7 进行翻转和起模；起模后的铸型送入机动辊道 9 由人工和吊运设备配合进行合型，并运送到浇注段进行浇注、冷却、落砂等操作。模板重新被送入准备段进行造型前的准备，开始下一造型循环。

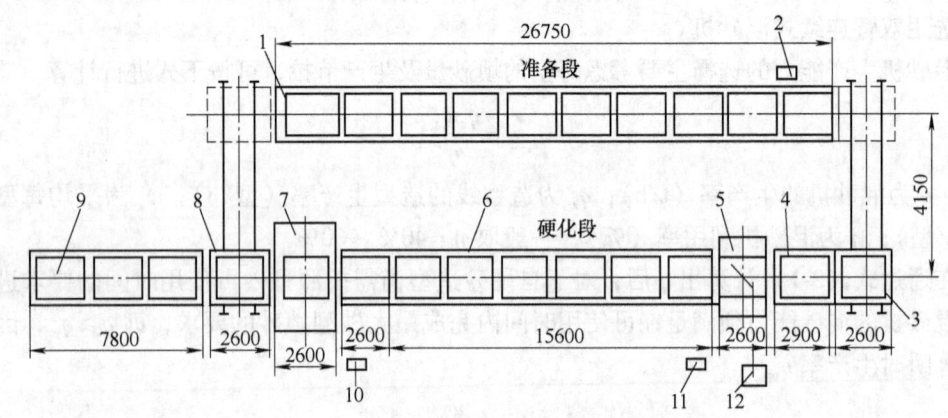

图 3-12 半机械化树脂砂有箱造型生产线
1、4、6、9—机动辊道 2—准备段控制台 3、8—过渡小车 5—震实台 7—翻转起模机
10—翻转起模段控制台 11—造型段控制台 12—混砂机

图 3-13 所示为一半机械化树脂砂无箱造型生产线，生产率为 12～14 半型/h，硬化时间 30min，模板、托板尺寸为 1600mm×1250mm，箱框尺寸为 1250mm×1080mm×300mm/500mm，涂料干燥时间为 25min，铸件最大质量为 350kg。在准备机动辊道 9 上更换模板或砂箱，当模板、砂箱不需要更换时，可直接向由过渡小车 4 送来的模板上喷分型剂，然后将模板和砂箱一起送入震实台 8。起动单臂连续混砂机 7，待型砂加满砂箱后起动震实台进行紧实；停止紧实并刮除砂箱表面的余砂，将砂箱送入硬化机动辊道；当达到硬化时间后，将砂箱送入翻转起模机 3 进行翻转起模并脱箱；模板和砂箱再次被送回准备机动辊道，开始下一造型循环。铸型由回转辊道 2 送入上涂料机动辊道 10，经上涂料并干燥后由人工配合吊运设备进行合型、浇注、落砂等工艺操作。

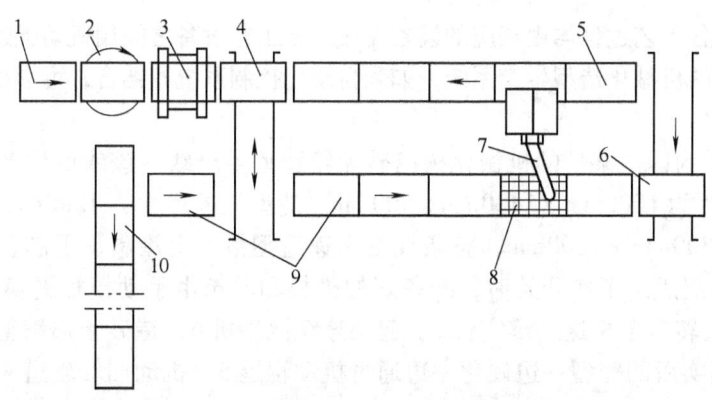

图 3-13 半机械化树脂砂无箱造型生产线
1—底、托板准备机动辊道 2—回转辊道 3—翻转起模机 4、6—过渡小车 5—硬化机动辊道
7—单臂连续混砂机 8—震实台 9—准备机动辊道 10—上涂料机动辊道

图 3-14 所示为国外某企业用于生产汽车前、后桥等铸件的机械化树脂砂无箱造型生产线。该线的生产率为 10~12 半型/h，硬化时间为 35min 左右，下芯及涂料干燥时间为 30min，合型到浇注时间为 100min，铸件保温时间为 5h 左右，最大铸件质量为 600kg，模板、托板尺寸为 2250mm×1450mm，箱框尺寸为 2000mm×1150mm×250mm/350mm。

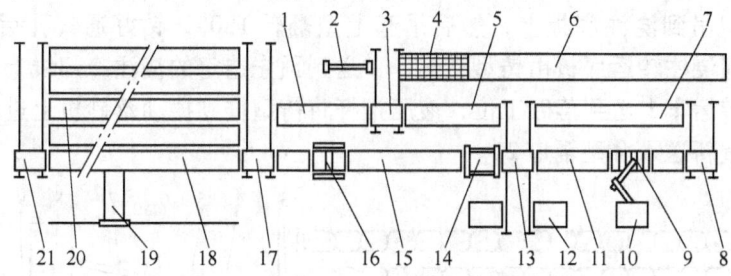

图 3-14 机械化树脂砂无箱造型生产线
1—返回辊道 2—推型缸 3、8、13、17、21—过渡小车 4—振动落砂机 5—底托板返回辊道 6—铸件冷却段 7—硬化辊道 9—震实台 10—混砂机 11—造型准备辊道 12—模板准备辊道 14—翻转起模机 15—上涂料及下芯辊道 16—合箱机
18—浇注辊道 19—浇注机 20—冷却辊道

工作时，如需更换模板，将更换的模板放到模板准备辊道 12 上，由过渡小车 13 送入造型准备辊道 11；如无需更换模板，则将起模并脱箱后的模板和砂箱从翻转起模机 14 直接送到造型准备辊道 11。检查工艺装备并喷涂分型剂，将模板砂箱送入震实台 9。起动混砂机 10 将砂箱加满型砂，起动震实台 9 紧实铸型；刮除砂箱上表面的余砂，将砂箱送入硬化辊道 7。达到硬化时间的铸型，由过渡小车送入翻转起模机 14。若为上箱，可直接进行翻转起模并脱箱；若为下箱，在砂箱进入翻转起模机后先进行翻转，然后由过渡小车 13 将托板送入翻转起模机，再进行起模并脱箱。脱箱后的铸型送入上涂料及下芯辊道进行上涂料和下芯操作，模板和砂箱则被重新送入造型准备辊道。下完型芯的铸型被送入合箱机，合型后送到浇注辊道 18 上进行浇注。浇注后的铸型被过渡小车 21 送入冷却辊道进行冷却。达到保温冷却时间后，由过渡小车 17 将冷却后的铸型送入返回辊道并由过渡小车 3 送到落砂机旁，起动推型缸将铸型推入振动落砂机。落砂后的铸件进入铸件冷却段 6 继续冷却，然后被送到铸件清理工部。托板则由过渡小车 3 送入底托板返回辊道待用，至此整个造型生产过程结束。

该造型生产线的各工艺过程均由相应的设备完成，各工艺设备之间用机动辊道和过渡小车相连接，形成封闭的机械化造型生产系统，如和自动化控制系统相结合，可形成自动化树脂砂造型生产线。

图3-15所示为国内某厂的机械化树脂砂无箱造型生产线。该线的生产率为30半型/h，最大铸型尺寸为1000mm×1400mm×500mm，造型托板尺寸为1200mm×1500mm，浇注底板尺寸为1300mm×1600mm，整条线由高速造型圈、上涂料、下芯、合型、浇注冷却和落砂五部分组成。工作开始时，准备好的模板和砂箱由手动模板更换车11、机动辊道10、机动辊道转运车9送入震实台7。起动连续混砂机6，待砂箱加满型砂后起动震实台进行震实。紧实后的铸型一边硬化一边通过机动辊道5、机动回转辊道4送到刮砂装置16刮去多余的型砂，达到起模时间后送入翻转起模机进行翻转起模和脱箱。铸型由机动胶带转运车12送到板式输送器14上，模板、砂箱通过机动辊道转运车9送至模板准备辊道，进行下一轮造型操作。铸型行至上涂料工位时，通过起重机和上涂料机械手的配合，将铸型夹起并翻转约110°送到涂料槽上方，采用流涂法施涂涂料。上完涂料的铸型由板式输送器14送入贯通式表干炉17进行表面干燥，经过五个工位约10min的干燥时间后，铸型进入下芯工序。下芯在胶带式输送装置19上进行，小的型芯直接由人工进行下芯，大的型芯用下芯起重机20进行下芯。当下好型芯的铸型继续前进到合型辊道21时，合型机械手先把下型吊到浇注底板上，然后吊起上型翻转180°，钻好通气孔后合到下型上。合好的铸型连同浇注转运底板由铸型转运车1送到预先选定的浇注冷却线上。浇注冷却后的铸型由铸型转运车1送到落砂工位，液压推杆将铸型推到振动落砂机上进行落砂，底板被托板返回车重新送入合型辊道21。

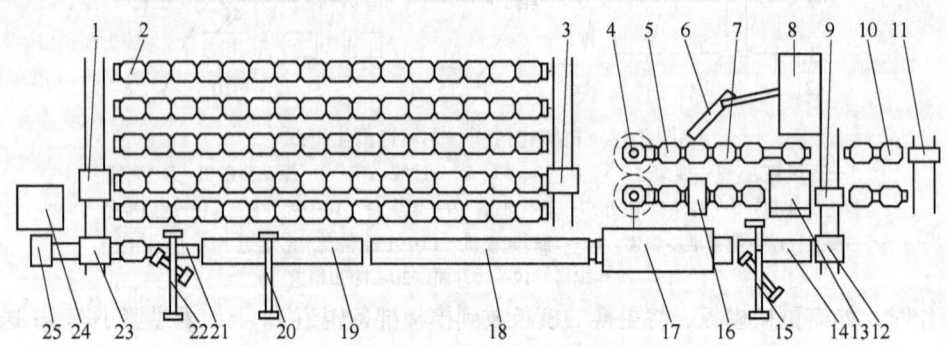

图3-15 机械化树脂砂无箱造型生产线

1、3—铸型转运车 2—浇注冷却辊道 4—机动回转辊道 5、10—机动辊道 6—连续混砂机 7—震实台 8—砂斗 9—机动辊道转运车 11—手动模板更换车 12—机动胶带转运车 13—翻转起模机 14—板式输送器 15—起重机及上涂料机械手 16—刮砂装置 17—贯通式表干炉 18、19—胶带式输送装置 20—下芯起重机 21—合型辊道 22—起重机及合型机械手 23—托板返回车 24—落砂机 25—铸型推杆

3.4 水玻璃砂造型生产线

酯硬化水玻璃砂及VRH法工艺与树脂自硬砂工艺在设备方面有许多相同的要求，树脂砂混砂造型及旧砂再生处理设备都可以移植到水玻璃砂设备上来。

第3章 树脂砂与水玻璃砂造型设备及生产线

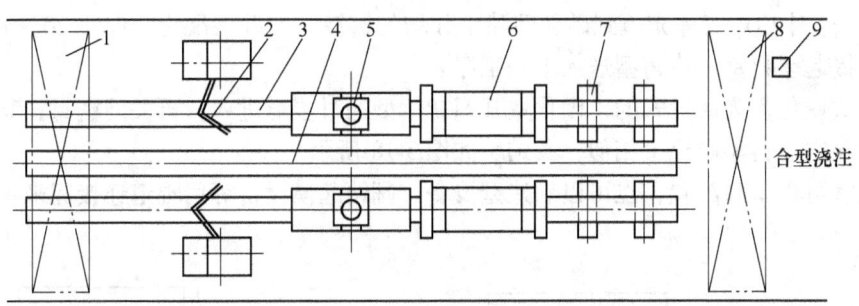

图 3-16 水玻璃砂 VRH-CO_2 生产线

1、8—桥式起重机 2—混砂机 3、4—机动辊道 5—铸型紧实机
6—真空硬化室 7—起模机 9—翻箱机

1. VRH-CO_2 造型生产线

图 3-16 所示是某桥梁厂水玻璃砂 VRH-CO_2 生产线，年产锰钢辙叉铸件 15000t，代表铸件质量 1250kg，外形尺寸 5922mm×480mm×176mm，设计生产能力 4 型/h，两条造型线对称于机动辊道 4 布置，分别用于造上型和下型。模板及砂箱的准备、加砂等工艺操作在机动辊道 3 上进行，砂型的紧实采用上部双电动机惯性振动加气缸压实的方法。真空硬化室为贯通式，有效容积约 15m³。起模机为顶杆式，用液压缸驱动。起模后的铸型用桥式起重机送到翻箱机进行翻转，然后在靠近造型线的地面上进行修型、上涂料、合型、浇注、落砂等操作。起模后的模板由机动辊道 4 重新送到车间的左端，通过桥式起重机送到机动辊道 3 上进行下一造型循环。

真空硬化装置是水玻璃砂 VRH-CO_2 造型线的核心设备，主要有升降室式和贯通式两种。图 3-17 所示为用于水玻璃砂小铸型的升降室式真空硬化装置。该装置由硬化室、真空系统、硬化气（CO_2）罐等组成。硬化室为一个可升降的箱柜，可利用气缸或机械机构进行提升。工作时先将硬化室提起，推入铸型，然后落下硬化室并密封。开启真空泵，使硬化室内压力低于 3kPa。关闭真空阀，打开 CO_2 控制阀向硬化室内充 CO_2 气体，充气时间一般控制在

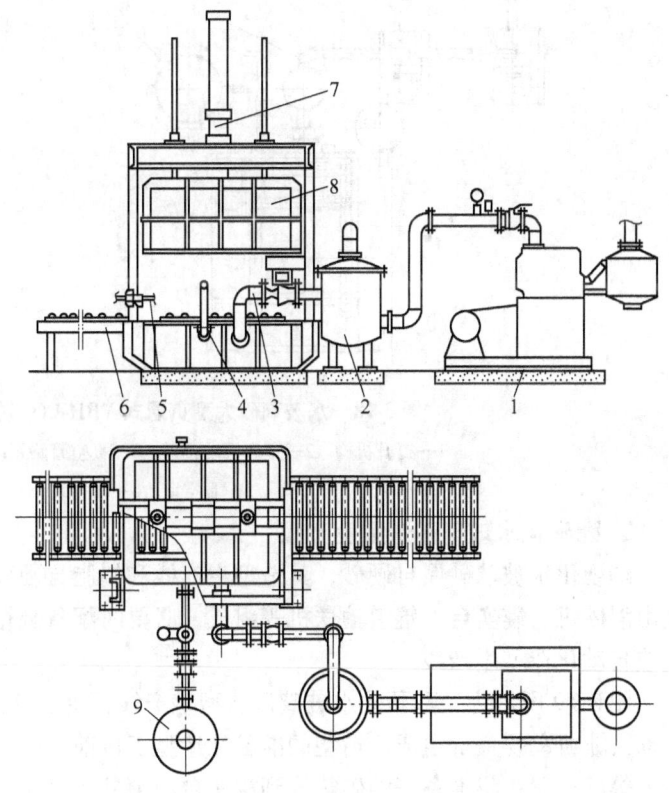

图 3-17 水玻璃砂小铸型升降室式真空硬化装置

1—真空泵 2—过滤器 3—真空管路系统 4—CO_2 管路系统 5—压缩空气管路系统 6—非机动辊道 7—提升机构 8—真空室 9—CO_2 气罐

15s 以下，这时 CO_2 气体充填到砂粒间隙中并均匀扩散，使砂型硬化。保压 20~40s 后打开放气阀，提起硬化室，将铸型送入下一工序。

贯通式硬化室为通过式的，硬化室开门，铸型通过辊道进入，再关门密封，其余部分和升降室式真空小铸型硬化室相似，其结构如图3-18所示。

硬化室可以单独配置，也可以和造型设备、翻箱起模设备等用辊道连接起来组成造型生产线。

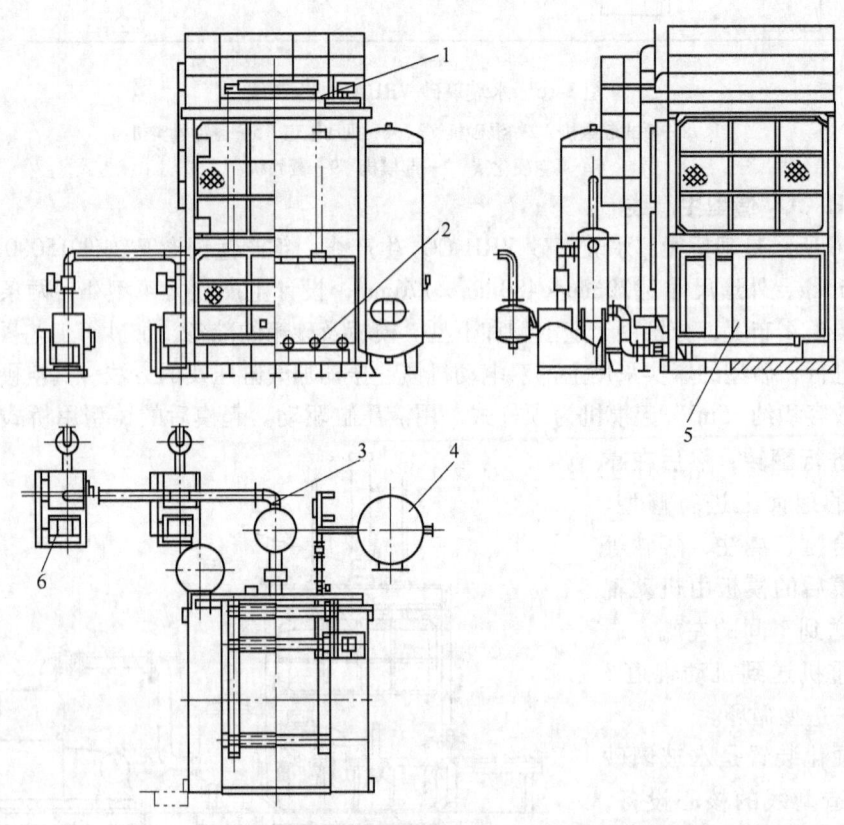

图 3-18 水玻璃砂大型贯通式 VRH-CO_2 硬化装置结构
1—提升机构　2—室内机动辊道　3—真空管路系统　4—CO_2 气罐
5—真空室　6—真空泵

2. 酯硬化水玻璃砂造型生产线

酯硬化水玻璃砂属自硬砂，其造型生产线和树脂自硬砂造型生产线非常相似，基本上也是由混砂机、震实台、辊道输送机等组成，必要时配备翻箱机、起模机及合箱机，形成机械化或自动化造型生产线。

图 3-19 所示为一酯硬化水玻璃砂造型生产线，由连续式混砂机、震实台、翻转起模机、机动及非机动辊道等组成。造型的准备在造型工位前 2~3 个工位进行，完成砂箱、浇冒口、冷铁等的放置。将准备好的砂箱推到震实台上填砂和紧实，震实台到翻转起模机之间为硬化工位，硬化时间为 20~30min。硬化后的铸型进入翻转起模机，起模后的铸型进入上涂料、下芯及合型工段，最终送到浇注工部进行浇注、冷却、落砂等工艺操作，模板则由辊道送回到造型准备工段，进入下一造型循环。图 3-20 所示为另一条酯硬化水玻璃砂造型生产线，

和图 3-19 所示造型线相比,增加了上涂料设备和表干炉,其下芯、合型、浇注等工艺操作仍需由人工操作车间的起重运输设备完成。上述两条造型线仅形成了一个封闭的造型圈,一部分工艺操作需由人工配合车间的起重运输设备完成,均属半机械化造型生产线。

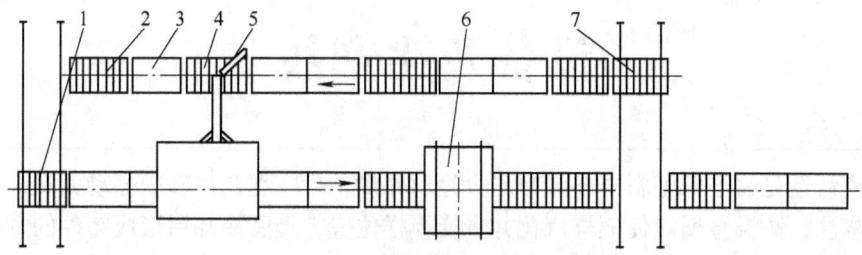

图 3-19　酯硬化水玻璃砂造型生产线（一）

1、7—过渡小车　2—机动辊道　3—非机动辊道　4—震实台
5—连续式混砂机　6—翻转起模机

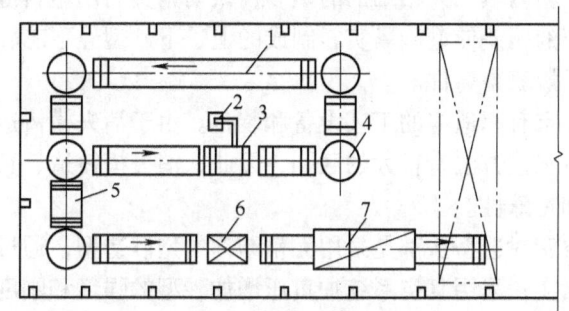

图 3-20　酯硬化水玻璃砂造型生产线（二）

1—辊道　2—连续式混砂机　3—震实台　4—转台　5—翻转起模机
6—上涂料机　7—表干炉

复习思考题

1. 说明自硬树脂砂生产线的组成。
2. 在自硬树脂砂造型线上混砂机应如何选择?
3. 说明树脂砂造型和粘土砂造型的异同点。

第 4 章 消失模与真空密封造型设备及生产线

消失模铸造是将泡沫塑料模样涂敷耐火涂料并烘干后，埋在型砂中振动紧实，在真空负压条件下浇注，高温金属液使模样汽化并置换模样位置，凝固冷却后形成铸件的方法。消失模铸造具有生产率高、劳动强度低、铸件尺寸精度高、容易实现清洁生产等特点，被国内外铸造界誉为"21世纪的铸造技术"和"铸造工业的绿色革命"。

真空密封造型又称 V 法造型、真空薄膜造型。真空密封造型法是在可抽真空的模样表面覆盖塑料薄膜，在砂箱内填入无粘结剂的型砂，振动紧实后用塑料薄膜将砂箱背面密封后抽真空，借助铸型内外的压差使型砂紧实，制成的上、下砂型经下芯、合型、浇注，铸件凝固后解除负压，型砂溃散获得铸件。

不同的工艺方法要求有相适应的工艺设备和装备。由于消失模铸造工艺、真空密封造型工艺与传统的砂型铸造工艺方法有很大的区别，因此，消失模铸造、真空密封造型工艺所用的设备必然有其特点和特殊性。

消失模铸造和真空密封造型法都是采用无粘结剂的型砂造型；通过振动使型砂充填到模样的各个部位并得到紧实；采用真空系统抽负压增加砂型的强度和刚度；使用塑料薄膜密封砂箱，依靠砂箱内外压力差增加紧实度。真空密封造型法与消失模铸造过程部分设备的结构、原理是相同的，如真空系统、振动紧实台、型砂除尘和筛分、冷却设备等。

4.1 消失模铸造设备

消失模铸造技术包括珠粒选择、模样制造、模具加工、涂料制备、涂敷及干燥，模样组型及浇注系统的设计，型砂选择、填砂造型、振动紧实、浇注、负压控制等；也包括了为满足工艺技术要求的各种装备，如振动紧实台、砂箱、干燥室、模样组型粘接机、涂料涂敷机、真空负压设备等。

传统砂型铸造工艺与消失模铸造工艺的对比如图 4-1 所示。由图 4-1 可见，消失模铸造工序大为简化，不需要分型，不需要取模，不需要下芯合型，不需要混制型砂和芯砂。消失模铸造工艺过程包括珠粒预发泡、泡沫模样制作、浇冒口组合、涂敷涂料、烘干、填砂振动紧实造型、真空负压浇注、铸件落砂、清理等工序。

通常把消失模铸造工艺过程分为"白区"和"黑区"两部分。"白区"指白色泡沫塑料模样的制作过程，包括珠粒预发泡、成形、烘干、浇注系统粘接、涂料制备、涂料涂敷以及烘干等工序。"黑区"指将模样放入砂箱、填砂振动紧实、金属熔炼、负压浇注、铸件落砂、清理、热处理等工序。消失模铸造与传统砂型铸造工艺有很大区别，因此，消失模铸造设备必然有其特殊性。消失模铸造设备主要包括：

（1）制模设备 包括预发泡机、成型机或蒸缸、模样粘接机、蒸汽锅炉等。

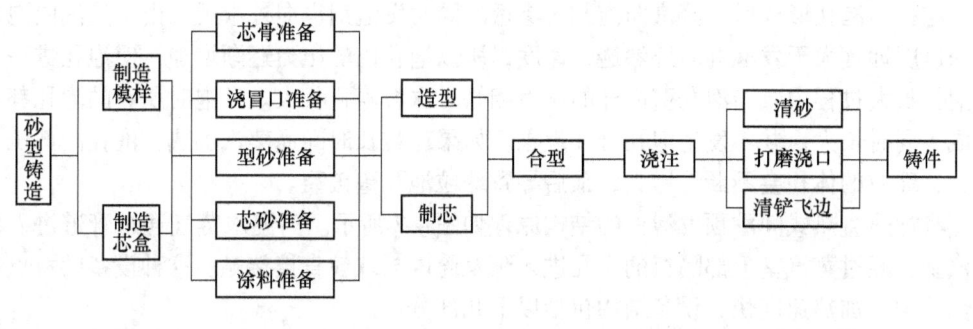

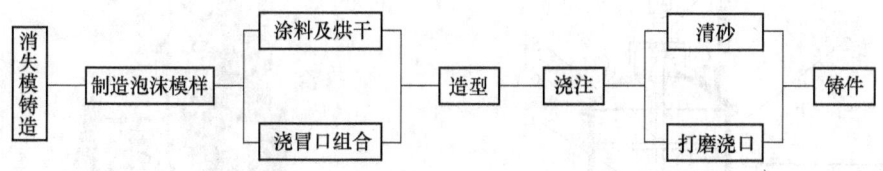

图 4-1 传统砂型铸造工艺与消失模铸造工艺对比

(2) 涂层设备 包括涂料制备设备、涂料搅拌箱、涂敷设备、涂层干燥设备等。

(3) 造型设备 包括加砂装置、振动紧实台、可抽真空砂箱、砂箱输送设备等。

(4) 落砂设备 包括翻箱机或装置、落砂设备、砂箱底漏砂机构等。

(5) 砂处理设备 包括型砂筛分设备，型砂冷却设备，磁选设备，型砂水平输送、垂直输送设备等。

(6) 浇注设备 包括除通用的浇注设备外，需要真空泵及其辅助装置、真空通断装置等。

(7) 环保设备 包括消失模汽化产物净化设备、通用除尘设备等。

(8) 熔化设备 包括感应电炉、电弧炉等通用设备。

(9) 清理设备 包括去除浇冒口机械、抛丸清理机等通用设备。

4.1.1 预发泡机

预发泡机的作用是将含有一定量发泡剂的原始泡沫塑料珠粒加热，使珠粒软化、膨胀成一定直径或达到一定堆积密度，并残留一定量发泡剂的单颗分散的珠粒。

预发泡机分为连续式预发泡机和间歇式预发泡机。连续式预发泡机多用于泡沫塑料板材的生产。消失模铸造一般采用间歇式预发泡机，它可以通过调整设备的加热温度、加热时间等参数准确控制珠粒预发泡后的密度。预发泡机根据加热方式不同分为蒸汽直热式和间接加热式。

1. 直热式预发泡机

消失模铸造生产常用的泡沫塑料珠粒主要有可发性聚苯乙烯（EPS）、可发性聚甲基丙烯酸甲酯（EPMMA）、可发性聚甲基丙烯酸甲酯-苯乙烯共聚物（STMMA）珠粒等。

珠粒预发泡的机理是当高温水蒸气加热泡沫塑料珠粒时，含有发泡剂的珠粒被加热到软化温度之前，发泡剂受热汽化向外扩散，珠粒本身的体积并不长大；当温度上升到软化温度以上时，珠粒内部的发泡剂受热汽化产生的压力使珠粒发生体积膨胀，形成内部互不连通的蜂窝状泡孔。泡孔形成后，蒸汽向泡孔内渗透的同时发泡剂也向外渗透，由于蒸汽向泡孔中渗透的速度远远大于发泡剂向外渗透的速度，所以泡孔内的压力逐渐增加，使泡孔进一步长大。泡孔长大过程中，当泡孔壁内外的压力相等时珠粒停止长大。发泡时所有的泡孔都是同时形成、同时长大，并不发生泡孔合并现象。如果珠粒长时间通蒸汽加热，泡孔内部压力不断增大，珠粒的体积会不断地增大，最后导致珠粒泡孔壁破裂。

蒸汽加热直热式间歇预发泡机的结构原理如图4-2所示。高温水蒸气通过管道进入底部的蒸汽室，经过蒸汽室上部隔板的小孔进入预发筒内与珠粒直接接触。这种设备的特点是珠粒受热均匀、加热速度快，设备结构包括以下几部分：

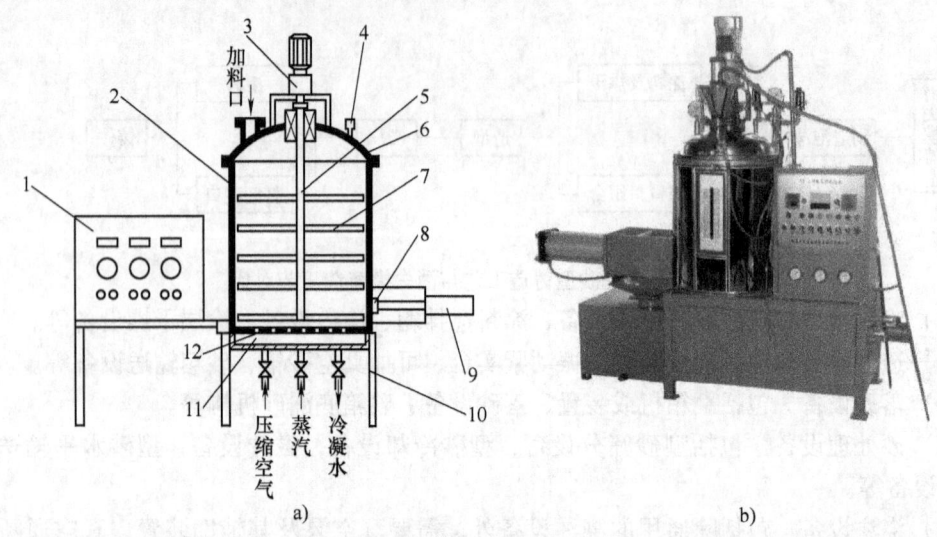

图4-2 直热式间歇预发泡机结构原理
a) 结构 b) 实物照片
1—电器控制箱 2—预发筒 3—搅拌器传动系统 4—安全阀 5—搅拌器主轴 6—上盖
7—搅拌杆 8—出料口 9—出料口气缸 10—机架 11—蒸汽室 12—隔板

（1）预发筒　采用不锈钢板焊接制成，其底部的隔板12有许多小孔，蒸汽室11中的高温蒸汽通过小孔进入到预发筒2。预发筒可以采用单层或双层结构。通过控制加热时间可以调整珠粒预发后的堆积密度。

（2）搅拌系统　包括电动机、减速传动系统、搅拌器。通过搅拌杆7的快速搅动可以使珠粒受热均匀，防止珠粒粘接成块状。采用调速电动机时，可以调整搅拌器的转动速度。

（3）加料及出料机构　加料方式可以采用人工加料或自动定量加料。出料机构由气动阀控制出料口气缸9动作，气缸打开出料口8时，在搅拌器的作用下珠粒从出料口排出进入流化床。

（4）控制及显示系统　由时间继电器或可编程序控制器控制设备的每个动作，并显示加热介质的温度、压力、预发筒内料位等。

（5）机架　采用钢材焊接制成，支撑预发泡机各个部件。

间歇式蒸汽预发泡机工作过程为预热、加料、预发泡和出料。

（1）预热　打开蒸汽管道的阀门，高温水蒸气进入蒸汽室11，通过隔板12的小孔进入预发筒2，冷凝水从蒸汽室底部管道排出。预热的目的是使预发筒温度升高，减少预发筒中的冷凝水，有利于珠粒在发泡过程中分散、运动，防止冷凝水造成珠粒预发倍率不均匀。

（2）加料　当预热温度达到工艺规定的要求后，将一定量的珠粒从上部加料口加入预发筒2中。

（3）预发泡　珠粒加入预发筒2后，通入高温蒸汽进行预发。在预发过程中，搅拌器7旋转使珠粒在预发筒中处于沸腾状态。珠粒受热体积膨胀，料位不断上升，当料位达到一定高度后，停止蒸汽加热，预发结束。

（4）出料　当预发筒中料位达到设定高度时，出料口气缸9动作，打开出料口8，珠粒在搅拌器7和压缩空气的双重作用下排出。清理残留在出料口的珠粒后，进行下个循环。

2. 真空预发泡机

间接加热真空预发泡机结构原理如图4-3所示。这种预发泡机的优点是珠粒预发泡质量较高，由于加热介质不与珠粒直接接触，预发后的珠粒水含量低，发泡剂损失小，可以缩短模样生产总体时间，适用于细小的EPS珠粒的预发泡；缺点是间接加热，加热介质通过筒壁将热量传给珠粒，珠粒不能同时受热，很难控制预发泡后珠粒颗粒的均匀度。

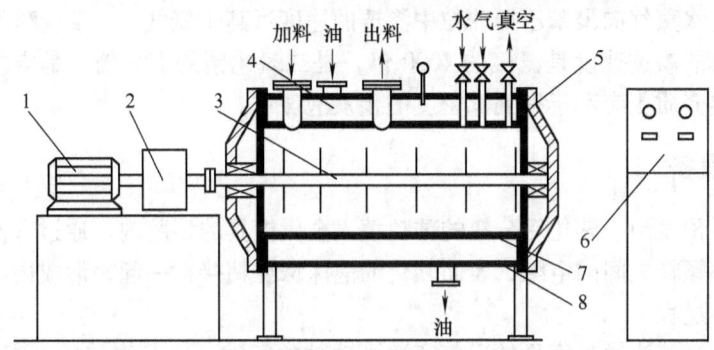

图4-3　间接加热真空预发泡机结构原理
1—电动机　2—减速器　3—搅拌器　4—加热介质　5—端盖
6—控制柜　7—内筒　8—外筒

真空预发泡机结构及原理：预发筒采用不锈钢板焊接成双层结构，内筒7与外筒8之间为夹层。加热介质可以采用蒸汽、导热油或电加热元件。预发时珠粒从加料口进入真空预发泡机内筒，加热介质从进油口进入预发筒双层筒体的夹层，预发筒内壁7将热量传递给珠粒。当珠粒被加热到软化温度后，珠粒中的发泡剂受热汽化产生压力，在珠粒内形成许多微小泡孔。加热的同时预发泡机内筒7抽真空，这样可以加大泡孔壁内外压力差，加速珠粒的膨胀。搅拌系统由电动机1、减速器2及搅拌器3组成，通过搅拌器可以使珠粒在桶内不断运动，均匀受热，防止珠粒粘接成块状。珠粒预发达到要求后，除去真空，预发泡后的珠粒从出料口卸出。

由于真空预发泡机的加热介质不直接与珠粒接触，珠粒发泡是在真空和加热双重作用下产生的，因此，加热温度和时间、负压度和抽真空时间是影响珠粒预发泡质量的关键因素。预发泡过程中真空度不能太高、时间不能太长，否则发泡剂损失过多，会对模样成形时珠粒二次发泡产生不良影响。此外，真空预发泡对搅拌的要求很高，因为内筒壁温度远高于珠粒的软化温度，如果珠粒在预发泡机筒内搅拌不充分，接触筒壁时间过长的珠粒容易软化粘接成块状，严重影响预发泡质量和设备的正常工作。

3. 珠粒预发影响因素

影响珠粒预发泡质量的因素很多，除珠粒的相对分子质量、苯乙烯单体含量之外，还与发泡剂的含量、发泡剂的种类以及预发泡时间、预发泡温度及加热介质等有关。

（1）预发泡时间　其他条件相同时，随着预发泡时间的延长，蜂窝状泡孔体积增大，珠粒预发后密度降低，二次发泡制成的模样强度降低。达到密度最低点后，继续延长时间反而会使珠粒密度增加。因为预发时间过长会造成发泡剂大量向外扩散，使泡孔内外压力失去平衡，导致预发珠粒体积收缩，从而密度增加。预发泡时间越长，发泡剂损失越多。

（2）预发泡温度　温度低于珠粒软化温度时，发泡剂向外扩散，而珠粒并不膨胀；当温度高于软化温度后，珠粒体积膨胀，而且加热温度越高，膨胀速度越快，达到最低密度的时间变短。预发泡温度提高，可以缩短预发泡时间。但是，为了能准确地控制预发泡珠粒的密度，预发泡的温度不宜过高。

（3）加热介质　预发泡时加热介质起着重要的作用，加热介质的作用和它向泡孔内渗透的速度有关。不同介质向珠粒泡孔内渗透的速度不同，渗透速度快的介质可以得到密度低的预发泡珠粒。水蒸气向聚苯乙烯珠粒中渗透的速度远高于氮气、二氧化碳及空气，水蒸气对聚苯乙烯薄膜的渗透速度是氮气的 4000 倍，是二氧化碳的 136 倍，是空气的 120 倍。用水蒸气作为加热介质更有利于得到低密度的预发泡珠粒。

4.1.2　成形设备

成形是指将预发泡、熟化后分散的珠粒填入金属模具的型腔内，通过蒸汽加热使珠粒进一步膨胀，填充颗粒之间的空隙，表面软化的泡沫珠粒粘接在一起，形成内部致密的泡沫塑料板材或模样的过程。

加热成形时，蒸汽通过模具的透气塞进入珠粒的间隙，热蒸汽使珠粒温度升高并软化，珠粒内部剩余发泡剂遇热膨胀而压力增大，使珠粒体积发生二次膨胀并在界面融合形成一个整体。在这个过程中，通入的蒸汽也会向珠粒内部渗透，加速二次发泡膨胀的过程。

泡沫模样制造是消失模生产的重要工序，它不仅决定着铸件的表面质量，而且泡沫模样还直接与金属液接触并参与传热、传质、动量传输等过程，对铸件的内在质量有着重要的影响。从铸件质量出发，希望模样形状尺寸准确而稳定，表面光洁，并具有一定的强度和刚度，同时要求模样密度低。模样密度一般控制在 $0.016 \sim 0.025 \mathrm{g/cm^3}$，这样，在浇注过程中模样产生的气相、液相及固相产物较少，有利于铸件成形并减少缺陷。

发泡成形设备分为两大类：一类是将发泡模具安装在机器上成形，称为成型机；另一类是将手工安装、拆卸的模具放入蒸汽室成形，称为蒸缸。对于大批量、大中型泡沫模样，多采用成型机成形；对于中小批量、小型模样常采用蒸缸成形。

1. 成型机的分类

成型机按自动化程度分为普通成型机、半自动成型机及自动成型机三种。普通成型机采用手动阀门控制蒸汽、冷却水；人工控制模具的闭合或打开；手工加料，生产率较低。半自动成型机部分操作实现了程序控制。自动成型机全部的动作均采用计算机控制，具备自动定量高压充填料机构、压缩空气控制系统、蒸汽控制系统以及真空系统，生产率较高。

按分模特点成型机分为立式成型机和卧式成型机。立式成型机采用水平分模方式，移动模具沿垂直方向上下移动。设备结构简单，便于模具安装，便于抽芯机构工作，泡沫模样出模时不易破损。但模具的汽室排水不畅，上、下模具内温度不均匀，影响成形效果。卧式成型机采用垂直分模，模具沿水平方向移动。这种成型机模具中的水和气体排放容易，有利于泡沫模样的脱水和干燥，模具温度均匀，成型效果好。但装卸模具较困难，设备结构较复杂，价格较高。

按合模传动方式成型机分为机械式成型机和液压式成型机。机械式成型机采用电动机、减速器、丝杠传动系统使成型机上的移动模具打开或闭合，一般只用于立式成型机。设备结构简单，操作方便，价格便宜。机械式成型机存在以下问题：

(1) 合模精度较差　成型机合模后，由于蒸汽压力的作用及丝杠传动系统的配合间隙造成模具向上移动，影响模样尺寸精度。

(2) 移动模具的运动精度差　成型机采用丝杠传动时，运动速度不可调，由于模具运动时惯性的作用，使上、下模具的间隙控制比较困难。

液压式成型机通过液压缸传动系统带动模具移动，可用于立式成型机，也可用于卧式成型机。但需要增加液压系统，设备成本较高。我国消失模铸造大部分采用简易形式的丝杠立式成型机和液压立式成型机。

2. 成型机的结构及原理

典型的成型机结构原理如图4-4所示。成型机由传动系统、固定工作台、固定模具、移动模具、移动工作台、导杆和料斗、珠粒填充装置等组成。依靠液压缸或电动机、减速器、丝杠传动系统带动移动工作台上的模具往复运动。

成型机的作用是通过传动系统使模具合模并锁紧；向模具型腔内充填珠粒后通入蒸汽并保持一定压力；经过一定时间，热蒸汽透过模具上的气塞进入模具，使模具型腔内珠粒软化，珠粒二次膨胀融合在一起；关闭蒸汽，通入冷却水使模具冷却，泡沫模样定形；开模得到需要的模样。成型机的工作过程如下：

(1) 模具预热锁紧　工作时先向模具7内通蒸汽预热，使模具干燥并达到一定温度。在液压缸或电动机、减速器、丝杠6传动系统的驱动下，移动工作台3

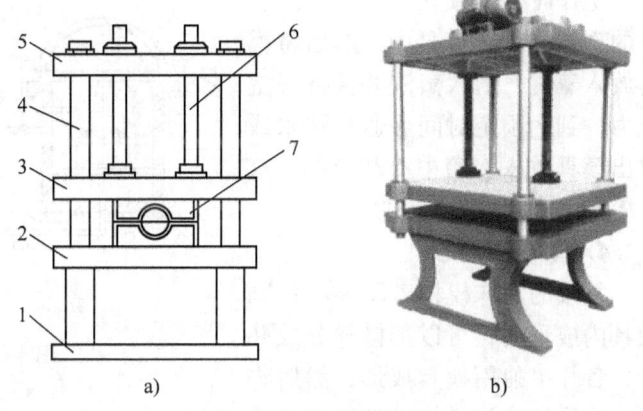

图4-4　成型机结构原理图
a) 结构　b) 实物照片
1—底座　2—固定工作台　3—移动工作台　4—导杆
5—上连接板　6—丝杠　7—模具

带动模具7的上模具移动，与安装在底座1上的模具固定部分闭合，并依靠液压缸或丝杠传动系统使模具锁紧。

(2) 填料　利用压缩空气将珠粒充填到模具7中。加料器的结构如图4-5所示。具有一定压力的空气通过喷嘴3高速喷出，在珠粒吸料连接管2内产生的负压使珠粒被吸入，并与压缩空气混合后通过模具连接管1进入模具型腔。当珠粒填满模具型腔后，模具连接管1被珠粒填满，气流受阻后从珠粒吸料连接管2排出，同时把加料器中多余的泡沫珠粒吹回到料仓。

(3) 加热成形 发泡模具 7 内充填珠粒后通入蒸汽。蒸汽通过模具上的气塞孔进入珠粒的间隙，珠粒受热后表面软化并发生体积膨胀，消除了珠粒间的空隙，并使珠粒表面相互融合在一起形成平滑表面。蒸汽压力和通气时间将影响模样的质量，只有两个参数合适时才能得到合格模样，否则会造成过烧或珠粒融合不良。

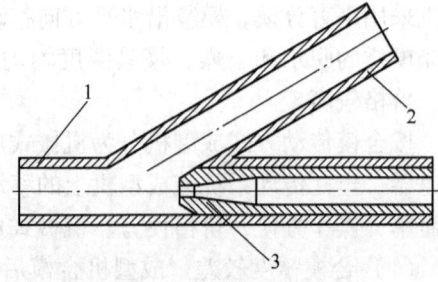

图 4-5 加料器结构示意图
1—模具连接管 2—珠粒吸料连接管 3—喷嘴

(4) 冷却 停止蒸汽供给后，通水冷却使模样温度降至珠粒软化温度以下，抑制模样珠粒继续长大，防止模样发生变形。

(5) 出模 移动工作台 3 向上移动，打开模具取出泡沫模样。常用的出模方法有：压缩空气吹出模样；真空负压吸出模样；机械顶出模样或上述方法联合使用。

3. 蒸缸

手动蒸缸结构简单，投资少，由人工控制成形过程，模具不需要汽室，使模具的设计、加工大大简化，费用降低。但蒸缸生产率较低，只适用于小型泡沫模样生产和样品试制。一般蒸缸的发泡成形时间比成型机制作模样的时间长，劳动强度较大。蒸缸的结构原理如图 4-6 所示。由缸体、蒸缸门、进汽阀、排空阀、压力表等组成。

工作时手工锁紧模具，将预发好的珠粒充填到模具中，然后将模具放入蒸缸，通入蒸汽并保持一定压力，到达预定时间后通冷却水或取出模具放入水箱中冷却定形，打开模具，手工取出泡沫模样。

4. 模样粘接机

复杂的泡沫模样若不能在一副模具内成形时，可以把模样分成几片，各片单独用模具成形，然后将分片成形的泡沫模样粘接组合成整体模样。

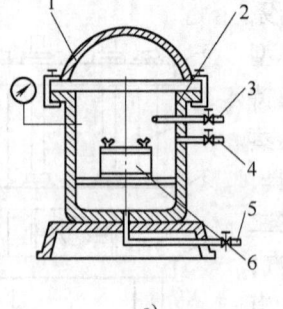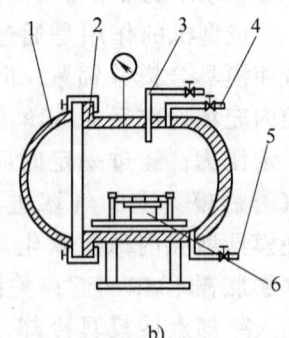

a)   b)

图 4-6 蒸缸结构原理示意图
a) 立式蒸缸 b) 卧式蒸缸
1—蒸缸门 2—蒸缸缸体 3—进水阀 4—进气阀 5—排空阀 6—模具

模样的粘接组合，在生产量不大、模片刚度较好、不易产生变形的情况下可以手工粘接。对于刚度不好而且容易变形的模样，可以采用胎模手工粘接。对于大批量生产、模样容易变形的情况，需要选择专用的粘接设备。模样粘接机应满足以下要求：

1) 粘接机模（胎）具的型腔几何尺寸应与发泡成形模具尺寸一致，保证嵌入的泡沫模样不受损伤、变形。

2) 粘接面涂胶均匀，粘合紧密，无间隙，而且用胶量应尽量少，要求有良好的涂胶机构。

3) 有较高的动作速度，在保证粘接面质量的前提下提高生产率。

粘接机的工作步骤及结构组成如下：

1)上、下粘接模具。将需要粘接的两个泡沫模样分别放入上、下模具中。粘接模具与发泡成形模具的凹模相仿,模样放入粘接模具后大部分表面和关键部位接触即可,粘接面要高于粘接模具分型面。模具材料一般采用铸铝,也可采用硬质木材、塑料等材料。

2)模具移动机构。模具沿导轨移动到胶池上。

3)涂胶装置。涂胶板移动,将热熔胶刷到模样的粘合面上,涂胶板回落到热熔胶池中,同时上模具移动回到原来的位置。涂胶装置包括热熔胶池、涂胶板。

4)模具移动压紧机构。上、下模具沿导轨移动合模,完成粘接,在压紧机构的作用下保持一定时间。热熔胶凝固后上、下模具打开,取出粘接好的模样。

4.1.3 涂料制备设备

消失模铸造涂料的作用是在浇注时将金属液与型砂隔开,阻止金属液渗入型砂,防止铸件出现粘砂、夹砂等缺陷;涂料的透气性能使金属液流动前沿气隙中模样热解产物的气体能顺利地排到铸型中去;涂料能提高泡沫模样的强度和刚度,防止模样在运输、填砂振动时产生变形和破损;涂料可以降低铸件表面粗糙度值。

1. 球磨滚筒

涂料球磨滚筒结构原理如图 4-7 所示。由筒体、支架、减速器、电动机等几个部分组成。

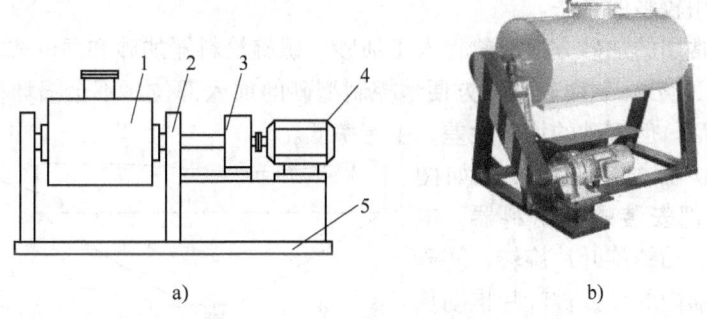

图 4-7 涂料球磨滚筒结构原理示意图
a) 结构 b) 实物照片
1—筒体 2—支架 3—减速器 4—电动机 5—底座

(1)筒体 涂料球磨滚筒的筒体 1 采用钢板焊接制成,筒体上有加料口。将一定比例的原材料与水混合,从加料口加到筒体 1 内密封。滚筒内通过磨球对涂料的原材料进行一定时间的研磨,可以得到膏状或液态涂料。混制涂料时干粉体积不能超过滚筒体积的 1/3,磨球的装入量占滚筒体积的 1/5 左右。

(2)传动系统 由电动机、减速器组成。滚筒应有一定转速,使磨球运动至滚筒的某一高度时落下砸捣涂料。滚筒转速 40~60r/min。

(3)底座、支架 底座、支架用于支撑电动机、减速器。筒体两端的支架内装有轴承,保证筒体能够灵活转动。

2. 涂料箱

涂料箱的作用是使涂料稀释并搅拌均匀、无气泡,以得到良好的涂敷效果。可以采用浸涂、喷涂、刷涂的方法使涂料涂敷在模样表面。

涂料箱的结构如图 4-8 所示。涂料箱 1 的上部安装有导轨 2，电动机 7 通过减速器 6 带动搅拌器 4 为涂料提供搅拌动力，搅拌器装在移动小车 5 上，移动小车可以沿导轨 2 运动，以提高涂料搅拌的均匀度。

4.1.4 造型设备

消失模铸造的造型过程是加底砂，放置模样簇，加入型砂并振动使砂粒填充到模样的各个部位，覆盖塑料薄膜，顶部加覆盖砂等。振动造型过程需要的设备和装置包括加砂装置、振动紧实台、真空泵、可抽真空砂箱及其输送设备等。

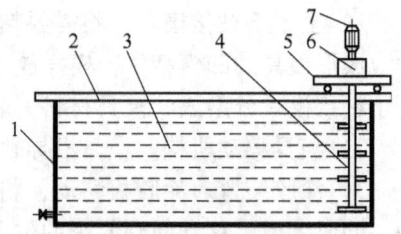

图 4-8　涂料箱结构示意图
1—涂料箱　2—导轨　3—涂料　4—搅拌器
5—移动小车　6—减速器　7—电动机

1. 加砂装置

消失模铸造加砂装置有三个功能：①储存合格的型砂；②将型砂均匀加入砂箱中；③可以在储砂斗中放置热交换器使型砂冷却。加砂过程有以下两种操作方式：

1）填砂过程中砂箱不振动，加砂完成后再振动。这种加砂方式在振动时模样顶部的型砂下降距离长，会造成复杂模样出现变形。优点是操作简单，对刚度较好的模样可满足要求。

2）在填砂过程中同时振动，使型砂均匀充填到模样的各个部位，可显著减少模样变形，是生产上采用较多的方法。

消失模铸造常用的加砂方法有软管人工加砂、螺旋给料器加砂和雨淋式加砂等。

1）软管人工加砂。利用软管可方便地控制型砂的加入部位，不会损坏模样和涂层，结构简单，操作灵活。但型砂的均匀性差，生产率低。

2）螺旋给料器加砂。其装置如图 4-9 所示。砂斗下部安装螺旋给料器，电动机通过减速器驱动螺旋叶片旋转，从砂斗进入螺旋给料器内的型砂被叶片推动从出砂口加入砂箱。该加砂方式的砂箱无需放置在砂斗下方，可以增大砂斗储砂量。螺旋给料器可绕垂直轴旋转，既适用于自由工位造型，又可在生产线上使用。但加砂均匀性较差，效率较低。

3）雨淋式加砂。其装置如图 4-10 所示。该机构由多孔的静板和动板组成，通过调整动板和静板漏砂孔的相对位置，可以改变漏砂孔的面积大小，进而改变加砂速度。此种方法加砂均匀，效率高，对模样的冲击力小，加砂效果好。但结构较复杂，适合在生产线上使用。

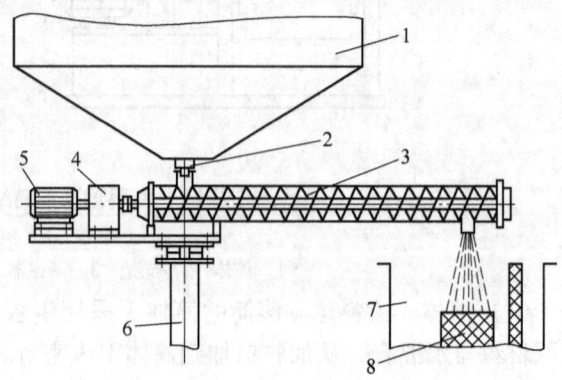

图 4-9　螺旋给料器加砂装置示意图
1—砂斗　2—闸门　3—螺旋给料器　4—减速器
5—电动机　6—立柱　7—砂箱　8—泡沫模样

2. 振动紧实台

振动紧实台的作用是通过振动使型砂产生运动，填入模样簇的各个部位，使型砂达到一定的紧实度而模样不发生变形。

型砂在振动状态下的充填、紧实过程是一个复杂的散粒体动力学过程。型砂在振动过程中需要克服砂粒之间的内摩擦力、砂粒与泡沫模样的摩擦力、砂粒与砂箱壁的摩擦力、砂粒本身的重力等,才能充满模样的各个部位并得到紧实。因此,型砂的充填、紧实不仅

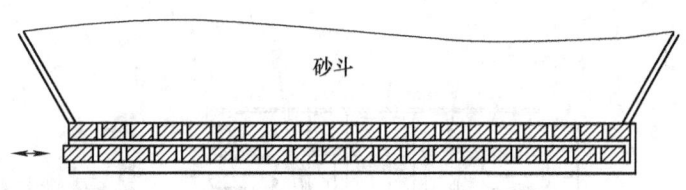

图 4-10　雨淋式加砂装置简图

与砂粒受到的激振力有关,还与型砂本身的特性、砂箱形状和大小有关。振动使型砂产生垂直与水平方向的移动,促使型砂充满消失模模样的各个部位,特别是型砂的横向移动,能使消失模模样的水平孔洞及平面的下部充满型砂。

振动紧实台通常采用振动电动机作为激振源,根据振动电动机的数量及安装方式,振动紧实台可分为一维振动紧实台、二维振动紧实台、三维振动紧实台、多维振动紧实台。每一个方向的振动由两台电动机形成。例如,形成水平 x 方向的振动如图 4-11 所示。两台振动电动机对称设置,作相对旋转时可以产生定向激振力。

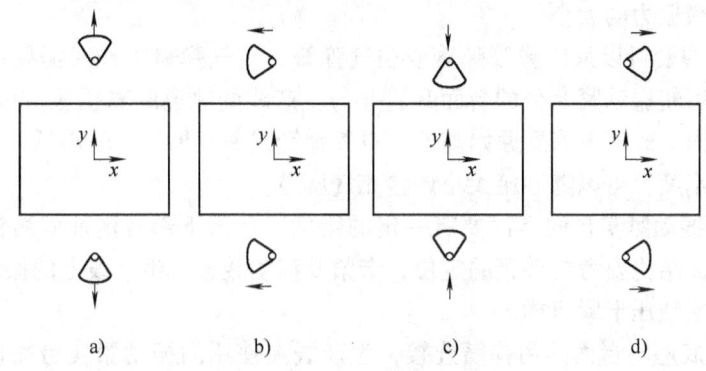

图 4-11　形成水平 x 方向的振动

当振动电动机的偏心块处于图 4-11a、c 所示位置时,两个偏心块产生的激振力大小相等、方向相反而抵消;两台振动电动机的偏心块处于图 4-11b、d 所示的位置时,才能产生左右方向的激振力,使振动紧实台沿 x 轴方向往复振动。同理,设置在 y 轴方向的一组振动电动机产生激振力时,可使振动紧实台作 y 轴方向的往复振动。安装在振动紧实台下面的振动电动机组可产生上下激振力,使振动紧实台作 z 轴方向的上下振动。因此,通过安装在振动紧实台上的振动电动机组的不同组合,可以实现振动紧实台的不同振动模式。

消失模工艺对振动紧实台设备有如下要求:

1) 在振动充填、紧实型砂的同时不能损坏泡沫模样。通常采用高频、低振幅振动,振动频率为 30~80Hz,并且能够根据不同零件及造型过程的要求调整振动电动机频率。

2) 根据不同的零件,能够采用不同的振动模式。因此,振动紧实台应具备垂直方向和水平方向的振动。可以产生一个方向的振动,也可以同时实施三个方向的组合振动。

3) 振动紧实台必须有足够的弹性支撑能力。振动紧实台弹簧的支撑能力应该大于砂箱、型砂、台面的重量之和。

4) 振动紧实台激振器要有足够的激振力,使振动紧实台达到要求的振幅和加速度。

振动紧实台结构如图 4-12 所示,由台面、支架、弹簧、激振源、底座等组成。

(1) 激振器　是振动紧实台的核心部分,通过激振器实现高频、低振幅的振动。交流

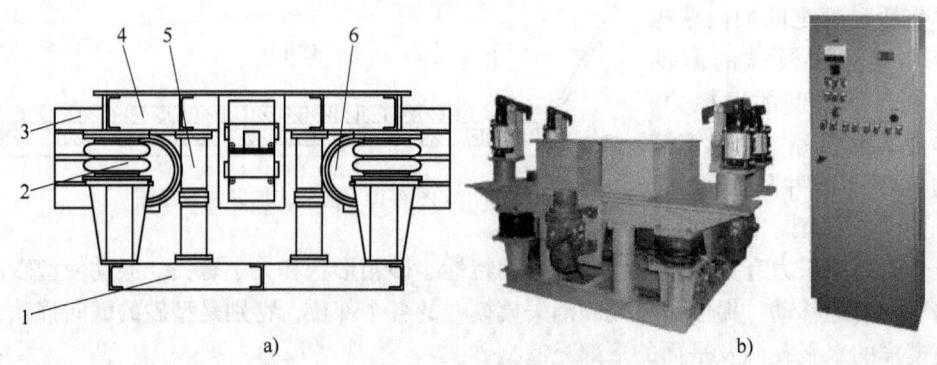

图 4-12 振动紧实台结构示意图
a) 结构 b) 实物照片
1—底座 2—空气弹簧 3—侧振动电动机 4—台面 5—支架 6—下振动电动机

振动电动机是应用较广泛的激振器，通过电动机轴上的偏心块实现振动，通过调整偏心块的角度，可以改变激振力的大小。

(2) 弹簧 弹簧可以采用橡胶弹簧或空气弹簧。空气弹簧工作时需要向弹簧内充气并维持一定压力，可使振动紧实台的台面升起并与生产线的轨道脱离接触。振动造型完成后，弹簧内的气体排出，砂箱下降到原始高度。空气弹簧减振效果好、噪声低，改变充气压力就可改变其弹性和刚度，可以随砂箱大小调整充气压力。

(3) 台面 振动紧实台的台面要有一定的刚度，台面下部及侧面安装激振电动机，上面放置砂箱。台面结构要考虑砂箱的定位，卡紧及移动装置。生产线上的振动紧实台，往往使用专用的气动或液压卡紧机构。

(4) 底座 底座与台面间由弹簧连接，生产线上使用的振动紧实台需设置导向定位机构，振动紧实台不工作时，支架可以使台面保持固定的高度。

(5) 控制系统 采用可编程序控制器 PLC，通过编程可以对激振器的振动模式、空气弹簧的充气以及砂箱的自动卡紧机构实施控制。采用变频调速器可实现振动电动机频率变化的控制。

型砂振动紧实的影响因素：

(1) 振动方向 振动方向对紧实效果有重要影响，垂直方向的振动是提高型砂紧实度的主要因素。在垂直振动的基础上，增加水平方向的振动，可以提高水平方向孔或凹槽的紧实度。单纯水平方向的振动，紧实效果较差。对大多数的铸件，采用一维上下振动就可以满足生产的需要。

(2) 振动加速度 振动紧实台激振力大小和振动台参加振动物体的总重量决定了振动加速度的大小。振动加速度是最重要的参数，振动加速度在 $1 \sim 2g$ 范围内效果最好。小于 $1g$ 时对提高紧实度效果不大；大于 $2.5g$ 时砂粒会发生跳动，容易损坏消失模模样，而且振动紧实效果不好。

(3) 振幅和频率 在激振力相同的条件下，振幅越小、振动频率越高，充填和紧实效果越好。生产实践表明，频率为 $50 \sim 60Hz$、振幅为 $0.5 \sim 1mm$ 比较合适。不能使砂箱与振动紧实台产生共振，以免使型砂紧实不均匀。振动电动机的控制可以采用变频器，通过调节振动电动机转数的方式调节激振力和振动频率。一个变频器可以带动一组振动电动机，也可以同时带动若干组振动电动机。

（4）振动时间　振动时间短，型砂不易充满模样的各个部位。对于有水平方向空腔的模样充填时，需要有一定的振动时间。振动初期随着时间的延长型砂紧实度快速增加，时间过长效果并不明显，反而容易破坏模样和涂料层，影响铸件质量。振动时间控制在 30~60s 即可满足要求。

4.1.5　其他消失模铸造设备

1. 砂箱

消失模铸造采用无粘结剂型砂作为造型材料，在负压下进行浇注，必须使用可抽真空的砂箱。砂箱要有足够的强度、刚度，在振动紧实、砂箱吊运时不得产生变形，要有翻箱的装置或落砂机构。生产线可以采用尺寸、结构一致的圆形或方形砂箱。采用生产线批量生产铸件时，横断面为圆形的砂箱最好，有利于砂粒在箱内的流动。消失模铸造用可抽真空砂箱典型结构如图 4-13 所示。砂箱采用 5~12mm 厚的钢板焊接制造，排气窗采用多孔板和丝网构成。丝网上的小孔可以透过气体，同时又能防止型砂进入真空系统。

（1）底抽式砂箱　真空室设在砂箱的底部，砂箱结构简单，制作容易，维修方便。缺点是砂箱内的负压度沿砂箱高度方向存在明显的梯度，砂箱底部的负压度高，顶部的负压度低。

（2）双层砂箱　砂箱的四周和底部均采用双层结构，砂箱的刚度好，排气通畅、均匀。缺点是砂箱的制造费用高，丝网容易损坏。

（3）底漏式砂箱　砂箱的尺寸较大时，可采用底漏式砂箱。砂箱的底部设置漏砂孔，砂箱内的砂粒从漏砂孔内流出，铸件从砂箱的上方取出，铸件落砂时砂箱不用翻转，可以省去砂箱的翻转设备。砂箱由于增加了漏砂孔及其密封装置，制作成本较高。

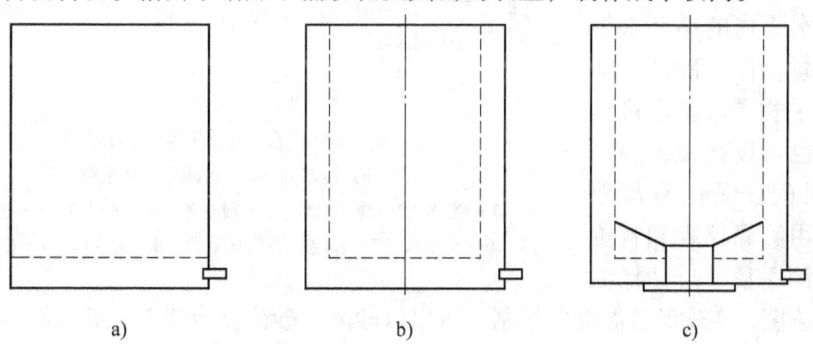

图 4-13　消失模铸造用可抽真空砂箱结构示意图
a）底抽式　b）双层式　c）底漏式

2. 蒸汽锅炉

蒸汽锅炉的作用是为预发泡机、成型机提供一定温度、压力的过饱和蒸汽，使珠粒受热后体积膨胀、表面软化并融合在一起。蒸汽锅炉包括以下几个部分：燃烧室、热交换器、水处理设备、引风机及管路阀门系统。在选用锅炉时应注意以下几个问题：

（1）锅炉的类型　珠粒预发、成形采用的锅炉必须是蒸汽锅炉，不能采用热水锅炉。燃煤锅炉运行费用较低，但污染较大，需要配备除尘设备；燃油锅炉污染小，起动快，对于批量生产、试生产很方便，但燃料费用较高。

(2) 蒸汽压力、生产能力　消失模铸造车间珠粒预发、成形用锅炉一般采用0.5~2t/h蒸汽锅炉，一般为高压锅炉，锅炉的蒸汽压力为0.6~0.8MPa。

(3) 辅助设备　锅炉需要配备有水软化处理设备、除尘、脱硫设备等。

(4) 设备安装　锅炉产生的蒸汽是无水干燥过饱和蒸汽，锅炉距离预发泡机、成型机等使用地点不宜过长，并需要设置水气分离缸，减少冷凝水的产生。

3. 型砂冷却设备

型砂冷却设备是消失模砂处理系统中的关键设备。在消失模铸造过程中，浇注后的型砂需要在有限的时间内从高温降低到温度不高于50℃的范围内，型砂温度高会导致泡沫塑料模样的形状、尺寸发生变化。降低浇注后型砂的温度，可以采用振动沸腾冷却装置、水冷沸腾冷却装置、冷却提升机、冷却滚筒等通用砂处理设备。

立式砂冷却器是消失模砂处理系统常用的冷却设备，其结构原理如图4-14所示。设备由箱体、冷却水管、加料口、出料口及水循环冷却系统组成，是利用高温型砂与冷却水管的热交换来调节旧砂的温度。为了提高热交换效率，在冷却水管上设有很多散热片。

工作原理：型砂从顶部进砂口5进入砂冷却器，在进风口4引入的压缩空气作用下，型砂呈扇面形状被吹送至箱体1的中部堆积，微小粉尘被除尘系统吸走。型砂在装有散热片的冷却水管2之间运动，自上而下缓慢下降到出砂口9。型砂在通过立式砂冷却器的过程中，冷却水管内的循环水带走型砂的热量，使型砂温度降至与水温几乎相同。型砂可以连续运动，也可以在设备内部停留一段时间，强化冷却效果。通过使用测温仪表和料位控制器等监测手段，自动操纵

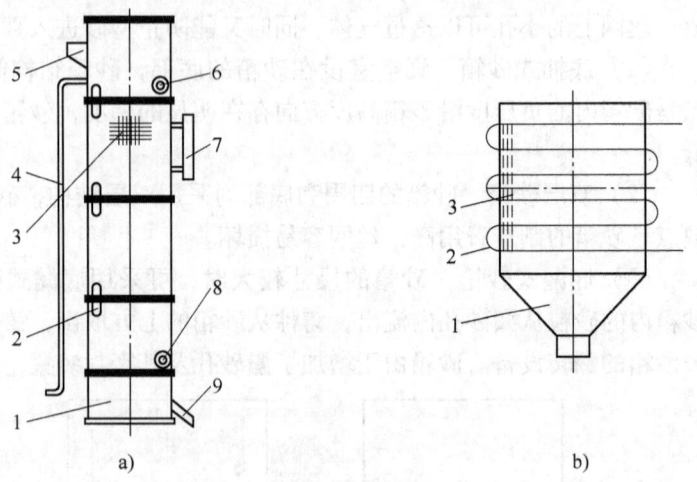

图4-14　立式砂冷却器结构原理
a) 冷却器　b) 水循环冷却系统
1—箱体　2—冷却水管　3—散热片　4—进风口　5—进砂口
6—出水口　7—砂温、砂位显示器　8—进水口　9—出砂口

加料和卸料速度，实现型砂温度的控制。可以以砂温、砂位显示器7的显示值为依据，调节型砂下降速度，温度过高时也可以停止出砂，延长时间强制降温。

当消失模铸造生产节奏较快时，可以设置二级热交换器用于型砂降温，确保型砂温度在要求的工艺参数范围之内。在砂处理系统中，立式砂冷却器可以作为二级冷却设备，控制型砂的最终温度不高于50℃。立式砂冷却器的特点是占地面积小，型砂磁选及筛分设备均可放置在砂冷却器上方，空间利用率高。

4. 翻箱机

消失模铸造生产线上使用的一种底托式翻箱机结构原理如图4-15所示。由翻转臂5、夹紧装置8、大液压缸3等组成。落砂时砂箱沿翻转臂上的输送辊道进入翻箱机，由夹紧装置将砂箱卡紧，小液压缸1动作把溜槽7放在砂箱6的上沿，翻转臂5、小液压缸1、溜槽7

在大液压缸 3 的驱动下转动 135°，把型砂和铸件倒入振动输送机或振动落砂机上。该形式的翻箱机可以将输送辊道与砂箱一同举升翻箱，适用于有辊道输送器的造型生产线。

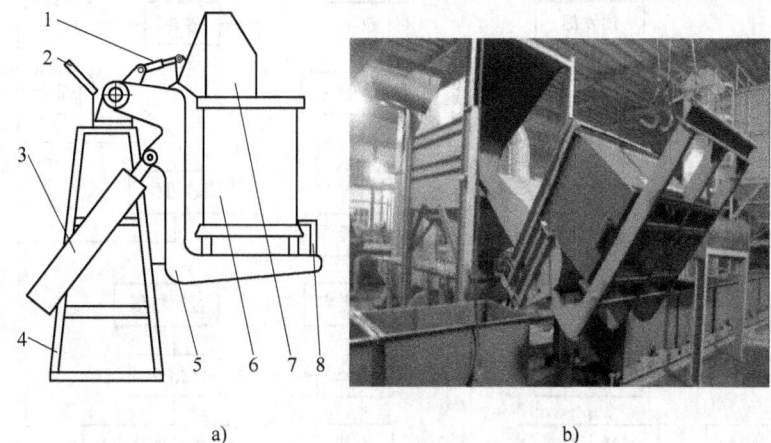

图 4-15　底托式翻箱机结构原理图
a) 原理图　b) 实物照片
1—小液压缸　2—挡板　3—大液压缸　4—机架　5—翻转臂
6—砂箱　7—溜槽　8—夹紧装置

4.2　消失模铸造生产线

消失模铸造车间包括制模工部、粘接工部、涂料工部、烘干工部、造型工部、熔化浇注工部、砂处理工部、清理工部等。根据铸造工艺流程中各工序的性质与特点，车间可以按照"白区"、"黑区"两个区域分别进行设计。消失模铸造工艺流程如图 4-16 所示。铸造生产线以"黑区"造型工部为核心，按照工艺流程的需要布置相应的设备。"白区"制作好的模样通过输送设备运到造型工部。砂处理系统设置在"黑区"生产线附近。除尘设备通常安装在厂房以外，需要在加砂造型、浇注、开箱落砂、筛分、磁选等各个扬尘点处设置除尘罩。

4.2.1　白区平面布置

"白区"模样制造工艺过程包括珠粒的预发泡、熟化、模样成形、模样时效、模样粘接、浇注系统组装、涂敷涂料、烘干等工序。根据上述工艺流程，模样制造生产区平面布置主要是将预发泡机、成型机、粘接设备、涂料制备设备、模样烘干设备等按各工序要求的顺序进行布置。蒸汽锅炉设置在与"白区"相邻的独立厂房内。消失模模样制造生产区平面布置如图 4-17 所示，模样制作过程及相应的设备为：

(1) 预发　采用间歇蒸汽预发泡机一台，预发泡后珠粒在熟化仓经过 12h 熟化后，送至成型机使用。

(2) 成形　成型机共有 8 台，制作好的模样放入模样烘干室 5 中进行加热时效，在 60℃下放置 8～12h，使模样尺寸稳定。

(3) 粘接组装　在工作台 6 的粘接区域进行人工模样和浇注系统的粘接，采用热熔胶

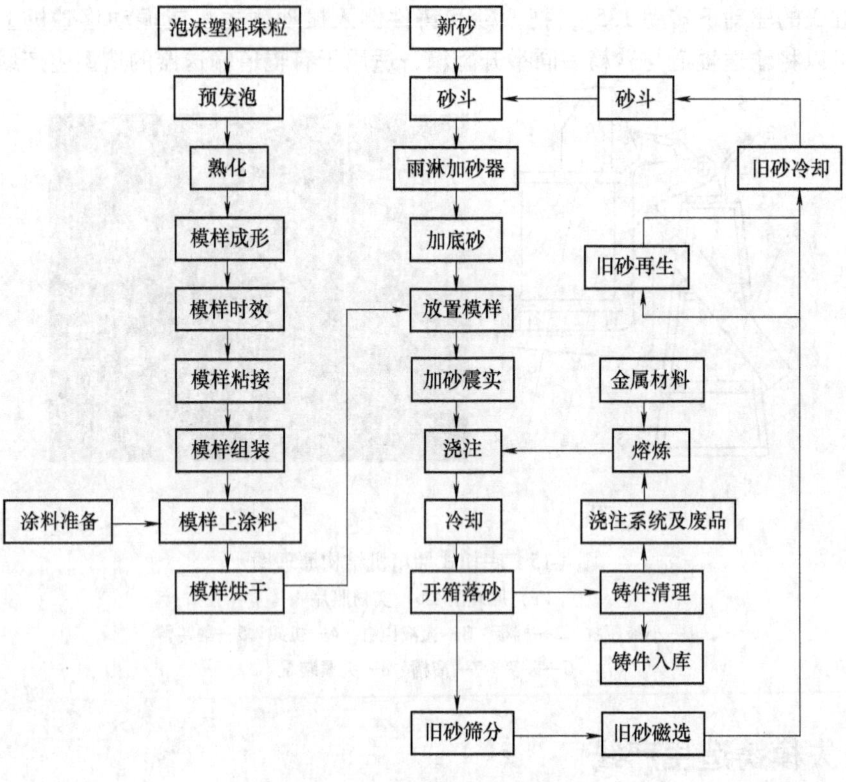

图 4-16 消失模铸造工艺流程图

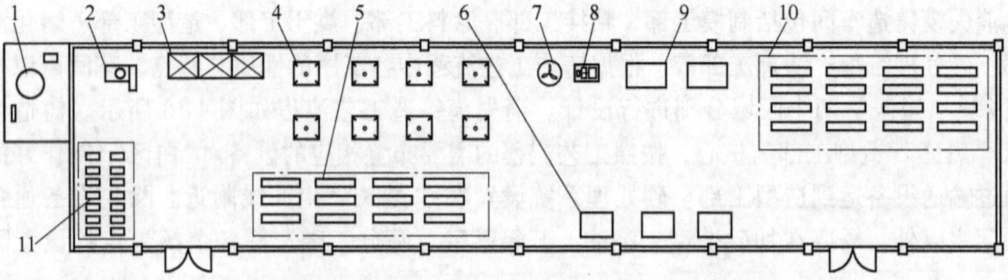

图 4-17 模样制造生产区平面布置图
1—锅炉 2—预发泡机 3—珠粒熟化仓 4—成型机 5—模样烘干室 6—工作台
7—涂料搅拌机 8—涂料滚筒 9—涂料箱 10—涂料烘干室 11—模具

或冷胶粘接。

(4) 涂敷涂料　采用涂料搅拌机7和涂料滚筒8制备水基涂料。共有两个涂料箱9，在涂料箱处可以人工浸涂模样。浸涂完涂料的模样放到运输小车的支架上，人工将小车推至涂料烘干室10烘干，涂料烘干室工作温度保持在60℃以下。模样烘干后通过运输小车运送到生产线造型。

4.2.2 消失模生产线

由于产品的种类、批量及生产工艺不同，可以选择不同的生产线布置方案。生产线可以采用连续式铸型输送机、间歇式铸型输送机或脉动式铸型输送机运输砂箱。消失模生产线的核心设备是振动紧实台，采用铸型输送机将各种设备按照工艺流程的需要联系起来，造型生产线有封闭式或开放式两种类型。

（1）封闭式　造型生产线采用连续式或脉动式铸型输送机组成环状生产线。砂箱呈环状椭圆形排列或采用矩形排列。矩形排列的生产线砂箱输送系统由机动边辊及其驱动装置、转盘等构成。椭圆形排列的生产线砂箱输送系统由砂箱小车、链条传动系统或机动边辊及其驱动系统构成。在封闭式造型生产线上，各工序的设备按照规定动作运转，生产线适用于铸件成批量生产、连续浇注的情况。生产线上铸型的运输设备少，辅助设备种类少，动力消耗较小。生产线的结构要求每个砂箱内的铸件浇注后冷却时间相差不多，否则影响整条生产线的效率。

（2）开放式　造型生产线可以采用间歇式铸型输送机组成直线布置的生产线，砂箱呈一字形排列，每条砂箱输送线之间用摆渡车运输砂箱。这种生产线适用于品种多、批量小、冷却时间不一致的铸件，也适用于单一产品大批量生产。根据熔化速度、浇注节奏、铸件冷却时间确定生产线所需砂箱数量。此类造型生产线布置灵活，可以根据需要布置铸型冷却储存段。生产线上铸型转运的次数较多，辅助设备种类多，动力消耗大。

消失模生产线分为造型、浇注、冷却、砂处理几个部分。组成消失模铸造生产线所需的设备包括振动紧实台、输送设备、摆渡车、落砂设备、旧砂处理设备、型砂输送设备、真空系统等。

（1）砂箱　生产线所用砂箱必须经过机械加工，保证各部位尺寸准确、具有良好的互换性，以利于各工位砂箱位置的准确定位和铸型输送机的正常运转。如果采用底漏式砂箱，型砂从底部流出，铸件从砂箱上部用起重设备吊出。

（2）铸型输送　铸型输送采用轨道输送砂箱，砂箱依靠底部的滚动轮在轨道上移动。

（3）摆渡车　摆渡车将砂箱由一条铸型输送线移至另一条铸型输送线。摆渡车一般采用电动机驱动。

（4）推进器　砂箱推进采用液压推箱机构。砂箱移动时推箱机、接箱机将砂箱夹紧后移动，并设置定位、分箱及挡车机构，保证运输小车上各工位砂箱位置的准确。推箱机构动作一次，移动一个砂箱长度。

（5）真空接通装置　可以采用气缸驱动，使真空系统管路上的接头与砂箱上的真空接头自动对接。

（6）翻箱机　铸型冷却后通常采用液压翻箱机将砂箱中的型砂及铸件从砂箱倒出，再转移到落砂设备中。如果采用底漏式砂箱可以不设翻箱机。

图 4-18 所示为年产量 10000t 消失模生产线平面布置图。图 4-19 所示为北京某消失模有限公司制造的年产量 10000t 消失模生产线。生产线采用液压驱动的间歇式铸型输送机，由一条造型线和两条浇注、冷却线组成。生产线中的每台设备在可编程序控制器 PLC 控制下自动运行；由位置传感器检测每个设备运行的位置；温度传感器检测砂处理系统型砂的温度，并在计算机控制下自动调节型砂的温度。

生产线运行时，空砂箱 1 运动到振动紧实台 2 上方，砂箱定位后打开储砂斗 3 下部的雨淋式加砂器填砂，然后通过振动紧实台 2 振动紧实。型砂紧实后砂箱被推箱液压缸 9 推到轨道 5 的摆渡小车 6 上。摆渡小车 6 和砂箱移动到浇注、冷却线的一端，推箱液压缸 7 将砂箱推到浇注、冷却线。砂箱由真空系统 4 通过管道抽真空，在浇注区域浇注。浇注后的砂箱运动到生产线另一端，由摆渡小车 8 转运到造型线，推箱液压缸 9 将砂箱推送到翻箱机 10 的

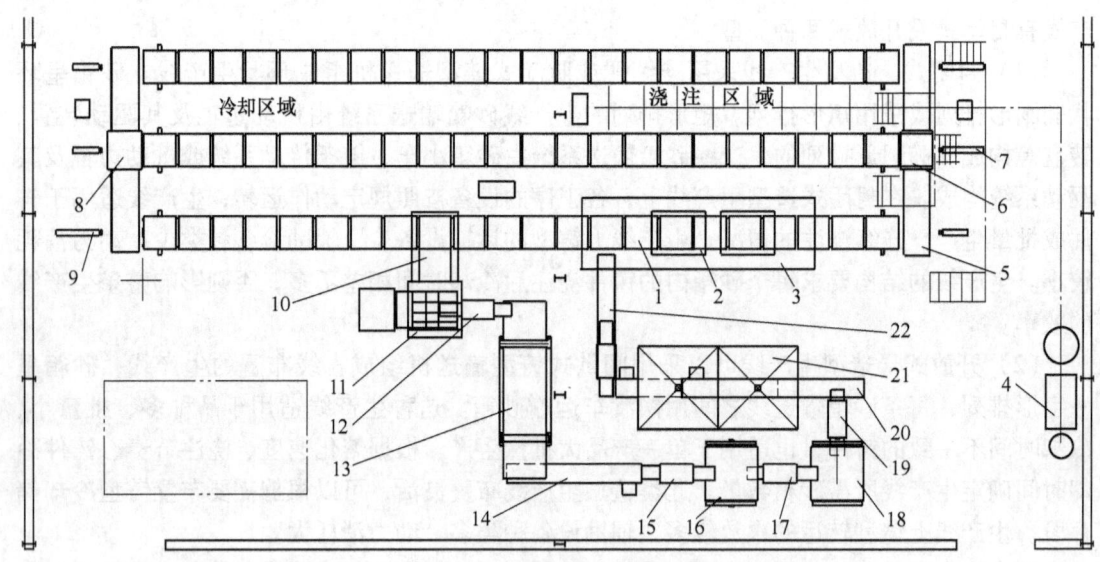

图 4-18 年产量 10000t 消失模生产线平面布置图
1—砂箱 2—振动紧实台 3—储砂斗 4—真空系统 5—轨道 6、8—摆渡小车 7、9—推箱液压缸
10—翻箱机 11—振动筛 12、15、17、19—斗式提升机 13—筛砂滚筒
14、20、22—带式输送机 16、18—立式砂冷却器 21—中间储砂斗

位置。翻箱机 10 将冷却后的铸件以及型砂倾倒在振动筛 11 上,振动筛将大块杂物去除,型砂经过斗式提升机 12 进入筛砂滚筒 13,筛去型砂中的细小颗粒及粉尘;高温旧砂由带式输送机 14、斗式提升机 15 送入立式砂冷却器 16 降温;初步降温后的型砂经过斗式提升机 17 送入立式砂冷却器 18 进一步降温,此时型砂温度可以达到 50℃ 以下;再由斗式提升机 19、带式输送机 20 送入中间储砂斗 21,由带式输送机 22 将处理好的型砂送入振动紧实台上方的砂斗 3 中待用。

图 4-19 年产量 10000t 消失模生产线

4.2.3 砂处理系统

消失模铸造砂处理系统是保证铸件质量的关键环节,又是提高生产率、实现洁净生产的关键设备。不配置砂处理系统,很难体现消失模铸造的优越性,也不能保证铸件产品质量的稳定。

消失模铸造采用无粘结剂型砂造型,落砂后的旧砂呈高温、松散状态,不需要捅箱、振动落砂、破碎及混砂等工序。新砂可以根据需要不定期补充。所以,消失模铸造旧砂处理的主要任务是降温和除尘。

高温型砂的冷却问题是砂处理系统设计时需要重点考虑的问题,也是能否达到生产线的设计生产纲领的关键。消失模铸造砂处理系统的功能如下:

1) 筛分去除粉尘、涂料块、砂块等,保证型砂适合的粒度和良好的透气性。

2) 磁选去除金属杂物,保证雨淋加砂器的良好工作状态和铸件的表面质量。

3) 高温型砂冷却降温。

4) 型砂可以水平输送、提升、储存。

上述各环节要求实现封闭式操作,提高生产率和改善工作环境,减轻操作者的劳动强度,实现空中无尘、地面无砂的绿色铸造工艺要求。

图 4-20 所示是消失模砂处理系统布置图。砂处理系统由落砂斗、筛分输送设备、提升设备、砂冷却调温设备、储砂斗及加砂装置等组成。根据消失模铸造生产中高温型砂冷却速度慢的特点,砂处理系统采用了二级旧砂冷却方式。第一级冷却由水冷沸腾冷却床完成,高温型砂在风冷的作用下进行初步冷却。第二级冷却由立式砂冷却器完成,这种冷却方式可以确保储砂斗的型砂温度低于 50℃。所有设备的运行过程均由计算机进行集中控制、显示。

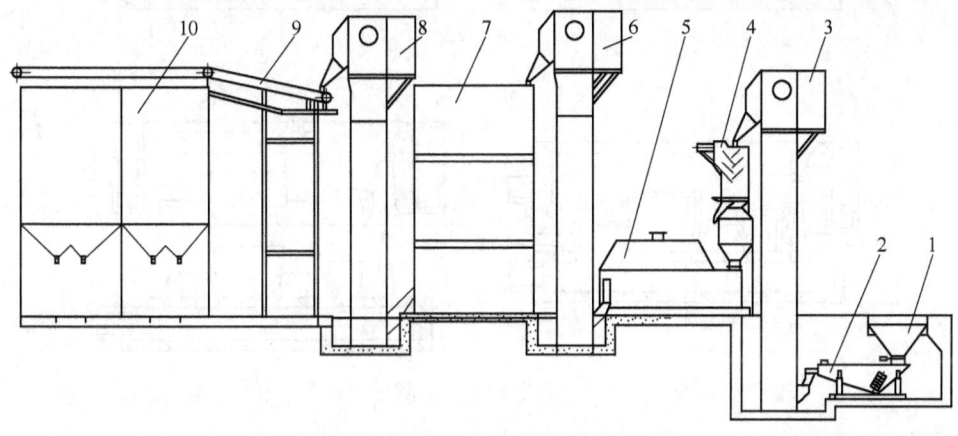

图 4-20 消失模砂处理系统布置图

1—落砂斗 2—振动输送筛砂机 3—链式斗式提升机 4—风选、磁选机 5—水冷沸腾冷却床 6、8—斗式提升机 7—立式砂冷却器 9—带式输送机 10—储砂斗

砂处理系统的工艺流程为:砂箱中的型砂由翻箱机倒入落砂斗 1,经落砂斗 1 的出砂口调整砂处理流量,高温型砂在振动输送筛砂机 2 进行筛分后送入链式斗式提升机 3,提升机 3 上部出来的型砂进行磁选后进入水冷沸腾冷却床 5 降温,通过斗式提升机 6 提升至立式砂冷却器 7 进一步冷却,最后由斗式提升机 8 和带式输送机 9 送至振动紧实台上方的储砂斗 10 待用。

4.3 真空密封造型设备

真空密封造型又称 V 法造型,是将加热后的塑料薄膜覆盖在模样表面,将可以抽真空的砂箱放在模板上,在砂箱内填入无粘结剂的型砂,振动紧实后用塑料薄膜将砂箱背面密封后抽真空,制成的上、下砂型经下芯、合型、浇注等过程,待铸件凝固后解除负压,型砂溃散获得铸件。真空密封造型工艺的主要操作过程如图 4-21 所示。

1) 制造带有抽气箱和抽气孔的上、下模板以及可以抽真空的砂箱;模样上开有大量透气孔,透气孔直接与抽气箱相连,如图 4-21a 所示。

2) 采用塑料薄膜烘烤器加热塑料薄膜,薄膜软化后立即将其覆盖在模样上,负压通过透气孔作用于薄膜上,使薄膜与模样紧贴在一起,向模样上喷快干涂料,如图 4-21b 所示。

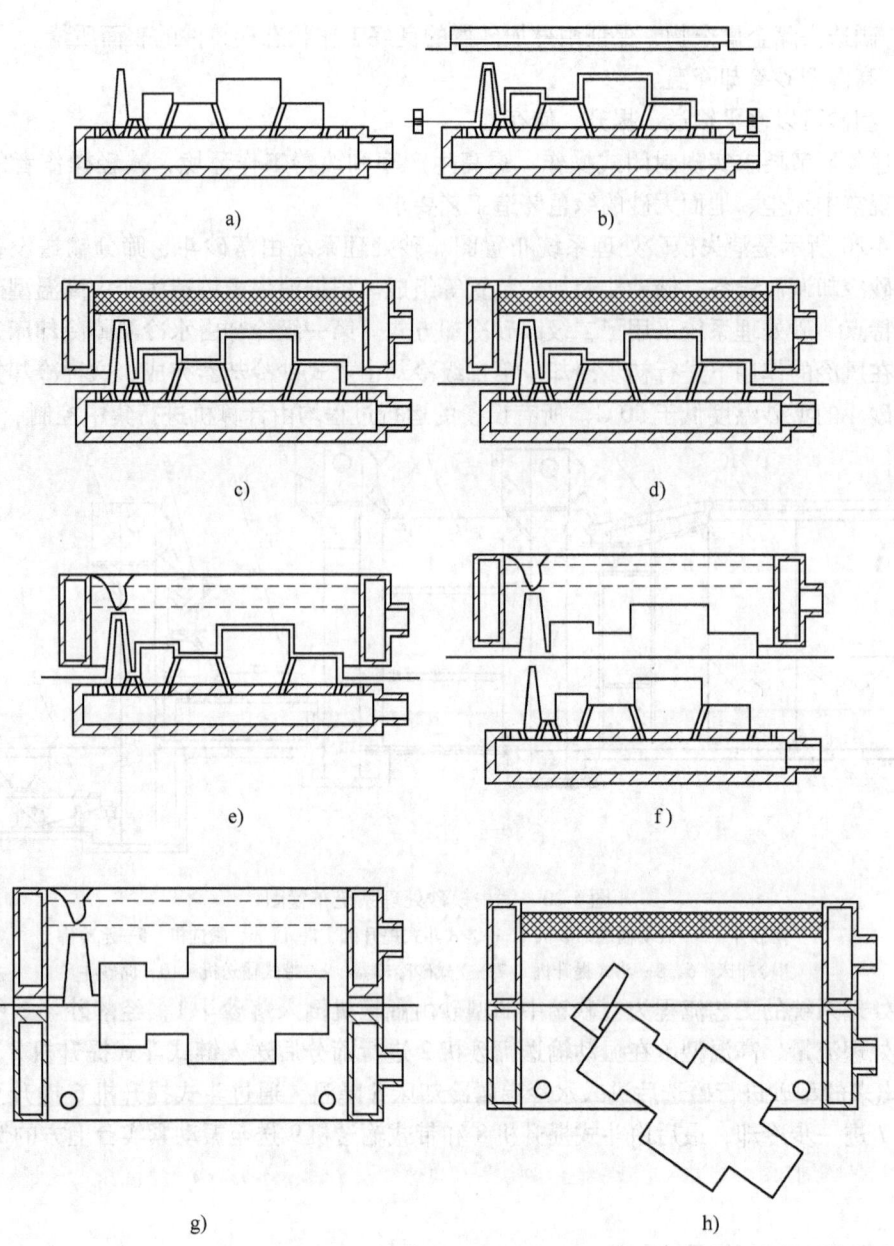

图 4-21 真空密封造型工艺过程示意图

3）将可以抽真空的砂箱放在已覆盖好塑料薄膜的模板上，如图 4-21c 所示。

4）向砂箱内充填没有粘结剂的型砂，微震紧实后刮平砂箱上表面，放置塑料薄膜密封，抽真空使铸型内外产生压力差，保持铸型成形并有较高的强度，如图 4-21d 所示。

5）继续对砂箱抽真空，解除模样的真空，然后将砂型与模样分开实现起模。在大气压力作用下，砂箱中的型砂得到紧实，并保持其原来的形状，如图 4-21e、f 所示。

6）用同样的方法生产上型和下型，然后进行下芯、合型。合型后整个型腔由塑料薄膜密封的型砂形成。随后浇注，浇注过程中砂型继续抽真空，如图 4-21g 所示。

7）待金属凝固后，停止对铸型抽气，铸型自行溃散，如图 4-21h 所示。

由于真空密封造型是借助砂型内外压力差使铸型保持强度和型腔形状，因此，无论造型还是浇注过程中，都必须抽真空将砂型内外压力差维持在一定的范围内。真空密封造型方法具有以下特点：

1) 铸件尺寸精度高，表面质量好。由于型砂与模样之间有一层塑料薄膜，起模时摩擦力小，可以采用较小的起模斜度。所用的型砂颗粒细，铸型的刚度高，在金属液的压力和热作用下型腔不易变形，铸件表面较光洁，轮廓清晰，尺寸精度较高，可以减小铸件的机械加工余量。

2) 工序简化，可以降低设备投资和原材料消耗。型砂中不添加粘结剂、水及附加物，简化了型砂处理工作，铸件的落砂清理方便。旧砂只要筛去杂质和粉尘，冷却后即可回用，型砂的损耗小。

3) 金属利用率高。真空密封造型浇注时金属的流动性较好，充填能力强，能够铸出3mm左右的薄壁件。铸型硬度高、冷却慢，有利于金属液补缩铸件，可以减小冒口尺寸，提高工艺出品率。

4) 工艺装备使用寿命长。造型时真空密封造型脱模力较小，模样不受振击。浇注后型砂易溃散，落砂时不受冲击，模样和砂箱的使用寿命长，需要的储备量少。

5) 劳动条件改善。由于造型、浇注时用真空泵抽负压，空气污染少；铸件清理后无需处理大量废砂；新砂和回用砂可用真空吸送，粉尘问题较容易解决。

6) 组织和管理。真空密封造型生产周期短、工艺简便、操作容易，对生产工人的技术水平要求相对较低，便于生产组织和管理。

7) 适用范围广。既适用于手工操作的单件小批量生产，也适用于机械化、自动化的大批量生产；可用于铸铁、铸钢以及铜、铝、镁等合金的铸造，也适合于生产大、中型精密铸件和薄壁铸件。铸件的尺寸规格大小仅受砂箱尺寸和真空泵抽气量的限制，比砂型铸造的限制条件少。

真空密封造型方法具有以下不足：

1) 造型操作比较复杂，小铸件的造型生产率不易提高。

2) 从造型、合型、浇注直到铸件落砂前，都要对铸型抽真空，为机械化生产带来一定困难。

3) 由于塑料薄膜的伸长率和成形性的限制，影响该方法进一步扩大应用范围。

4.3.1 真空负压系统

真空负压系统包括真空泵、气水分离器、水浴罐、滤砂与分配罐、截止阀以及连接管道等。粉尘或细砂进入真空泵后，将加速零件的磨损，缩短真空泵的使用寿命，因此，真空系统的设计要能够防止粉尘、细砂进入真空泵。真空系统组成原理如图4-22所示。

1) 气水分离器的作用是为真空泵提供循环水，将真空泵的气体、水分离。

2) 滤砂与分配罐的作用是将砂箱内吸来的细砂和粉尘进行过滤，细砂和粉尘由于重力下沉，落到罐体底部，定期打开排尘阀，可清除沉落下来的细砂及粉尘。在罐体上装有进气管用于和砂箱连接。在各进气管上都装有截止阀，可以打开或关闭真空系统管路。罐体上的真空表用于观察和控制真空度的大小。

3) 水浴罐的作用是将从滤砂与分配罐过来的气体进一步净化，而后进入真空泵。气体

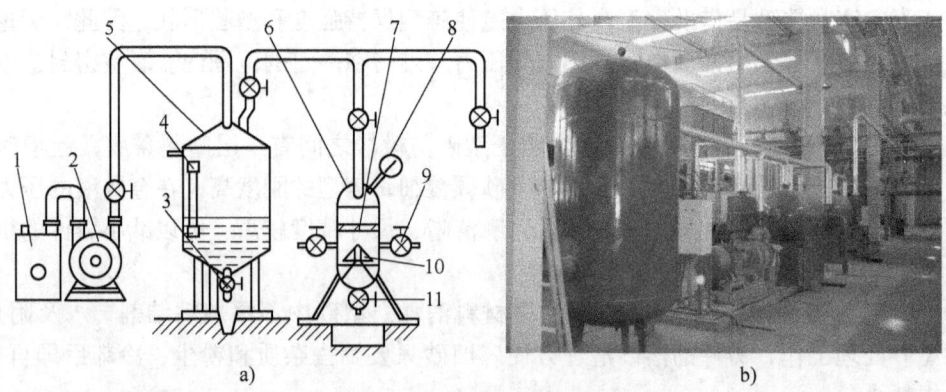

图 4-22 真空系统组成原理图
a) 原理图 b) 实物照片
1—气水分离器 2—真空泵 3—排水阀 4—水位计 5—水浴罐 6—滤砂与分配罐
7—滤网 8—真空表 9—截止阀 10—挡尘罩 11—排尘阀

在罐内与水混合,使其中的细砂和粉尘沉淀到底部,可有效防止细砂或粉尘进入真空泵。水浴罐上半部分的容积能起到辅助稳压的作用,可以缓冲浇注时高温产生的大量气体引起的真空系统压力的波动。

真空泵是真空系统的主体设备,常采用结构简单、维护方便的节能型水环式真空泵。水环式真空泵又称湿式真空泵或水封式真空泵,它需要有一定量的水保证其正常工作。在选择真空泵时主要考虑抽气量、真空度两个参数。真空密封造型不需要过高的真空度,但需要比较大的抽气量,采用水环式真空泵可以满足真空密封造型的需要。它具有如下优点:

1)抽气量大,真空度可达 0.08MPa,能满足真空密封造型的需要。
2)密封性好,采用水作为密封介质,在转子与泵壳之间不需要严格的公差。
3)安装位置受限制少,即使将真空泵安装在生产线附近也能正常工作,如果偶尔有少量型砂掉入泵内也很少造成故障,杂物能被密封水冲走。

4.3.2 振动紧实台

型砂的紧实度对铸件成形有很大的影响,型砂紧实度不够时会造成铸件壁厚增大,为提高砂型的强度和硬度,必须提高型砂的紧实度。填砂时进行必要的振动可以获得足够的紧实度,振动还可以减小型砂的堆积角,有利于型砂的流动充填。对于形状简单的铸件可采用普通振动紧实台;铸件比较复杂,存在水平孔或横向凹凸变化的铸件,最好采用三维振动紧实台,以满足各种铸件不同振动形式和激振力的要求,有效地避免型砂填充不良,提高充填紧实效果。

型砂在砂箱中受到的振动力主要反映在振动加速度上,在振动模式不变的情况下,振动加速度对紧实起主要作用。通过试验表明,振动加速度低于 $0.8g$ 时,紧实效果很低,当加速度大于 $2g$ 时,型砂产生跳动,反而使紧实度降低;振动加速度为 $0.8\sim2g$ 时,对于真空密封造型较适宜。在振动条件不变的情况下,振动频率越高、振幅越小,型砂的紧实效果越好。

振动时间根据模具复杂程度确定,振动 30~60s 就可达最大紧实度,振动可使型砂堆积密度提高10%。

4.3.3 塑料薄膜烘烤器

覆膜器是真空密封造型生产线中的核心设备。覆盖塑料薄膜质量的好坏直接影响到砂型强度等各项指标，进而影响到铸件质量。在模样上覆盖塑料薄膜时，必须将塑料薄膜快速、均匀加热，使薄膜出现软化变形。生产中常用的塑料薄膜种类有聚乙烯膜（PE）、聚氯乙烯膜（PVC）、乙烯-醋酸乙烯共聚体膜（EVA）、聚丙烯膜（PP）及聚乙烯醇膜（PVA）等。覆盖模样的塑料薄膜需要具有良好的伸长率和一定的抗拉强度，乙烯-醋酸乙烯共聚体膜（EVA）以其优良的性能被用于覆盖模样。砂箱背面的薄膜仅需要一定的强度，聚乙烯膜以低廉的价格优势被用作砂箱背面的覆盖薄膜。

A	A	A	A
A	C	C	A
B	D	D	B
B	D	D	B
A	C	C	A
A	A	A	A

图 4-23　辐射加热板布置方案
A—800W　B—600W
C—400W　D—200W

塑料薄膜加热装置有电阻丝加热器、石英管加热器、红外线辐射板等。较先进的碳化硅远红外线辐射板电加热装置结构简单，操作方便，因而得到广泛应用。加热装置安装在矩形罩内，加热元件是若干块远红外线辐射板，加热时薄膜位于辐射板下部200～500mm处。

由于加热装置的四角及周边热量损失较大，中心部分热量较集中，致使薄膜烘烤受热不均匀。为了使加热装置各处热量均匀，在电器控制上采用分区控温电加热的方式，可以使下方的塑料薄膜受热均匀。例如，将碳化硅红外线辐射板分成四组，图4-23所示是辐射加热板布置方案。加热器可使塑料薄膜均匀地加热到60～120℃，加热所需的时间视塑料薄膜种类和厚度通过试验确定。

4.3.4 模板

真空密封造型所用的模板包括模样和放置模样的模底板，模底板下面设有抽气箱，如图4-24所示。模底板安装在抽气箱上面，造型时在上面覆盖塑料薄膜；两侧设有与砂箱配合、定位的销套。为了使塑料薄膜均匀覆盖在模样表面，需要在模样上面开设一定数量的抽气孔，抽气孔与抽气箱相通，抽真空时塑料薄膜被吸附在模样表面。真空密封造型所用的模样一般为木质结构，内部做成空腔。真空密封造型模板结构如下：

1）模样一般采用空心结构，在真空覆膜成形时抽负压会产生很大压力，为防止空心模样产生变形，应在模样空腔内设置加强筋。

2）模样上尽量减少尖锐棱角，以避免塑料薄膜吸不到位或塑料薄膜破损。

3）由于起模时塑料薄膜与模样之间的摩擦阻力较小，同时砂箱抽气时产生的负压作用，在模样和砂型

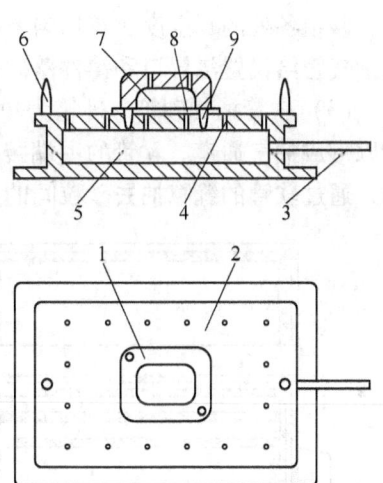

图 4-24　真空密封造型模板结构
1—模样　2—模底板　3—管接头　4—抽气孔
5—抽气室　6—定位销　7—模样空腔
8—垫片　9—模样定位销

之间会产生 0.5~1mm 的间隙，因此所需的起模斜度较小，只需少量甚至不用预留起模斜度。

4）模样表面需要开设抽气孔，抽气孔的孔径及距离应适当。抽气孔直径以 1~2mm 为宜，直径过大会将塑料薄膜吸进孔内，孔径太小覆膜效果不好。抽气孔的间距一般为 20mm 左右。对于塑料薄膜成形较困难的部位可以增加抽气孔的数量。

4.3.5 砂箱

真空密封造型用的砂箱与传统铸造用砂箱不同，真空密封造型的砂箱除四周箱壁要密封外，砂箱内部必须设置抽气过滤装置。砂箱的抽气空腔或管道能够将砂型中的空气抽去，使铸型具有一定的紧实度。砂箱按抽气方式可分为侧抽气、管式抽气、软管抽气三种基本形式。

（1）侧抽气式砂箱　砂箱四个侧壁采用钢板焊接成双层结构，夹层之间形成连通的抽气室，如图 4-25 所示。砂箱的四个箱壁有抽气孔，在抽气孔区域装有 100 号筛的钢丝网，以防止细砂吸入真空泵内。在砂箱外壁焊接钢管接头，通过钢管接头与真空系统相连。

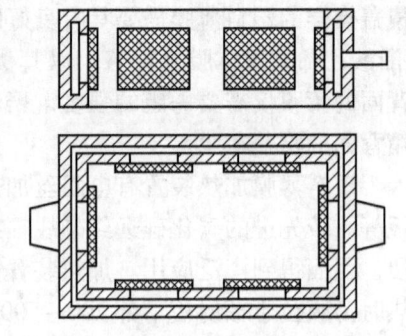

图 4-25　真空密封造型侧抽气式砂箱

侧抽气式砂箱浇注系统的设置及浇注后铸件的落砂比较方便。砂箱四壁真空度较大，中心的真空度较小，箱体尺寸大时容易引起塌箱，适合小型铸件使用。

（2）管式抽气砂箱　砂箱的四壁用钢板焊接，抽气管焊在两端的侧壁上，由数根抽气管与抽气室连通。如图 4-26 所示。抽气管上孔的间距为 25mm 左右，孔径为 $\phi 8 \sim \phi 10 mm$。在钢管外面安装 150~200 号筛的金属网，防止细砂及粉尘被吸入抽气室。由于焊有数根钢管，砂箱各处的真空度比较均匀，砂箱的刚度和强度都较好，适用于中大型砂箱。但箱体内的抽气管给设置浇冒口和铸件落砂带来不便。

（3）软管抽气砂箱　砂箱为单层结构，采用钢板焊接而成。砂箱内部绕有铝制蛇皮软管以形成抽气通道。软管的一端接真空系统，另一端焊接密封，如图 4-27 所示。砂箱抽气时，通过软管的缝隙抽去砂粒间的空气，同时又能阻止细砂及粉尘被吸入。工作时软管位置

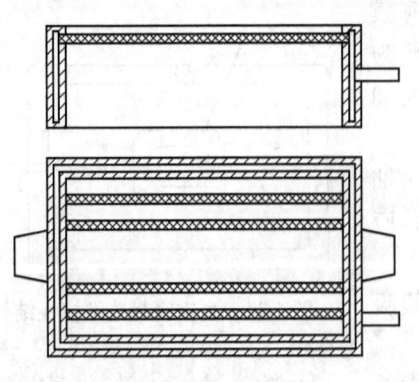

图 4-26　真空密封造型管式抽气砂箱

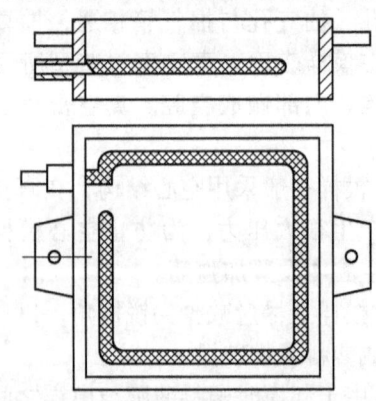

图 4-27　真空密封造型软管式抽气砂箱

与型腔表面的距离应大于 30mm，软管的直径一般选用 25mm 及 32mm 两种。由于软管的间隙较大，易吸入砂粒，因此，真空系统必须有滤砂和水浴装置，以防止砂粒、粉尘进入真空泵。这种砂箱的结构简单、安装方便、通用性强、抽气效率高，使用寿命长。

4.4 真空密封造型生产线

真空密封造型生产线如图 4-28 所示。生产线由下型造型单元、上型造型单元、浇注线、冷却线、落砂线、砂箱转运装置、翻箱装置、真空连接装置、砂处理系统等部分组成。造型机采用四工位转盘设计，分别为覆膜工位、喷涂料工位、涂料烘干工位及造型工位，四个工位上可放置两副型板，可同时生产两种产品，同时又增加了操作工位数，提高了设备的生产率。转盘装置由电动机驱动，可实现 360°旋转，定位机构保证转盘在各个工位的准确定位。

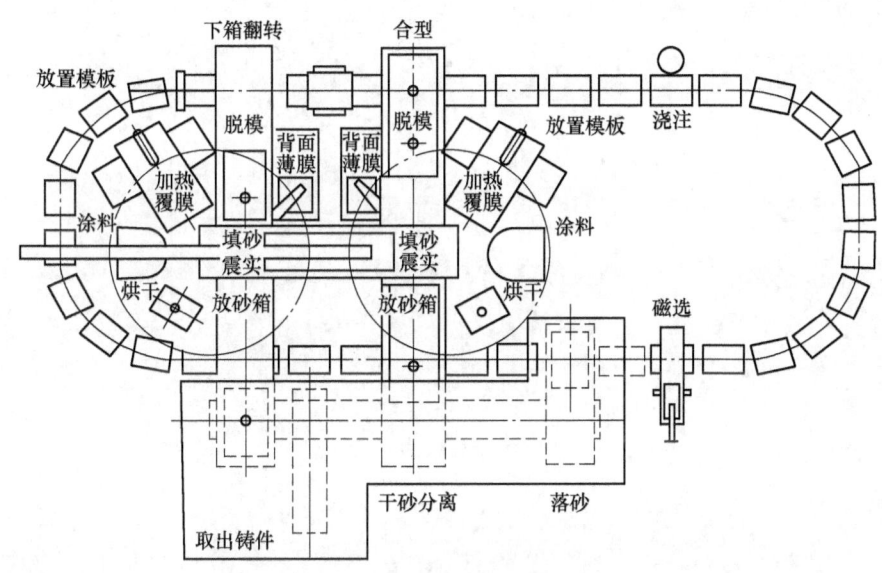

图 4-28　真空密封造型生产线

（1）下型造型单元　下型模板在下型造型线内流转，生产过程为：放置模板→加热覆膜→敷涂料→涂料烘干→放置砂箱→填砂震实→背面覆膜→加顶砂→脱模→翻箱，机械手将下型放置到合型辊道托板上。

（2）上型造型单元　上型模板在上型造型线内流转，生产过程为：放置模板→加热覆膜→敷涂料→涂料烘干→放置砂箱→填砂震实→背面覆膜→安置浇冒口，加顶砂→脱模，合型机械手将上型合到下型上完成一个铸型造型。

铸型在生产线上移动到浇注位置进行浇注，铸件凝固冷却一定时间后，就可以将铸型送到落砂栅床上落砂。

复习思考题

1. 消失模铸造与真空密封造型工艺过程的区别是什么？

2. 简述直热式预发泡机的结构及珠粒预发泡的影响因素。
3. 简述消失模成型机的结构及工作过程。
4. 简述消失模振动紧实台的基本结构及型砂振动紧实的影响因素。
5. 消失模铸造生产线的主要设备有哪些?
6. 真空密封造型工艺的主要操作过程是什么?
7. 真空密封造型生产线的主要设备有哪些?

第 5 章 制芯设备

5.1 概述

制芯是铸造生产的重要环节之一。砂芯通常用于形成铸件内腔或孔洞，而砂型则形成铸件外形。砂芯一般单独制取，然后用手工或下芯机放置到造好的铸型中。浇注后砂芯除芯头部分外，其余部分都被液态金属所包围，因此砂芯需要比铸型有更高的常温干强度和高温强度。制芯工艺和造型工艺大不相同，这就使得制芯设备和造型设备有很大的不同。

制芯设备有很多类型，是随着砂芯粘结剂及制芯工艺的发展而演变的。20 世纪 50 年代后，合成树脂粘结剂陆续应用于铸造生产后，才有了真正意义上的制芯设备。在此之前主要采用油类粘结剂或粘土、水玻璃等粘结剂，制芯方法也仅为手工制芯或简易机械制芯，基本上不使用制芯设备，仅有芯盒、烘芯板之类的制芯工艺装备。

目前所使用的各种制芯方法主要有壳芯（型）法、热芯盒法、温芯盒法、冷芯盒法等。冷芯盒法又分为气硬冷芯盒法和自硬冷芯盒法。20 世纪 80 年代以来，热芯盒工艺制芯的比例有所下降，冷芯盒法因其生产率高、节能，砂芯尺寸精度高、发气量低，芯盒使用寿命长、变形量小，铸件表面光洁、尺寸精度高，浇注后砂芯溃散性好，适应性好等特点而被广泛采用。与这种情况相适应，出现了各种自动化的高效冷芯盒制芯机。随着计算机技术和机器人的应用，近年来，集制芯、取芯、去飞边、组装、浸涂料于一体的各种自动化冷芯盒制芯中心大量出现。概括说来，现代制芯设备以提高自动化程度、提高生产率和尺寸精度、减少对环境的污染及提高设备的可靠性为发展趋势。

5.2 制芯设备基础

5.2.1 制芯设备的分类和选用

1. 分类

用于制造砂芯的机器有很多类型。一般来说，用于造型的各种紧砂方法，如震击、压实、抛砂、射砂等都可用于制芯。目前在制造粘土砂芯时，仍常使用震击制芯机。压实方法用于制芯有较大局限性，它只能用于制造至少有一个平面的砂芯，故制芯机很少采用压实方法紧砂。抛砂机适合于造大砂芯。在大批量生产中，广泛采用射芯机制芯。

制芯设备通常可按砂芯硬化方式、设备和芯盒的关键特点等进行分类，如图 5-1 所示。

2. 选用

制芯设备的外形区别主要在于分盒和取芯的方式，对于同类分盒和取芯方式的制芯机，

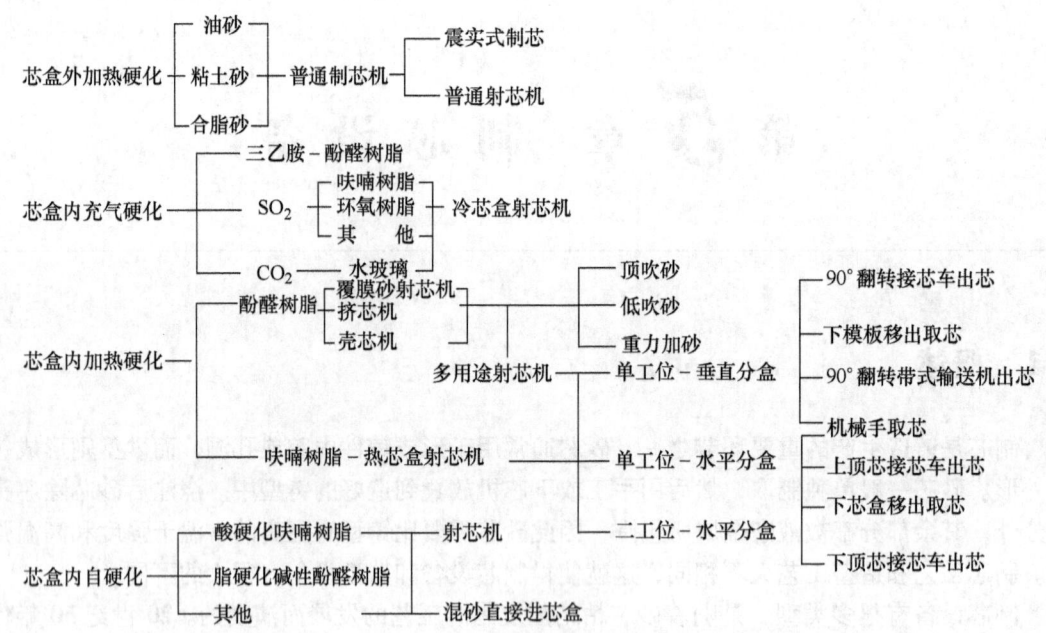

图 5-1 制芯设备的分类

热芯盒和冷芯盒的制芯设备大同小异。选用时的主要依据是：采用的粘结剂类型和硬化工艺；砂芯工艺要求的分盒方式和取芯方式；芯盒的最大外形尺寸和开盒的距离；芯盒内所有砂芯的最大质量等。

(1) 芯盒外加热硬化 砂芯在芯盒中成形后，从芯盒中取出，送入烘干炉内硬化。适用于简单、小批量、手工紧实方法为主，射砂机为辅的生产方法。这种制芯方法周期长、占地面积大、运输量大，砂芯变形量大、精度低，不便于制芯机械化自动化生产，不推荐使用。

(2) 芯盒内加热硬化 砂芯在金属芯盒内成形并用电或煤气加热芯盒使其硬化。适用于中批和大批量及射砂方式紧实的生产方法。这种硬化方式的砂芯强度比较高，可以不用芯骨，尺寸精度较高，溃散性良好，便于清砂，生产率较高，占地面积小，运输量小，便于机械化自动化生产，但是能耗较大。目前在我国仍大量应用。

(3) 芯盒内通气硬化 砂芯可在不同材质的芯盒中成形并通入气体硬化。适用于中批和大批量及射砂方式紧实的生产方法。水玻璃、二氧化碳材料便宜，硬化时间较短，但砂芯质量不够理想，铸件清砂困难，近年来由于采用改性水玻璃砂，溃散性有所改善。用三乙胺和二氧化硫冷芯盒等工艺生产砂芯时，硬化快、生产率高、砂芯质量高，所生产的铸件精度和表面粗糙度都优于热芯盒法，能耗低，便于机械化自动化生产。这种方法在我国已获得大量应用，但三乙胺和二氧化硫气体对人体有害，需要采取相应的安全环保措施。

(4) 芯盒内常温自硬 砂芯可在不同材质的芯盒中成形并在常温下自行硬化到形状稳定。这种方法工装简单，能耗低，砂芯强度高，质量好，但它的硬化时间较长，生产率较低，比较适用于单件小批、大型、特大型铸件或重要铸件的砂芯生产，以及中等批量、中型铸件的砂芯生产。这种制芯方式通常和自硬砂造型一起使用。

芯盒的分盒方式有水平分盒、垂直分盒、水平加垂直分盒和多面分盒等。水平分盒制芯机因开合芯盒时，芯盒要作升降运动以便于取芯和芯盒清理，因此芯盒不宜太高，否则设备过高，生产节拍也会加长。垂直分盒制芯机适用于较高的芯盒，但取芯过程较复杂，一般要将其中一个芯盒翻转 90°后顶出取芯,且以上顶式多见,砂芯下落到取芯机构上时易造成摔伤。水平加垂直分盒方式和多面分盒方式一般是在水平(或垂直)分盒的基础上,某半个芯盒再进行垂直(或水平)分盒或抽活块的分盒方式,可用于制造复杂砂芯,但相应的设备结构复杂,制造成本也较高。因此,选择设备方案时,往往要根据特定的砂芯产品来决定芯盒的分盒方式。

制芯机的芯盒打开和取芯方式有芯盒平移、芯盒旋转及芯盒翻转(180°)等形式。芯盒平移一般在导杆上运行,移动精度高,运行平稳,但取芯难度大。如芯盒旋转一定角度后顶出取芯,则取芯较方便,但转轴的磨损对合芯精度有一定影响。翻转式开盒取芯则与翻台震实造型机相似,设备较简单,适用于结构简单,取芯容易的砂芯生产。

5.2.2 制芯设备的计算

计算前须确定铸件年生产总量,根据砂芯工艺分析确定芯盒的大小、芯盒一次射砂量及年芯盒数;选定了制芯机采用的硬化方法和芯砂粘结剂的类型,也就选定了不同射砂量的射芯机种类。每类射芯机的数量可按下述两种方式计算。

(1) 用于单件小批、中批生产的制芯机 计算公式如下

$$N = \frac{Q(1+k_1)(1+k_2)k_3}{qT} \tag{5-1}$$

式中,N 为设备计算台数(台);Q 为选定规格的制芯机应生产的合格芯盒数(盒);k_1 为铸件废品率(%);k_2 为制芯废品率(%);k_3 为不平衡因数,单件小批为 1.2~1.3,中批为 1.1~1.2;q 为制芯机实际生产率[盒/(h·台)];T 为设备年时基数(h)。

在实际生产中,要根据自己的产品情况作调查研究。不同复杂程度的砂芯,其硬化时间和操作时间有差异,设计时通常按名义生产率的 70%~90% 考虑。有的供应商只提供了设备的机动时间,那就要根据产品的情况和习惯操作方式分配其他的时间。计算出的制芯机台数应取整数,其负荷率一般推荐取 70%~85%,并小于造型设备的负荷率。

(2) 大批量生产与造型线匹配的制芯设备计算 在实际生产中,由于造型线设计时要考虑一年中 15~30 天的大修时间及其他种种因素,造型线不能按全年小时平均型数运行,也不可能达到 100% 的开动率,因此制芯设备的运行节拍应等于或大于造型线考虑了开动率和工作制度的生产节拍。其计算公式如下

$$N = \frac{q_1 k_1 U T_1}{qT} \tag{5-2}$$

式中,N 为某种规格制芯设备的计算台数(台);q_1 为造型线名义生产率(型/h);k_1 为造型线开动率 65%~85%;U 为每型平均所需(该种规格制芯设备生产)的砂芯盒数(盒/型);q 为制芯机设计采用生产率[盒/(h·台)],通常按名义生产率的 70%~90% 取;T_1 为造型线年时基数(h);T 为制芯设备年时基数(h)。

制芯机采用的生产率最好按工艺需要时间加设备机动时间来确定。造型线的开动率,国外通常取 80%~85%,国产线通常取 65%~80%,计算时应取大值,计算出的台数(相同规格的台数可以相加)应取整数。

5.2.3 砂芯后处理设备的选择

1. 清整

清整一般为手工作业，对于批量特别大的生产车间才考虑用清整机械。国外多见的是一种摇摆珠帘式的毛刺清整机，机构很简单，是通过式的。该类设备可根据砂芯的形状自行设计装备。

2. 砂芯装配

多个砂芯预先装配好再下到型腔中，可以更有效地保证铸件内腔的尺寸精度和减小铸件内腔的飞边毛刺，特别是比较复杂的铸件。在中大批量的生产中，复杂铸件砂芯发展趋势是尽可能多地预先装配成整体芯，这是保证铸件质量的一个关键工序。

（1）螺栓联接方式　用数个长螺栓将砂芯联接在一起，再整体浸（或流）涂料、烘干。

（2）粘接方式　用智能型机械手或机器人把从射芯机制好送出的砂芯，按次序码放到粘合台上，每放一个砂芯，另一个敷胶机械手再整体涂敷一层耐高温粘结剂，机器人再把粘接好的整体砂芯放入涂料桶浸涂料。还有一种手工粘接方式，目前还在普遍使用，特别是在壳芯工艺中，即利用刚出芯的砂芯余热手工敷胶，再用专门压力机将两个砂芯粘合固定。对于比较大的砂芯还需要加螺栓固定，一是防止输送过程中的变形，二是便于吊运，下芯之前再将螺栓取出回用，或落砂后捡出、修整回用。

（3）射砂连接方式　射芯机在每个砂芯的固定部位都制出两个或多个连接通孔，出芯后由机械手将各砂芯按顺序码放到锁芯射砂机上，再进入射芯工位，在连接通孔处射入芯砂，出机后就成为一个整体芯，由另一个机械手送去浸涂料并送入表面烘干炉。这种工艺的连接方法称为"Key-core"工艺（自动锁芯工艺）。该工艺所使用的原材料与型芯生产所用一致；工艺过程无需特殊的要求，可全部自动化，生产率很高；整体芯的尺寸精度非常理想，是目前已知制芯工艺中精度最高的一种，铸件因尺寸精度造成的废品率很低；连接强度优于粘接方式，不怕烘干炉的高温；由于整体芯用机械手抓起浸涂料，表面平整光洁，没有砂芯连接处的缝隙，铸件内腔的飞边毛刺极少，清理的工作量很少，是目前最优秀的组芯方式之一，特别适用于大批量生产复杂铸件的砂芯装配。

3. 上涂料和烘干

上涂料的方式有浸涂、刷涂、喷涂及流涂，推荐用浸涂方法。表面烘干炉多使用电加热循环热风形式，国外除电加热外，燃气也使用得相当普遍。近年来国外开发了真空烘干炉和微波烘干炉，能耗小，单位面积效率高。

5.3　热芯盒射芯机

热芯盒射芯机采用热芯盒砂或覆膜砂射制各种复杂的砂芯及壳芯，根据砂芯的形状、大小、生产批量分别选用单工位或多工位射芯机，选用垂直、水平、垂直+水平分盒及相应的分盒、开盒、顶芯、取芯装置。与传统手工制芯和简易机械制芯相比，热芯盒射芯机具有生产率高、砂芯尺寸精度高、溃散性好、粘结剂加入量较少、易实现机械化自动化、生产成本较低等优点。热芯盒砂的混制用铸造车间一般混砂机即可满足要求，混制工艺较简单，故在铸造生产中应用广泛。热芯盒射芯机有单工位、二工位、多工位等多种形式。

5.3.1　单工位热芯盒射芯机

1. Z86型热芯盒射芯机

对于射芯机来说，射砂机构是射芯机的主要工作机构，一台完整的射芯机除了射砂机构外，还必须包括供砂机构、工作台、将射砂机构与工作台连接成一个整体的立柱、机座等部分及控制系统等辅助机构。Z8612 型热芯盒射芯机的主要参数见表 5-1。Z8612 型热芯盒射芯机的结构如图 5-2 所示。

表 5-1　Z8612 型热芯盒射芯机主要参数

名　　称	参　　数
型芯最大质量	12kg
芯盒最大尺寸	$0.400m \times 0.400m \times (0.37 \sim 0.46)m$
工作台尺寸	$1.24m \times 0.38m$
压缩空气压力	$4.66 \times 10^4 kg/m^2$
砂斗容积	80L
工作台顶升力（6atm①）	2900kg
压缩空气消耗量	$0.15m^3$ 自由空气/次
电力消耗	$8 \sim 12kW$

① 　1atm = 101.325kPa。

砂斗 3 位于机器的顶部，它是一带斜底的箱形料槽。砂斗前端上方装有一个电动惯性式振动器 1，由一封闭在壳体内的防水、防尘的三相交流电动机构成，在其转子轴的两端各装一偏心重，使其在转动时引起振动。砂斗底部由四个橡胶减振器 8 支撑，形成一个振动给料器。当电动惯性式振动器动作时，砂子加入射砂筒中；振动器停止，加砂也随之停止。

射砂机构由射砂头 14，上、下射砂筒 2 和 23，横梁 12，砂闸板 4，以及射砂阀 6、排气阀 25 组成。横梁 12 是箱体结构，装在立柱 29 上。砂闸板气缸 7 位于横梁顶部，它驱动砂闸板开启和关闭射砂筒的加砂口。砂闸板在关闭时由密封圈 5 充气密封。横梁内腔分割成前后两部分，其后腔与立柱 29 的内腔连通，构成射砂机构的储气室。当气动射砂阀 6 开启时，大量压缩空气便骤然进入位于横梁前腔的射腔 13 内的射砂筒中进行射砂。射砂筒分为上、下两部分。上射砂筒 2 上开有 0.8mm 宽的横缝，下射砂筒 23 上开有 0.3mm 宽的竖缝。横缝是压缩空气由射腔进入射砂筒的主要通道；而由竖缝进入的压缩空气则起着切割射砂筒内砂柱的作用，使其松散并与筒壁分离以防止挂料。射砂头的结构对射砂效果影响很大。对于不同的砂芯形状和芯盒结构应选用或设计不同形式的射砂头。为了防止热量由芯盒传递到射砂头上使其中的芯砂发生硬化，射砂板要有循环水进行冷却。

工作台 22 位于工作台横梁 21 之上。工作台上安装着两个气动夹紧缸 30，在夹紧缸活塞杆端头的顶板 27 上固定着加热板 26，芯盒则固定在加热板上。工作台中间有一气动托板，制好的砂芯可由移出气缸 31 驱动托板将其移动到前方，以便取走。对于内腔掏空的砂芯，则被所用的金属芯棒固定在托板上。工作台及热芯盒结构如图 5-3 所示。

工作台为了能安放高度不同的芯盒，需要在比较大的垂直距离内升降。为此，在机器上设有工作台横梁升降机构。工作台横梁 21（图 5-2）是一铸件，其右端呈半圆形，与蜗轮箱体 16 用螺栓联接在一起紧抱住立柱 29。立柱上装有齿条 15。松开锁紧手柄 18，摇动升降手柄 17，通过蜗杆、蜗轮及齿轮、齿条机构可使工作台横梁上升或下降。为了在射砂时将工作台上的芯盒向上紧贴射砂头，设有工作台升降缸，它位于工作台横梁左端。工作台 22 用螺钉与升降活塞 33 联接在一起，最大升降行程为 100mm。

底座 35 和立柱 29 用螺钉固定在一起。底座的作用主要是安装立柱并将整个机器固定在基础上。立柱的作用是将射砂机构与工作台连接起来。当压缩空气进入工作台升降气缸驱使

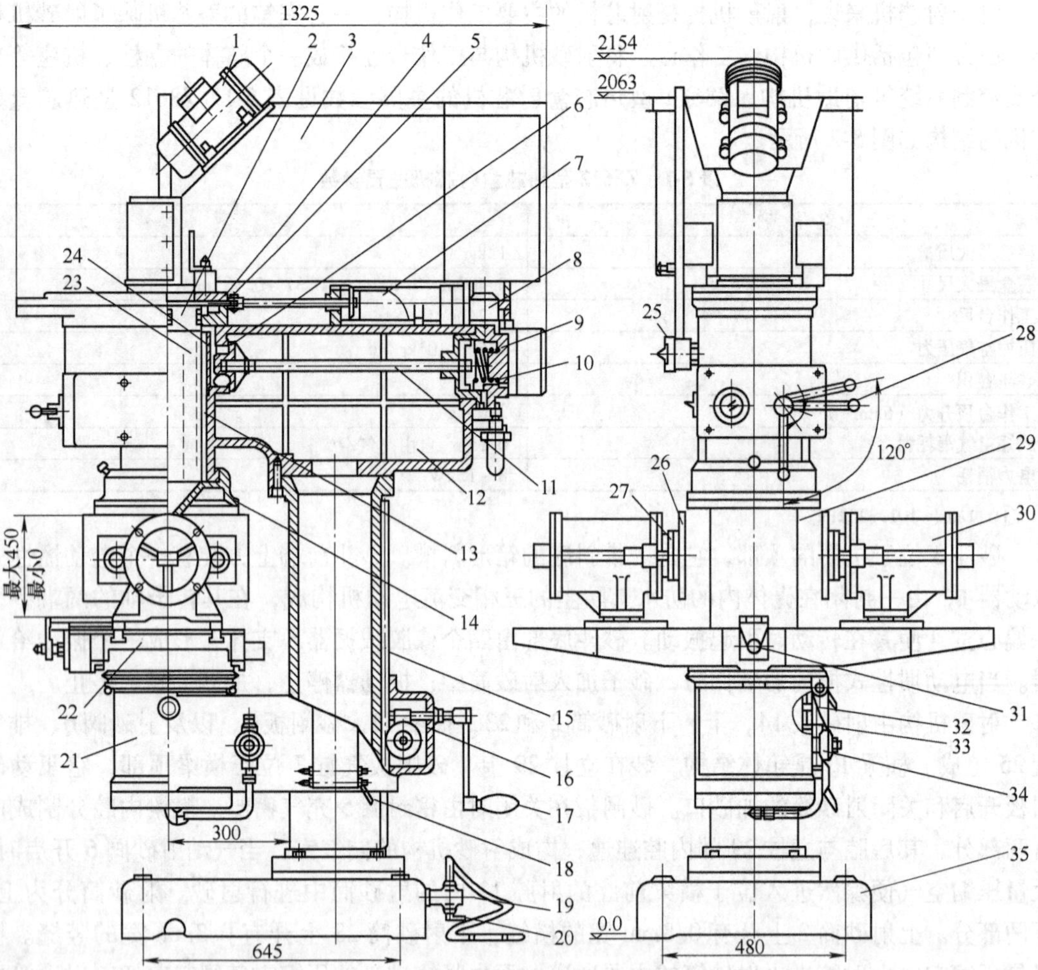

图 5-2　Z8612 型热芯盒射芯机结构

1—电动惯性式振动器　2—上射砂筒　3—砂斗　4—砂闸板　5—密封圈　6—射砂阀
7—砂闸板气缸　8—橡胶减振器　9—活塞　10—弹簧　11—阀杆　12—横梁　13—射腔
14—射砂头　15—齿条　16—蜗轮箱体　17—升降手柄　18—缩紧手柄　19—进气阀门
20—放水龙头　21—工作台横梁　22—工作台　23—下射砂筒　24—导气筒　25—排气阀
26—加热板　27—顶板　28—总操纵阀手柄　29—立柱　30—夹紧缸　31—移出气缸
32—导销　33—升降活塞　34—进排气阀　35—底座

其活塞将工作台及芯盒升起压向射砂头时，立柱上承受很大弯矩及拉力，因此立柱要有足够的强度和刚度。射砂时进入射砂头的压缩空气是由底座右端弯曲通道进入立柱内腔及横梁内腔储气室的，故底座与立柱在安装前都要经过耐压检验，立柱与底座的结合面、立柱与横梁的结合面都要用垫片密封以防漏气。

Z8612 热芯盒射芯机的工作循环为：砂闸板开启，向射砂筒加砂；停止加砂，砂闸板关闭；砂闸板充气密封；从水平方向夹紧芯盒；工作台升起，使芯盒紧贴射砂板；关闭排气阀；开启射砂阀，进行射砂；关闭射砂阀，射砂结束；开启排气阀；工作台下降；松开水平夹紧装置；砂闸板密封排气松开。上述各个动作大部分是互相联系的，必须按次序进行，有些动作之间必须有联锁作用。整个系统采用 PLC 控制，温控装置采用数显温度仪，保证上、

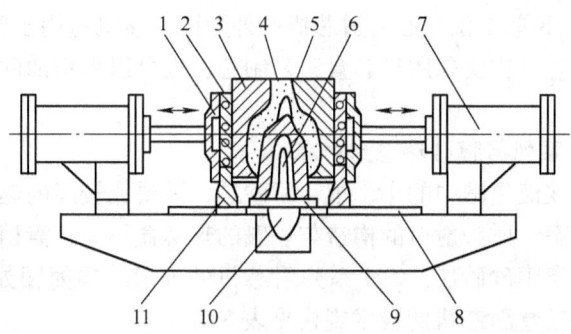

图 5-3 工作台及热芯盒结构简图

1—顶板 2—加热板 3—芯盒 4—砂芯 5—芯棒 6—电热器
7—夹紧气缸 8—导轨 9—托板 10—移出气缸 11—支架

下模具温度均衡。控制方式有手动、半自动及全自动三种形式。一些厂家生产的 Z86 单工位热芯盒射芯机的技术规格见表 5-2、表 5-3。

表 5-2 Z86 系列单工位热芯盒射芯机技术规格（一）

序号	名称	Z861	ZZ863	Z8612	ZZ8606	ZZ8612	ZZ8625	ZZ8635
1	型芯最大质量/kg	0.5	2.5	12	6	12	25	30~40
2	芯盒最大尺寸/mm × mm × mm	250×24×22	280×200×200	400×450×350	450×300×300	550×400×350	700×450×400	800×600×400
3	每一作业循环时间/s	—	90	90	80	90	120	180
4	电气安装功率/kW	—	0.12	8~12	19	22	40	50
5	压缩空气耗量/m³·次$^{-1}$（0.6MPa）	0.005	0.03	0.32	—	—	—	—
6	分盒及顶芯方式	垂直分盒			垂直分盒，水平上顶芯			
7	外形尺寸/mm × mm × mm	795×594×802	1260×1130×2027	1650×1354×2178	3000×2400×2490	3300×2550×2700	3600×2700×3000	2550×3980×3400
8	质量/kg	255	880	1300	2000	2500		

表 5-3 Z86 系列单工位热芯盒射芯机技术规格（二）

序号	名称	ZH8615	ZH8620	ZH8625	ZH8630	ZZ8625A	Z8625B	Z8640B
1	型芯最大质量/kg	15	20	25	30	25	25	40
2	芯盒最大尺寸/mm × mm × mm	500×500×250	650×600×300	800×650×320	1000×650×320	750×550×360	740×600×540	1000×700×700
3	每一作业循环时间/s	50	50	70	70	100	40（机动）	45（机动）
4	电气安装功率/kW	22	22	25	29	50	50	75
5	压缩空气耗量/m³·次$^{-1}$（0.6MPa）	—	—	—	—	0.6	1	1.2
6	分盒及顶芯方式	水平分盒，上、下顶芯				水平，上顶芯	水平，下顶芯	水平，下顶芯
7	外形尺寸/mm × mm × mm	2000×1400×3140	2200×1940×3470	2350×2000×3500	2600×2000×3500	2920×1360×3055	3160×3415×3120	4000×3900×3650
8	质量/kg	4500	5000	6000	7000	5000	6000	7800

图 5-4 所示为 Z8612B 单工位热心盒射芯机的外形图。该机适用于射制 12kg 以下的垂直分型的空心或实心的砂芯，主要采用热芯盒工艺制芯，也可以采用油砂制芯或粘土砂射制形状简单的砂芯。

2. Z94 系列和 KW 系列覆膜砂热芯盒射芯机

对于一些处在大量铁液包围中的小、细、薄砂芯，需要比较高的热抗压强度，多选用覆膜砂。由于覆膜砂为干态，射头射口的构造与一般的热芯盒不同，需稍加改造，一般的热芯盒射芯机也可用于射制覆膜砂砂芯。Z94 系列射芯机的外形结构简图如图 5-5 所示。Z94 系列和 KW 系列单工位热芯盒射芯机的技术规格见表 5-4。

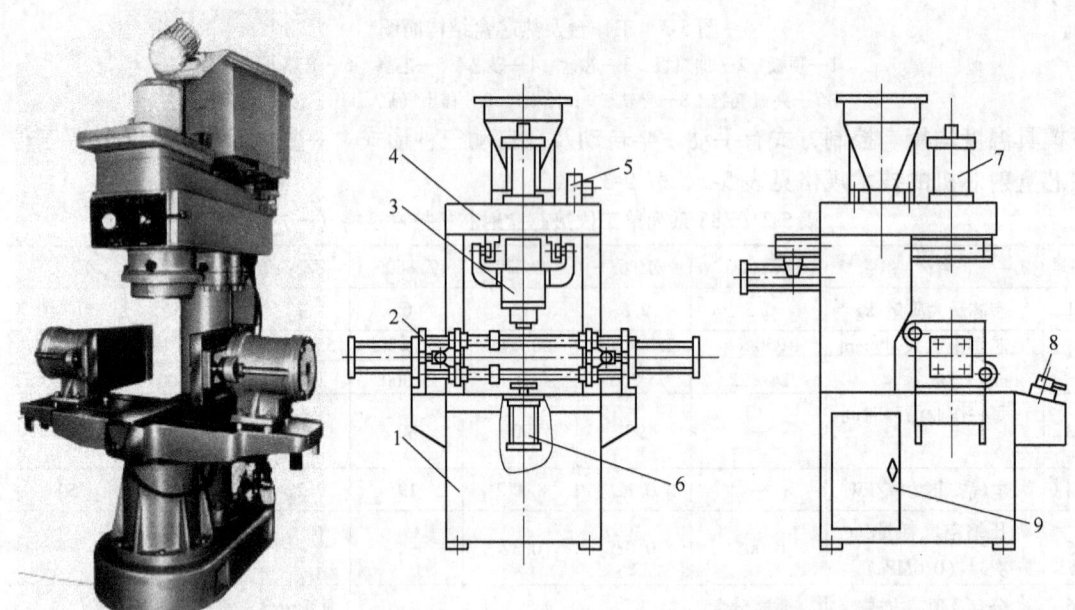

图 5-4 8612B 单工位热芯盒射芯机外形图

图 5-5 Z94 系列射芯机外形结构简图
1—机身 2—模架 3—射筒 4—顶架 5—射砂阀
6—下抽芯缸 7—上压气缸 8—操作阀 9—电控柜

表 5-4 Z94 系列和 KW 系列单工位热芯盒射芯机技术规格

序号	名称	Z9404	Z9406	Z9407	KW8620	KW8625	KW8630	KW8635
1	砂芯最大质量/kg	12	15	20	20	25	25	30
2	芯盒最大尺寸/mm × mm × mm	400×360 ×150/150	600×400 ×150/200	700×400 ×200/200	550×550 ×220	650×600 ×220	750×650 ×250	850×750 ×280
3	每一作业循环时间/s	—	—	—				
4	电气安装功率/kW				25	30	35	40
5	压缩空气耗量/m³·次⁻¹ (0.6MPa)				1~2	1~2	1~2	1~2
6	分盒及顶芯方式	垂直分盒，升降带式机出芯			水平或垂直分盒			
7	外形尺寸/mm × mm × mm	2052×1760 ×2268	2800×1395 ×2585	4000×1960 ×2730				
8	质量/kg	1800	4500	4500				

5.3.2 多工位热芯盒射芯机

热芯盒射芯机的特点是射芯时间短，砂芯加热硬化时间长。为了充分发挥射芯机构的作用，可将加热工序移至另外工作位置上进行，在加热的同时，射砂工位又可以射制下一砂芯。常用的多工位热芯盒射芯机有二工位、四工位及六工位等形式。这里重点介绍一下二工位热芯盒射芯机。二工位热芯盒射芯机，一般由一个射芯工位和两个起芯工位组成；两只移动工作台来回穿梭，在一副芯盒射完砂硬化时，另一副芯盒完成射砂等动作，从而提高了生产率。二工位射芯机的结构多为四立柱式，其起芯机构有悬臂式或四立柱式，开盒形式则有二开盒或四开盒两种形式，可以射制水平分盒或水平加垂直分盒（有抽模和夹紧机构时）的砂芯。该系列机适用于汽车、拖拉机、机械制造行业大批生产各种形状复杂的砂芯。

Z86 系列二工位热芯盒射芯机为水平分盒、垂直抽活块的二工位热芯盒射芯机，其抽活块的位置根据需要可上下调节，由一个射芯工位和两个起芯工位组成；采用了新型射砂机构，避免了射砂筒和排气阀的堵塞；上芯盒提升，上、下顶芯及芯盒的夹紧采用了动作平稳的液压缸，砂芯质量高、废品率低，避免了喷砂现象的发生；采用下顶芯方式和接芯叉出芯；射砂板和芯盒的更换及清理均可在设备之外进行；芯盒采用电加热，也可采用煤气加热，芯盒温度采用数字式电子调节仪进行自动化控制；控制系统由电气和液压联合控制，电控装置采用可编程序控制器，适用无触点开关发送信号。

Z8625D 和 Z8640B、Z8640C 型射芯机是一种新型的下顶式起芯的全自动高效热芯盒射芯机。该系列机具有射芯和起芯两个工位，适用于射制 25kg 和 40kg 以下的水平分盒的砂芯；装置了抽模和夹紧机构，适用于水平分盒四开盒芯盒；不仅可用热芯盒砂，而且还可使用覆膜砂制芯；可配置煤气加热，也可用电加热，控制系统采用可编程序控制器，电加热采用温度控制仪表自动控制芯盒温度。该系列机的特点是砂芯从下芯盒内顶出后取芯，砂芯不易折断。还可以根据用户的要求，设置相应的吹气挡板机构和必要的辅助装置，这样就可改装成冷芯盒射芯机。该机构简图如图 5-6 所示。

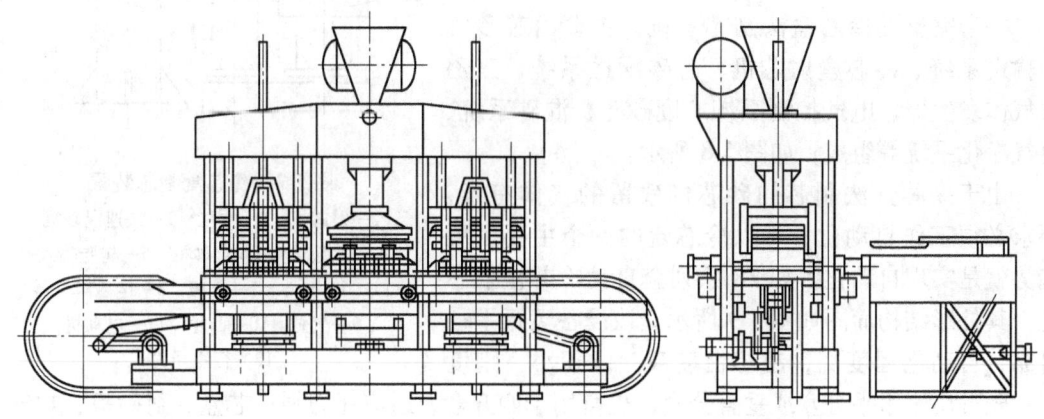

图 5-6　Z8625D（Z8640B、Z8640C）型热芯盒射芯机外形

尽管不同厂家生产、使用的热芯盒机品种规格繁多，但热芯盒射芯机在制芯生产中所要完成的主要机械动作即射砂紧实和顶出取芯是一样的。可以根据砂芯、壳型的尺寸大小，分芯方式及对设备的生产率和自动化程度的不同要求来合理选择机型。

5.4 冷芯盒射芯机

冷芯盒是向芯盒内通气硬化砂芯的工艺，与热芯盒工艺相比，有如下优点：砂芯精度高，表面粗糙度值低；硬化时间短，生产率高；不需加热，节省能耗；常温下工作，改善了劳动条件；出芯后不到一小时即可浇注，减少储存型芯的面积；没有过硬化问题，容易制作壁厚差异大的砂芯；对芯盒的材料要求较低；浇注后易溃散，落砂性能好等。冷芯盒射芯机由射芯机、气体发生器、净化装置以及液压、电气控制系统等组成。其工作原理是两个组分的液态树脂按比例配合，并按砂量的质量分数与原砂混合得到一种流动性好、易吹入芯盒的树脂砂；吹入芯盒后的芯砂通入以干燥空气、CO_2 或 N_2 为载体的氨气硬化剂（如三乙胺和一甲基乙胺），硬化剂与芯砂、树脂发生化学反应，使芯盒中的芯砂迅速硬化形成所需形状和尺寸精度的砂芯；残留在砂芯中的有害气体则被干燥的压缩空气吹出，通过芯盒（或模板框）以及相连的软管和管道系统进入净化器进行中和净化处理，排到室外的气体符合环保要求。冷芯盒射芯机就是采用冷芯盒工艺的制芯设备。

图 5-7 所示是一种冷芯盒制芯装置。图 5-7 中砂斗 6 为干砂加入处，由螺旋定量给料混砂机 4 将芯砂向前送进到快速混砂机 3 中。在此过程中，树脂从树脂喷入口 5 加入，在螺旋定量给料混砂机 4 内与干砂混合，在快速混砂机 3 中加入硬化剂。混合完毕的芯砂落入下面一台 Z8612 型射芯机的射砂筒，立即射制砂芯。砂芯射制完毕后很快硬化，从芯盒取出。凸轮 10 每转一次便使行程开关 12 发一次信号给计数的继电器，使螺旋定量给料混砂机 4 达到规定转数后停止转动，以控制干砂的定量。

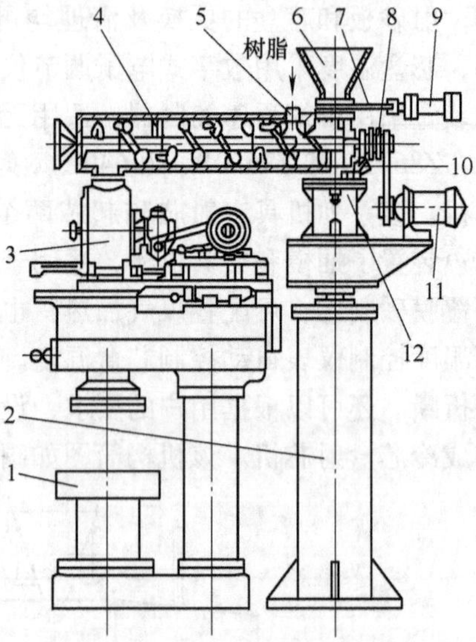

一套完整的冷芯盒法制芯系统，主要由芯砂气力输送系统、冷芯盒射芯机、芯砂配送系统、三乙胺气体发生器、电气控制系统、废砂斗、混砂系统、尾气净化系统等组成，如图 5-8 所示。

由于冷芯盒法制芯的砂芯内残留的气体有毒，要求必须工作自动化，所以冷芯盒的一个主要发展趋势就是实现自动化。如 Z8 系列全自动冷芯盒射芯机，其外形结构简图如图 5-9 所示。该设备运行平稳可靠，自动化程度高，制芯精度高，体积小，刚度高；既可用于水平分盒或垂直分盒，也可用于四开盒，适应能力强；芯盒、射砂板、吹气板的安装采用了真空夹紧系统，更换方便快捷。

德国 Laempe 公司生产的冷芯盒射芯机有 LT 型、LF 型、LL 型、LFB 型等系列。LT 型系列射芯机与气体发生器集于一体，手工操作，用于制作小砂芯及砂芯试样；LF 型系列，具有全自动工装更换及润滑系统，比例阀技术控制所有的液压运动，适用于砂芯及砂型的大批量生产；LL 型系列，可用于热、冷芯盒工艺，可使用多达六开盒的芯盒，主机、电控、

图 5-7 冷芯盒制芯装置
1—射芯机 2—立柱 3—快速混砂机
4—螺旋定量给料混砂机 5—树脂喷入口 6—砂斗 7—闸板 8—电磁离合器
9—气缸 10—凸轮 11—电动机
12—行程开关

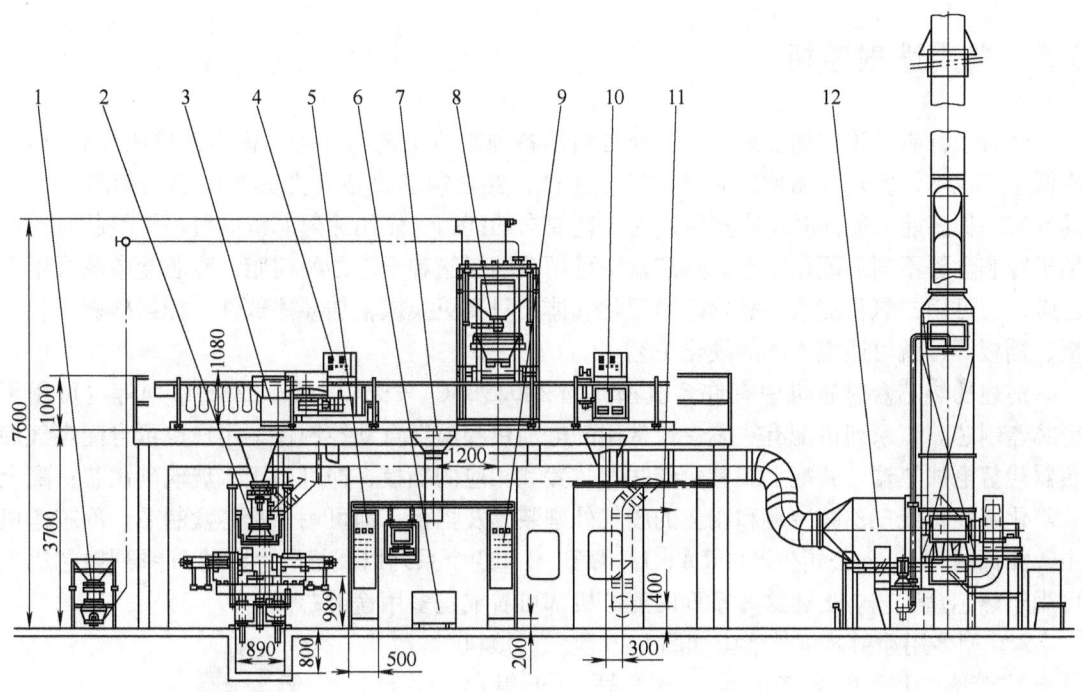

图 5-8 冷芯盒法制芯系统的组成
1—芯砂气力输送系统 2、11—冷芯盒射芯机 3—新砂配送系统 4、10—气体发生体
5、9—电气控制系统 6—废砂斗 7—废砂溜槽 8—混砂系统 12—尾气净化系统

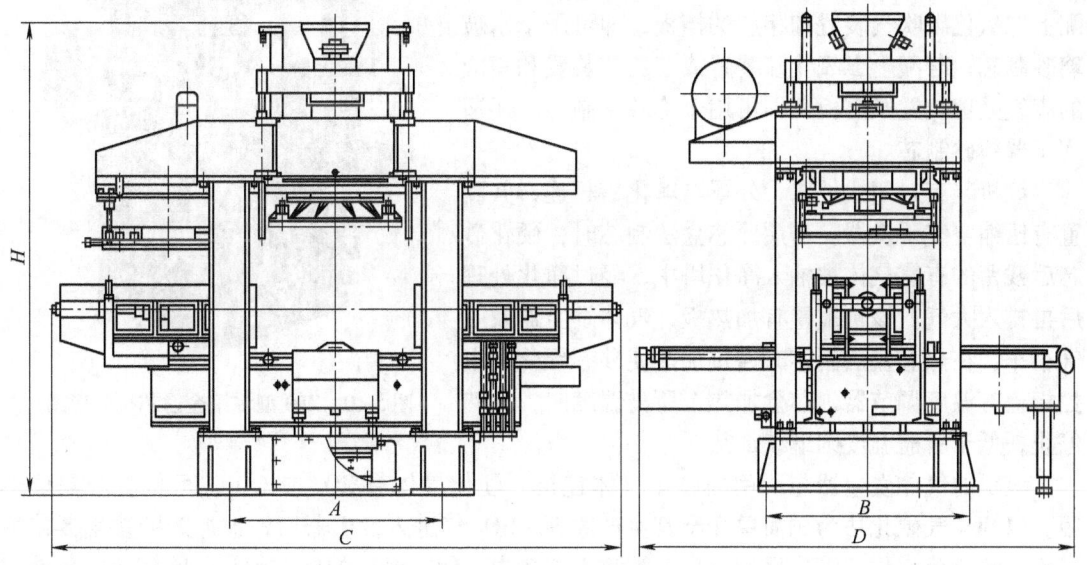

图 5-9 Z8 系列全自动冷芯盒射芯机外形结构简图

气体发生器及机器围屏集于一体，适用于中、小批量的生产；LFB 型是在 LF 型基础上开发的新系列，可以全自动更换工装。

5.5 多用途射芯机

随着多种制芯工艺的发展，为了充分利用各种制芯工艺的优势，提高铸件质量和产量，降低生产成本，实现多品种砂芯的柔性化生产，要求制芯设备（尤其是中小型制芯机）应具有有一机多能，能同时适应多种制芯工艺要求的能力。多用途射芯机既可用于热芯盒也可用于冷芯盒等不同的硬化工艺。热芯盒中可用呋喃树脂和干态酚醛树脂，冷芯盒中既可用三乙胺，也可用二氧化硫或二氧化碳等硬化气体，只要更换或增加某些部件，如射砂板、吹气板、挡板等，就可适应不同的硬化工艺。

前述的热芯盒射芯机中有许多机型，如 Z8625B/C、Z8640B/C、ZZ86 系列等也可用于冷芯盒制芯。该系列机配有热芯盒最常用的电加热和温度自动控制仪，用户也可自配煤气加热器代替电加热器。若配上二氧化碳吹气装置和相应的挡板，即可用于水玻璃砂制芯；配上二氧化硫装置或三乙胺装置和相应的废气处理装置及挡板，即可用于冷芯盒制芯。冷芯盒机中，如德国 Laempe 公司生产的 LA、L、LFB、LB 四个系列以及德国生产的 H 系列射芯机也可用于热芯盒工艺。上述这些系列的射芯机都可看成是多用途射芯机。

Z80 型多用途射芯机外形图如图 5-10 所示。该机具有广泛的用途和较高的生产率，适用于射制 12.5kg、25kg、40kg 以下的砂芯，制芯精度高，体积小，刚度高；既可用于水平分盒或垂直分盒，也可用于四开盒，适应能力强；控制系统采用可编程序控制器进行控制，设备运行平稳可靠、自动化程度高。若配上二氧化碳吹气装置和相应的挡板，即可用于水玻璃砂制芯；若配上二氧化硫装置或三乙胺装置和相应的废气处理装置及挡板，即可用于冷芯盒制芯。还适用于覆膜砂制芯。

图 5-10 Z80 型多用途射芯机外形图

该机装有封闭式外罩，外罩与净化塔相连，并配置有压缩空气干燥器。当用冷芯盒法制芯时，硬化砂芯后残留的有害气体被抽入净化塔中，经过净化处理后再排入大气。该机配置有加热板、气体发生器及吹气小车，在热芯盒法制芯时通过加热使砂芯硬化。电控柜上有温度调节器，芯盒加热至所需温度时，加热停止；低于所需温度则继续加热。

该机的气体发生器与所用的硬化气体连接，硬化气体有 SO_2 或 CO_2，可依生产需要选用。以 SO_2 气硬化法为例简单介绍其生产原理。SO_2 气进入发生器后，被加热的发生器使液态 SO_2 气充分汽化，汽化后的 SO_2 气被吹入芯盒中，使芯盒中的砂芯硬化。吹气板安装在吹气小车上，吹气小车可以在轨道上往复穿梭。

由于热芯盒制芯和冷芯盒制芯的工艺要求不同，因此所用射板的结构也不同。装在射头上的转动手柄就是为便于快速更换射板而设计的。在吹气小车上装有可调压板，便于快速更换吹气板。

5.6 壳芯机

5.6.1 壳芯机的原理

从硬化工艺来说，壳芯机也是热芯盒射芯机，它是以酚醛树脂作为粘结剂的一种热硬性砂芯的制芯设备，由于它是可以做成中空的壳体芯，所以砂芯被称为壳芯，制芯设备也就被称为壳芯机。使用壳芯机制芯时，芯砂的加入可以是射入或吹入或重力加入，加热结壳到一定程度后，多余的芯砂被翻转倒出回用。其制芯过程如下：

1) 将壳芯砂吹入加热了的芯盒中，保持一定时间，使靠近芯盒壁处的壳芯砂中的树脂熔化，将砂粒粘结，沿芯盒内腔形成具有一定厚度的薄壳。

2) 将多余的壳芯砂倒出。

3) 留在芯盒内的薄壳再加热一定时间硬化，打开芯盒，将砂芯顶出，即得薄壳砂芯。

与热芯盒法制芯相比，使用壳芯制芯具有如下特点：芯砂热强度高、流动性好，所以可制作薄或细长的砂芯（如缸体、缸盖的水套芯、中空长圆棒芯等）；由于是中空的薄壳砂芯，所以透气性好、发气量小，铸件气孔性的废品率很低；砂芯重量轻，节省原材料；砂芯的尺寸精度高、变形小、表面粗糙度值低，所以铸件内腔精度高、内表面光洁、加工余量少；混制好的芯砂呈覆膜态状（也称覆膜砂），可长时间存放和运输，所以芯砂可商品化，减少车间混砂作业面积；但成本高。

壳芯机的基本原理如图 5-11 所示，其工作过程如下：

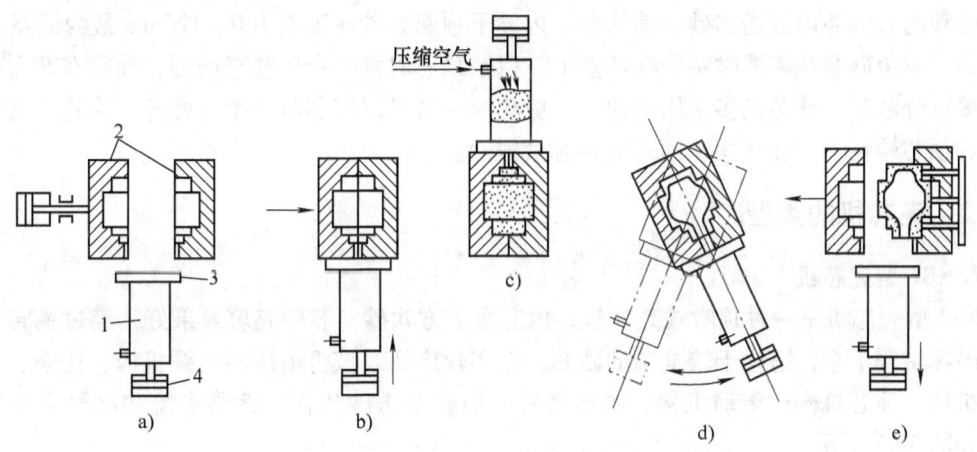

图 5-11 壳芯机工作原理示意图
a) 原始位置 b) 芯盒合拢吹砂斗上升 c) 翻转吹砂加热结壳
d) 转回摇摆倒出余砂硬化 e) 芯盒分开顶芯取芯
1—吹砂斗 2—芯盒 3—水冷吹头 4—薄膜气缸

（1）加热芯盒 芯盒用电或煤气加热。芯盒的加热温度根据芯砂粘结剂、壳厚、结壳时间及硬化时间等确定，一般为 260~280℃。电加热的特点是加热均匀、热效率高、容易自动控制温度、劳动条件好，但电能消耗大、加热速度较慢、维修困难。电加热时，若砂芯形状简单、壁厚均匀，可在芯盒外另设加热板，在加热板中装入电热棒。因此采用电加热的芯盒结构简单，便于机械加工。若砂芯形状较为复杂、壁厚不均匀，则可将电热棒直接装入芯盒内。此时可以使电热棒尽量靠近芯盒内腔工作表面，热效率高，而且可以合理布置电热棒，达到砂芯表面温度均匀和壳厚均匀的目的；同时，减少了芯盒与加热板的连接，便于安装芯盒，但电热棒的更换较困难。

煤气加热的特点是节省电力、芯盒结构简单、容易加工和装拆，但劳动条件差、热效率低、不容易实现温度的自动控制。

(2) 吹砂　由于壳芯砂的流动性非常好，近似于烘干过的新原砂，因此，吹砂斗内只需通入低压（1~3atm$^{\ominus}$）压缩空气进行吹砂，并在一定时间内（约3~4s）保持压力。若吹砂压力和时间适当，即可获得轮廓清晰、完整、光洁的砂芯。

(3) 结壳　吹砂终止后，吹砂斗停留一段时间进行结壳。结壳时间一般为15~50s。壳厚度按需要确定，一般为3~10mm。

(4) 倒出余砂　达到规定的结壳厚度后，将未曾结壳的中心部分芯砂倒回吹砂斗。对于形状较复杂的砂芯，采用顶吹，然后使砂斗翻转180°，并作左右各45°摇摆，保证未结壳的芯砂倒得比较干净，以节约芯砂。而对于形状比较简单的砂芯，则可以不翻转，直接采用底吹，也不用摇摆。

(5) 硬化　将已结壳而处于塑性状态的薄壳继续加热一段时间，使塑性薄壳完全硬化。硬化时间视壳厚而定，一般为2min左右。

(6) 顶芯、取芯　硬化结束，高强度的薄壳砂芯已经制成，可以从芯盒中顶出砂芯，用人工或专用工具取出待用。

以上是单个壳芯的制芯程序。在连续生产时，随着制芯数量的增加，吹砂斗内砂量减小，必须向吹砂斗内加送芯砂，使吹砂斗内砂子顶面离砂斗顶面100~120mm最为适当。

为了避免砂芯在高温时粘附在芯盒上，以致顶芯时发生变形甚至撕裂，尚需在芯盒内腔表面喷以分芯剂。分芯剂多采用硅油，一般喷涂一次可以制芯数十个。此外，为使芯盒充填良好和顶芯顺利，可在摇摆和顶芯时将芯盒振动。

5.6.2　壳芯机的类型

1. K87型壳芯机

K87型壳芯机是一种顶吹式壳芯机，由芯盒上方吹砂，芯砂充填效果好，经过翻转、摇摆余砂容易倒干净，适合于较复杂的砂芯，应用较广泛。该机由翻转摇摆机构、托架、开合芯盒机构、顶芯机构、传动机构、吹砂装置、加砂及送砂装置、管路系统和电气系统等组成，如图5-12所示。

K87型壳芯机的原始工作位置是吹砂斗在芯盒下方。吹砂时，将吹砂斗翻转180°，并作左右各45°摇摆，以使芯盒中的余砂倒干净。翻转摇摆机构是由前转环27和后转环16通过四根空心导杆28用螺母29固紧的刚性构架，它支承在托架的四个托滚42上，机器上随之转动的全部零部件均安装在该刚性构架上。

托架是由前支架38和后支架47通过两根连接管39用螺栓、螺母固紧的刚性构架，其上设四个托滚，支承着整个翻转摇摆机构。前支架上设置有用来喷涂分芯剂的喷壶1和用来

$\ominus$　1atm = 101.325kPa。

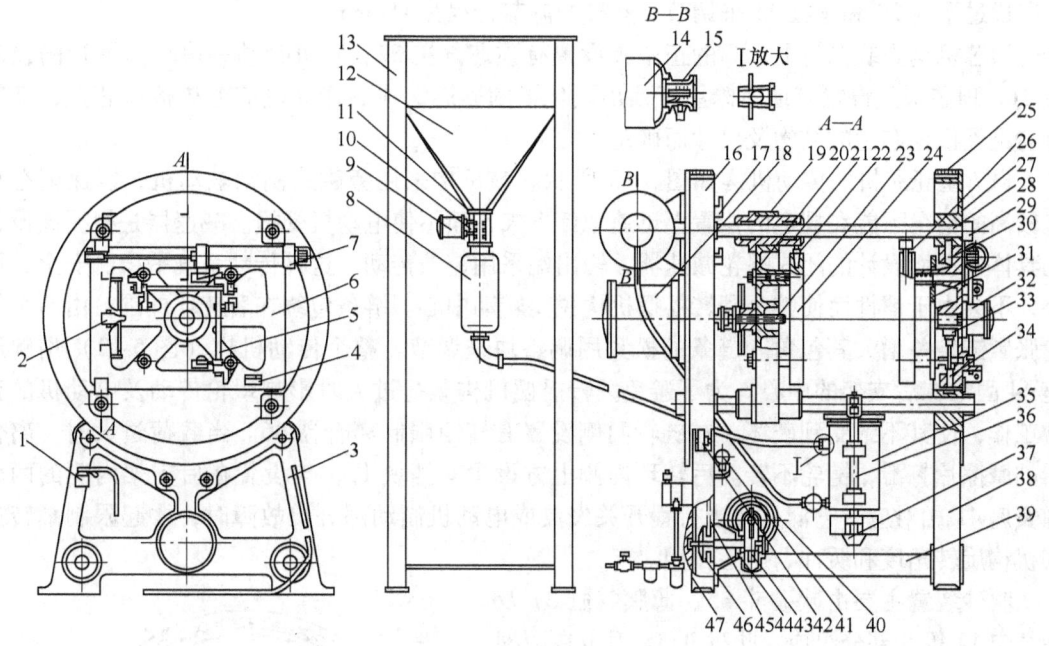

图 5-12 K87 型壳芯机总图

1—喷壶 2—机控联锁阀 3—喷嘴 4—挡块 5—顶芯同步杆 6—门 7—摆动气缸
8—送砂包 9—闸门气缸 10—闸块 11—橡胶颈管 12—大砂斗 13—角钢支架
14—储气包 15—吹砂阀 16—后转环 17—挡块 18—合芯气缸 19—滑架 20—手轮
21—导套 22—热电偶 23—丝杠 24—后加热板 25—罩 26—前加热板 27—前转环
28—导杆 29—螺母 30—门转轴 31—顶芯板 32—顶芯气缸 33—门锁紧气缸 34—门
锁销 35—吹砂斗 36—导杆 37—薄膜气缸 38—前支架 39—连接管 40—制动电动机
41—弹簧座 42—托滚 43—蜗轮 44—碗形座 45—链条 46—离合器 47—后支架

清理机器的压缩空气喷嘴 3,后支架下方安装着全部链传动机构。

垂直分芯的芯盒由两个对开芯盒组成,因而芯盒的开合机构也由两部分组成,即门 6 的回转开闭和滑架 19 的移动。用作壳芯热源并连接着芯盒的加热板相应地分成前后两块,其内装有电热棒。芯盒的一边固定在前加热板 26 上,可随门的开闭而转进转出;芯盒的另一边固定在后加热板 24 上,可随滑架作前后移动。

门 6 安装在前转环 27 内,门转轴 30 位于前转环右边的两个凸耳内,门绕转轴的转动(即开闭)是由一端固定在前转环右上角、另一端固定在门的左上角的摆动气缸 7 来实现的。为了保证在翻转和摇摆过程中门不会松动或自行打开,从而保证吹砂时芯盒不致胀开而产生喷砂现象,门关闭后必须锁紧。为达到这一要求,门上装有锁紧机构,门锁紧气缸 33 带动两个门锁销 34 上、下分别插入前转环左边与两个凸耳相对应的销孔中。门锁紧气缸通过机械装置接通机控联锁阀 2 以控制摆动气缸的开闭。机控联锁阀的作用是保证只有当门锁销完全拔出时摆动气缸前端方可进气,门才能打开,避免门锁销未拔出或未全部拔出时门就打开而造成损坏事故。门的右下角设置有挡块 4,当门开启到 90°时起缓冲和限位之用。

滑架 19 用四个导套 21 套在四根导杆 28 上,滑架的移动由装在后转环中央的合芯气缸 18 带动。当合芯气缸的活塞动作时,活塞杆带动滑架在导杆上前后移动以实现芯盒的开合。合芯行程为 200mm。为了适应不同厚度的芯盒,减少合芯气缸的空行程,滑架的原始位置可以通过手轮 20 和丝杠 23 来调节。丝杠的调节行程为 150mm。

顶芯机构安装在门上，门的正中央设置有顶芯气缸 32，它可带动一块与门平行的顶芯板 31，顶芯板上设置有顶芯棒用于顶出硬化了的砂芯，顶芯棒穿过前加热板和芯盒，其数量与配置根据芯盒的结构及尺寸而确定。

K87 型壳芯机的传动机构如图 5-13 所示。该机构采用旁磁式制动电动机，以保证在转速较高的情况下能在规定的位置上迅速地停下来，而不使电动机受损。减速器是根据该设备的具体条件而设计的闭式蜗轮减速器，输出端采用链条传动。这种传动系统平稳、安全、可靠，不会由于惯性而使整个翻转摇摆机构脱离转动中心。链条包绕在后转环外围，由两个导轮张紧链条并增大其包角。链条的松紧用调整块来调节。整个传动机构（图 5-12）用碗形座 44 固定在后支架的中心。为了避免翻转摇摆机构载荷过大时影响蜗轮传动及电动机的正常工作，使其不致受到破坏，在链轮两侧设置有转矩限制离合器 46。当载荷过大时，离合器的摩擦片打滑，链轮不转。后转环内侧上方设置有挡块 17，与设置在后支架内侧的两个弹簧座 41 相对应，它们只是当行程开关失灵或电动机制动部分出故障时，才起限制翻转摇摆机构旋转角度和缓冲、保险作用。

吹砂装置主要由吹砂斗 35、薄膜气缸 37 及储气包 14 等几部分组成。吹砂斗 35 固定在两根垂直导杆 36 上，后者又用可拆的轴瓦分别固定在翻转摇摆机构下面的两根导杆上。吹砂斗可沿垂直导杆上下移动，也可沿横导杆调整位置，以适应芯盒的不同高度和厚度。吹砂斗底部装有两个薄膜气缸 37，薄膜气缸可使吹砂斗上下移动，控制吹砂斗与芯盒压紧或离开，薄膜气缸的行程约为 40mm。为了避免在吹砂过程中气压波动过大，在后转环上合芯气缸的上方安装有储气包 14，储气包右端装有吹砂阀 15。吹砂时吹砂阀进气口打开，压缩空气瞬时沿导管进入吹砂斗下方的进气孔，将砂斗内的芯砂吹入芯盒。吹砂阀关闭后，砂斗内剩余的气体经过滤器由排气阀排入大气。由于壳芯砂的流动性特别好，容易充满芯盒，故只需经由形状简单的吹砂孔用 1~3atm[⊖] 低压吹砂即可。

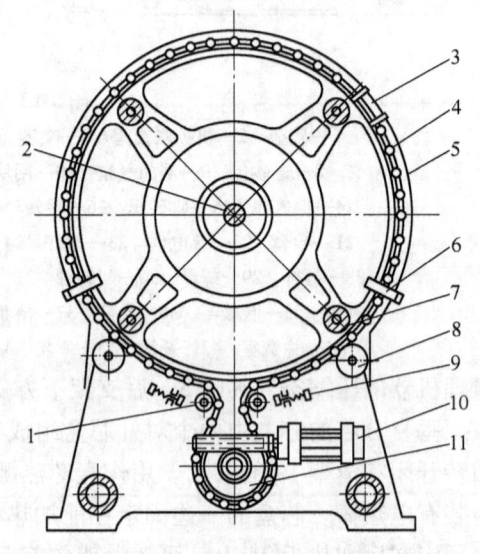

图 5-13　K87 型壳芯机传动机构简图
1—导轮　2—合芯气缸活塞杆　3—调整块　4—传动链条　5—罩　6—挡块　7—转环连接导杆　8—托滚　9—保险装置　10—制动电动机　11—链轮

加砂及运砂装置包括大砂斗 12、送砂包 8 及闸门气缸 9 等。每次吹砂后，该装置将定量的芯砂用压送方式送入吹砂斗。漏斗形的大砂斗位于可拆的角钢支架 13 上，用于储存和供给芯砂。大砂斗下端通过圆形橡胶颈管 11 与送砂包 8 相连通。向送砂包加砂时，闸门气缸 9 打开，大砂斗内的芯砂经过橡胶颈管靠重力流入送砂包；而向吹砂斗送砂时，闸门气缸动作，闸块 10 将橡胶颈管关闭，送砂包内通压缩空气，芯砂通过软管压送到吹砂斗内。软管与吹砂斗结合处采用橡胶球自动密封，由软管压送来的芯砂很容易推开橡胶球而进入吹砂

[⊖] 1atm = 101.325kPa。

斗。而当停止压送后进行吹砂时，由于吹砂斗内的压力大于软管内的压力，所以，橡胶球很快地在压力作用下将软管与吹砂斗结合处密封。送砂完毕，闸门气缸复位，闸块松开，橡胶颈管畅通，大砂斗内的芯砂又流入送砂包，准备下一次送砂。

2. Z95系列壳芯机

Z95系列壳芯机的性能特点：采用垂直分盒，气、液、电联合由PLC控制，使用无触点开关发讯，可实现全自动、单循环自动及单动三种操作方式，制芯工艺参数调节方便；加热系统分为电和液化气加热两种，可由用户选择，芯盒温度采用数字式电子调节仪器进行自动控制；射砂机构采用进退或回转移动，避免射头长时间受加热的芯盒烘烤，采用水冷射头、水冷储砂斗；采用上吹式装置，可自动翻转倒砂、自动回收余砂，射制好的砂芯由取芯装置自动输送到机外；设有刮砂机构，每一循环可两次清扫芯盒上表面；可根据用户的要求生产双面射砂、翻转排砂的壳芯机。Z956B型壳芯机的结构及外形如图5-14所示。

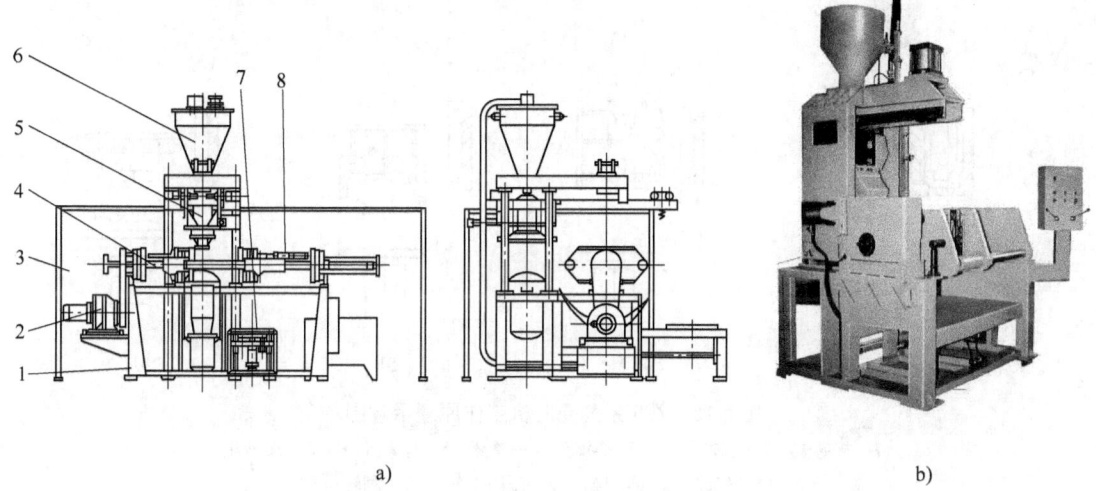

图5-14　Z956B型壳芯机结构及外形图
a) 结构简图　b) 外形图
1—机架　2—翻转驱动装置　3—防护围栏　4—滑动机构　5—移动式射砂机构
6—加砂斗　7—取芯输送带　8—动模翻转装置

Z95系列壳芯机工作原理，如图5-15所示，制芯过程如下：

1) 射筒加砂。工作开始时，射筒（包括水冷射头）在加砂斗下方已加好砂，芯盒位于射砂缸下面已预加热完毕（图5-15a）。

2) 合模、射筒移至射砂工位。循环开始，动芯盒合模，射筒移进射砂工位，位于射砂缸下方和芯盒上方（图5-15b）。

3) 射筒下降并压紧在芯盒上、射砂排气。合模压力足够大后，射砂缸下降，将射筒和水冷射头压紧贴在芯盒上，射砂阀打开射砂。射砂结束后，排气阀打开，将芯盒和射筒内的余气排净（图5-15c）。

4) 射筒上升、移出、芯盒内芯砂结壳、芯盒翻转摇摆。射砂缸上升，射筒在弹簧力作用下升起，移回加砂斗下，芯盒内芯砂开始结壳。芯砂结壳达一定厚度后，在翻转机构作用下芯盒正转180°，使射嘴朝下倒出余砂，然后反转180°回原位（图5-15d）。

5) 型芯硬化。芯盒内的壳芯进入硬化阶段（图5-15e）。

6）芯盒打开。硬化结束后，动芯盒被平移打开一定距离（图 5-15f）。

7）芯盒倾转（图 5-15g）。

8）顶芯。移芯小车进到位后，接芯缸升起，顶芯机构将制好的砂芯顶出落入移芯小车台面上。接着接芯缸下降，移芯小车将砂芯移出。最后，设备回原位，准备下一工作循环的开始（图 5-15h）。

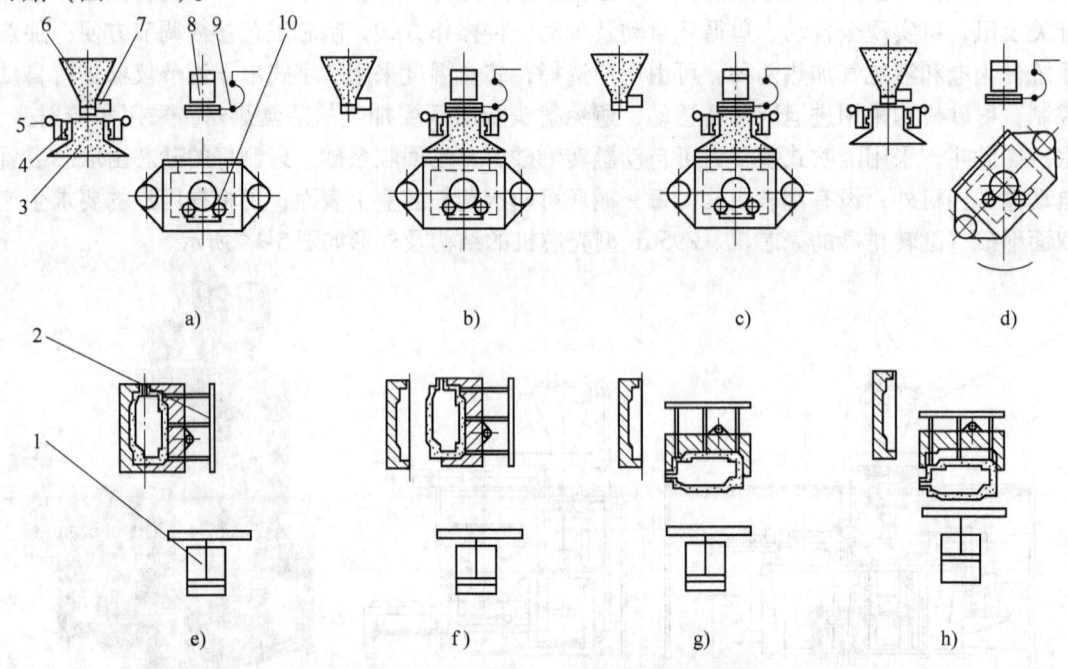

图 5-15　Z95 系列壳芯机工作原理示意图
1—接芯缸　2—顶芯机构　3—射筒　4—弹簧　5—移动小车　6—加砂斗
7—加砂气缸　8—射砂缸　9—压缩空气　10—翻转机构

设备的机械部分主要由射砂机构、开合芯盒机构、取芯机构、气力松砂装置、上架、翻转驱动装置、机架及防护网栏等部分组成。

5.7　制芯中心

5.7.1　概述

当生产像发动机缸体、缸盖这样的铸件时，需要很多砂芯组合以后才下到铸型中。传统工艺是先生产单个砂芯，经过去毛刺修整、上涂料及烘干后，利用专用夹具组合好再下到铸型中。这一过程工序多，参与人员多，受到人为及其他因素的影响也多，显然对尺寸精度的影响也很大。为了解决上述问题，近年来国内外现代化铸造车间越来越广泛地应用了制芯中心。制芯中心是在冷芯盒制芯工艺发展的基础上，由自动操作的多功能射芯机和后处理工序（包括取芯、去毛刺、组芯、上涂料、烘干、运送和储存），以及辅机联合组成的流水作业生产线。这样，极大地提高了砂芯的表面质量，降低了型芯废品率，提高了自动化和安全系数，减少了无效劳动，降低了劳动强度，提高了生产率及铸件精度，使传统铸造转向现代精益铸造。

制芯中心主要包含下列主要设备。

1. 射芯工艺及制芯主机

射芯机的发展方向是自动化、多功能,既能射制热芯盒砂芯又能射制冷芯盒砂芯。制芯主机采用多台射芯机射制组芯所需要的全部单个砂芯;混砂设置独立系统的配砂头;有快速更换芯盒的机构;整个制芯过程采用计算机控制,可实现全部自动化操作,并可对各个工序的工艺参数(如温度、时间等)实行自动控制;有处理有害气体的净化处理系统。

2. 后续工序的辅助装置

制芯后的后续工序有取芯、修整砂芯、去除表面毛刺、上涂料烘干等。这些原来由人工完成的后续工序一般由专用机械手及相应的机构完成。

1)制芯机的芯盒可实现多开模并配有取芯机器人。

2)修整砂芯、去除毛刺工艺。制芯机射制的砂芯去除毛刺仍是一道必不可少的工序,主要方法有:手工刮除或用砂石磨掉分型毛刺工艺;用带有铣头的机器人去除毛刺;由机器人夹持砂芯经过龙门刮板(刮板的内框与砂芯的外形边缘相同)刮一次,可以把砂芯四周的毛刺刮掉,例如,缸体-曲轴箱砂芯只要立着进入龙门刮板内刮一次,毛刺就会全部掉下来;冲除法,由机器人将砂芯平放着送入形状、尺寸完全和芯盒内腔相同的模框内冲除掉;珠链拖刮掉毛刺,型芯平卧放在输送带上向前走,珠链自动进入砂芯内的孔穴内,珠链上有很多钢珠,作上下运动,将毛刺拖刮掉。

3)砂芯的组合及紧固。所有单芯按照工艺要求进行相互定位、组合并紧固成一体。目前,成组砂芯紧固的方法很多,有粘胶、注铝、螺栓紧固以及采用预先设定的锁芯孔或预留连芯的通孔进行"二次射芯"的 Key-core 锁芯法等。

4)挂涂料技术。涂敷涂料有喷涂、刷涂及浸涂等方法,因为浸涂质量易于控制被较多采用。常采用的全套砂芯整体上涂料的方法有两种方式:一种是卧式涂料机,砂芯浸入涂料槽内,涂料机的中轴水平高速旋转,将砂芯上的多余涂料甩掉,然后送入烘干工位;另一种是立式涂料机,砂芯立放,垂直旋转,将涂料甩掉。

5)型芯的烘干工艺。可用电加热或煤气加热的卧式贯通炉烘干砂芯,也有采用红外线烘干炉的。

6)储运。将制芯中心生产完成的全套砂芯送入自动化的高位仓内,或者制芯中心的砂芯工部直接与造型工部相连,实现无存储的制芯生产体系。

制芯中心的技术要求较高,目前国内生产使用的制芯中心,其主要设备(如射芯机、机器人等)多从国外引进,有的甚至整套引进。当前应用较多的国外生产厂商有西班牙的 Loramendi 公司、德国的 Hottinger 公司和 Laempe 公司、意大利的 FA 公司等。国内的苏州明志科技有限公司、苏州铸造机械厂等单位也生产制芯中心,而且质量也不错,应用范围也越来越广。

5.7.2 自动化制芯中心实例

1. 西班牙 Loramendi 公司的制芯中心应用实例

(1)Key-core 自动锁芯工艺 Key-core 自动锁芯工艺是针对发动机缸体和缸盖复杂铸件的制芯而开发的比较先进的工艺。其目的主要为解决发动机,特别是缸体制芯存在的缺陷问题,可有效提高诸如缸体类复杂铸件的尺寸精度,并减小铸件壁厚,使铸件的重量有所减轻,减少飞边,降低加工成本,因此在很多制芯中心中都得到了成功的应用。不过,该工艺的应用在装备方面需要增加锁芯夹具和锁芯专用射芯机。

Key-core 工艺主要是指采用制芯机生产单体芯,并将单体芯用机械方式放入组芯夹具,然后将组合芯在专用冷芯盒射芯机上,通过二次射砂方式锁为一个整体芯的过程。其射制整体芯的组芯夹具是针对某一产品和工艺而专门设计的,并配备精确加工的定位系统,所以 Key-core 工艺能有效地保证整体芯内的每个单体芯轴心的精确位置和整体长度的尺寸精度,总体尺寸误差 <0.3mm。另外,通过 Key-core 工艺组芯夹具配备的精确加工定位系统,保证了整体芯高的尺寸精度,且砂芯质量稳定。

Key-core 自动锁芯工艺过程如图 5-16 所示。以曲轴箱芯为例,第 1 步:首先将曲轴箱①~④号芯和端部⑤~⑥号芯预组合配置于 Key-core 系统夹具中;第 2 步:进入系统的第一次夹具后,曲轴箱和端部砂芯在夹具中准备接合;第 3 步:曲轴箱砂芯组用专用射芯机进行 Key-core 工艺锁芯后,与水套芯⑦和平头芯⑧预组合,全部砂芯定位于系统第二次夹具内;第 4 步:经吹净后,用专用射芯机进行第二次 Key-core 锁芯工艺,完成整体芯的锁芯过程。

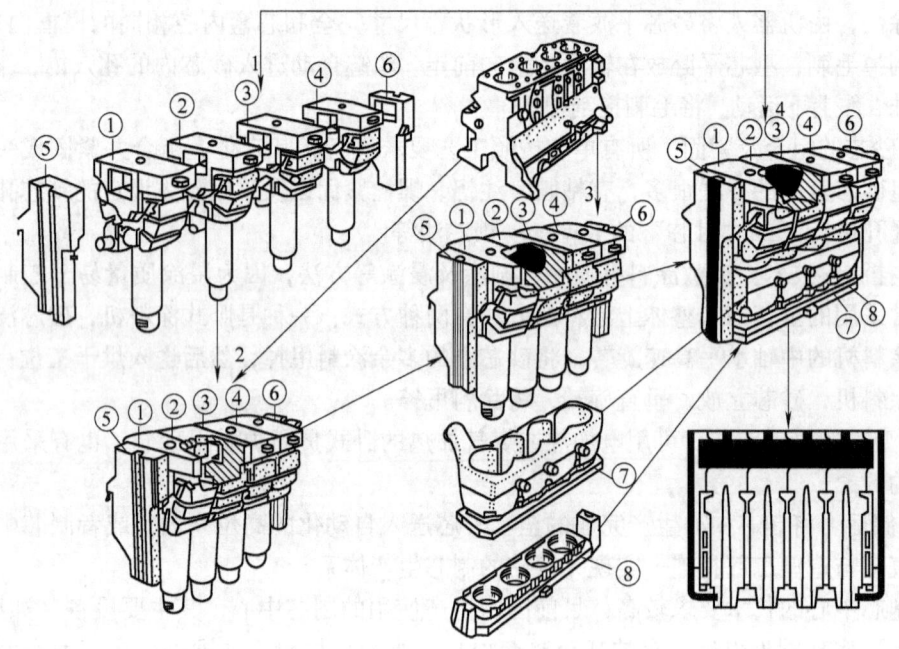

图 5-16 Key-core 自动锁芯工艺过程

(2) Key-core 自动锁芯工艺用于六缸发动机制芯中心实例 图 5-17 所示为某铸造厂的制芯中心系统的平面布置示意图,主要生产柴油发动机的缸体和缸盖,产品范围包括 9L 和 12L 的直列六缸机及 14L 的 V—8 发动机。

该系统设备组成有:一台全自动带快速自动芯盒更换系统的垂直分盒冷芯盒射芯机;一台小型生产挺杆芯的射芯机;1 号机械手:取芯,修芯,预组芯并将砂芯储存到自动储芯库,并最终放置到预组芯工位上;2 号机械手:将预组好的整体芯放置到 Key-core 锁芯穿梭工位,锁芯完成后将整体芯取出,浸涂料,将多余的涂料甩干净,最终将整体芯放置到烘干炉输送带上；四套修芯装置；一套双层全自动储芯库；组芯工作台；穿梭式 Key-core 锁芯系统；涂料槽；主机工装检测和服务装置；机械手夹具库，全自动更换夹具。

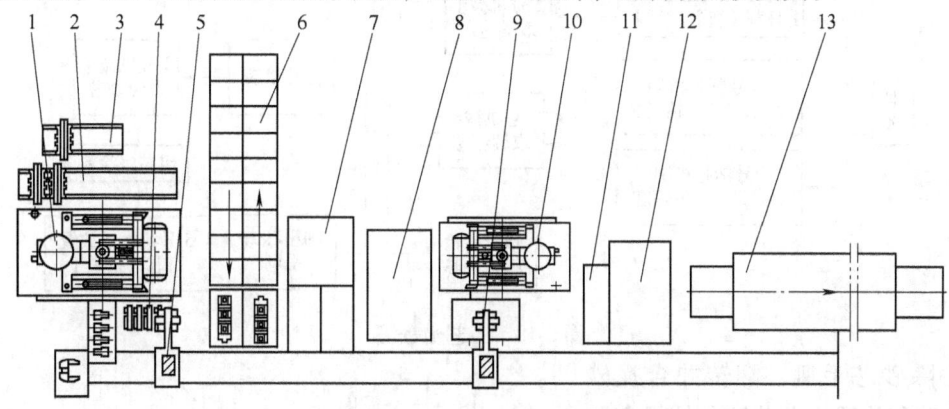

图 5-17 制芯中心系统平面布置示意图

1—冷芯盒射芯机 2—芯盒自动快换系统 3—主机工装检测和服务装置 4—四套修芯板 5—1号机械手 6—双层全自动储芯库 7—机械手夹具自动更换库 8—Key-core 锁芯夹具库 9—2号机械手 10—Key-core 锁芯机 11—机械手夹具清理槽 12—浸涂机 13—烘干炉

制芯中心主机为一台 220L 全自动垂直分盒冷芯盒射芯机，循环时间为 60s。芯盒外形尺寸（长×宽×上芯盒高/下芯盒高）为 1900mm×900mm×350mm/350mm。射砂循环中，由于 Loramendi 造型机的独特设计，上、下芯盒在射砂和硬化过程中高度夹紧（压力为 800kN）。这样砂芯的尺寸精度非常高，而且几乎无毛刺。主机每个循环生产四只砂芯，即三只曲轴箱芯和一只边芯（六缸发动机）。砂芯硬化后，抽活块、打开芯盒，将砂芯顶出至穿梭取芯器上；取芯后 1 号机械手将所有四只砂芯取走，并将砂芯翻转至垂直状态进行修芯；修芯装置为根据砂芯形状设计的带旋转刷的修芯板，砂芯由 1 号机械手操作快速修芯，去掉其外部毛刺；然后以各砂芯为轴心水平旋转 90°后合拢到预组芯设定的位置，接着将砂芯交替存入自动储芯库或放入组芯夹具，同时从自动储芯库取出前期存入的另一半预组好的砂芯放到预组芯夹具中，从而组成一组完整砂芯。

整体芯预组芯之后，2 号机械手将全套砂芯放置到 Key-core 锁芯机上的穿梭夹具内，夹具进入 Key-core 锁芯机，锁芯机用同样的冷芯盒砂进行二次射砂，硬化后将八只芯锁为整体。锁芯完成后，由穿梭夹具推出，2 号机械手将整体芯取出，浸涂料，甩干多余的液体涂料，将整体芯放置到烘干炉内烘干。砂芯从烘干炉取出来后，由另一台固定式工业机械手根据造型的需要将其放到托芯板上储备或直接放入下芯工位，整个过程全部自动化。

2. 三乙胺冷芯盒制芯中心

国内某公司用于生产六缸柴油机缸体的大件砂芯（端面芯和轴箱芯）的制芯中心，设计生产纲领为 45 套/h，包括：混砂系统、制芯机、取芯机械手、砂芯组装台、砂芯浸涂料机械手、涂料池、砂芯抽检、更换等设备。工艺流程图及制芯区平面布置图分别如图 5-18、图 5-19 所示。

系统各设备的动作过程及动作职责如下：混砂系统向三台制芯机提供芯砂混合料：1 号制芯机制缸体的左、右端面芯，2 号和 3 号制芯机分别制 X1、X2、X3、X4、X5、X6 轴箱芯。1 号机械手工作于 2 号和 3 号制芯机及组芯转台之间，负责从 2 号和 3 号制芯机上取芯、

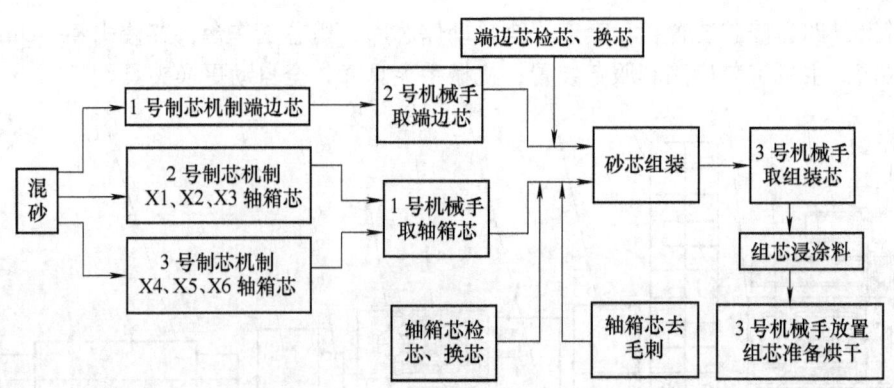

图 5-18 工艺流程图

自动去除砂芯毛刺、翻转并合拢砂芯，将砂芯放置到组芯转台的组芯胎具上（每次负责一台制芯机所制得的三个砂芯）。2号机械手工作在1号制芯机和组芯转台之间，负责取芯、翻转并将两个端面芯放置到组芯转台的组芯胎具上。组芯转台有四个工位，A工位：2号机械手将两个端面芯放置在两侧并将砂芯定位；B工位：1号机械手分别放置X1、X2、X3、X4、X5、X6轴箱芯，使砂芯定位，再将八个砂芯合拢；C工位：人工检查砂芯并紧固组芯；D工位：3号机械手取芯工位。3号机械手从组芯转台D工位上取走已紧固的组芯，翻转、浸涂料并甩干后放置在砂芯烘干器上，准备进炉烘干。在1号、2

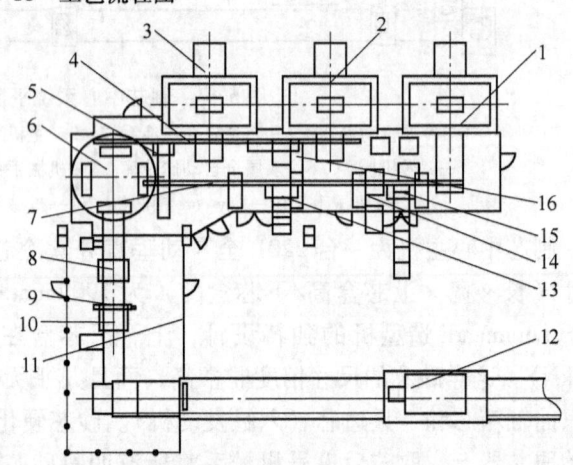

图 5-19 制芯区平面布置图

1—1号制芯机 2—2号制芯机 3—3号制芯机 4—1号机械手 5—去毛刺机 6—组芯转台 7—2号机械手 8—3号机械手夹具清洗池 9—3号机械手 10—涂料池 11—安全护栏 12—组芯烘干炉 13—机械手调换夹具装置 14—左、右端面芯检查、换芯车 15—2号机械手调换夹具装置 16—轴箱芯检查、换芯车

号机械手运行路线的中间，分别设有两台可自动移进、移出的检查砂芯、处理调换不合格砂芯的小车，按一定的频次将砂芯移出抽检。一旦设备、工装准备就绪后，从混砂到组芯放至烘干炉进炉滚道上的整个过程就由系统自动控制上下工序的衔接。

3. 德国 Lapempe 公司生产的四缸发动机制芯中心实例

该制芯中心工艺平面布置示意图如图 5-20 所示，用于生产标致四缸发动机砂芯组，砂芯品种多，制造工艺复杂。其主要设备为：制芯主机采用 Lapempe 公司的 LF100H 型冷芯盒射芯机（每次射砂量为100L，射砂直径 $\phi=970mm$，机动循环周期为40s，工装更换时间为10min），预组芯机器人为 IRE6400REX 型机器人（2.8m，200kg），浸涂机器人为 IRB4400 型机器人，组芯机器人为 IRE6400REX 型机器人，AFMA 涂料搅拌机。

冷芯盒射芯机7每个芯盒生产两个曲轴箱芯和一个端面芯，其他小砂芯，如水泵芯、水套芯、油道芯，则用射芯机预先生产好备用。工作时，芯盒在射芯机内射砂，砂芯硬化后移出机外，并顶出砂芯。预组芯机器人每次从射芯机取走两个曲轴箱芯和一个端面芯，并将曲

轴箱芯按顺序在预组芯台上摆放、组合好，同时到喷涂穿梭小车 2 处取走一个已由喷涂机器人装上水泵芯并喷涂好涂料的端面芯，再把一个未喷涂涂料的端面芯放到喷涂穿梭小车 2 上。这时在工位 5 如已有经人工清理和用螺栓锁芯后的曲轴芯组要转出到预组芯工位 6，则预组芯机器人返回预组芯工位 6，一起取走预组合好的一组曲轴箱芯，然后先将端面芯摆放到烘芯输送带 15 上，再把曲轴箱芯直接交给浸涂机器人 13；否则预组芯机器人直接把端面芯摆放到烘芯输送带 15 上，再返回射芯机顶芯、取芯处，从而开始下一循环工作。工位 5 和工位 6 的工作台在旋转机构驱动下作往复 180°水平转动，以使预组芯工位上的砂芯和锁芯工位上经清理和锁芯后的砂芯穿梭更换。人工上芯旋转台 4 用人工将水泵芯摆放到转台上，并手动转入到喷涂机器人 3 的工作区，供喷涂机器人 3 组装到端面芯中。喷涂穿梭小车 2 负责在预组芯机器人 1 工作区和各工作区之间穿梭输送端面芯。喷涂机器人 3 将水泵芯从人工上芯旋转工作台 4 取来装入端面芯中，并完成喷涂工作。浸涂机器人 13 负责从预组芯机器人 1 中接取经锁芯处理过的曲轴箱砂芯组，放入 AFMA 涂料搅拌机 14 内浸涂料，浸涂后升起并垂直旋转 90°后，经短暂停顿待没有涂料从砂芯流下后再将砂芯组另一端转到下面进行浸涂，然后再摆放到烘芯输送带 15 上。主体砂芯通过烘芯输送带 15 经烘芯炉 12 烘干后送进组芯机器人 11 的工作区。组芯机器人 11 将端面芯从烘芯输送带 15 上搬到一穿梭小车上，送去人工清除水泵芯毛刺及装入油道芯、曲轴箱砂芯组后返回。水套芯由另外的射芯机预制好后，在水套芯装芯撑工位 10 经人工装上芯撑，由传送装置送入组芯机器人 11 的工作区。最后，组芯机器人 11 将装有水泵芯和油道芯的端面芯、水套芯及曲轴箱砂芯组分别组装入自动组芯机 8 中，组装后的整体砂芯组再由组芯机器人 11 搬放到储芯小车上，最终

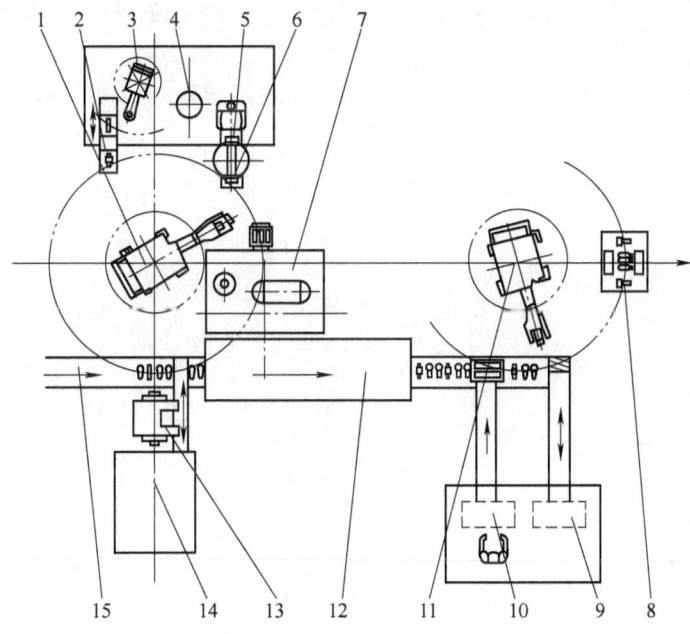

图 5-20 Laempe 公司四缸发动机制芯中心工艺平面布置示意图
1—预组芯机器人 2—喷涂穿梭小车 3—喷涂机器人 4—人工上芯旋转台 5—人工清理、上螺栓锁芯工位 6—曲轴箱芯预组芯工位 7—冷芯盒射芯机 8—自动组芯机 9—端面芯和水泵芯检查、去毛刺及装入油道芯工位 10—水套芯装芯撑工位 11—组芯机器人 12—烘芯炉 13—浸涂机器人 14—涂料搅拌机 15—烘芯输送带

被送入储芯库备用。

复习思考题

1. 不同粘结剂对制芯设备有何要求？
2. 制芯后处理需要哪些工序及设备？试举例说明。
3. 生产中所需射芯机数量应如何计算？影响因素有哪些？
4. 射芯机由哪几个主要部分组成？它们是如何进行工作的？射芯机在开启射砂阀前，在控制系统上必须实现哪些联锁条件才能保证射砂的顺利进行？
5. 试述壳芯机的工作过程。
6. 冷芯盒射芯机和热芯盒射芯机有何异同点？

第6章 熔炼与浇注设备

6.1 概述

熔炼工部的任务是为造型线提供足量、合格的金属液。熔炼工部的设备包括熔化、配加料及浇注三个部分。根据金属材质的不同，金属熔化方法各异，对黑色金属材料主要的熔炼设备包括：冲天炉、电弧炉及感应电炉。铸铁合金主要采用冲天炉和感应电炉，尽管感应电炉所占的比例在不断增加，但冲天炉仍然占主导地位并向着大容量、长炉龄、外热风方向发展。铸钢主要采用电弧炉和感应电炉，大容量、钢液质量要求高的主要选用电弧炉。随着自动控制技术、电子技术、激光技术等相关行业的发展，熔炼工部各环节的自动化程度也在不断提高。

6.2 冲天炉

冲天炉是一种多以焦炭燃烧为热源的竖筒式热法熔炼设备，主要用于碳的质量分数为2.2%以上的铸铁材料的熔炼，也可用来熔化某些非金属材料。

6.2.1 冲天炉的分类

表 6-1 归纳了各种形式的冲天炉。

表 6-1 冲天炉的类型

分类依据	技术特征	说明
按送风形式分类	单排风口侧送风	多用于插入式风口
	两排风口侧送风	迄今最常见的主要风口结构形式
	多排风口侧送风	常用于小型冲天炉或者焦炭质量差的冲天炉
按风口结构分类	普通风口	炉衬耐火材料形成的风口，属最常用的冲天炉风口
	常温送风水冷风口	又称插入式常温送风水冷风口，为长炉龄冲天炉典型风口
按燃料分类	焦炭	以焦炭为燃料，一般最常见的冲天炉
	天然气	以天然气为燃料，属无焦冲天炉的一种
	石油	以柴油、煤油、重油为燃料
	煤粉或焦粉	以煤粉、焦粉为燃料
	等离子热风	利用空气等离子发生器，将空气加热到700℃以上

(续)

分类依据	技术特征	说明
按炉衬性质分类	酸性炉衬	熔化、过热、炉缸等区采用酸性耐火材料
	碱性炉衬	熔化、过热、炉缸等区采用碱性耐火材料
	中性炉衬	熔化、过热、炉缸等区采用中性耐火材料
按炉衬厚度分类	常炉衬	非水冷炉衬,通常厚度大于180mm
	薄炉衬	水冷炉衬,厚度通常为60~120mm
	无炉衬	风口以上不砌炉衬,靠水冷炉壁形成的凝渣层保护炉壳

6.2.2 冲天炉结构及熔炼系统

常炉衬冲天炉在生产上应用范围很广,以此为例介绍冲天炉的结构及熔炼系统。常炉衬冲天炉熔化带的炉膛使用耐火材料修砌,炉龄一般在 8 h 左右。常炉衬冲天炉具有结构简单、建造费用低、占地面积小、电力容量小、易于维修的优越性,可以满足一般铸铁件单班生产的需要,在中小规模铸铁件生产中得到了最为广泛的应用。

一般常炉衬冲天炉的结构可以分为火花捕集器、烟囱、加料口段、炉身、炉底盘与炉腿、过桥与前炉等几部分,如图 6-1 所示。

(1) 火花捕集器 火花捕集器安装在冲天炉顶部,利用重力产生沉降作用,收集随炉气从烟囱口喷出的赤红炭粒,防止火灾,因此称为火花捕集器。该装置还可以去除炉气中颗粒粗大的粉尘颗粒,有一定的除尘作用。

(2) 烟囱 冲天炉加料口以上与火花捕集器之间的结构被称为烟囱,其横断面一般为圆形。烟囱的有效高度指有抽力作用的烟囱高度,与烟囱结构高度有一定区别,图 6-1 中标明了冲天炉烟囱有效高度的含义。

(3) 加料口 加料机向冲天炉中加入炉料的出入口,其尺寸根据加料小车的轮廓尺寸、运行轨迹确定。

(4) 炉身 炉身即炉底板至加料口下缘之间的结构,是冲天炉的核心部分,焦炭燃烧、固态金属炉料预热并熔化为液体、铁液过热等过程均在炉身中进行。炉身从上到下一般分为炉料预热区、熔化区、过热区、炉缸区、炉底等五个部分。

从炉底板到炉底砂床顶面为炉底,从炉底砂床顶面至第一排(最下面一排)风口中心线为炉缸,第一排风口中心至金属炉料熔化区之间为过热区,熔化区以上为预热区。

常炉衬冲天炉的送风部分一般固定在炉身上,送风部分包括风箱和风口。风口参数对冲天炉的性能有重要影响,风口参数包括风口排数、风口排距、风口直径、风口数量、风口倾角等。

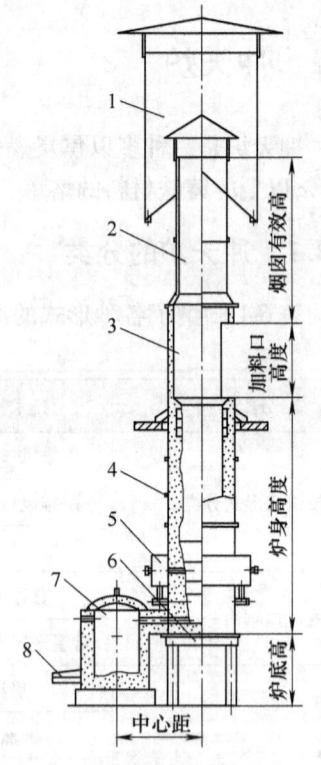

图 6-1 常炉衬冲天炉的结构
1—火花捕集器 2—烟囱 3—加料口
4—炉身 5—风箱和风口 6—炉底盘
与炉腿 7—过桥与前炉 8—出铁槽

(5) 炉底盘与炉腿 炉身与冲天炉基础之间的支撑结构即炉底盘与炉腿，炉底盘与炉腿可以方便打炉。炉腿将冲天炉支撑至一定高度，以便于前炉布置和接出铁液。炉底盘固定炉身并将炉身重力传递给炉腿。炉底盘上设置有炉底门，便于打炉时残料落出。

(6) 过桥与前炉 大部分冲天炉设置有前炉，前炉除了起储存铁液的作用外，同时具有分离铁液中炉渣、气体的作用，对铁液有一定的镇静净化作用。过桥连接冲天炉与前炉，炉缸中的铁液、炉渣经过桥流入前炉。

冲天炉的熔炼过程如下：炉膛内装入一定高度的底焦并点燃，底焦上面逐层加入铁料、层焦及石灰石。空气经鼓风机升压后送入风箱，然后由各风口进入炉内，与底焦发生燃烧反应产生的高温炉气将铁料由上往下逐层预热、熔化并过热至 1500~1600℃，经炉缸从过桥流进前炉存储，然后由出铁口放出。炉渣则由出渣口放出。

一个典型冲天炉熔炼系统由鼓风机、配加料机、冲天炉、除尘器、引风机等组成，如图 6-2 所示。

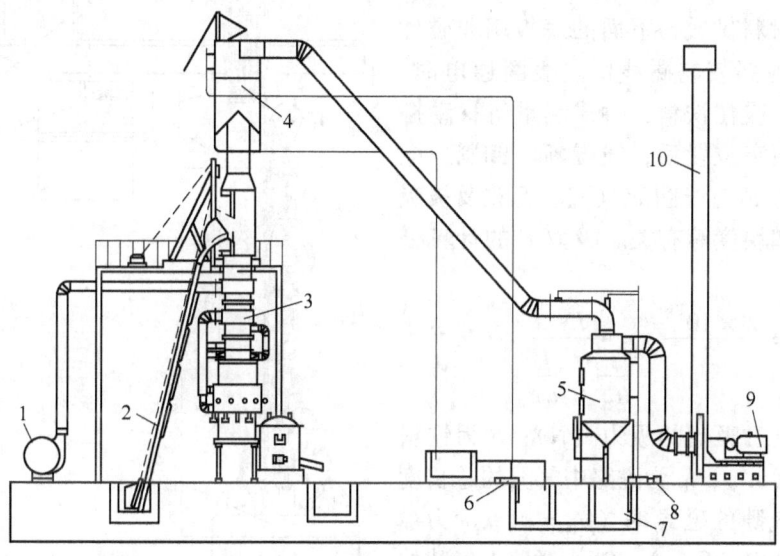

图 6-2 一个典型冲天炉熔炼系统
1—鼓风机 2—加料机 3—热风冲天炉 4—除尘罩 5—除尘器 6——级水泵
7—循环水池 8—二级水泵 9—引风机 10—烟囱

6.2.3 冲天炉配套设备

1. 鼓风机

冲天炉供风设备包括鼓风机、送风管道、调节控制装置及附属设备等，鼓风机是核心设备。按送风特点，鼓风机可分为定压式和定容式两大类；按工作原理，鼓风机可分为离心式和容积式。

离心式鼓风机的特点为：供风量随供风阻力变化而且变化的幅度较大，风量的波动范围也较大，鼓风机所消耗的功率也随之波动。如冲天炉阻力增加，离心式鼓风机供风量将随之减少，功率消耗则随之降低。

容积式鼓风机的特点为：当供风阻力变化时，输出的风量基本恒定不变，而输出的风压将随送风阻力的增减而增减，鼓风机所消耗的功率也随之变化。如送风阻力增大，风压将随之升高，鼓风机消耗的功率也随之增大。容积式鼓风机主要有罗茨式鼓风机和叶氏鼓风机两种类型。

2. 配料设备

准确的炉料配料是控制冲天炉熔炼正常进行，保证铁液化学成分准确、稳定的关键环节。采用自动检测配料重量的方法，可减轻操作人员的劳动强度，提高配料效率，减少人为误差，及时准确地完成配料工作。

(1) 金属炉料定量设备　金属炉料定量配料多采用电磁配铁秤，电磁配铁秤总装图如图6-3所示。电磁配铁秤主要由电磁盘、控制屏、电子秤及万向挂钩等部分组成。称量由电子秤完成；吸料、调整放料（慢放料）、快放料由电磁盘和控制屏完成。电子秤主要由电阻式传感器、稳压电源及电子电位差计等组成。

电磁吸盘的结构原理如图6-4所示。上部钟罩用铸钢材料做成，下面的底板用非磁性锰钢做成，内部装电磁线圈。线圈通电时，产生电磁力，吸住铁料，桥式起重机移动搬运铁料，到预定位置后，线圈断电卸料。电磁吸盘的吸力 F 与线圈的电流、匝数及被吸材料的性质和块度等有关。吸力 F 的计算公式如下

$$F = \frac{2 \times 10^{-8}}{S} \times \frac{IN}{\frac{l}{\mu S} + \frac{l_0}{\mu_0 S_0}}$$

式中，F 为电磁吸盘的吸力（N）；S 为铁料的横断面积（m^2）；l_0 为磁路中气隙的总长度（m）；μ_0 为气隙的磁导率（$\mu_0 = 1$）；μ 为被吸材料的磁导率（H/m）；S_0 为磁路上气隙的横断面积（m^2）；l 为减去 l_0 的磁路总长度（m）；I 为线圈的电流（A）；N 为线圈的匝数。

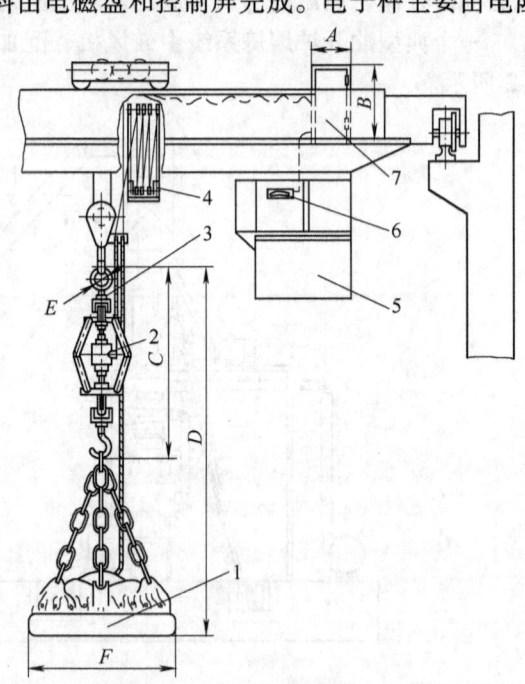

图6-3　电磁配铁秤的总装示意图
1—电磁盘　2—拉力传感器　3—万向挂钩
4—电缆滑轮　5—桥式起重机驾驶室
6—电子电位差计　7—控制屏

电磁配铁秤的工作过程：通过电磁盘吸取大于或等于需要的炉料重量，由传感器输出一个信号送入电子秤，经调解放大后，显示出炉料的重量。此重量在桥式起重机驾驶室的仪表上读出，若大于需要量，则操纵慢放开关把多余的金属料逐次放掉，直至达到所需重量为止。电磁配铁秤的控制部分为计算机控制，可根据前一次的称量误差在下一次称量时予以自动补偿。

(2) 焦炭、石灰石定量配料设备　焦炭、石灰石定量配料多采用振动给料机与自动称量器相互配用的方法。常用的自动称量器有磅秤式和电子式两大类。磅秤式又分吊秤式和座秤式。卸料门的启闭机构有电磁铁和气动两种。图6-5所示为气动型台秤式焦炭、石灰石称量装置结构简图。其工作过程如下：称量斗装在台秤上，主要由斗体、支架、卸料门、电磁铁或气缸等组成。称料时先由振动给料机向称量斗供给焦炭，达到规定重量时秤杆将第一砝

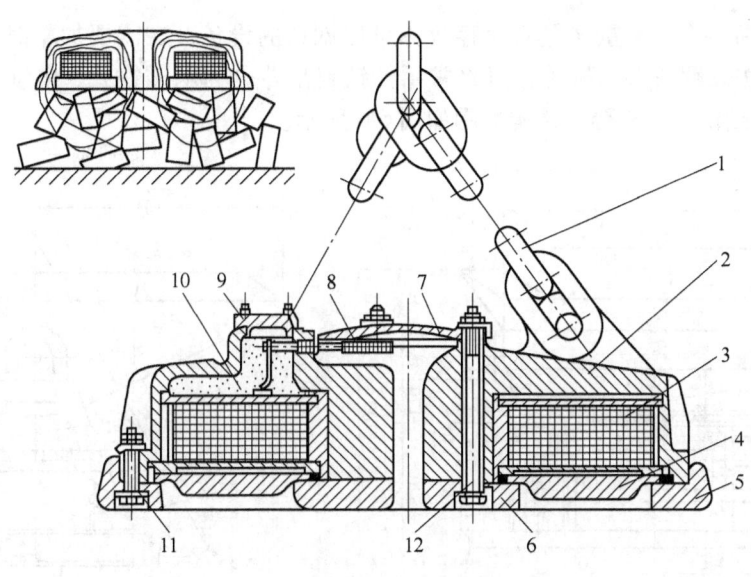

图 6-4 电磁吸盘结构原理示意图
1—链条 2—钟罩 3—线圈 4—非磁性底板 5—外磁极 6—内磁极 7—盖板
8—软导线 9—注胶盖板 10—96号机油 11、12—紧固螺栓

码（事先调好）抬起，使秤杆下部的电触点断开，控制焦炭振动给料机停机。同时起动振动给料机向称量斗添加石灰石，达到规定的重量时秤杆将第二砝码（事先调好）连同第一砝码一起抬起，使秤杆上部的电触头闭合，控制石灰石振动给料机停机。可用气缸打开活动侧板或用电磁铁使活动侧板脱钩进行卸料。料卸完后秤杆下降，第一、第二砝码均落至原位，将下部电触点闭合，准备下一个作业循环。

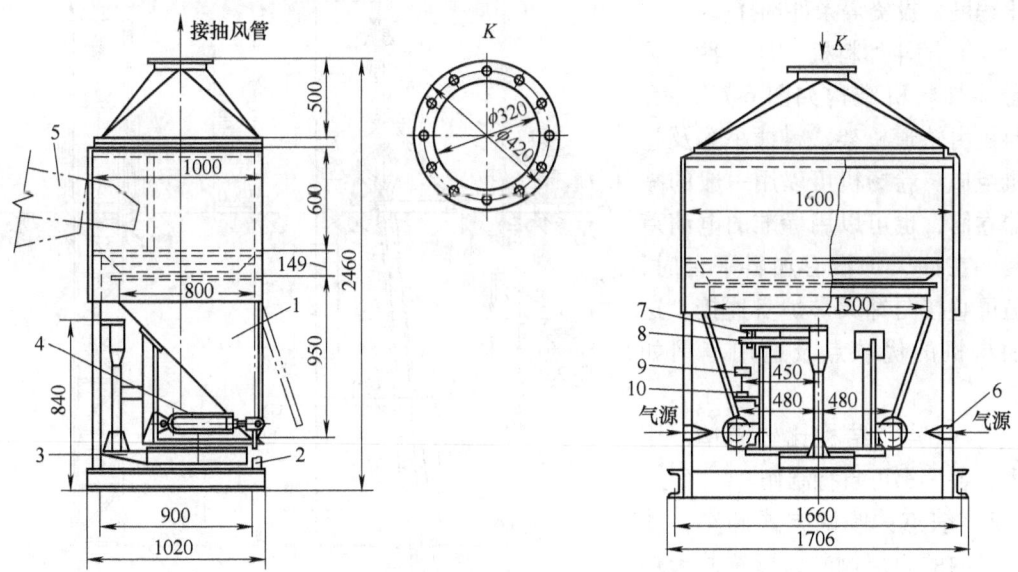

图 6-5 气动型台秤式焦炭、石灰石称量装置结构简图
1—称量斗 2—支架 3—台秤 4—气缸 5—振动给料机 6—电磁气阀
7—视准器 8—秤杆 9—第一砝码 10—第二砝码

(3) 铁料翻斗 铁料翻斗是暂时存放称量后铁料的设备,在需要加料时将铁料倒入加料机的料桶。按倾倒铁料的机构,可将常用的铁料翻斗分为电磁铁式、电动式及气动式三种。0.45m³ 电磁铁式铁料翻斗结构简图如图 6-6 所示。

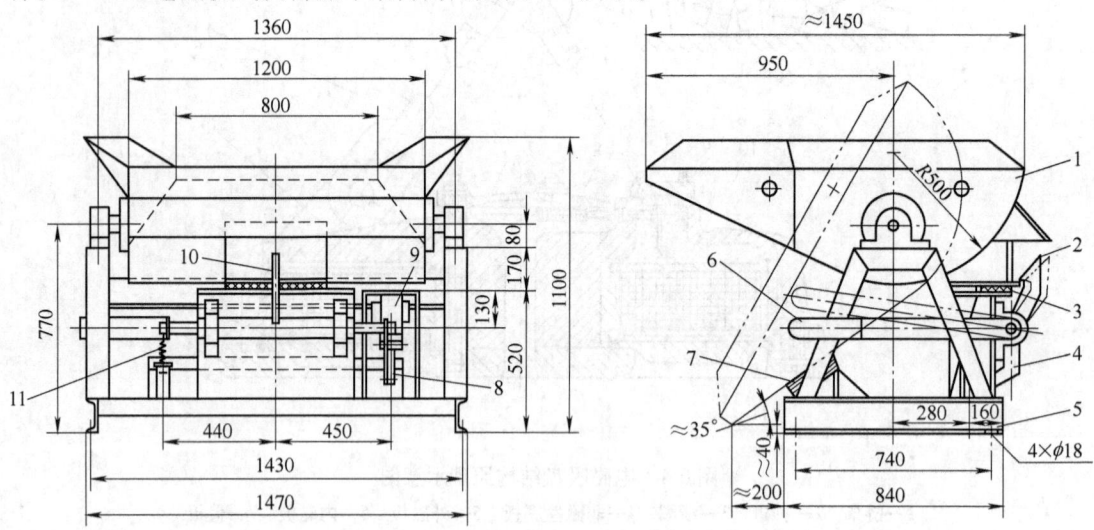

图 6-6　0.45m³ 电磁铁式铁料翻斗结构
1—翻斗　2—钢板　3—橡胶垫　4、8—连杆　5—底架　6—手动杠杆
7—橡胶垫　9—牵引电磁铁　10—钩板　11—弹簧

3. 加料设备

冲天炉加料装置的类型较多,主要有翻斗加料机、单轨加料机及爬式加料机三种,应根据冲天炉类型、熔化率、产量、机械化程度、投资等条件选择。

(1) 翻斗加料机　1t/h 冲天炉用翻斗加料机结构如图 6-7 所示。加料机由轨道机架、料桶小车及卷扬机组成。卷扬机可以用一般的减速器卷筒,也可以用标准的电葫芦改装。在冲天炉没有加料平台时,轨道可直接与冲天炉炉身连接。这种加料机的优缺点及适用范围如下:

1) 优点:结构比较简单,用料少,各厂都可自行制作。

2) 缺点:倾倒方式卸料,使加入炉内的料层倾斜,影响冲天炉料面平整。

3) 适用范围:熔化率不大于 5t/h 的冲天炉。

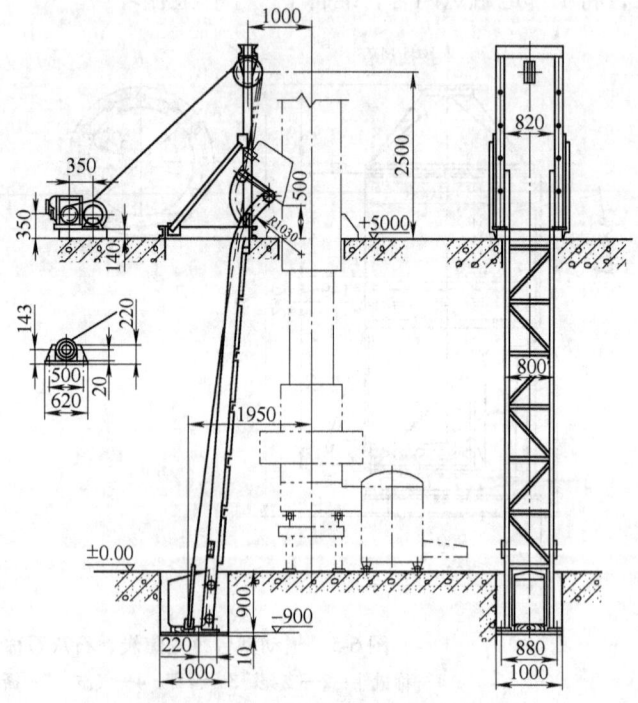

图 6-7　1t/h 冲天炉翻斗加料机结构

(2) 单轨加料机 单轨加料机可用于中小型冲天炉。根据有无回转机构,可分为回转式单轨加料机与固定式单轨加料机,回转式单轨加料机可用于两台冲天炉轮流使用。5~7t/h 冲天炉单轨加料机结构简图如图 6-8 所示。其优缺点及适用范围如下:

1) 优点:结构比较简单,省料、造价低;卷扬机构装在车梁上,不占用平台面积和炉后空间。

2) 缺点:加料动作复杂,周期长,不易实现自动化;需要厂房结构安装单轨并承受加料过程的负荷,否则需要设置构架,这样用料多又占面积。

3) 适用范围:通常用于 3~10t/h 冲天炉。

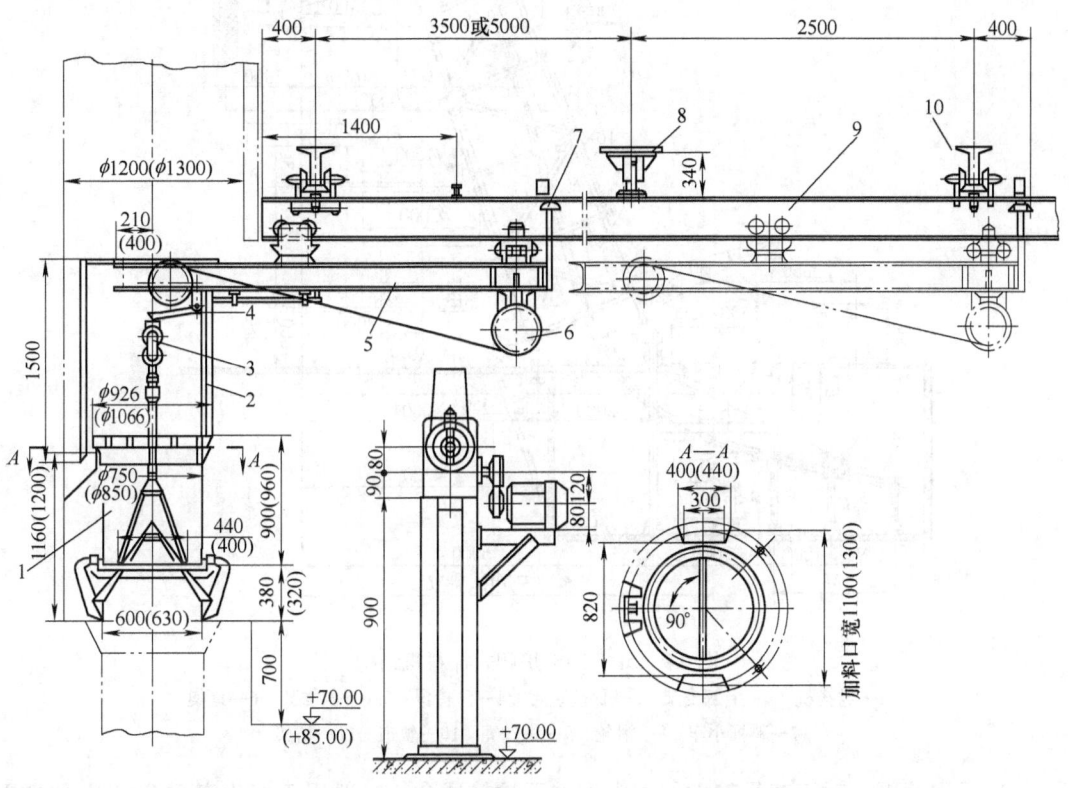

图 6-8 5~7t/h 冲天炉单轨加料机结构(括号内为 7t/h 冲天炉单轨加料及尺寸)
1—料桶 2—定位框 3—吊钩 4—上升限位装置 5—小车 6—卷扬装置
7—小车限位装置 8—单轨主梁 9—弧形轨道 10—旋转轴装置

(3) 爬式加料机 爬式加料机与翻斗加料机有很多相似之处,加料车也是在倾斜导轨上升降的。按照使用的方式,爬式加料机有固定式和回转式两种。加料采用底开式,消除了翻斗加料料层倾斜的主要缺点。一般一台冲天炉配一台加料机,偶尔也有两台冲天炉只配一台加料机来交替使用的。5t/h 冲天炉爬式加料机结构简图如图 6-9 所示。其优缺点及适用范围如下:

1) 优点:与单轨加料机相比,加料动作少,周期短,较易实现自动化;与翻斗加料机相比,它使用底开式料桶,加入的料面较平;可在厂房同跨度布置,也可以过跨布置。

2) 缺点:结构较复杂,造价较高;需要较深、较大的地坑;安装工作量较大。

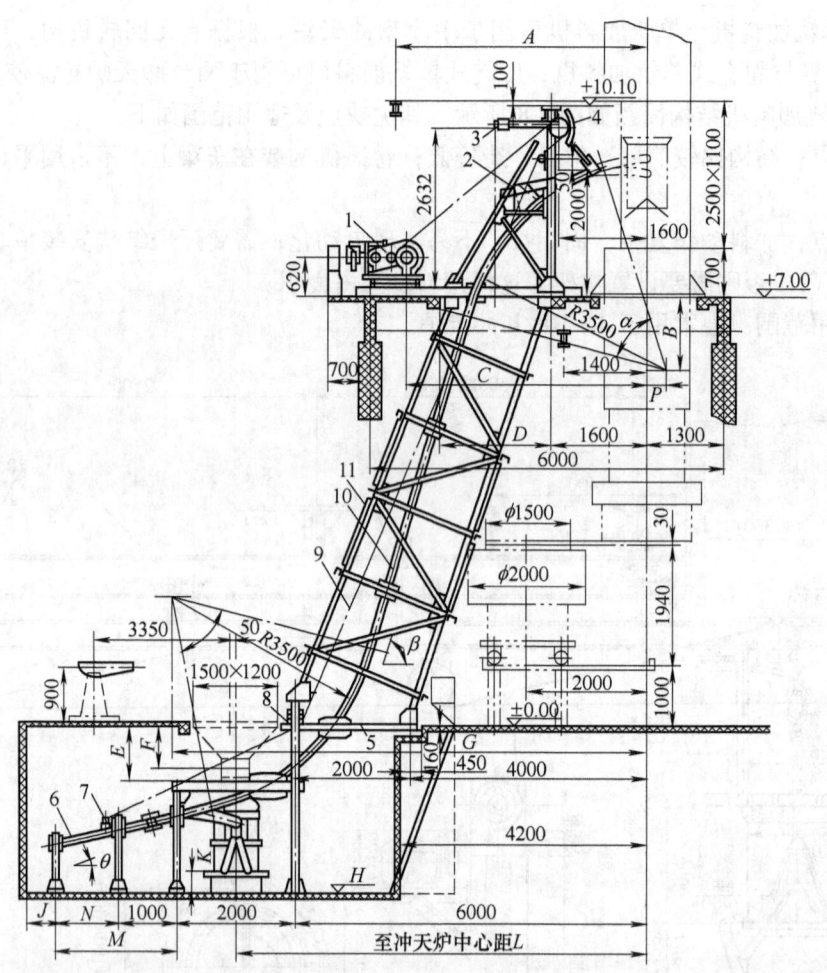

图 6-9 5t/h 冲天炉爬式加料机结构

1—卷扬机 2—上部支架 3—保险装置 4—防护罩 5—下部支架 6—尾架
7—料桶小车 8—滑轮 9—钢丝绳 10—轨道 11—桁架

3）适用范围：对于产量较大的中大型冲天炉较适合，一般用于熔化率 5t/h 以上的冲天炉。

6.2.4 冲天炉熔炼的自动化系统

近几年来，随着计算机和检测等技术的飞速发展，冲天炉熔炼过程的自动控制技术日渐成熟。冲天炉熔炼的自动化包括炉后自动配加料和熔炼过程自动控制两个方面。

1. 炉后自动配加料系统

冲天炉的炉后自动配加料系统是在加料机械化、自动化的基础上发展起来的，它可以实现冲天炉炉后金属炉料及合金、焦炭和熔剂的配料、计量、运料、加料、记录、炉况检测等的自动操作和实时显示。图 6-10 所示为一种冲天炉的炉后自动配加料系统的实时运行状态图。

按照功能该系统主要由以下几部分组成：运行系统、计量系统、输入/输出系统、检测

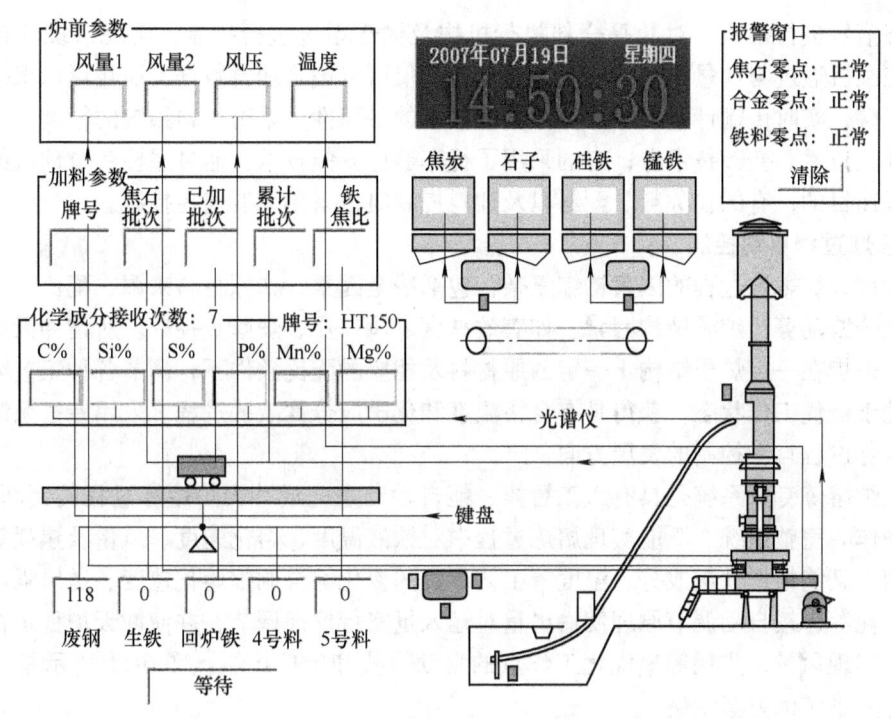

图 6-10　一种冲天炉炉后自动配加料系统实时运行状态图

系统及控制系统。

（1）运行系统　运行系统解决炉料的储运问题。根据炉料所占比例和用量大小，一般把金属炉料与合金、焦炭、熔剂分开设计运行系统。金属炉料常用两种形式：一种是采用带储料翻斗和起重电磁铁的龙门吊系统，储料翻斗跟着龙门吊运行，大大减少了电磁吸盘的运行距离，并在吸起铁料的过程中完成了对铁料的计量，有利于合理设计加料节奏，对炉料的块度要求也相对较低；另一种是采用振动给料和电子秤组合的形式，运行环境相对较好，但是对炉料块度要求严格。合金、焦炭、熔剂的运行系统设计主要是考虑有利于保证计量精度和加料速度，常用振动给料和电子秤，再配以传送带连接运输，比较容易布置。

（2）计量系统　主要包括传感器、信号线、执行控制器、数值显示等。如配铁计量普遍采用微机配铁仪，一般由电磁吸盘及其控制装置、电力电缆卷筒、万向挂钩、传感器、信号电缆卷筒、微机称重仪、显示屏等组成，可以实现误差逐批自动补偿、超差自动报警、自动返工；配焦（炭）、石（灰石）多采用由三个传感器支撑或悬挂的焦石称量斗、数字式电子秤，有的备有手动数显称量功能，可以保证在自动状态出现故障时不影响生产。

（3）输入/输出系统　输入包括配料单输入、操作命令输入、报警参数输入、精度调整等，输出则包括实时状态显示（图6-10）、记录储存和打印、报警、炉前大屏显示、远程传输等。

（4）检测系统　包括炉况（如温度、风量、风压、料位等）的检测和显示。温度检测有过桥红外线连续测温、过桥或前炉接触式热电偶连续测温等。

（5）控制系统　中央监控管理系统采用PLC作为工控系统控制核心，包括移动、自动寻位定位、顺序动作控制，料位计、断绳检测等设备的自动检测控制等，对加料设备所有位置的状态信号进行检测,对几乎全部执行机构及输送系统进行控制,实现系统的自动化控制。主控微机通过与计量下位机的实时通信,不仅可以记录加料数据,而且可以根据加料数据实时配料,实时传输计量控制命令。由于移动的平稳性关系着加料系统的精度,所以采用了接近开关技术、变频技术等;有的采用了行车遥控变频技术,通过遥控各电动机的工作频率达到调速目的;有的在称料、配料以及加料控制时也采用无线遥控控制。

2. 熔炼过程自动控制

影响冲天炉熔炼过程的因素错综复杂,包括冶金因素,如原材料来源、配比、预处理以及化学成分波动等;炉子结构因素,如有效高度、风口比、炉膛直径等。所谓冲天炉熔炼过程控制,是指在一定炉子结构、一定的原材料及相应的配比条件下,调节各种工艺因素,使冲天炉处于最优工作状态,获得具有合格温度和化学成分铁液的过程。采用专家系统技术是冲天炉熔炼过程自动控制的发展方向。

冲天炉熔炼专家系统是具有人工智能、能自动动态完成冲天炉熔炼过程的判断、调整、控制等操作的完整系统。既能实现熔炼过程中对铁液温度、熔化速度、风量及焦耗等主要变量的检测,又能根据铁液成分、温度等工艺参数的变化综合调整熔化速度、送风强度、铁液温度、焦耗等;按自动调节原理使输出量对输入量实行反馈调节,并使冲天炉稳定在最优工作状态,实现风量、焦耗等最优化工作点的自动寻找和定值控制。图 6-11 所示是一个冲天炉熔炼专家系统的方案示例。

该系统具有如下特点:

(1) 功能要求 做到对铁液成分、温度、能耗及环保排放等指标的在线控制,即要实现对以上指标的检测→判断→调整→检测的封闭循环。

(2) 数据采集 由于对铁液成分、温度、能耗及环保排放等指标的影响因素很多,该系统能对多种因素进行监测,并应用网络神经技术进行智能分析,然后输出指令进行调整操作。

(3) 工艺执行

1) 风量的自动控制。风量检测可以用各种流量计,而调整则需要使用各种电动蝶阀。

2) 铁液温度的自动控制。铁液温度可以用连续式红外测温仪、双色测温仪、接触式热电偶连续

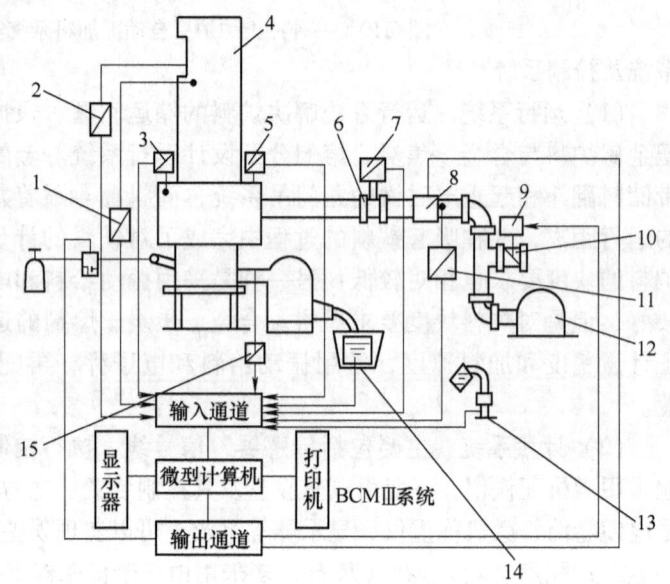

图 6-11 冲天炉熔炼专家系统方案示例
1、3、15—温度变送器 2—红外线气体分析仪 4—冲天炉
5—压力传感器 6—孔板 7—差压传感器 8—干燥器
9—电动执行器 10—蝶阀 11—自动湿度计
12—鼓风机 13—热分析仪 14—重量传感器

测温仪等进行连续测量。铁液的冲刷、炉渣的侵蚀等因素会严重缩短热电偶保护管的使用寿命,所以,接触式连续测温、连续检测的时间受到限制;铁液表面不断形成的氧化膜会影响非接触式红外、双色测温仪的测温精度,需要靠二次仪表的数据处理功能(如用某个时间

段里的最大值或平均值）来纠正，同时配合使用快速热电偶经常进行校正。铁液温度的调整可以用增减焦耗、调节风量等方法来实现。

3) 成分的自动控制。成分检测首选直读光谱仪，也可配合使用炉前热分析仪，而调整主要是靠实时配料计算。

6.3 感应电炉

感应电炉是利用电磁感应原理将金属炉料熔炼的设备。感应电炉可用于铸铁、铸钢及有色合金的熔炼。

6.3.1 感应电炉的分类

感应电炉按电流频率可分为工频、中频及高频三类。常用的工频感应电炉频率为50Hz，中频感应电炉频率一般在 500 ~3000Hz，高频感应电炉频率 >10000Hz。

频率增加时，感应电势增加，提高了发热能力。在感应器电流不变的情况下，被加热物体单位面积接收的功率随频率的增加而增加，即加热速度加快。但在频率提高的同时，由于趋肤效应使炉料的透热层变小，炉料的中心部分需靠热传导加热，从而降低了加热效率。因此，高频电炉仅限于使用小块炉料的50kg以下的小炉子和有色金属的熔炼，主要供试验室采用。工频电炉则适于3t以上的大容量感应电炉，但工频感应电炉需有开炉块。与工频感应电炉相比，中频感应电炉的功率密度大，无需开炉块，生产灵活，变更材料牌号方便。在同等生产率条件下，中频（变频）感应电炉炉体尺寸小，占地少，而且不需三相平衡和功率因数补偿装置，造价较

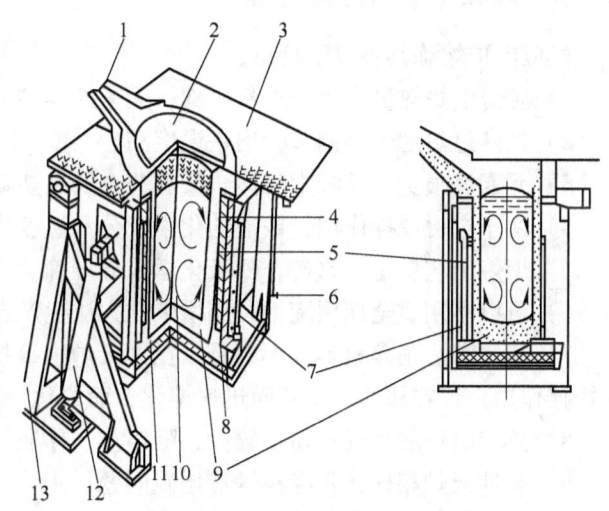

图 6-12 坩埚式感应电炉结构图
1—出金属液口 2—炉盖 3—作业面板 4—冷却水
5—感应线圈粘结剂 6—炉体 7—铁心 8—感应线
圈 9—耐火材料 10—金属液 11—耐火砖
12—倾转液压缸 13—支架

低。因此，中频感应电炉在生产中得到了广泛的应用。中频感应电炉的额定频率一般为1000 ~2500Hz。

感应电炉按炉体结构分为无芯（坩埚式）感应电炉和有芯（熔沟式）感应电炉两类。图 6-12 所示为一坩埚式感应电炉结构示意图，图 6-13 所示为两类炉子炉体结构示意图。

无芯感应电炉炉衬形状简单，筑炉方便，易于检查和修补炉衬，适于单品种或多品种生产，应用十分普遍。有芯感应电炉，感应器绕在由硅钢片叠成的闭合铁心上，加强了导磁作用。熔沟自成回路构成二次绕阻。感应器与熔沟之间的电磁耦合好，其电效率、热效率和功率因数比无芯感应电炉高，但有芯感应电炉不适于冷起动，起熔时间长，熔沟易损坏，修换

困难。因此有芯感应电炉主要用作保温炉和浇注炉,其频率多采用工频。

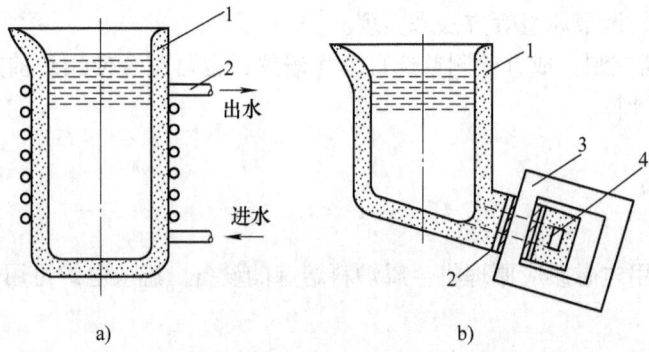

图 6-13 感应电炉炉体结构示意图
a) 无芯感应电炉 b) 有芯感应电炉(卧式)
1—坩埚 2—感应器 3—铁心 4—熔沟

6.3.2 感应电炉熔炼的特点

感应电炉熔炼具有以下特点:

1) 感应电炉热量产生于炉料内部,无需外界传导,因而热效率高,加热速度快。
2) 铁液过热度容易调节,出铁温度高。
3) 元素烧损少,铁液中气体含量和非金属夹杂物少。
4) 由于电磁搅拌作用,铁液的化学成分和温度均匀。
5) 熔炼工艺稳定、易控,铁液化学成分准确。
6) 可以多用或全部用废钢,用增碳的方法生产合成铸铁。
7) 切屑和边角碎料等细小的难以在冲天炉内直接利用的廉价废料,在感应电炉内借电磁搅拌作用,很容易卷入铁液而迅速熔化,而氧化损耗却较少。
8) 感应电炉的烟气和粉尘较少,噪声小,作业强度低,环保治理比较方便。
9) 与冲天炉相比,不存在铁液增硫问题。
10) 容易实现自动化管理。

当然,感应电炉熔炼也存在一些不足。例如,炉渣不能感应发热,熔渣温度低,加之坩埚的高径比大,感应电炉的冶炼能力远不如电弧炉,在一定程度上,感应电炉是一种重熔设备。此外,感应电炉铁液的过冷倾向大,炉前需采取防范措施等。

6.4 电弧炉

三相炼钢电弧炉(简称电弧炉),是利用电弧产生的热来熔炼金属和炉渣的一种熔炼设备,主要用于铸钢材料的熔炼。电弧炉本体由炉体、炉盖、电极以及相应的倾炉机构和电极升降装置等几部分组成,结构如图 6-14 所示。

电弧炉中,电弧产生的过程通常是从通电开始的。先将三根电极下降与炉料接触,使变压器二次侧发生短路,然后分开一定距离。此时,由于强大短路电流的作用,接触处的温度升至很高,电极和炉料之间的空气被电离,形成导电的电弧,发出强烈的光和热。电弧炉炼钢是近代主要的炼钢方法之一。在电弧炉中很容易造成还原气氛，使钢中硫和非金属夹杂物含量降低，合金元素烧损减少；由于电弧产生的温度高，因此，可以熔炼任何成分的钢及合金；另外，炉渣直接被电弧加热，流动性好，有利于冶金过程的物理化学反应。目前，大部分合金钢，特别是高合金钢，都常用电弧炉熔炼。

电弧炉中的电弧可以用直流电或交流电产生。一般来说，直流电弧比交流电弧更稳定。工业上常用的电弧炉可以分为两类：第一类是直接加热式电弧炉，电弧发生在电极和被熔化的炉料之间，炉料受到电弧的直接加热，它包括三相炼钢电弧炉和真空自耗电弧炉，对于熔炼优质钢及某

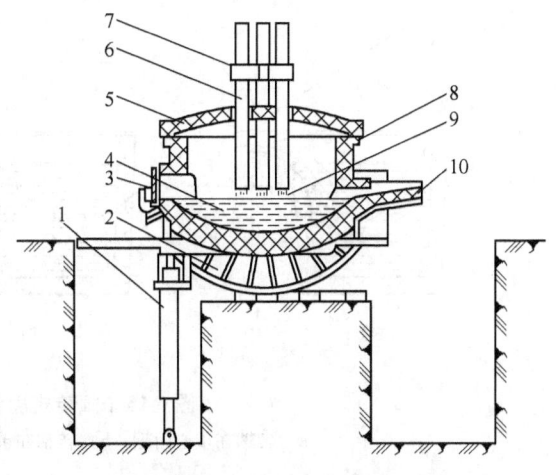

图 6-14 炼钢电弧炉结构示意图
1—倾炉用液压缸 2—倾炉摇架 3—炉门 4—熔池
5—炉盖 6—电极 7—电极夹持器 8—炉体
9—电弧 10—出钢槽

些合金钢来说，是比较理想的冶炼设备；第二类是电阻电弧炉，其基本结构与炼钢电弧炉相似，所不同的是其电极埋在炉料中，在加热时，有一部分热量是由电流通过炉料时的电阻而产生的电阻热，这种电弧炉主要用于矿石冶炼，故称矿热炉。

6.5 浇注设备及自动化

浇注是铸造生产中一个十分重要的工序，在机械化造型生产线上，目前最常用的是悬轨浇包。浇注过程的控制主要靠人工，工作时烟气加高温，劳动条件恶劣，随着造型生产线节拍加快，人工浇注越来越不适应生产的速度。近十几年来，在自动化造型生产线上，出现了不少半自动化及自动化的浇注设备，代替了原来的悬轨浇包，改变了工作环境温度高，劳动强度大的状况，而且可以降低浇注废品率，减少铁液的浪费，提高铸件的质量。自动浇注机的基本功能包括：浇注时的对位与同步、浇注速度控制、浇注包的保温、浇注终点控制等。下面主要介绍这些自动化的浇注设备及其基本技术。

6.5.1 浇注设备的类型和结构

按照其工作原理不同，浇注设备可有下述几种类型。

1. 倾转式浇注机

倾转式浇注就是通过倾转浇包把液体金属浇入铸型。倾转式浇包的转轴可以有两种不同的位置。图 6-15a 所示为转轴在重心附近的浇包。这是一般起重机浇包的结构。这种结构的优点是：倾转比较省力，倾转机构较轻，所需倾转转矩较小；缺点是：在浇注过程中，为了保持包嘴与铸型间的距离一定，浇包除了倾转之外，同时还必须向上提起，因此控制浇包运动的机构比较复杂。这种转轴位置用于早期的一些浇注机上，新的浇注机已很少使用。图 6-15b 所示的浇包转轴在包嘴附近，且与金属熔液流出的方向垂直。这种方式便于包嘴对准铸型，目前有很多浇注机采用这种方式。图 6-15c 所示的浇包转轴位置通过包嘴，而且与金

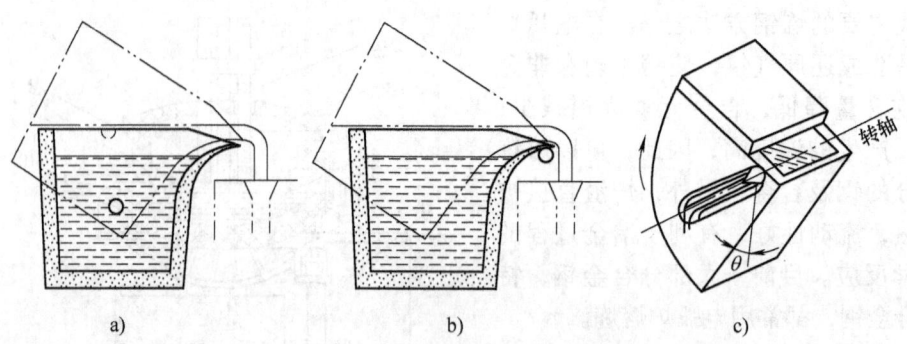

图 6-15 倾转式浇包的转轴位置
a) 转轴在重心附近 b) 转轴在包嘴附近 c) 转轴通过包嘴

属熔液的流出方向一致。这种方式的包嘴容易对准铸型；转轴轴线通过包体，结构性较好；而且浇包体做成扇形，铁液的浇出量与倾转角度成正比，易于控制浇注速度与浇注量，所以被一些新型浇注机所采用。

倾转式浇包的优点是结构比较简单。其缺点是：包嘴通常与铸型浇口的距离较大，浇注时不易对准；浇包需要另设撇渣装置；除扇形倾转浇包外，浇注速度不易控制。

图 6-16 所示为一倾转式自动浇注机的结构图。

2. 底注式浇注机

塞杆底注式浇注机如图 6-17 所示，底注浇包大都是塞杆式的。与倾转式相比，由于铁液从包底流出，避免了熔渣落入砂型浇口，有利于保证铸件质量。另外，浇注时浇包直接位于砂型上方，铁液流容易对准砂型浇口，塞杆启闭比较灵活。塞杆式浇包的关键是塞杆和浇注口的材质，要求用高耐火度的材料制造。

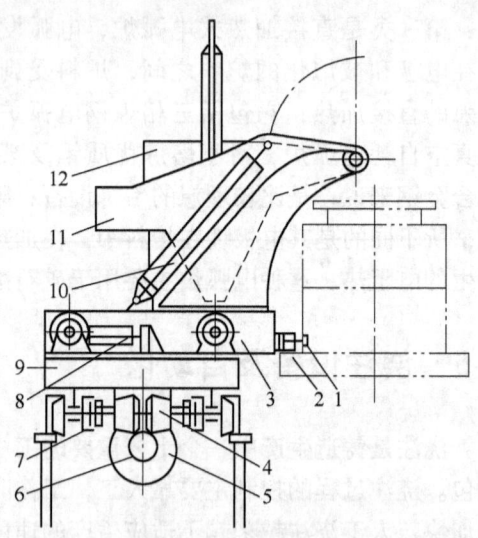

图 6-16 倾转式自动浇注机的结构图
1—同步挡块 2、4—薄膜气缸 3—横向移动车架
5—电动机 6—减速器 7—摩擦轮 8—横向移动
液压缸 9—移动小车工作台 10—倾转液压缸
11—倾转架 12—浇包

塞杆底注式浇注机主要用于定点自动浇注，如用于无箱射压造型线和其他浇注时铸型基本不动的生产线（如金属型铸造生产线）上。这种浇注机的缺点是：由于包内铁液量的变化引起铁液压力头变化，使铁液浇注速度的控制比较困难；浇包内铁液的压力头高，浇注时往往对砂型产生过大的冲击力。现在有的塞杆式底注浇包用液压缸控制塞杆的开启度，可以控制浇注速度。

3. 气压式浇包

气压式浇包的原理如图 6-18 所示，中间的包室盛装铁液。浇注时由 3 通入压缩空气，包室内的液体金属因受气压的作用向浇出槽中升起，并经其下面的流出口浇入中间包。浇入槽用于补充铁液。

以前气压式浇包在浇注时充气,不浇时放气,但充气、放气往往需要一定时间,因此在浇注停止时,金属液流常常有断断续续的现象。现在的气压式浇包大都在浇出槽中装有塞杆(图 6-18),使浇注开始和停止都能迅速实现,而且在浇注的间隙,包室内不必撤压。

气压式浇包的优点是:与底注式一样,可以得到撇渣干净的金属熔液;通过调节浇注气压,可以比较容易地控制浇注速度;浇包本身并没有机械运动部分,因而使用的寿命较长,检修浇包的间隔时间主要取决于保温的感应加热器熔沟的使用寿命。

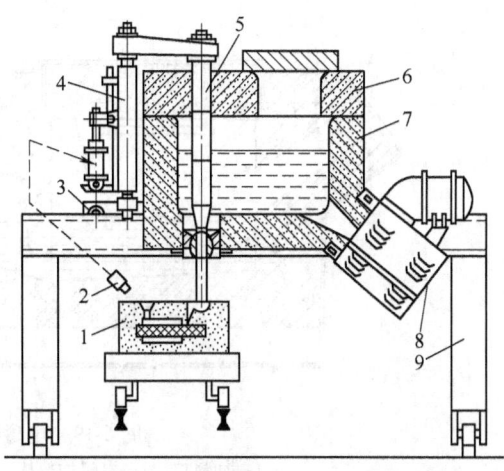

图 6-17 塞杆底注式浇注机
1—砂型 2—光电管 3—横向移动小车 4—控制塞杆的液压缸 5—塞杆 6—浇包盖 7—浇包体
8—有芯感应电炉 9—浇注机架

4. 电磁泵浇注装置

感应电动机的工作原理是:在定子中沿着圆周旋转的磁场,在转子中引起感应电流,推动转子转动。如果将圆的定子摊开成平面,导线中通以交变的电流,就可以产生沿着直线方向移动的磁场;如果在这一移动而交变的磁场中有导电的介质,则其也将因感应而引起电流,并在磁场的推动力作用下向前运动。

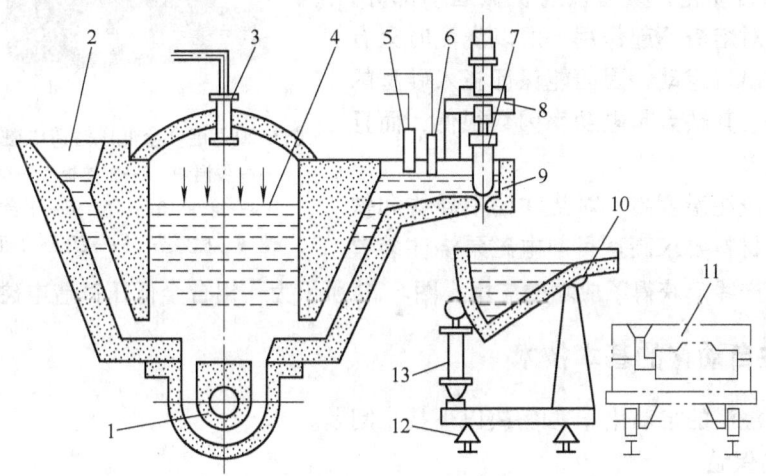

图 6-18 气压式浇包的原理
1—有芯感应加热炉 2—浇入槽 3—压缩空气进口 4—包室 5—防液电极
6—液位控制电极 7—塞杆 8—塞杆开闭控制器 9—浇出槽 10—扇形中
间包 11—铸型 12—重量传感器 13—中间浇包倾转缸

电磁泵浇注装置就是利用这一原理,使金属熔液沿着磁场交变的方向流动进行浇注的。图 6-19 所示是其原理图。金属熔液储在炉膛 3 内,由电阻加热棒保温。浇注槽下面装有导线 4,如导线 4 中通以交变电流,产生直线移动的磁场,这磁场就会在金属熔液中引起感应

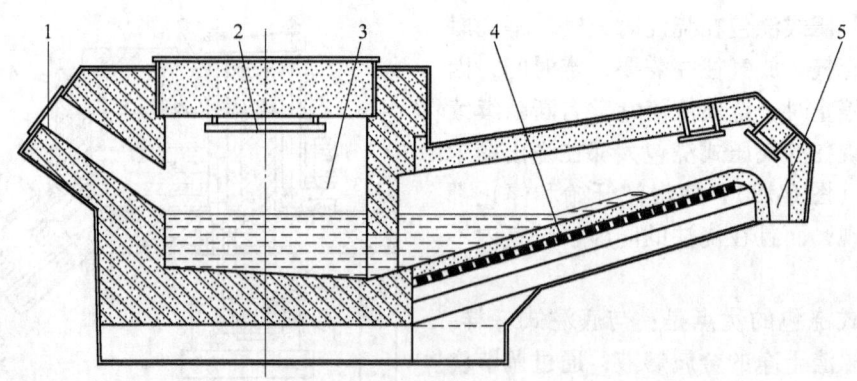

图 6-19 电磁泵浇注装置原理
1—加料口 2—电阻加热棒 3—炉膛 4—导线 5—浇出口

电流,产生推动力,使金属熔液向上运动,从浇出口流出。调节感应电流的大小,可以调节金属熔液流动的速度;改变电流的方向,可以改变金属熔液流动的方向。导线 4 中空,可以通水冷却。

电磁泵浇注装置现在主要用于铝、铜等有色合金,其优点是容易调节浇注速度和浇注量,容易实现浇注的自动化;设备没有机械运动部分。此外,电磁力对熔渣不起作用,所以浇注时只有金属熔液向浇出口运动,因而能保证浇入砂型的金属熔液纯净。其缺点是电功率因数很低,而且结构上用钢较多。

铁合金的浇注温度高,对浇注槽中导线和铁液之间的耐火材料要求高。目前电磁泵浇注装置已在铝合金生产线上获得了成功的应用,图 6-20 所示为一铝合金低压铸造电磁系统示意图。

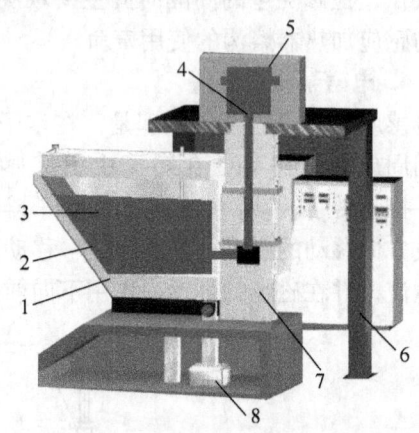

图 6-20 铝合金低压铸造电磁系统示意图
1—保温炉 2—加热板 3—液态金属 4—铸件 5—铸型 6—平台 7—电磁泵头 8—液压顶升机构

6.5.2 浇注自动化的基本技术

为了实现浇注的自动化,须解决以下技术问题。

1. 浇包的保温

机械化和自动化的浇注装置,大多需采取加热保温措施,其主要原因是:这样可以使金属熔液的温度保持恒定,减少由于浇注温度波动而产生废品。同时,保温包往往是金属熔液的储存包,对于电炉、坩埚炉等间歇出炉的情况,在熔化和造型、浇注之间还起均衡生产的作用。此外,有了保温的储存包,随时都有热的金属熔液供给浇注,生产线不会因缺乏金属熔液浇注而停机,因而可以提高造型生产线的利用率。

除了在炉衬上加一层绝热性能良好的保温层之外,浇包的保温绝大多数要配备加热设备,使金属熔液在保温炉中不仅温度不下降,而且在必要时,还可以使它略有提高,以适应调整浇注温度的需要。对于铅、铝、铜等有色合金,大多在保温包内装以电阻丝来加热金属熔液，铸铁和铸钢的浇注温度较高，大都用单熔沟的有芯感应电炉进行加热保温（图6-17、图6-18）。有芯感应加热的特点是热效率高，但是要求熔沟中必须保留有铁液，所以非工作时间都不能将铁液全部倒出，而且仍需通电保温；它对熔沟耐火材料的要求比较高，检修也比较费事。目前有的浇包采用短线圈无芯感应加热保温，在不浇注时，可以将金属熔液全部倒出，结构和维修相对比较简单。

2. 浇包与砂型的对位和同步

为了避免浇注时金属熔液飞溅和浇出型外，浇注时浇包必须与砂型浇口对准，若浇注时砂型固定不动，例如，当铸型输送机为脉动式或步移式时，对准并不困难。不过浇注装置也必须能在生产线的纵向及横向调整移动，以适应砂型上浇口位置的变化。

如果铸型输送机是连续运动的，就只能在同步运动状态下进行浇注。同步动态浇注可以有如图6-21所示的几种布置。

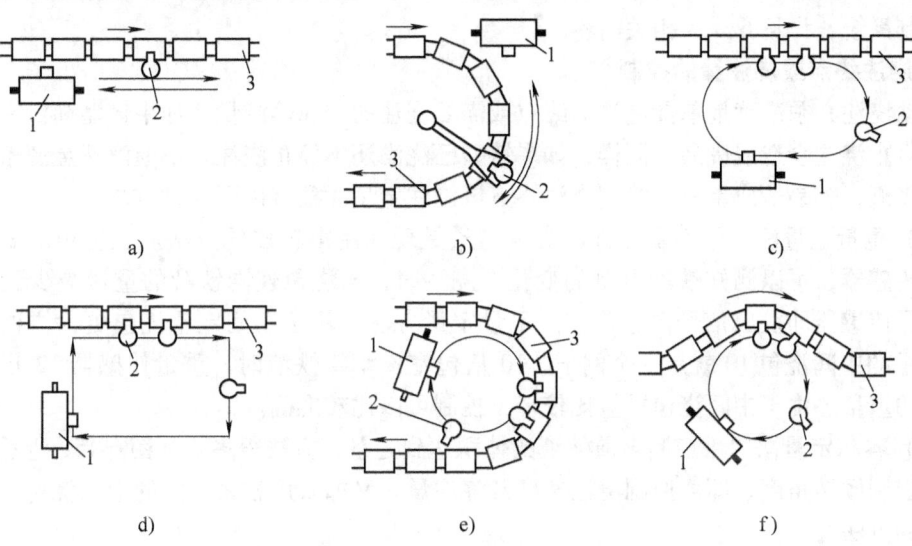

图6-21 同步动态浇注的布置
a）直线往复同步 b）弧线往复同步 c）椭圆形循环同步 d）矩形循环同步
e）半月圆形循环同步 f）弧线圆形循环同步
1——级铁液包（或保温炉） 2——二级浇包（或浇注机） 3——连续式铸型机

3. 浇注速度的控制

浇注速度的控制直接与浇注质量有关，是浇注自动控制的重要内容。这里所说的浇注速度是指浇包向砂型的浇注系统倾注金属熔液的速度，这与金属熔液进入型腔的浇注速度有区别，但二者必须互相适应。通常浇包的浇注速度必须保证砂型的浇口杯中保持一定的金属液面高度，有的浇注装置对浇注速度的控制更高，要求浇注速度能根据铸件结构不同，按规定的程序进行调节，亦即要求在一个砂型的浇注过程中，浇注速度能按一定的规律变化。因此各种自动浇注装置都设法能控制浇注速度。

桶形倾转式浇包的浇注速度大多是人工控制。扇形倾转式中间浇包（图6-15c），其浇注的量与转轴的转角成比例，浇注速度比较容易控制，只要控制转轴的转角就可以了。如果与凸轮机构相配合，甚至可以达到程序控制。

底注浇包及气压式浇包中金属熔液从浇出槽中浇出的情况如图6-17、图6-18所示。可见不论是底注浇包还是气压式浇包，都可以用下式计算其浇注速度

$$G = \rho g A v = kA\rho g \sqrt{2gH}$$

式中，G为重量浇注速度（kg/s）；A为浇注口的断面积（cm^2）；H为浇包内或浇出槽内金属熔液压力头高（cm）；v为铁液出口时的线速度（cm/s）；ρ为铁液的密度（kg/m^3）；k为流量系数。

底注浇包在浇注过程中，随着包内金属熔液量的减少H也逐渐变小，所以底注浇包的浇注速度较难控制。

气压式浇包的浇注速度控制相对比较容易，其浇出槽中金属熔液的高度H也比较容易控制。如图6-18所示的气压式浇包，其浇出槽中的液位由液位控制电极6控制，改变6的位置，可以改变浇注速度。目前的自动浇注机液面控制系统采用的是视频摄像控制系统或者激光控制系统，详见6.5.3相关内容。

4. 浇注终点或浇注量的控制

自动浇注必须准确地掌握浇注的终点或需要浇注的金属熔液量。如果铸型尚没有浇满就过早地停止浇注会造成废品。同样，如果铸型已浇满还不停止浇注，不但浪费金属熔液，而且熔液飞溅，容易造成事故。控制浇注终点或浇注定量大致有以下几种方法：

（1）重量定量法　用称量的方法实现定量是现在用得较多的方法。在浇包的底下，装上重量传感器，可以测知铁液重量的变化。浇注时，当浇包连同铁液的重量减少到预定值时，重量传感器即发出信号停止浇注。重量定量方法应用于中间定量浇包更为方便，如图6-18所示的中间浇包10就是一个例子。10从包室4承接铁液时，重量传感器12指示出倒入铁液的重量。由于中间浇包重量比较轻，控制可以比较准确。

（2）容积定量法　用控制金属熔液的体积达到定量，方法很多。如图6-15c所示的扇形浇包，控制倾转角度，即可控制浇注速度及浇注量。又如采用容量一定的中间浇包，也是容积定量的方法之一。

（3）时间定量法　当浇注速度一定时，控制浇注时间的长短就可以控制所浇金属熔液的量。例如，对于气压式浇包及电磁泵浇注装置，很容易通过控制浇注时间达到定量浇注的目的。

（4）采用非接触视频摄像控制系统或者激光控制系统　具体见6.5.3相关内容。

重量定量及容积定量往往可能因浇注包上结疤或包衬受侵蚀而造成定量不准，为了可靠地实行对浇注终点的控制，在一些自动浇注装置中，往往同时采用两种或多种控制方式。

图6-22所示为一国外开发的全自动倾转式浇注机的检测及控制原理图。它采用了多种传感器检测浇注时的温度、流量、浇口杯液面高度等参数以实时控制浇注机，实现浇注过程全自动化。

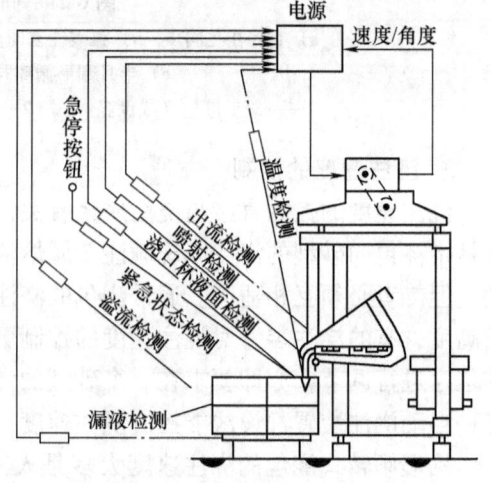

图6-22　全自动倾转式浇注机检测及控制原理图

6.5.3 自动化浇注机的控制系统

自动化浇注机控制技术就是采用各种先进的传感器测量浇口杯中的液面高度，而后通过塞杆来控制铁液的浇注速度及浇注终点等。现在生产上主要采用的两种闭环系统，一种是视频摄像控制系统，另一种是激光控制系统。

1. 采用视频摄像技术的控制系统

浇铸工浇注时，他的手、眼睛及大脑就一起构成了一个基本的闭环自适应系统，根据眼睛观察到的信息，通过大脑思考处理，指挥手完成调节和控制的任务。视频摄像控制系统就是再现浇铸工手眼协调的一种系统。浇铸工的眼睛为摄像机所代替，大脑为计算机所代替，手则为伺服驱动机构所代替。图 6-23 所示为这种系统的原理图，图 6-24 所示为这种系统的现场生产照片。

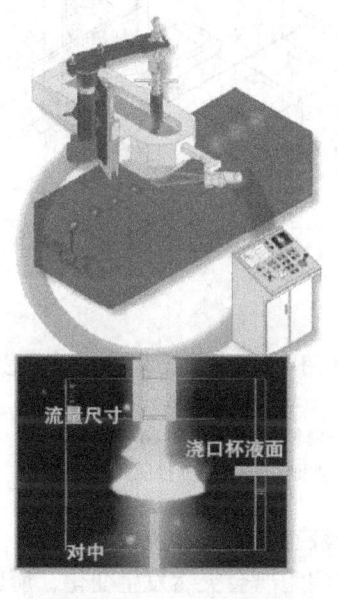

图 6-23　视频摄像控制系统原理图　　　　图 6-24　视频摄像控制系统生产现场

这种控制系统采用 CCD（光电耦合元件）摄像机来监控浇口杯中的铁液状况，因为铁液放射出很亮的光，与浇口杯中的铁液和砂型表面的深暗色有很好的对比度。摄像机监测到的图像由计算机进行数字化和过滤，以便准确地确定相对于砂型表面的铁液液面。

将检测到的液面位置和预先设定的合格铸件所要求的液面位置相比较，计算出误差值。根据误差值及当时塞杆的状况，计算机发出指令，控制塞杆调节铁液流量处于最优浇注状态。

这种控制系统可以采集浇注过程中的多种信息，如金属流直径，浇口杯的液位、位置，浇注重量、随流温度，孕育剂添加粉流图像等，自动实时控制金属流量，在无人操作的状态下，以最佳的浇注质量实现自动浇注。该控制系统还可以通过浇注机定位系统中的驱动机构来控制浇包位置，让铁液流的中心和浇口杯的中心始终保持重合状态。同时，每型的浇注温度和孕育效果也可以在线检测监控。最终液位偏差不超过 ±3 ~ ±5mm。

2. 采用激光技术的控制系统

(1) 点激光控制技术　点激光控制技术利用目前在航空航天、军工中广泛应用的激光测距技术，采用光学三角测量法可以准确地测量距离。

1) 点激光装置组成。点激光控制技术的核心是点激光装置（图6-25），它由四个主要部分组成：①非接触式激光探测器，其被封装在水冷套中并被空气清扫系统所保护；②控制器，包括硬件和软件系统；③塞杆执行机构，由一套高性能的伺服电动机所驱动；④操作台，操作者可进行编程和选择理想的浇注曲线及其他浇注参数。

2) 激光探测器。激光探测器是一种利用激光和简单几何原理的非接触式探测器，由以下部分所构成：①光源，它具有一个激光二极管及一套将激光束聚焦到所测量的液体金属表面上的透镜系统；②照相机，它从被测量的表面上聚焦一小部分散射的激光；③集成的探测器微电子处理器。

3) 激光测量原理。图6-26所示是该系统采用的光三角形测量原理。激光探测器在探测器上得到图像位置信号，信号处理电子线路将此信号转换为至被测表面的距离，这一距离的任何变化，如液面的波动，都将导致被聚焦在探测器上的光点位置的变化。各种来自液体金属的外界光源，包括可视光和红外光，都可以从光学上或电子学上过滤掉，而不会影响质量。因此，这种系统能很好地适用于液态金属液面位置的监控。

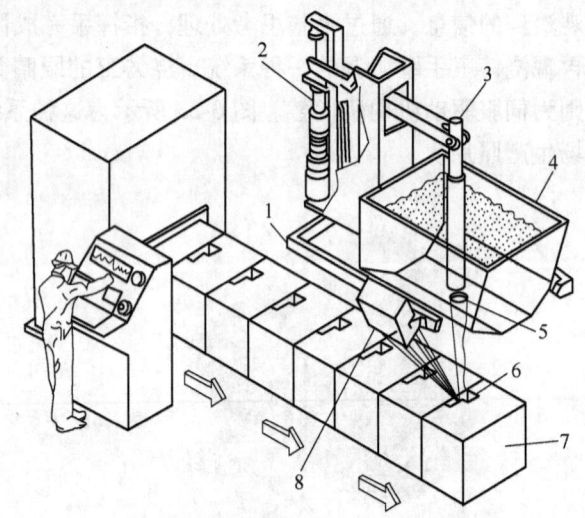

图6-25　采用点激光控制技术的底注式浇注机
1—浇包小车　2—伺服执行机构　3—塞杆
4—浇包　5—出铁口　6—浇口杯
7—砂型　8—光电非接触式探测器

因为浇口杯在探测器下方经过时，至砂型表面的被测距离会突然发生变化，所以这种系统还可用于浇包定位过程中确定砂型浇口杯的位置。

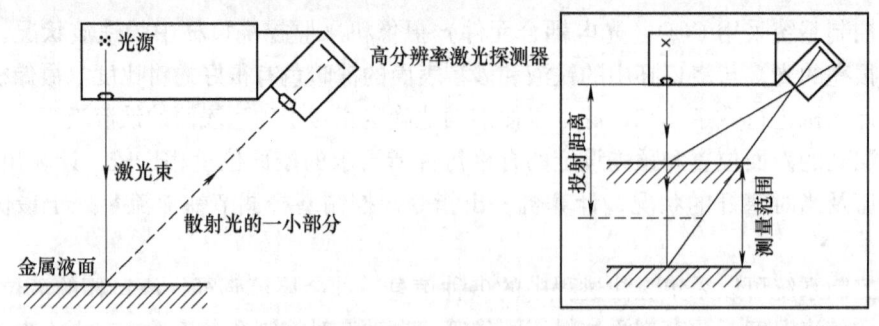

图6-26　光三角形测量原理

(2) 线激光控制技术　线激光系统由线激光发生器和线激光接收器构成。当砂型上的浇口杯直接位于浇包出铁口下方时，安装在浇包一侧的线激光发生器（图6-27）发射出一条横切浇口杯的激光线（图6-28）。安装在浇包另一侧的激光接收器也对准浇口杯，应用光三角测量法可确定浇口杯中铁液液面位置。这种系统利用一条激光线直接测量砂型表面和浇口杯中铁液液面的位置，而两者的差值就是铁液液面高度。

线激光控制技术探测面积大、信号强，因而为建立响应提供了更多的信息。这种方法的控制基础是测量线上的像素数，后者随长度变化而变化。线激光控制技术反应速度快，可以适用于较小浇口杯的情况，对垂直分型的高速自动造型线特别适合。由于其不受铁液散流的影响，可靠性更好。

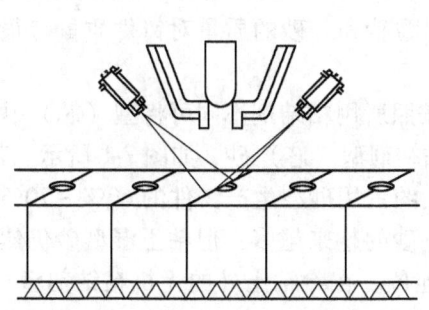

图6-27　线激光控制底注式浇注机示意图　　　图6-28　横切浇口杯的激光线

复习思考题

1. 试述电磁配铁秤的工作原理。为何电磁吸盘的底盘要用高锰钢材料？
2. 试述感应熔炼的加热原理。炉渣的温度为何低？
3. 试述电磁泵浇注装置的工作原理。如何调整浇注速度？
4. 自动浇注机应有哪些基本功能？
5. 试比较视频摄像控制系统和激光控制系统工作原理的异同及适用范围。

第7章 型砂处理系统及其自动化

在现代砂型铸造生产中，砂处理系统是一个重要环节，其任务是提供一定数量及质量符合要求的型砂和芯砂，以满足造型和制芯的需要。型砂和芯砂的质量对铸件质量有很大影响。

一般每生产1t合格铸件，约需5~10t型砂。按照所用粘结剂不同可将型（芯）砂分为粘土型（芯）砂、无机粘结剂型（芯）砂和有机粘结剂型（芯）砂，如图7-1所示。其中，用得最多的是粘土型（芯）砂，用它生产的铸件大约占用砂型生产铸件的60%~70%。近年来，虽然使用水玻璃型（芯）砂和树脂型（芯）砂的越来越多，但粘土湿型砂仍然是不可替代的主要铸型用砂，在铸造生产中占有重要地位。在除粘土外的无机粘结剂型（芯）砂中，用得最多的是水玻璃砂，它是生产铸钢件的主要砂种。水玻璃砂最早采用的是吹CO_2气体硬化工艺，近年来逐步推广使用有机酯水玻璃自硬砂工艺，较好地解决了水玻璃砂溃散性差的问题。在有机粘结剂型（芯）砂中，各种人工合成树脂砂用得越来越多。树脂砂已和粘土湿型砂、水玻璃砂并列成为铸造生产中应用最广泛的三大型砂种类。

不同的型砂种类，其组成各不相同，处理方式、工艺过程、处理设备等均不相同。但各种型砂通常都由原砂、粘结剂、附加物等组成。型砂处理主要包括原材料的准备、旧砂的处理和回用，以及型砂和芯砂的制备。原材料包括新砂、粘结剂及附加物，目前均有成品供应，一般不需处理。但如果新砂在运输过程中混入了杂物，或其含水量高，则要进行烘干或过筛处理。落砂后的旧砂含有硬砂团、芯块、碎铁及断裂的浇冒口等杂物，枯砂和粉尘增加，成分、水分及温度很

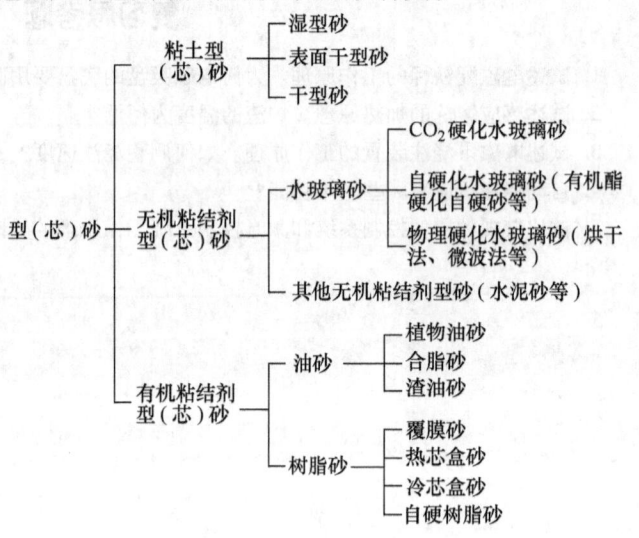

图7-1 型（芯）砂分类

不均匀，因此要对旧砂进行破碎、筛分、磁选、冷却处理，分离出各种杂物，并使其性能均匀化。为降低铸件生产成本，减少废砂排放，保护环境，还要对旧砂进行再生处理，尤其是化学粘结剂砂（如水玻璃砂和树脂砂等），一般均需要进行再生处理。型砂和芯砂的制备是砂处理系统的中心环节，按一定成分配制的型（芯）砂，在混砂机中混合，达到质量要求后，送至造型和制芯工部使用。为完成上述任务，就要有许多工艺设备对原材料、旧砂及型砂进行处理，还要有各种运输设备和辅助装置将工艺设备联系起来，组成砂处理系统。砂处

理系统工艺过程复杂，处理和运输工作量大，设备种类繁多，容易产生灰尘，劳动条件差。因此实现砂处理系统的自动化，加强砂处理过程的控制和管理，不仅可以提供合格的型砂、芯砂以保证铸件质量，提高劳动生产率，节约能源和资源，而且还可以保护环境和改善劳动条件。

随着射压、高压、气冲、静压等现代造型技术的广泛应用，对型砂质量的要求大大提高，砂处理工艺和设备被不断完善，自动化程度也得到了很大发展。

7.1 湿型砂制备系统

粘土湿型砂处理系统组成包括旧砂处理（破碎、磁选、筛分、烘干、冷却、再生）、储存和输送系统；新砂处理（烘干、过筛）、储存和输送系统；附加物储存和输送系统；型砂混制（包括各种物料定量加入）和输送系统；型砂质量在线检测和控制系统；机械化运输电气联锁控制系统等。本节主要介绍粘土湿型砂处理中的混砂、松砂设备，旧砂回用处理的磁选、破碎、筛分、冷却以及新砂烘干设备等。

7.1.1 湿型砂处理系统和工艺特点

在型（芯）砂中，最为常用的是粘土湿型砂（也称潮模砂）。粘土湿型砂采用天然矿物膨润土作为粘结剂，其来源广泛、价格低廉，浇注后的型砂经处理后可反复使用，所以粘土湿型砂历来就是铸造生产中最主要的型砂类型。

图 7-2 和图 7-3 所示分别为粘土砂处理系统的组成和粘土湿型砂处理工艺流程示意图。

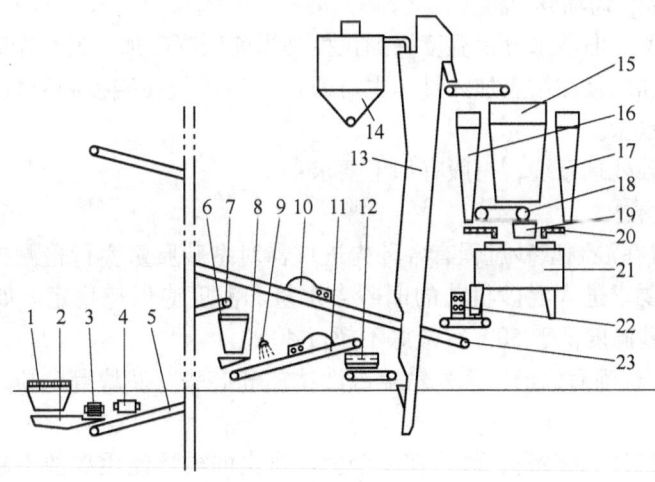

图 7-2 粘土砂处理系统组成示意图

1—落砂机 2—振动给料器 3—带式永磁分离机 4—新砂带式输送机 5—旧砂带式输送机
6—中间砂斗 7—永磁带轮 8—振动给料机 9—增湿装置 10—双轮松砂机 11—双轮破
碎机 12—振动筛 13—冷却提升机 14—旋风除尘器 15—旧砂斗 16—煤粉斗
17—粘土斗 18—带式给料机 19—定量器 20—螺旋给料机 21—混砂机
22—型砂质量在线检测装置 23—型砂带式输送机

经过破碎、磁选后的热旧砂由带式输送机或旧砂斗式提升机提升进入滚筒筛或振动筛过筛。过筛后的旧砂进入旧砂储砂斗，经带式给料机进入砂冷却器冷却。冷却后的旧砂经带式输送机，进入旧砂储存斗，再由带式给料机定量加到旧砂和新砂混合称量斗内。新砂通过输送系统输送到新砂储存斗内，由储存斗下的带式给料机定量加入到旧砂和新砂混合称量斗内。煤粉和粘土用输送系统分别输送到料斗内，并由料斗下的螺旋给料机定量加到辅料称量斗内。

混砂时，新砂、旧砂及辅料分别由称量斗加入混砂机混制，水则通过水箱经称量器定量后加入混砂机内。混好的型砂排放到型砂储存斗，由储存斗下的给料机卸到型砂带式输送机（或由混砂机直接卸到型砂带式输送机）

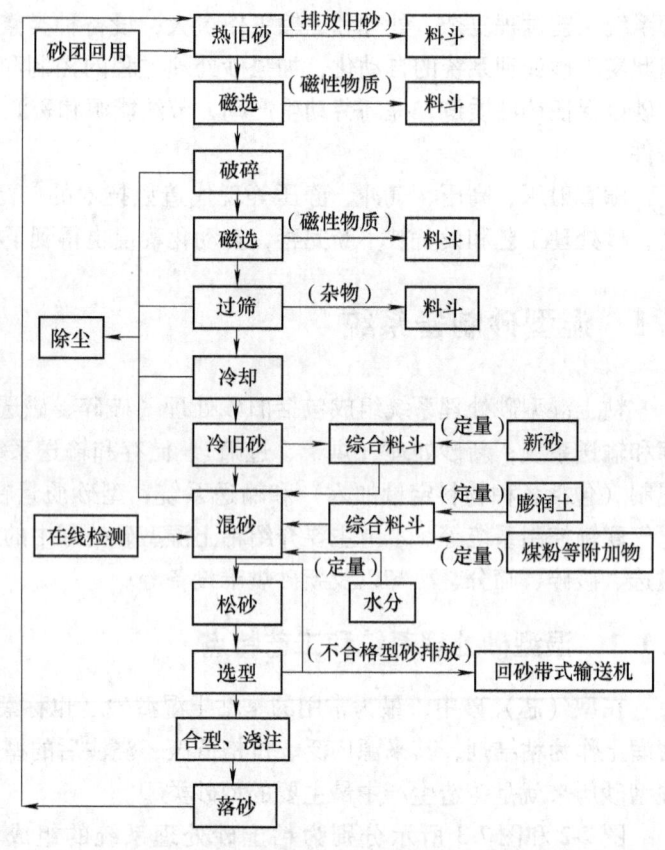

图 7-3　粘土湿型砂处理工艺流程示意图

上送至造型工部造型。旧砂水分及温度探测仪控制当前碾混砂加水量，型砂质量在线检测仪则修正下一碾混砂加水量和粘土加入量。也可通过型砂质量在线检测装置控制型砂紧实率，从而控制当前碾加水量。

对于粘土湿型砂处理系统，一般有如下要求：

（1）对旧砂的要求

1）尽管混砂机在混制型砂过程有各种先进仪器对型砂质量实行检测控制，但它只能进行微调整。因此，要求进入混砂机前的旧砂含水量和温度应保持稳定。如旧砂水分保持在 2.0% ±0.2%，旧砂温度低于 50℃，最好不超过 40℃。

2）通过磁选、过筛后，旧砂无残铁等磁性物质和芯头、芯块等杂质，$\phi 3 \sim \phi 5mm$ 的小砂团低于 5%。

3）系统应有足够的储砂量，砂子在一个生产班次的循环使用次数不超过三次，使旧砂成分和性能波动最小。

4）浇注后砂型中部分粘土长时间在 500℃ 以上温度作用下，会永久失去结构水变成死粘土。死粘土是一种具有许多细微孔隙的多孔物质，具有很强的吸收水分能力，旧砂中每增加 1% 的死粘土，混砂时就要多加 0.2% 的水分，而型砂中水分太高对铸件质量将产生不良影响。因此要求旧砂中总的含泥量应保持在 10% ~15%，其中有效粘土为 7% ~8%，失效粘土 <5%。

（2）应有准确的称量并能方便地改变配比　各种材料的加入应有准确的称量，而且能够根据不同的造型需要，方便地改变型砂组分的各种加入物料的配比，混制出不同工艺要求的型砂。

（3）应有排放旧砂的系统　当系统旧砂中含泥量太高时，能够排放部分旧砂，多补充新砂以降低旧砂中的含泥量。

（4）设有型砂团回用系统　现代造型砂型比压、密度都高，如果砂型因为某种原因未经浇注就落砂，或者砂铁比很大时，都有可能超过落砂设备对砂团的破碎能力而发生大量"跑砂"现象，此时要将其回收并加入砂处理系统中重新进行循环利用，减少浪费。

（5）应有混砂单元　应有性能优越、配置完善的混砂单元，能将原砂、膨润土、水分及附加物有效地混合，使混制的型砂满足工艺的各项要求。

（6）配置高效除尘设备　两条回砂传送带的交接处、旧砂斗式提升机、冷却设备、筛分设备、落砂设备及混砂机等处均应配备除尘设施，减少旧砂混制和运输过程中对环境的污染。

（7）有不合格型砂、回流旧砂处理系统装置　可以通过将造型主机上方给型砂斗加砂的带式给料机反转，或将加砂带式输送机头部延长跨过砂斗，让不合格型砂经过溜管排放至地下室回砂带式输送机上，也可以在靠近混砂机的型砂带式输送机上找一个合适的位置，采用闸板和溜管将不合格型砂在较短距离内排入旧砂输送带上。

7.1.2　混砂机

混砂机是型砂处理系统中的关键设备。型砂性能是否符合要求，除受原材料的质量及配比等影响外，也与混砂过程密切相关。对于混制粘土砂的要求是：①将各种成分混合均匀；②使粘土充分吸收水分；③将混砂过程产生的粘土团破碎，使其中富集的粘土及水分分散；④使粘土膜均匀地包覆在砂粒表面。

随着铸造生产的发展，特别是采用高速、高压自动造型生产线以来，对混砂机的性能提出了一些新的要求，促进了混砂机结构的改革和品种的发展，其生产率及自动化控制水平也有了很大的提高。

1. 粘土砂混砂机的分类和选择

粘土砂混砂机种类繁多，结构各异。按混砂机结构可分为碾轮式、转子式、碾轮转子式、摆轮式混砂机四大类，各类混砂机的主要特点及适用范围见表7-1。按工作方式分可分为间歇式和连续式两大类，如图7-4所示。

表7-1　各类混砂机的主要特点及适用范围

类型	主要特点	适用范围	代表型号
碾轮式混砂机	（1）主要利用碾轮的碾压力对物料进行碾压，并有搓擦和搅拌作用 （2）混制的型砂质量较好，但生产率较低，松散度也较差 （3）采用弹簧加减压装置和其他措施后，混砂质量和生产率有所提高 （4）结构简单，维修方便	各类粘土砂及芯砂的混制	S11系列，中小型铸造厂使用较多

(续)

类型	主要特点	适用范围	代表型号
转子式混砂机	(1) 利用高速旋转的转子对物料进行冲击、剪切、搓揉，型砂质量好，松散性也好，生产率高 (2) 结构简单，维修方便	各类粘土砂的混制	国内：S14 系列、S16 系列（行星转子）、S18 系列（底盘和围圈旋转）等 国外：EIRICH 公司的 D 型系列、R 型系列，DISA 公司的 SAM 系列、TM 系列，KW 公司的 WM 系列等
碾轮转子式混砂机	(1) 碾轮混砂机的一个碾轮改成中等速度的转子，其他结构基本不变 (2) 利用碾轮大的碾压力和高速固定转子的双重作用对物料进行混合、碾压、搓揉，型砂质量好 (3) 结构较复杂，维修不便	各类粘土砂的混制	S13 系列
摆轮式混砂机	(1) 利用安装高度不同的摆轮（两个或三个）对被刮板抛起的物料进行搓揉、混合 (2) 混制过程通过鼓风机向型砂吹入空气降低砂温 (3) 型砂质量一般 (4) 主轴转速高，生产率也高	各类粘土砂的混制，也可用于水玻璃砂的混制	国产双摆轮混砂机（SZ124）已淘汰，尚有少量进口摆轮式混砂机

2. 碾轮式混砂机

碾轮式混砂机是一种使用历史最为悠久的混砂设备，它主要通过既自转又公转的碾轮和刮板对型砂进行碾压、搅拌、混合及搓揉。

（1）碾轮式混砂机的结构及工作原理 图 7-5 所示是我国生产的 S1118 型碾轮式混砂机结构图。它的机体由围圈 1、底盘 3 及支腿 4 组成。为了增加耐磨性，底盘上铺有辉绿岩铸石 2。传动系统的电动机和减速器 14 装在底盘下面。减速器的输出轴连接混砂机垂直的主轴，在主轴的顶端安装着十字头 5。两个碾轮 7 通过碾轮轴及曲柄 15 装在十字头两侧，在十字头的另外两侧分别固定着壁刮板 13、内刮板 12 及外刮板 8。在碾轮外侧装有短松砂棒，用于松散和混合靠近围圈处的型砂。混砂机加料后，在碾盘上形成一定厚度的砂层。碾轮一方面随主轴公转，另一方面由于与砂层接触，又绕水平碾轮轴自转，在转动过程中将砂层压实。随十字头一起旋转的刮板，接着将压实的砂层翻起、松散，并送入下一个碾轮工作区。内刮板将砂从底盘中部向外送，外刮板将围圈附近的砂向里送，壁刮板用于清除围圈内表面上的粘砂。混砂机主轴以一

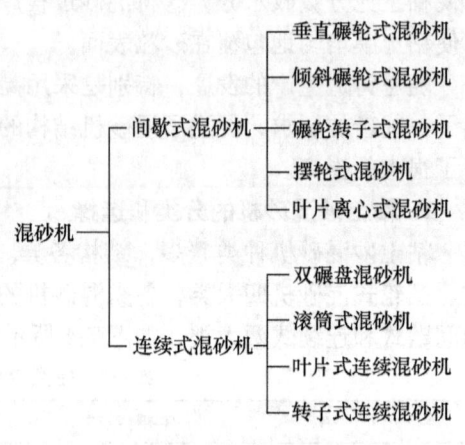

图 7-4 混砂机的种类

定转速带动十字头旋转，碾轮和刮板就不断地碾压和松散型砂，达到混砂目的。

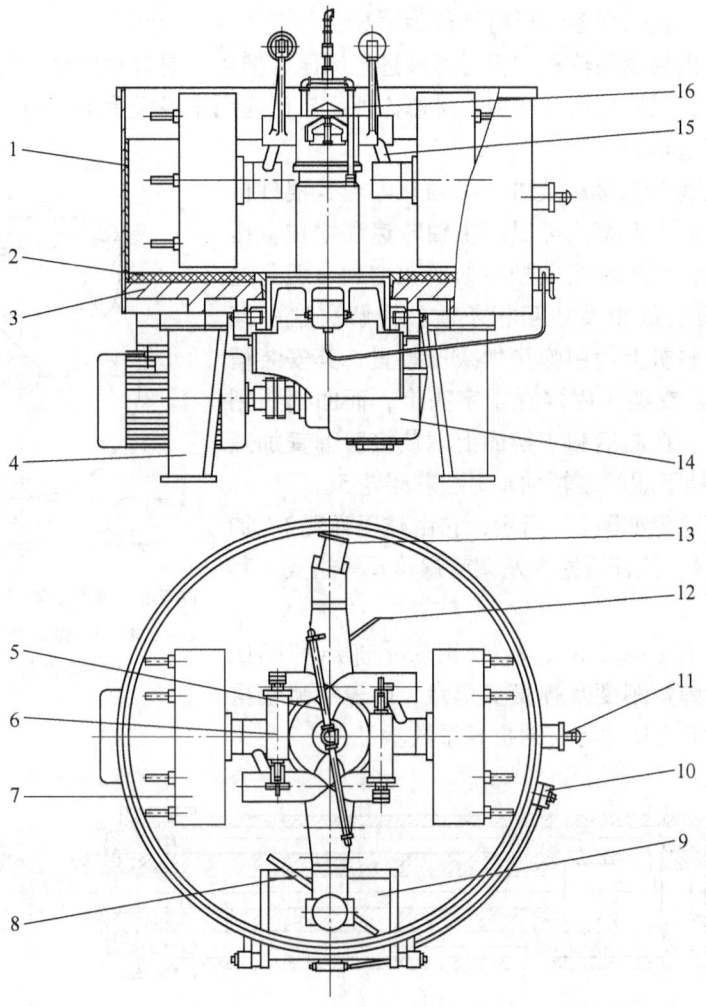

图 7-5　S1118 型碾轮式混砂机结构
1—围圈　2—辉绿岩铸石　3—底盘　4—支腿　5—十字头　6—弹簧加减压装置
7—碾轮　8—外刮板　9—卸砂门　10—气阀　11—取样器　12—内刮板
13—壁刮板　14—减速器　15—曲柄　16—加水装置

碾轮的碾压和搓研作用，是提高混砂质量的关键。具有一定碾压力的碾轮，在碾压和搓研砂层的过程中，使砂粒产生相对运动，互相摩擦；将干砂压入混砂时形成的粘土团中，使粘土团破碎；挤出粘土团中富集的水分，使干粘土得到润湿；将粘土膜更均匀地包覆在砂粒表面。所以碾轮的结构和参数对混砂效果很重要，一方面需要碾压力使砂层产生最大的变形；而另一方面又不希望砂层过于压实，因为砂层越紧实，刮板所受阻力越大，磨损越严重，功率消耗也增加。碾压力的大小取决于碾盘上的砂层厚度、型砂性能及碾轮宽度。在保证一定碾压力的情况下，应加大碾轮宽度，使碾轮碾压和搓研型砂的数量增多，提高混砂效率。

虽然碾轮式混砂机主轴转速不高，但是对于刮板的混砂作用也不容忽视，因为没有刮板，碾轮就不能发挥作用，而且刮板使型砂越松散，碾压的作用效果就越好。另外，碾轮的碾压面积仅占碾盘总面积的40%左右,而刮板则在整个碾盘搅拌和松散型砂。刮板的混砂作用在混砂初期以及采用矮刮板时则最为明显。

碾轮式混砂机利用碾轮和刮板对型砂进行碾压、搅拌、混合及搓揉,混砂质量较好,但生产率较低。该类混砂机结构简单,维修方便,广泛应用于各类手工造型、铸件产量不大的中小型粘土砂铸造车间。

(2) 碾轮的弹簧加减压装置 为强化碾轮式混砂机的混砂过程,提高生产率,可提高主轴转速和增加碾压力,使单位时间内碾压和松散型砂的次数增加,但是这些措施与碾轮的重量和尺寸互相矛盾。为解决这一问题,在碾轮式混砂机上使用弹簧加减压装置,其安装情况如图7-6所示。支架1固定在十字头上,而曲柄3则铰接在十字头上。在曲柄和支架的上端铰接着弹簧加减压装置2,在曲柄下端的碾轮轴4上装着碾轮5。

弹簧加减压装置如图7-7所示,它由减压弹簧2、加压弹簧3、套筒4、拉杆活塞5及调节螺栓6等组成。其工作原理如下:

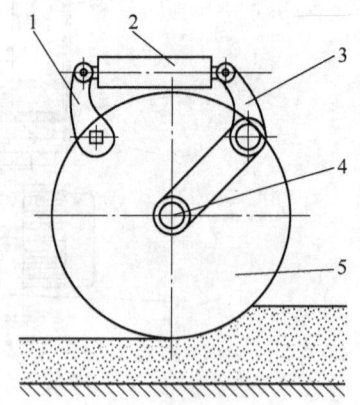

图7-6 弹簧加减压装置安装示意图
1—支架 2—弹簧加减压装置 3—曲柄
4—碾轮轴 5—碾轮

设 P_1、P_2、K_1、K_2、λ_1、λ_2 分别表示加压和减压弹簧的弹簧力、弹簧刚度及弹簧变形量,G 表示碾轮重量,α 为与曲柄结构尺寸有关的折算系数。

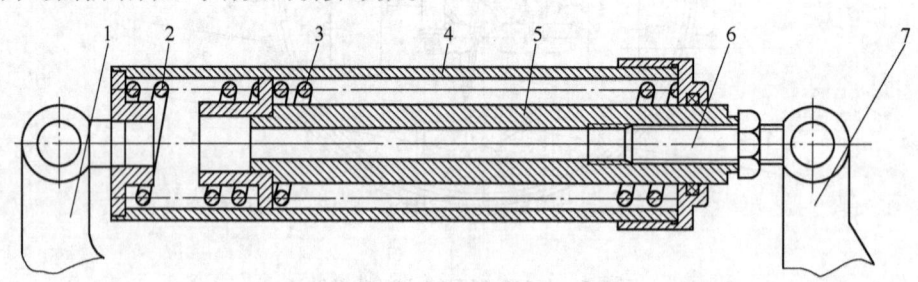

图7-7 弹簧加减压装置
1—支架 2—减压弹簧 3—加压弹簧 4—套筒 5—拉杆活塞 6—调节螺栓 7—曲柄

在混砂机空载时,碾轮自重使曲柄沿逆时针方向转动,拉杆活塞左移,压缩减压弹簧,直至碾轮自重与减压弹簧力平衡,即

$$G = \alpha P_2$$

混砂时,碾轮在压实砂层时被抬高,曲柄顺时针方向转动,减压弹簧伸长,加压弹簧受到压缩。弹簧力经过曲柄和碾轮对砂层产生一附加载荷,这时总的碾压力为

$$F = G + \alpha(P_1 - P_2) = G + \alpha(K_1\lambda_1 - K_2\lambda_2)$$

随着混砂时间的延长,型砂强度增加,碾轮继续被抬高。在达到一定高度后,$\lambda_2 = 0$,则此时总的碾压力为

$$F = G + \alpha K_1 \lambda_1$$

由此可以看出,当碾轮重量、曲柄尺寸及弹簧刚度确定后,则碾压力与弹簧变形量成正比。而弹簧变形量是随碾轮抬起高度而变化的,亦即与砂层厚度成正比。

当型砂混制完毕进行卸砂时，碾盘上的砂层厚度很快降低，这时 λ_1 减小而 λ_2 增加，当碾轮自重与减压弹簧力平衡时，则碾压力等于零。

因此，弹簧加减压装置具有下述优点：

1）在减轻碾轮自重的情况下，可利用弹簧加减压装置保证一定的碾压力。因此可以适当增加碾轮宽度，扩大碾压面积；也可以提高主轴转速，加快混砂过程。

2）碾压力随砂层厚度自动变化，加砂量多或型砂强度增加，则碾压力增加；加砂量少或在卸砂时，碾压力也随之降低。这不但符合混砂工艺要求，而且可以减少功率消耗和刮板磨损。

（3）双碾盘碾轮式混砂机 为了提高生产率，同时又减少混砂机数量，美国 Simpson 公司在单碾盘碾轮混砂机的基础上研制生产出 "8" 字形双碾盘碾轮式连续混砂机（图 7-8）。日本 Sinto 公司也生产此种混砂机。

双碾盘碾轮式连续混砂机相当于把两台单碾盘碾轮式混砂机拼合组成在一起（其中心距小于单台混砂机外径），两台混砂机的主轴转速相同而方向相反，使物料在混制过程中呈 "8" 字形运动。

由于连续加入混砂机中的各种物料，混制好后被连续卸出，因而双碾盘碾轮式混砂机的生产率较高。但这种混砂方式，使部分型砂寻走捷径，晚进早出，混砂时间远低于平均混砂时间，它们不能被充分碾压和搓揉，导致混砂均匀程度较差，因此双碾盘碾轮式混砂机混制的型砂质量难以控制。有的用户为了保证型砂质量，将连续混制改为间歇混制，型砂性能达到工艺要求后才卸砂。这样做虽然型砂质量提高了，但却降低了生产率。

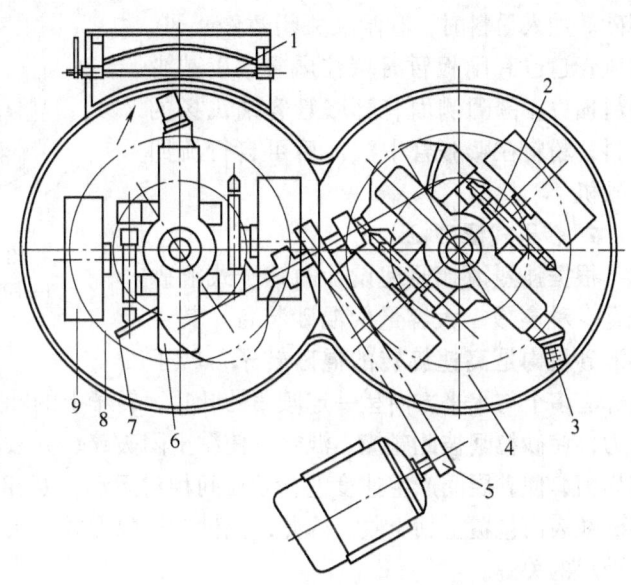

图 7-8 双碾盘碾轮式连续混砂机结构图
1—卸料门 2—弹簧加减压装置 3—外刮板
4—加料位置 5—驱动装置 6—十字头
7—内刮板 8—物料流动路线 9—碾轮

双碾盘碾轮式混砂机国内以前有个别工厂使用，现大多改换成了其他混砂效率更高的混砂机。

3. 摆轮式混砂机

摆轮式混砂机工作原理如图 7-9 所示。由混砂机主轴驱动的转盘上，有两个安装高度不同的水平摆轮和两个与底盘分别呈 45°和 60°夹角的刮板。摆轮可以绕其偏心轴在水平面内转动，刮板的夹角与摆轮的高度相对应。围圈的内壁和摆轮的表面均包有橡胶。当主轴转动时，转盘带动刮板将型砂从底盘上铲起并抛出，形成一股砂流抛向围圈，与围圈产生摩擦后下落。同时摆轮在离心惯性力的作用下，绕与其垂直的偏心轴摆向围圈，在砂流上压过，碾压砂流，压碎粘土团。由于摆轮与砂流间的摩擦力，摆轮也绕其偏心轴自转。在摆轮式混砂机中，由于主轴转速、刮板角度与摆轮高度的配合，型砂受到强烈的混合、摩擦及碾压作用，混砂效率高，但混砂质量不如碾轮式混砂机好，适用于大量生产混制粘土单一砂和背砂。

国外结构较新的摆轮式混砂机为三摆轮大容量式，具有全套鼓风机、排气闸板阀、型砂湿度控制、粉料回收膨胀箱等装置。国外最大型摆轮式混砂机每批混砂量可达 2.5~3.0t。在混砂时，鼓风机自底盘中心向型砂鼓风（图7-10），以冷却和松散型砂。加入粉料时，有闸板关闭暂停吹风，排风管道也有闸板暂时堵住风管，以减少粉料损失。围圈侧面有膨胀管容纳飞扬的粉料，粉料在膨胀管中沉淀后可自行流回混砂机。

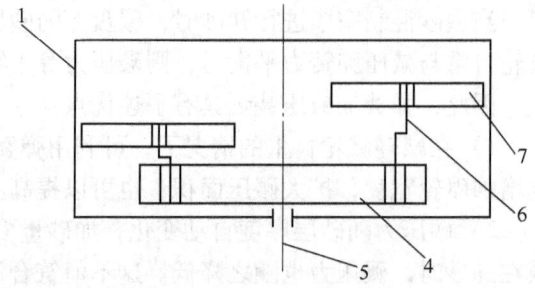

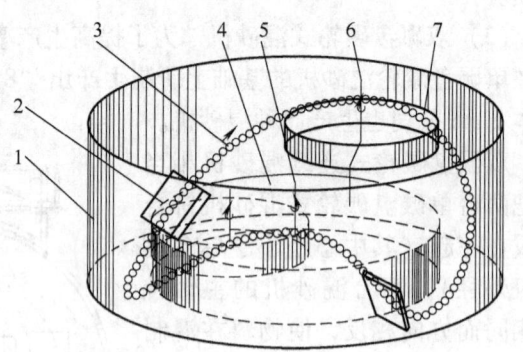

图7-9 摆轮式混砂机工作原理图
1—围圈 2—刮板 3—砂流轨迹 4—转盘
5—主轴 6—偏心轴 7—摆轮

4. 转子式混砂机

根据强烈搅拌原理设计的转子式混砂机是一种高效、大容量的混砂装备。其主要混砂机构是高速旋转的混砂转子，转子上焊有多个与水平方向呈一定倾角的叶片，转子上的叶片迎着砂的流动方向，对型砂施以冲击力，使砂粒间彼此碰撞、混合，使粘土团破碎、分散；旋转的叶片同时对松散的砂层施以剪切力，使砂层间产生速度差，砂粒间相对运动，互相摩擦，将各种成分快速地混合均匀，在砂粒表面包覆上粘土膜。因此，混砂转子的形式、尺寸、转速及数量是影响混砂质量和功率消耗的关键。

图7-11所示为德国Eirich公司生产的逆流式转子混砂机结构示意图。其底盘放置在一个大型滚珠座圈上，由底盘转动电动机7通过扁平型减速器带动装在底盘下面的大型齿圈4，使底盘和围圈8以6~10r/min的转速转动，而由立柱2支撑的混砂机顶盖则是固定不动的。在顶盖上安装着两根传动轴，伸入混砂机内，一根轴上装有刮板混砂器3，另一根轴上装有混砂转子6。两轴均与底盘不同心，而且与底盘的转动方向相反，所以也叫逆流式混砂机。逆流的作用使转子对砂流的冲击速度增加。刮板混砂器3、高速混砂转子6分别由混砂器电动机1和混砂转子电动机9经减速器或V带传动，刮板混砂器的转速为24~40r/min，高速混砂转子的转速为200~

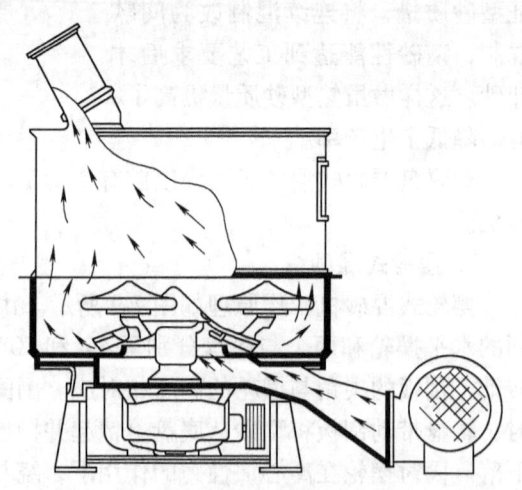

图7-10 带有鼓风系统的摆轮式混砂机示意图

600r/min。在混砂机顶盖上固定一个壁刮板，用于清理粘附于围圈上的型砂，在整个混砂过程中壁刮板是固定不动的。在刮板混砂器的不同高度上装有四块倾角各异的刮板，以便使型砂在混砂机中上下、左右翻动混合。在高速混砂转子上装有叶片，用来冲击和剪切型砂。根据所混型砂的性质和要求，可以更换不同形式的混砂转子。混砂时原材料用定量装置、给料器或斗式加料机，从混砂机顶部加入，混制好的型砂由位于底盘中心的圆形卸砂门5卸出。圆形卸砂门位于底盘中心，由液压装置驱动，开启时先下降再转开。如果不用卸砂门，而在

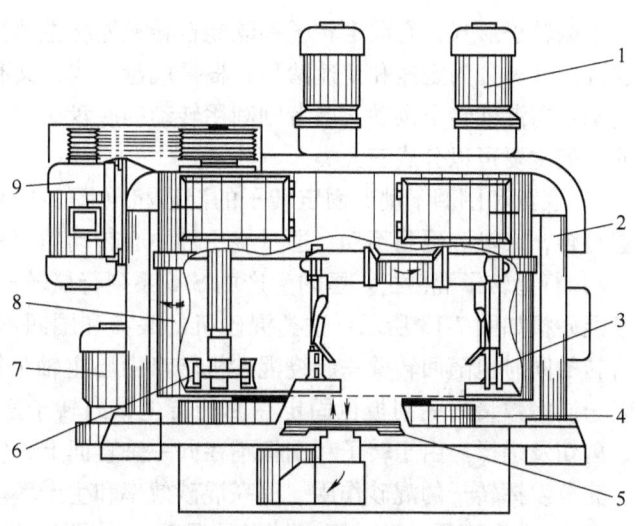

图7-11　逆流式转子混砂机结构
1—混砂器电动机　2—立柱　3—刮板混砂器　4—大型齿圈
5—卸砂门　6—混砂转子　7—底盘转动电动机
8—围圈　9—混砂转子电动机

出砂孔下安装一圆盘给料机连续地卸砂，则混砂机就可以由间歇工作改为连续工作的混砂机。这种混砂机一次加料量多，混砂速度快，生产率高，但底盘传动及卸砂门机构比较复杂，高速混砂转子也需要消耗较大的功率。

国内生产的S14系列转子式混砂机如图7-12所示。其底盘8和围圈5是固定的，主电动机9和减速器10均安装在底盘下面，驱动主轴套11旋转。主轴套的顶端装有流砂锥3，侧面安装两层各四块均布的刮板，上层是短刮板13，下层的长刮板7与底盘接触，长刮板外侧装有壁刮板。在围圈外侧上部的对称位置安装转子电动机，在转子轴上则安装了三层均布叶片，下面两层是上抛叶片，上面一层是下压叶片。混砂时，长刮板铲起并推动物料在底盘上形成水平方向上的环流，而且由于离心力的作用，物料在作环流的同时也从底盘中心向围圈运动。旋转的叶片则对水平环流的物料施以冲击力，上抛叶片使物料抛起，下压叶片使物料向下压，如此综合作用使物料迅速得到均匀混合。

目前，转子式混砂机有很多种类

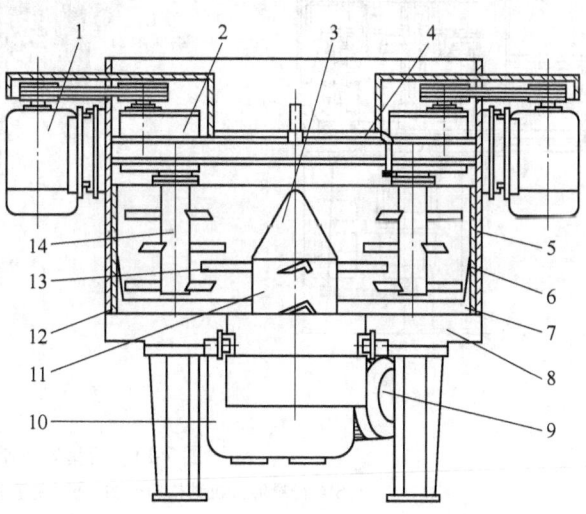

图7-12　S14系列转子式混砂机
1—转子电动机　2—转子减速器　3—流砂锥　4—加水装置
5—围圈　6—壁刮板　7—长刮板　8—底盘　9—主电动机
10—减速器　11—主轴套　12—内衬圈　13—短刮板
14—混砂转子

型。根据转子形式,有固定转子和既能自转又能绕主轴公转的行星式转子两种;根据转子转动速度,又可分为定速和变速两种;根据底盘形式,又有固定式和转动式之分,前者通过旋转的刮板向混砂转子供砂,后者则利用转动的底盘送砂。尽管转子式混砂机的结构形式各不相同,但主要可以分成三大类。

1) 底盘和围圈不动、固定转子的混砂机(图7-12)。这类转子式混砂机的转子在固定位置自转,底盘和围圈不动,通过绕主轴中心转动的"S"形刮板向混砂转子供砂。

2) 行星转子混砂机。国内生产的S16系列行星转子混砂机结构和常州法迪尔克的RTM变频混砂机如图7-13所示。这类混砂机的底盘和围圈不动,转子固定安装在转臂上,转子在自转的同时也随回转臂一起绕混砂机转盘中心主轴公转,转子公转方向与自转方向相同。与转子同等数量的底刮板也固定在回转臂上,向转子送砂,保证了转子对物料产生高速冲击、剪切及搓揉。由于转子和刮板不在同一垂直面上,转子叶片可以深埋砂层,贴近底盘衬板,充分发挥转子的混砂作用,提高混砂效率和生产率。

3) 底盘和围圈转动、固定转子的混砂机(图7-11)。这类转子式混砂机的转子安装在由立柱支撑的固定不动的顶盖上,有一多功能刮板(在混砂时固定不动,仅在卸砂时转动一个角度),旋转的围圈外有一个密封罩壳。底盘和围圈旋转时,固定的刮板将砂流推挤并堆高向高速旋转的转子供砂,转子旋转的方向与底盘旋转的方向相反。这类混砂机有水平式和倾斜式两种机型。

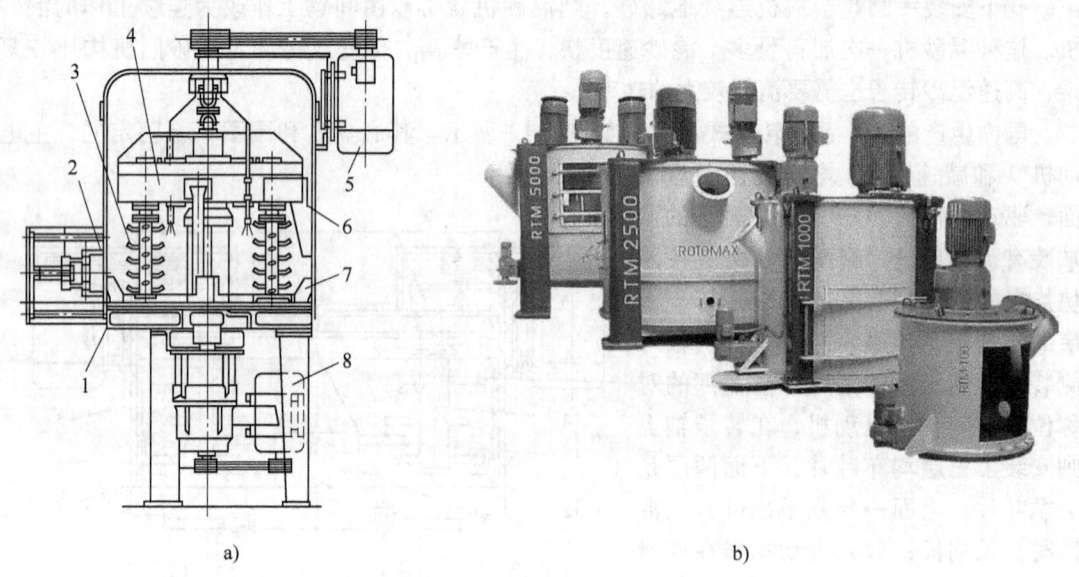

图7-13 行星转子混砂机
a) S16行星混砂机结构原理图 b) 法迪尔克RTM变频混砂机照片
1—底盘 2—卸砂门 3—转子 4—转臂 5—转子驱动电动机 6—壁刮板
7—底刮板 8—转臂驱动电动机

各种结构的转子式混砂机虽然都采用转子混砂,具备混砂质量好、效率高的共同特点,但是,由于混砂机的结构不同、转子运动状况及向转子供料的方式不同,它们混制的型砂质量和混砂效率还是有很大差别的。三种主要转子式混砂机的各自特点比较见表7-2。

表 7-2 三种主要转子式混砂机特点比较

类型	底盘和围圈不动、固定转子混砂机	行星转子混砂机	底盘和围圈旋转、固定转子混砂机
结构特点	(1) 转子在固定位置高速旋转，底盘和围圈不动 (2) 双"S"刮板高速旋转向转子供砂 (3) 侧面卸砂	(1) 转子自转的同时公转，自转和公转方向相同 (2) 刮板公转向转子供砂 (3) 侧面卸砂 (4) 公转机构有齿轮传动和硬齿带传动两种	(1) 转子固定在由立柱支撑的顶盖上高速旋转 (2) 底盘和围圈缓慢旋转，通过固定刮板向转子稳定供砂 (3) 底盘中心卸砂 (4) 有水平和倾斜安装两种机型
混砂特点	(1) 转子、双"S"弧形刮板分别上下运动 (2) 转子下方刮板将物料推向围圈，并用上抛叶片提高砂流与转子的接触 (3) 转子将先到的砂流反向加速与后来的非连续砂流逆向冲击摩擦和穿插混合	(1) 与转子相对位置不变的弧形刮板，将砂流连续地推挤并堆高，稳定地送向高速旋转的长柱形转子 (2) 转子叶片全部深埋在砂层里，使转子驱动电动机稳定地处于满载，充分发挥高速转子的混砂功能	(1) 高速旋转的定位转子和缓慢低速回转的供料底盘分别转动 (2) 底盘回转中经固定刮板将砂流推挤向外侧并堆高，连续稳定地供料给旋转的长柱形转子，使转子充分而稳定地发挥强烈的剪切混砂作用
混砂效率和型砂质量	(1) 刮板位于转子下方，故转子悬离于底盘上，上部与砂流接触比下部差，影响混砂效果 (2) 靠刮板面旋转给上方转子供料，供料不稳定，可能造成型砂质量不均匀 (3) 转子不能充分发挥作用，工作效率不高 (4) 正常规定混砂周期内型砂湿压强度≤0.13MPa (5) 型砂有结块，松散度差 (6) 混制高湿压强度的型砂则生产率下降较多	(1) 转子叶片底面可与底盘贴得很近，转子深埋在物料中，混砂效率高 (2) 转子满负荷工作，充分发挥混砂作用，型砂湿压强度可达0.17~0.22MPa (3) 型砂松散度一般	(1) 转子叶片底面贴近底盘，深埋在砂层里，充分发挥转子混砂作用，混砂效率高 (2) 底盘稳定和均匀地给转子供砂，混砂效率和质量高 (3) 型砂质量好，湿压强度可达0.17~0.22MPa，无结块，松散度好
转子功率与供砂功率	转子驱动功率与供砂刮板的驱动功率之比约为1:2；主要功率用于驱动刮板	转子驱动功率与回转臂驱动功率之比约为2:1；主要功率用于转子混砂	转子驱动功率与底盘驱动功率之比约为(3~14):1；主要功率用于转子混砂，是名副其实的转子混砂机

(续)

类型	底盘和围圈不动、固定转子混砂机	行星转子混砂机	底盘和围圈旋转、固定转子混砂机
设备维修	(1) 刮板与底盘有很高的相对运动速度，故刮板与底盘衬板磨损快，使用寿命短，维修费用高 (2) 设备较简单，维修方便	(1) 回转机构较复杂，要求密封和润滑严格，维修工作量大 (2) 刮板与底盘相对运动速度较高，刮板与底盘衬板磨损较快，使用寿命短，维修费用高 (3) 公转机构较复杂，维修较难	(1) 固定安装的刮板和缓慢转动的底盘相对运动速度低，刮板和衬板磨损少，使用寿命长，维修费用低 (2) 设备结构简单，维修工作量少
其他	(1) 可直接从机内取砂样 (2) 价格较低	(1) 可直接从机内取砂样 (2) 价格中等 (3) 公转机构较复杂，同时要求润滑和严格密封	(1) 直接从机内取砂样较困难，需通过专用取样机构 (2) 价格高 (3) 是转子混砂机的发展方向

转子式混砂机混砂质量好，不需要再进行松砂，可直接进行造型生产；同时混砂速度快、周期短、生产率高，适用于混制各类粘土砂，是现代高效、高密度造型的首选混砂机。变频混砂机在一个混砂周期内通过测定混砂机转子受到阻力的变化，经变频器自动调节转子的转速，进而实现在不同阻力下转子具有不同的转矩，适应了混制过程中型砂物理特性变化，达到了既提高混砂质量又保证混砂效率还能够有效降低辅料消耗和能耗的目的，在粘土砂混砂技术上取得了突破。目前，在大量生产的现代化铸造车间，转子式混砂机应用越来越广泛。

5. 碾轮转子式混砂机

碾轮转子式混砂机（图7-14）既保留了碾轮对型砂进行碾压和搓研作用，又增加了混砂转子以较高的速度冲击和搅拌型砂，因此这种混砂机兼有碾轮式及转子式混砂机的优点。碾轮转子式混砂机的结构如图7-15所示，由传动系统、工作机构、机体及辅助装置等部分组成。传动系统包括两部分：在底盘下面是减速系统，驱动混砂机主轴；在底盘上面的混砂转子驱动机构13是由行星齿轮传动构成的增速系统，驱动混砂转子9。混砂转子驱动机构是在混砂机的主轴立柱上固定一个太阳轮，当混砂机主轴带动十字头5旋转时，装在十字头上的行星齿轮与太阳轮啮合，一面绕太阳轮公转，一面自转，并经过十字头上的定轴齿轮传动装置，驱动混砂转子高速旋转。这样在混砂机开动后，混砂转子一面随十字头公转，一面绕自己的轴线自转。混砂工作机构由碾轮4、弹簧加压机构3、混砂转子9、内刮板1、外刮板7及壁刮板8组成。在

图7-14 S13系列碾轮转子式混砂机

十字头的一侧装有碾轮,与碾轮相对的一侧装有混砂转子。在十字头上固定着三块刮板。在工作过程中,内刮板将碾盘中部的型砂推到碾轮工作区,碾轮对型砂进行碾压和搓研;壁刮板将压实的型砂翻起并送到混砂转子的工作区,高速旋转的混砂转子冲击和破碎砂团,对型砂进行强烈搅拌、松散,再送入碾轮工作区。混砂转子将型砂搅拌得越松散,碾轮的碾压作用越好。外刮板将粘附在围圈壁上的型砂清扫干净,并将碾盘外缘的型砂推回碾轮工作区。这样周而复始,完成混制型砂的整个工艺过程。

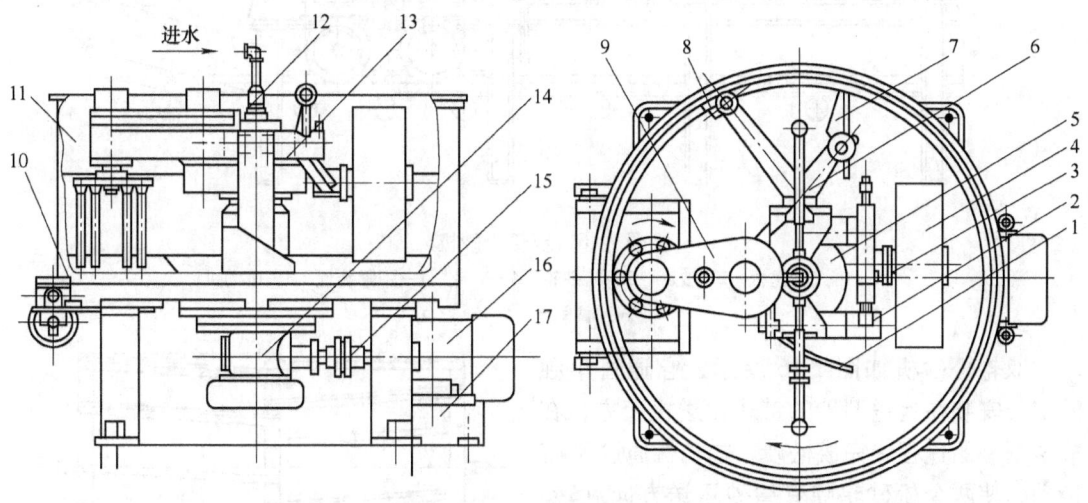

图 7-15 碾轮转子式混砂机结构
1—内刮板 2—曲柄 3—弹簧加压机构 4—碾轮 5—十字头 6—刮板臂 7—外刮板
8—壁刮板 9—混砂转子 10—卸砂门 11—围圈 12—加水装置
13—混砂转子驱动机构 14—减速器 15—弹性联轴器
16—主轴电动机 17—电动机座

碾轮转子式混砂机的机体由支腿、底盘及围圈等部分组成。辅助装置包括卸砂门、加水装置、润滑系统及取样器等。围圈 11 上安装有卸砂门 10。底盘采用辉绿岩铸石护板,摩擦阻力小,使用寿命长。加水装置通过连接座固定在十字头上,四个喷嘴随十字头一起旋转。采用气压加水,当水压为 5atm⊖ 时,喷出的水为雾状,有利于提高混砂机的效率。加水装置的上端固定不动,而下端随十字头旋转,所以中间以回转接头连接。

在碾轮转子式混砂机中,由于碾轮、刮板及混砂转子的配合,强化了混砂过程,缩短了混砂周期,提高了生产率,而且混制的型砂松散不结块。但是由于增加了混砂转子,使传动机构较复杂,功率消耗也增加。该类混砂机主要用于铸造车间混制机器造型用的湿型砂,也可用于混制干型砂、面砂及芯砂。

7.1.3 松砂机

混好的型砂,尤其是碾轮式混砂机混制的型砂,需用松砂机加以松散,破碎其中的砂团,提高型砂的流动性和可塑性。松砂机种类很多,主要有双轮松砂机、叶片松砂机、梳式松砂机、带式移动松砂机等。在自动化砂处理系统中,使用最多的是双轮松砂机。

⊖ 1atm = 101.325kPa。

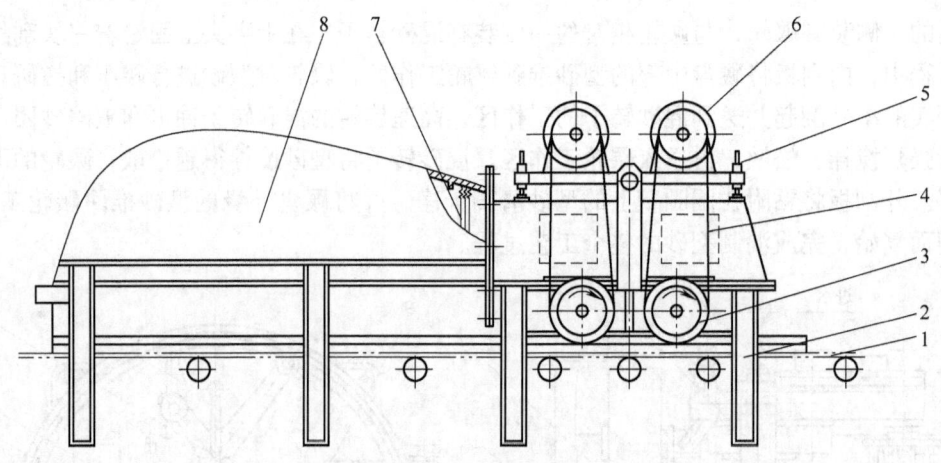

图7-16 双轮松砂机
1—带式输送机 2—支架 3—松砂轮 4—V带 5—张紧装置 6—电动机
7—弹簧钢丝 8—罩壳

双轮松砂机如图7-16所示，它通过单独的支架安装在运送型砂的带式输送机上方，在输送型砂的过程中完成松砂。电动机通过V带传动，使两个松砂轮顺着型砂运送方向旋转。松砂轮下表面与输送机胶带间的间距为10～15mm。当型砂通过松砂机时，松砂轮上的棱条将型砂切割、松散，并抛击到前面的松砂轮或弹簧钢丝上，经过松散后的型砂落在胶带上

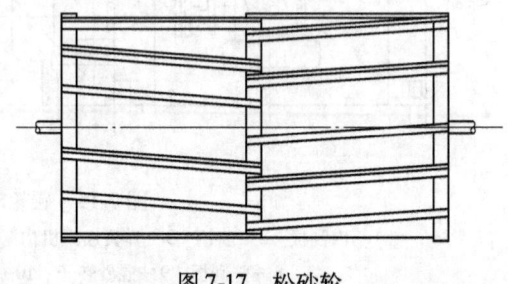

图7-17 松砂轮

被送往造型工部。松砂轮有多种形式，最常用的如图7-17所示，它是具有两排棱条的空心轮，棱条呈"八"字形排列，其目的是使抛出的型砂能集中在胶带中间。棱条表面堆焊硬质合金，以增加其耐磨性。

双轮松砂机也可以用于高压造型的旧砂破碎，这时应在罩壳上增设通风除尘装置，以便对旧砂进行除尘和冷却。双轮松砂机应根据带式输送机的形式和规格配套选用。

7.1.4 磁分离设备

旧砂处理和回用是砂处理系统的重要环节，因为旧砂一般占型砂成分的80%以上，它的质量将直接影响型砂性能。旧砂处理的目的是去除其中各种杂物，调节水分，降低温度，使成分均匀化。

落砂后的旧砂中含有断裂的浇冒口、铁钉、铁豆、飞边毛刺、芯骨等铁磁性物质，在旧砂处理过程，要将这些铁料去除，以保证型砂质量并防止砂处理设备、造型设备、模样和芯盒受到损坏。由于这些铁料属于强磁性物质，所以采用磁分离方法将其从旧砂中分离出来。为保证分离效果，旧砂在处理过程中最好经过2～3次磁分离。为尽早地将铁磁性杂物排出，第一次磁分离应在落砂后进行，经过破碎、筛分工序后，再进行一次或两次磁分离，以便彻底清除磁性杂物。

磁分离设备按磁源分为电磁和永磁两种。电磁分离设备的形式与永磁分离设备相同，只

是需要直流电源、铁心及线圈。永磁分离设备则不需直流电源，结构简单，制造容易，可以在较高的温度下工作，磁场分布均匀，分离效果好，使用维修方便，已经完全取代需要激磁和整流的电磁分离设备，目前得到广泛应用。

永磁分离设备的磁源主要是永磁体，它是锶铁氧体（$SrO \cdot 6Fe_2O_3$）用粉末冶金法制成的，充磁后具有很高的剩磁值。一般的永磁体尺寸为$85mm \times 65mm \times 18mm$，使用时，根据所需的磁场强度，用环氧树脂将几个磁块粘在一起，充磁后就可以形成磁极。用永磁体制成的分离设备有：永磁分离滚筒、永磁带轮、带式永磁分离机等。目前常用的是兼作带式输送机驱动轮的永磁分离滚筒和悬挂带式永磁分离机。在旧砂处理流水线上，将这些分离设备合理地安排，可以提高分离效果。

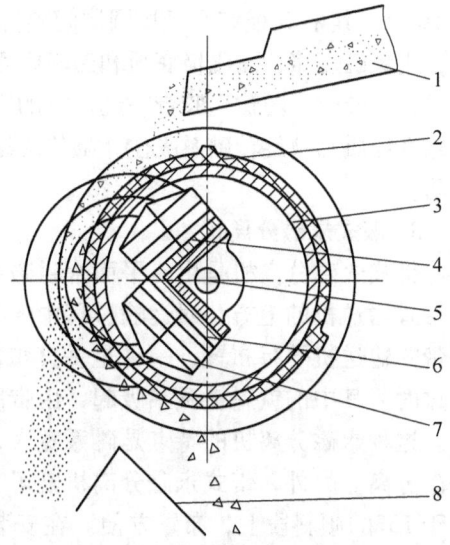

图 7-18　永磁分离滚筒工作原理图
1—给料机　2—橡胶保护层及胶棱　3—滚筒
4—固定磁轭　5—固定轴　6—磁极底板
7—固定磁系　8—分料溜槽

1. 永磁分离滚筒

永磁分离滚筒的工作原理如图 7-18 所示。固定磁系 7 与磁极底板 6 粘接后，用螺栓紧固在固定磁轭 4 上，磁轭则固定于固定轴 5 上不动。包有橡胶保护层及胶棱 2 的滚筒 3，由传动装置驱动旋转。工作时，由给料机 1 均匀地向分离滚筒供应旧砂，使砂层厚度保持在 45～75mm 间，最大可至 100mm；旧砂因惯性落于滚筒左侧，而铁料则被固定磁系吸住，由转动的滚筒及胶棱带至滚筒右侧，脱离磁场后下落，在分料溜槽 8 的辅助下，使砂与铁料分离。橡胶保护层可以使滚筒不受冲击和磨损，也避免热砂粘附在滚筒上。胶棱的作用是迫使被固定磁系吸住的铁料运动，最后离开磁场作用范围而下落。

永磁分离滚筒结构紧凑，筒径可小至 300mm，便于在旧砂处理流水线上布置，维修简便。

2. 永磁带轮

永磁带轮作为带式输送机的传动滚筒，在转卸旧砂的同时进行磁选分离。应根据所选用的带式输送机的形式和规格，选择永磁带轮。永磁带轮的工作原理如图 7-19 所示。磁极数为偶数，一般

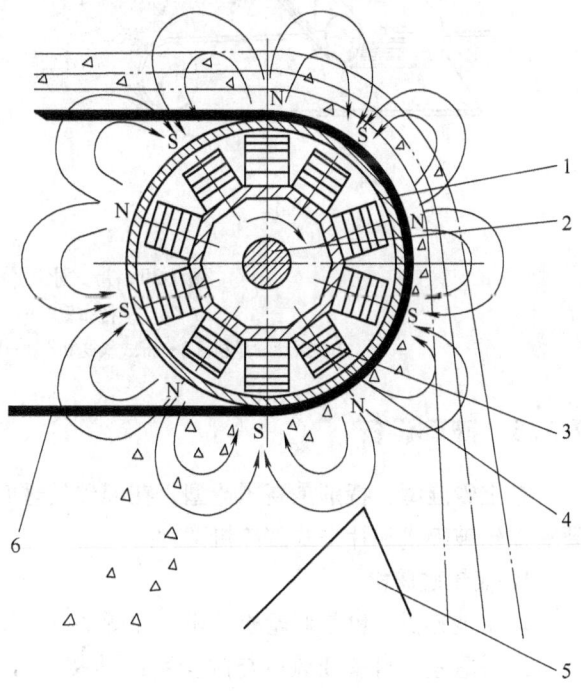

图 7-19　永磁带轮工作原理图
1—传动滚筒　2—传动轴　3—磁块组　4—磁极底板
5—分料溜槽　6—输送带

为10个,其中N极和S极按圆周间隔排列,沿轴向则每组极性相同。滚筒体用非导磁性材料,避免磁短路,而磁极底板和磁轭则用导磁性好的低碳钢制成。当驱动装置带动传动滚筒及磁系旋转时,随输送胶带一起运行的旧砂,在传动滚筒处因惯性作用被卸至前方,而其中的磁性物质则被旋转磁系吸住,随传动滚筒一起旋转,在传动滚筒下方远离磁场后,靠重力下落。

3. 带式永磁分离机

带式永磁分离机是由一平面永磁磁系及一短的环形带式输送机组成的,它支撑或吊挂在带式输送机的上方,对运输过程中的物料进行磁选分离。它的布置形式有两种,一种是与带式输送机平行布置,一种是垂直布置,如图7-20所示。当物料在带式永磁分离机下面通过时,其中的铁料被磁系吸起,由带胶棱的环形带式输送机拖离磁系,在废铁斗上方落下。这种永磁分离机的特点是磁系宽大,适用于分离长、大铁料,因此多用于落砂后的第一次分离。另外,带式永磁分离机既可安装在旧砂输送机的水平段上,也可安装在倾角不大于15°的倾斜段上,布置方便。在安装带式永磁分离机时,应尽量使磁系靠近砂层,一般胶棱距带式输送机的顶面约为150~250mm,料层厚度为40~80mm,带式输送机的带速应小于1m/s。

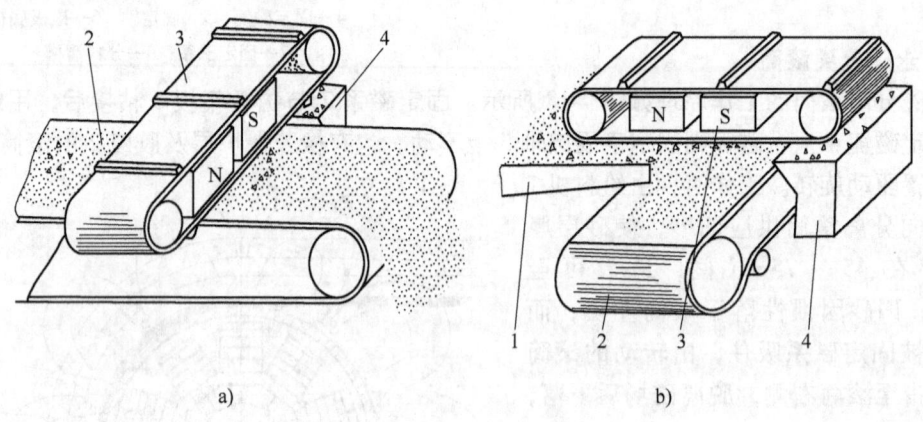

图7-20 带式永磁分离机布置图
a) 平行布置 b) 垂直布置
1—振动输送机 2—带式输送机 3—带式永磁分离机 4—废铁斗

7.1.5 破碎设备

粘土砂湿型,特别是高压造型,在旧砂处理时需要对砂块进行破碎。旧砂块破碎设备主要有双轮破碎机和片击式破碎机两种。

1. 双轮破碎机

双轮破碎机,也是双轮松砂机,如图7-16所示。它安装在带式输送机上,占地面积小,无进出料落差,自备抽风罩与除尘系统连接,可起去尘和冷却作用,但破碎松砂轮磨损较快。双轮破碎机可以水平安装,也可以倾斜安装(倾角应小于8°),适用于破碎高比压造型和挤压造型的旧砂块。

2. 片击式破碎机

片击式破碎机有单转子和双转子两种，分别如图7-21和图7-22所示。单转子片击式破碎机只有一个转子，而双转子片击式破碎机有两个相对旋转的转子。进入破碎机中的旧砂块被安装在转子上的耐磨锤头（或称为锤片）打击破碎，未被破碎的砂块则高速飞向中心料流，并与之相撞，再次在锤头的打击下破碎，破碎后的砂子从底部排走。

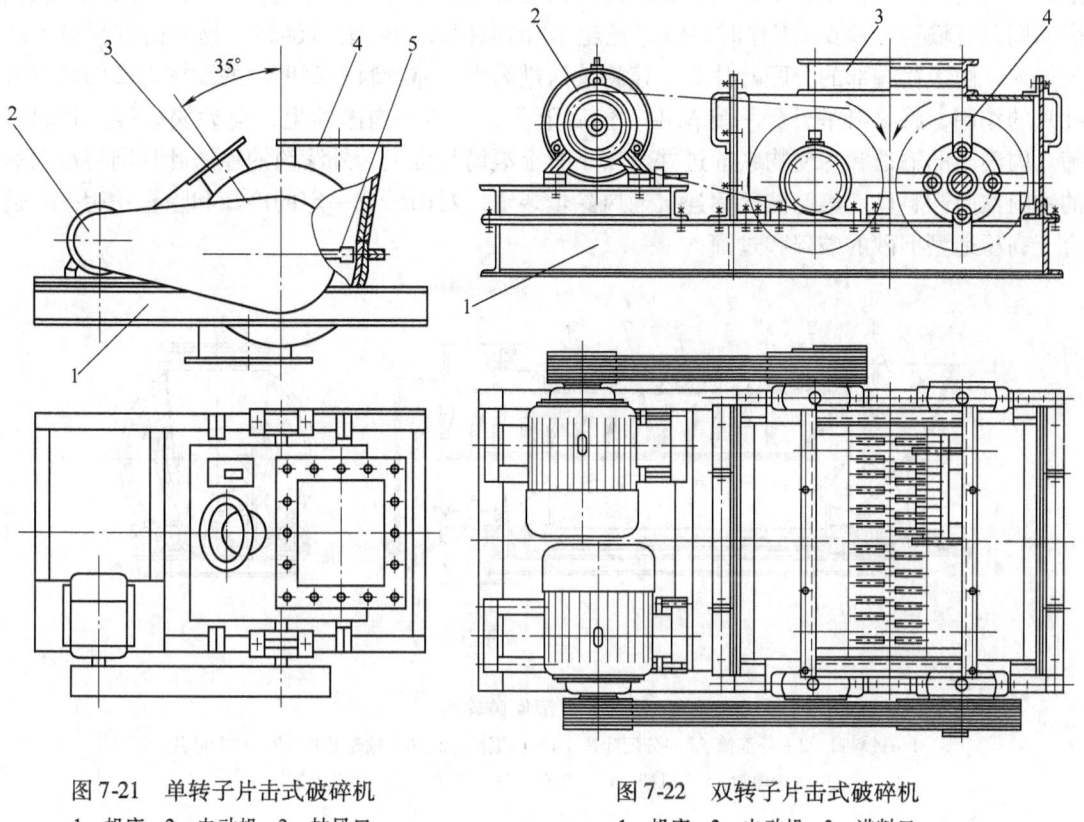

图7-21　单转子片击式破碎机
1—机座　2—电动机　3—抽风口
4—进料口　5—锤头

图7-22　双转子片击式破碎机
1—机座　2—电动机　3—进料口
4—锤头

片击式破碎机一般安装于带式输送机的转卸处，用于铸造车间落砂后旧砂的破碎，具有破碎能力强、工作平稳、适应性强及结构紧凑等特点。

7.1.6　筛分设备

在砂处理系统中，旧砂过筛的主要目的是筛除其中的碎芯块、砂团及其他非金属夹杂物，过筛也使旧砂更为松散，成分、水分及砂温更加均匀，同时通过除尘系统还可排除砂中的部分粉尘。旧砂一般是在磁分离和破碎之后进行1~2次筛分。物料过筛效率与很多因素有关，如物料的湿度、粘性等物理性能，筛砂机的运动状态和工作参数，筛网面积及筛孔的大小和形状，物料与筛网间的相对运动，物料进料的均匀性以及物料的厚度等。其中，物料与筛网的相对运动是影响过筛效率的重要因素，也是选择筛砂机的主要依据之一。

铸造车间常用的筛砂机有摆动筛、滚筒筛及振动筛。其中，摆动筛的筛网往复摆动，物料平行于筛网往复运动，噪声大，过筛效率低，目前仅用于手工操作的小型铸造车间。滚筒筛中的物料，基本上也是平行于筛网运动，过筛效率低，而且滚筒筛结构庞大，物料落差也大，不太适合于在砂处理生产线上使用，目前已多被振动筛代替。滚筒破碎筛因其兼有过筛及破碎砂块两种功能，某些铸造厂仍在使用。

1. 滚筒破碎筛

滚筒破碎筛由套装在一起的内、外滚筒组成，如图7-23所示。滚筒均由钢板制造，内滚筒4上遍布小孔，相当于筛网，在其内表面上有提升叶片7和输送叶片5；外滚筒2的内表面则只有输送叶片6。工作时，依靠托轮10的摩擦传动使滚筒旋转，物料由进料口1均匀加入，由滚筒端部的分配叶片3迅速将其送进筒内，靠物料与筒壁间的摩擦力及四块提升叶片的作用，将物料举升到一定高度，然后下落，冲击到内滚筒上，使砂块破碎，物料过筛。内滚筒的输送叶片使物料前进并分布于整个滚筒长度上，外滚筒的输送叶片则将过筛后的物料推向卸料口。滚筒破碎筛连接通风除尘装置，对旧砂有一定的冷却和除尘作用，它适合于高压造型旧砂的破碎和过筛。

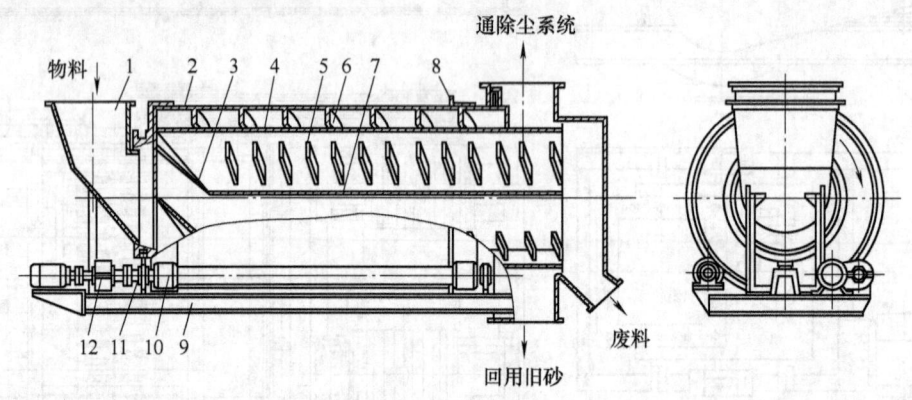

图7-23 滚筒破碎筛
1—进料口 2—外滚筒 3—分配叶片 4—内滚筒 5、6—输送叶片 7—提升叶片
8—导轨 9—机架 10—托轮 11—导轮 12—传动装置

2. 振动筛

铸造车间多用惯性振动筛，其工作原理如图7-24所示。当带有偏重块的传动轴旋转时，由偏重块产生的离心惯性力，使筛体在弹簧上振动。处于筛网上的物料，由于筛网施给的惯性力被抛掷向上，然后靠自重下落过筛。因为物料运动方向与筛网近于垂直，故过筛效率高。另外，由于惯性振动筛振动频率高，对物料有分层作用，小颗粒在下面，有利于过筛，筛网也不易堵塞。这种筛砂机可以倾斜安装，或者采用定向振动机构，使物料一面过筛，一面前进，既均布于整个筛网上，又不会产生堆积现象。振动筛的筛体高度比滚筒筛低，结构紧凑，物料落差小，噪声不大，在现代化砂处理系统中获得了广泛应用。振动筛的种类很多，按激振器的结构形式不同，有单轴和双轴惯性振动筛，以及振动电动机筛等。

（1）单轴惯性振动筛　单轴惯性振动筛结构简单（图7-24），不需要专用电动机，便于制造和维修。电动机不参振，参振质量小，因此激振力和功率消耗小，但振幅大。因为这种筛砂机振动频率高，一般采用一级V带传动，但如采用图7-24所

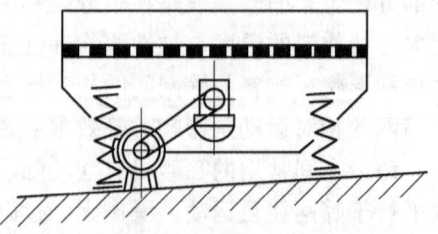

图7-24 惯性振动筛工作原理图

示的振动方式,则无论将电动机安装在任何位置,装在激振轴上的带轮均随筛体一起振动,使两带轮间的中心距不断变化,胶带忽紧忽松,会降低其使用寿命,而且振幅越大,损坏越快。为解决这一问题,多将中大型单轴惯性振动筛设计成自定中心筛,即使激振轴中心与带轮中心有一偏心距,其值等于振幅,其偏心方向与筛体振动方向相反。这样在激振力作用下,筛体产生的位移由带轮的偏心距来补偿,使带轮中心基本保持不变。

(2) 振动电动机筛 振动电动机筛是一种直线振动筛,它利用振动电动机作为激振源,使筛体产生振动。振动电动机的转子轴较长,在轴的端部装有两个固定的偏重块及一个可调偏重块,改变两者间的夹角,就可以调节激振力的大小。如图7-25所示,将两个转速相同、转向相反的振动电动机倾斜地固定在筛体两侧壁上,振动电动机轴线与$A—A$线垂直。当起动电动机后,两个电动机轴上偏重块产生的激振力,在$A—A$方向互相叠加,而沿$B—B$方向则相互抵消,因此物料沿$A—A$方向被抛起,一面过筛,一面向前运动。

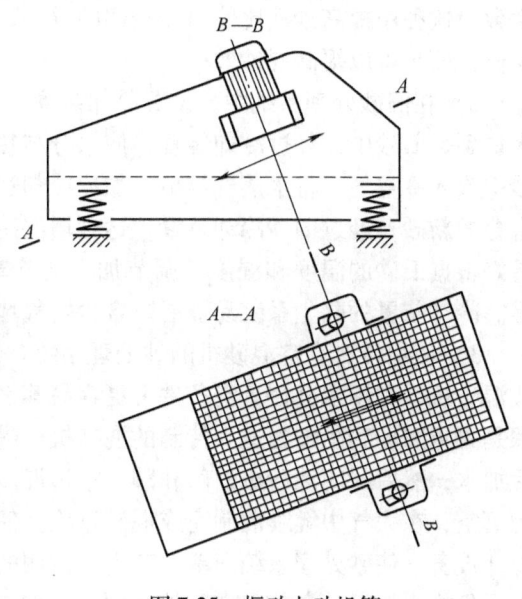

图 7-25 振动电动机筛

这种振动筛结构紧凑,生产率高,安装、调节及维修都很方便。

7.1.7 冷却设备

铸型在浇注后,旧砂因受高温金属的烘烤温度升高。如果砂铁比小,而且生产周期短,旧砂循环快,则旧砂温度会更高。如果热砂不进行冷却将会造成许多危害。

1) 用温度高的旧砂混制型砂,由于水分不断蒸发,加水量难以控制,混制的型砂性能不稳定,而且湿压强度及透气率较低。

2) 在输送、储存及造型时,型砂中水分继续蒸发,冷凝在输送带、料斗壁及模板上,造成输送带粘附而掉砂、料斗挂料及起模困难等。

3) 温度高的旧砂进入混砂机,由于水分过度蒸发,混砂期间要求较高的加水量,这将导致混砂周期延长,从而降低了混砂机的生产率和整个砂处理能力。当旧砂温度高于70℃时,粘结剂就很难附着在砂粒表面,更需延长混砂时间。

4) 造型后,砂型的表面及边角处容易脱水变得脆弱,导致铸件产生冲砂、砂眼等缺陷。

5) 热砂中的水蒸气凝结在砂芯和冷铁上,使铸件产生气孔的倾向增加。

6) 由于旧砂温度高,含水量少,使破碎、筛分、输送过程中粉尘增多,恶化工作环境。

一般造型时型砂温度高于室温 10~15℃,即认为存在热砂问题。在大量生产的铸造车间,为提高铸件质量,降低热砂问题而引起的废品,必须重视旧砂的冷却。目前,旧砂冷却有三种方法。

1) 提高砂铁比。砂铁比指某一铸型中所用型砂的质量和所浇入金属的质量之比值。砂铁比越高，旧砂温度越低，混制的型砂质量越稳定。据资料介绍，当砂铁比为20:1时，就不会产生热砂问题，因此要提高砂处理能力，可加大砂处理系统中的总砂量和减少旧砂循环次数。这种用提高砂铁比使旧砂冷却的方法，只需提高砂处理能力，不需要冷却装置，调节简便，而且可以提高混砂效率。

2) 在旧砂处理系统中，设置冷却装置。目前普遍采用增湿冷却方法，即用雾化方式将水加到热旧砂中，经过冷却装置，使水分与热砂充分接触，吸热汽化并迅速蒸发；同时向旧砂中吹入冷空气，将水蒸气排出，加速冷却过程。也可以在落砂后的旧砂中，加入含有一定水分的新砂，经过旧砂冷却装置，达到增湿冷却及新旧砂预混的双重目的。这种冷却系统，最好根据旧砂的温度和湿度，调节加入的冷却水量，既达到冷却作用，又不至于使旧砂太湿。冷却装置的除尘系统易被湿热含尘空气堵塞，在设计时应给以充分注意。

3) 使用带有真空混砂机的砂处理系统。近年德国 Eirich 公司开发研制出一种真空转子式混砂机，利用水分在真空条件下更容易蒸发的原理，使型砂在混制的同时降温。其操作步骤是先将旧砂和附加物送入特制的混砂机中进行预混；用传感器测定混合物的含水量和温度后加水；然后封闭混砂机的门和阀，一边混砂一边抽真空，使砂中水分蒸发而降温；最后关闭真空，在大气中继续混制完成混砂过程。使用真空混砂机，可省去砂处理系统中的增湿和冷却设备，使砂处理系统简单，节省其占用的面积和空间。但这种真空混砂机由于其结构复杂，价格也较贵，目前仅在国外个别工厂中应用。

目前国内常用的旧砂冷却设备有振动沸腾冷却装置、冷却提升机、冷却滚筒及双盘搅拌冷却机等。其中振动沸腾冷却装置将结合振动沸腾烘干装置内容，在后面的章节中进行叙述，这里只介绍后三种旧砂冷却设备。

1. 冷却提升机

冷却提升机兼有提升和冷却旧砂的双重作用，其工作原理如图7-26所示。经过磁选、增湿、过筛以后的旧砂被均匀地送入冷却提升机中。提升带是一条环形耐热橡胶带，在带上每隔175mm用硫化加压方法胶合上胶棱，利用胶棱提升旧砂。由于带速较高（2.0~2.5m/s），以及调节板的挡砂作用，提升的部分砂被挡回，呈松散状态下落，部分砂被抛向卸料口排出。改动调节板的位置可以调节回落砂和卸出砂的比例，以满足冷却效果和生产率要求。旧砂在提升和回落过程中，与由进排风通道进入的冷空气充分接触，以对流形式换热，使旧砂冷却。热湿空气及水汽经过冷却提升机上部，排至旋风分离器。落到提升机底部的冷砂与送入的热砂混合，也起一定的冷却作用。冷却提升机占地面积小，对旧砂处理系统的布置极为有利，但是由于旧砂在冷却提升机中停留时间较短，冷却效果不很理想。

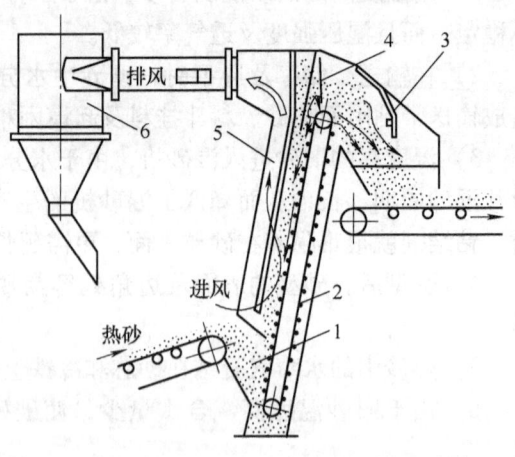

图 7-26 冷却提升机工作原理
1—进料口 2—提升带 3—卸料口 4—调节板
5—进排风通道 6—旋风分离器

2. 冷却滚筒

冷却滚筒有两种：一种是专门用于冷却旧砂的滚筒式冷却机；另一种则是兼有落砂功能的冷却滚筒。这里仅简要介绍滚筒式冷却机，冷却落砂滚筒将在落砂设备中进行详细介绍。

滚筒式旧砂冷却机的结构如图7-27所示。它主要由冷却滚筒、除尘系统及自动加水装置等组成。滚筒内设有挡砂板和反弹板，能把旧砂带起再落下，并延长停留时间，同时还兼有破碎砂团的作用。滚筒内喷水以降低砂温。通过向滚筒内鼓风，砂粒表面与冷风接触以促使水分蒸发降温。在滚筒出口段装有金属筛网，可将冷却后的砂子进行筛分。在出口处装有三块扇风板，能够将滚筒内带水汽的粉尘导出。有的滚筒外面装有恒温电加热器，以防滚筒内壁挂砂。这种冷却设备由于热砂在滚筒内与空气接触不充分，冷却效果一般，但结构较为简单，维修工作量少，适用于大规模流水线生产中的旧砂冷却。

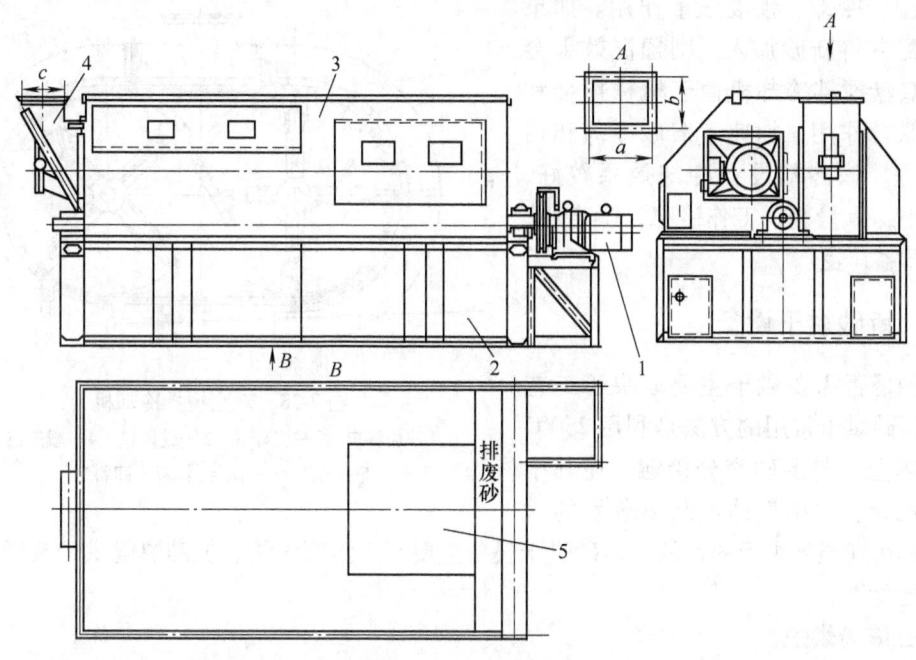

图7-27 滚筒式旧砂冷却机
1—驱动装置 2—支座 3—滚筒 4—进砂溜管 5—出砂口

3. 双盘搅拌冷却机

双盘搅拌冷却机（图7-28）由两个同样直径的圆盘相交组成底盘，每个底盘上均有一搅拌器，它们的转速相同但转向相反。每个搅拌器上有五块刮板，即内刮板、外刮板、壁刮板和两块中刮板。刮板按不同的角度和不同的高度安装，当搅拌器旋转时，刮板就将物料上下、内外翻腾搅拌。经过磁选、增湿、过筛的旧砂由加料口均匀加入，在搅拌器的作用下，一面翻腾搅拌，一面按"8"字形路线在两个盘上反复运动。由鼓风机吹入的冷空气，经变断面风箱及围圈上的进风管进入冷却机内，吹向旧砂，使旧砂有一定的沸腾作用，冷风与热砂充分接触进行热交换，使旧砂冷却。含尘的湿热空气经过冷却器上部的沉降室，沉降较大的颗粒后，由排气系统排出。及时排出湿热空气，也可促进水分的蒸发，加速冷却过程。

旧砂在盘中的停留时间是影响冷却效果的因素之一,这是由加料量和卸料量决定的。所采用的卸料门,靠杠杆和重锤的作用使其处于常闭状态。当机盘上流动的砂量增加,产生一定的侧压力能克服重锤的作用时,卸砂门开启卸砂。调整重锤在杠杆上的位置,可以调节卸砂量的大小。

旧砂的增湿可以在冷却机外或冷却机内进行,因此双盘搅拌冷却机能同时起到增湿、冷却、预混三重作用。如果按型砂配方将新砂加入,则预混效果会更好。双盘搅拌冷却机由于机械搅拌和鼓风的联合作用,加速了旧砂冷却和均匀化过程。该冷却设备冷却效果较好,且体积小,重量轻,工作平稳,噪声小,其应用日益广泛。

7.1.8 新砂烘干设备

新砂是否需要烘干主要取决于工艺要求。新砂烘干常用的方法是利用250℃左右的热空气与湿砂充分接触,使其中的水分汽化,并由气体不断将蒸发的水汽带走,达到湿砂烘干的目的。新砂烘干设备主要有三滚筒烘炉、振动沸腾烘干装置、热气流烘干装置等。

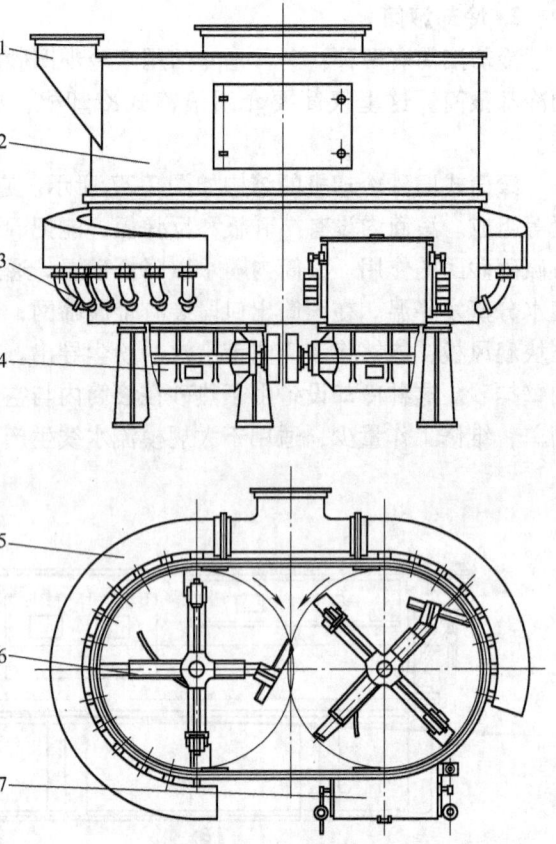

图 7-28 双盘搅拌冷却机
1—加料口 2—沉降室 3—进风口 4—减速器
5—风箱 6—搅拌器 7—卸料口

1. 三滚筒烘炉

三滚筒烘炉主要由燃烧炉和烘干滚筒组成,如图 7-29 所示。它以煤或碎焦炭为燃料,由鼓风机将热气流吸入烘干滚筒,与湿砂充分接触将其烘干。烘干滚筒由三个有一定锥度的大小不同的滚筒套装组成,在内滚筒与中滚筒、中滚筒与外滚筒间,用轴向隔板组成许多小室。滚筒由四个托轮支撑,其中两个托轮是主动轮,靠摩擦传动使滚筒以 10r/min 的转速旋转。工作时,湿砂均匀地加入进砂管,由滚筒端部的导向筋片将湿砂送入内滚筒中,举升板将其提升,然后靠自重下落,与热气流充分接触,进行热交换。湿砂在举升、下落的同时,沿滚筒向其大端移动,然后落入中滚筒的各小室中,砂子在小室中反复翻动,与热气流继续接触,最后又落入外滚筒的各小室中,继续进行烘干。烘干后的砂子由滚筒右端卸出。

由于三滚筒烘干装置中的滚筒是套装组成的,这既能保证砂子的烘干行程,又减小了占地面积,并且结构紧凑,烘干效果好,热能利用率高。不过,烘干后的新砂温度较高,需搁置降温后才能使用。

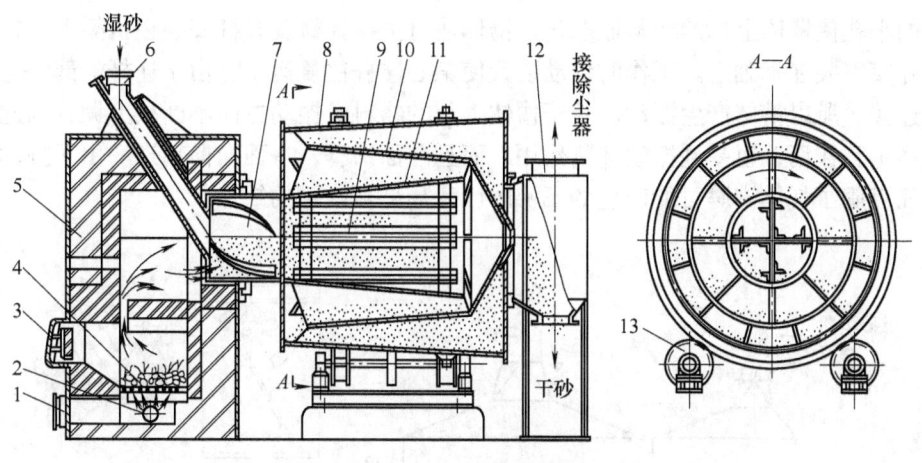

图 7-29 三滚筒烘炉
1—出灰门 2—进风口 3—操作门 4—炉箅 5—炉体 6—进砂管 7—导向筋片
8—外滚筒 9—举升板 10—中滚筒 11—内滚筒 12—漏斗 13—传动托轮

2. 振动沸腾烘干装置

气体通过固体颗粒流动，使固体颗粒呈现出类似于流体的状态，称为流态化。流态化技术在许多工业部门中获得广泛应用。在砂处理系统中，利用流态化方法进行新砂烘干，旧砂冷却以及旧砂热法再生工作。流态化的基本原理如图 7-30 所示。当气体自下而上通过一个固体颗粒床层时，可能会出现几种情况。在气流速度较低时，颗粒不动，床层高度无变化，气体通过颗粒间隙流出，这时称为固定床。当气流速度逐渐增加时，颗粒开始松动，但不能自由运动，床层略有膨胀。若气流速度继续增大，则颗粒开始被气流吹起，类似于液体的沸腾状态，床层升高，颗粒不再由多孔板支撑，而是全部悬浮于气流中自由浮动，呈现出类似于流体的特性。这种状态的颗粒床层称为流化床或沸腾床。流化床具有明显的上界面，也有一定的密度、热导率、比热容及粘度。当气流速度继续增加，达到某一极值时，流化床上的界面消失，颗粒分散悬浮于气流中，被气流带走，这种状态称为气力输送。

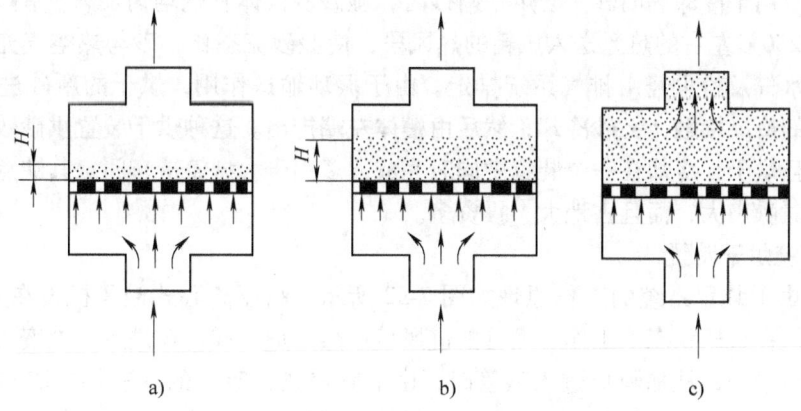

图 7-30 流态化基本原理
a) 固定床 b) 流态化 c) 悬浮输送

振动沸腾烘干冷却装置由气体沸腾和振动沸腾两部分组成，如图 7-31 所示。振动槽体用多孔板隔开，将槽体分成上、下两部分，上部通过物料，下部是风箱，气体经风箱通过多孔板上的小孔使槽体上部的物料流态化。槽体通过主振弹簧及导杆安装在机架上，机架则经过减振弹簧安装在基础上。工作时传动装置使偏心连杆往复运动，由于连杆端部经连杆弹簧与槽体连接，所以槽体产生振动。处于槽体上部的物料沿振动方向不断被上抛，因此物料不但受气体沸腾作用，也受到振动沸腾作用，而且一面沸腾，一面向前输送。由于振动沸腾作用，从而克服了气体沸腾可能产生的不沸腾区和局部被吹穿的缺点。

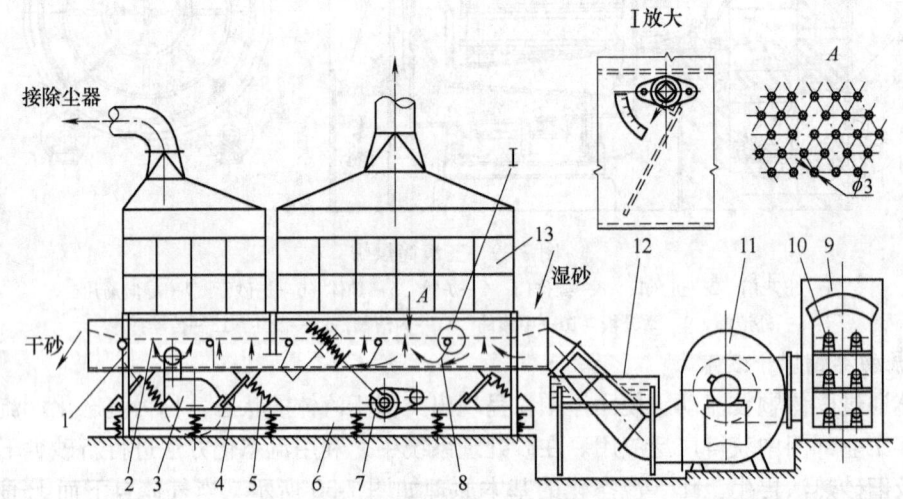

图 7-31　振动沸腾烘干冷却装置

1—密封活门　2—多孔板　3—冷风鼓风机　4—槽体　5—主振弹簧　6—机架
7—驱动装置　8—调节风口　9—热风炉　10—燃烧喷嘴　11—热风鼓风机
12—水封装置　13—沉降室

若气体沸腾用热风，则使物料干燥；若用冷风，则使物料冷却。图 7-31 所示为在前一段通热风进行干燥，后一段通冷风使之冷却。铸造车间使用的振动沸腾装置既可以用于烘干新砂，也可以用于冷却热旧砂。当烘干新砂时，湿砂从槽体右端均匀加入（图 7-31），鼓风机将温度为 250℃左右的热风送入风箱的热风段，使湿砂流态化，砂与热空气充分接触，进行热交换，水气及粉尘经由排气系统排走。由于振动输送作用，烘干的新砂进入槽体冷却段，与鼓入的冷风接触，将砂冷却，然后由槽体左端排出。这种烘干装置烘砂效率高，烘干效果好，而且烘干、冷却在一个装置中同时完成，多用于大型铸造车间。其缺点是调试比较麻烦，工作时噪声大，而且占地大，投资多。

3. 热气流烘干装置

热气流烘干装置系统的工作原理如图 7-32 所示。高压离心式鼓风机设在系统的末端，因此整个系统在负压状态下工作。喉管的进风口接热风炉，或者在进风口处安装燃油或燃气喷嘴。当物料均匀地从加料口进入喉管时，由喉管进风口吸入的高速热气流与物料均匀混合，使物料呈悬浮状态并使其加速，经过管道输送至旋风分离器。在输送管道中，物料受热后其水分不断蒸发而被烘干。旋风分离器的作用是将物料与气体分开，物料经过锁气器卸出。含尘空气从旋风分离器进入旋风除尘器，进行第一级除尘，大部分灰尘在此清除。更细小的灰尘进入湿法除尘器，作进一步净化处理。净化后的空气通过气水分离器去掉水分后，由高压离心鼓风机和带有消声器的排风管排入大气。

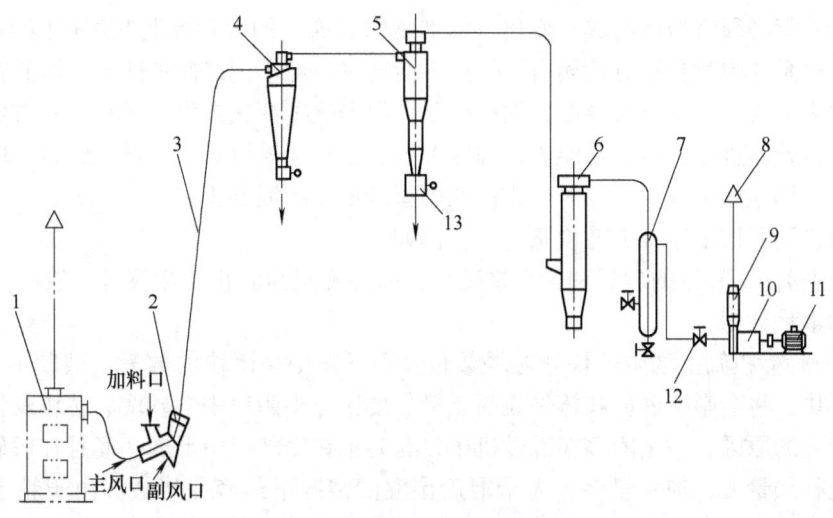

图 7-32 热气流烘干装置系统工作原理
1—热风炉 2—喉管 3—输送管道 4—旋风分离器 5—旋风除尘器
6—湿法除尘器 7—气水分离器 8—风帽 9—消声器 10—鼓风机
11—电动机 12—节流阀 13—锁气器

喉管的作用是使物料与气流很好地混合,让物料顺利悬浮,并将其加速到输送速度。副风口的气流主要起气垫作用,避免进入喉管的物料冲向管壁产生阻力,吸不走的砂团及杂物也从副风口落下。由于整个系统在负压状态下工作,所以除对管道系统要求严格密封外,在卸料器、除尘器的排料口都装有锁气器,达到既能密封又能卸料的目的。由于鼓风机装在尾端起抽吸作用,产生的气流使物料在密闭管道内进行输送,因此该装置又称吸送式气力输送系统。

热气流烘干装置烘干效果也较好,且占地面积小,但在输送过程中砂子对管道及旋风分离器的磨损很大,维修工作量大。另外,高压离心鼓风机在运行时噪声大,需作消声和隔声处理。

7.1.9 湿型砂制备过程的检测与控制

湿型砂性能受混砂设备、混砂工艺、造型材料的种类和含量、紧实方法、紧实程度、紧实时间等多种因素影响。湿型砂制备过程的检测与控制实际上是一个极其复杂而重要的问题。近年来型砂性能检测与控制的概念也发生了很大的变化,在线检测、系统控制与智能控制已成为铸造生产湿型砂性能检测与控制的发展方向。

砂处理工艺过程的检测主要包括三方面内容,即旧砂检测、型砂性能检测及砂型质量检测,后者正在兴起并日益被人们所重视。型砂性能检测又可分为实验室检测和生产线上在线检测。砂处理工艺过程检测的目的有两个:一是保持型砂性能稳定,及时检测并严格控制型砂性能使其保持稳定,对防止气孔、夹砂、粘砂、冲砂等湿型铸造常见缺陷,对稳定铸件尺寸和提高铸件表面光洁程度都是十分重要的;二是检验砂处理系统中各种设备和装置、各种工艺操作是否正常运行。

1. 旧砂检测

型砂性能主要决定于其成分和混制质量,在混砂工艺和混砂机工作正常的情况下,为稳定型砂性能,就必须将型砂的成分变化,特别是旧砂成分的变化控制在尽可能小的范围内。为此在砂处理系统中就要及时检测由于生产不同铸件,即不同的砂铁比时,旧砂在浇注和落砂过程中发生的成分、水分及温度方面的变化。根据这些变化提供的信息,一方面采取相应措施调整旧砂处理过程,检查与旧砂处理有关的工艺和运输设备,定量、给料、储存及除尘装置的运行、调整和维修情况;另一方面调整型砂配比和混制工艺。

旧砂的检测可按工序或工艺设备进行,例如:

1)定期检测落砂后的砂温和含水量变化,以便确定为防止粉尘飞扬并有一定冷却作用的第一次加水量数据。

2)检查筛砂机筛上物中砂块和芯块数量;筛下物中小团块的数量。型砂中如含有5%以上的小团块,将会影响砂型和铸件表面质量。要区分小团块中的砂块、芯块及粘土团,并分析它们产生的原因。粘土团多在混砂机中,有时也在冷却机中形成,而且在旧砂中含泥量多,膨润土补加量大,加水量多,先干混后湿混的情况下最容易形成。由于粘土团中膨润土、煤粉及水分含量高,它的形成会影响这些成分在型砂中的均匀分布,因此将降低混砂效率并影响型砂性能。

3)测定冷却机前旧砂的砂温和含水量,决定冷却用增湿水量;测定冷却后的砂温和含水量,检查冷却机工作状态,确定混砂时的加水量。

4)定期检查混砂前的旧砂中活性膨润土含量、有效煤粉含量及含泥量。检查频率可每周一次或两次。

5)定期检查各处除尘器的除尘效果,分析粉尘中有效成分和失效成分含量,在必要时可将有效成分高的粉尘返回到旧砂中以调节总含泥量。

2. 混砂过程的水分调节

在混砂时调节加水量,使型砂达到调匀以获得较好的综合性能,是控制混砂质量的最基本、最简便的方法。在生产中必须严格控制型砂水分。目前常用的测定并调节型砂水分的方法有紧实率法和电测法。

(1)利用紧实率调节混砂时的加水量　不同的造型方法,需要不同紧实率的型砂。型砂的紧实率与含水量呈线性关系,型砂越干燥,紧实率越低;型砂越潮湿,紧实率越高,而且紧实率对水分的反应非常灵敏。因此,测定型砂紧实率可以判断型砂中的含水量是否合适。

混制完毕的型砂应达到的紧实率值,可根据砂型紧实方法、模样形状及其布置等工艺因素决定。混砂时使紧实率值略高一些,以补偿由混砂机运送至造型机砂斗过程中的水分损失。在混砂时测定紧实率以调节加水量,可以由操作人员完成,或者用型砂性能在线检测控制仪自动进行。当加料完毕并混制一定时间后,操作人员可及时取出砂样,用锤击式制样机立即测出紧实率,然后根据设定值与测得值之差,与试验得出的该种型砂的紧实率与其含水量之间的关系曲线进行对比,即可决定应补充的加水量。这是一种最简单、最方便、最经济、最实用的方法。当然,如果条件允许,也可以采用紧实率控制仪自动调节加水量。

槽轮式紧实率控制仪如图7-33所示。它装在混砂机围圈外侧,当微型电动机使取砂样螺旋机构转动时,即可连续地从混砂机中取出砂样,并经松砂叶片松散后落到振动槽的上层。在振动槽上层槽底有一条可调节的窄缝,开始混砂时,由于型砂较干,就从缝隙落入振动槽的第二层;如果型砂的紧实率小于20%,则型砂就会落入振动槽的第三层,并遮住光电管的光源,使粗加水电磁阀动作,向混砂机中迅速加水。水分增加后,型砂的内聚力提高，越过第二层上的缝隙，沿振动槽向前运动进入槽轮的槽中。振动槽上层槽底窄缝还可以筛除大于窄缝宽度的砂团，不允许其进入槽轮，以免影响测试精度。落入槽轮凹槽中的型砂随槽轮一起转动，遇到固定的平砂刮板时将高出凹槽的型砂刮去，使槽内型砂厚度为19mm。压实轮装在摆杆上，由同一电动机通过链传动使压实轮和槽轮旋转，两轮的转向相反，转速为两轮直径比的倒数，所以压实轮与砂层接触点处的线速度相等，而且方向一致。这样在压实轮压实凹槽内型砂时，只有垂直压力，没有搓研作用。凹槽内型砂被压实后，厚

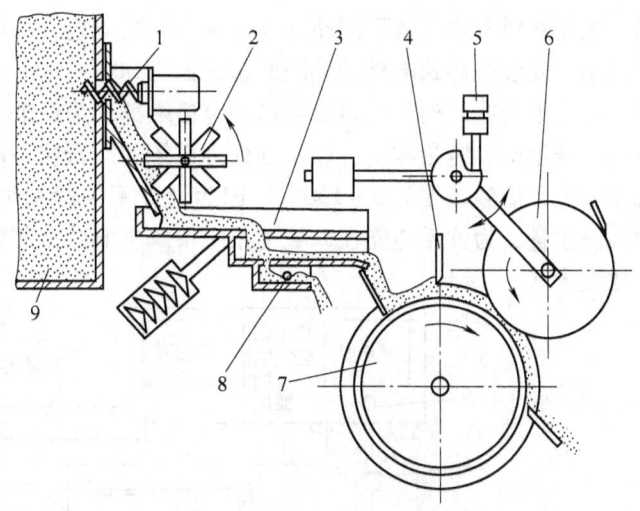

图 7-33　槽轮式紧实率控制仪
1—取砂样螺旋机构　2—松砂叶片　3—振动槽　4—平砂刮板
5—差动变压器式变换器　6—压实轮　7—槽轮
8—光电管　9—混砂机

度减小使摆杆转动一定角度，摆杆上的凸轮使位移传感器的芯轴上升一定距离，此距离即对应于一定紧实率值，并发出电信号控制加水系统的电磁阀，实现自动加水。

加水系统（图7-34）由流量调节阀、电磁阀、截止阀、压力表及管路等组成，三个电磁阀分别控制基本加水量、粗调水量、精调水量的管路。当砂加入混砂机时立即加入基本水量，使其略低于型砂应达到含水量的下限，这时混制的型砂紧实率较低，位移传感器发出信号使粗调水和精调水的电磁阀开启，同时向混砂机中加水。待测出的紧实率值接近设定的紧实率值下限时，粗调水阀关闭，精调水阀继续开启，直至达到要求的紧实率值时为止。

这种控制仪槽轮中的砂层厚度只有19mm，砂样中若混有复合砂粒或小砂团时，将会影响紧实率测试的准确性，可能引起电磁阀的误动作。因此，目前在型砂多种性能在线检测仪器中，多采用标准砂样筒测定紧实率及其他型砂性能。

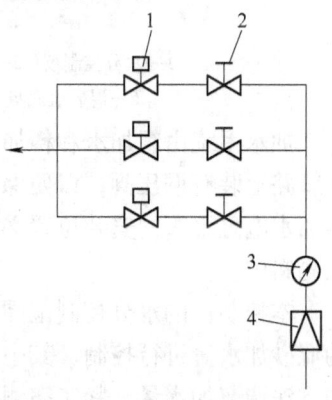

图 7-34　加水系统简图
1—电磁阀　2—截止阀　3—压力表
4—流量调节阀

在混砂过程中检测紧实率，犹如在熔炼炉前检查三角试块一样重要。一般机器造型型砂的紧实率为50%左右，而高压和气冲造型为40%~45%，挤压和静压造型为35%~40%。

（2）利用电测法调节混砂时的加水量　用电测法测定物料含水量和温度，以水分作为控制目标，通过调节混砂时的加水量来达到型砂性能的要求，也是目前常见的方法。按测定水分所用传感器的工作原理，主要有电容法和电阻法两种；按测定位置，则有在回用砂斗出口处和在混砂机中连续测定物料的综合水分及综合温度两种方式。图7-35所示是一种利用电阻法在混砂机中连续测定含水量，按一定的型砂配方自动调节加水量的装置。端部是测量头的棒式电极作为电阻的一个极，混砂机的底盘和围圈通过接地线作为电阻的另一个极，根

据所混制物料含水量的不同使其电导率不同的原理，即可测定物料的综合含水量。根据混砂机大小，安装时棒式电极端部距底盘表面为 30~60mm，使它在混砂时一直处于物料中，而且物料也不能在此处产生阻滞或粘在电极端部。为保证电阻法测量水分的精确性，对混制物料的成分稳定、定量准确，以及砂处理系统的运行状态都有严格要求。温度传感器装在混砂机围圈上，测温范围为 0~100℃。因为温度不仅影响物料的电导率，而且也将消耗一部分加入的水量，为此希望能在砂处理系统中解决旧砂冷却问题，保证混砂机中物料温度的波动不致太大。

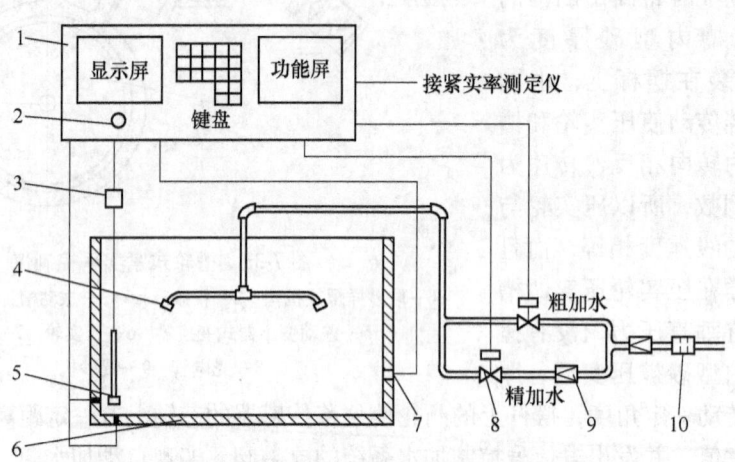

图 7-35 水分控制仪自动加水系统
1—水分控制仪　2—水分调节钮　3—测量值变送器　4—加水喷嘴　5—棒式电极
6—混砂机底盘　7—温度传感器　8—电磁水阀　9—减压阀　10—过滤器

加水系统由粗加水和精加水两套管路并联组成。粗加水管断面较大，水压较高。在精加水管路上装有调压阀，以便保证稳定的低压。两条管路均由水分控制仪通过电磁水阀启闭，精加水电磁水阀的安装位置必须低于加水喷嘴，以免在关闭精加水阀门后，仍有残余水分流入物料中。

本控制仪的水分控制范围为 0.5%~8.0%，测量误差为 ±0.1%，可以对九种型砂配方的混砂加水量进行控制，其中五种是以型砂含水量作为控制目标，另外四种是用测定紧实率的方法调节加水量，紧实率测定信号由专门接口输入水分控制仪。因为型砂配方不同，达到综合性能指标较好时的总加水量也不同，所以在使用水分控制仪前，应按所采用的型砂配方制备型砂，通过一系列试验决定总加水量中的基本水量和剩余水量、混砂周期，以及物料温度与补偿水量之间的关系。使用时，通过水分控制仪的键盘输入型砂配方号、一次加料量、基本水量及混砂周期等数据。起动混砂机后加入回用砂及新砂，并尽快地加入基本水量，使砂与水充分混合。然后将膨润土、煤粉等加在已经湿润的砂中，并测定混合后的物料含水量和温度，由水分控制仪计算出需要再补加的剩余水量和温度补偿水量，加水并继续混制，达到混砂周期后卸砂。

3. 型砂主要性能的实验室检测

型砂实验室检测的项目一般较全面，检测结果也比较精确，但需要的检测时间较长。要保持型砂性能稳定，定期进行型砂的实验室检测是非常必要的。湿型砂实验室检测的最基本的性能有含水量、紧实率、透气性及湿强度，此外还有热湿拉强度、韧性指数、活性膨润土含量、有效煤粉量、型砂含泥量等。

含水量是指在 105~110℃ 烘干能去除的水分含量，一般采用烘干称重法进行检测，以试样烘干后失去的质量与原试样质量之比值表示，所用的仪器为红外线快速干燥器。紧实率是松散状态下填满容器中的型砂，在一定压实力的作用下，其体积变化的百分比，用试样紧实前后高度减少的百分数来表示。紧实率一般用锤击式制样机对砂样进行三锤紧实来进行检测。透气性是指紧实后的砂样允许气体通过的能力，一般使用型砂透气性测试仪来测定。型砂湿态强度包括抗压强度、抗剪强度（包括横向和竖向剪切）、抗拉强度及抗劈裂强度等，其中最常测定的是抗压强度。检测型砂湿态强度，早期使用的是杠杆式万能强度测试仪，由于手动加载，加载速率不平稳，仪器测量精度低；目前，一般使用的是型砂万能液压强度测试仪，而且近年来，在型砂万能液压强度测试仪上采用了计算机技术，大大提高了仪器的精度和自动化程度。

型砂抗压强度只是在一定程度上代表了型砂中膨润土膏的粘结力，并反映受压力时砂粒之间的摩擦阻力，但它并不能反映出死粘土、粉尘及杂质含量的变化对型砂性能产生的影响，而抗拉强度则能较真实地反映出型砂砂粒间的粘结强度好坏。但是，由于湿型砂抗拉强度值低，因而不容易测量准确。目前，国内外很多铸造厂都用热湿拉强度来检验型砂的抗夹砂性能。热湿拉强度是指湿砂型在液态金属高温作用下发生水分迁移，在砂型水分凝聚区的抗拉强度，一般使用专用的型砂热湿拉强度仪来进行检测。型砂的韧性是指砂样能发生塑性变形而不损坏的能力，可以用破碎指数或剪切变形量来表示。破碎指数一般用落球式破碎指数测定仪来进行检测。剪切变形量则可用型砂抗剪强度变形极限测定仪来进行检测，它是用同一试样同时测定出型砂的抗剪强度和剪切变形量，能更有效地反映出型砂的韧性及起模性。活性膨润土含量的测定采用吸蓝量法。有效煤粉量可通过测定型砂或旧砂中挥发分的发气量来确定。型砂含泥量用冲洗沉淀法来测定。

铸造厂应设定严格的型砂性能检验制度。在确定检验制度时，首先要确定检测项目和检测频次。机械化流水生产的检验制度与单件小批生产的有很大不同，因为机械化流水生产的型砂周转快，旧砂的成分和温度等因素变化快，型砂的性能变动如不能及时发现就会引起大量铸件报废，所以检测的项目和频次就要多一些。单件小批生产车间旧砂成分和型砂性能变化比较慢，检测项目和频次就可以少一些，如有些工厂每天只检测一次型砂性能，回用旧砂成分每周才检测一次。检验制度还包括取样地点。取样地点除了混砂机卸料口或出砂传送带以外，还应当经常从造型机砂斗下取样。还需要经常对比混砂机处和造型机处的型砂性能差值。

在机械化、大量流水生产的粘土湿型砂造型的车间里，必须随时（甚至每碾）监测控制型砂的紧实率、湿强度、透气性及含水量，而热湿拉强度、韧性、活性膨润土含量、有效煤粉量及含泥量等型砂性能指标可适当地延长其检测周期。目前，先进的大量生产机械化流水线采用在线检测与控制系统，可及时了解型砂性能的变化，及时调整型砂组分和混制工艺，使型砂性能一直保持良好和稳定。

4. 型砂主要性能的在线检测

由于造型自动线生产率高，为造型线供应型砂的混砂机容量很大，混砂周期又短，而且因砂铁比不同也会引起旧砂成分的变化，又不易快速测定，因此除在混砂时调节水分外，也希望能及时地调整型砂成分。在混砂工艺、混砂机及砂处理系统工作状态稳定的情况下，型砂性能主要由其成分决定。因此人们想利用型砂成分与性能之间的相关关系，通过在线快速测定型砂性能的变化，获得其成分变化的信息。型砂性能在线检测的目的就在于：快速测定型砂的主要性能，及时地调整成分，稳定型砂质量。为实现在线检测，应着重解决三个基本问题，即确定检测的主要型砂性能，选择检测方法和仪器，解决型砂性能与其成分间的相关关系。

近年来，型砂性能在线检测和控制技术发展很快，并已在许多铸造厂成功地得到应用。目前，德国、瑞士、日本、美国等多家公司向市场推出了多种型砂性能在线检测仪器。

型砂性能日常检测的项目很多，各国的做法也不尽相同。在线检测应该选择最能反映型砂综合性能，具有代表性又适合于快速检测的项目。紧实率能够反映湿型砂的调匀程度和最适宜含水量，对水分十分敏感，可以用于调节混砂时的加水量；当紧实率一定而加水量有变化时，说明型砂中载水物质的含量产生变化，而且紧实率测试方法简单、速度快。因此，国内外许多型砂性能在线检测仪器都把紧实率作为型砂性能检测和控制的首选项目。

在湿型砂强度的测试项目中，以抗压强度的测定最为简便易行，应用也最广。但是当型砂中灰分含量高时，会出现抗压强度值虽然很高而其抗拉强度却很低的现象，这说明抗压强度并不能完全反映型砂粘结力的强弱，或者不能反映已经发挥粘结作用的膨润土量。抗拉强度能直接反映型砂粘结情况，而且砂型的破坏在许多情况下，不是由于抗压强度而是因抗拉强度不足引起的。但是湿型砂的抗拉强度很低，很难在生产现场精确测定。湿型砂的抗劈裂强度与抗拉强度有较好的相关性，能反映型砂中灰分的影响。抗剪强度与膨润土含量有一定的线性关系，而且在测定抗剪强度的同时，可以测定型砂的剪切变形量，后者是衡量起模性的重要指标。因此在在线检测中，多测定抗压强度、抗劈裂强度或抗剪强度。此外，型砂含水量和温度也常作为检测内容，有时也测定型砂的透气性。

在线检测型砂的主要性能后，如何确定型砂性能及其成分间的相关关系，并利用调节成分的方法，以使得型砂性能稳定在允许的范围内才是最终目的。虽然近年来国内外对型砂温度场以及膨润土、煤粉的烧损场进行了试验研究，试图建立关于膨润土和煤粉烧损的数学模型，但离实际应用还有一段距离。目前比较实用的方法是，以现有生产中具有一定砂铁比的铸件及其型砂配方为依据，利用在线检测的型砂性能，结合其他性能及成分的日常实验室测定数据，经过系统试验研究，建立主要性能和主要成分间的回归方程，并绘制控制图进行控制。型砂性能在线检测和型砂成分、水分的即时调节，与计算机控制系统相结合，才能获得理想效果。

型砂性能在线检测仪有单工位和多工位之分，在多工位检测仪中又有转台式和往复式两种。图 7-36 所示是一种转台式型砂性能在线检测仪。在间歇转动的四工位转台上有四个砂样筒，当制备好的型砂在带式输送机上运送时，取样气缸的活塞杆带动取样器下降，从胶带上取样后提升，然后推样气缸动作，将砂推入松砂装置，再加到砂样筒中。在转台转动过程中，将样筒上的多余

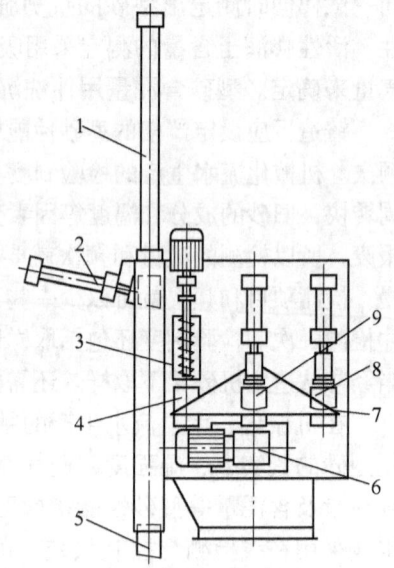

图 7-36 转台式型砂性能在线检测仪示意图
1—取样气缸 2—推样气缸 3—松砂装置 4—加砂工位 5—取样器 6—转台驱动装置 7—转台 8—抗剪强度测定工位 9—紧实率测定工位

型砂刮去，在第二工位测定紧实率；转台转至第三工位，测定抗剪强度及剪切极限变形量；至第四工位，将样筒清理干净，以便进行下一循环的检测。每一工位的最少停留时间为10s，测定的数据输入微型处理机进行处理和储存。

图7-37所示是一种往复式型砂性能在线检测仪的动作原理图，它兼有检测性能和调节混砂时加水量的功能。在混砂机中加入砂及基本水量进行湿混，然后加入膨润土及煤粉混制一定时间后，测试型砂的紧实率和湿压强度，并与设定的目标值比较。根据测定的紧实率及砂温，计算出应加的补充水量，通过电子自动加水系统加水并继续混制。在临近混制结束前，进行第二次检测，确定已达到目标值后卸砂。该检测仪均采用气缸传动，以0.4~0.6MPa压缩空气为动力。操作顺序如下：①砂样筒移动气缸的活塞杆外伸，将砂样筒推至紧实率测定工位；②底板移动气缸使底板带动其上的砂样筒右移，将砂样筒置于接砂斗下；③打开取样门，混砂机中型砂经接砂斗流入砂样筒内；④底板移动气缸使砂样筒返回至测定紧实率工位，在返回过程中刮砂板将筒上多余型砂刮去；⑤测定紧实率气缸动作，位移传感器测定紧实率值，测定紧实率气缸回程；⑥底板不动，砂样筒移动气缸回程，将砂样筒移至测定湿压强度工位，测定湿压强度气缸动作，测定湿压强度后将砂样从筒中推出，测定湿压强度气缸回程，测试循环结束。

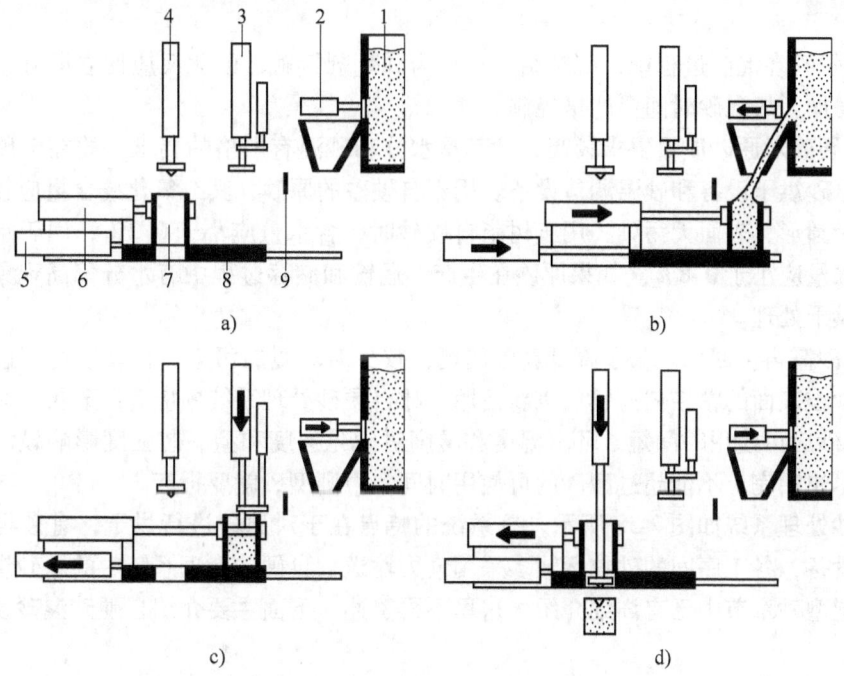

图7-37 往复式型砂性能在线检测仪动作原理图
a）原始位置 b）加砂 c）测紧实率 d）测湿强度并推出砂样
1—混砂机 2—取样门气缸 3—测定紧实率气缸 4—测定湿压强度及推出砂样气缸
5—底板移动气缸 6—砂样筒移动气缸 7—标准砂样筒 8—底板 9—刮砂板

在现代化铸造车间，型砂性能在线检测仪不但可以对混砂质量进行自动检测和控制，使混砂机自动运行，而且还能通过与计算机连接，实现型砂性能数据的自动采集、存储、处理及传输，并与型砂处理系统的其他控制部分连接，实现整个砂处理系统的智能化控制，使铸件质量和管理水平都提高到一个新的水平。

7.2 树脂自硬砂和水玻璃自硬砂制备系统

将砂子、粘结剂及硬化剂混合均匀后混制出的型（芯）砂，不需烘烤或通气硬化，即可在常温下使砂型自行硬化，故称为自硬砂。目前，在铸造生产中得到应用的树脂自硬砂有酸硬化呋喃树脂砂、酯硬化碱性酚醛树脂砂及酚脲烷树脂砂等，其中以酸硬化呋喃树脂砂在我国应用最多；水玻璃自硬砂则以有机酯水玻璃自硬砂应用最为广泛。

树脂自硬砂和水玻璃自硬砂近年来在国内外发展十分迅速，主要适用于中、小批量铸件生产，尤其适合中、大型铸件的生产，已取代粘土干型砂。

7.2.1 自硬砂处理系统和工艺特点

自硬砂的工艺特点是：

1) 自硬砂中的粘结剂、硬化剂均为液态，较易润湿砂粒表面，易于混合均匀，不需要强力的碾压和搓揉作用。由于碾轮式混砂机混砂时间长、型砂摩擦生热多以及混后余砂清理不便，所以自硬砂混砂时，不宜用碾轮式混砂机，多用叶片式碗形混砂机或螺旋叶片搅笼式混砂机。

2) 自硬砂在混制过程中，因粘结剂一旦与硬化剂接触，硬化反应便立即开始，型砂粘性便不断增加，故混砂时间要严格控制。

3) 自硬砂对原砂质量要求较高，尤其是水分和砂温有严格的要求，故在自硬砂处理系统中要有原砂烘干设备和砂温调节设备。用于自硬砂的原砂，其二氧化硅含量应较高，无粉尘，颗粒为圆形，表面无污染；用于树脂自硬砂时，含水量应小于0.2%，用于水玻璃自硬砂时，含水量应小于0.8%。如果原砂在生产、运输和储存过程中有水分偏高现象，则应对原砂进行烘干处理。

4) 旧砂需再生回用。为了降低新砂消耗，减少对环境的污染，自硬砂均需进行再生处理，去除砂粒表面的粘结剂薄膜后重新使用。故自硬砂处理系统中应有旧砂再生装置。

5) 混砂后可使用时间短，环境温度和湿度对硬化速度和型、芯强度影响较大。故型砂出砂后要尽快用完，不能超过型砂的可使用时间，否则型砂就要报废。

自硬砂处理系统如图7-38所示，该系统的特点在于对原砂进行烘干，有砂再生装置和砂温调节设备，各工序间的砂粒运输多采用气力输送。自硬砂处理系统中的原砂烘干设备在前面粘土湿型砂章节中已有详细介绍，这里不再赘述。下面主要介绍自硬砂混砂设备和再生设备。

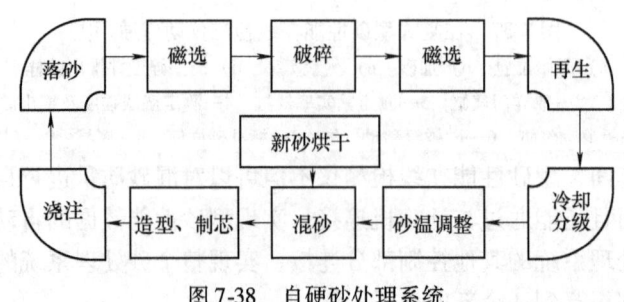

图7-38 自硬砂处理系统

7.2.2 自硬砂混砂设备

自硬砂的混砂工艺有两种：一种为单砂双混法，另一种为双砂三混法，如图 7-39 所示。其中双砂三混法是将原砂分为两份，每份各占 50%。第一份原砂先和全部硬化剂混匀，第二份原砂先和全部粘结剂混匀，然后两份再混在一起，快速混匀，共混三次，故称双砂三混法。

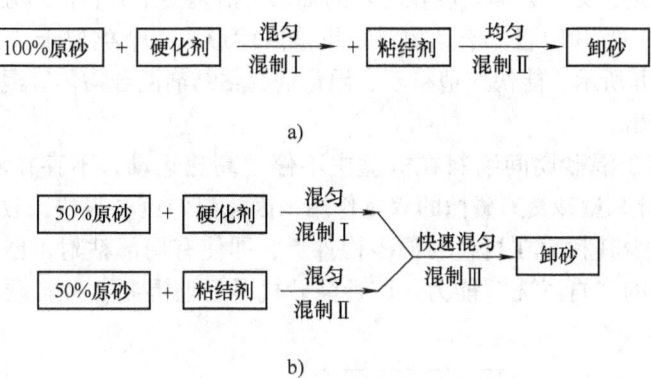

图 7-39 自硬砂的混砂工艺
a）单砂双混法 b）双砂三混法

自硬砂所用的粘结剂和硬化剂都是粘度较低的液体，加入量少，而且自硬砂硬化速度快，可使用时间短，因此要求自硬砂混砂机的定量必须准确，混砂速度快，覆膜效果好并且不会使砂因强烈摩擦而发热。自硬砂混砂机有间歇式和连续式两种类型，前者多用于批量不大的中小型铸件生产，后者则在批量大的生产中应用。

连续式混砂机多采用搅笼式结构，如图 7-40 所示。搅笼设计成长槽形，槽中装有驱动轴，由电动机及减速器传动装置驱动。轴上装有推进叶片 3 和搅拌叶片 4，有混合和推进型砂的双重作用。物料连续均匀地从进料口 2 加入，经叶片一边搅拌一边推进，直至搅笼的末端，从出料口 5 卸出。

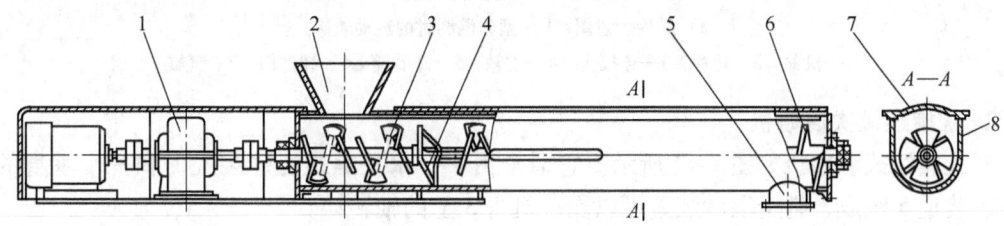

图 7-40 混砂搅笼
1—传动装置 2—进料口 3—推进叶片 4—搅拌叶片 5—出料口 6—反向叶片 7、8—槽体

连续式混砂机从安装形式上可分为固定式和移动式；从结构形式上分为单臂式和双臂式。为了满足不同混砂工艺的要求，连续式混砂机又分为单搅笼式和双搅笼式。单搅笼式适用于单砂双混工艺，在槽中加砂后先加入硬化剂，混匀后再加入粘结剂，继续混制均匀后卸

到砂箱中造型。双搅笼式适用于双砂三混法的混砂工艺,将砂分别加入两个槽中,一个槽将砂与硬化剂混合,另一槽中的砂与粘结剂混合,然后两种混合物进入两槽端部的高速搅拌装置中混匀放出。

1. 碗形混砂机

碗形混砂机(图7-41)是一种间歇工作的小型混砂机,当传动装置驱动主轴转动时,两个具有一定螺旋角的叶片也随之旋转,强烈搅拌碗形机盆内的物料。碗形机盆一方面可以避免物料流动的死角,另一方面物料在叶片的推动下沿碗面上升,然后在重力的作用下翻滚下落,接着又被另一叶片抛起,于是物料在机盆内就形成一个类似于"∞"字形的立体流动轨迹,如图7-41b所示,能快速地将砂、硬化剂及粘结剂混合均匀。混好后的自硬砂由气缸驱动的卸砂门卸出。

碗形混砂机由于混砂期间物料在机盆中不停地高速运动,不存在堆积和停留的"死区",混砂兼备搅拌和型砂交叉碰撞的双重作用,因此混匀速度很快,效率高。而且,物料不停地运动还能减少其粘附在机盆和混砂构件上,即使有局部粘附,也会被高速砂流冲刷掉,因而具有很好的"自清洗"能力。该种混砂机是目前混制各种自硬砂应用最为广泛的间歇式混砂机。

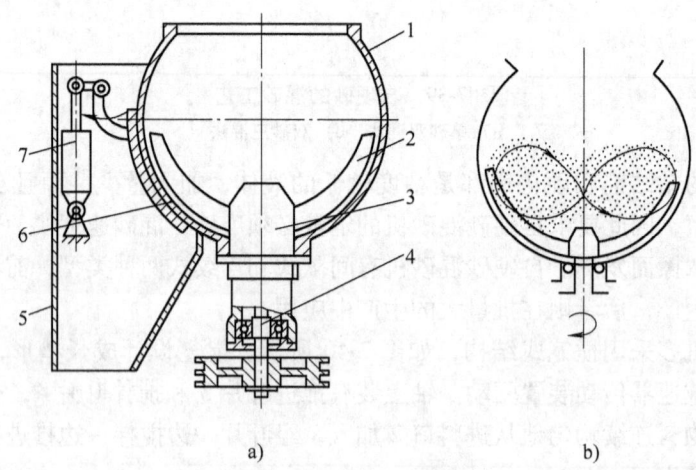

图7-41 碗形混砂机
a) 结构示意图 b) 型砂混制时的运动轨迹
1—机盆 2—叶片 3—连接头 4—主轴 5—卸砂槽 6—卸砂门 7—气缸

2. 螺旋连续式混砂机

螺旋连续式混砂机如图7-42所示。它通常由一个水平螺旋混砂装置1和一个垂直的快速混砂装置5组成,整个混砂装置可以围绕机身3上的轴转动。

自硬砂的混砂顺序是先在水平螺旋混砂装置内将原砂与硬化剂混合均匀,再在水平螺旋混砂装置的末端或在垂直的锥形快速混砂装置的始端加入粘结剂快速混合,出砂直接卸入砂箱或芯盒中造型或制芯。

有的连续式混砂机没有垂直快速混砂装置。此时,硬化剂的加入口设在水平混砂筒的始端,而粘结剂的加入口设在水平混砂筒的前1/2~1/3处。这种混砂机的水平螺旋混砂筒体需要有足够的长度。

3. 双臂连续式混砂机

S25系列双臂连续式自硬砂混砂机如图7-43所示。它有两个转臂，即长转臂和短转臂，每个转臂只有一个搅笼，所以它是单搅笼式结构。它采用单砂双混法混砂工艺，是最常用的一种自硬砂连续式混砂机。

长转臂为第一级搅笼，回转半径为3.5m，硬化剂在此搅笼中加入并与砂混匀后，在螺旋叶片的作用下，从长转臂的末端卸出至短转臂中。短转臂为第二级搅笼，回转半径为2m，粘结剂在此搅笼中加入并与砂、硬化剂快速混匀，然后从右端的出料口卸出。该机设有定量加砂、粘结剂定量及硬化剂定量装置，可按型（芯）砂配方精确定量加料。

双臂连续式混砂机的特点是连续混砂效率高，型砂可以现混现用，混砂机的自清理性能好。

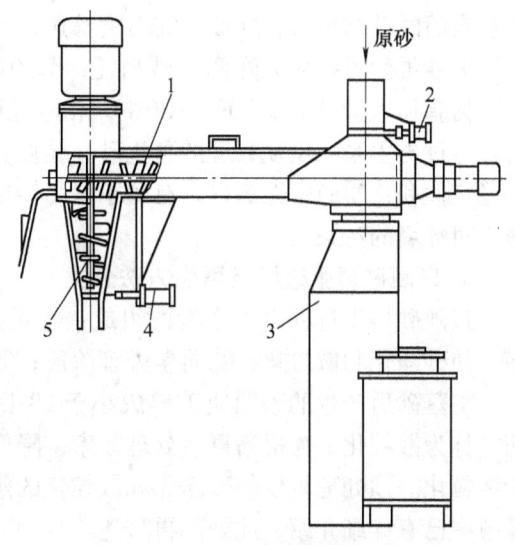

图7-42 螺旋连续式混砂机
1—螺旋混砂装置 2、4—闸门气缸
3—机身 5—快速混砂装置

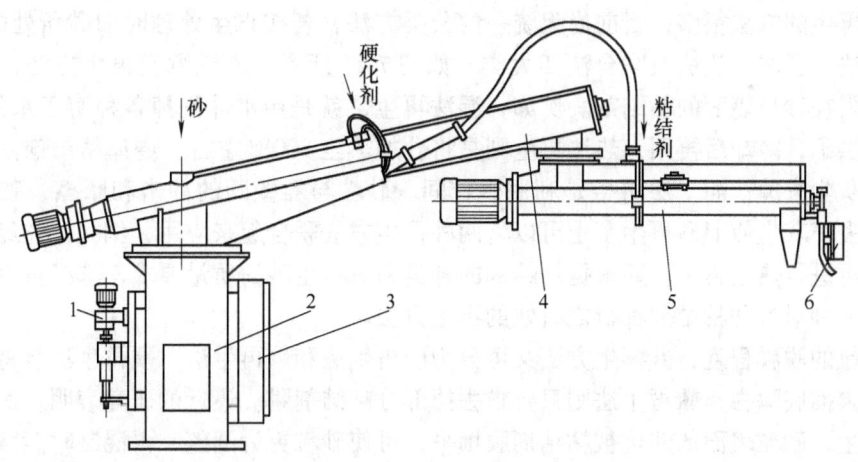

图7-43 S2520双臂连续式自硬砂混砂机
1—硬化剂（粘结剂）供给系统 2—机座 3—电气控制柜 4—长转臂
5—短转臂 6—操作盘

7.2.3 自硬砂再生系统设备

1. 自硬砂再生的目的和意义

各种树脂砂、水玻璃砂等用化学方式硬化的型、芯砂，在硬化后要重新使用，就必须经过再生处理。旧砂再生的目的就是用物理、化学或加热等方法将包覆在砂粒表面的残余粘结剂膜去掉，使砂粒基本上恢复到加入粘结剂以前的原砂状态。旧砂再生与旧砂回用不同。旧砂再生除了进行旧砂回用所需的破碎、磁选、筛分、冷却等工序外，还要经过再生设备去掉砂粒表面的粘结剂膜，并按所需粒度筛选，然后作为新砂使用。

旧砂再生可以大大降低新砂消耗，节约废砂处理费用，而且在树脂自硬砂中使用再生砂，树脂加入量可减少20%~30%，相应地硬化剂的需要量也降低，故其经济效益更为显著。经过再生系统反复处理的再生砂，粒度更为均匀，砂粒形状更为圆整，粉尘含量更少，热稳定性和化学稳定性更好，有利于提高铸件质量。再生砂可以大大减少废砂的排放，从而减少对环境的污染。

2. 自硬砂再生过程及再生方法分类

自硬砂再生过程由三个阶段组成：①预处理阶段，包括落砂、磁选、破碎及筛分等工序，使砂净化和散粒化；②再生处理阶段；③后处理阶段，包括分级和砂温调节等。

将落砂后产生的砂团块破碎成小于20目（0.85mm）的单个砂粒，露出砂粒的所有表面，称为散粒化。为提高再生处理效率，降低再生砂的灼烧减量，在再生处理前，一定要将砂散粒化。预处理阶段使砂净化和散粒化的落砂、磁选、破碎及筛分设备在前面粘土湿型砂章节中已有详细介绍，此处不再赘述。

再生处理阶段，将砂粒表面的粘结剂膜去除，使砂子恢复到接近原砂的颗粒状态，是关系到再生砂质量好坏的关键过程。

后处理阶段，要去除砂子内含有的大量粉尘，并调节好砂温，这两项也是再生砂质量的重要指标。

旧砂再生的方法很多，目前尚无统一的分类方法，若按再生处理时旧砂所处的状态分，主要有干法、湿法、热法及联合法四大类，如图7-44所示。不论哪类再生方法，其实质都是去掉粘附在砂粒表面的粘结剂。例如，湿法再生，就是用水冲洗掉各种溶于水的粘结剂，然后将砂烘干，冷却后再用；热法再生则是将砂加热至800℃左右，烧掉粘结剂使之成为灰尘，再将灰尘去掉；而干法再生是利用砂粒间、砂粒与器壁间的冲击和摩擦，破坏粘结剂膜，然后去掉灰尘使旧砂再生。也可以将两种再生方法联合起来应用，例如，先经过机械再生，然后再进行热法再生。要根据粘结剂的种类和对再生砂的质量要求，选择再生设备，目前还没有一种对各种粘结剂都行之有效的再生方法。

按砂粒的脱膜程度，砂再生方法又可分为硬再生法和软再生法。硬再生法是将砂粒表面的粘结剂膜彻底除去，软再生法则只要求去掉部分粘结剂膜。最近的研究表明，适当地脱膜进行软再生，砂粒表面的凹坑被粘结剂膜填平，可使砂粒更为圆整，再混制时能减少粘结剂加入量，硬化后强度较高。机械离心撞击式、气流撞击式及振动摩擦式再生方法，都属于软再生。

3. 干法旧砂再生设备

目前自硬砂再生的方法以干法再生应用最广。在干法再生中，有机械离心撞击式、气流撞击式、振动摩擦式等类型的设备。

(1) 机械法旧砂再生　机械再生是利用旋转的叶轮、旋转锤或旋转板，以及振动、抛丸等机械的方式，使砂子产生撞击和摩擦，从而去除砂粒表面的残留粘结剂薄膜。

1) 振动落砂破碎再生机。振动落砂破碎再生机（图7-45）是具有落砂、破碎及再生功能的旧砂再生机。两个安装于筒体下部的振动电动机为动力源，振动电动机与筒体轴线呈45°角，两电动机的轴线又互相交叉。起动振动电动机后，筒体既沿垂直方向振动，又绕其轴线作扭转振动，这两种振动的合成使筒内物料呈涡旋状运动。再生机工作时，由于筒体及

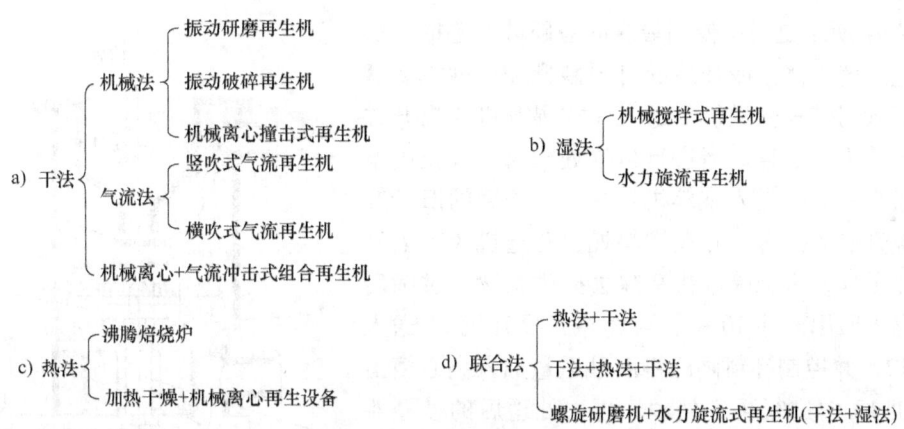

图 7-44 旧砂再生方法

落砂框的振动完成落砂工作，小于落砂栅床孔的砂落到下面的筛格上，砂团块则留在栅床上被进一步破碎。筛格上的物料作涡旋抛掷运动，相互间碰撞和摩擦使砂粒脱去粘结剂膜，也使小砂团继续破碎。小于筛格的砂粒落在底盘上继续作涡旋运动，进一步脱膜，然后进入螺旋槽盘旋向上，最后从出砂槽排出。定期打开排料门，将杂物排入废料槽。

这种再生机的特点是：①物料在筒内一直处于振动状态，强化了物料间、物料与筒体间的冲击和摩擦，工作效率高；②具有多种功能，结构紧凑，占地面积小。在使用时应控制加砂量，一般加砂量为50%左右时，再生效率最高，加砂量超过80%，效率会明显下降。

2）离心撞击式再生机。离心撞击式再生机的工作原理如图7-46所示。这种装置是由若干个结构相同的单元沿垂直方向串联组成的，图中仅表示其中的一个单元。经过净化和散粒化的砂从受料斗落向给料盘，再均匀地落入回转盘，在高速旋转的回转盘离心力作用下，砂以30~40m/s的速度被抛向固定的环形挡板。高速砂流冲击到环形挡板上，并沿其内壁旋转，使砂粒间、砂粒与挡板间产生冲击和摩擦，然后再落入下一单元的受料斗。如此经过几个循环，使粘结剂膜逐渐脱落，达到再生目的。高速旋转的风翼使吸入的空气以高速穿过下落的砂流，带走粉尘并从上部排入除尘器中。

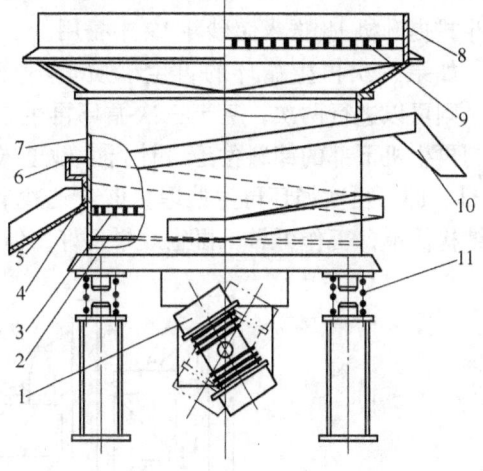

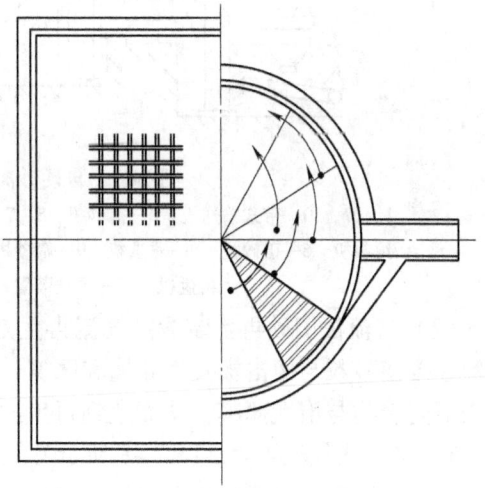

图 7-45 振动落砂破碎再生机
1—振动电动机 2—底盘 3—筛格 4—排料门
5—废料槽 6—螺旋槽 7—筒体 8—落砂框
9—落砂栅床 10—出砂槽 11—弹簧

图 7-47 所示是我国使用最多的自硬砂离心撞击式干法再生系统。浇注冷却后的自硬砂型经落砂机 2 落砂后，旧砂用带式输送机 1 送入斗式提升机 3 提升并卸入旧砂斗 4 中储存。当进行再生处理时，首先由电磁给料机 5 将旧砂送入破碎机 6 中；破碎后的旧砂卸入斗式提升机 7 提升，并在卸料处由磁选机 8 除去砂中的铁磁杂物，再经筛砂机 9 除去砂中杂物。过筛后的旧砂存入回用砂斗 10 中，再经斗式提升机 11 送入二槽斗 12，并控制卸料闸门将旧砂适量加入离心撞击式再生机 13 中进行再生处理。再生处理后的砂经斗式提升机 14 送入风选装置 15，风选后的再生砂卸入砂温调节器 16 中，使再生砂的温度接近室温，最后由斗式提升机 18 送入储砂斗 19 中备用。

如果一次再生循环的再生砂质量不符合工艺要求，则可以进行两次，甚至三次循环再生处理。通过控制再生机下部的卸料岔道，让再生砂进入斗式提升机 11，即可再次循环再生处理。该自硬砂干法再生系统结构简单，工作可靠，再生效果良好，但整个系统较复杂，需要较多的投资。

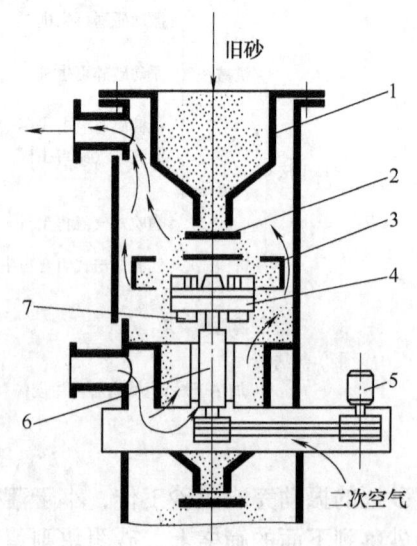

图 7-46 离心撞击式再生机工作原理图
1—受料斗 2—给料盘 3—固定的环形挡板
4—回转盘 5—电动机 6—轴套 7—风翼

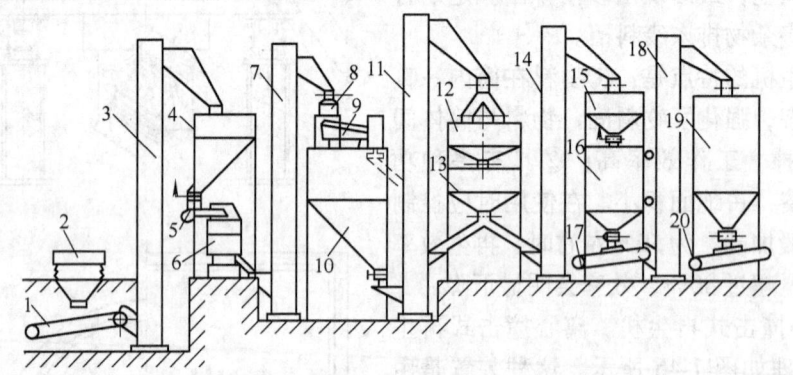

图 7-47 自硬砂离心撞击式干法再生系统
1、17、20—带式输送机 2—落砂机 3、7、11、14、18—斗式提升机 4—旧砂斗 5—电磁给料机 6—破碎机 8—磁选机 9—筛砂机 10—回用砂斗 12—二槽斗 13—离心撞击式再生机 15—风选装置 16—砂温调节器 19—储砂斗

(2) 气流法旧砂再生装置　气流再生是利用高速气流将砂气混合成两相流，靠一定的气流速度使砂粒与撞击板发生碰撞和摩擦，以及砂粒与砂粒之间的相互摩擦与撞击，去除砂粒表面附着物与惰性薄膜，从而达到再生的目。

1) 竖吹式气流再生。图 7-48 所示是气流再生机再生单元的工作原理图。经过破碎、磁选、筛分的旧砂，由再生机上部加砂口加入再生室，然后旧砂借本身的重量流入加速管和套管之间的环形空隙；由高压鼓风机来的气流经喷嘴 2 形成高速上吹气流，产生负压将下落砂粒带入加速管 3 形成砂气两相流；砂在加速管中不断加速上升，在管内砂与砂，砂与加速管壁产生摩擦与撞击，至加速管出口处，砂气混合流又与撞击罩 5 相遇，在撞击罩内形成砂层;在这里砂与砂产生强烈撞击与摩擦,并沿撞击罩相互挤压与摩擦,致使砂粒表面附着的杂物与惰性薄膜破坏脱落而被清除,从而获得再生砂。从撞击罩上掉下来的砂子,一部分从导向板流出,再进入第二级、第三级甚至第四级再生处理,其余的又下落进行循环重复的冲打,直至完全去除惰性薄膜。第一级再生的砂子可通过调节导向板角度,控制流入第二级或重复进入第一级再生处理的砂量,以达到要求的生产率和再生处理质量。含尘气体由再生室上部收集箱经除尘管进入除尘器,净化后排入大气。

实际使用中,只经过一次再生处理是不充分的。为了加强这种旧砂再生装置的再生处理效果,往往几个单元串联起来应用。图7-49所示旧砂竖吹式气流再生系统布置图。旧砂经一次破碎机1一次破碎后落入带式输送机2上,在其末端进行磁分,并被送入斗式提升机4提升至振动筛5上,较大的砂块由溜槽进入二次破碎机3中,细砂经储砂斗进入竖吹式气流再生装置,经过四级再生器反复冲打以后再分级、筛分,最后从出砂口流出。

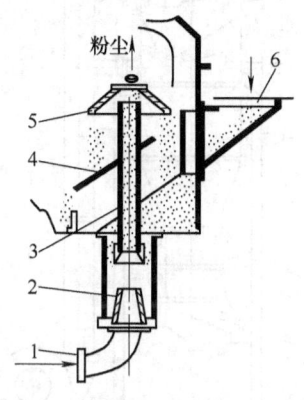

图7-48 气流再生机再生单元的工作原理图
1—气流入口 2—喷嘴 3—加速管
4—导向板 5—撞击罩 6—旧砂入口

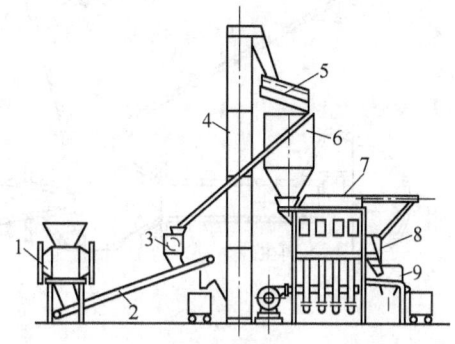

图7-49 旧砂竖吹式气流再生系统
1——次破碎机 2—带式输送机 3—二次破碎机
4—斗式提升机 5—振动筛 6—储砂斗 7—竖
吹式气流再生装置 8—分级器 9—最后筛分

竖吹式气流再生装置可广泛地应用于各种铸造砂的再生处理,选择适当的再生室数量和类型,可得到各种不同的实际容量;引起砂子的粒度变化最小,砂子平均粒度和微粒的分级容易控制,再生处理效果稳定。其结构简单,无传动件,易于制造、调整,工作可靠,易损件少,维修方便。但是,其不足之处在于动力消耗大,预处理后的砂子粒度要求小于5mm,以防止阻塞,水分要求严格控制在2%以内。

2)横吹式气流再生。竖吹式气流再生装置消耗功率大,占用面积多;要求旧砂干燥,严格控制旧砂水分,否则再生脱泥效果差,有可能使机器发生阻塞或反吹现象而不能正常运转。而我国开发出的横吹气流再生设备,比竖吹再生装置功率小,占地面积小,对旧砂干燥程度的要求不是很严格,去泥率可达40%~60%,为中小型铸造车间旧砂再生处理提供了一种新设备。

图7-50所示是横吹气流再生装置原理图。旧砂由顶部砂斗借本身的重量下落,高速气流则从横向进气管通过喷嘴进入混合室,在此处砂子与高速气流混合,砂气两相混合流经过吹管被喷射到靶罩上产生撞击与摩擦,去除砂粒上包裹着的惰性薄膜及附着物,达到旧砂再

生处理的目的。

图 7-51 所示是横吹式气流再生机外形图。经过串联的单元逐级由漏斗收集处理后的砂子重复进行三级再生处理，经锁气器 6 至分选器 7 可分为粗细两种再生砂，便于中大件与小件分开使用。含尘空气则自下而上经顶部除尘管 3 排入除尘器。

横吹式气流再生机结构紧凑、占地小、便于安置，功率省、压力损失小，工作可靠，易损件少，维修方便；尤其是对湿型砂的旧砂水分要求较宽，可用于粘土砂和树脂砂的旧砂再生处理。

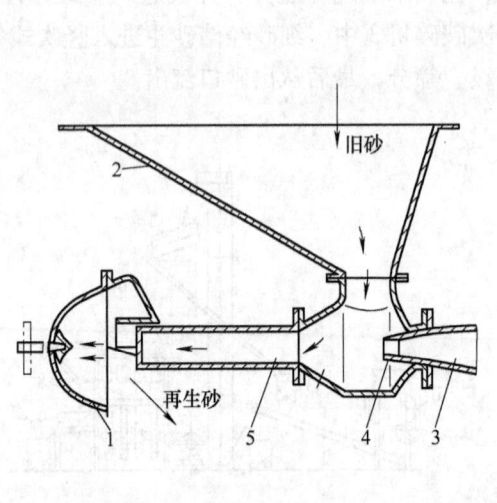

图 7-50　横吹气流再生装置原理示意图
1—靶罩　2—砂斗　3—进气管
4—喷嘴　5—吹管

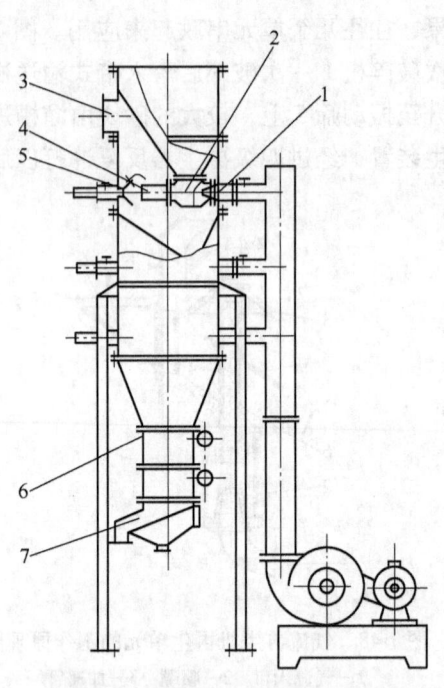

图 7-51　横吹式气流再生机外形图
1—喷嘴　2—混合室　3—除尘管　4—吹管
5—顶盖　6—锁气器　7—分选器

4. 热法再生装置

热法再生就是将需要再生的砂放入焙烧炉中焙烧，将砂粒表面的粘结剂烧掉。焙烧温度和加热时间是影响热法再生砂质量和经济效益的两个基本因素，在保证再生砂质量的前提下，应尽量采用较低的温度，并充分地利用焙烧炉的热量。热法再生的优点是工艺简单，生产稳定，灼烧减量小，再生砂质量高，但此法需要使用燃料，能耗大。如果与机械再生或气流再生联合作用，则能获得综合性的效果，即再生脱脂率高，总能耗低，生产率高。目前常用的热法再生装置有流化床式及回转窑式等。这种方法不仅适合于有机粘结剂旧砂再生处理，也适用于一般粘土砂和水玻璃砂。

图 7-52 所示是一种热法再生装置的示意图。需要再生处理的砂用螺旋给料机均匀地从砂斗中送入焙烧炉内的焙烧沸腾床，并由床左端向右端移动。燃气从沸腾床下部进入，与砂粒充分接触进行焙烧。焙烧后的砂粒由沸腾床右端的溜砂管落到预冷沸腾床上。该床有两层，其下部由鼓风机鼓入冷风，冷风与热砂进行热交换将砂冷却，使风预热。预冷沸腾床上层的砂粒经其左端的溜砂管落入下层，然后进入埋有冷却水管的冷却沸腾床，冷却后经筛砂

机筛分后送走。

日本开发出一种节约砂再生成本的新型二次焙烧炉,其原理如图 7-53 所示。该炉采用了砂粒分散装置和逆流式热交换器。将炉顶加入的铸造旧砂分散而均匀地投入,砂的流动层与高温焙烧砂能够密切混合,温度上升速度快,可燃物燃烧更加充分。另外,当焙烧砂进入逆流式热交换器后还可继续焙烧,即在焙烧砂慢慢向下流动时,通过上部和下部(焙烧砂出口)的压力差,产生向下部的高温气流,使得未充分燃烧的粘结剂膜在此充分燃烧。由于该新型焙烧炉显著改善了焙烧条件,因此可用 600~680℃ 的最佳焙烧温度进行旧砂再生处理。这样就大大节省了能源,降低了再生处理的成本。

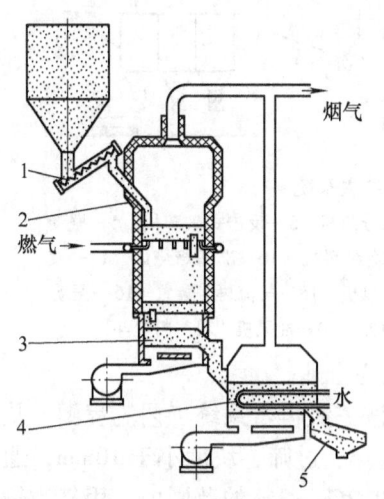

图 7-52 热法再生装置示意图
1—螺旋给料机 2—焙烧炉 3—预冷沸腾床
4—冷却沸腾床 5—筛砂机

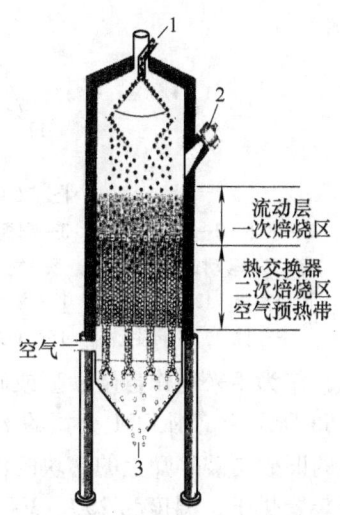

图 7-53 二次焙烧炉原理示意图
1—铸造旧砂 2—烧嘴 3—焙烧砂

5. 联合法再生装置

联合法再生就是将两种再生方法联合起来应用。联合法再生装置有两种形式:一种是把几种再生原理或几种再生法组合;另一种是把几种不同的再生设备组合在一套系统中。联合法再生系统有热-机械再生法、气流-机械再生法、热-气流再生法、振动落砂-磨球再生机等。热法+干法联合再生处理效果好,但所需设备多,成本相对较高。

图 7-54 所示是热法和气流法联合的再生系统,用于高压造型线产生的旧砂,包括壳芯的壳,未燃烧的壳芯与芯头,破碎筛上的砂块,以及落砂机上的砂块等的再生处理。

其再生处理的方法为:经过破碎、磁选、筛分后的旧砂,进入沸腾焙烧炉,使砂子在 800~900℃ 的高温下进行焙烧,处理时间为 45min 左右。然后进入水冷式沸腾冷却装置,经喷水激冷,使在加热时已经脆化了的砂粒表面粘附的夹杂物变得更脆。经冷却后的砂子再送入气流再生装置中进行第二次再生处理,砂粒在其中反复撞击、摩擦,进一步除去附着物,使旧砂得到更好的再生处理。用除尘系统去掉粉尘后储存待用。

该系统的特点为:旧砂在焙烧过程中,去掉了可燃物质,并使粘土类物质完全脆化;经过气流再生处理,可除去有机质的细粉和附着在砂粒表面已脆化了的粘土类物质,从而完成砂子的净化工作,获得所需要的砂子粒度分布。该系统加强了冷却作用,有效地控制了再生

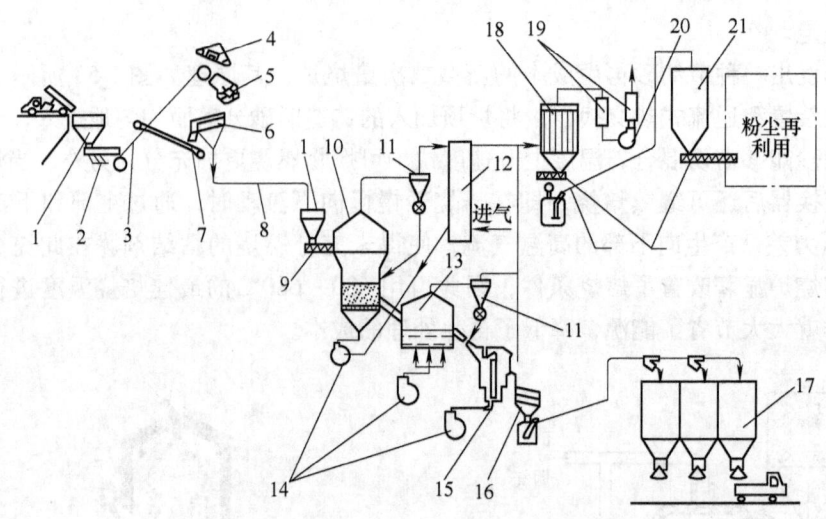

图 7-54 热-气流法联合再生系统

1—砂斗 2—振动输送机 3—刮板输送机 4—带式磁分离机 5—反击式破碎机 6—振动筛 7—移动式带式输送机 8—气力输送装置 9—螺旋给料机 10—沸腾焙烧炉 11—旋风分离机 12—热交换器 13—沸腾冷却装置 14—鼓风机 15—气流再生装置 16—振动筛 17—再生砂斗 18—布袋除尘器 19—消声器 20—抽风机 21—粉尘斗

砂的温度，作为用来制作自硬砂型或砂芯的再生砂尤为合适。

图 7-55 所示为德国 KGT 公司的干法+热法+干法三级再生系统工艺流程图。从砂处理系统排出的旧砂与破碎筛上的芯块的混合物，经过破碎、过筛，块度小于 10mm，通过振动沸腾烘干装置烘干，温度为 250～300℃，水分控制在 2%～3% 的范围内。用气力输送装置将经过预处理的旧砂送往气流再生机进行第一级预处理，然后再将砂均匀送进预热器内预热到 200℃ 左右，送入流化床焙烧炉进一步加热到 680～730℃，对砂子进行第二级热法再生处理；达到预先设定的参数后将砂排出，用水冷式沸腾冷却床将砂温冷却到 30℃±5℃；最后用气力输送装置将砂子送至离心式再生机或气流再生机进行第三级再生后处理。再生处理后

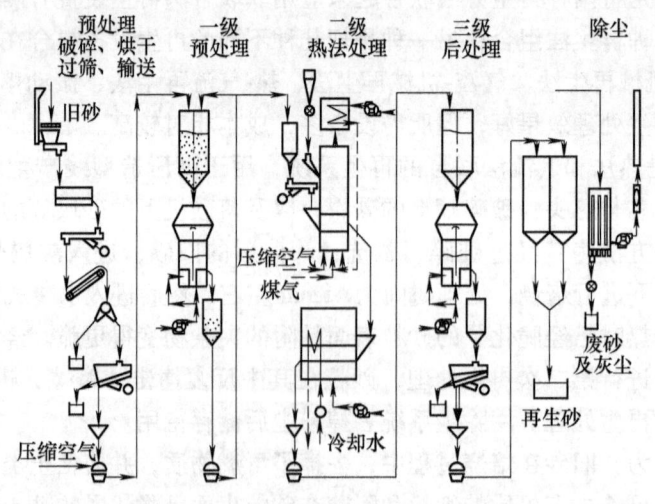

图 7-55 KGT 三级再生系统工艺流程

的砂粒粘结剂膜完全去除，可代替新砂用于制芯，其技术特性优于新砂。

6. 湿法再生装置

最新研究结果表明，水玻璃自硬砂采用干法再生后可用作背砂或填充砂，而采用湿法再生处理后效果更好，可用作面砂或单一砂。

湿法旧砂再生是利用水力冲洗旧砂，并且在砂浆运送过程中，依靠砂粒与砂粒，砂粒与器壁间的摩擦，除掉砂粒表面的粘结剂。湿法旧砂再生的优点是可以消除粉尘对工作环境的污染，再生砂质量好。但是这种方法工艺过程复杂，需要多种设备，易磨损件多，占用厂房面积大，再生砂需烘干，污水和污泥的处理相当麻烦。

湿法旧砂再生的工艺过程可以分为以下几部分：①砂浆的提升和输送；②砂浆的脱泥及浓缩；③再生砂的脱水及烘干；④污水及污泥的处理。图 7-56 所示是湿法旧砂再生装置示意图。高压水通过水力提升器 4 的喷嘴高速射出，使水力提升器 4 内形成一定的负压，砂浆即由吸笼 1 经管道被吸入与高速水流混合。混合流经过断面小的喉管获得稳定的流动，再通过扩散管使动能变成压力能，以减少输送过程中的管道阻力损失。由水力提升器 4 送来的砂浆，经过缓冲槽 8 平稳地进入振动筛 7。过筛后的砂浆下降至中间池 5 中，带有灰泥的水流上浮从溢流管 6 排出。中间池 5 的作用是筛除砂浆中杂物，通过池中溢流管带走灰泥和微粒，调节进入水力旋流器 9 的砂浆浓度。砂子沉降后落入混合槽 3 中，在这里加水调节成具有一定浓度的砂浆，再用水力提升器送至水力旋流器 9。

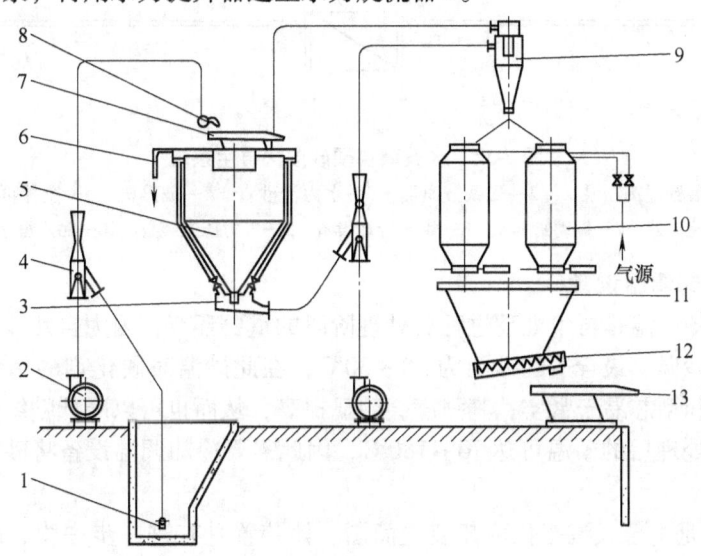

图 7-56　湿法旧砂再生装置

1—吸笼　2—离心泵　3—混合槽　4—水力提升器　5—中间池　6—溢流管　7—振动筛　8—缓冲槽
9—水力旋流器　10—气压脱水罐　11—储砂斗　12—螺旋输送机　13—振动给料机

水力旋流器有破坏粘结剂膜、除泥及浓缩的作用，是湿法旧砂再生的关键设备。砂浆从水力旋流器的进料口沿切线进入圆柱体的上部，形成高速旋流运动，砂浆中的砂粒由于离心惯性力被抛向器壁，并沿螺旋状轨迹下降，至排料口排出。在水力旋流器中，由于砂粒与砂粒，砂粒与器壁间产生强烈摩擦，使团块破碎，粘结剂膜脱落。砂浆中灰泥因密度较小，随着沿水力旋流器中心上升的水流从溢流管排走。

从水力旋流器 9 排出的再生砂，含水量约为 20%～30%，需送入气压脱水罐 10 脱水。气压脱水罐 10 底部用透水材料制成，再生砂加入后关闭顶部入口，并从上部通入压缩空气，以加速水的沉降和排出。脱水后的再生砂落入储砂斗 11 中，然后由螺旋输送机 12 及振动给料机 13 送至烘干装置烘干后待用。

图 7-57 所示是一种处理水玻璃自硬砂的湿法再生系统。它将磁选、破碎设备同水力旋流器及搅拌再生机串联在一起，具有落砂、除芯、铸件预清理、旧砂再生、废水回收等五项功能。砂子的回收率达 90%，水回收率达 80%。它是一个比较完整紧凑的湿法再生系统，具有耗水量小、旧砂脱膜率高、污水经处理后能循环使用等特点。

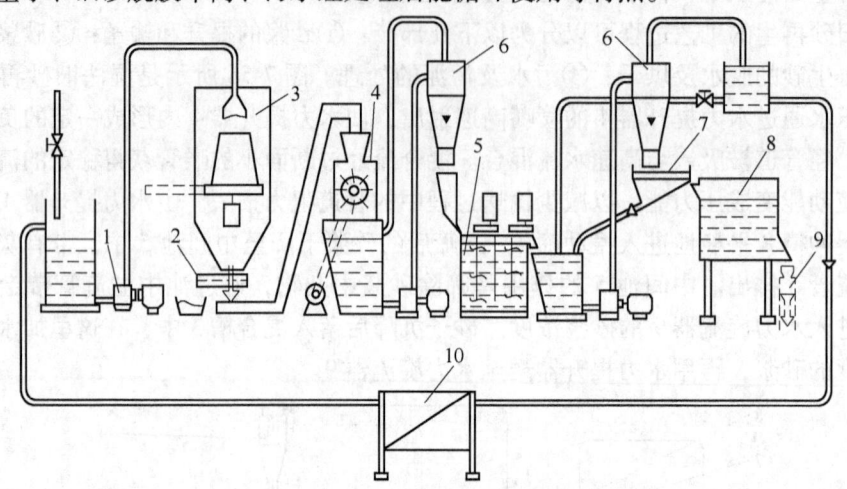

图 7-57 水玻璃自硬砂湿法再生系统
1—供水装置（高压泵） 2—磁铁分离器 3—水力清砂室 4—破碎机 5—搅拌再生机
6—水力旋流器 7—振动给料机 8—烘干冷却设备 9—气力压送装置 10—污水澄清装置

7. 再生砂冷却调温设备

再生砂的冷却调温是再生处理过程后处理阶段的重要环节，因为自硬砂的硬化速度在很大程度上取决于砂温。最合适的砂温为 25～30℃，在此砂温时硬化剂的用量最少，自硬砂流动性好，砂型和型芯易于紧实，其强度会明显提高，从而也可以降低粘结剂用量。经过浇注、落砂及再生处理后的砂温可达 70～180℃，因此需要冷却调温设备将砂温调到其最合适的范围。

图 7-58 所示是组合式流态化冷却装置简图。该装置具有进一步去膜、冷却调温、粉尘分离等多种功能。在冷却器体内设置上隔板和下隔板，将冷却器体分成若干迷宫式小室；冷却水管呈蛇形布置，每排水管均与总进水管、总排水管相通，由专用的并可调节水温的供水系统供水。冷却器底部装有多排旋流状进风嘴，如图 7-58b 所示。

工作时，砂由加砂口落到沸腾板上，鼓风机使气流通过沸腾板将板上的砂流态化，然后从挡板下方进入冷却器内。压力调节阀用于调节进入沸腾床的气流压力，使砂处于稳定的流态化状态。进入冷却器内的砂被经风嘴鼓入的旋转气流推动，从上隔板的下方进入右邻的小室，然后又被另一排风嘴的气流推动，越过下隔板的上端进入下一个小室中。于是砂一面沸腾，一面向右移动，而且不断地与各小室中的冷却水管接触进行热交换，将砂逐渐冷却，冷却水的温度由专门的系统控制。在砂流态化过程中，砂粒间彼此摩擦，可以去除残留的粘结剂膜，粉尘则随气流通过除尘系统排出，冷却后的砂由卸砂溜管放出。砂冷却后的温度由装在卸砂溜管附近的测温计测量，并根据测量结果调节冷却水水温和流量。

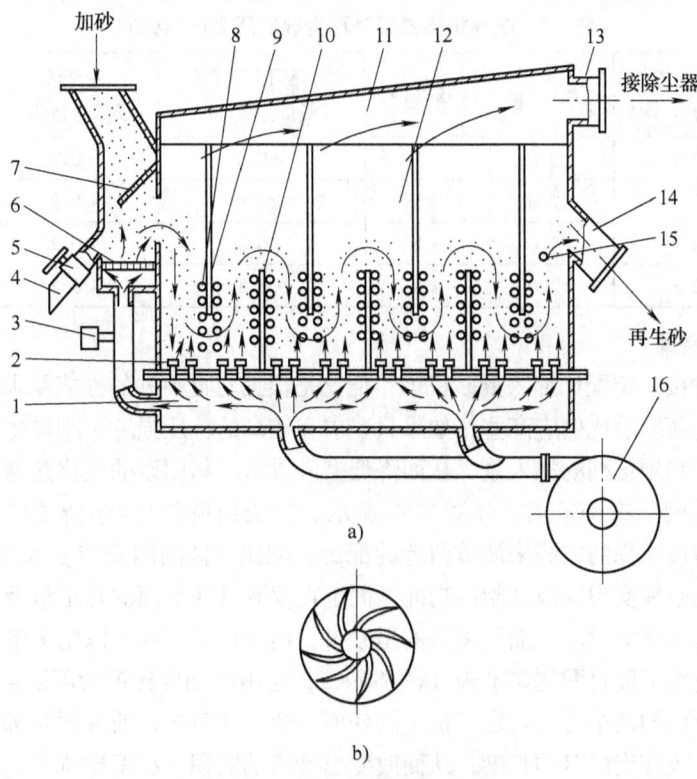

图 7-58 组合式流态化冷却装置
a）冷却器主体 b）旋流状进风嘴

1—风箱 2—风嘴 3—压力调节阀 4—溢流管 5—排料阀 6—沸腾板 7—挡板 8—冷却水管 9—上隔板 10—下隔板 11—沉降室 12—冷却器体 13—除尘器接头 14—卸砂溜管 15—测温计 16—鼓风机

7.2.4 自硬砂制备过程的检测与控制

制备自硬砂，首先要选择符合工艺性能要求的原、辅材料，包括检测再生回用砂的质量控制指标，然后严格按照型砂配方精确定量加料以及按相应混制工艺进行混砂，并正确进行型砂性能监测。

1. 再生砂的质量控制

自硬砂旧砂经过反复再生处理后，其物理化学性能和品质都会发生变化，必须对旧砂的再生处理效果进行控制。再生砂质量稳定是保证自硬砂质量连续稳定的基础。呋喃树脂自硬砂再生砂的质量可参照表 7-3 中所列技术性能指标加以控制。

在表 7-3 所列指标中衡量再生处理效果的主要指标有两个，一个是灼烧减量，另一个是粒度分布。再生处理后回用的旧砂灼烧减量越低，说明旧砂中残留的粘结剂膜越少，再生处理的效果越好，但再生砂的灼烧减量也不宜太低。旧砂再生处理时，强力的冲击会造成砂粒破碎，一般要求经两次再生处理后的砂粒粒度分布与原砂粒度分布相差不得大于一个筛号。砂粒破碎后会造成微粉含量增加，这会显著降低自硬砂的强度，因此再生旧砂中的微粉含量要严格控制。当采用呋喃树脂自硬砂工艺时,一般要求微粉含量小于0.8%,其中底盘量(质量分数)小于0.2%。

表 7-3 呋喃树脂自硬砂再生砂的质量控制标准

适用材质	灼烧减量（质量分数,%）	酸耗值/mL	pH 值	200 筛号~底盘量（质量分数,%）	底盘量（质量分数,%）	含水量（质量分数,%）
灰铸铁	<3.0	<2.0	<5	<0.8	<0.2	<0.2
碳钢	<1.5	<2.0	<5	<0.8	<0.2	<0.2
铸铝	<4.0	<1.0	<6	<0.8	<0.2	<0.2
铸铜	<2.5	<1.0	<6	<0.8	<0.2	<0.2

2. 定量加砂装置

新砂及再生砂按一定配比加入混砂机中,配比是根据对自硬砂的性能要求确定的。如果要求抗弯强度高,则新砂的比例应高些;如果只要求有较高的抗压强度,则再生砂应多一些,这样可以减少粘结剂和硬化剂的加入量,从而降低型砂成本。新旧砂的配比是通过定量加砂装置上配备的配比可调闸门来调节的,如图 7-59 所示。它依据新砂及再生砂的流动性好的特点,通过改变砂斗出砂口面积的方法来调节两者的配比。配比可调闸门安装在双腔砂斗(二槽斗)出口处,利用三块平板实现调节及闸门功能。固定在双腔砂斗下面的是定量板(图 7-59b),板上有两个与双腔砂斗出口对应、面积相等的出砂口,出砂口的宽度可以用 L 形的调节板预先分别调整好。在定量板下面是配比调节板(图 7-59c),它由电动推杆带动可以停留在事先定好的位置,以便使它上面的两个方孔与定量板上的任何一个方孔对准,或者同时部分对准定量板上的两孔,这样就能改变出砂口的长度,从而改变出砂口的面积。在配比调节板下面是闸板,它由气缸驱动启闭出砂口,使新砂及再生砂按一定比例加入混砂机中。

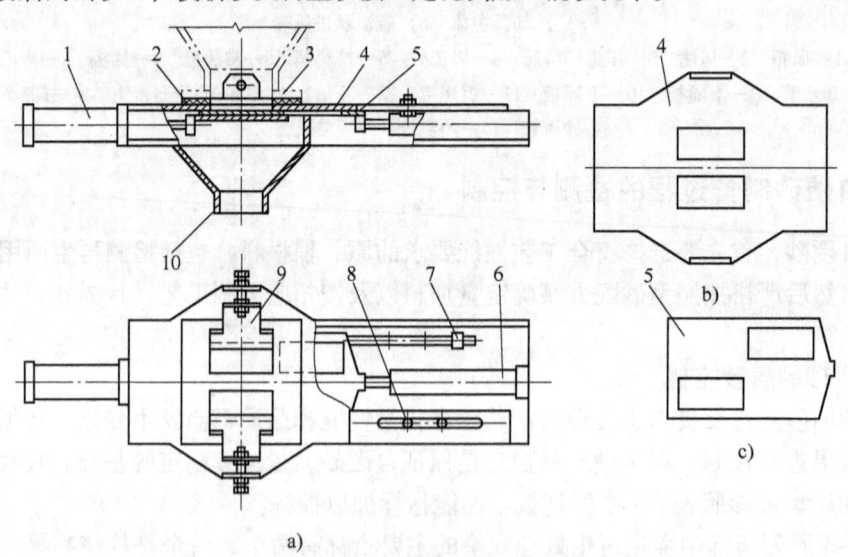

图 7-59 配比可调闸门
a) 总图 b) 定量板 c) 配比调节板
1—闸板气缸 2—闸板 3—双腔砂斗 4—定量板 5—配比调节板 6—电动推杆
7—感应铁 8—定位开关 9—L 形调节板 10—卸砂口

在配比调节板的一端两侧各有一根调节杆，调节杆上装有感应铁，它在杆上的位置调好后即可固定。在两个调节杆上方的适当位置分别安装三个和两个感应式定位开关，利用感应铁与定位开关的对应关系，即可确定配比调节板的停止位置，从而获得五种不同的新砂和再生砂配比。

3. 粘结剂和硬化剂精确定量加料装置

粘结剂和硬化剂等液体供应，可利用流量脉动极小的螺杆泵、控制阀及液流传感器进行精确定量控制。控制阀（图7-60）由主阀及单向阀组成，在起动螺杆泵的同时，单向阀关闭，主阀活塞右移，打开橡胶阀片，液体即通过主阀体及输出管道喷入混砂机中与砂混合。当达到定量要求，关闭螺杆泵时，主阀活塞立即左移，橡胶阀片堵住进液口，单向阀则滞后开启，使压缩空气将主阀内连同输出

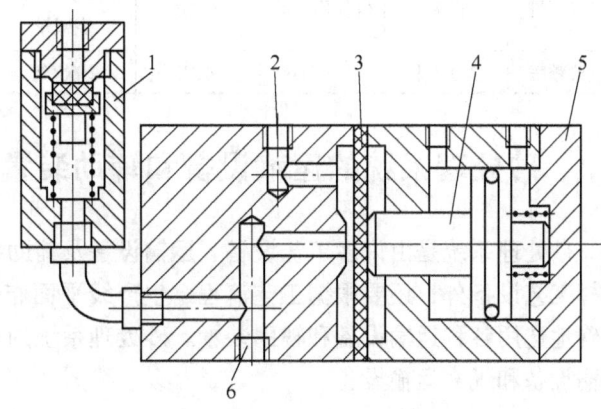

图7-60 粘结剂和硬化剂供应控制阀
1—主阀 2—活塞 3—橡胶阀片 4—接进液管
5—单向阀 6—接输出管

管道中的液体吹净。而这时在进液管内连同主阀体中仍充满液体，因此在下次定量时液体可以立即加入，无任何滞后现象，这样控制阀就能保证本次定量及下次定量的精确性。

液流传感器设在进液管道上，在管路中充满液流时，允许系统工作；当液流中含有直径大于3mm的气泡时，即关闭螺杆泵，以保证液体在管中瞬时流量的准确性。

4. 自硬砂性能监测和质量控制

自硬砂的主要性能包括硬化强度、硬化速度、可使用时间、溃散性、发气量等。影响这些性能的因素有粘结剂加入量、硬化剂种类和加入量、原砂的品质、再生砂的质量、混制设备和混砂工艺、环境温度、环境湿度等。

自硬砂在混砂完毕后型砂即开始硬化，1h后就有初始强度，24h后达到最大的终硬化强度。不仅其终硬化强度是一个重要的性能指标，而且其硬化速度也是一个重要的性能指标。硬化速度应该合适，不能太快，否则型砂的可使用时间太短，造型（制芯）的操作还未完成，型砂就因硬化而报废；但也不能太慢，否则脱模时间和合型浇注时间过长，影响生产率。例如，调节水玻璃自硬砂硬化速度的方法通常有两种：一种是调节水玻璃的模数；另一种是采用具有不同硬化速度的有机酯硬化剂。

实际上，自硬砂出现最高强度的时间并不一定出现在第24h，但为了便于比较，通常将24h的强度值称为终强度，它代表自硬砂的常温强度。由于自硬砂抗压强度值很高，普通型砂强度试验机上无法测出，所以通常测抗拉强度。一般自硬砂的终强度抗拉强度值为0.6~0.8MPa，芯砂为0.8~1.0MPa，复杂砂芯为1.6~2.0MPa。

可使用时间是指自硬砂混砂后能够制出合格型、芯的那一段时间长度。自硬砂从混砂机出来以后最好立即使用。随型砂放置时间的延长，终强度明显下降。通常把终强度只剩下80%的试样所对应的制作时间定为自硬砂的可使用时间。由于自硬砂有严格的可使用时间的限制，所以必须在工艺规定的时间内完成混砂以及全部造型（芯）操作。

自硬砂质量控制性能参数的检测，可按表 7-4 中的检验频率来进行。对于重要铸件或有特殊要求时，应该增加检验频率或提高检验要求。

表 7-4 自硬砂质量控制的检测项目及检验频率

检测项目	砂温	可使用时间	终强度	再生砂灼烧减量	再生砂粒度分析	粘结剂定量加料	硬化剂定量加料
检验频率	2次/日	2次/日	2次/日	2次/旬	1次/旬	1次/旬	1次/旬

7.3 砂处理系统的运输设备和辅助装置

砂处理系统是由许多工艺设备、运输设备及辅助装置组成的，因此，除了根据生产要求选择工艺设备外，还要根据工艺流程、生产线平面布置、铸件产量及环境保护方面的要求，正确地选用各种运输设备和辅助装置。砂处理系统的运输设备大致可以分为两大类，即机械运输设备和气力运输设备。

7.3.1 机械化运输设备

1. 斗式提升机

斗式提升机在铸造车间主要用于垂直或倾斜度较小的方向上提升新砂、回用砂及粉状物料等。它实际上是一个垂直运行的带式运输机，在胶带上用螺栓固定着由钢板或尼龙制造的料斗，如图 7-61 所示。从提升机的下部加料，在提升机顶部靠离心惯性力和重力卸料。为使斗式提升机能正常地工作，在使用中应注意以下几点：运送的物料应尽量干燥、松散。运送回用砂时，应先经过磁选、筛分、冷却处理，然后再用斗式提升机提升；斗式提升机的进料应均匀，而且最好使物料直接流入斗中，尽可能少地让料斗在提升机底部挖料；在选用斗式提升机时，应选择生产率大一些的型号，例如，用于提升回用砂时，考虑到回用砂湿、热、粘等因素，提升机实际输送量应取名义输送量的 50% ~ 60%；斗式提升机顶部应设除尘设备，随时将粉尘及热蒸汽排走；建立经常性的检查维修制度。

(1) 提升机的主要部件

1) 料斗。料斗的形式有深斗式和浅斗式，如图 7-62 所示。深斗适用于输送干燥、松散及易倾斜的物料，其特征为前方边缘略倾斜（65°）；浅斗适用于输送潮湿、结块及不易倾斜的物料，如湿砂、型砂等。

2) 牵引构件。斗式提升机用的牵引构件有橡胶带、锻造环链、板链等。牵引构件决定提升机的生产率、输送物料的提升高度及特性。常用的 D 型提升机用普通橡胶带作为牵引件。由于胶带与料斗的连接强度低，故所能承受的牵引力小。但胶带的允许速度较高，而且运输磨琢性物料时磨损要小些，因此，主要适用于中、小生产率（小于 60m³/h）及中等提升高度（25~40m）的场合。链斗式提升机适宜于生产量大（约 160m³/h）、提升高度大及沉重的块状物料和炽热物料的场合。

(2) 通用斗式提升机的性能及用途

1) D 型斗式提升机采用橡胶带作为牵引构件，有各种制式和装法，要根据输送的物料和生产率的要求而定。其适用于垂直输送温度低的粉状、颗粒状、小块状、无磨琢性的散装材料，如煤、砂等；提升高度为 4~35m，输送量为 3.1~66m³/h。D 型斗式提升机的型号有 D160、D250、D350、D450。

斗式提升机技术规格见表 7-5。

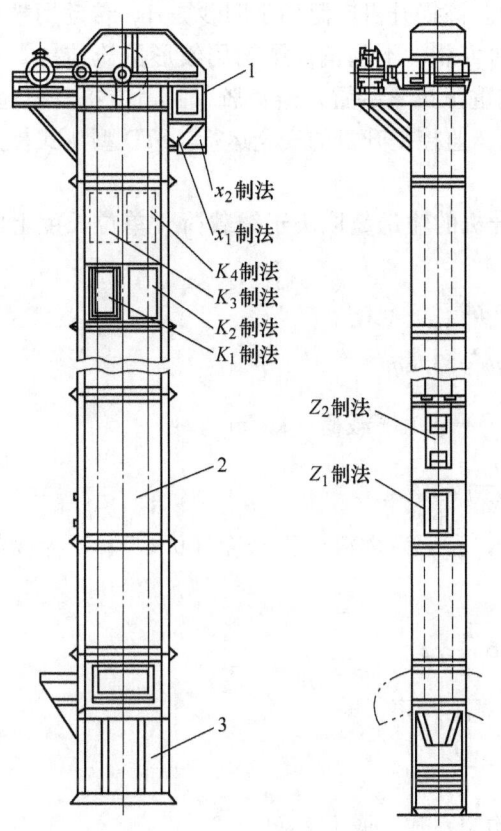

图 7-61 D 型斗式提升机
1—头部单元 2—中间段 3—尾部单元

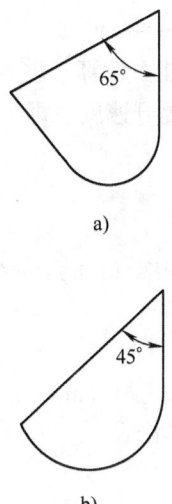

图 7-62 料斗的形式
a) 深斗 b) 浅斗

表 7-5 D 型斗式提升机技术规格

斗式提升机型号			D160		D250		D350		D450	
	料斗形式		S	Q	S	Q	S	Q	S	Q
	输送量/m³·h⁻¹		8.0	3.1	21.6	11.8	42	25	69.5	48
料斗	斗容/L		1.1	0.65	3.2	2.6	7.8	7.0	15.0	14.5
	斗距/mm		300		400		500		640	
输送带	宽度/mm		200		300		400		500	
	层数		4		5		4		5	
	上下胶厚度/mm		1.5/1.5		—					
料斗及输送带线载荷/kg·m⁻¹			4.72	3.8	10.2	9.4	13.9	12.1	21.3	
料斗运行速度/m·s⁻¹			1.0		1.25					
滚筒轴转速/r·min⁻¹					47.5				37.5	
物料的最大块度/mm			25		35		45		55	

2) HL 型斗式提升机。它是 D 型斗式提升机的改进型，采用铸造的环链条作为牵引构件，允许输送温度较高的粉状、粒状及小块状的非磨琢性物料，如煤粉、粘土块。其提升高度为 30m 以下，型号有 HL300、HL400，输送量达 $16 \sim 47.2 \text{m}^3/\text{h}$。

3) STD（GTD）型斗式提升机（图 7-63）。该提升机广泛用于旧砂提升，传动用鼓形滚筒，表面整铸"人"字形导向花纹胶面，传动可靠，不跑偏；尾轮用鼓形鼠笼结构，轮内设双锥排砂，尾轮不粘砂、跑偏；采用杠杆式重锤拉紧装置，避免胶带打滑或提升机超载，调整行程长；在鼓形尾轮端设脉冲式测速装置，监控提升机的安全运行。STD 型斗式提升机的输送量为 $75 \sim 480 \text{m}^3/\text{h}$。

(3) 运送能力计算　垂直安装的斗式提升机的输送量取决于线载荷（单位长度上的物料的质量）和提升速度，即

$$Q = qv$$

或

$$Q = \frac{3600}{1000}qv = 3.6qv$$

式中，Q 为生产率（t/h）；v 为提升速度（m/s）；q 为线载荷（kg/m）。

$$q = \frac{i_0}{a}\gamma\varphi$$

式中，a 为料斗间距（m）；i_0 为料斗容积（m^3）；γ 为物料堆积密度（t/m^3）；φ 为物料充填系数，见表 7-6。

因此得

$$Q = 3.6\frac{i_0}{a}\gamma\varphi$$

由于装料的不均匀性，实际生产率往往小于计算生产率，即

$$Q_\text{实} = \frac{Q}{K}$$

式中，$Q_\text{实}$ 为实际生产率（t/h）；K 为装载不均匀系数，取 $1.2 \sim 1.6$。

表 7-6　物料的充填系数

被输送物料名称	充填系数 φ
粉末状物料	$0.75 \sim 0.95$
块度在 20mm 以下的粒状物	$0.7 \sim 0.9$
块度在 $20 \sim 50$mm 的小块状物料	$0.6 \sim 0.8$
块度在 $50 \sim 100$mm 的中块状物料	$0.5 \sim 0.7$
块状在 100mm 以上的大块物料	$0.4 \sim 0.6$
潮湿粉末状和粒状物料	$0.6 \sim 0.7$

(4) 料斗计算　根据公式得

$$\frac{i_0}{a} = \frac{Q}{3.6v\gamma\varphi}$$

根据计算出的 i_0/a 比值，以 D 型斗式提升机为例，由表 7-7 可查得料斗的容积和间距。

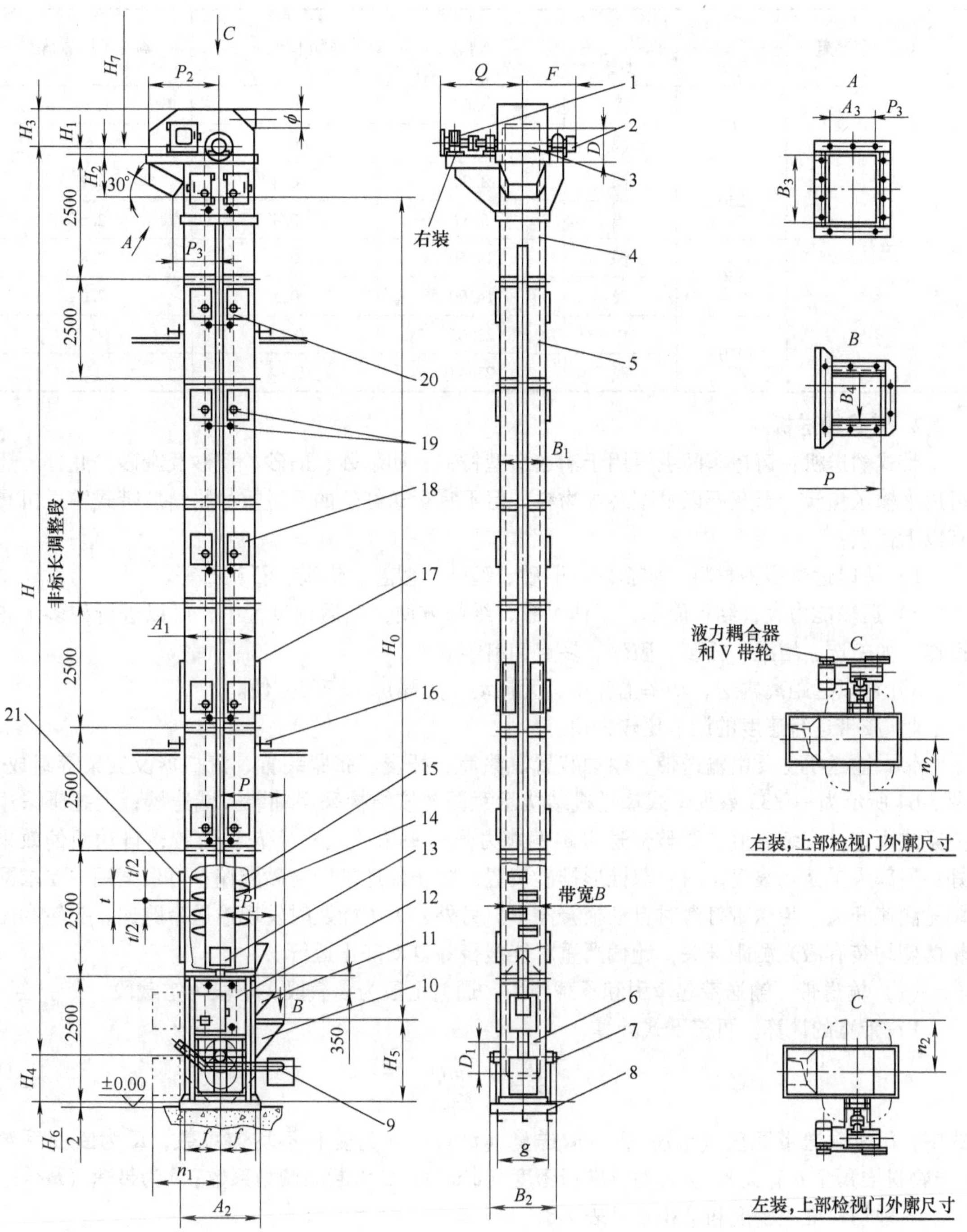

第7章 型砂处理系统及其自动化

图 7-63 STD 型双（四）排斗重锤张紧斗式提升机

1—驱动装置 2—低速端逆止器 3—主动鼓轮 4—上部区段 5—中段机壳 6—张紧鼓轮 7—转速继电器 8—基础钢框架 9—重锤张紧装置 10—第一进料门 11—第二进料门 12—下部区段 13—分料板 14—橡胶带 15—料斗 16—垂直高度调整座平台 17—中部或下部换斗门 18—中部或上、下部带辊门 19—纵横向防偏挡辊 20—标准段上部或中、下部带辊门 21—检修门

表 7-7 斗式提升机斗距及容积

斗式提升机型号	料斗		$\dfrac{i_0}{a}$/(kg/m)	料斗间距 a/m	料斗容积 i_0/kg
	斗宽	类型			
D 型	160	深	3.67	0.3	1.10
		浅	2.16	0.3	0.65
	250	深	8.00	0.4	3.2
		浅	6.67	0.4	2.6
	350	深	15.60	0.5	7.8
		浅	14.00	0.5	7.0
	450	深	22.65	0.64	14.5
		浅	23.44	0.64	15

2. 带式输送机

带式输送机在铸造车间主要用于输送造型材料，如新砂、旧砂、型砂及废砂。此外，还可用来输送焦炭、石灰石以及型芯等物料。但不宜运送红热的及过重的物料。带式输送机具有以下优点：

1) 可以运送多种材料，如新砂、旧砂、型砂、型芯、焦炭、石灰石等。

2) 运输能力大，结构简单，工作可靠，维修方便，在运行过程中，可以进行许多工艺操作，如磁选、增湿、松砂、破碎、多点卸料等。

3) 可以远距离输送，功率消耗小，无振动，无噪声，安装方便。

4) 胶带运行速度的调节比较方便。

带式输送机主要由输送带、驱动装置、滚筒、托辊、张紧装置、清扫器及支架等组成。图 7-64 所示为一 Y33 系列带式输送机结构示意图。该结构采用轴装式减速器；上托辊采用夹紧式固定，安装方便，调整输送带跑偏能力强；头轮"人"字花纹铸胶，自动纠偏效果好；尾部为鼠笼式滚筒，内有双锥形排砂装置，防止传送带因夹砂跑偏；可根据用户要求配尾轮测速开关，传送带打滑时自动报警停车。另外，为了能及时发现输送带跑偏，头轮和尾轮两侧均装有激光测距开关，跑偏严重时能报警并自动停止运行。

(1) 输送带　输送带起牵引和承载作用，通常上段为承载段，下段为空载段。

1) 带宽的计算。可按下式计算

$$B = \sqrt{\dfrac{mQ}{K\gamma vC}} \tag{7-1}$$

式中，B 为输送带宽度（m）；Q 为输送量（t/h）；m 为受料不均匀系数；K 为断面系数（与物料堆积角 ρ 有关）；γ 为物料堆积密度（t/m³）；C 为断面倾角系数；v 为带速（m/s）。

各种物料堆积密度和堆积角见表 7-8。

表 7-8 物料堆积密度和堆积角

物料名称	干新砂	湿新砂	旧砂	型砂	废砂	小块干粘土	小块石灰石	焦炭	煤块
堆积密度/t·m⁻³	1.4~1.6	1.8~2.1	1.1~1.3	0.9~1.1	1.1~1.5	1.0~1.5	1.2~1.5	0.4~0.6	0.8~1.0
堆积角/(°)	30		30	30	20	35	25	35	30

断面系数 K 值见表 7-9，断面倾角系数见表 7-10。

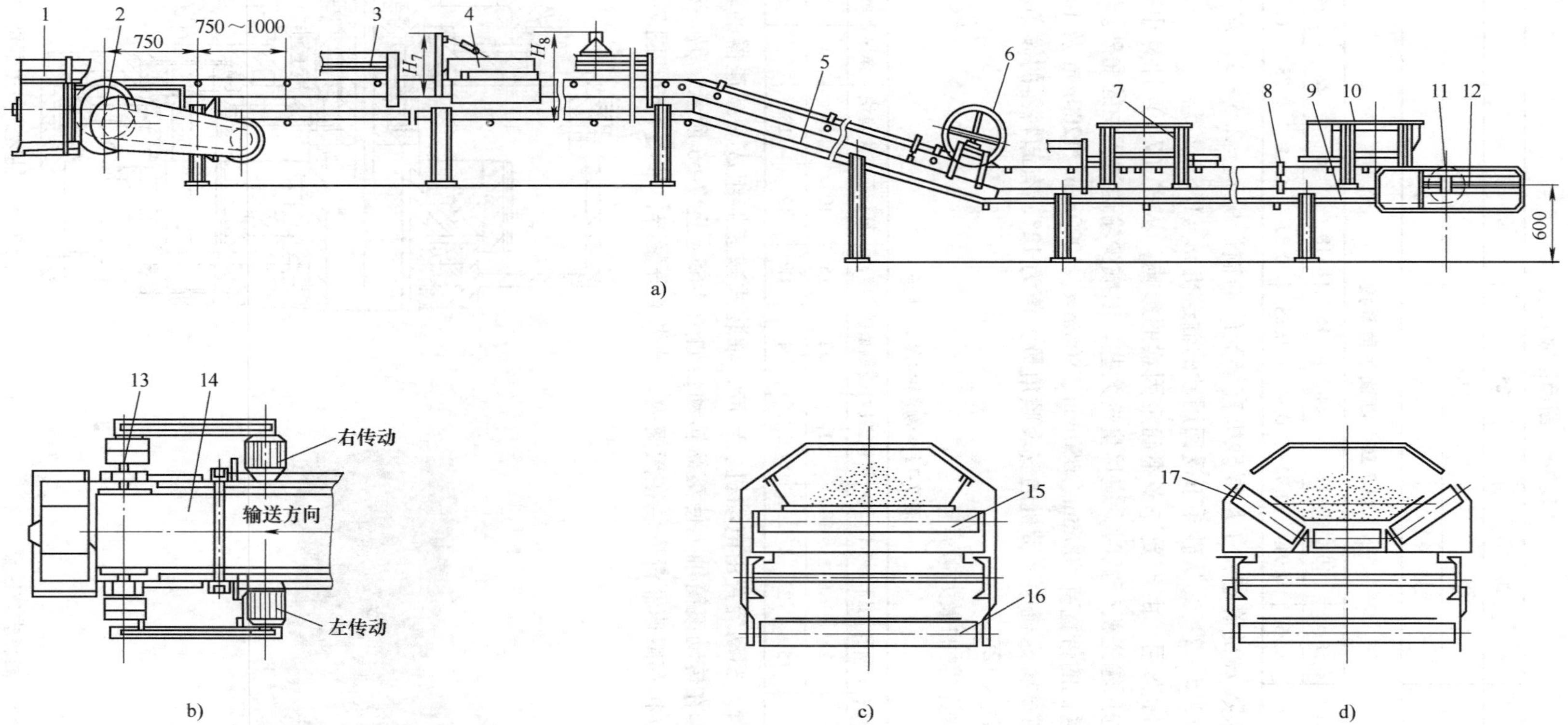

第7章 型砂处理系统及其自动化

图 7-64 Y33 系列带式输送机结构

1—头轮罩 2—轴装式减速器 3—密封装置 4—卸料器 5—机架 6—改向压轮 7—通过式受料器 8—导向辊 9—空段清扫器 10—尾部受料槽 11—尾轮 12—尾部张紧装置 13—传动滚筒 14—输送带 15—上平行托辊 16—下平行托辊 17—槽形托辊

表 7-9 断面系数 K 值

堆积角 $\rho/(°)$		20	25	30	35
K 值	平带	105	130	160	190
	槽带	235	265	290	325

表 7-10 断面倾角系数

倾角 $\beta/(°)$	≤6	8	10	12	14	16	18	20	22	24	25
C	1.0	0.96	0.94	0.92	0.90	0.88	0.85	0.82	0.78	0.75	0.72

受料不均匀系数 m 的确定：①从混砂机直接受砂的输送机 $m=2.5\sim3$，对以后非直接受砂的输送机 $m=1.5\sim2$；②从砂斗下受回用砂的输送机 $m=1.5\sim2.5$。

2) 带宽的实际选用。由于受许多不确定因素的影响，从式 (7-1) 计算出来的带宽只能供参考。实际选用输送机带宽时，应尽量选大些，以减少输送过程中的漏砂。

目前带式输送机的带宽有 500mm、650mm、800mm、1000mm、1200mm 及 1400mm 六种规格可供选择。带式输送机中平带机的安装倾角最大值为 12°，有卸料器的倾角在卸干料时应 <10°，卸湿料时 <12°。

表 7-11 为不同物料的最大倾角。

表 7-11 物料的最大倾角

物料名称	湿新砂	干新砂	湿旧砂	干旧砂	铸铁型砂	铸钢型砂	废砂	石灰石	焦炭块	碎煤	块煤	干粘土块
最大倾角/(°)	18	12	20	18	21	22	16	10	16	18	16	16
极限倾角/(°)	22	15	22	20	23	24	18	12	18		18	18

(2) 驱动装置 驱动装置由电动机、V 带、轴装式减速器组成。减速器的输出轴为一空心轴套，直接套在传动滚筒轴上使滚筒转动，如图 7-65、图 7-66 所示。另一种传动装置是电动滚筒，电动机和减速器都安装在滚筒内，结果十分紧凑，如图 7-67、图 7-68 所示。

图 7-65 轴装式减速器

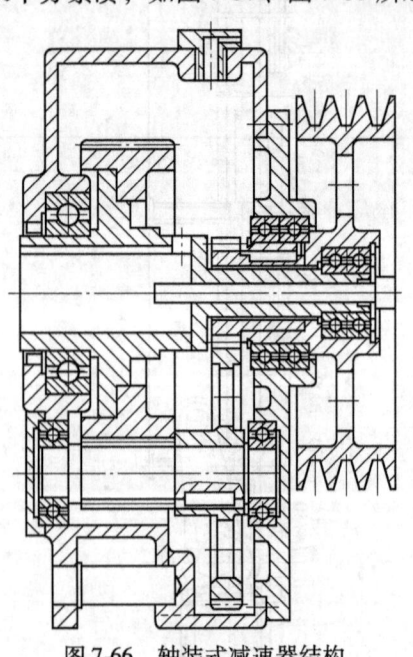

图 7-66 轴装式减速器结构

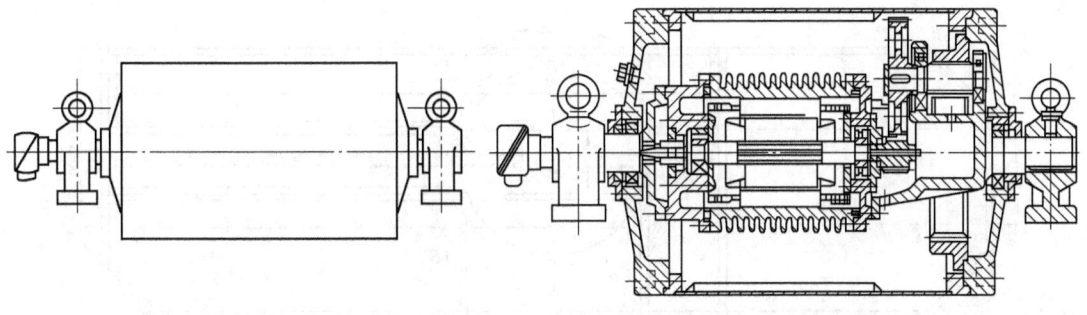

图 7-67 电动滚筒　　　　　图 7-68 电动滚筒结构

(3) 滚筒　滚筒按作用可分为传动滚筒与改向滚筒两种，按制造方法分为钢板焊接滚筒和铸造滚筒。传动滚筒一般设置在输送机前部，如果布置受限时，也可设在尾部。它是动力传递的主要部件，输送带借与滚筒间的摩擦力而运行。当需要较大的驱动力时，可在滚筒表面粘一层胶面，以增加摩擦力。

(4) 托辊　带式输送机工作边托辊的形式决定了输送带的形状，输送带断面有两种形式，即平形和槽形，如图 7-69 所示。根据不同物料的输送要求，输送带可以采用不同的断面形状。对于散粒状物料，可采用槽形断面运输，它不仅运输量大，而且能有效利用带宽及防止散落，缺点是不能在槽形胶带上进行工艺操作。平形断面常用于输送机的装卸料段及成品物件的输送。

(5) 张紧装置　张紧装置的作用是保证输送带有足够的张力，使输送带和滚筒间产生必要的摩擦力以达到要求的牵引效果，避免输送带承载后在两组托辊间垂度过大，并且在输送带受拉伸变长后仍能继续使用。张紧装置一般安装在输送机的末端，张紧行程通常取输送机长度的 1.0%

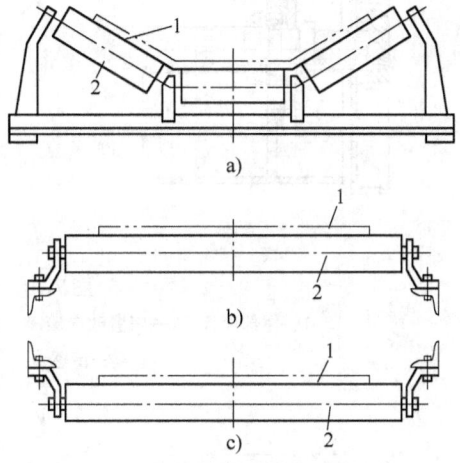

图 7-69 托辊和输送带
a) 槽形上托辊　b) 平形上托辊　c) 下托辊
1—输送带　2—托辊

~1.5%，水平输送机取较小值，倾斜输送机取较大值。螺旋张紧装置安装图如图 7-70 所示。

(6) 布置形式　带式输送机布置形式如图 7-71 所示。给料和中途卸料装置应该设在水平段上，如需设在倾斜段时，倾角 β 不宜超过 10°。

3. 振动输送机

振动输送机用途很广，在铸造车间可用于输送砂子、粉料，也可以代替鳞板输送机运送铸件等。它是利用输送槽体的定向振动，将其上面的物料不断抛起向前运送。振动输送机工作原理如图 7-72 所示。振动输送机输送槽体 5 由摇杆 7 倾斜支撑，斜置角为 β。曲柄连杆机构 4 驱动输送槽体 5 按照一定的方向作简单的谐振动，当振动的加速度达到某一定值时，使物料在输送槽体内沿着运输方向产生抛掷，使物料向前移动直至落下与输送槽体再次接触，又重新得到加速而被抛起。如此重复进行，就实现了物料的输送。振动输送机的振动处于亚

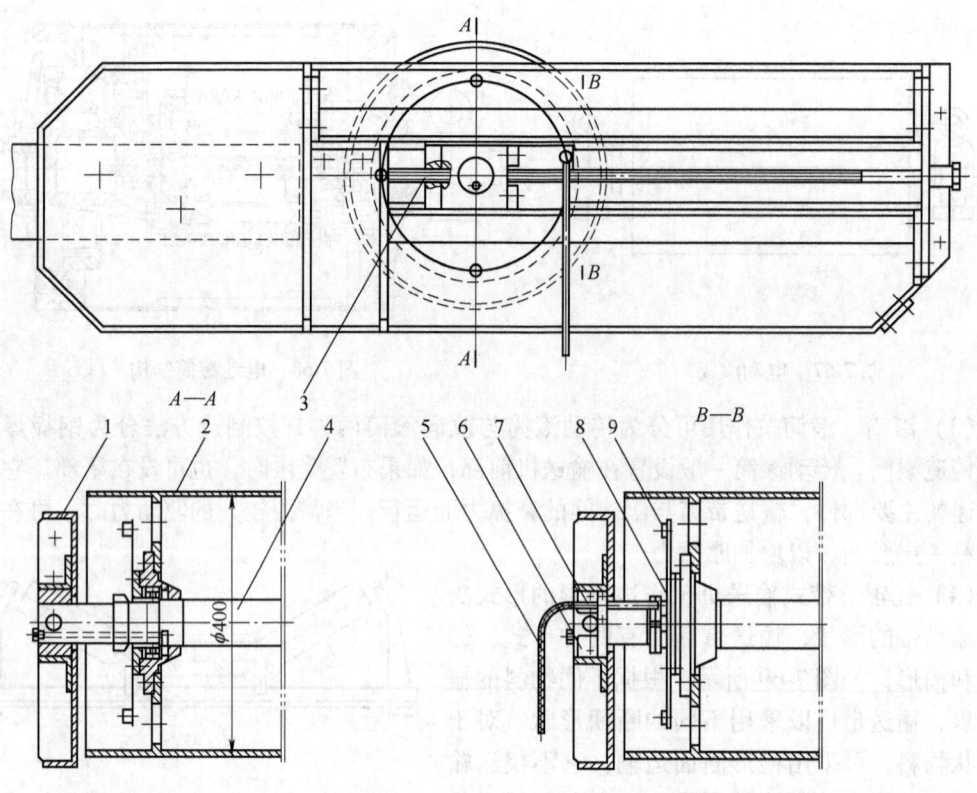

图 7-70 螺旋张紧装置安装图
1—尾部侧板 2—张紧改向滚筒 3—螺旋 4—滚筒轴 5—电缆 6—传感器支座
7—传感器 8—不锈钢圆盘 9—永磁块

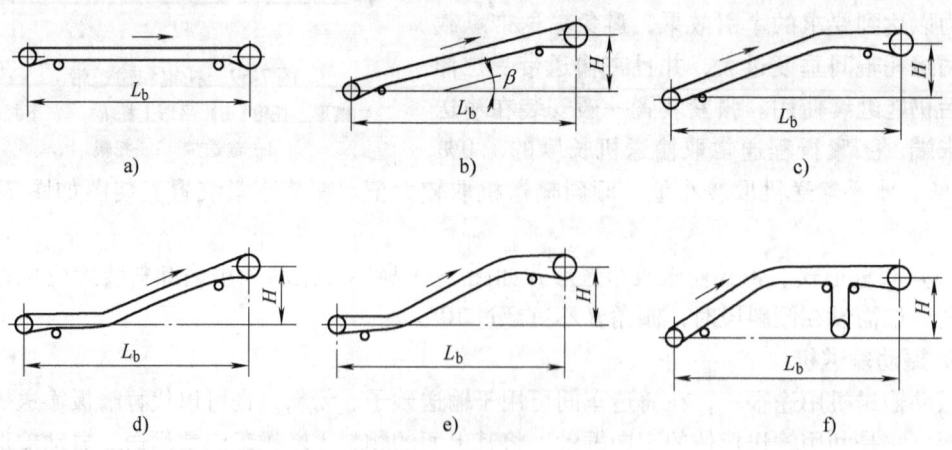

图 7-71 带式输送机的布置形式
a) 水平式 b) 倾斜式 c) 倾斜-水平式 d) 水平-倾斜式
e) 水平-倾斜-水平式 f) 倾斜-水平式（用垂直拉紧装置）

共振区，在输送槽体作用下，物料上升的垂直加速度大于物料向下的重力加速度，从而减少了输送过程中物料对槽板的磨损。

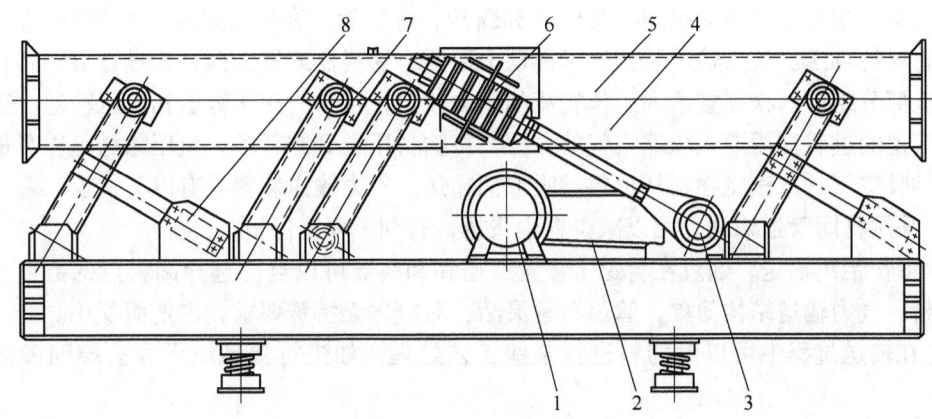

图7-72 振动输送机工作原理
1—电动机 2—V带 3—偏心轴 4—曲柄连杆机构 5—输送槽体 6—振动弹簧
7—摇杆 8—振动弹簧

4. 螺旋输送机

螺旋输送机主要用于输送粘土粉、煤粉等粉状物料，其结构如图7-73所示，有水平输送和垂直提升输送两种方式。它利用密闭槽体内的转动螺旋叶片向前推移物料，因此粉尘很少外逸；但是物料与槽体间，物料与螺旋叶片间产生的摩擦阻力，一方面使槽体和螺旋叶片受到严重磨损；另一方面也使螺旋输送机消耗的功率较其他连续输送机都大。对于长螺旋输送机，设计有中间轴承。在中间轴承处，由于螺旋叶片中断，使物料所受推力减小。而且，槽体的自由空间尺寸由于中间轴承的位置而减小，所以槽体中物料的填充系数应<50%。当物料过多时很容易堵塞或产生故障，因此对装进槽中的物料必须加以限制。螺旋输送机适宜于运送距离短，输送量不大，无粘结性或粘结性小，不怕破碎而又要求密封输送的粉状或小块状物料。

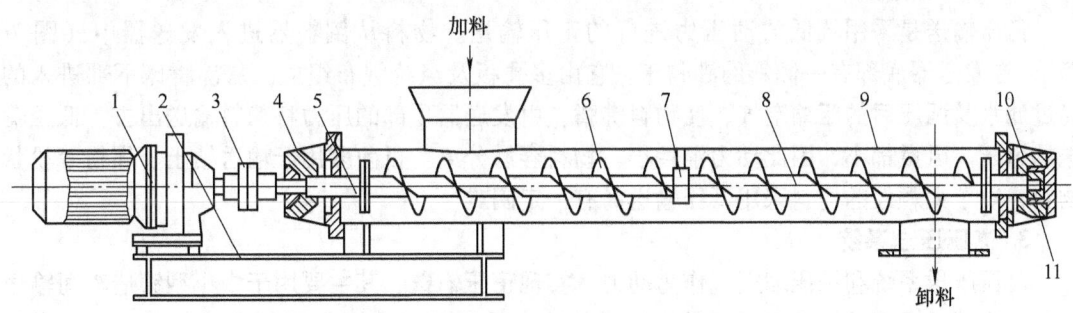

图7-73 螺旋输送机结构
1—摆线针轮减速器 2—底座 3—滑块联轴器 4—前轴承 5—前轴 6—螺旋叶片 7—检拆孔盖板
8—接套 9—调量板 10—后轴 11—后轴承

7.3.2 气力输送设备

不同于机械式运输设备,气力输送设备是利用在密闭管道内运动气流的能量对物料进行输送的装置。主要用于铸造车间石英砂(如新砂、再生砂)和散状颗粒(如煤粉、粘土粉)等干燥物料的输送。气力输送装置通常由动力装置、受料器或发送器、输送管道、卸料器及除尘器五部分组成。根据管道内工作气流的压力状况,可分为正压输送和负压输送。正压输送指在管道的进料端用通入压缩空气的方法,将物料压送到卸料端;负压输送是在吸送装置末端用抽吸空气的方法将物料从进料端吸取而输送。气力输送装置具有以下优点:

1) 采用密闭管道输送,可以减少粉尘飞扬,有利于环境保护。
2) 可长距离输送,通过在管道上设置三通和卸料器可以自由选择卸料点的数量,实现多点卸料。气力输送结构简单,管道布置灵活,对厂房无特殊要求,占地面积小。
3) 在输送过程中可以对物料进行某些工艺处理,如进行湿砂烘干和去掉旧砂的粉尘等。

气力输送装置的缺点是输送能力低且不稳定,输送管道易堵塞和磨损,输送功率消耗较大。

1. 吸气式气力输送系统

吸气式气力输送系统如图 7-74 所示。高压离心式鼓风机设在系统的末端,因此整个系统在负压状态下工作。输送的物料由给料器均匀而又连续地送进喉管时,物料在喉管内与空气充分混合,使物料呈悬浮状态并使其加速;经过管道输送至旋风分离器,将物料从气流中分离出来,物料从旋风分离器下面的锁气器排出,而含尘气流由风管进入旋风除尘器,进行一级除尘,大部分灰尘在此清除。更细小的灰尘进入湿式除尘器进行二级净化处理,净化后的空气经气水分离器去除水分后通过高压离心式鼓风机,排入大气。节流阀的作用,一是调节风量的大小,二是可使系统空载启动,防止电动机过载。由于整个系统在负压状态下工作,所以除对管道系统要求严格密封外,在旋风分离器、旋风除尘器的排料口都装有锁气器,达到既能密封又能卸料的目的。如果将喉管的进风口接热风炉,或者在进风口处安装燃油或者燃气喷嘴,则吸入的热气流可以对湿砂进行烘干,完成新砂烘干或湿法再生砂的烘干操作。

2. 低压输送系统

低压输送是采用较低的动压力进行的正压输送。物料从倒料器进入发送器中(图 7-75),在发送器底部有一倾斜的沸腾床,它由多孔板及涤纶绒布组成。从沸腾床下部进入的经过滤水及调压后的压缩空气,使物料沸腾,由发送器顶部的压力将粉料输送出去。低压输送的风压、风量都小,因此动力消耗小,物料容易分离。目前多用于输送粘土、煤粉等粉状物料,对于大颗粒的物料采用低压输送尚有一定困难。

3. 高压压送系统

高压压送系统利用压缩空气作为动力,实现正压输送。其主要用于中小型铸造车间输送型砂、回用砂或新砂,输送过程是间断进行的。图 7-76 所示是高压压送系统,主要由供气系统、发送器、输送管道及卸料器组成,其中发送器是关键设备。从压缩空气管道进来的压缩空气经总阀门进入气罐,又经气水分离器进入压送罐的底部,当打开快开阀后,型砂就在气流的作用下输送出去,经输料管送至卸料器进行卸料。分离后的含粉尘的空气经除尘后排

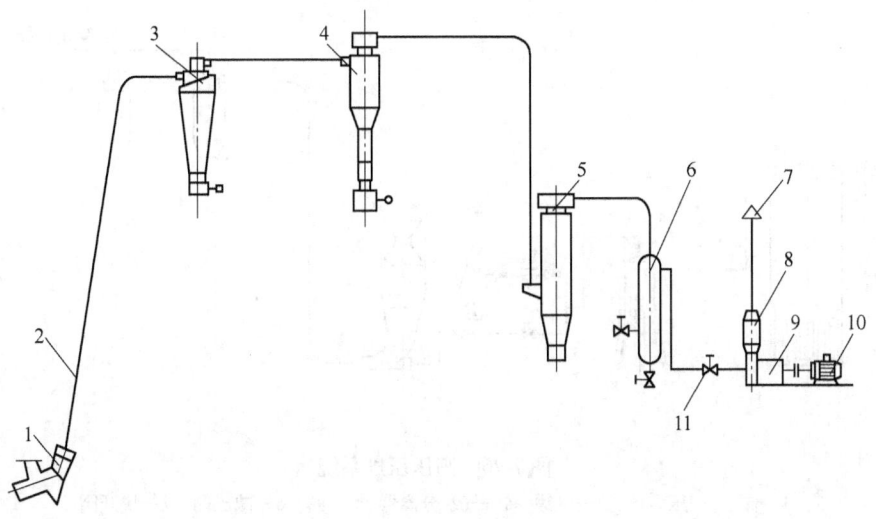

图 7-74 吸气式气力输送系统

1—喉管 2—输料管 3—旋风分离器 4—旋风除尘器 5—湿式除尘器 6—气水分离器
7—风帽 8—消声器 9—鼓风机 10—电动机 11—节流阀

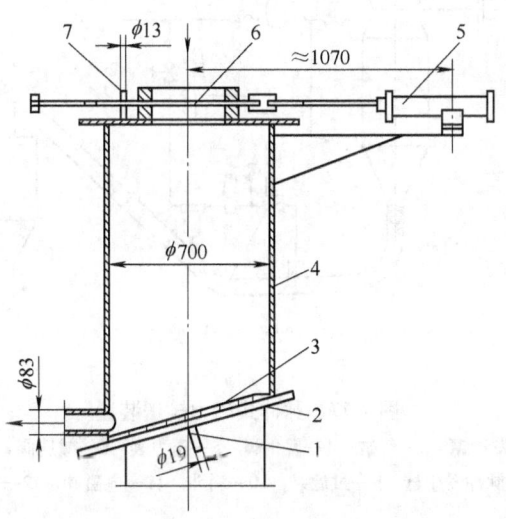

图 7-75 低压输送发送器

1—下进风管 2—钢筋 3—涤纶绒布 4—缸体 5—气缸 6—闸板 7—上进风管

入大气。压送式气力输送是正压输送,在发送器一端为正压最大值,远离一端为正压最小值。

4. 脉冲式气力输送装置

脉冲式气力输送装置如图 7-77 所示。它与吸送式压送不同,不是利用气流的动压进行输送,而是用静压输送。当发送器内加入定量物料后,关闭阀门,然后向其中通入压缩空气。为了降低输送速度,避免物料悬浮,通入发送器内的空气压力应能维持输送的最低压力。打开球阀使物料进入输料管,连续的料柱被脉冲动作的气刀分割成料栓,一段料栓和一段气栓相间向前运动。这种运动是利用料栓两端的压力差进行的,其运动状态如图 7-78 所示。

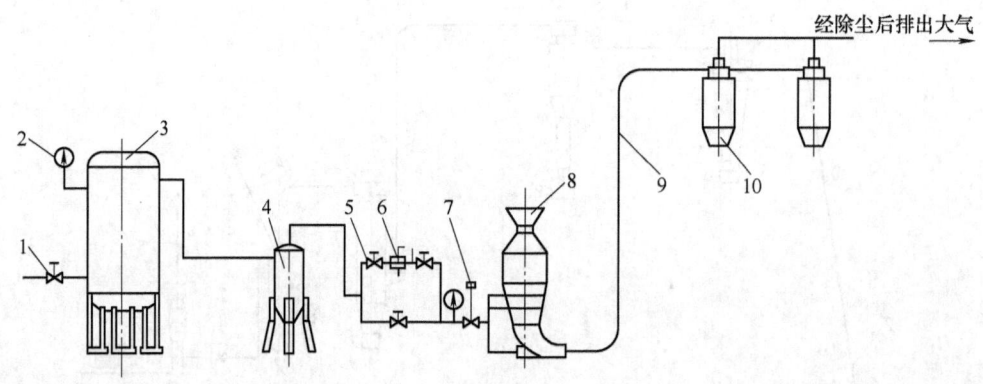

图 7-76 高压压送系统
1—阀 2—压力计 3—气罐 4—气水分离器 5—阀 6—减压阀 7—快开阀
8—压送罐 9—输料管 10—卸料器

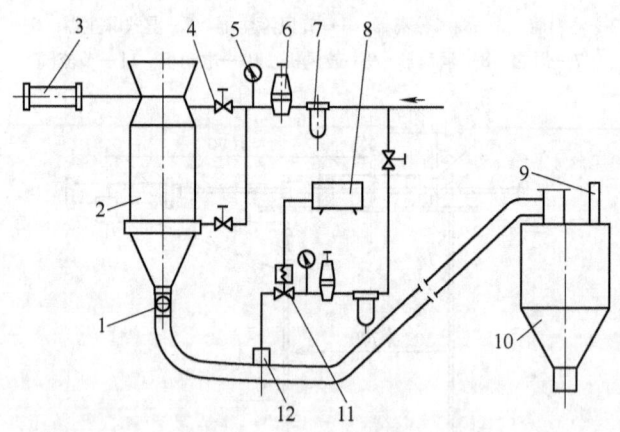

图 7-77 脉冲式气力输送装置
1—球阀 2—发送罐 3—气缸 4—截止阀 5—压力表 6—减压阀 7—气水分离器
8—脉冲发生器 9—过滤袋 10—料斗 11—电磁阀 12—气刀

料栓的形成和稳定是脉冲气力输送的关键。在保证运输量要求的前提下,要尽量减小管径,因为管径小容易形成料栓。有的物料内摩擦小,松散而无粘性,极易透气,使得料栓的两端压力差小,影响输送或形不成料栓。发送器内压力和气刀压力大小直接影响料栓的形成和输送。发送器压力要保证将粉料均匀而又满管压到气刀下面,被气刀切割。气刀处气压过大,料栓易被击穿,形成动压输送;气压太低,推动料栓困难,甚至

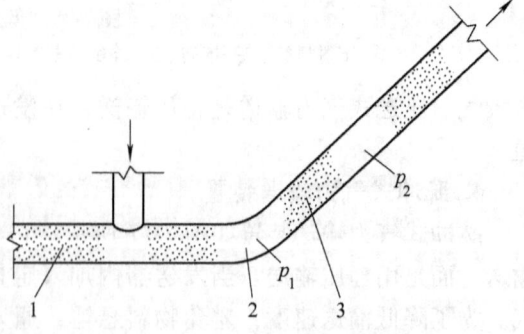

图 7-78 料栓及气栓运动状态示意图
1—料栓 2—气栓 3—料栓

堵塞管道。气刀切割料柱的时间间隔也是个重要参数，直接影响料栓的形成和长短。

7.3.3 料斗、给料机及定量器

1. 料斗

料斗是储存各种粉状及散粒状物料的容器，如砂斗、煤粉斗、焦炭斗等，为混砂机和造型机供应原材料及型砂。在机械化铸造生产中，料斗也用于调节间歇工作设备与连续工作设备间、工序与工序间的生产不平衡问题。

料斗和料斗出口的横断面有圆形和矩形两种形式，如图 7-79、图 7-80 所示。料斗多用钢板焊成，钢板厚度一般为 4~8mm。对于大的矩形断面料斗，为防止变形，在斗壁上要焊一些加强筋。

挂料是料斗使用中最大的问题，在储存型砂和回用砂时更为突出。因为湿热砂遇到冷的斗壁很容易凝结出水而粘在上面，因此应该注意回用砂的冷却问题。向料斗中加料时，应不偏料，尽量利用料斗的容积。

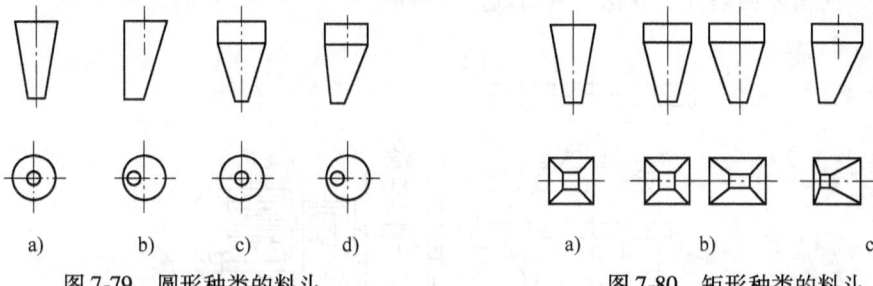

图 7-79　圆形种类的料斗
a) 对称圆锥形　b) 不对称圆锥形
c) 对称圆柱圆锥形　d) 不对称圆柱圆锥形

图 7-80　矩形种类的料斗
a) 对称棱锥形　b) 对称棱柱棱锥形
c) 不对称棱柱棱锥形

2. 给料机

给料机的作用是连续而均匀地给出物料。给料设备种类较多，是机械化运输的辅助设备。它设置在料斗或间歇卸料的设备下面，将物料均匀地送出；也可设置在需要均匀供料的设备前面，例如，设置在筛砂机、斗式提升机、沸腾冷却装置前面，保证这些设备正常、高效地工作。在料斗下面的给料机停止送料时，就起到闸门的作用。

（1）圆盘给料机　圆盘给料机在铸造车间被普遍用于新砂、旧砂及型砂的给料，转速为 2~8r/min。它的特点是：机构紧凑，操作方便，给料均匀，使用可靠。圆盘给料机的承载能力大，多用在圆形出料口的大砂斗下面，圆盘给料机盘面与砂斗出料口之间有一定的距离，砂子按其自然堆积角在圆盘上堆成一个圆锥形砂堆。当圆盘带动砂堆转动经过刮板时，就将砂堆外圈的砂子刮下。改变调整套与圆盘间的距离能调节给料量。圆盘给料机的工作示意图如图 7-81 所示。图 7-82 所示为 BR 型圆盘给料机，它安装在砂斗出料口下边的地面或钢板平台上。

（2）带式给料机　在混砂机上面的大型新、旧砂斗和供应造型机用砂的大型型砂斗下面常用带式给料机给料，它实际上是一个短的带式输送机。由于承受物料压力大，要求给料平稳，因此，带式给料机的上托辊密集排列，带速较低，一般为 0.3~0.6m/s。因为传动滚筒需要的转矩大，所以在滚筒表面包上橡胶或粘上一层金刚砂，以增加摩擦力；在电动机和传动滚筒间,采用链传动。带式给料机工作平稳,给料能力大,若用时间控制,也可以实现定量给料。

图 7-83 所示为一 HPG 系列回转带式给料机。主要用于向砂箱供给背砂和面砂,或向芯盒供给芯砂。使用该机可以免除工人铲砂的繁重体力劳动,给料均匀,能够在该机两臂长度之和范围内任何卸料点给料。适用于地面造型或机器造型。

(3) 振动给料机 振动给料机用于把块状、粒状、粉状物料从料仓或料斗中连续均匀地送到受料装置中。与振动输送机比较,它的特点是振动频率高、振幅小、槽体刚度大。按驱动方式,可分为惯性振动和电磁振动。

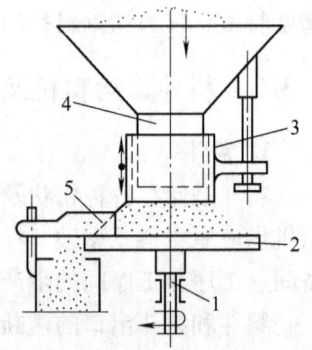

图 7-81 圆盘给料机工作示意图
1—转轴 2—圆盘 3—活动套筒
4—料斗 5—刮板

1) 惯性振动给料机。吊挂式振动给料机结构如图 7-84 所示。它是由橡胶弹簧和吊挂悬杆吊挂安装的,在振动机的驱动下,将激振力传给槽体产生振动。给料机上装两台振动电动机,可通过调整偏心块调节其激振力的大小,使槽体振幅发生变化,从而调整给料量。

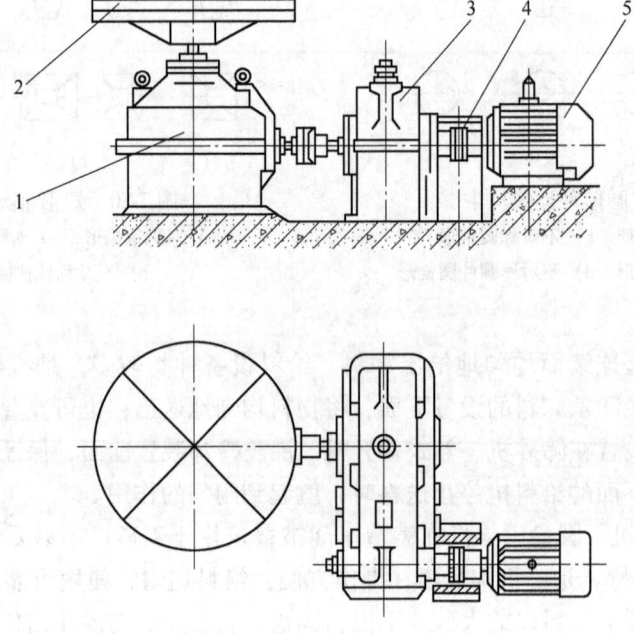

图 7-82 BR 型圆盘给料机
1—封闭式减速传动 2—圆盘 3—减速器 4—联轴器 5—电动机

2) 电磁振动给料机。线圈通入交流电后,吸引电磁铁撞击在槽体上,由于交流电电流方向的变化,电磁铁便反复撞击槽体,使槽体产生振动。图 7-85 所示为 GZ 型系列电磁振动给料机。它具有下列特点:能够几乎无惯性地开动和停止;可以通过自耦变压器、电位计、转换器及硅整流器调节电压而轻易地改变其输送距离;能够很好地实现隔振悬挂或安装,从而可以几乎完全避免支撑结构的振动;由于它能够无惯性地改变给料量,故可以用于定量分配器;不宜作较长距离的输送,电源电压的波动会影响输送给料量;用于输送砂子及粉料,

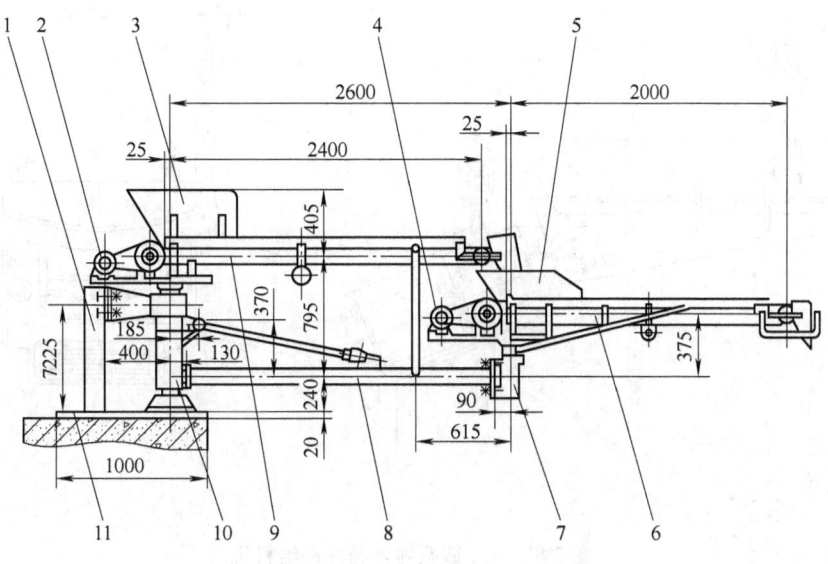

图 7-83 HPG 系列回转带式给料机
1—底座 2—大摇臂电动机 3—大摇臂砂斗 4—小臂电动机 5—小臂砂斗
6—小臂 7—小臂转筒 8—撑架 9—大摇臂 10—转柱 11—底板

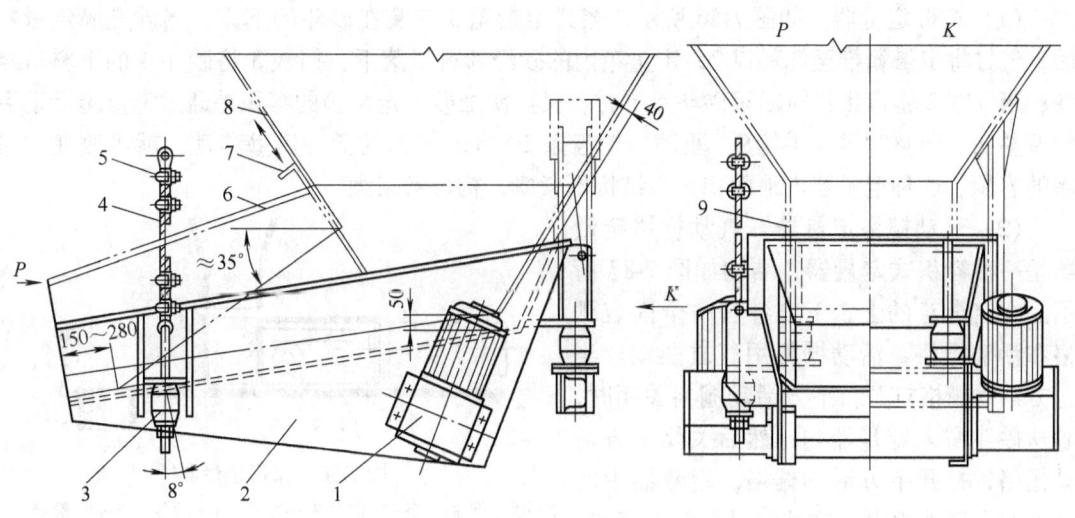

图 7-84 吊挂式振动给料机结构
1—振动电动机 2—槽体 3—橡胶弹簧 4—吊挂悬杆 5—锁扣
6—盖板 7—闸板 8—料斗 9—侧板

不宜输送粘滞性湿粉状物料。电磁振动给料机在安装时应采用软性连接，并避免料仓中物料过重压到料槽上。

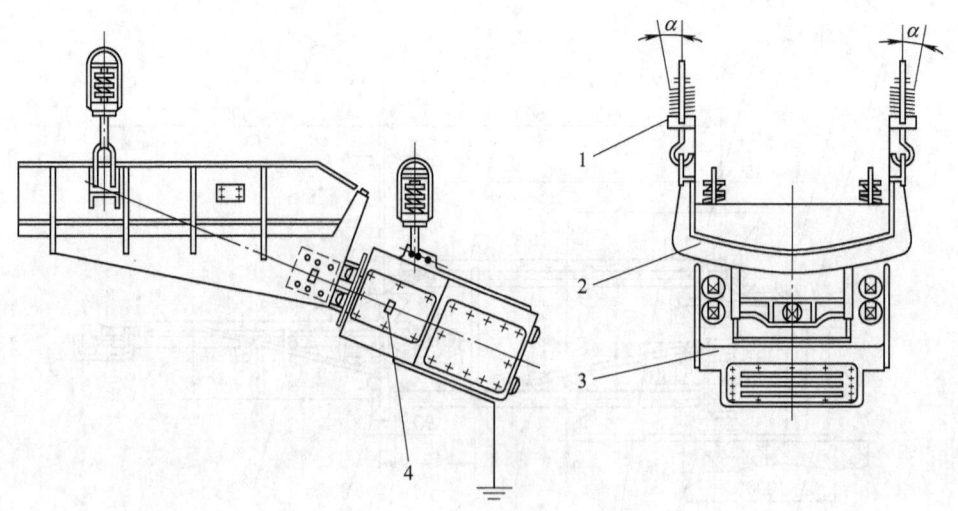

图 7-85 GZ 型系列电磁振动给料机
1—吊簧 2—振动给料槽 3—电磁振动器 4—振动指示牌

3. 定量器

间歇式加砂斗通常要求准确的定量，为此须设置定量器。定量器有两种：一种是按容积定量，有箱形定量器和气动栅格定量器等；另一种是按重量定量，有电子称量斗和杠杆式称量斗等。

（1）箱形定量器　如图 7-86 所示，箱式定量箱 5 安装在砂斗的下方，当砂充满定量箱后，气缸将定量箱推至卸料口 7，定量箱内的砂经卸料口落下，挡板 3 将砂斗 4 的下料口挡住；当气缸 2 将定量箱拉回砂斗 4 下时，又再次加砂。定量箱的容积是通过定量箱活动后壁调整的。调整时摇动手轮 9，驱动齿轮齿条 10 将定量箱的活动后壁移动，就可改变定量箱的容积。这种定量器占地面积大，结构不紧凑，构件磨损大。

（2）气动栅格定量器　气动栅格定量器是一种容积式定量器，结构如图 7-87 所示。在定量斗的上、下方各有一个固定栅格和活动栅格，活动栅格用气缸驱动。当上方活动栅格打开，下方活动栅格关闭时，砂从砂斗漏入定量器内；然后关闭上方活动栅格，打开下方活动栅格，定量器中的砂即漏入混砂机中。这种定量器结构简单，但定量器的准确度受物料性能的影响，物料太湿易堵塞，太干又易泄漏。此种定量器在产量不大的中小型混砂机上应用较多。

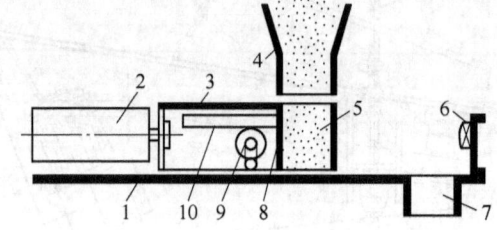

图 7-86 箱形定量器
1—固定平板 2—气缸 3—挡板 4—砂斗 5—定量箱
6—碰块 7—卸料口 8—定量箱后壁 9—手轮 10—齿条

（3）杠杆式称量斗　图 7-88 所示是杠杆式称量斗结构简图。通过气动推杆 3 和 22 分别驱动活动栅格 5 和 21 进行定量斗的启闭，实现定量斗的加料和卸料。定量斗 1 通过支承铰链 2 悬吊在上方栅格下面，外侧装有以连杆 7、铰链 20、三接头铰链 19、称杆支板 8、称量杆 18 以及重锤 16 等构成的称量装置。当定量斗上方栅格打开时，物料由料斗落入定量斗，

第7章 型砂处理系统及其自动化

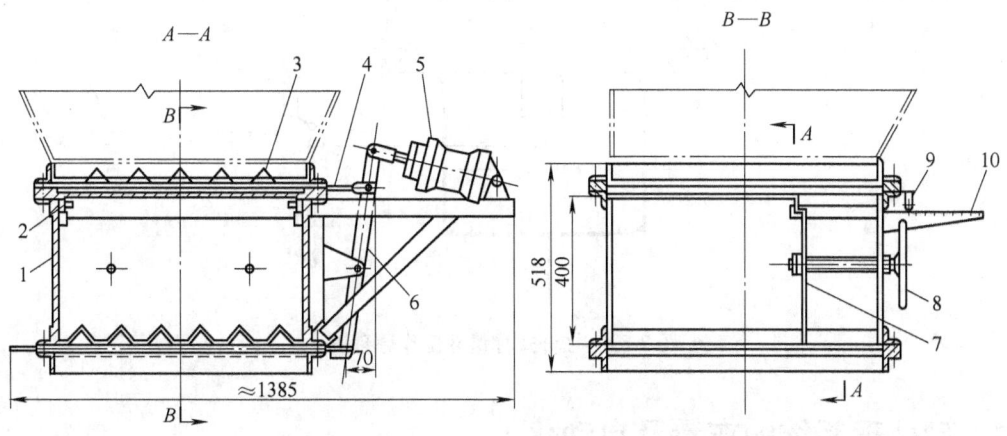

图7-87 气动栅格定量器结构
1—定量斗 2—滚轮 3—固定栅格 4—活动栅格 5—气缸 6—杠杆 7—调节板
8—手轮 9—指针 10—标尺

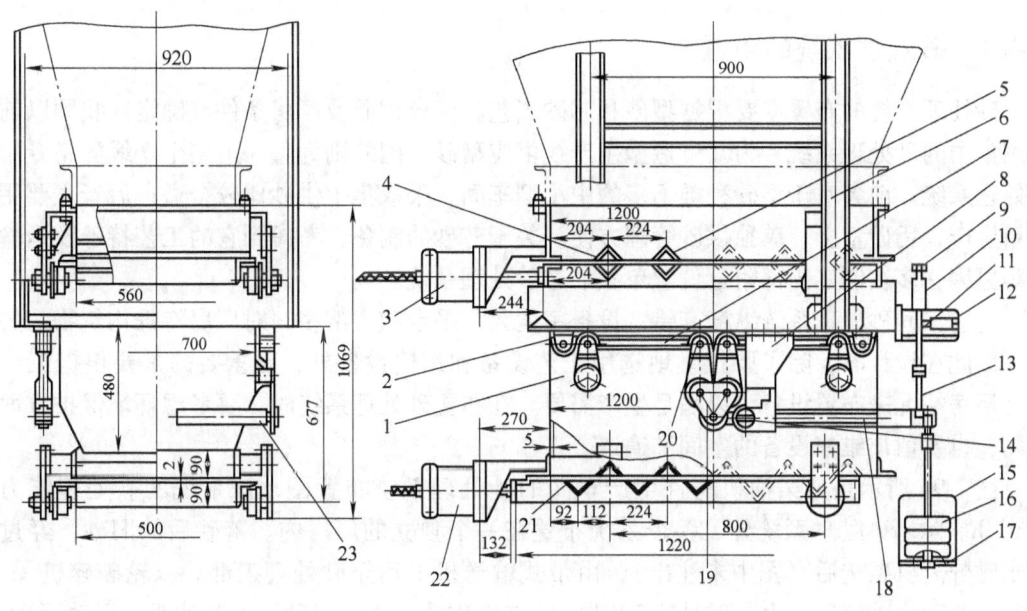

图7-88 杠杆式称量斗结构
1—定量斗 2—支承铰链 3—气动推杆 4—固定栅格 5—活动栅格 6—砂斗吊架 7—连杆 8—称杆支板
9—限位螺钉 10—推杆 11—滑块 12—行程阀 13—顶杆 14—连接轴 15—重锤罩 16—重锤 17—重锤托
盘 18—称量杆 19—三接头铰链 20—铰链 21—活动栅格 22—气动推杆 23—横杆

当物料重量达到设定值时,定量斗在重力作用下带动三接头铰链下降(杠杆式称量斗工作原理如图7-89所示),称量杆则绕连接轴14逆时针方向旋转,连接定量斗两侧称量杆的横杆23则带动顶杆13上升,使推杆10上的滑块11触动行程阀12,从而接通气路使气动推杆3动作,关闭定量斗上方的栅格,停止加料。当定量斗需要卸料时,气动推杆22则打开栅格进行卸料。定量斗的定量可通过增减重锤块进行调节。

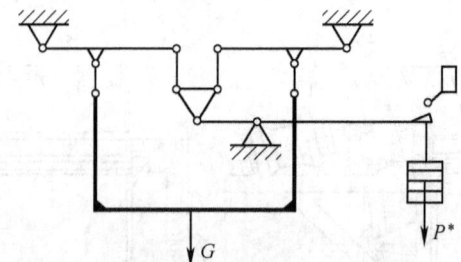

图 7-89　杠杆式称量斗工作原理图

7.4　砂处理系统的布置及自动化

砂处理系统的特点是原材料种类多、消耗量大、运输量大、管理调度复杂、产生粉尘多、劳动条件恶劣。因此在设计及布置砂处理系统时，应尽量减少运输距离，减少型砂及芯砂的种类，采用机械化运输，加强通风除尘，提高自动化程度等。

7.4.1　砂处理系统的布置

砂处理系统的布置主要根据型砂和芯砂工艺，生产性质及厂房条件等确定。我国以前多采用集中的砂处理系统，为几个造型生产线供应型砂；国外则为每一造型生产线配备专用的砂处理系统。前者对于型砂种类不多的中小型车间，采取集中供砂比较合适；后者主要用于大量生产，用砂量多，单独供砂管理方便。关于芯砂的制备，考虑到它的工艺特殊及运输方便等原因，多在制芯工部附近设置单独的芯砂处理系统。

铸造车间砂处理系统纵横交错，设备密度大，平台和支架多，对厂房特殊构筑物的要求高。因此在设计时，除了要正确地选用工艺设备和运输设备外，更重要的是要根据工艺要求、厂房情况来布置设备，以满足生产需要。在布置砂处理系统时，要考虑环境保护方面的问题，也要留出维修设备的空间和通道。

图 7-90 所示是某柴油机铸件生产车间的砂处理系统布置图，该系统的砂处理能力为 70m³/h。除新砂处理系统外，整个系统布置在一个独立的厂房内。落砂后的旧砂，经过带式永磁分离机磁选后（图中未注出），由带式输送机 1 运至砂处理工部。双轮破碎机 23 将旧砂中的砂块破碎后，由永磁带轮 22 进行第二次磁选，然后旧砂进入单轴惯性振动筛 21 筛去杂物。筛分后的旧砂落入中间砂斗 26 中，中间砂斗起平衡生产及稳定旧砂流量的作用。振动给料机 25 将旧砂均匀地加入增湿搅拌器 24 中，喷雾加水并进行搅拌，然后送入振动沸腾冷却装置 2 中使旧砂冷却。冷却后的旧砂，由斗式提升机 3、带式输送机 5 和 10 送入旧砂斗 28 中备用。混砂时，由带式给料机 27 将旧砂送至定量器称量后，加入混砂机 8 中。混好的型砂由带式输送机 6 送至造型工部。

粘土和煤粉经拆包机 15 拆包后，由真空吸送装置 16 吸送至卸料器，然后由螺旋输送机 14 送至煤粉、粘土粉斗 29 中。煤粉和粘土粉共用一套真空吸送装置，采取依次输送的方式。混砂时，由螺旋给料机 4，分别将煤粉和粘土粉送入定量器中称量，然后加入混砂机中。

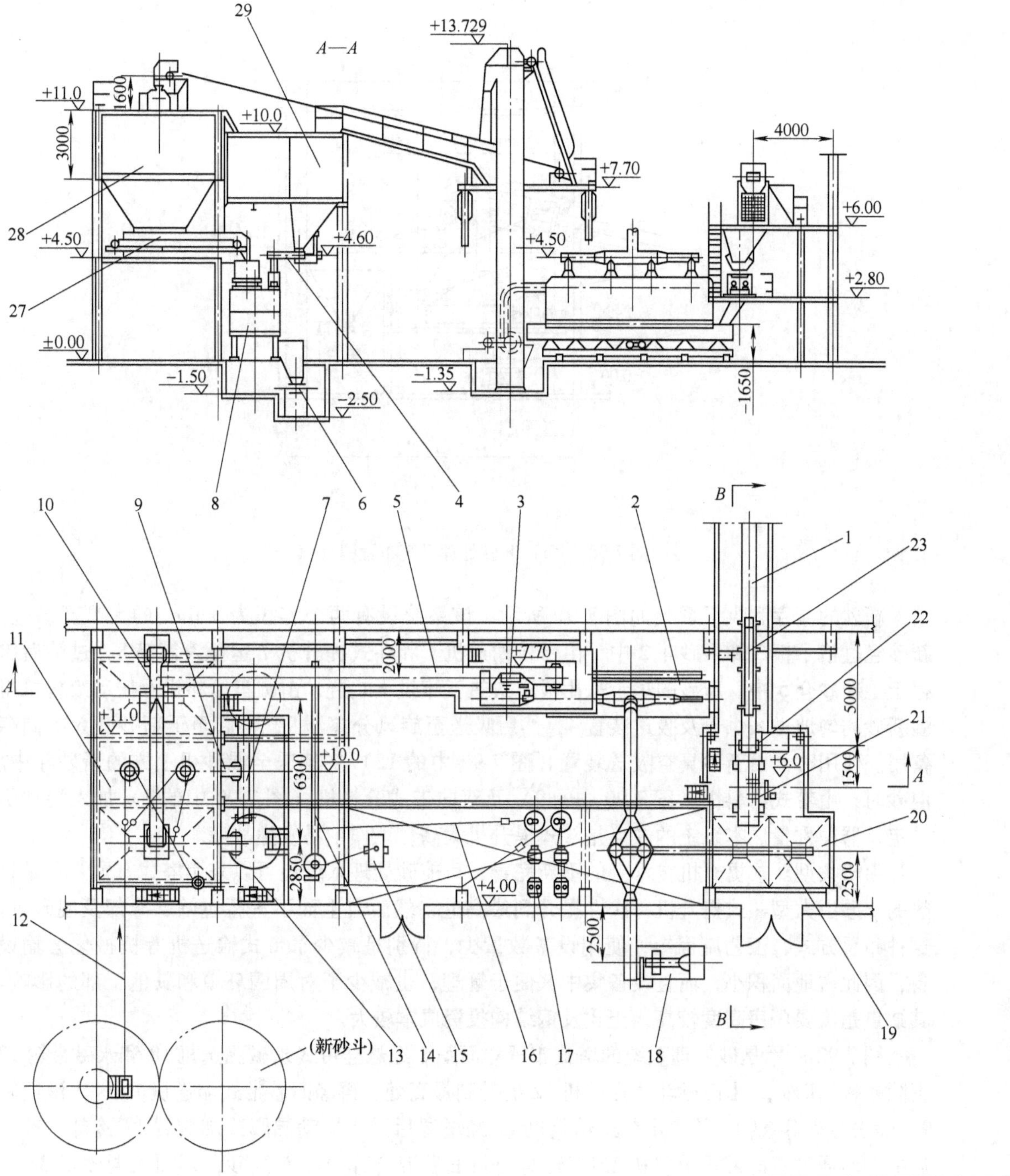

第7章 型砂处理系统及其自动化

图 7-90 70m³/h 砂处理系统布置图

1、5、6、10—带式输送机 2—振动沸腾冷却装置 3—斗式提升机 4—螺旋给料机 7—双向带式给料机 8—混砂机 9—带式给料机 11—新砂斗 12—新砂真空吸送装置 13—单轨起重机 14、19—螺旋输送机 15—拆包机 16—煤粉、粘土粉真空吸送装置 17—水环式真空泵 18—除尘系统 20—废砂斗 21—单轴惯性振动筛 22—永磁带轮 23—双轮破碎机 24—增湿搅拌器 25—振动给料机 26—旧砂中间砂斗 27—带式给料机 28—旧砂斗 29—煤粉、粘土粉斗

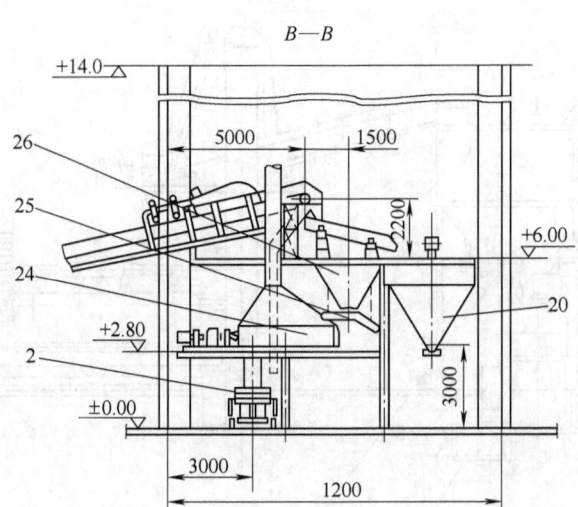

图 7-90 70m³/h 砂处理系统布置图（续）

新砂的储存和烘干系统如图 7-91 所示，该系统设有两个容积为 330m³ 的大型新砂仓。新砂经过格子板 3 卸入砂斗 2 中，由带式输送机 1 和斗式提升机 7 运至滚筒筛 8，过筛后储存于湿新砂仓 5 中。新砂的烘干采用吸送式热气流烘干装置，由圆盘给料机及振动给料机将湿新砂均匀地送入烘干及吸送装置 4，然后吸送至旋风分离器 9，再卸至干新砂仓 6 中储存备用。使用时，由新砂真空吸送装置（图 7-90 中的 12）将其送至混砂机上方的新砂斗中。混砂时，由带式给料机（图 7-90 中的 9）及双向带式给料机（图 7-90 中的 7）加入混砂机的定量器中称量。本系统的缺点是斗式提升机太高，工作中易发生故障。

由于大型斗式提升机技术上的不断完善，目前砂处理系统还可以采用塔式布置。它是将热的旧砂由大型斗式提升机一次性提升到最高处，然后自上而下进行过筛、冷却及混砂等。这种布置方式，工艺流程短，使用设备数量少，特别是减少了带式输送机等机械化运输设备，因此占地面积小，而且设备集中，便于管理，也减少了对周围环境和其他工部的影响。其缺点是需要厂房高度较高，土建及钢结构投资成本较大。

图 7-92 所示是砂处理系统的塔式布置立面图。经悬挂带式永磁磁选机 18 和永磁带轮 17 去除残铁的旧砂，由旧砂斗式提升机 12 提升到最高处，再经旧砂带式输送机 10 送入滚筒筛 9，筛去芯头等杂物，接着由带式给料机 13 经增湿后进入振动沸腾冷却装置 14 冷却。冷却后的旧砂通过双向带式给料机 15 正转时向新旧砂混合称量斗 5 供砂，再加入混砂机 3 中。辅料则通过辅料称量斗 4 加入混砂机 3 中，然后混砂。混制好的型砂卸到混砂机下方的型砂储砂斗中，并由圆盘给料机 2 卸给型砂带式输送机 1 送至造型工部造型。

为了降低厂房高度，减少筛砂机和振动沸腾冷却装置下方砂斗容积，在该系统中特意增设了一个容积大的旧砂缓冲斗 16，由双向带式给料机 15 反转时供砂，再由旧砂缓冲斗下的带式给料机 19 向旧砂斗式提升机 12 供砂，这样就保证了整个系统有足够的周转储砂总量。

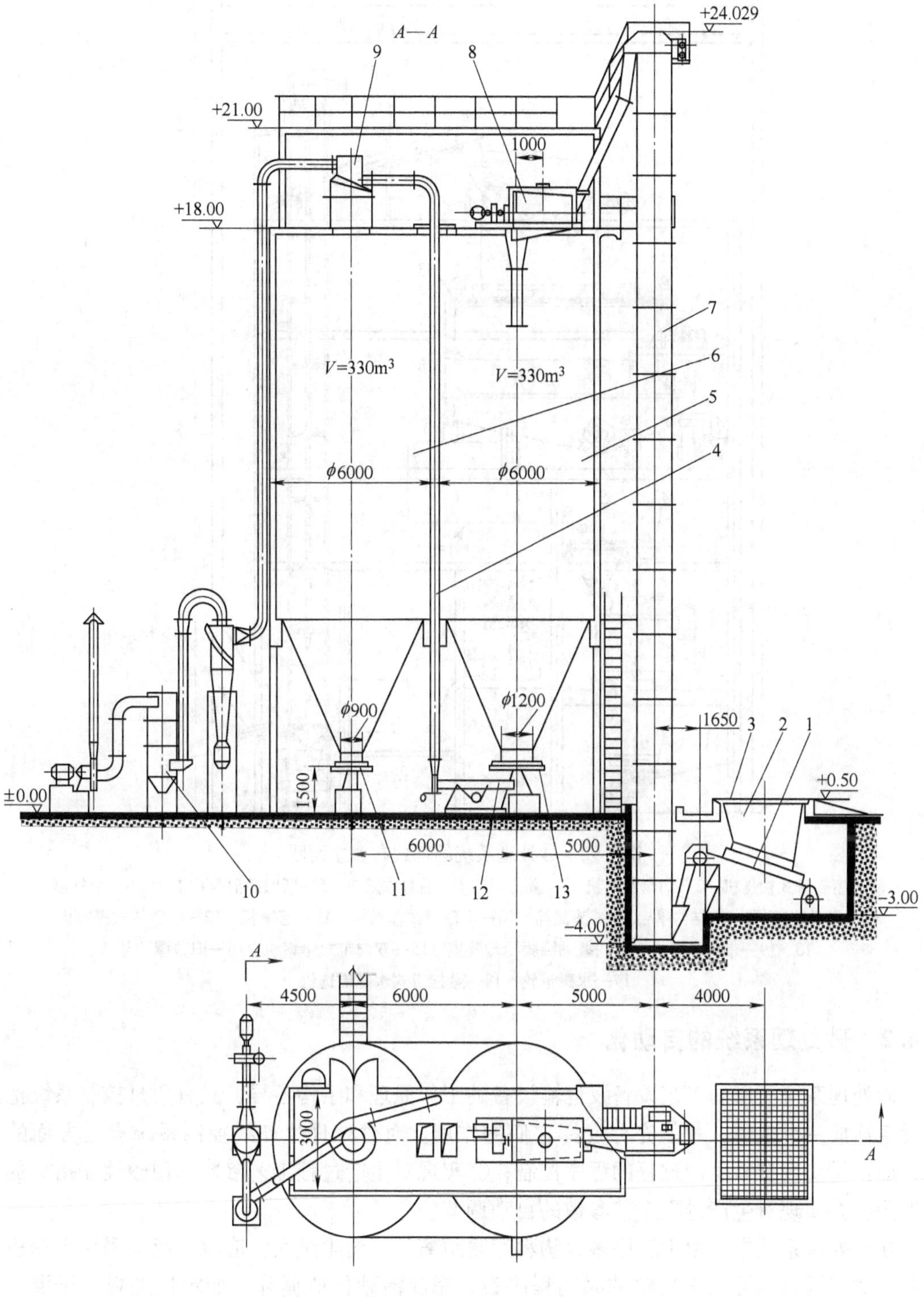

图 7-91 新砂储存及烘干系统

1—带式输送机 2—砂斗 3—格子板 4—新砂烘干及吸送装置 5—湿新砂仓 6—干新砂仓 7—斗式提升机
8—滚筒筛 9—旋风分离器 10—除尘器 11、13—圆盘给料机 12—振动给料机

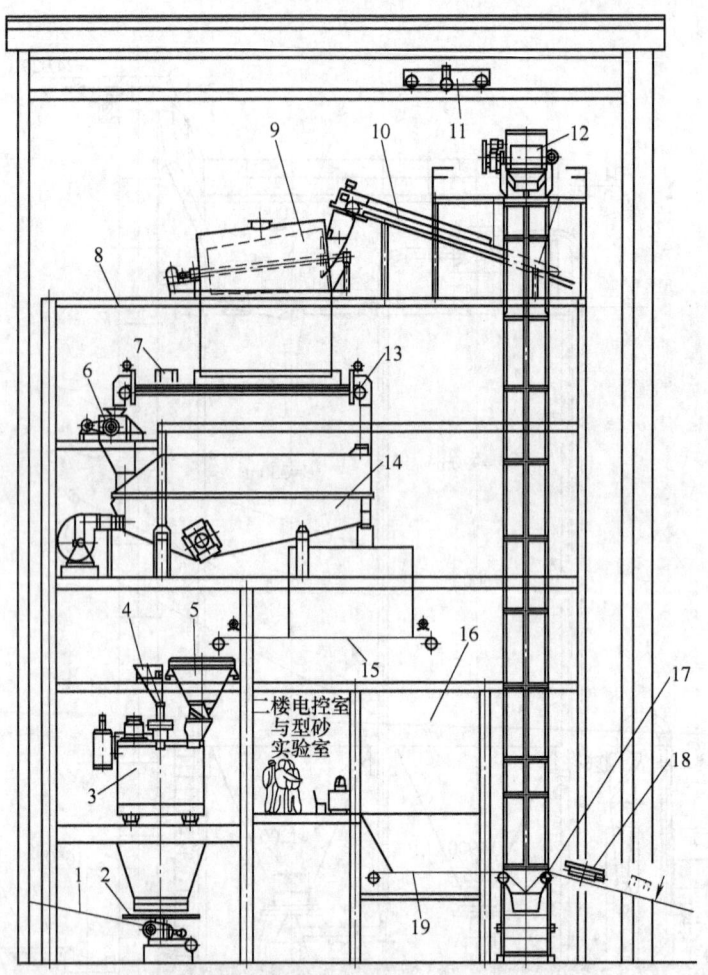

图 7-92 砂处理系统的塔式布置立面图

1—型砂带式输送机 2—圆盘给料机 3—混砂机 4—辅料称量斗 5—新旧砂混合称量斗 6—搅拌器
7—增湿装置 8—钢结构平台 9—滚筒筛 10—旧砂带式输送机 11—起重机 12—旧砂斗式提升机
13、19—带式给料机 14—振动沸腾冷却装置 15—双向带式给料机 16—旧砂缓冲斗
17—永磁带轮 18—悬挂带式永磁磁选机

7.4.2 砂处理系统的自动化

砂处理系统所用的工艺设备及运输设备的工作原理和结构各异，只有通过控制系统把这些设备连成一个整体，才能充分发挥它们的作用。对砂处理生产线控制系统有三方面的要求，即：①实现型砂生产过程的程序控制；②实现对生产过程工艺参数和型砂性能指标的自动检测；③实现对生产过程工艺参数的自动调节。

在砂处理系统中，由于工序多，物料运输距离长，粉尘量大，应该广泛地采用自动程序控制。对于混砂机可以按规定的时间程序表，完成混砂作业循环，如定量加料、干混、加水、湿混、卸砂等。对于型砂和旧砂的运送，也是按预定的顺序使各运输设备顺序开动，并且要具备联锁要求。例如，各运输设备的正常起动顺序应与物料运行方向相反；正常的停车顺序应是先停第一台设备，然后沿物料运行方向，自动地逐台停车。在运行过程中，如有任一设备因事故停车，应使该设备来料方向的所有设备立即停止运行。实现砂处理系统的自动程序控制后，可以大大减轻工人的劳动强度，保证各种设备正常安全地运行。

自动调节技术在砂处理系统中的应用也越来越广泛，下面简单地介绍目前在生产中使用的一些方法。

1. 砂斗料位的自动检测

造型机上的型砂斗、旧砂处理系统中的中间砂斗，以及混砂机上方的新、旧砂斗均应有料位自动检测装置。斗中装有低料位和高料位自动检测器，可保证最低限度的砂量使设备正常工作，也避免加砂过多而外溢。

料位检测方法很多，其中使用比较普遍的是电容法料位检测，其工作原理如图7-93所示。图7-93a所示是在砂斗中插入一根测量电极。当料位上升至高限时，电极和砂斗间的电容量增大，这时与电极电容组合的LC振荡器开始振荡，这一振荡电波经过放大检波后，使触发器触发，发出并保持高料位信号，停止加砂。当物料下降到低限时，由于电极电容量减小，LC振荡器停止振荡，发出低料位信号，开始往砂斗中加砂。这种装置也可以用两个电极分别控制高料位和低料位，如图7-93b所示。

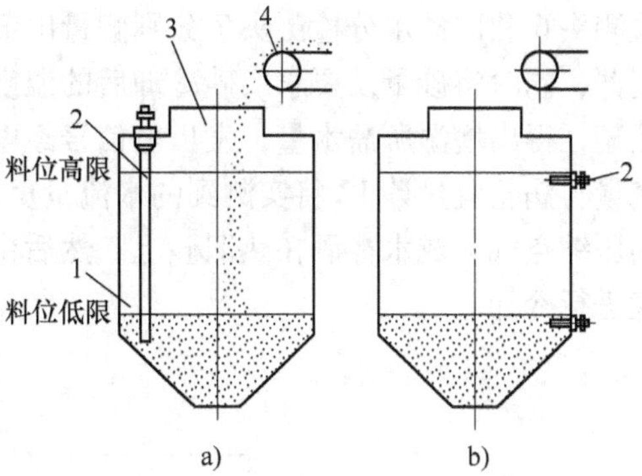

2. 砂中水分的自动检测

在旧砂增湿冷却前，必须测定旧砂中的水分和温度，从而确定增湿时的加水量，既保证旧砂冷却，又不使旧砂太湿，便于运输和储存。在混制型砂前，也要测定旧砂水分，以便调节每次混砂时的加水量，使混制的型砂含有最适宜的水分，综合性能达到最佳。因此，砂中的水分自动检测，就成为了砂处理系统自动化的重要问题。前面已经详细介绍过混砂过程的水分调节设备和方法，下面再介绍一种常用的电容法水分检测装置的原理。

型砂的水分不同，其介电系数也不同。型砂中的砂粒、粘土及煤粉等物质的介电系数都很小，一般在1.5~5.0之间，而水的介电系数为81，相对比较大。根据实验知道，含水物质的介电系数与其含水量之间存在线性关系，所以测定型砂的介电系数，就可以检测型砂水分，这就是电容法检测型砂水分的原理。图7-94所示为圆筒形电容法检测水分传感器的工作原理图。型砂储存于圆筒形或圆锥形砂斗中，中间插入一根电极，由测量电路测出圆筒筒壁与中间电极间的电容大小，由圆筒形容器的电容计算公式得

$$C = \frac{2\pi\varepsilon_0 \varepsilon l}{l_n d_2/d_1} \quad (7-2)$$

式中，C为电容；ε为型砂的介电系数；ε_0为常数；l为圆筒长度；l_n为圆筒中型砂的高度；d_1为中心电极外径；d_2为砂斗直径。

由式（7-2）可以看出，传感器的电容与型砂的介电系数，亦即与其水分成正比。

图7-93 电容法料位检测工作原理
a) 用一个电极　b) 用两个电极
1—砂斗　2—电极　3—进料口　4—带式输送机

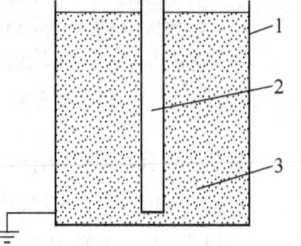

图7-94 圆筒形电容法测水分传感器工作原理
1—砂斗（电容的一极）　2—中心电极　3—型砂（介质）

采用电容法测得旧砂斗或混砂机中的型砂水分值,将其输入计算机,与计算机里设定的型砂水分值进行比较,决定是否向混砂机中加水及具体加水量。如果需要则通过计算机向电动调节阀门发出信号进行加水,使型砂的含水量达到工艺要求。

3. 自动加水控制系统

在型砂成分中,旧砂约占80%左右,因此旧砂的水分和温度对型砂水分影响很大,而且最终将影响到型砂性能,所以在设计砂处理系统时,要十分重视旧砂的冷却问题。图7-95所示是一个旧砂增湿冷却自动加水控制系统的原理图。热旧砂由带式输送机送入中间砂斗,然后用振动给料机均匀地送至带式运输机4上,开关5发出输送带上有无旧砂的信号。温度检测头6和旧砂水分检测头7分别测量出旧砂的温度和水分,并将相应的电信号送入水分控制器,同时将砂量及要求旧砂冷却后的温度给定值送入水分控制器。运算器将这些数据进行处理,得出增湿所需水量,发出电信号经电动执行器14操纵电动调节阀11,控制增湿水的流量。涡轮流量计12将实测到的水流量反馈给水分控制器,以校正电动调节阀。增湿水分用压缩空气喷成水雾洒在热旧砂上,然后由双轮破碎机17将砂松散、搅拌,再送至冷却装置进行冷却。

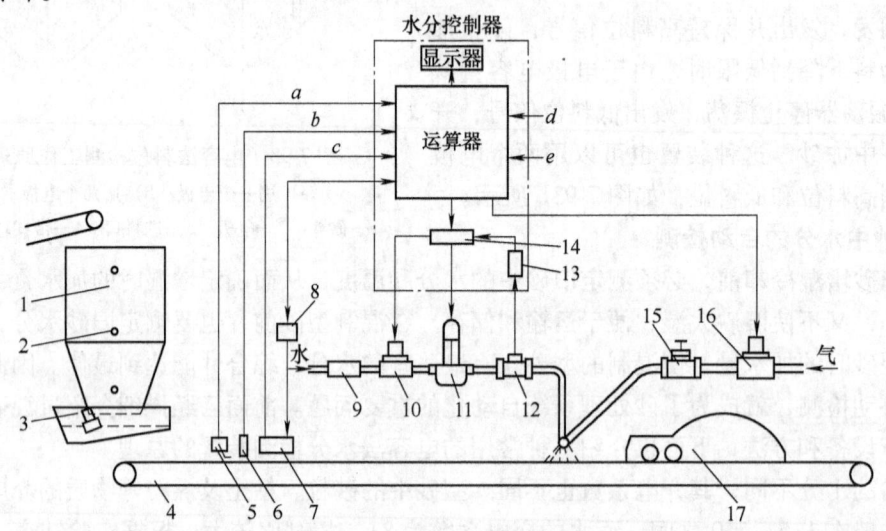

图 7-95 旧砂增湿冷却自动加水控制系统的原理

a—开关信号 b—旧砂温度信号 c—旧砂含水率信号 d—给定砂量 e—给定的冷却后温度
1—旧砂中间斗 2—料位计 3—振动给料机 4—带式输送机 5—开关 6—温度检测头 7—旧砂水分检测头 8—高频发生器 9—过滤器 10—电磁水阀 11—电动调节阀 12—涡轮流量计 13—变换器 14—电动执行器 15—减压阀 16—电磁气阀 17—双轮破碎机

图7-96所示是利用电容法检测混砂机中的旧砂水分,确定型砂加水量的系统。在混砂机5上的中间料斗6中装有圆筒式电容法旧砂水分检测电极7。在旧砂斗10中插入一个旧砂温度测量器9。检测出的旧砂水分电信号s及旧砂温度电信号T送入控制系统的运算器11中,此外还把给定的一次混砂量a和要求的型砂水分信号b送入运算器。经过运算器运算可求出Y_1(混制后型砂应含水分)、Y_2(补偿型砂水分蒸发的用水量)及Y_3(旧砂带入水量)。信号Y_1、Y_2及Y_3经过模数转换后变换成相应的数码,最后在双向计数器13中进行运算,得出应向混砂机中加入的水量Y。

$$Y = Y_1 + Y_2 - Y_3 = a(b + T - s) \tag{7-3}$$

随后，计数器按计算结果向控制器 14 发出加水信号，并开启电磁水阀 4 加水。加水量由涡轮流量变送器 3 测得，并转换成数码回送到控制器 14 与 Y 值比较，若二者相等时，控制器发出停止加水信号。

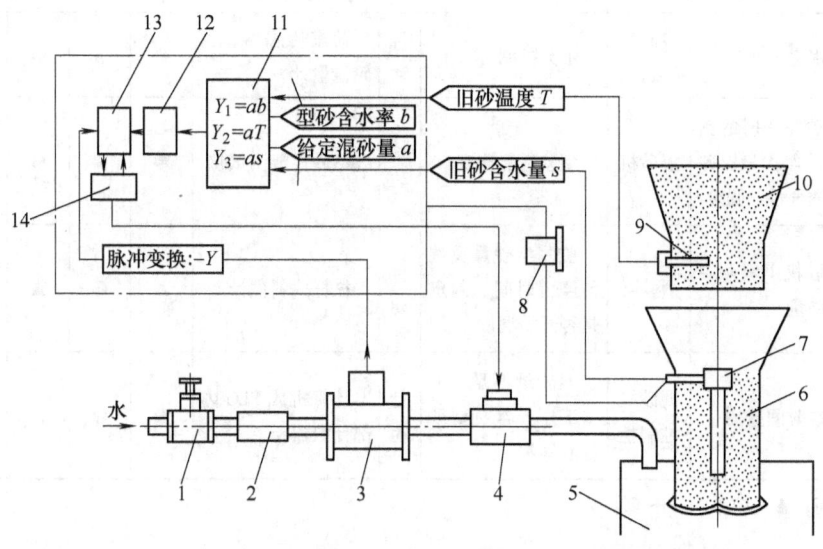

图 7-96　混砂机加水自动控制系统

1—闸阀　2—过滤器　3—涡轮流量变送器　4—电磁水阀　5—混砂机　6—中间料斗
7—水分检测电极　8—高频发生器　9—温度测量器　10—旧砂斗　11—运算器
12—模数转换器　13—双向计数器　14—控制器

4. 计算机集成控制砂处理系统

图 7-97 所示是砂处理各部位应用传感器、检测仪器、执行器件及计算机实现砂处理系统集成控制的硬件组成示意图。国外一些先进铸造厂已经将型砂组分的定量控制、型砂性能的在线检测、混砂机及旧砂冷却装置等各种设备通过与计算机连接，在型砂管理系统软件的集成控制下组成了闭环的砂处理自动化系统。

运行可靠的计算机控制自动化砂处理系统需要大量的数据检测及控制。表 7-12 是国外某铸造厂采用的自动化砂处理系统中混砂设备的检测内容、测定方法及数据处理形式。

表 7-12　混砂设备的自动检测内容、测定方法及数据处理形式

检测频次	检测项目	测定位置	检测目的	测定方法	重要程度	实现程度	数据处理形式		
							显示	存储	打印
常检	混砂机的电流、电压	混砂机控制柜	混砂状态监视	电流计、电压计	▲	▲	▲	▲	—
每20s	紧实率、含水量、型砂温度	混砂机	混砂过程监视、紧实率控制、水分控制	型砂性能测试仪	●	▲	▲	▲	—

(续)

检测频次	检测项目	测定位置	检测目的	测定方法		重要程度	实现程度	数据处理形式		
								显示	存储	打印
每批次	旧砂重量、新砂重量、附加物重量	料斗	型砂成分监控	自动	电容法料位检测、电子称量	●	●	●	●	—
	加水量	加水装置	水分控制	自动	荷重传感器、涡轮流量计	●	▲	●	●	—
	混砂完毕时的紧实率、含水量、砂温、透气性、强度	混砂机	型砂性能测定	自动	型砂性能测试仪	●	●	●	●	●
	混砂机下料斗中的型砂量	料斗	监测型砂量及调匀停留时间,判定是否开始混砂	自动	杠杆式料位计	▲	●	▲	—	—
	混砂时间监测	混砂机控制柜	型砂量不足、上一工序异常、型砂性能异常	自动	计算机或PLC内部计数器	●	●	●	●	—

注:●—高;▲—中等;——低。

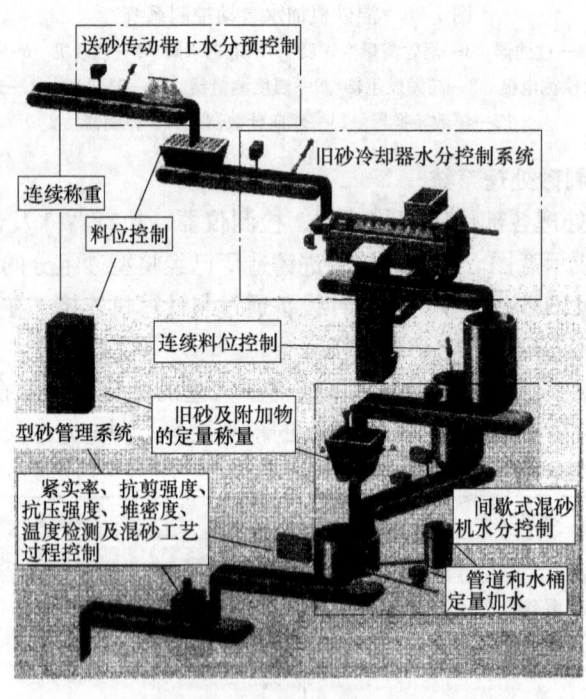

图 7-97 计算机集成控制砂处理系统硬件组成示意图

复习思考题

1. 粘土湿型砂处理系统一般由哪些部分组成？对于粘土湿型砂处理系统，一般来说有何要求？
2. 简述粘土混砂机的种类及特点。
3. 碾轮式混砂机及转子式混砂机的混砂机构和混砂原理有何不同？
4. 影响混砂机功率消耗的因素有哪些？
5. 结合弹簧加减压装置示意图，分析其工作原理及特点。
6. 对碾轮的运动进行分析，并讨论影响碾压和搓研作用的主要因素。
7. 摆轮式混砂机的主轴转速为什么可以比碾轮式混砂机高？
8. 在转子式混砂机中，转子的形式、数量、尺寸及转速对混砂性能有何影响？
9. 为什么要进行旧砂冷却，冷却旧砂的方法有哪几种？
10. 湿型砂混砂过程中水分的检测和调节控制有哪些方法？
11. 自硬砂处理系统与粘土湿型砂处理系统的设备组成和工艺特点有何异同？
12. 简述自硬砂混砂机的种类及特点。
13. 试述旧砂再生处理的目的及意义。旧砂再生处理有哪些方法？
14. 设计砂处理系统时，在选择工艺设备和运输设备，布置工艺路线，使用维修和环境保护方面，一般要考虑哪些问题？
15. 在砂处理系统中，如何安排磁分离设备才能更有效地分离铁磁性物质？
16. 试述型砂性能在线检测的目的及发展趋势。
17. 斗式提升机有什么特点？其主要组成部分有哪些？使用时应注意哪些事项？
18. 带式输送机的主要作用是什么？其主要组成部分有哪些？试举例说明工作过程。
19. 气力输送装置的优缺点如何？目前主要有几种基本形式？

第8章 落砂与清理设备

铸造生产过程中，高温金属液体浇入铸型冷却后，经过落砂和清理才能得到所需的铸件。落砂是在铸型浇注并冷却到一定温度后，将铸型破碎，使铸型与砂箱分离，铸件与型砂分离的过程。清理工作包括清除铸件表面及型腔内部残留砂，去除浇冒口，表面清理，去除飞边毛刺、浇冒口残余，热处理，缺陷检查，修补与矫正，涂底漆等。由于铸件的要求不同，合金种类不同，选择的落砂、清理设备会有较大的差异。

铸造新工艺、新设备的出现，使落砂、清理过程生产率得到提高，劳动条件有所改善。铸造生产线中的落砂、清理工作都由机械化或自动化设备完成，但在单件小批量生产的铸造车间，手工操作仍然大量存在。落砂、清理过程中往往伴随有振动、噪声、热辐射及烟尘，劳动环境恶劣，工作繁重，生产率低，一直是铸造生产的薄弱环节。实现落砂、清理过程的机械化、自动化是一项非常迫切的任务，对改善劳动条件、提高生产率具有重大的意义。

8.1 落砂设备的分类

落砂设备的作用是将铸型破碎，使铸件从砂型中分离出来。目前铸造生产中普遍采用的落砂方法是振动撞击法，利用铸型与落砂机之间的碰撞实现落砂。近年来造型生产率和砂型紧实度的提高，对落砂机的性能提出了更高的要求。因此有必要更深入地研究落砂机的工作过程及其结构参数，以便正确设计、合理选用落砂设备。

铸件的生产规模、品种、工艺等条件不同，所采用的落砂方法及设备也不同。在单件小批量生产和简单机械化造型生产线上，砂箱和铸件的落砂在振动落砂机上同时完成。在半自动或自动化造型生产线上通常是用捅箱机将砂箱与铸型分离，被捅出的带砂的铸件在落砂机上进一步分离。在垂直分型无箱射压造型或脱箱造型生产线上，落砂可以采用振动落砂机或连续式落砂滚筒进行落砂。落砂滚筒的噪声比较小，而且还可以同时对高温型砂进行冷却。

由于振动落砂的效率高、设备简单，因而在机械化或半机械化的铸造车间中应用非常普遍。落砂设备按照产生振动的方式不同，可分为机械偏心振动式、惯性振动式、电磁振动式及气动振动式等。在惯性振动落砂机中又有单轴和双轴结构。输送式振动落砂机在完成落砂的同时还可以使铸件向前运动。

目前在铸造生产中使用较为广泛的落砂设备大致分类如下：

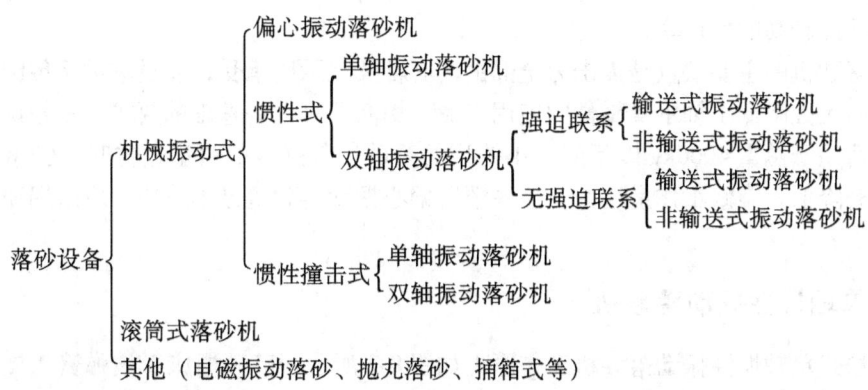

8.2 振动落砂机

振动落砂法是由周期振动的落砂栅床将铸型抛起，然后铸型自由下落与栅床相互碰撞，如此往复不断的撞击使砂型破坏，从而实现铸件、型砂从砂箱中脱出，达到落砂的目的。振动落砂机由于驱动方式和结构特点不同而有多种形式，其中机械振动式落砂设备应用最广泛。机械振动的激振源是由偏心块或偏心轴组成的机构，偏心机构在高速旋转时产生激振力使落砂设备产生振动。

8.2.1 偏心振动落砂机

偏心振动落砂机的工作原理如图 8-1 所示。落砂机栅格和框架采用钢板或型钢焊接制造。由转动的偏心轴 3 带动整个落砂机框架和栅格运动。偏心轴通过一对支架轴承 4 支承在底座的支承架 10 上，轴的偏心部分通过一对框架轴承 5 和框架 8、栅格 6 连在一起。当电动机 1 通过传动带 2 带动偏心轴 3 旋转时，落砂机框架作周期性的运动，使落砂机框架产生振动。放在栅格上的铸型不断被抛起，然后又靠自重下落与栅格发生撞击，从而使铸型破碎，型砂经栅格孔落下运走，砂箱及铸件分别用运输设备送到下一个工序。

为了减少支架轴承 4 在工作中承受的动载荷，将平衡重 9 设置在偏心轴的另一侧，它产生的惯性力可以抵消一部分框架产生的惯性力，从而减轻支承轴承 4 所受的动载荷，改善支承轴承 4 的工作状况。

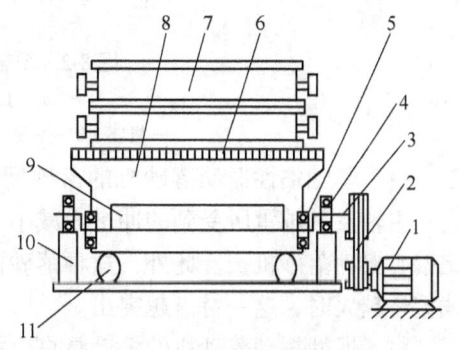

图 8-1 偏心振动落砂机工作原理
1—电动机 2—传动带 3—偏心轴 4—支架轴承 5—框架轴承 6—栅格 7—铸型 8—框架 9—平衡重 10—支承架 11—减振支承橡胶弹簧

偏心振动落砂机的振幅等于偏心轴的偏心距，偏心距一般为 1～3mm，故其振幅为 2～6mm。偏心距确定后，偏心振动落砂机的振幅是恒定的，不随载荷变化。当落砂机的载荷变化时，对单位铸型质量而言，栅床对铸型撞击的强烈程度基本上是不变的，所以落砂效果无显著变化，这说明偏心振动落砂机在一定范围内能适应不同大小铸型在同一落砂机上落砂的要求。需要在同一落砂机上落砂的铸型种类、大小变化较多时，选用偏心振动落砂机较为合适，可以保证较高的生产率。

这种落砂机的主要缺点是撞击力全部由偏心轴及轴承所承受，经过轴承又传给落砂机的基础，因而大大降低了轴承等零件的使用寿命，提高了对设备基础的要求。一般认为偏心振动落砂机适用于总重4000kg以下的中小铸型的落砂。若落砂的铸型过重时，轴承及机器使用寿命显著降低，维修工作量增大，这种情况偏心振动落砂机已不适用，应采用惯性振动落砂机。

8.2.2 单轴惯性振动落砂机

非输送式单轴惯性振动落砂机工作原理如图8-2所示。落砂栅床3被弹簧2支承在机座1上，落砂栅床框架上装有带偏重块5的主轴，当主轴旋转时，偏重块5产生的离心力使落砂栅床振动。在落砂栅床振动过程中，放在落砂栅床上的铸型4开始与落砂栅床一起向上运动，当铸型的振动加速度大于重力加速度时，铸型被抛起，落下时与落砂栅床发生撞击而进行落砂。单轴惯性振动落砂机的落砂栅床既有垂直方向的振动又有水平方向的振动，落砂栅床上各点运动轨迹为椭圆曲线，其参数取决于弹簧在垂直方向及水平方向的刚度。

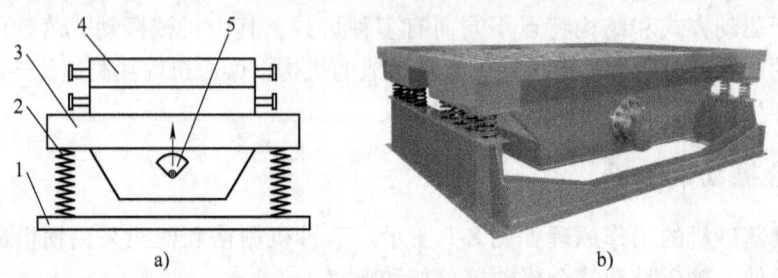

图8-2 单轴惯性振动落砂机工作原理
a) 工作原理 b) 实物照片
1—机座 2—弹簧 3—落砂栅床 4—铸型 5—偏重块

由于单轴惯性振动落砂机的落砂栅床支承在弹簧上，落砂时撞击力的一部分被弹簧吸收，主轴及其轴承所受到的冲击力减小，因此，机器的使用寿命尤其是主轴轴承的使用寿命比偏心振动落砂机长。此外，这种落砂机的基础受到的振动力减小，对基础的要求降低，当载重量越大时，这一特点越突出。

由于惯性振动落砂机的振动是自由振动与强迫振动的叠加，当载荷偏离机器的额定载重量时，振幅将随之发生变化，从而影响机器的正常工作。若载荷过大，振幅将急剧减小，则撞击力也急剧减小，甚至不能发生撞击，使落砂效果降低或导致不能落砂；若载荷过小，则撞击力过大。所以惯性振动落砂机一般适用于产品批量大、品种少的铸造车间，特别适用于铸型重量变化不大的造型生产线。

若几种铸型重量相差较大，则不宜在同一个惯性振动落砂机上落砂。为了解决这一问题，可从以下几个方面采取措施。首先，采用尺寸一致的砂箱，为使用惯性振动落砂机创造良好的条件；其次，将产生激振力的偏重块作成可以调整的结构，并通过试验来确定不同载荷情况下最合适的激振力，以保证机器处于最佳工作状态；最后，选用其他形式的落砂机，例如，可以选用"惯性撞击式落砂机"。

单轴惯性振动落砂机的另一个缺点是弹簧受冲击力的作用易于变形和损坏，尤其是单轴惯性振动落砂机，除了垂直方向的振动外，还有水平方向振动，这对弹簧非常不利，会降低弹簧的使用寿命。为了改善这种情况开发了"双轴惯性振动落砂机"。

8.2.3 单轴惯性撞击式落砂机

单轴惯性撞击式落砂机工作原理如图8-3所示。铸型3放在固定支架2上，下面放置惯性振动落砂机，落砂栅床顶面与铸型的下面有一定的间隙，栅床在激振力的作用下向上运动撞击铸型进行落砂。落砂机工作时，栅床4向上运动撞击铸型3，将铸型抛起。铸型下落时，与固定支架2再一次发生撞击，即落砂机主轴每转动一周，铸型受到两次撞击。由于载荷不是始终加在落砂机上，显然，载荷对振幅的影响将相对地减小，机器对载荷变化的适应性也能有所增强，从而使额定载重量得以提高。

惯性撞击式落砂机在参数设计和使用特性上，与一般惯性落砂机均有所不同，具有三个特点。第一，撞击式落砂机要保证有足够大的振幅。这是因为在固定支架与栅床之间有间隙，要达到这个要求的最好途径是将频率比选在近共振区。第二，撞击式落砂机允许的载荷变化范围远比一般惯性落砂机大。这是因为有了固定支架，载荷不直接加在落砂机上，撞击式落砂机只要达到抛起砂箱的最低要求即可。所以，对于载荷变化较大的情况，适合选用撞击式落砂机。第三，在相同载荷情况下，撞击式落砂机比一般惯性落砂机功率消耗显著降

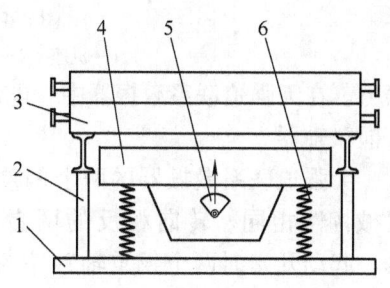

图8-3　惯性撞击振动落砂机工作原理
1—机座　2—固定支架　3—铸型
4—栅床　5—偏重块　6—弹簧

低。因为在近共振区工作的落砂机可以充分利用振幅放大现象，可以用较小的激振力，达到较好的落砂效果。当然，撞击式落砂机也有它的不足之处，如振动剧烈，噪声大，对地基影响也较大等。

对于铸型尺寸和重量已超过了落砂机本身的尺寸和载重量时，通常采用几台惯性振动落砂机组成落砂机组进行落砂。

8.2.4 双轴惯性振动落砂机

双轴惯性振动落砂机工作原理如图8-4所示。装在落砂机栅床框架上的两个偏重块5以相同的转速作反向旋转。由于两轴上偏重块的尺寸和重量相同且对称布置，因此所产生的激振力大小相等。当两轴反向转动时，两个偏重块所产生的惯性力在水平方向的分量始终可以互相抵消，因此只产生与两轴中心连线垂直方向的激振力，两个偏重块激振力垂直方向的分量则形成总激振力。由于两个偏重块的水平力相互抵消，只有垂直方向的激振力起作用，所以使支承在弹簧上的落砂栅床3只有上下振动。两个偏重块在图8-4中所示 $\varphi=0°$、$\varphi=180°$ 位置时，离心力完全相加，激振力最大，为单轴激振力的2倍；在 $\varphi=90°$、$\varphi=270°$ 位置时，离心力抵消，激振力为零。

如果将产生激振力的激振器倾斜安装在栅床上，那么激振力便分解成垂直和水平两个分力，就形成了输送式落砂机，还可作筛砂机或输送机使用。

双轴惯性激振器的结构形式有两类：一类是强迫联系的激振器；另一类是无强迫联系的激振器。无强迫联系的双轴激振器如图8-5所示，由两个电动机分别驱动两根偏重轴产生激

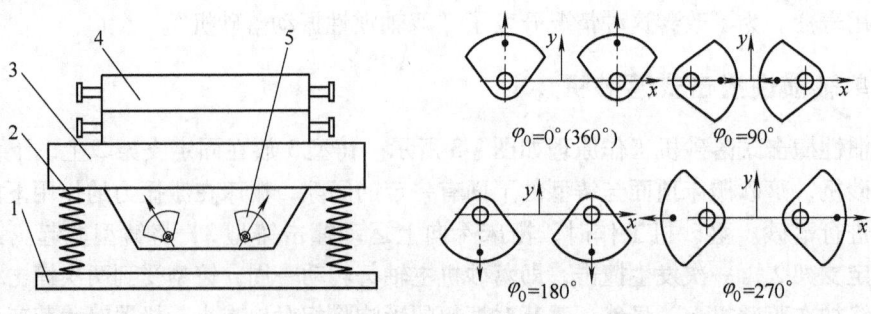

图 8-4 双轴惯性振动落砂机工作原理
1—机座　2—弹簧　3—落砂栅床　4—铸型　5—偏重块

振力。在无强迫联系激振器中，电动机与偏重轴之间采用了中间轴加橡胶联轴器，形成弹性万向联轴器。

无强迫联系激振器的两个偏重轴分别由机械特性相同、转向相反的两台电动机驱动。起动开始时两个偏重轴转动的瞬间，两个偏重块的位置并不对称，会产生一个相位差，两个激振器的水平离心力也不能按前述的规律相互抵消。但两个激振器在转动过程中会产生互相追逐现象，很快就自动达到同步并能维持同步运转。理论分析及实践表明，为了实现两个激振器保持稳定的自动同步现象，应满足如下条件：

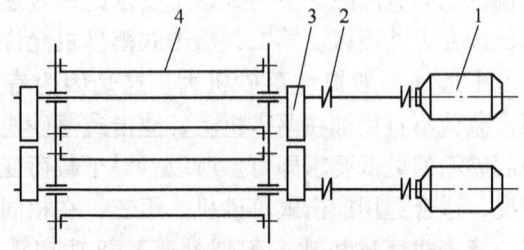

图 8-5 无强迫联系的双轴激振器
1—电动机　2—橡胶弹性联轴器
3—偏重块　4—激振器

1) 激振频率应大于系统自振频率 2 倍以上。

2) 必须选择相同型号的电动机，两个电动机的机械特性应基本一致。激振器主轴安装在离机体重心较远的位置，激振电动机应对称安装。

3) 两个激振器主轴的摩擦阻力应小而且尽可能一致。

强迫联系的双轴激振器如图 8-6 所示。由电动机 7 通过弹性联轴器 6 带动主动轴 4 旋转，带有偏重块 5 的主动轴通过人字齿轮 3 带动从动轴 2 以相同的转速、相反的方向同步旋转，两轴上的偏重块对称布置从而保证产生定向的激振力。由于将激振器直接安装在落砂栅床上，安装调整及维修均不方便，维修停机时间长。而如图 8-5 所示的无强迫联系的双轴惯性激振器自成一个部件，便于维修更换，减少停机检修时间，换下的激振器在机外修理也比较方便。

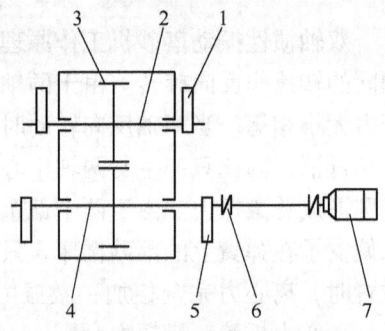

图 8-6 强迫联系的双轴激振器简图
1、5—偏重块　2—从动轴　3—人字齿轮
4—主动轴　6—弹性联轴器　7—电动机

8.2.5 双质体共振落砂机

惯性振动落砂机存在能耗高、噪声大及维修困难等缺点，而双质体共振落砂机和双质体高频输送落砂机克服了上述缺点，是近年来应用较多的一种新型落砂机。同单质体落砂机相比，双质体共振落砂机对基础的影响较小，落砂铸件重量更大，简化了结构设计和制造难度。

双质体共振落砂机的工作原理如图 8-7 所示。双质体共振落砂机是在单质体结构的基础上，增加了一组减振弹簧 2，下质体 3 安装在减振弹簧上，与地基基础隔离。下质体的自振频率远低于激振频率，从而减小了激振力对地基的影响。当下质体 3 的偏重块 7 旋转产生激振力时，带动下质体 3 进行振动，此振动通过共振弹簧 4 传给上质体 5，使上质体 5 也发生振动，这样在上质体 5 上的铸型 6 也被不断抛起与落下，撞击上质体从而使铸型破坏，达到落砂效果。

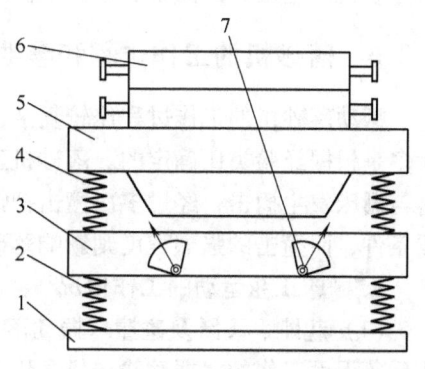

图 8-7 双质体共振落砂机工作原理
1—底座 2—减振弹簧 3—下质体
4—共振弹簧 5—上质体
6—铸型 7—偏重块

图 8-8 所示是我国生产的 YSL 系列 A 型结构双质体共振落砂机结构图。该共振落砂机是在底架 7 上利用减振弹簧 6 支承下框体 4，在下框体 4 上安装着两台振动电动机 5，在下框体 4 上方装有共振弹簧 3，由共振弹簧 3 将上框体 2 支承在下框体上，上框体上装有栅格板 1。

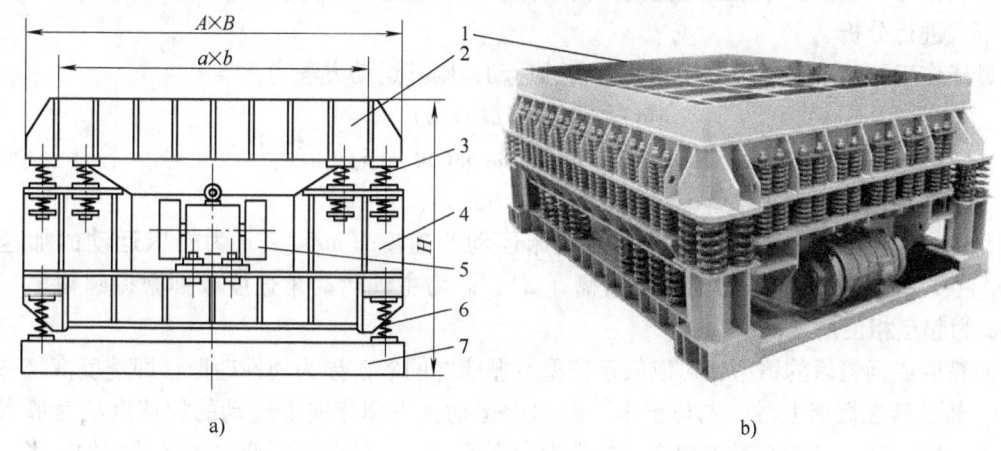

a) 结构图 b) 实物照片

图 8-8 YSL 系列 A 型结构双质体共振落砂机结构图

1—栅格板 2—上框体 3—共振弹簧 4—下框体 5—振动电动机 6—减振弹簧 7—底架

这种落砂机的突出优点是节能，能耗仅为同吨位惯性落砂机的 1/5 左右，落砂效果好，噪声较低，焊接框体不易开裂，地基受力小，这是由它的工作原理和结构特点所决定的。其优点来源于以下几个方面：

1) 双质体共振落砂机的激振频率较高。铸型的破坏除了依靠与栅格板撞击时产生的惯性力外，还伴有高频振动下的疲劳破坏，使铸型内存在的微孔和裂纹在高频激振力的作用下不断扩大，直至破坏脱落。

2）激振器固定在下框体上，激振下框体时产生的惯性力通过上、下框体之间的共振弹簧 3 传给上框体，使上框体的振幅得到共振放大，从而达到节能效果。

3）上框体因受力均匀而不易开裂，同时铸型与栅格板撞击时产生的冲击载荷，经过共振弹簧和减振弹簧两次缓冲后，对地基几乎没有影响（只有减振弹簧变形产生的动载），因而落砂机的基础设计简单、投资少。

8.2.6 落砂机的工作过程和参数计算

振动落砂机的工作过程比较复杂，许多问题研究得还不很充分，其主要工作参数的计算大多是根据经验类比确定的。落砂机工作的过程是铸型在栅床上被抛起，然后靠自重自由下落与栅床发生撞击，经过多次撞击把铸型震碎，使型砂同铸件、砂箱分离。抛掷是落砂的必要条件，而撞击的强烈程度则影响落砂效果。

1. 栅床正弦运动的工作情况

（1）起跳、飞跃及碰撞 振动落砂机和振动输送机是利用物料在振动过程中自栅床起跳后落下而工作的。振动输送机利用物料在起跳过程中向前飞跃实现物料的输送；振动落砂机利用铸型起跳、落下时与栅床发生相互撞击实现落砂。

在落砂过程中，落砂机的运动是比较复杂的。为了说明振动落砂机上铸型的运动和碰撞，把栅床简化为作正弦运动，铸型简化为一个质点的情况进行分析。这相当于载重量不大的偏心振动落砂机的工作状态，也近似于铸型轻而栅床重的惯性振动落砂机的工作状态。在落砂机工作时，起主要作用的是垂直方向的振动。振动输送机计算时，大多采用这一简化的运动形式进行分析。

栅床作正弦运动时，仅分析垂直方向的运动，则其运动方程为

$$\begin{aligned} x &= r\sin(\omega t + \varphi) \\ v &= dx/dt = r\omega\cos(\omega t + \varphi) \\ a &= dx^2/dt^2 = -r\omega^2\sin(\omega t + \varphi) \end{aligned} \quad (8-1)$$

式中，x 为栅床运动的位移（m）；v 为栅床运动的速度（m/s）；a 为栅床运动的加速度（m/s^2）；t 为时间（s）；r 为栅床的振幅（m）；ω 为主轴转动角速度或称激振圆频率（1/s）；φ 为起点相位角（rad）。

脱箱后或捅箱后的铸型，可以假定铸型与栅床之间的碰撞为塑性碰撞，即速度恢复系数 $R=0$。铸型落在栅床上时，先与栅床一起向上运动，当栅床向上运动的加速度绝对值大于重力加速度 g 时，铸型会脱离栅床，靠惯性向上运动。也就是当栅床向上运动的加速度 a 满足以下条件时

$$a = -r\omega^2\sin\varphi \leqslant -g$$

或用符号

$$P = \frac{r\omega^2}{g}$$

则有

$$\sin\varphi = \frac{g}{r\omega^2} = \frac{1}{P} \quad (8-2)$$

铸型开始跳跃。铸型开始跳跃时的相位角 φ 称为起跳角，参数 P 称为抛料指数。由式（8-2）可知，若 $P<1$，则 $\sin\varphi>1$，此式无解。所以若要使物料能跳起来，必须具备条件 $P>1$，

否则物料就会随着栅床一同起伏运动，不能跳起或向前运动，也不会产生碰撞，也就不会有落砂或输送的效果。

起跳时铸型的位移 x_0 和被抛起时的速度 u_0 可从式（8-1）求得

$$x_0 = r\sin\varphi$$
$$u_0 = r\omega\cos\varphi \tag{8-3}$$

起跳后铸型与栅床分开，铸型按抛物线方程式运动

$$x_z = x_0 + u_0 t - \frac{1}{2}gt^2 \tag{8-4}$$

将式（8-2）及式（8-3）代入，式（8-4）可以改写成

$$x_z = r\left(\sin\varphi + \omega t\cos\varphi - \frac{\omega^2 t^2}{2}\sin\varphi\right) \tag{8-5}$$

使式（8-5）与式（8-1）中第一式联立，令 $x = x_z$ 求交点，可以得到铸型落下时与栅床的碰撞点。设 t_z 为碰撞点的时间，用符号 $\theta = \omega t_z$ 表示铸型或物料从起跳点到碰撞点所经过的飞跃角，可以得到下式

$$\sin(\theta + \varphi) = \sin\varphi + \theta\cos\varphi - \frac{\theta^2}{2}\sin\varphi \tag{8-6}$$

其中 $\theta + \varphi = \omega t_z + \varphi$ 为碰撞点的相位角。式（8-6）可以写成

$$\tan\varphi = \frac{2\theta - 2\sin\theta}{\theta^2 + 2\cos\theta - 2}$$

从式（8-2）及式（8-6）可见，当抛料指数 P 一定时，起跳角 φ、飞跃角 θ 以及碰撞的相位角 $\theta + \varphi$ 都有定值，铸型在栅床上跳跃的特性也就一定。不同的 P 值时，铸型的飞跃方式也不同。图 8-9 所示为 $R = 0$ 时，不同 P 值时铸型的跳跃方式。

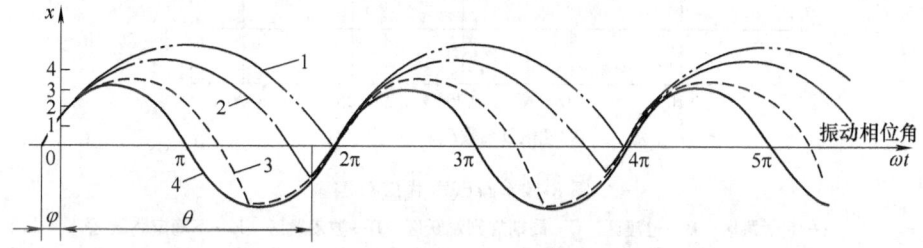

图 8-9　$R = 0$ 时，不同 P 值时铸型的跳跃方式
1—$P = 2.98$　2—$P = 2.55$　3—$P = 1.62$　4—栅床的运动波形

（2）弹性碰撞时的跳跃方式　以上分析是假定速度恢复系数 $R = 0$ 时的塑性碰撞的情况。实际上砂箱与栅床的碰撞往往是弹性碰撞，速度恢复系数 R 在铁砂箱与钢栅床的碰撞条件下为 0.15~0.20，在钢砂箱与钢栅床碰撞的条件下可达 0.20~0.25。铸型第一次飞跃下落经弹性碰撞后，有一个回弹上跳的速度。按弹性碰撞及冲量定律，有

$$R = \frac{u_2 - v}{v - u_1} \tag{8-7}$$

式中，R 为速度恢复系数；u_1、u_2 为铸型在碰撞前及碰撞后的速度（m/s）；v 为栅床在碰撞时的速度（m/s）。

由式（8-7）可得

$$u_2 = (1+R)v - Ru_1 \tag{8-8}$$

因此，弹性碰撞后，铸型回跳速度 u_2 比栅床的速度大。如果将已知的碰撞点的飞跃角 θ 及回跳初速度 u_2 设为初始值，可以继续用以上运动分析的方法求出第二次飞跃后的碰撞点、飞跃角以及再次回跳的速度 u_3。如此可以从理论上求得很多次铸型回跳的情况。图 8-10 所示是在振动的抛料指数 P 值和速度恢复系数 R 不同时求得的铸型在栅床上跳跃方式的区分图。铸型的跳跃方式大致可以分成以下几种类型：

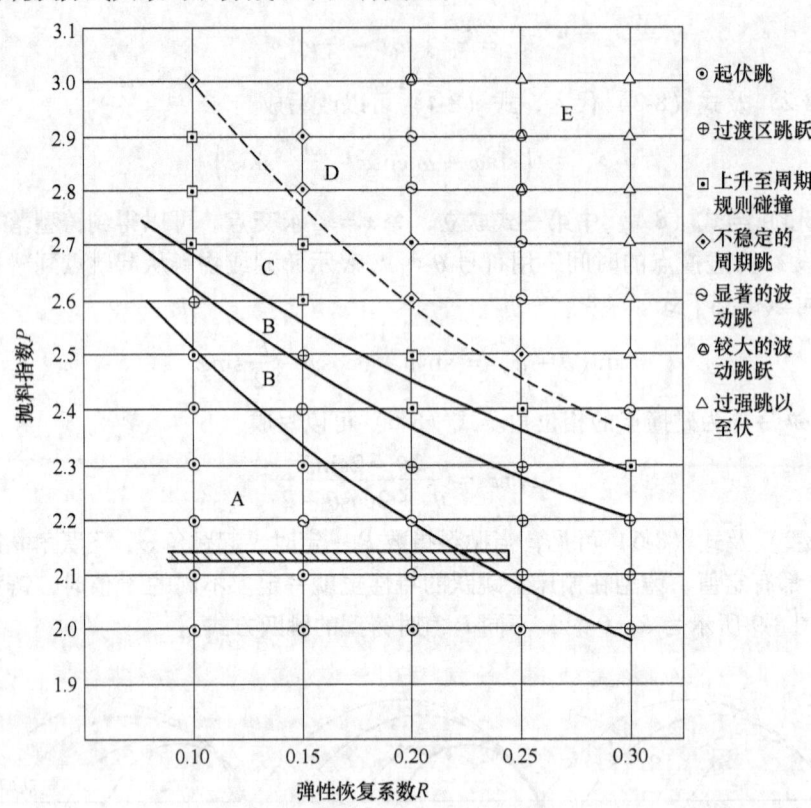

图 8-10 跳跃方式区分图
A—起伏跳区 B—过渡区 C—周期规则跳跃区 D—波动跳区 E—不稳定跳跃区

1) 起伏跳式。图 8-10 中所示的 A 区 P 及 R 值相对比较小，铸型在栅床上第一次飞跃后，碰撞点比较低，相位角较小，弹性碰撞后，回跳速度不大，于是以后的飞跃很小，而且一次比一次小，最后铸型基本落在栅床上，随着栅床一起运动，当栅床向上运动又到起跳角 φ 的相位角时，砂箱又一次起跳飞跃，重复以上的跳跃过程。图 8-11 所示的跳跃方式称为起伏跳式，在一个振动周期中，只有一

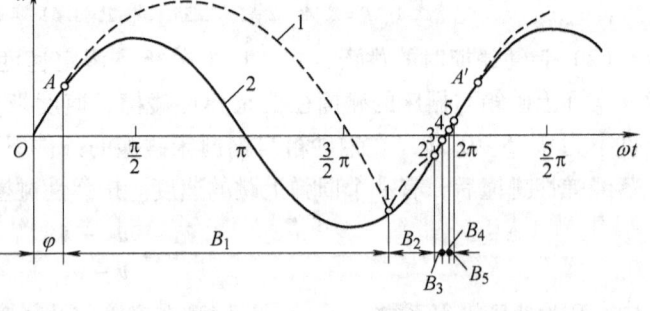

图 8-11 起伏跳式运动方式
1—铸型运动轨迹 2—栅床运动轨迹

个有效碰撞，其余都是小的弱碰撞。

2) 周期规则跳跃。如图 8-10 所示，C 区是在一定的 P 及 R 的条件下，铸型在栅床上经几次跳跃之后，基本达到如图 8-12 所示那样的周期规则跳跃形式，铸型的每次飞跃角等于 2π，每次碰撞都在同一相位角 α 处，有

$$\cos\alpha = \frac{\pi g}{\omega^2 r}\frac{1-R}{1+R} \quad (8-9)$$

这时铸型下落速度 u_1 与碰撞后的回跳速度相等。如图 8-10 所示，具有这样跳跃方式的 P-R 区很窄。

在起伏跳区 A 与周期规则跳跃区 C 之间是过渡区 B。具有 B 区内 P-R 值的栅床在振动时，铸型的跳跃很不规则，碰撞轻重相间。至于 C 区之外的 D 区及 E 区，是不规则的过强跳跃。碰撞一次很强，一次很弱，跳跃很不稳定，对实际讨论落砂机碰撞运动意义不大。

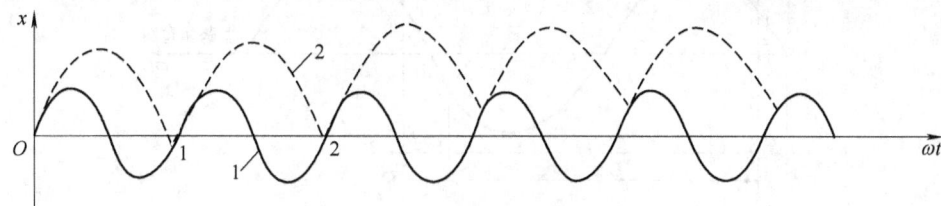

图 8-12 周期规则跳跃方式
1—铸型运动轨迹 2—栅床运动轨迹

(3) 碰撞强烈程度 落砂效果的好坏取决于铸型与栅床碰撞的强烈程度。就铸型受力来说，其碰撞强烈程度与碰撞前后动量的变化或速度的变化成比例。因而，碰撞强烈程度可以用下式衡量

$$U = u_2 - u_1$$

式中，U 为铸型碰撞前后的运动速度差（m/s）；u_1、u_2 为铸型碰撞前后的运动速度（m/s）。

应该指出，u_1 通常是向下的负值，所以 U 值是 u_1 与 u_2 绝对值之和。在假定为塑性碰撞，即 $R=0$ 时，由式（8-5）及式（8-1）可求得

$$U = u_2 - u_1 = \sqrt{Prg}[\cos(\theta+\varphi) - \cos\varphi + \theta\sin\varphi] \quad (8-10)$$

从式（8-10）可见，当振动系统的 P 值一定时，U 值与 $\sqrt{r}$ 成正比，取 $r=1$ 时的 U 值为比碰撞强烈程度 U_r。

当 $R \neq 0$ 时，求 P 值比较复杂一些。图 8-13 所示是 $R = 0.20$ 时，不同的 P 值情况下 U_r 值的变化状况。由图 8-13 可见在起伏跳区，U_r 值随 P 值增大而加大；在

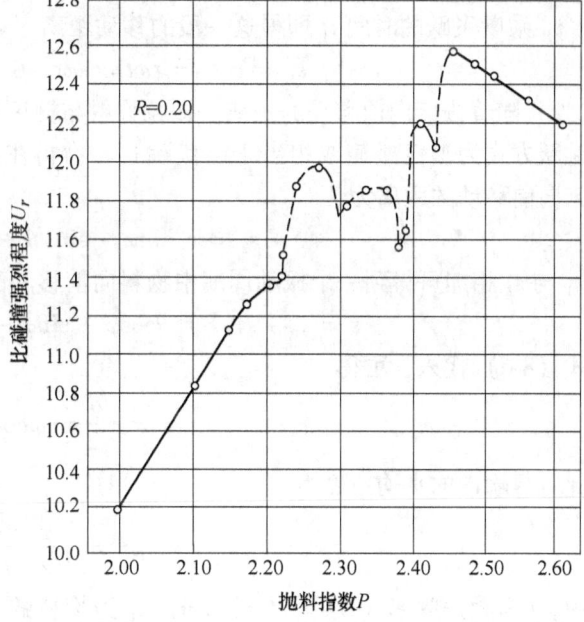

图 8-13 比碰撞强烈程度与抛料指数的关系（$R=0.20$）

过渡区，U_r 值变化不定；而在周期规则跳跃区中，P 值增大，U_r 值反而减小。

（4）输送速度 由于振动输送机在铸造车间中应用较多，输送式惯性振动落砂机除了落砂作用外还有输送作用，以下简单分析振动输送机的输送作用。

设振动输送机栅床的振动方向与水平线成一定的倾斜角 β。这时式（8-1）可写成

$$x = r\sin(\omega t + \varphi)\sin\beta$$

$$P = \frac{r\omega^2}{g}\sin\beta = \frac{1}{\sin\varphi} \tag{8-11}$$

在一个栅床振动周期中，物料向前运动可以分成如图 8-14 所示的 t_1 及 t_2 两个阶段，即飞跃阶段及"伏"的阶段。

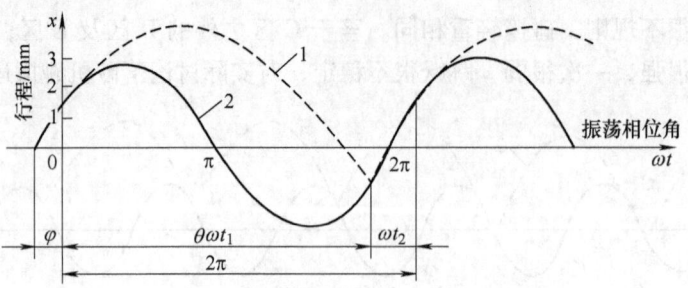

图 8-14 物料输送运动的两个阶段
1—物料运动波形 2—栅床运动波形

1）飞跃阶段运动距离。当物料跳起时，其水平方向的速度可由式（8-3）的 u_0 乘以 $\cos\beta$ 得到

$$v_H = r\omega\cos\varphi\cos\beta$$

v_H 乘以飞跃的时间 t_1 即得这一段的移动距离

$$s_1 = v_H t_1 = r\omega t_1 \cos\varphi\cos\beta = r\theta\cos\varphi\cos\beta \tag{8-12}$$

2）随着栅床向前移动的距离。颗粒物料与栅床碰撞的速度恢复系数不大，所以可以取其跳跃方式为塑性碰撞或相当于起伏跳式。物料在 t_2 期间随着栅床向前移动。在此期间，栅床向前移动的距离为

$$s_2 = r[\sin\varphi - \sin(\theta + \varphi)]\cos\beta \tag{8-13}$$

将 s_1 与 s_2 相加可得到一个振动周期中物料向前移动的距离 s

$$s = s_1 + s_2 = r[\theta\cos\varphi + \sin\varphi - \sin(\theta + \varphi)]\cos\beta$$

以式（8-6）代入，可得

$$s = r\frac{\theta^2}{2}\sin\varphi\cos\beta$$

由此可得输送的平均速度为

$$v = \eta s f = \eta\frac{g}{2}\frac{n_1^2}{f}\cot\beta \tag{8-14}$$

式中，f 为激振频率（1/s），$f = \omega/2\pi$；n_1 为物料的飞跃时间与振动周期时间之比，$n_1 = \omega/2\pi$；η 为速度降低系数，可由试验确定，一般 $\eta = 0.9$；g 为重力加速度（m/s²）；β 为振动输送机栅床的振动方向与水平线之间的倾斜角（°）；s 为一个振动周期中物料向前移动的距离（m）。

2. 偏心振动落砂机振动参数的选择

决定偏心振动落砂机工作性能的主要参数是偏心轴的转速和偏心距。当偏心轴转动时，栅床上各点都在一定的平面内作圆周运动，其圆周半径等于偏心距r_p。其运动又可分解成水平和垂直简谐运动两部分。由于水平运动对落砂作用不大，所以只分析垂直运动部分。

多数偏心振动落砂机的主要结构参数为：偏心距$r_p = 3mm$，偏心轴转速$n = 800r/min$，由此算得$P = 2.15$。铸型在栅床上的碰撞，是在完全塑性碰撞与钢和钢的弹性碰撞之间，即R值在$0 \sim 0.25$之间变化。将此P-R值变化范围在图8-10中画出，就是图中长条形阴影区。可见实际的偏心振动落砂机的铸型跳跃方式是起伏跳，不是周期规律碰撞。其优点是：可以避免过渡区的不规则和不稳定跳跃，而且可以用较小的P值达到相对较大的碰撞强烈程度，取得较好的落砂效果。

为了平衡偏心振动所引起的对转轴的惯性力，在偏心振动落砂机的转轴上需要设置平衡重块。平衡重块的质量Q及其与转轴中心的距离C的关系如下

$$QC = Wr_p \tag{8-15}$$

式中，Q为平衡重块的质量（kg）；C为平衡重块与转轴中心的距离（mm）；W为栅床及转轴的质量（kg）；r_p为偏心轴的偏心距（mm）。

3. 惯性振动落砂机振动参数的选择

设计惯性振动落砂机主要是根据铸型质量M_1及铸型尺寸来确定落砂机的结构，然后计算所需主轴转速n、激振力J、弹簧总刚度K、栅床振幅A及落砂机功率。首先分析铸型和惯性振动落砂机的工作过程和运动规律。

惯性振动落砂机的栅床运动不是单纯的强迫振动，而是强迫振动与自由振动的叠加。不计阻尼的影响，惯性振动落砂机栅床的运动方程式可以写成

$$M\frac{d^2x}{dt^2} + Kx = J\sin\beta\sin\omega t \tag{8-16}$$

式中，M为栅床总质量（kg）；K为栅床支承弹簧的总刚度（N/m）；J为激振力（N）；β为激振器偏置角也称激振角（°）；ω为激振圆频率（1/s）；x为栅床振动的位移（m）；t为栅床振动的时间（s）。

这一方程式的通解为

$$x = A\sin(\omega_p t + \alpha) + \frac{J}{M}\frac{1}{\omega^2 - \omega_p^2}\sin\beta\sin(\omega t + \varphi) \tag{8-17}$$

式中，A为衰减振动的初始振幅（m）；α为衰减振动的初始相位角（°）；ω_p为栅床振动的自振频率，由下式确定

$$\omega_p = \sqrt{\frac{K}{M}} \tag{8-18}$$

式（8-17）第一项中A与α是由初始条件确定的常数，在空载时，$A\sin(\omega_p t + \alpha)$是一个随时间衰减的较小周期的振动，可以略去。因此空载振动时，栅床振幅为

$$r = \frac{J}{M}\frac{1}{\omega^2 - \omega_p^2}\sin\beta \tag{8-19}$$

由此得栅床空载振动的抛料指数P

$$P = \frac{r\omega^2}{g} = \frac{J}{M}\frac{\omega^2}{\omega^2 - \omega_p^2}\sin\beta \tag{8-20}$$

在加载荷而且跳跃碰撞时，栅床的运动方程上必须加上第一项 $A\sin(\omega_p t + \alpha)$，是两个正弦波叠加的运动。

根据不同的情况，惯性振动落砂机的参数选择和确定，可以有如下两种不同的出发点。

(1) 生产线上的落砂机　对于在生产线上的输送式惯性振动落砂机或需要落砂的铸型大小一定，而且要求生产率高的落砂机，确定落砂机参数的出发点是：尽量达到最有效的碰撞落砂效果，使铸型在极短的输送过程，往往是几秒至 2min 内得到落砂。这时其主要参数可用如下方法确定：

1) 主轴转速 n。输送式惯性振动落砂机由于输送运动的需要，激振器的安装与水平方向有一个激振角 β，此时抛料指数 P 值用下式计算

$$P = \frac{r\omega^2}{g} = \frac{a\omega^2}{g}\sin\beta = k\sin\beta$$

式中，k 为机械指数，$k = a\omega^2/g$；a 为激振力方向的振幅 (m)。

这里多了一个因数 $\sin\beta$，所以要求的主轴转速比偏心振动落砂机大，一般取 $n = 1000$r/min。

2) 自振频率 ω_p。支承弹簧的作用是减小栅床振动对基础的影响。按振动学中隔振理论，隔振的效果视激振频率 ω 与自振频率 ω_p 的比 $\lambda = \omega/\omega_p$ 而定。当 λ 接近于 1 时，即在共振附近时会产生共振，不能隔振；只有在 $\lambda > \sqrt{2}$ 时，才有隔振效果；而当 $\lambda > 4$ 时，隔振效果十分显著。然而 λ 值不宜过大，否则振动情况不易稳定。为了达到良好的隔振效果，λ 值通常大于 4，绝大多数在 4 左右。

选定频率比 λ 后，即可以求得自振频率 ω_p 和支承弹簧的总刚度 K。

3) 质量比 u。铸型质量 M_1 与栅床质量 M 之比 u 值小时，碰撞对栅床的运动影响小，而且碰撞的强烈程度 U 值较大。所以从落砂的效果来看 u 值小一些为好。但是，如果额定的载荷已经一定，要使 u 值小，就必须加大栅床质量 M，而从式 (8-20) 可知，加大 M 而又要保持抛料指数 P 不变，就必须加大激振力 J，随之而来的是支承弹簧的载荷增加，使机器的结构比较庞大。对于生产线上的落砂机来说，落砂的铸型通常不是很大，因此 u 值可以取小些。从实际输送式惯性振动落砂机来看，u 值都小于 0.5，大多在 0.3~0.5 之间。

4) 激振力 J。激振力 J 是决定落砂振动效果的重要参数。从式 (8-19) 及式 (8-20) 可知，J 值大则栅床振幅 r 就大，相应的 P 值也增大。所以 J 值决定了落砂运动的方式。惯性振动落砂机的运动方程通解式 (8-17) 中的第一项 $A\sin(\omega_p t + \alpha)$ 通常对栅床的运动是一个削弱的因素，为了抵消这一影响，输送式惯性振动落砂机的抛料指数 P 比开始分析的塑性碰撞所需的 P 值要大，通常在 3.5~5 之间，有的甚至高达 7。

确定了 P 值，由式 (8-20) 可得

$$J = MP\left(1 - \frac{1}{\lambda^2}\right)\frac{1}{\sin\beta} \tag{8-21}$$

从而求出激振力，然后按下式确定激振器的偏心块质量 G_0 及偏心距 r_p

$$J = \frac{G_0}{g}r_p\omega^2 \tag{8-22}$$

表 8-1 是一些输送式惯性振动落砂机的主要参数。

表 8-1　一些输送式惯性振动落砂机的主要参数

序号	额定载荷 G/kN	栅床质量 M/t	主轴转速 n/r·min^{-1}	机械指数 k	激振力 J/kN	激振角 β/(°)	频率比 λ	输送速度 v/m·s^{-1}	电动机功率 /kW
1	18	2.7	1000	5	72~120	60	3	0.092	2×7.5
2	12	2	1000	4	70	70.5	3	0.092	5.5
3	11	2.9	1000	5	120	60	>3	0.092	2×7.5
4		3	1110	5	70~150	60	3.43	0.092	2×7.5
5	7	5	1000	4	210	60	4	0.142	2×10
6		7.76	1000	4	320	60	4	0.142	2×13

(2) 非生产线上的落砂机　单件小批量生产的铸造车间，落砂机除了用于数量较多的中小铸型外，往往要求对一些重量较大的铸型也能落砂。这时确定落砂机工作参数的主要出发点是：在保证规定的最大铸型能落砂的条件下，尽量使落砂机的结构（包括栅床、激振器、支承弹簧等）轻小一些。这种情况下最大铸型的落砂时间要长一些，如延长至 10min 以上也是允许的。这种落砂机的工作方式和生产线上的不同，常是先将砂型放在落砂机上，罩上防尘罩，然后再开动机器进行振动。其主要参数的确定有以下几个特点。

1) 主轴转速 n。一般惯性振动落砂机的激振器没有偏置角，为了能够对大的铸型落砂，提高落砂碰撞效果，落砂机主轴转速 n 取得比较低，通常在 600~750r/min 之间。

2) 自振频率。对于非生产线上的落砂机，可以有两个自振频率，亦即：

空载振动的自振频率 ω_p　　　$\omega_p = \sqrt{\dfrac{K}{M}}$

加上最大额定负荷时的自振频率 ω_q

$$\omega_q = \sqrt{\dfrac{K}{M_1 + M}} \tag{8-23}$$

式 (8-23) 中 M 及 M_1 分别为栅床和铸型的质量，由此可得两个频率比：

空载振动时的频率比　　　　$\lambda = \omega/\omega_p$

带最大铸型振动时的频率比　　$\lambda_q = \omega/\omega_q$

频率比的选择要使重载荷时支承弹簧的隔振效果好，轻载荷时也有一定的隔振作用。目前大多数惯性振动落砂机的 λ 值在 2~2.5 之间，而 λ_q 在 3.5~4.5 之间。

3) 质量比 u。为了使载荷增大而机器的结构轻小，这类惯性振动落砂机的栅床质量 M 一般都比额定载荷 G 小，质量比 u 值则都比较大，在 1.1~2.0 之间，有的落砂机的 u 值甚至在 2.5 以上。

4) 激振力 J。确定这类惯性振动落砂机的参数的出发点是要用最小的激振力使规定的最大的铸型能够落砂。这里关键在于机器开动后，激振力应使铸型能够跳离栅床，产生碰撞，即使碰撞不一定很强烈，但碰撞次数多，也能把砂落下来。而随着落砂的进行，铸型变轻，碰撞将更加强烈，落砂速度也就加快了。由于开始时铸型与栅床一起振动，所以也有两个抛料指数：

栅床空载振动时的抛料指数　　$P = \dfrac{J}{M} \dfrac{\omega^2}{\omega^2 - \omega_p^2}$

连同大铸型一起振动时的抛料指数

$$P_1 = \frac{J}{M+G} \frac{\omega^2}{\omega^2 - \omega_p^2} \tag{8-24}$$

据统计，一般惯性振动落砂机的 P 值在 1.5~2.2 之间，所以对于小的铸型还是能够进行比较有效的碰撞落砂。P_1 值都比较小，仅在 0.6~1.0 之间。从式（8-2）看，似乎在 $P_1<1$ 时，铸型与栅床一起振动，铸型不能跳离栅床。但是实际上落砂机起动时，主轴转速由 0 加大至 ω，中间须经过两个共振点 ω_p 及 ω_q，在共振时振幅加大，实际的 P_1 值在一段时间内比 1 大得多。这时铸型会跳离栅床，以后由于弹性碰撞，铸型不能再贴附在栅床上，所以不断碰撞得以落砂。由于利用共振起跳，所以激振力可以小，机器结构可轻小一些。

表 8-2 列出了一些惯性振动落砂机的主要参数。

表 8-2 一些惯性振动落砂机的主要参数

序号	额定载荷 G/kN	栅床质量 M/t	主轴转速 n/r·min^{-1}	激振力 J/kN	频率比 $\lambda = \omega/\omega_p$	支承弹簧总刚度 K/kN·cm^{-1}	电动机功率 /kW
1	75	2.5	960	75	1.71	8672	22
2	100	8.7	735	110	2.44	8700	28
3	125	9.5	735	196	3.3	5500	28
4	150	11.3	725	196	2.3	13000	30
5	150	9	625	105	1.325	22500	40

（3）消耗功率计算　惯性振动落砂机的总消耗功率大多是按每 1tf⊖ 激振力需约 1.5~2kW 动力的指标计算。近来有人提出以下的功率计算公式，可供参考

$$N = (N_1 + N_2) \frac{1}{\eta} \tag{8-25}$$

式中，N 为惯性振动落砂机的总消耗功率（kW）；N_1 为空载消耗功率（kW），$N_1 = N_{11} + N_{12}$，N_{11} 为激振器内轴承摩擦功率（kW），N_{12} 为栅床振动阻尼消耗功率（kW）；N_2 为落砂有效功率（kW）；η 为功率系数，可取 0.8~0.9。

$$N_{11} = \frac{0.5fdJ\omega}{1020} \tag{8-26}$$

式中，f 为轴承的摩擦因数，$f = 0.005~0.020$；d 为滚动轴承内环直径（cm）；J 为激振力（N）；ω 为激振圆频率（1/s）。

$$N_{12} = \frac{hM_1\omega^2 r^2}{10200} \tag{8-27}$$

式中，h 为系数，对于弹簧缓冲的落砂机 $h = 1~1.75$，对于橡胶缓冲的落砂机 $h = 4~5$；r 为栅床振幅（cm）。

$$N_2 = \frac{MM_1}{4\pi(M+M_1)} \frac{\omega(1-R^2)}{10200}(u_1 - u)^2 \tag{8-28}$$

式中，M、M_1 为栅床和铸型在碰撞后的质量（kg）；u_1、u_2 为栅床和铸型在碰撞后的速度（cm/s）；R 为速度恢复系数。

⊖ 1tf = 9.8×10³N。

8.3 滚筒落砂机

滚筒落砂机是连续作业设备，可以应用于垂直分型无箱射压造型生产线上，有砂箱的铸型也可以先由捅箱机将铸型与砂箱分离，然后采用滚筒落砂机进行落砂，使造型、浇注、冷却、落砂工序组成连续作业生产线。落砂滚筒采用钢板焊接而成，滚筒体通过环形导轨放在四只托轮上。滚筒落砂机由齿轮带动滚筒体上齿圈转动。筒体内壁布有与轴线平行的筋条，可以把型砂从底部提升到一定高度。

图 8-15 所示为垂直分型无箱射压造型生产线采用的冷却滚筒落砂机的工作原理。铸型输送机 1 逐个将浇注冷却后的铸型一个一个地推到滚筒落砂机 4 的入口，并喷适量的水增湿冷却。铸型在滚筒中滚动时，由滚筒内部的筋条提升到一定高度，靠自重向下跌落至滚筒底部，在撞击和摩擦力的作用下，砂型与铸件分离，从而实现落砂。由于滚筒体从入口到出口处有一定的倾斜角度，所以落砂后的铸件和型砂在滚动过程中，沿着筒体逐渐向出料口移动，铸件通过出料口落入铸件输送机 5 中送往清理工序。旧砂经滚筒出口的筛孔漏入带式输送机 6 上送往旧砂处理工序。用风机将空气由滚筒落砂机的出口处吸入，经过滚筒由滚筒入口的除尘罩排出，这样达到降温冷却及除尘效果，因此在出口处的旧砂以及铸件均得到冷却。

滚筒落砂机由于可以做到完全密封，所以粉尘及噪声容易控制，劳动条件好。冷却滚筒落砂机可以同时完成落砂、铸件冷却、型砂破碎及冷却等几个工艺过程，所以目前应用越来越广。

滚筒落砂机的缺点是薄壁铸件在滚筒落砂过程中容易撞坏。

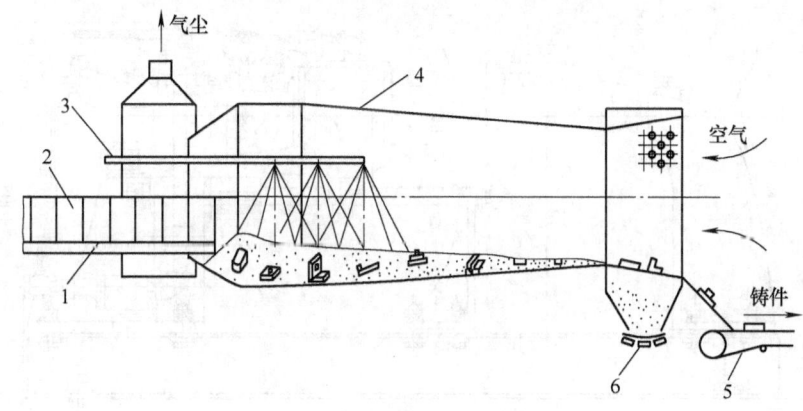

图 8-15　冷却滚筒落砂机工作原理
1—铸型输送机　2—铸型　3—冷却水管　4—滚筒落砂机　5—铸件输送机　6—带式输送机

8.4 清理设备的分类

铸造生产中，清理是在铸件落砂和冷却或热处理后，清除铸件本体以外的多余部分，并打磨精整铸件内外表面的过程。其主要工作包括除去铸件表面残留的砂子和氧化皮，去除浇冒口及其残余、飞边毛刺等。为了与铸件的材质、尺寸大小、重量、复杂程度、生产批量和质量要求相适应，满足不同的清理工艺要求，生产中所使用的清理设备品种较多。依据不同的铸件清理目的，铸件清理设备可分为如下几类：

(1) 表面及除芯清理设备

1) 干法清理。在清理过程中不接触水等液体。如抛丸、喷丸清理、振动除芯、普通清理滚筒及抛喷丸清理设备等。

2) 湿法清理。如电液压清砂、电化学清砂、水力清砂及水爆清砂等。

(2) 去除浇冒口设备　如气冲锤、液压钳、锯床及机械手等。

(3) 去除多余金属的设备　如磨床、悬挂砂轮、铣床、切割机及机器人等。

8.5　除芯机械

8.5.1　风动型芯落砂机

在生产批量较大的情况下，常采用风动型芯落砂机去除型芯，图8-16所示为L415型风动型芯落砂机结构原理图。它是以压缩空气为动力，由尾座、振动器、气动推杆等组成。工作时铸件落入弹性后夹头2和前撞击头3之间，气动推杆5推动振动器4和前撞击头3将铸件夹住，开起振动器，使铸件不断振动，使其铸件内腔的型芯振散而落出，完成除芯工作。该机主要用于清除铸件内腔的芯砂。适用于清除溃散性较好的油类、纸浆作为粘结剂的砂芯和壳芯，也可用于清理较大的重型铸件，如气缸体、后桥本体等。

该机结构简单，操作及维护方便，用于机械化生产时，生产率为120件/h。其缺点是噪声大，生产率低，劳动条件差，对于粘土砂除芯效果较差。

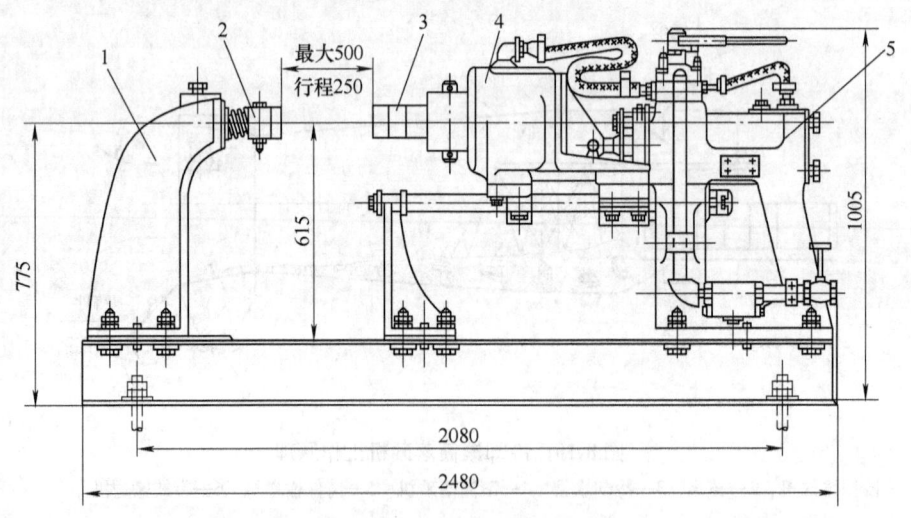

图8-16　L415型风动型芯落砂机结构

1—尾座　2—后夹头　3—前撞击头　4—振动器　5—气动推杆

8.5.2　电液压清理设备

电液压清砂是利用液电效应产生的液力冲击波来清除铸件砂芯（型砂或型壳）的工艺

方法。这是20世纪60年代初前苏联开发的一种清砂方法,我国于20世纪70年代后期研制出第一台电液压清砂设备,陆续在一些工厂得到应用。它的主要优点是:

1) 机械化程度高,劳动强度低,可以实现低粉尘或无粉尘作业。

2) 清砂效率高,尤其是对熔模铸件。对于铸件内腔复杂,具有深孔、不通孔、死角的铸件都能清理干净。

3) 节电节水效果显著。耗电量仅为普通清砂工艺的10%~40%,每吨铸件耗水量为0.3~0.5m³,为水力清砂的5%~20%。

4) 适用范围广,几乎不受铸件材质、大小及型砂种类的限制。

电液压清砂设备的缺点是设备费用很高,仍存在湿法清砂的共同缺点,尚不能清除铸件表面的粘砂。

(1) 电液压清砂工作原理　电液压清砂是利用液电效应进行铸件清砂。其工作原理如图8-17所示。把需要清理的铸件置于水中,铸件上方设置金属棒作为正极,放置铸件的吊篮或小车或铸件本体作为负极,组成工作间隙。当交流电源通过升压变压器1和高压整流器2整流后,输出约30kV的高压直流电使电容器3充电;当电容器的电压升高到某

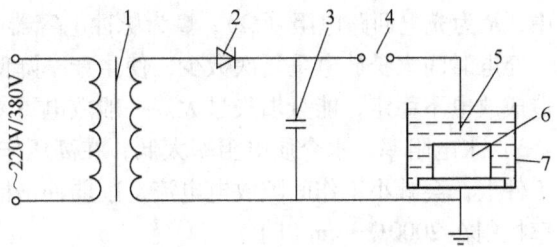

图8-17　电液压清砂工作原理
1—升压变压器　2—高压整流器　3—电容器
4—辅助间隙　5—电极　6—铸件　7—水槽

一电压值时,辅助间隙4被击穿,高电压突然加到金属棒正电极5和铸件6之间,使其间的水被电离导通,产生强电流放电脉冲,在液体介质中发生瞬间能量转换,称之为液电效应。这种巨大的脉冲电流在放电的地方形成一个高能密度的等离子高温、高压水蒸气通道,高压(1500atm⊖)水蒸气急剧膨胀释放出的巨大冲击波使铸件产生强烈振动,并引起弹性变形。由于铸件和砂型(砂芯)的振动频率及弹性模量不同,在其分界处会发生分离。极间放电之后,电容重新充电、放电。如此重复,不断产生冲击波,破坏铸件表面的型砂和其内部的砂团,使其随强大的水流排至铸件外,达到清理的目的。这种电液压冲击波对铸件的清砂作用在于:

1) 破坏砂团中的结合,使砂粒溃散。

2) 使铸件和砂产生强烈振动而引起弹性变形,由于铸件和砂芯的弹性模量及振动频率不同,使砂芯从铸件壁上分离下来。

3) 通过脉冲放电在铸件内部和外部形成压力差,能把铸件内部的砂子同水一起向外排出,并被强大水流冲走。

(2) 主要工艺参数的选择　电液压清砂的主要工艺参数是:放电能量、充电时间、水电阻率、工作间隙等。

1) 放电能量。它主要由放电电压和电容决定,其一次放电能量的大小决定着液力冲击波的强弱,一次放电能量用下式计算

$$W = CU_a^2/2 \tag{8-29}$$

⊖　1atm=101.325kPa。

式中，W 为一次放电能量（J）；C 为脉冲电容器的电容量（F 或 μF）；U_a 为放电电压（V 或 kV）。

选择放电能量时，应使液力冲击波压力低于铸件强度，高于砂芯残留强度。电液压清砂设备的工作电压一般为 50kV 左右，电容器容量应根据铸件的材质和大小确定，一般在 2～16μF。使用中放电电压由空气放电开关及其气路调节系统进行调整，脉冲电容器数量应根据需要能进行切换。

2）充电时间。充电时间与回路中的电阻和电容有关，回路中电阻 R 一般是不变的，故充电时间常数 τ 仅与电容 C 有关。电容越大，时间常数也越大，充电时间也越长。充电时间常数 τ 一般按下式计算

$$\tau = RC \tag{8-30}$$

式中，R 为充电回路电阻（Ω）；C 为脉冲电容器电容量（F）。

充电时间太长放电重复次数少，使生产率降低；充电时间太短，放电重复次数太多，又将造成放电不稳定，能量损失过大。一般放电重复次数为每秒放电 0.5～2 次为宜。

3）水电阻率。水介质电阻率太低，在高压作用下极易导通，能量不能有效地集中作用在工件上，会减小工作间隙放电电流，削弱冲击能量，使液电效应大为降低。一般将水的电阻率控制在 2000Ω·cm 以上。

4）工作间隙。工作间隙是指水槽中电极与工件间的放电距离。工作间隙的大小，对所产生冲击力的强弱影响很大。对于铸件清砂，其最佳放电工作间隙可按下式确定

$$G = AU_a^4\sqrt{LC} \tag{8-31}$$

式中，G 为最佳放电工作间隙（mm）；U_a 为放电电压（V）；L 为放电回路电感（μH）；C 为脉冲电容器放电电容量（μF）；A 为常数，其值的大小由水的电阻率确定，当水电阻率为 15～20Ω·m 时，$A = 0.75 \times 10^{-3} \sim 1.14 \times 10^{-3}$。

在一般使用中，工作间隙控制在 50～80mm 间。

(3) 电液压清砂设备 电液压清砂设备包括机械系统和电气系统两大部分。

1）机械系统。目前国产的电液压清砂设备均为间歇作业式，机械系统主要组成如下：

① 清理室。通常为钢结构件，并做成夹层，内填隔声和吸声材料；一侧设升降门，供铸件进出。

② 起落架。位于清理室内，是一个双层钢结构件，上层设有电极移动机构，下层平台设有轨道，铸件运输车由此进入，在起落架升降机构作用下进出水槽。

③ 水槽。位于起落架下方，通常全部或部分设在地坑中，形成清理空间，底部装有清砂喷嘴和砂浆泵接口，配置废砂提升排出机构，如刮板出料机、水力提升机等。

④ 装料车和驱动车。装料车装料后由驱动车带动进出清理室，并随铸件入水。

2）电气系统。电气系统包括高压脉冲电流发生装置和电气控制部分。

① 高压脉冲电流发生装置。由升压变压器、高压整流器、高压脉冲电容器、空气放电器及残余放电装置等组成。空气放电器是放电回路的辅助间隙，其作用是防止电容器在充电时产生预放电，以及调节放电能量的大小。残余放电装置的作用是在主间隙放电后释放电容器中的残存电荷，它是一个安全保护装置。

② 电气控制部分。包括高压脉冲系统的控制系统和机械部分的驱动控制系统。

图 8-18 所示为电液压清砂设备结构简图。其工作程序如下：

当牵引车 11 将铸件小车 10 送入清理室 3 内的起落架 4 上时，起落架升降机构 5 将铸件落入清理池 1 内，关闭清理室的门 9。操纵控制装置，即可使电极 7 在滑动板 8 上作往复移动使铸件得到全面的落砂清理。

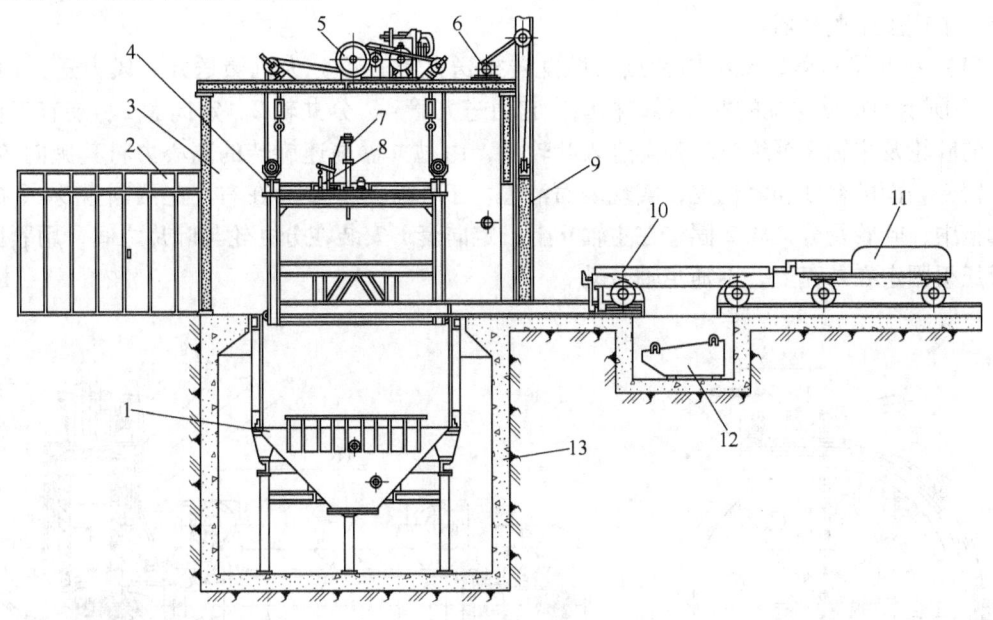

图 8-18　电液压清砂设备结构简图
1—清理池　2—高压室　3—清理室　4—起落架　5—起落架升降机构　6—门升降机构　7—电极
8—滑动板　9—门　10—铸件小车　11—牵引车　12—渣斗　13—地基

8.6　表面清理设备

表面清理设备按工作原理可分为抛丸、喷丸及摩擦式三类；按铸件运载方式可分为滚筒式、转台式、室式（悬挂式、台车式）三类；按其作业方式又可分为间歇式和连续式两类。

8.6.1　抛丸清理设备

抛丸清理设备是利用抛丸器的高速回转叶轮，将弹丸连续高速地抛向铸件表面，借助弹丸的冲击作用去除铸件表面的粘砂或氧化皮。对于配备有高效率丸砂分离装置的强力抛丸设备，还可进行铸件的落砂、除芯清理。其优点是生产率高，清理质量好，动力消耗少，劳动强度低，易实现自动化，因此已成为目前铸件清理主要的和常用的一种设备。此外，抛丸清理设备还可做到一机多用，实现"四合一"（即清除砂芯、表面清理、旧砂干法再生及回收四道工序在一台设备上完成）的作用。

根据抛丸清理设备的结构类型可分为下列五种：①滚筒式抛丸清理设备；②履带式抛丸清理设备；③转台式抛丸清理设备；④台车式抛丸清理设备；⑤悬挂式抛丸清理设备。

按照作业方式又可将抛丸清理设备分为间歇式和连续式两种。

抛丸清理设备主要由抛丸器、铸件运转装置、弹丸循环输送装置、丸砂分离器、除尘系统、清理室体及电气控制系统等组成。

1. 抛丸器

抛丸器是抛丸清理设备的关键部件。抛丸清理设备就是利用抛丸器抛出具有一定动能的弹丸来实现清理的目的，其性能好坏直接影响设备的效率。根据设备的不同类型及规格，可安装一个或多个抛丸器。

（1）抛丸器的类型及结构特点　抛丸器按送丸方式可分为机械送丸、风力送丸两类。图 8-19 所示为机械送丸的抛丸器结构图。它由进丸管 4、分丸轮 2、定向套 1、装有工作叶片 6 的叶轮及主轴 9 等组成。弹丸进入叶轮后，由抛丸器高速旋转的离心力将其抛向铸件，打掉铸件表面的粘砂和氧化皮，实现表面清理。工作叶片 6 紧固在右、左两圆盘 5、8 的径向凹槽中，叶轮及分丸轮 2 固定在主轴 9 上；定向套 1 安装在分丸轮与叶片之间，用紧固螺钉及压板固定在外壳上，不随主轴转动。

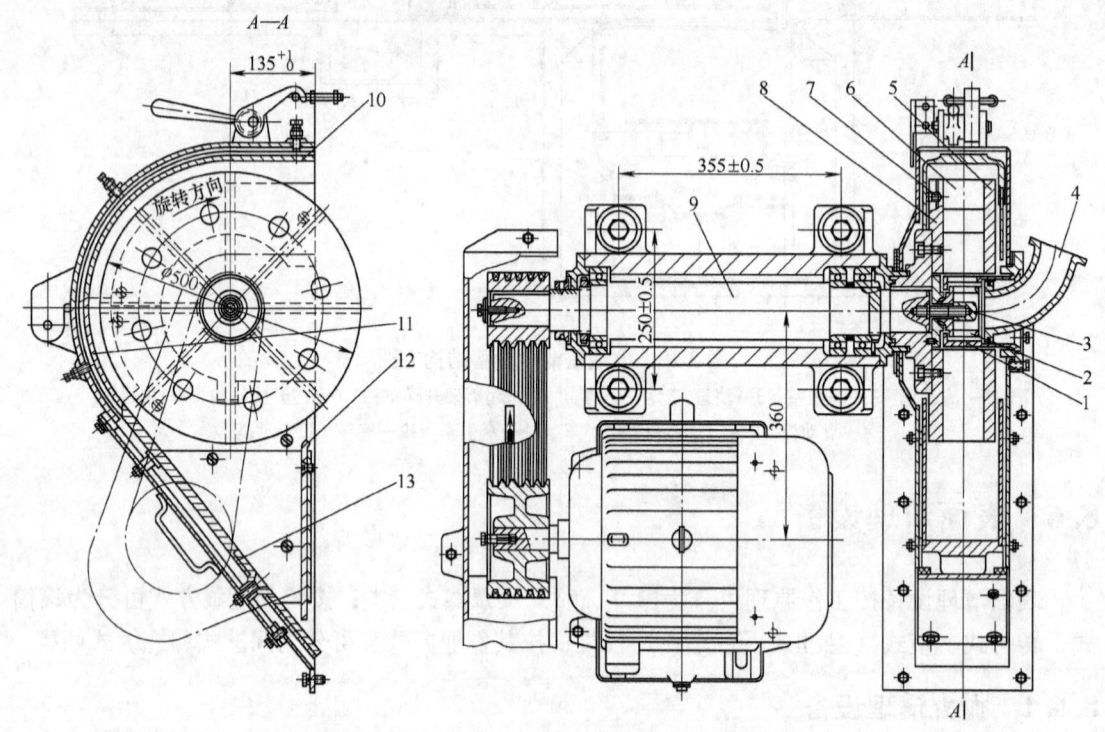

图 8-19　机械送丸的抛丸器结构图

1—定向套　2—分丸轮　3—左螺母　4—进丸管　5—右圆盘　6—工作叶片　7—叶片紧固螺钉
8—左圆盘　9—主轴　10—弧形护板　11—月形护板　12—底衬板　13—长护板

抛丸器的工作原理如图 8-20 所示。工作时，主轴带动分丸轮及叶轮高速转动，弹丸自进丸管 1 自由流入分丸轮 2 中，经分丸轮分丸后，在离心惯性力的作用下压向定向套 4，并从定向套弹丸出口 3 抛出，被高速旋转的叶片 5 承接。在旋转叶片离心惯性力的作用下，弹丸沿叶片自内向外运动，最后以 60~80m/s 的高速呈扇形抛向铸件实现其表面清理。调整定向套出口位置，即可改变弹丸抛出的方向（图 8-21），使抛出的弹丸尽量抛射到铸件上。

上述机械送丸抛丸器中的叶片、分丸轮、定向套等均为易磨损件。为了减少抛丸器部件磨损，有些工厂采用了鼓风式进丸抛丸器，图 8-22 所示为其工作原理图。进入加速器的弹丸由鼓风机吹来的气流加速后，经喷嘴送入高速旋转的叶轮上，再由叶片进一步加速后抛出。弹丸抛出的方向取决于喷嘴出口的位置。调整喷嘴出口的位置,可改变抛射方向。这种抛丸器的优点是省去了分丸轮和定向套等易损件,结构简单、维修方便,但增加了动力消耗和设备安装面积。

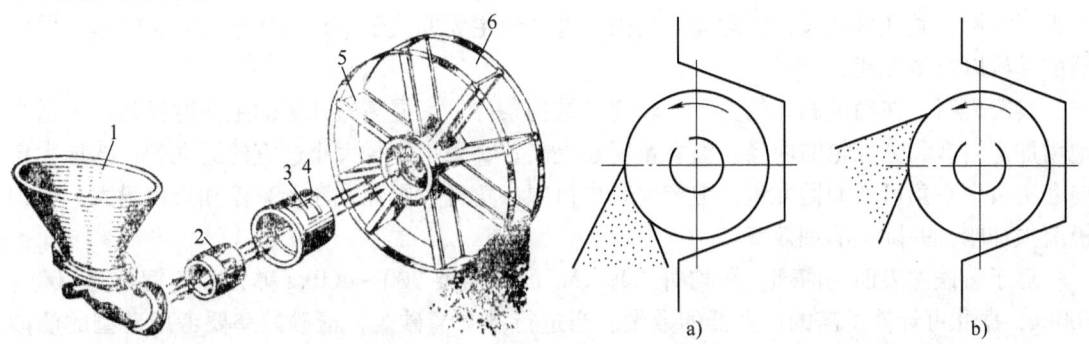

图 8-20　抛丸器工作原理
1—进丸管　2—分丸轮　3—定向套的弹丸出口
4—定向套（固定不动）　5—叶片　6—叶轮

图 8-21　定向套的调整示意图
a）不合适　b）合适

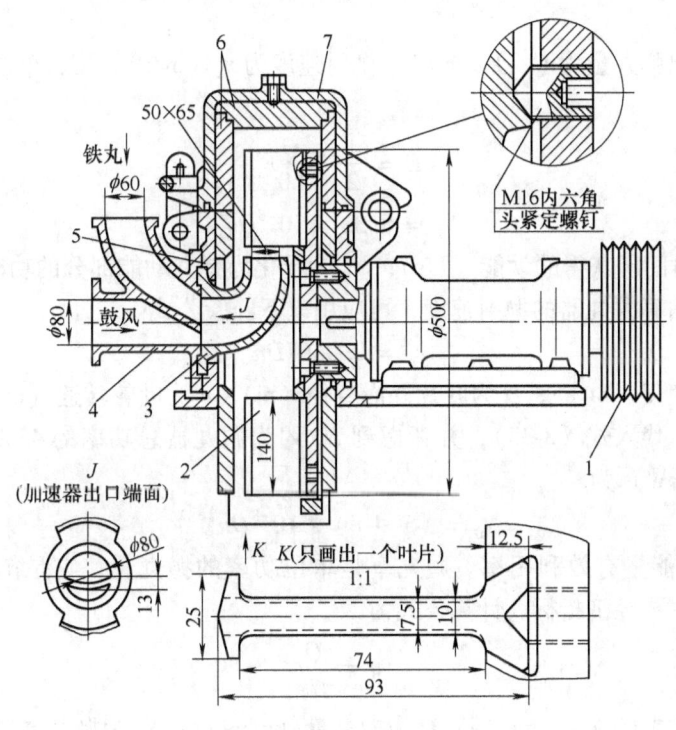

图 8-22　鼓风式进丸抛丸器
1—带轮　2—叶轮　3—喷嘴　4—弹丸加速器　5—紧固螺钉
6—衬板　7—保护罩盖

(2) 抛丸器主要参数的分析

1) 弹丸抛射速度。抛射速度一般根据工艺要求来确定。过高的抛射速度,不但造成过多的能量消耗,而且有可能损坏铸件,会使铸件的表面粗糙度变差;过低的抛射速度则清理铸件效果差,生产率低。在确保满足清理质量要求的情况下,应根据工艺要求合理选用弹丸抛射速度,通常用于铸件表面清理时弹丸抛射速度为70m/s左右,用于落砂抛丸清理时可选用75m/s左右的抛射速度。

2)抛丸量。抛丸器每分钟抛出弹丸的总重量称之为抛丸量。它是表示抛丸器抛丸效率的重要指标,抛丸量越大,清理能力越强。抛丸量主要取决于电动机功率、叶轮转速、抛丸器的结构以及供丸能力。

实践表明,在确定的叶轮直径、转速及结构条件下,提高抛丸量的主要途径是:①适当地增加定向套和分丸轮的内径,抛丸量明显提高;②采用直径大小适宜的进丸管;③加大定向套出口中心角可增加抛丸量,但定向套出口中心角过大则弹丸扇形束流和夹角增大,使护板磨损加剧,并降低清理效率。

对于铸铁件表面的清理,平均每清理$1m^2$面积需要300~400kg弹丸,铸钢件为400~500kg,据此可计算所需的抛丸器的数量。当进行抛丸清砂时,清砂效率要考虑砂型的溃散性。溃散性较好时,平均100kg弹丸可落砂10~14kg;砂型溃散性差时,100kg弹丸可落砂8~10kg。

3)抛丸器功率。抛丸器所需的功率包括以下几方面:抛出的弹丸所获得的动能;消耗于弹丸与定向套及叶片的摩擦功率;消耗于驱动叶轮内空气的功率以及机械传动所消耗的功率等。

若每分钟抛出弹丸量为Q(kg/min),抛射速度为v_a(m/s),则其单位时间内所获得的动能E为

$$E = \frac{1}{2} \times \frac{Q}{60} v_a^2$$

或

$$N_k = 8.33 \times 10^{-6} Q v_a^2 \tag{8-32}$$

式中,E为单位时间所获得的动能(J/s);N_k为转化为弹丸动能部分的功率(kW)。

如果粗略地估算抛丸器的抛射速度,可应用以下经验公式

$$v_a = 0.0667 Dn \tag{8-33}$$

式中,v_a为抛射速度(m/s);D为叶片外沿直径(m);n为叶轮转速(r/min)。

将式(8-32)代入式(8-33),并考虑到N_k约为抛丸器总功率的45%~75%,故抛丸器的总功率N_0(kW)为

$$N_0 = (5 \sim 8) \times 10^{-8} Q n^2 D^2 \tag{8-34}$$

4)抛丸率及能量有效利用率。抛丸率是单位功率的抛丸量,它是衡量抛丸器效率高低、性能好坏的主要经济指标,计算公式为

$$q = \frac{Q}{N_0} \tag{8-35}$$

式中,q为抛丸率[kg/(kW·min)];Q为抛丸量(kg/min);N_0为抛丸器功率(kW)。

抛丸器能量有效利用率为

$$\eta = \frac{N_k}{N_0} \times 100\% \tag{8-36}$$

式中,η为抛丸器能量有效利用率;N_k为转化为弹丸动能部分的功率(kW);N_0为抛丸器功率(kW)。

5)弹丸抛射距离。弹丸自抛丸器抛出后,在飞向工件的过程中,由于受到空气的阻

力,速度将逐渐降低。抛射距离每增加1m,弹丸的动能损失就增加10%。抛出速度为80m/s的弹丸,当接触到相距3m的被清理铸件时,弹丸速度将减少到69m/s。图8-23所示为不同大小的弹丸,抛射距离与速度的关系。弹丸直径越小,速度下降越大,而形状不规则的碎弹丸的速度下降比完整弹丸更大。另外弹丸流抛射断面也与抛射距离的平方成正比,其弹丸流密度随抛射距离的增加而减小。

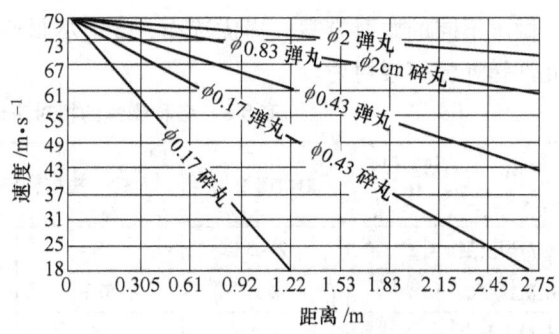

图8-23 抛射距离与速度的关系

因此,抛射距离既不能太远,也不能太近,否则抛射区过小。一般被清理铸件的表面与抛丸器中心线的距离以0.8~1.5m为宜。

6)叶片与分丸轮扇形体之间的相对位置。叶片与定向套、分丸轮扇形体之间的相对关系如图8-24所示。分丸轮扇形体工作表面应比叶片工作表面超前 $\Delta = 6\text{mm}$ 左右(对于 $\phi 500\text{mm}$ 抛丸器)或 $\psi = 15°$ 左右,以保证弹丸由分丸轮飞入叶轮时,尽量避免撞击叶片根部,或飞到叶片背后去,如图8-24b所示。否则既会加速叶片的磨损,又会因弹丸的相互撞击而增加了功率消耗。

2. 弹丸的材料及粒度

弹丸的材料和粒度直接关系着铸件清理质量和效率,如果弹丸选用合理,不但清理效果

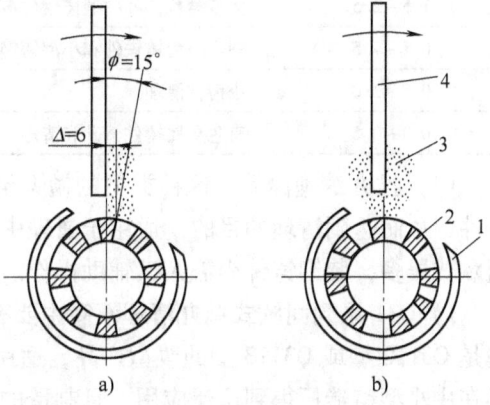

图8-24 叶片、定向套、分丸轮之间的关系
1—定向套 2—分丸轮 3—扇形体 4—叶片

好、效率高,而且弹丸和抛丸器易损件的使用寿命大大延长,降低清理费用。

抛丸清理弹丸采用的材料有白口铸铁丸、可锻铸铁丸、钢丸及有色金属丸等多种弹丸。钢丸一般是由圆钢丝切制而成,所以又叫钢丝丸。不同材料、不同形状的弹丸,其清理速度和本身的使用寿命也各不相同,详见表8-3。不同材料的弹丸中,白口铸铁丸的使用寿命最短,钢丝丸的使用寿命最长。

弹丸的粒度是按其直径大小来区分的,钢丝丸的直径和长度应当相等。弹丸直径的选择不宜太小,也不宜过大。弹丸直径太小,则冲击力小,清理效率低;弹丸直径过大,单位时间内抛在工件表面的颗粒数就少,也会降低清理效率,而且使工件表面粗糙度值(弹痕)增大。因此必须合理选择弹丸的粒度。表8-4列出了不同粒径弹丸的一般用途,可供参考。对易破碎的弹丸,直径应选上限。

3. 常用抛丸清理设备

无论是设备选型、设计还是技术改造,抛丸器的合理布置是至关重要的,应予以足够的重视。通常在设计抛丸清理设备时,抛丸器布置应注意以下几点:①抛丸器叶轮外沿与铸件的距离应保持在0.8~1.5m,最好为1.0~1.2m;②抛丸器弹丸流的有效抛射面应能全部覆盖铸件表面,不应有空白和死角,设计时应绘出铸件轮廓及弹流抛射区,通过改变抛丸器布

置,做出不同的抛射方案,择优选用;③应尽量避免有效抛射区内弹丸流的互相交叉,绝对不允许弹丸流直接对射。

表 8-3 各种弹丸的相对清理速度和使用寿命

指标 \ 弹丸种类	白口铸铁丸	可锻铸铁丸	钢砂	铸钢丸	钢丝丸
相对清理速度	2~3	1	3~4	1.5	3~4
使用次数/次	60	870	1320	1570	3410
相对使用寿命	1	15	22	26	57

表 8-4 弹丸粒径及用途

弹丸粒径/mm	一 般 用 途
2.0~3.0	大型铸钢件清砂和清理
1.5~2.5	大型铸铁件和中型铸钢件清砂及清理
0.8~1.5	中、小型铸铁件和小型铸钢件清砂及清理
0.5~1.0	小铸件清理
0.3~0.5	有色金属铸件清砂和清理

(1) 抛丸清理滚筒 这种类型的抛丸清理设备是利用高速弹丸击打滚筒内不断翻动的铸件,从而达到清理的目的,适用于清理中小型耐翻转和碰撞的铸件。目前国内机型主要以间歇式居多,装卸铸件尚需人工辅助操作。

1) Q31 系列间歇式抛丸清理滚筒主要有 Q3110A、Q3113A、Q3113B 等定型产品。它们均是 Q3110 型或 Q3113 型的改型产品,适用于清理 15kg 以下的耐碰撞的铸件。这种机型较早在中小型铸造厂得到广泛应用,且制造的厂家较多,经各厂改型后的产品也不尽相同。

图 8-25 所示为 Q3110 型抛丸清理滚筒结构图。其工作过程如下:将铸件装入滚筒内关闭端盖 1,开动机器进行抛丸清理。滚筒以 3r/min 的转速旋转,筒内壁护板上的斜筋条不断

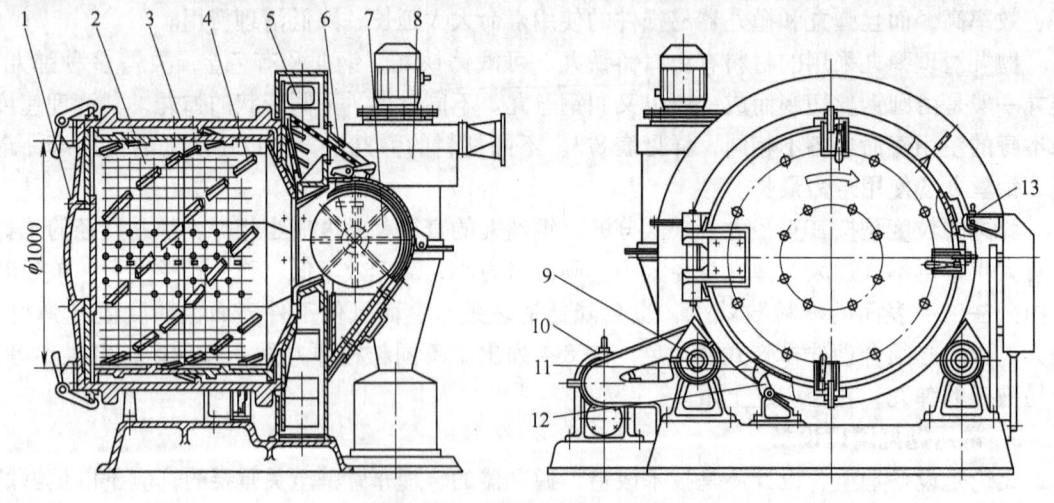

图 8-25 Q3110 型抛丸清理滚筒结构
1—端盖 2—护板 3—滚筒壳体 4—筋条(螺旋带) 5—提升斗 6—分离器 7—抛丸器 8—旋风除尘器 9—托轮 10—齿轮减速电动机 11—定位凸块 12—棘爪 13—自动停机装置

地翻动铸件，同时将铸件送至靠近端盖的抛丸作用区内，使铸件都得到均匀的清理。弹丸经护板上的孔眼落入滚筒壳体 3 与护板 2 之间的夹层内，再由滚筒壳体上的螺旋带输送到提升斗 5 的下方，被提升到分离器 6 中，经筛网筛去大块杂物。细碎的弹丸、砂粒及粉尘等则被气流带入旋风除尘器而清除，弹丸则回到抛丸器重复使用。弹丸的循环路线如图 8-26 所示。

整个滚筒支承在两对托轮上，电动机经链传动带动主动轴上的两个托轮，靠摩擦传动驱动滚筒旋转。这种驱动方法结构简单，但需正确选择主动轮的旋转方向，如图 8-27 所示。如果选择不当，则当主动轴制动过急时，滚筒可能由于惯性而越过托轮跳下造成事故。

该设备设有自动停机控制装置，当达到规定的清理时间后，预先调好的停机控制装置自动切断电源。为使滚筒停在一个固定的位置上，滚筒上设有偏重块（图 8-25 中未标出）及定位凸块 11（图 8-25），在机座上设有棘爪 12，以保证端盖能绕折页铅垂轴线开启。

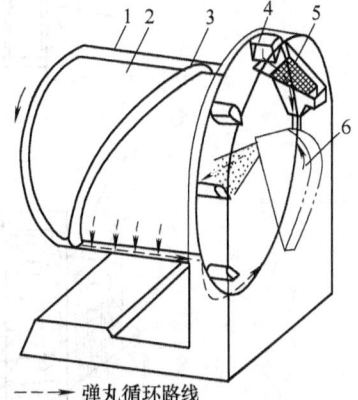

图 8-26 弹丸循环路线
1—滚筒壳体 2—护板 3—螺旋带
4—提升斗 5—分离器 6—抛丸器

此设备装有旋风式除尘器，能将滚筒中的粉尘及废砂沉降在其下的集尘箱，除尘后的空气由排风口排出。

其他 Q31 系列抛丸清理滚筒除尺寸规格和生产率高于 Q3110 型外，其结构和工作原理基本类似。不同之处在于 Q3113 还设置了液压传动的加料翻斗，使加料及卸料机械化。而且加料门与筒体是分开的，所以可在清理完毕开门后，借助滚筒的反向转动将铸件卸入运料小车内。

2）Q6116 型连续式抛丸清理滚筒结构如图 8-28 所示，它适用于在自动生产流水线上清理铸件、锻件、热处理件、压铸件等的粘砂、铁锈及氧化皮等，既可用于大批量小件清理的连续生产，也可用于有色

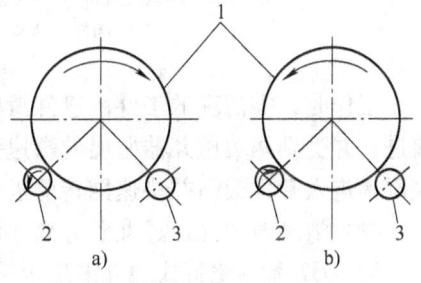

图 8-27 主动轮的正确旋转方向
a) 合理 b) 不合理
1—滚筒 2—主动托轮 3—被动托轮

金属件的表面清理与增色。其抛丸效率大大高于 Q31 系列抛丸清理滚筒，且占地面积小，可大大减轻工人的劳动强度。但该机不适合于清理形状复杂、易堆积成团的工件。

该抛丸清理滚筒为一筒形构件，内部镶有高耐磨性带筛孔的橡胶护板，以减小工件对护板的撞击，橡胶护板内表面有断续单螺旋筋片，以便使工件边翻转边前进，并得到全面、均匀的清理。滚筒环形导轨与托轮之间采用非硬性接触方式，即在托轮外圈硫化一层高耐磨性橡胶以增大传动摩擦力。通过调速电动机与减速器来实现滚筒转速无级调速，并与卸件滚筒转速匹配。

卸件滚筒其结构与抛丸清理滚筒基本相似，但其内表面镶有双螺旋连续筋片，以增加工件的翻转次数，能将工件内残留的弹丸及杂物全部倒出。

抛丸器为悬臂离心式高效抛丸器，总抛丸量≥700kg/min，抛丸速度在 50～80m/s 可调，可适应不同硬度工件的要求。弹丸流量可采用电磁流量控制阀来控制。

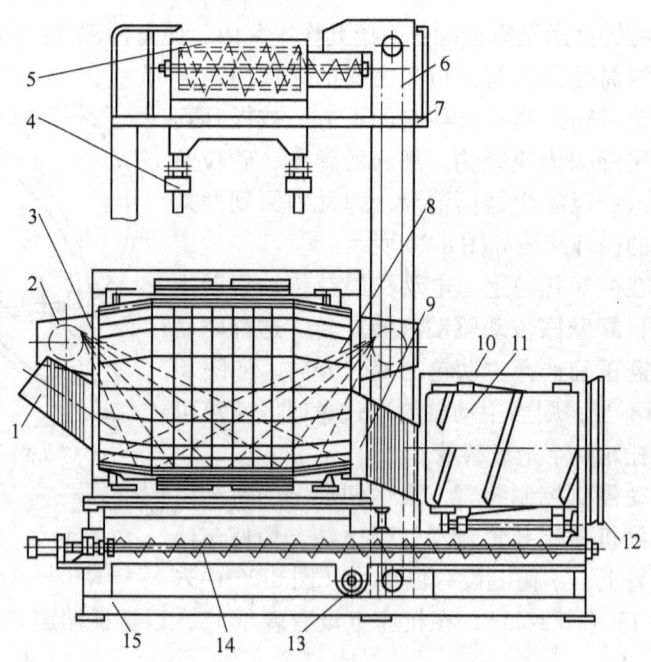

图 8-28　Q6116 型连续式抛丸清理滚筒结构图
1—进件滑槽　2—抛丸器　3、10—室体　4—弹丸控制系统　5—丸砂分离器
6—斗式提升机　7—维修平台　8—清理滚筒及传动机构　9—过渡滑槽
11—卸件滚筒及传动机构　12—卸件滑槽　13—纵向螺旋
14—横向螺旋　15—基座

工作时，需清理的工件由进件滑槽源源不断地进入抛丸清理滚筒，随滚筒转动而翻转、前进，并受到两端抛丸器抛出的高速弹丸的冲击、摩擦进行表面清理。清理好的工件经过过渡滑槽进入卸件滚筒并快速翻转前进，彻底去除工件内的弹丸及杂物，最后通过卸件滑槽流出。抛丸清理时弹丸通过丸砂分离器而循环使用。

3) Q32 系列履带式抛丸清理滚筒是一种特殊的滚筒类抛丸设备，其工作原理如图 8-29 所示。它的铸件运载机构由一对圆形端盘和一条围绕它封闭的履带组成。抛丸器布置在滚筒上方，与前述滚筒布置在端部相比，弹丸流覆盖更加合理，而且可以布置一个或多个抛丸器，获得更高的生产率。履带装置由 35 节链环和装在链环上的履带板组成。履带可以正、反旋转，正转时进行铸件清理，使铸件在其中不断翻动；反转时使铸件卸出。清理掉的砂粒和弹丸通过履带的间隙下落，由螺旋输送机送去过筛，并用斗式提升机送至丸砂分离器将弹丸和灰、砂分离，分选后的弹丸重新供给抛丸器。整个机器可实现半自动化操作，生产率较高，既可用于大批量生产，又可用于小批量生产。其缺点是履带的结构比较复杂，维修工作量较大，近年有被耐磨橡胶履带取代的趋势，使机器总重、噪声及维修工作都有所减轻。

(2) 转台式抛丸清理机　其转台的形式如图 8-30 所示。固定单转台式是用橡胶幕帘把转台隔成室内、室外两部分，铸件在室外装卸及翻转，在室内清理，如图 8-30a 所示。抛丸转台的形式还有可回转单转台式、回转双转台式及复合多转台式。可回转单转台式如图 8-30b 所示，转台支承于门的悬架上，当打开门时，转台随门移出室外，便于装卸及翻转铸件，关门后转台在室内进行清理。回转双转台式如图 8-30c 所示，将两个转台对称布置在门的两侧，转台与门用悬架连成一体，绕同一轴心回转。当门关闭后，一个转台在室内清理，

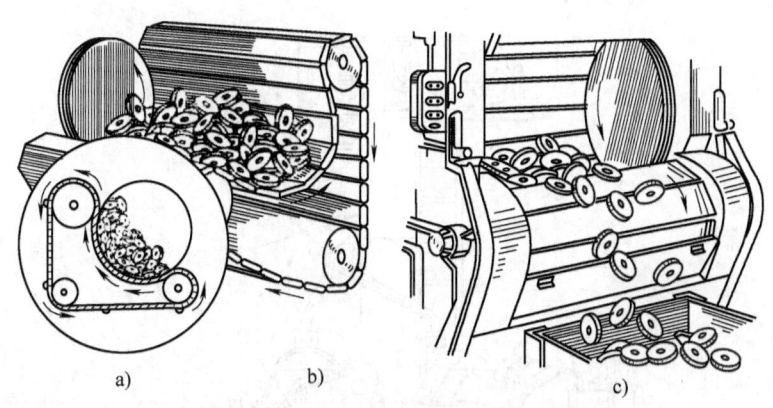

图 8-29 履带式抛丸清理滚筒工作原理
a)、b) 清理铸件时履带运动方向　c) 卸料时履带运动方向

另一个转台在室外装卸或翻转铸件。复合多转台式如图 8-30d 所示,是在单转台的基础上再设置若干小转台,当小转台转入抛丸工作区时,被张紧带带动作行星式自转,使所载铸件得到均匀的抛射。这种形式的抛丸转台清理效果较好,但结构复杂。

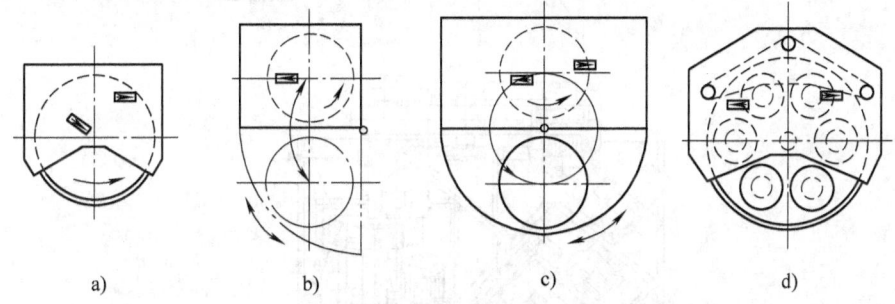

图 8-30　抛丸清理机转台的形式
a) 固定单转台式　b) 可回转单转台式　c) 回转双转台式　d) 复合多转台式

Q35 系列转台式抛丸机,结构紧凑,清理效果好,适用于清理批量不大的扁平、薄壁件或一些易碰碎的铸件。图 8-31 所示是 Q3525A 型转台式抛丸清理机。该机设有两台抛丸器,其转台采用摩擦轮传动,以便在工作过程中可以灵活地使转台停止转动。转台为网状圆盘,表面铺设有一层带有圆孔的橡胶板。清理下来的旧砂及弹丸由圆孔漏至转台下面,由其下面的螺旋输送机输送至斗式提升机中,经斗式提升机提升至风选式丸砂分离器内,分选后的弹丸再回到抛丸器重复使用。该机转台直径为 2500mm,可清理铸件的最大尺寸为 1000mm × 700mm × 400mm,转台最大装载量约 1000kg。

转台式清理设备的优点是铸件在清理中没有机械翻滚,不会碰坏铸件,适用于怕碰撞的中、小型薄壁铸件的清理。其缺点是铸件底面抛射不到,需翻转后再次清理;铸件的装卸、翻转均未机械化,工人劳动强度高,生产率低。

(3) 抛丸清理室　抛丸清理室按铸件运载机构的形式可分为台车式、悬挂式;悬挂式又有间歇作业式(单钩吊链式)和连续作业式之分。

1) 台车式抛丸清理室形式如图 8-32 所示。一种是回转台与台车分开,各有单独的传动系统,台车运载铸件沿室外地面轨道进入室内回转台的轨道上,由回转台带动台车旋转,进行清理(图 8-32a、b);另一种是台车本身带有回转台(图 8-32c)。

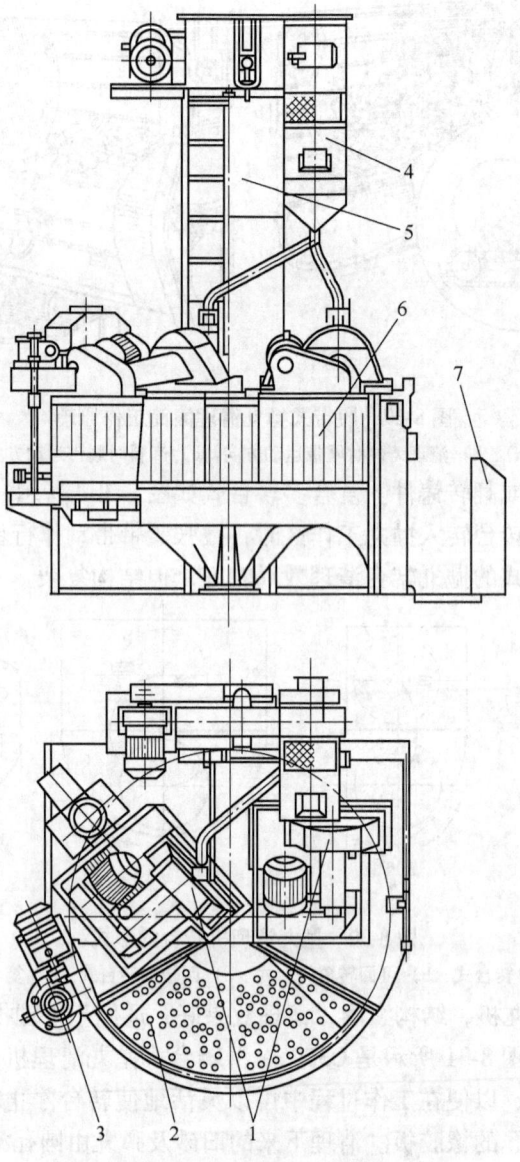

图 8-31　Q3525A 型转台式抛丸清理机
1—抛丸器　2—转台机构　3—传动机构　4—丸砂
分离器　5—斗式提升机　6—橡胶门帘　7—电气系统

台车式抛丸清理室适合于清理中大型铸件,尤其是重型铸件清理;其缺点是铸件底部得不到清理。该类设备也有间歇作业式和连续作业式之分。

2) 单钩吊链式抛丸清理室是利用抛丸器将弹丸抛向挂在吊钩上的铸件,从而达到清理的目的。清理时铸件挂在吊钩上,通过架设在室顶上的轨道进入清理室并自行旋转,使铸件四周都得到抛丸清理。吊钩由电动机带动行走和旋转。设备中采用两个吊钩,当一个吊钩在清理室工作时,另一个吊钩可在室外装卸铸件。这种设备结构紧凑,清理效果好,一次可清理铸件的各个表面,但作业方式为间歇式,主要用于清理单件、小批量生产的中小型铸件,对于怕碰撞的细长件及薄壁件则最为适宜。单钩吊链式轨道的几种布置形式如图 8-33 所示。

第 8 章 落砂与清理设备

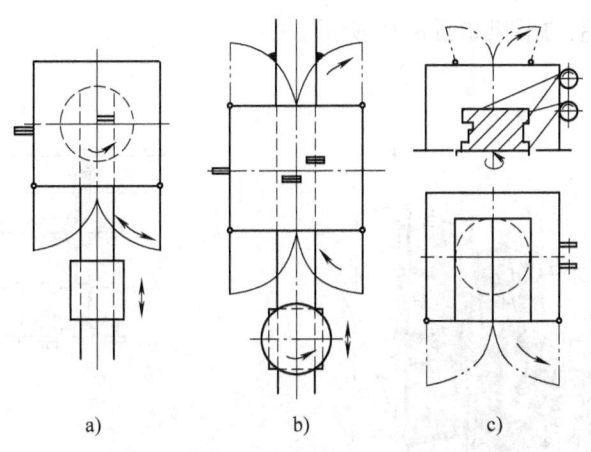

图 8-32 台车式抛丸清理室的形式
a) 非贯通式 b) 贯通式 c) 顶部开启

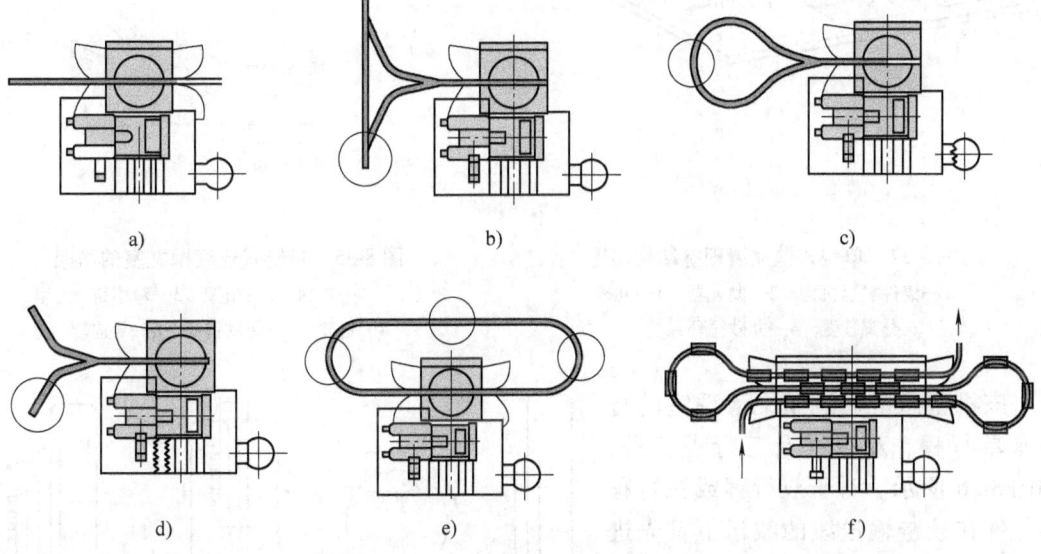

图 8-33 单钩吊链式轨道布置形式
a) 直轨式 b) 三角式 c) 圆环式 d) 三叉式 e) 椭圆环式 f) 多（双）行程通过式

图 8-34 所示是 DISA 公司 HT 系列单钩式抛丸清理室结构简图。抛丸室侧壁上设有三台抛丸器，用于将弹丸高速抛打到铸件表面的不同部位上。铸件载运机构将铸件运入抛丸室内，抛丸室门关闭。到达抛丸工位后，铸件与吊钩一起边旋转边均匀承受弹丸的猛烈打击；掉落的弹丸、型（芯）砂及氧化皮等杂物经丸砂循环系统收集，再筛去粗的杂物后，剩下的由螺旋输送器送进斗式提升机。

3) 悬链式连续抛丸清理室，多用于大批量生产的铸造车间清理中型铸件，特点是可实现连续流水作业，生产率较高。

在清理室的一侧壁的高低不同位置上安装数个抛丸器，使弹丸从各个方向抛向铸件。铸件吊挂在悬链输送线的吊钩上，进入抛丸工作区时，吊钩上的链轮与另一条单独传动的链条相啮合，并在悬链输送线的拖动下一面前进一面转动，从而使铸件的各个面均匀地得到清

311

理。悬链式连续抛丸室的吊架如图 8-35 所示。

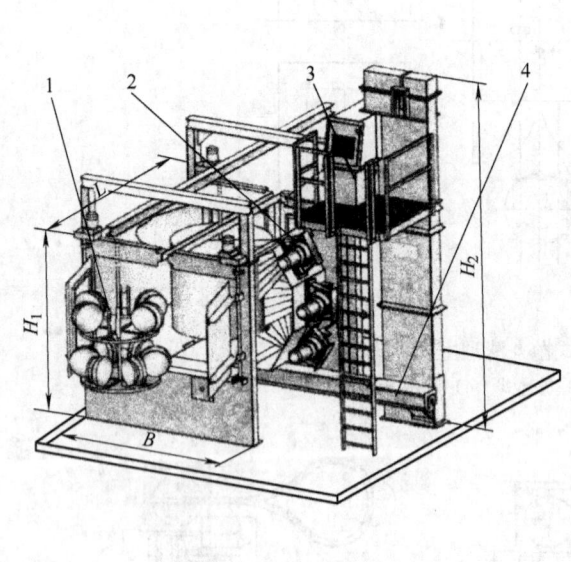

图 8-34　单钩式抛丸清理室结构简图
1—铸件载运机构　2—抛丸器　3—丸砂
分离装置　4—丸砂循环系统

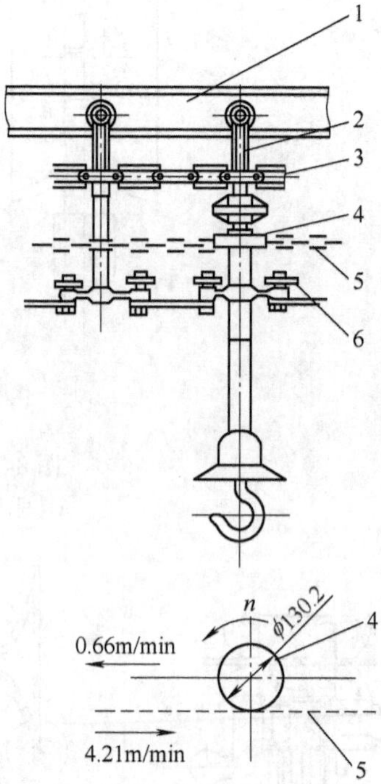

图 8-35　悬链式连续抛丸室的吊架
1—单轨　2—吊架　3—牵引链
4—链轮　5—传动链条　6—导向辊

该机型悬链通过抛丸清理室的行程有单行程、双行程及三行程三种，如图 8-36 所示。对于双行程或三行程的工件在悬链输送线的载运下首先进入抛丸区的后排，被部分弹丸抛射清理后再转入前排位置进行清理。

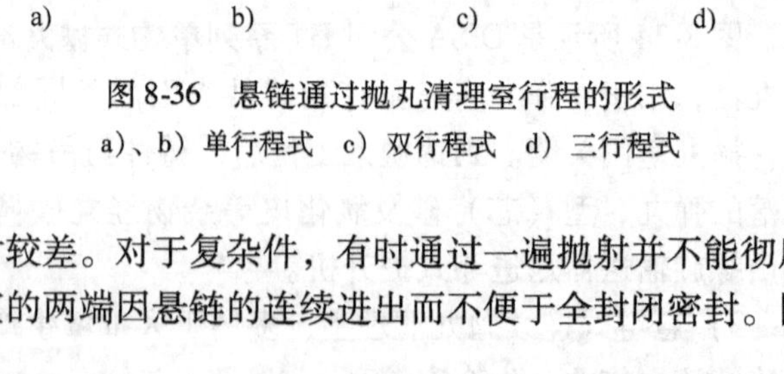

这类清理设备工作时，需用专用吊具在吊钩运行状态下，进行动态地装卸铸件，劳动强度较大。铸件在通过抛射区时是匀速运动的，不能按工

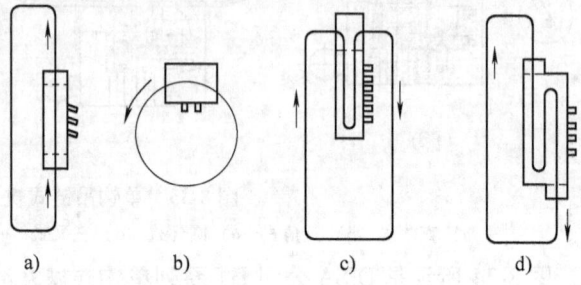

图 8-36　悬链通过抛丸清理室行程的形式
a)、b) 单行程式　c) 双行程式　d) 三行程式

件不同形状的表面区别对待，其柔性相对较差。对于复杂件，有时通过一遍抛射并不能彻底清理干净，还要再进行清理。抛丸清理室的两端因悬链的连续进出而不便于全封闭密封。因此该机型较适用于表面形状一致的铸件。

悬链式抛丸清理机按吊钩运行方式可分为连续式、步进式及积放式三种。步进式、积放式悬链抛丸清理线上的工件可随悬链步进运行或积放式运行，工件可在上、卸料以及抛丸区分别处于停止状态，实现定点装卸和定点抛丸工序。这种悬链抛丸清理线生产率高，运行可靠，对表面及内腔较复杂的工件，如电动机壳体等清理效果尤佳。

8.6.2 抛丸清砂设备

抛丸清理设备不仅限于铸件表面清理，有的工厂将开箱后的带砂铸件直接送入抛丸设备中进行落砂除芯及表面清理，称为抛丸清砂。

抛丸清砂生产率高；减少了粉尘、噪声；可直接对温度达300℃的铸件进行清砂，生产周期短，节约生产面积；一机多用，落砂、除芯、表面清理及旧砂再生处理同时进行；劳动强度低、工作环境好；能清理诸如水玻璃砂和自硬砂等各种铸件，应用范围广。

由于抛丸清砂需清落大量的砂子，而且抛落的弹丸需与混入的大量砂子分离，因此抛丸清砂设备需配大抛丸量的强力抛丸器（如超过200kg/min，甚至达500~1200kg/min）及高效率的丸砂分离器。抛丸清砂室的原理如图8-37所示，其物料流程如图8-38所示。

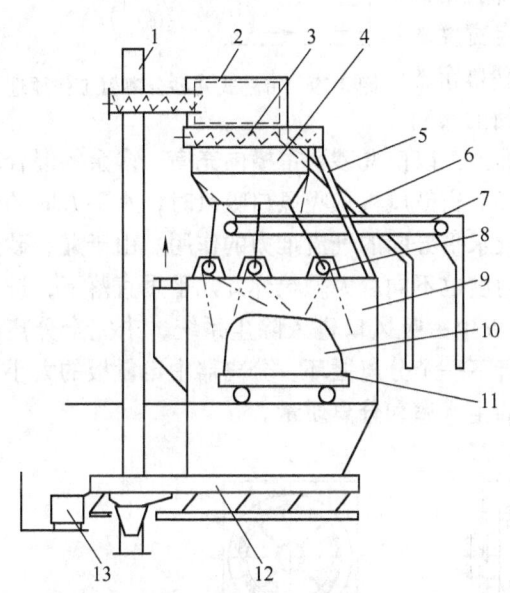

图 8-37 抛丸清砂室的工作原理
1—斗式提升机 2—滚筒筛 3—螺旋分配器 4—丸砂分离器 5—溢出槽 6—粗渣槽 7—带式输送机 8—抛丸器 9—清砂室 10—带砂铸件 11—台车 12—振动输送槽 13—废料桶

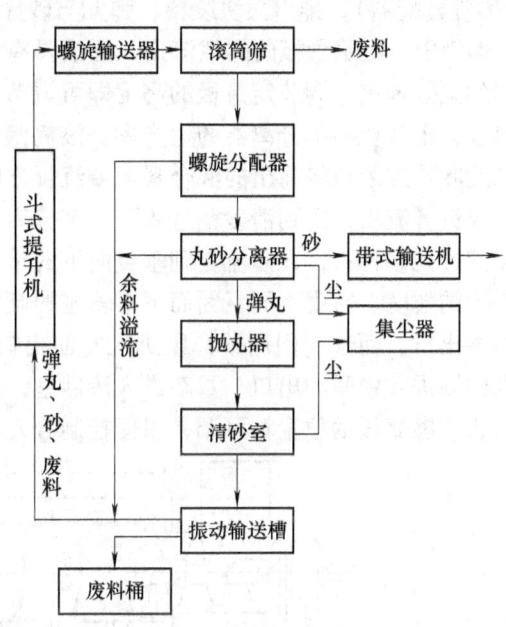

图 8-38 抛丸清砂室的物料流程

为使抛丸清砂设备能正常工作，要求分离后的弹丸含砂量在1%以下。弹丸含砂尘过多，将降低抛丸效率并增加设备易损件的磨损。据介绍，弹丸中含砂量为2%时，叶片的磨损速度比使用纯铁（或钢）丸增加5~10倍。丸砂分离系统是抛丸清理设备中必不可少的重要组成部分。对丸砂分离系统的要求是不仅能够迅速地处理大量的丸砂混合物，具有足够大的生产能力，而且要求具有较高的分离质量。尤其对于抛丸清砂设备，是否拥有高效率、高质量的丸砂分离系统，成为设备首要的性能指标。一般要求弹丸分离后的纯净度在99%以上。

常见的丸砂分离系统主要分为风选式和磁-风选联合式两种。丸砂分离系统的选型，取决于待处理弹丸混合料中的含砂量。对于一般抛丸清砂设备，混合料中含砂量要求不大于5%，采用风选式丸砂分离系统即可。风选式丸砂分离器习惯上又叫帘幕式或流幕式丸砂分离器，其工作原理如图8-39所示。它利用混合料中弹丸、砂、粉尘的密度和粒度的不同，当混合料受重力作用自由下落形成"帘幕"时，在水平风力的作用下，由于不同物料所受合力的方向各不相同，因而其落点也不同，根据不同物料的落点分别设置相应的隔板并形成相应的出口，从而将丸砂进行有效分离。

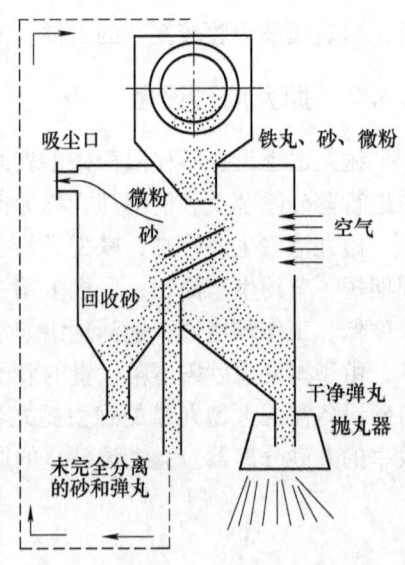

图 8-39 帘幕式丸砂分离器工作原理

图8-40所示是一种高效率的丸砂分离器结构简图。丸砂混合料从进料口进入后被螺旋输送器送至滚筒筛（螺旋分配器），排出大块废料，弹丸与砂穿过筛孔落入V形槽中，经定量板的间隙流出，形成具有一定宽度的均匀丸砂幕帘。调节定量板的高度即可调节丸砂幕帘的厚度，也就控制了分离器的生产率。滚筒筛外面的布料螺旋叶片连续地将高出的混合料向溢流管方向推去，以使丸砂幕帘横向充满，多余的混合料从溢流管流出，回到清砂室进入下一个分离循环。当鼓风机从吸风口吸风时，水平方向的气流穿过丸砂幕帘，丸砂流受到垂直向下的重力及水平方向的气流推力的作用。由于丸、砂及粉尘的粒度、密度不同，因而下落轨迹的倾斜角度也不同。大颗粒弹丸几乎垂直落下，进入右端出口，而砂（回用砂）则进入左面出口，灰尘由吸风口进入除尘系统，未完全分离的丸砂则进入中间的出口，重新进入清砂室，进行下一个分离循环。分离器中定量板的大小及舌板、撇滤板的位置均可调，以便控制分丸器的生产率和分离质量。

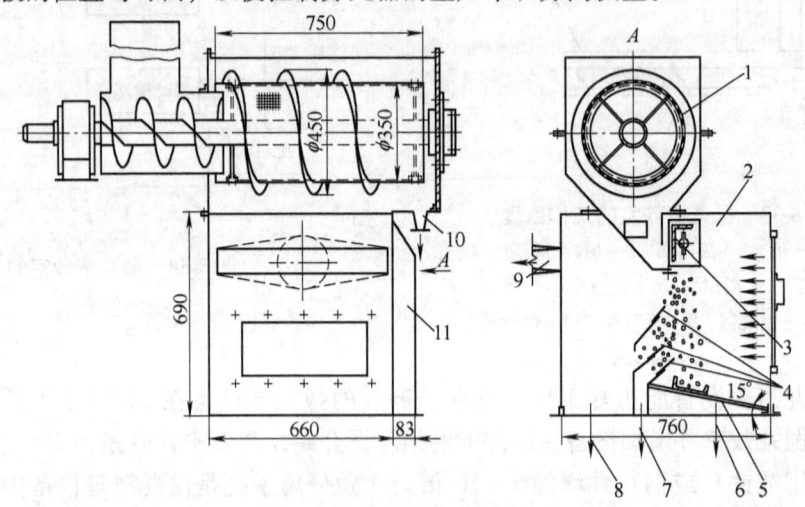

图 8-40 丸砂分离器结构简图

1—滚筒筛（螺旋分配器） 2—分离室 3—定量板 4—撇滤板 5—格子板 6—回用弹丸
7—未完全分离的砂和弹丸（返回） 8—回收砂 9—吸风口 10—废料排出口 11—溢流管

丸砂帘幕处的分离风速是影响分离效果的主要因素。实践表明，丸砂帘幕处的分离风速以4.5~5.0m/s为宜。风速的大小与风量相关，通过分离区的风量应占分离总风量的60%

~68%。值得注意的是分离区的风速应均匀，所用弹丸粒度范围也不宜过大。

8.6.3 喷丸清理

喷丸清理是指以压缩空气为动力，将弹丸高速喷射到工件上，借助弹丸的冲击和摩擦作用，清除工件表面的粘砂、氧化皮或其他污染物。喷丸清理的优点是：设备比较简单，能清理复杂铸件及深坑、内腔等部位，清理表面质量较好。但喷丸设备动力消耗大，喷枪作用面积小，清理大面积时效率较低，操纵喷枪时劳动强度高，工作条件差。因此，喷丸清理多用于清理具有复杂形状表面和内腔的铸件。

1. 喷丸器的原理

喷丸器是喷丸清理设备的关键部分，按其结构不同，可将喷丸器分为单室式及双室式两种。

(1) 单室式喷丸器　其工作原理如图 8-41 所示。弹丸由加料漏斗 1 及锥形阀门 2 加入圆形容器 3 内。工作时压缩空气经三通阀 9 进入容器内，将锥形阀门关闭，容器内的弹丸被压缩空气压入混合室 6 并与来自管道 7 的压缩空气相遇，两者混合后经胶管 5 及喷嘴 4 喷射到铸件上。这种喷丸器中的弹丸主要是靠压缩空气压入混合室的，所以称为压出式喷丸器。在补充弹丸时必须关断阀门停止工作。

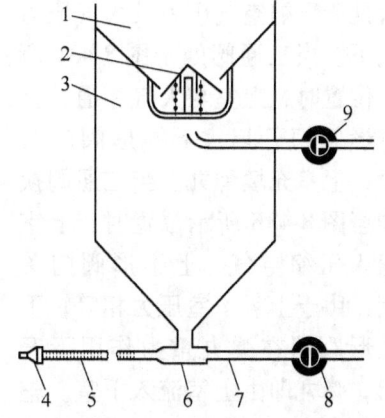

图 8-41　单室式喷丸器工作原理
1—加料漏斗　2—锥形阀门　3—圆形容器　4—喷嘴　5—胶管　6—混合室　7—管道　8—截止阀　9—三通阀

图 8-42 所示为 Q0220 型喷丸器结构简图，它采用了单室结构。

(2) 双室式喷丸器　为了实现连续作业，可采用双室式喷丸器，其工作原理如图 8-43 所示。在中小型喷丸器中，双室式喷丸器结构紧凑，生产率高。图 8-44 所示为国产 Q2014B

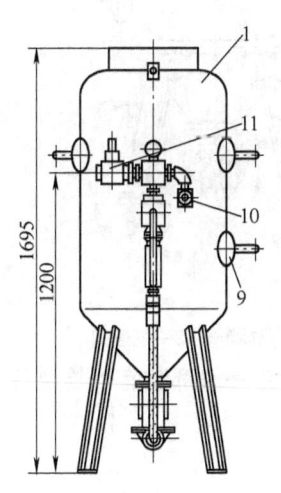
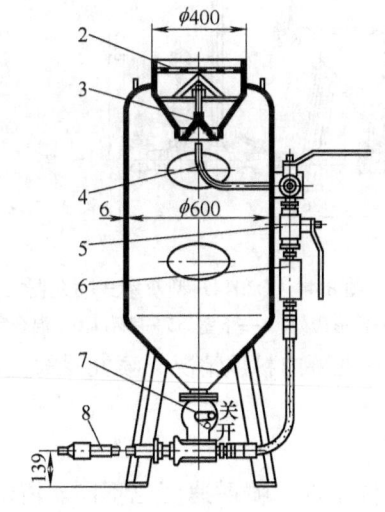
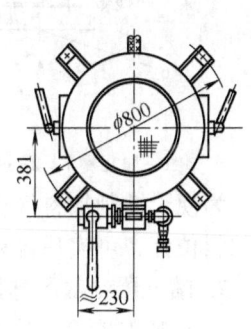

图 8-42　Q0220 型喷丸器结构简图
1—筒体　2—筛子　3—钟罩阀　4—进、排气管　5—喷射阀　6—单向阀
7—磨粒闸门　8—喷枪　9—检修门　10—排气阀　11—进气阀

型双室式喷丸器。圆形弹丸罐由上、下两个各自独立的分隔室组成。工作时它的下室 4 始终处于压缩空气压力之下，而上室是交替处于压缩空气压力及大气压力之下。当三通阀处于图 8-43a 所示位置时，上室与大气相通，上锥形阀门开启，下锥形阀门关闭，上室充填弹丸。当三通阀换向至图 8-43b 所示位置时，上室通入压缩空气，上锥形阀门关闭，由于上、下室压力相等，下锥形阀门在弹丸重力作用下开启，弹丸即由上室流入下室。整个加料过程可在不停机的情况下进行，因此喷丸器即可连续工作。

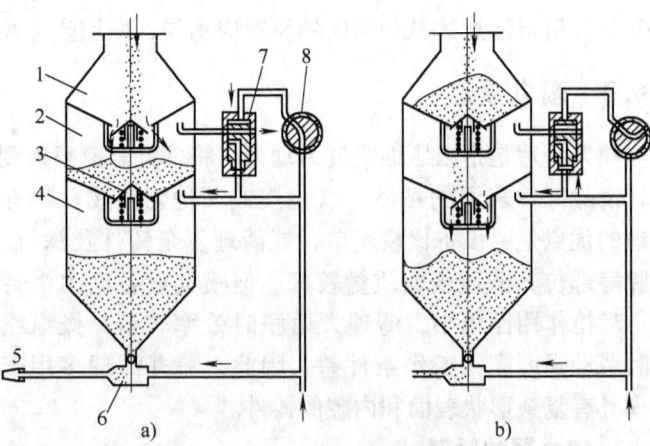

图 8-43 双室式喷丸器工作原理
1—加丸漏斗 2—上室 3—锥形阀门 4—下室
5—喷嘴 6—混合室 7—转换阀 8—三通阀

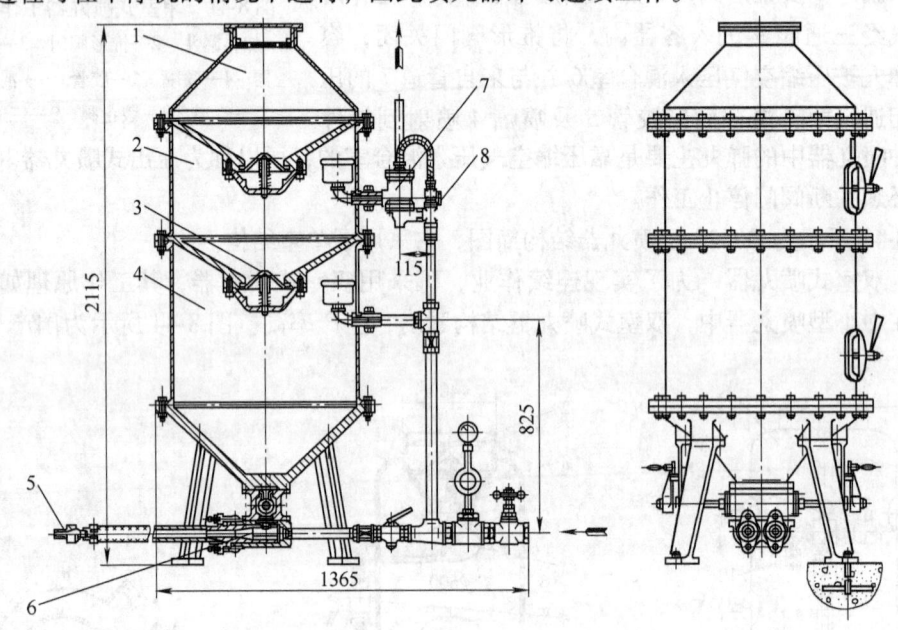

图 8-44 Q2014B 型双室式喷丸器
1—加丸漏斗 2—上室 3—锥形阀门 4—下室 5—喷嘴 6—混合室 7—转换阀 8—三通阀

为便于控制加料量和检测弹丸罐内料位情况，喷丸器的上、下室一般都装有可检测弹丸量的料位计，可实现自动加料。

2. 喷丸器参数的选择

(1) 喷射速度 清理的铸件不同，喷射速度也不同。清理铸钢件时要求喷射速度比清理铸铁件时高；清理铸件表面的粘砂要比清理铸件表面的氧化皮所要求的喷射速度高。

1) 压缩空气的压力。进行正常喷射所需要的压缩空气的压力与铸件表面硬度、喷射弹丸材料（石英砂、铁丸、钢丸等）的密度及粒度大小有关。工件表面硬度越高，喷射材料的密度和粒度越大，则工作压力要求越高。但压力也不宜过高，否则喷射弹丸的管路磨损加剧，也会造成较软的工件表面出现过深的弹痕；压力也不宜过低，否则喷射效率降低，甚至不能进行正常喷射。

采用金属丸进行喷丸清理时，喷丸所需压缩空气的工作压力可按表8-5选取。

表8-5 喷丸所需压缩空气压力

铸件材料	铸钢	铸铁	有色金属
工作压力/kPa	450~550	400~500	100~300

2）喷嘴孔径。喷嘴孔径直接影响喷射速度和喷射效率。孔径太小容易堵塞，孔径太大则压缩空气消耗量迅速增加，当孔径增大到和管路供气能力不相适应时，则喷射速度降低。喷嘴孔径一般应不小于弹丸直径的4倍。常用的孔径为4~15mm，大者可达22mm，用于重型铸件的清理。

（2）喷嘴内径与压缩空气消耗量的关系　喷嘴内径越大，压缩空气的消耗量越多。喷丸器喷嘴内径与压缩空气的消耗量的关系如图8-45所示。该图是在喷嘴中只有空气而没有弹丸通过的情况下得出的。当喷嘴里有弹丸通过时，压缩空气消耗量比纯空气时为低。例如，当空气与弹丸重量比为1：(4~5)时，空气消耗量比纯空气流时要减少30%~60%，喷嘴内径较小时取低值。

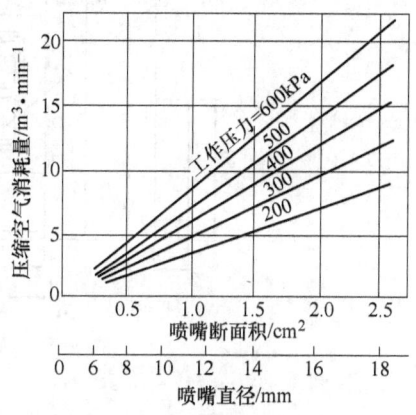

图8-45　喷嘴内径与压缩空气消耗量的关系

从图8-45也可以看出，空气消耗量与喷嘴断面积成正比，因此当喷嘴磨损后，空气消耗量迅速增大。一台喷丸器所需的压缩空气供应能力，可按喷嘴在更换前的最小内径和图8-45得出。

（3）喷射距离与喷射角度　喷射距离是喷嘴至铸件表面的距离。距离过大或过小都会减弱喷射速度，降低喷射效率。当压缩空气压力为350~550kPa时，喷射距离取350~550mm最适宜。

喷射角度是指铸件被喷射表面与弹丸流之间的夹角。喷射角的大小应根据清理工件的性质来选定。通常喷射角在75°~90°之间，对于难清理的铸件表面取较大的喷射角度。在喷丸清砂时，喷射角取45°左右比较适宜。一般喷丸清理应避免喷射角为90°的喷射，这样会降低喷射效果。只有喷打很硬的砂块、粘砂层或喷打很深的砂芯时，喷射角才可以接近90°。

3. 喷丸清理设备

喷丸设备的形式与抛丸设备类似，也有滚筒式、转台式、室式等。喷丸清理室也有悬链式、台车式之分。铸件运载装置、丸砂分离及输送系统、除尘系统等则与抛丸设备基本相似。喷丸清理设备和抛丸清理设备的主要区别在于清理所使用的动力装置为喷丸器。图8-46所示为Q226型履带式喷丸清理机结构简图。它由履带式运载装置、清理室、机动喷枪、螺旋输送机、斗式提升机及分离器等组成。耐磨橡胶履带和两侧的端盘所组成的开口"滚筒"为铸件的运载装置，上方设四支机动喷枪将弹丸喷射在清理室内连续翻滚的铸件上，达到清理的目的。该型清理机清理效果好,噪声较低,铸件清理后可自动卸出。适合各种材质小件的清理和强化,尤其适合有色合金件的清理。

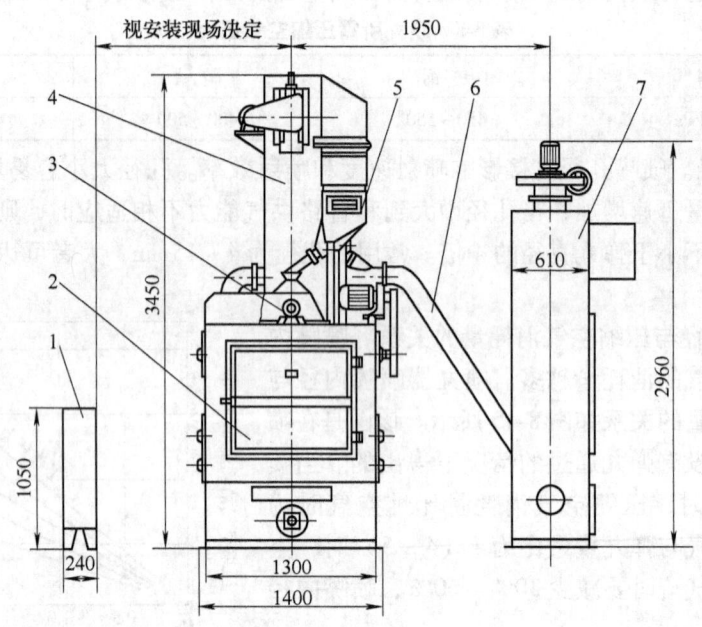

图 8-46 Q226 型履带式喷丸清理机结构简图
1—电控柜 2—清理室 3—喷枪(室外部分) 4—斗式提升机 5—分离器
6—抽风管 7—除尘机组

4. 抛丸、喷丸联合清理设备

抛丸、喷丸联合清理设备是以抛丸作为主要清理手段、喷丸作为辅助或补充手段的联合清理装置。它既有抛丸设备效率高,清理质量好,动力消耗少的特点,又有喷丸设备适应范围广,针对性强,使用灵活,便于清理铸件的复杂内腔和深孔及表面的特点。先以抛丸法清理大面,后以喷丸法清理死角、内腔,发挥抛丸、喷丸各自的优点,互相补充,从而大大提高清理效率,降低清理费用。因此,这种设备适合各种复杂的大、中型铸件的表面清理。抛丸、喷丸联合清理室也有多种形式,其结构和单独的抛(喷)丸室基本相似,一般由抛丸器、喷丸器、铸件运转机构、清理室、弹丸循环及分离装置等部分组成。

图 8-47 所示为几种抛丸、喷丸联合清理设备的简图。图 8-47a 所示是定型产品 Q 7630A 型台车式抛、喷联合清理室,用于大型铸件清理。图 8-47b 所示是悬链式连续抛、喷丸联合清理室,用于中型铸件的清理。图 8-47c 所示是悬链台车式两用抛、喷联合清理室,适用于单件、小批量生产的铸造车间清理中型和大型铸件;对于中、小件可用六个抛丸器配合悬链进行清理;对于大型铸件和复杂的型芯,采用两个电动升降喷枪装置配合回转台车进行清理,适于单件多品种的生产。

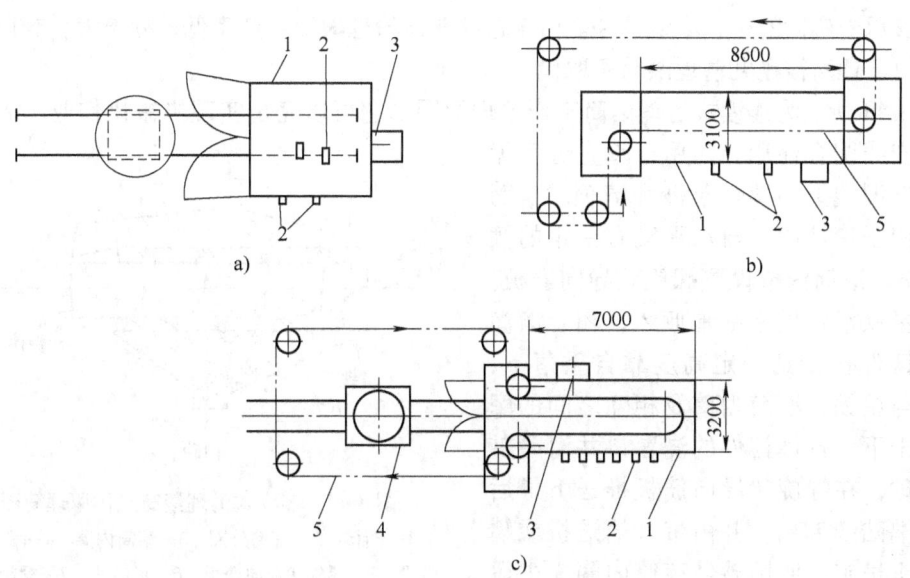

图 8-47 抛丸、喷丸联合清理设备简图
1—清理室 2—抛丸器 3—喷丸操作台 4—回转台车 5—悬链输送器

8.6.4 其他清理设备和清理方法

1. 清理滚筒

普通清理滚筒是依靠滚筒转动时铸件与滚筒内壁、铸件与铸件、铸件与星铁之间的摩擦和碰撞作用清除铸件表面粘砂和氧化皮的，其特点是结构简单、制造容易、操作方便、使用可靠、适应性广，但运转时噪声较大，劳动强度较高且不宜用于薄壁易碎铸件。图 8-48 所示为间歇式普通清理滚筒简图。它主要用于单件、批量生产的场合，特别适用于清理形状简

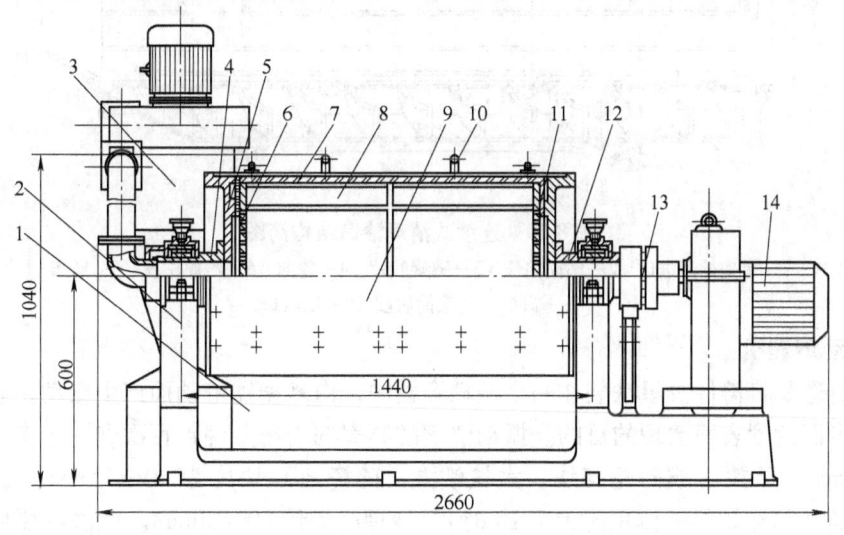

图 8-48 间歇式普通清理滚筒简图
1—筒壳 2—支架 3—集尘箱 4、12—空心轴颈 5—端盖 6—带孔圆盘 7、11—橡胶垫
8—衬板 9—滚筒盖 10—锁紧器 13—弹性联轴器 14—带减速器电动机

单,能够承受碰撞的中、小型铸件。由于这种普通清理滚筒生产率低,噪声大,难以实现机械化,故已逐渐被抛丸清理滚筒所取代。

图 8-49 所示为连续式清理滚筒工作原理简图。它可以完全实现机械化作业,故可以和连续生产线配合使用。如用于垂直分型无箱射压造型线上的铸件落砂和清理。滚筒结构类似于滚筒筛,与水平线有一定的倾斜角度 α,滚筒内壁设置螺旋状导向筋板。铸件和星铁沿溜槽不断地倾入,随着滚筒旋转,铸件被带到一定高度靠自重落下,在铸件与星铁、滚筒内壁及相互之间的摩擦和撞击下,打掉铸件的浇冒口并清除其表面粘砂,在螺旋状导向筋板推送下最后由出口端陆续卸出,并由带式输送机或鳞板输送机送走。回用砂经滚筒内圈 3 中段

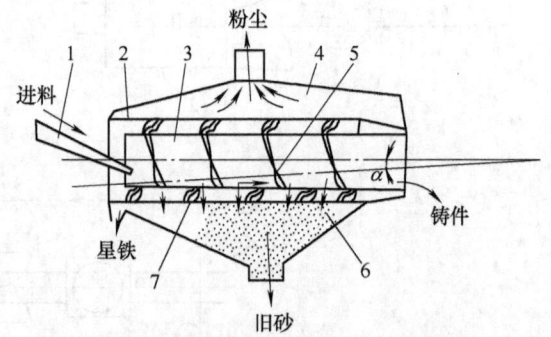

图 8-49 连续式清理滚筒工作原理简图
1—溜槽 2—滚筒外圈 3—滚筒内圈 4—吸尘风罩 5—螺旋状导向筋板 6—集砂斗 7—螺旋叶片

上的孔眼落入滚筒外圈 2 中,再经滚筒外圈中段的孔眼落入下部的集砂斗 6 中。星铁在出口端附近落入滚筒内、外圈之间,再由螺旋叶片 7 送回进口端回用。滚筒倾斜角 α 可以调节,以调整铸件在滚筒中的停留时间。图 8-50 所示是这种连续式清理滚筒的结构简图。

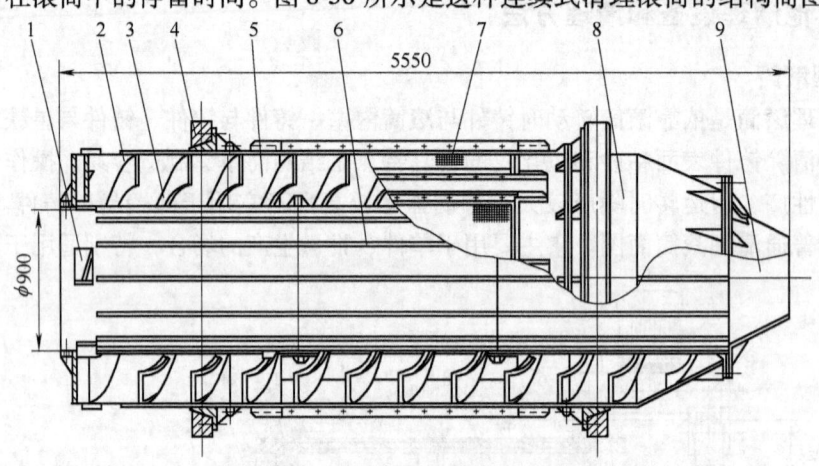

图 8-50 连续式清理滚筒结构简图
1—星铁循环进口 2—滚筒前段 3—螺旋叶片 4—轮圈 5—滚筒中段 6—筋条
7—筛网 8—滚筒后段 9—出料口

2. 振动清理机

振动清理是将铸件及星铁装在一个振动容器中,由激振器带动而产生振动,靠相互摩擦和轻微撞击而达到表面清理的目的。振动清理的频率约为每分钟数百次到一千多次,振幅一般为 2~3mm。星铁(或砂轮碎块、大粒铁丸、碎瓷片)块度为 20~25mm,装载体积为 75%(当铸件与充填料的体积比为 7∶10 时)。清理时间约 20~30min。此法主要用于对表面质量要求高的小件。

铸件在振动清理装置中的振动越均匀,清理效果越好。为了改善铸件振动的均匀化,可将两个激振器分别配置于容器两侧高度方向的中间,以提高清理效果,图 8-51 所示是铸件

在振动容器中的运动状态。在容器底部配置激振器的振动不均匀,故采用两个激振器配置于容器两侧高度方向的中间,可使铸件的振动均匀性大为改善,提高清理效果。

3. 化学清理法

化学清理是用碱浸或酸浸铸件进行清理的一种方法。碱浸法是将铸件放在 400～500℃ 的碱（通常用 NaOH 或 KOH）溶池中浸渍,或放入含 20%～30%（质量分数）苛性钠的沸水溶液中,铸件上的粘砂同碱发生化学反应,其生成产物为硅酸钠水溶液,从而去除铸件上的粘砂及氧化皮,其化学反应为

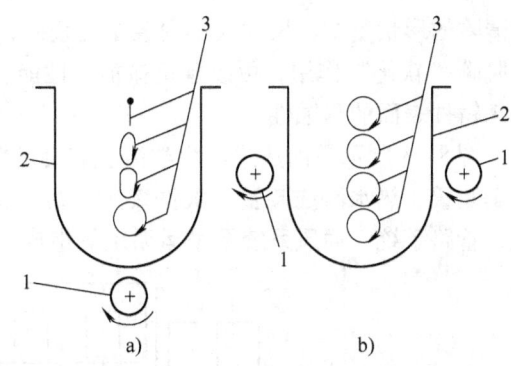

图 8-51　铸件在振动容器中的运动状态
a）铸件振动不均匀　b）铸件振动均匀
1—激振器　2—容器　3—铸件运动轨迹

$$2NaOH + SiO_2 \longrightarrow Na_2SiO_3 + H_2O$$

此法主要用于清理精铸件,有时也用于清除铸钢件表面的粘砂。与抛丸清理法相比,其优点是可以使精密铸件保持光洁的表面,避免抛丸打出弹痕。碱煮后的铸件须用热水清洗,以免腐蚀。

酸浸法则是用稀盐酸或硫酸浸渍铸件,由于所需时间较长,主要用于清理精铸件的氧化皮。

4. 电化学清理

将被清理的铸件预热到 250℃,装在金属丝笼里浸入 500℃ 的熔融 NaOH 电解槽中,铸件接直流电负极,电解槽接正极。电解电压为 3～12V,电流密度为 1500～2000A/m²,处理时间为 0.5～2h。

电化学清砂时,铸件表面及内腔的残砂（SiO_2）、氧化皮（Fe_3O_4）与电解液中主要成分苛性钠（NaOH）发生如下化学反应

$$2NaOH + SiO_2 \longrightarrow Na_2SiO_3 + H_2O$$
$$2NaOH + Fe_2SiO_4 \longrightarrow Na_2SiO_3 + 2FeO + H_2O$$
$$2NaOH + Fe_2SiO_4 \longrightarrow Na_2SiO_3 + 2FeO + H_2O$$

反应具有很强的还原能力,可将硅酸铁晶体中的铁还原出来,生成硅酸钠化合物,并与铸件剥离形成杂质沉入槽底渣盘中。电化学清理可清除其他方法难以清理的化学粘砂。

铸件从电解槽吊出后,放入冷水槽激冷,使其表面及内腔的残砂、氧化皮及粘砂剥离,然后用热水清洗、吹干。

电化学清理的一般工艺流程如图 8-52 所示。

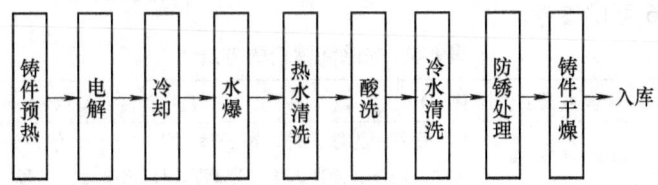

图 8-52　电化学清理工艺流程图

这种清理方法可以彻底清除铸件表面和内腔的残砂、氧化皮及粘砂,尤其对其他方法无

法清除的形状复杂、尺寸狭小内腔中的残砂,具有极好的清理效果。电化学清理对铸件表面有脱碳"软化"作用,可改善机械加工性能,提高刀具的使用寿命;能消除铸件的内应力,提高铸件表面的耐蚀性。

图 8-53 所示是内热式电化学清理成套装置的外形图,它由预热炉、盐浴炉、空冷装置、水爆装置、热水清洗装置、酸洗装置、冷水清洗装置、防锈处理装置、直流电源、电控系统、管路系统、通风系统及吊运系统等组成。

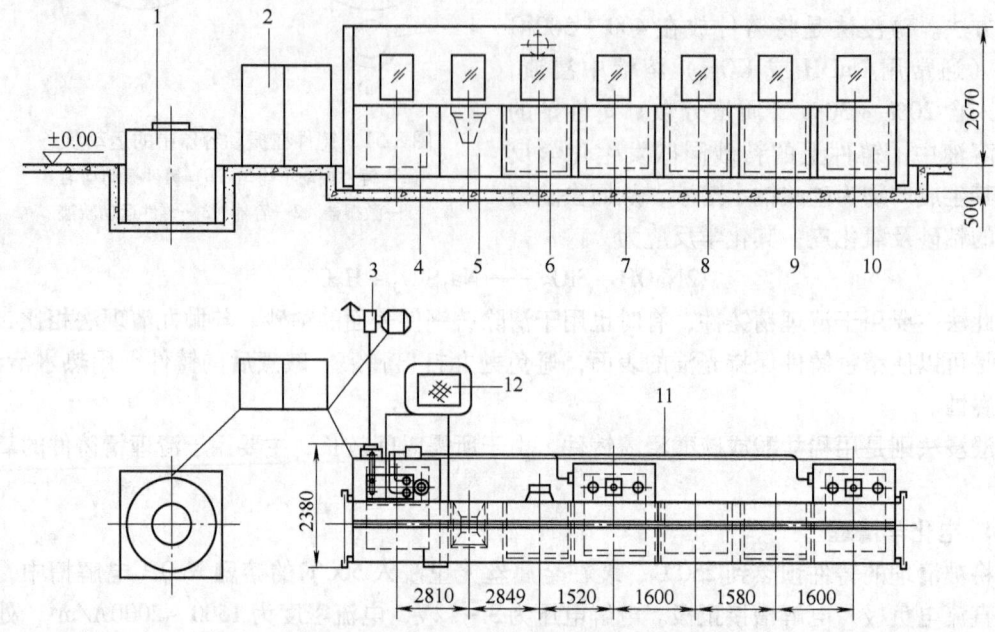

图 8-53 内热式电化学清理成套装置外形图
1—预热电阻炉 2—电控系统 3—引风机 4—盐浴炉 5—空冷装置 6—水爆装置 7—热水清洗装置
8—酸洗装置 9—冷水清洗装置 10—防锈处理装置 11—加热系统 12—直流电源

8.7 浇冒口和飞边毛刺清理设备

8.7.1 去除浇冒口设备

去除浇冒口是比较繁重而复杂的工序,因为铸件材质、品种的差异,浇冒口的位置、形状等情况复杂,给该工序的机械化带来了困难。

去除浇冒口的方法及所采用的相应设备应根据铸件的材质、浇冒口大小及形状、生产批量等来选择。表 8-6 可供参考。

表 8-6 去除浇冒口的方法

去除浇冒口的方法	工具或设备	适用范围及特点
锤击	锤子、气冲锤	适用于脆性铸件,锤子适用于中小件,气冲锤适用于较大件及中等件,经济、简便,生产率高,切口须事后铲或磨,不宜用于薄壁件
压断	压力机	适用于脆性铸件,中大件,生产率高,切口须事后铲或磨,不宜用于薄壁件,须配适当夹、辅具

(续)

去除浇冒口的方法	工具或设备	适用范围及特点
剪断	压力机、剪床	冒口较大、材质较脆的中、小件或小铸钢件,生产率高,切口须事后铲或磨,须配适当夹、辅具
铣切	铣床	不宜用于高硬度材质(如白口铸铁)铸件,可用于薄壁件,切面整齐,效率较低
锯切	圆盘锯、带锯	不宜用于高硬度材质(如白口铸铁)铸件,可用于薄壁件,切面整齐,效率较低,须配适当夹、辅具
砂轮切割	砂轮切割机	适用于脆性铸件,中小件,切口须事后铲或磨,切面整齐,效率较低,适用于薄壁件
氧乙炔气割	气割机,气割炬	适用于铸钢件,球墨铸铁件,可清理曲面和不易接触到的地方,切口金相组织易受影响,事后加工余量大
等离子电弧切割	等离子电弧切割器	适用于不锈钢、高合金钢铸件及难熔合金铸件,切割深度不宜大于50mm,事后加工余量大
液压分离	液压分离器	适用于脆性中小铸件,小型球墨铸铁件及铸钢件,生产率高,切口须事后铲或磨,不宜用于薄壁件

1. 气动多向锤

图 8-54 所示为移动式气动多向锤,主要用于去除大、中型铸铁件的浇冒口,可减轻劳动强度,提高效率 15 倍。它由移动车 16、回转臂 10、大悬臂 7、小悬臂 5 及工作气缸 1 等

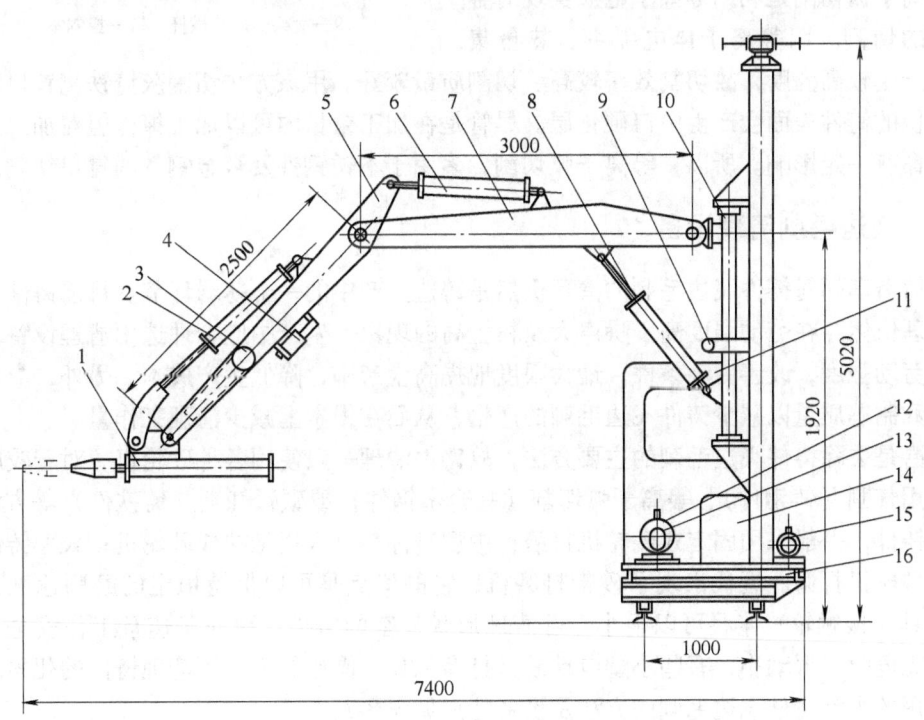

图 8-54 移动式气动多向锤
1—工作气缸 2—变向液压缸 3—空气罐 4—气阀 5—小悬臂 6—伸缩液压缸 7—大悬臂
8—升降液压缸 9—回转液压缸 10—回转臂 11—操纵室 12—电动机 13—齿轮液压泵
14—油箱 15—电动机 16—移动车

组成。在工作气缸1中活塞杆的端部安装一锤头,锤头的冲击动作由气缸驱动,浇冒口的清除是靠锤头的冲击实现的。锤头位置的改变是通过移动车的平移和回转臂、大悬臂、小悬臂液压缸的伸缩来达到的。液压、电气控制系统均集中在移动车的操纵室内,操作者通过多路换向阀和电器开关进行清除浇冒口作业。

2. 自动气割机

对于碳素钢铸件和中大型球墨铸铁件,采用气割法去除浇冒口是最为有效的方法,尤其是大冒口的切割。气割炬可装在操作机上,工人在控制室内进行遥控操作。有些切割机还可实现程序控制或按轮廓线跟踪切割。图8-55所示为一铸钢件冒口自动气割机。带转盘2的移动小车1可沿轨道往复移动,滑架9可在转盘上的立柱3内垂直移动,装有割炬5的切割器4随转臂6和滑架上的横杆10移动。立柱一侧为控制室11,另一侧为电气柜7,软管和电缆由控制室上的固定架8支撑。

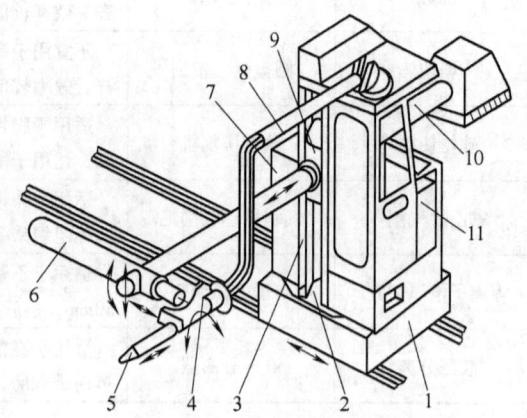

图8-55 铸钢件冒口自动切割机
1—移动小车 2—转盘 3—立柱 4—切割器
5—割炬 6—转臂 7—电气柜 8—固定架
9—滑架 10—横杆 11—控制室

3. 等离子弧切割

等离子弧切割是利用等离子电弧实现对金属物料的切割。因等离子体电弧细、热量集中,能产生较高温度,故切割效率较高、切割质量较好。用该方法切割灰铸铁浇冒口时,在切割部位的铸件表面会产生白口硬化层。尽管是在加工余量内可以加工掉,但对加工刀具的使用寿命有一定影响。所以,等离子弧切割,多用于不锈钢件及合金钢件的冒口切割。

8.7.2 飞边毛刺清理设备

在铸造车间对铸件飞边毛刺的清理仍然是铸造生产中的一个薄弱环节。目前铸件飞边毛刺的清理依然存在劳动强度高、噪声大及粉尘高的现象,生产中应合理选用清理设备,以尽量减轻劳动强度,改善劳动条件,最大限度地提高生产率,降低生产成本。另外,应通过提高造型和制芯质量以减少铸件飞边毛刺的产生,从而在根本上减少清理工作量。

打磨是去除铸件飞边毛刺的主要方法,故铸件清理一般使用各种砂轮机。对于较厚的飞边可采用气割(铸钢件)、等离子弧切割(高合金钢件)或碳弧气刨(铸铁件)等方法。对于小型铸件,一般采用固定式砂轮机打磨;中型铸件,可采用悬挂式砂轮机;大型铸件则用手提式砂轮机打磨。近代出现了砂带打磨机,它的优点是可以保持恒定的磨削速度,散热好,磨具(接触轮)半径可以很小,可清理形状复杂的铸件;更换迅速且工作安全,砂带损坏时无危险,振动小;有些小型电动砂带打磨工具,操作灵活,可清理铸件的死角。在生产中常用的去除铸件飞边毛刺的方法及设备特点见表8-7。

1. 碳弧气刨

图8-56所示为碳弧气刨的工作原理。它与电弧焊原理相似,以碳棒与铸件飞边毛刺之间产生的电弧所形成的高热将飞边毛刺熔化,再用压缩空气将熔化的液体金属吹掉。该方法也可用来去除浇冒口。碳弧气刨所用直流电多用电焊机供给,设备简单,具有生产率高、电

表 8-7　去除铸件飞边毛刺的方法及设备特点

设 备 名 称		适 用 范 围		
		铸件种类	铸件大小	生产类型
砂轮机	手提式	铸铁	大、中件	单件、成批
	悬挂式		中件	成批、大量
	固定式		小件	单件、大批
碳弧气刨		铸铁、铸钢	中、大件	单件、成批
火焰切割（等离子弧切割、氧乙炔切割等）		铸钢、合金钢	中、大件	单件、成批
铣床、压力机、液压机		有色金属、铸铁	中、小件	成批、大量
专用铲磨机床		铸铁	中、小件	大批、大量
专用铲磨机械化生产线		铸铁	中、小件	大批、大量
热去飞边毛刺法		压铸件、精铸件	小件	大批、大量
机器人去飞边毛刺		铸铁	中、大件	成批、大量

极消耗少、切割质量好等优点。但在切割时，有强烈的弧光和熔融金属飞溅，应采取一定的安全保护措施。有些工厂用碳弧气刨代替手錾、风铲清除铸件飞边毛刺，可降低噪声，减轻劳动强度，提高生产率。

2. 自动除飞边装置

图 8-57 所示是自动去除飞边装置简图，适用于多品种铸造车间的铸件清理，能清理形状复杂铸件的飞边毛刺。

该装置由六个轴构成。所谓六个轴，就是由上部（工具定位）四个轴和下部（工件定位）两个轴构成。通过六个轴的动作，工具可以对固定在工作台上的工件作出角度定位。装置采用交流伺服电动机作为动力源，其主要工具是自动錾，采用了与普通錾子截然不同的铲錾方式，因此，无论飞边的形状、大小如何，錾子端部都能正确地定位，铲除飞边。该装置设有快换工具装置，可以换用三种工具，更换时间仅需 1s；还设有夹持臂，实现了上、下料的机械化。

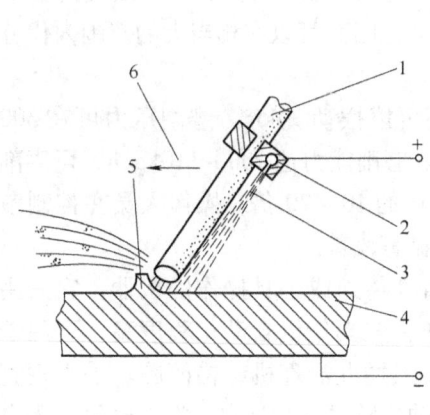

图 8-56　碳弧气刨的工作原理
1—电极（碳棒）　2—刨钳　3—压缩空气流
4—铸件　5—飞边毛刺　6—刨削方向

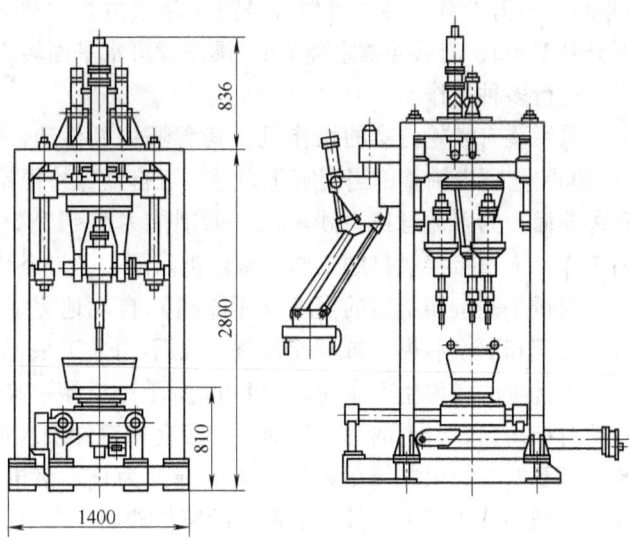

图 8-57　自动去除飞边装置

3. 铲磨生产线

大批量生产的铸件，可设计专用的铲磨机械化生产线或自动线。图 8-58 所示是由一台数控砂轮机和两台自动去除飞边装置构成的飞边清理生产线。用数控砂轮机打磨铸件表面的飞边之后，再由自动去除飞边装置清铲铸件内部的飞边；然后再把铸件翻转过来，由另一台自动去除飞边装置清铲铸件内腔型芯形成的飞边。该清理生产线采用了两台快换工具装置，可以给两台自动去除飞边装置快速更换五种工具，均可在一个工作节拍内完成。

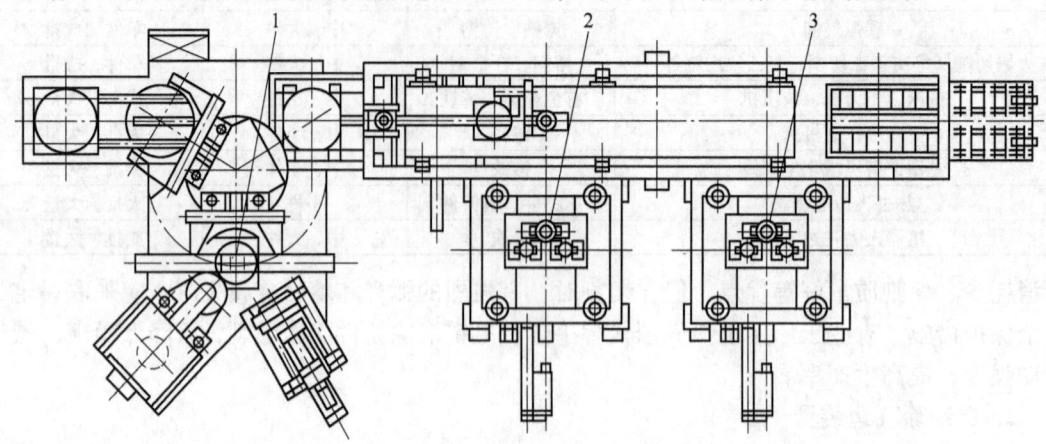

图 8-58　飞边清理生产线
1—数控砂轮机　2、3—自动去除飞边装置

8.7.3　铸件清理自动化

1. 操作机和机械手

操作机是手动遥控设备，在其工作范围内，它可以任意变换所持铸件或工具的空间位置，图 8-59 所示为一 8000N 操作机械手简图。该机全部采用液压操纵，夹持器最大荷重7000N，可开合和回转，另附有吊钩（起重量为 9000N），操作机的大、小臂可使夹持器上下升降 1.8m，前后伸缩距离 2m，操作臂可水平回转 210°，因而可以在相当大的范围内代替人工进行多种操作。

采用装有砂轮打磨的操作机，其磨削头可移动，还可以摆动 ±45°。磨削压力可在 300~3000N 范围内调整，当调定压力后，可自动保持恒定。磨削能力达 100~110kg/h，可磨削各种曲面，为普通悬挂式砂轮机（磨削能力 5~10kg/h）的 10~20 倍。操作人员在控制室内工作，不直接接触打磨工作，噪声被阻隔，劳动条件显著改善。

机械手是按照给定的程序（用靠模）自动地完成铸件传送或工具操作的机器，它只用人工装配和更换靠模（或给定程序）而不用人工去操作，较操作机自动化程度高，可用于有一定批量的铸件生产车间。图 8-60 所示是机械手夹持式抛丸清理机结构简图。采用垂直式转台结构，转台上的两个机械手交替夹持铸件绕水平轴旋转进入清理室。抛丸时机械手自转，直至抛丸结束并排尽铸件腔内的弹丸为止。该机配有由输送带和输送小车组成的给件线，机械手从小车上取件，清理后的铸件放回小车上，再送到输送带上。

对于不同尺寸和结构形状的铸件清理无需更换复杂的夹具，机械手的两个夹持臂可绕轴转动从而使铸件无论大小也都绕同一轴线转动，避免了产生清理死角的现象；机械手可以被

第8章 落砂与清理设备

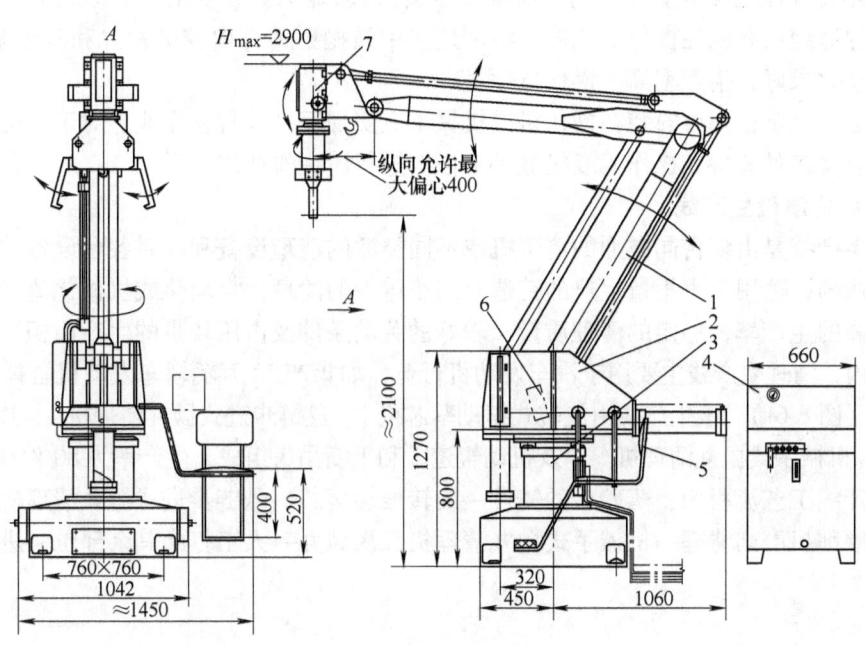

图 8-59　8000N 操作机械手简图

1—操作臂　2—头部传动　3—底座　4—液压系统　5—座椅　6—电气系统　7—夹持器

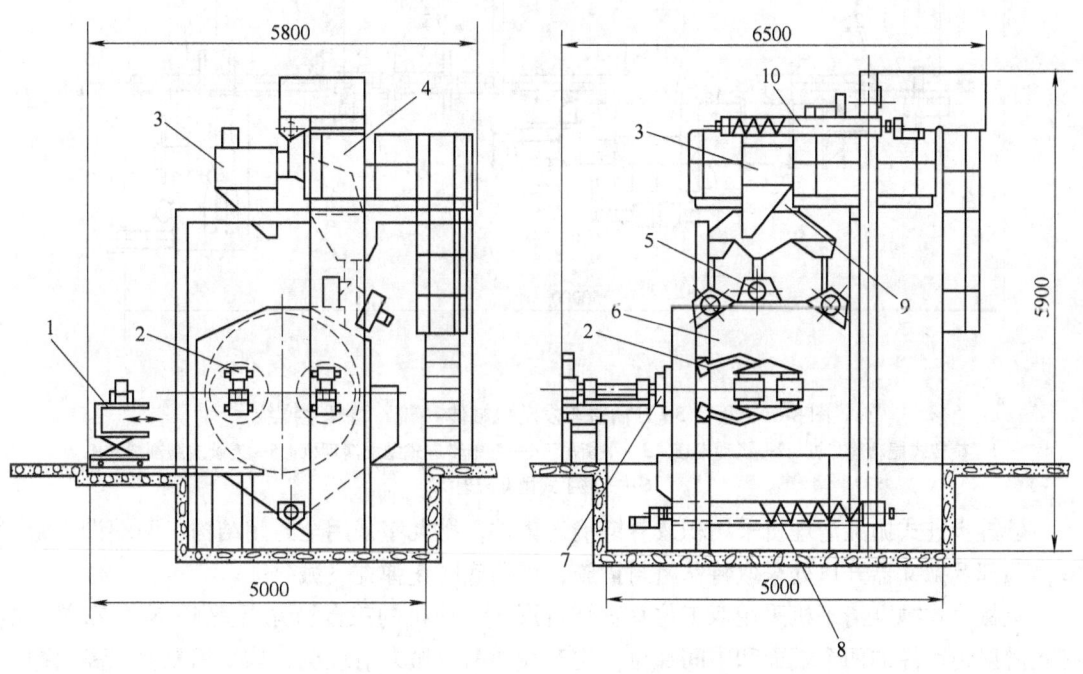

图 8-60　机械手夹持式抛丸清理机结构简图

1—输送小车　2—机械手　3—集尘器　4—斗式提升机　5—抛丸器　6—清理室　7—转台
8—下部螺旋输送机　9—分离器　10—上部螺旋输送机

编程控制完成各种组合运动（转动，摇摆及停顿），以确保具有复杂内腔形状的铸件能得到全面均匀的清理；并能在操作节拍内，将清理室中被抛射铸件内腔的积丸和残砂全部排出。机械手清理效果好，生产率高，操作方便。

气割炬、风铲也都可安装在操作机或机械手上实现遥控或自动作业。对于小批生产的铸件，也可以将铸件夹持在操作机或机械手上依次进行清理作业。

2. 自动化清理生产线

清理生产线是由多台同类型的清理机或不同类型的清理设备和联系各台设备的输送、起重机械组成的，适用于大批量生产的铸造车间小铸件的清理。自动化或机械化清理生产线可以获得较高的生产率，稳定的清理质量，较好的劳动条件及占用较少的生产面积。

在国内，清理生产线主要用于汽车发动机行业，如年产 30 万辆轿车发动机缸体（盖）清理生产线（图 8-61）。该生产线由旋转式振动落芯机 1、悬链步进式抛丸清理机 4、连续式磨削清理机 5、机械手式抛丸清理机 6 以及机动辊道 2 和平衡吊 3 组成，生产率为 80 件/h。

该生产线工艺流程为：落砂后的铸件→旋转振动落芯→悬链步进式抛丸清理机一次抛丸→连续式磨削机磨削清理→机械手式抛丸清理机二次抛丸→人工打磨其余部位→进入下一工部。

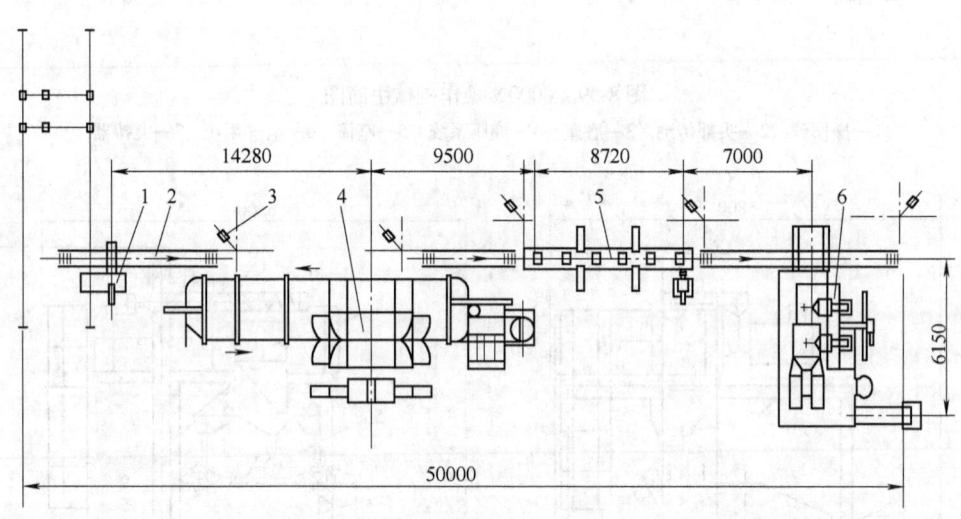

图 8-61 年产 30 万辆轿车发动机缸体（盖）清理生产线
1—旋转式振动落芯机 2—机动辊道 3—平衡吊 4—悬链步进式抛丸清理机 5—连续式磨削清理机
6—机械手式抛丸清理机

悬链步进式抛丸清理机采用积放悬链输送铸件，抛丸室采用全封闭结构，两端设有密封室，顶部及抛丸器开口处采取特殊密封措施，可彻底防止弹丸飞溅。

机械手式抛丸清理机采用双工位垂直转台形式。该机的三台抛丸器呈 40°夹角布置，能有效抛射到铸件的两个端面和中间部位。生产线中两台抛丸清理机，均采用悬臂式高效抛丸器；其丸砂分离均为一级风选 + 二级磁选的复合式，分离量大，分离效率≥99.5%。这条机械化清理生产线布置比较紧凑，可完成发动机缸体（盖）铸件的落芯、内外腔的清砂和表面清理等几道工序。

复习思考题

1. 惯性冲击式落砂机与惯性振动落砂机有什么不同？
2. 无强迫联系惯性振动落砂机的自同步条件是什么？
3. 冷却滚筒落砂机的工作原理是什么？它具有哪些特点？
4. 简述电液压清砂的原理及其适用范围。
5. 简述铸件表面清理的常用方法、结构特点及应用场合。
6. 抛丸和喷丸清理设备都由哪几部分组成？
7. 试比较抛丸与喷丸清理的优缺点。
8. 影响抛丸清理质量的因素有哪些？

第 9 章 铸造车间的环境保护

9.1 概述

铸造过程复杂,工艺多样,设备种类繁多,物料运送量大,存在液态金属和铸型的高温热作用,因此在铸件生产过程中将发生大量的物理、化学、冶金反应以及传热、传质等现象,在获得合格铸件的同时,产生严重的尘、渣、废气、废水及噪声污染。铸造车间各生产工部主要污染源及产生的污染物见表 9-1。

表 9-1 铸造车间各生产工部主要污染源及产生的污染物

序号	工部	作业	污染物种类
1	原料储存和炉料准备	存放金属炉料、焦炭、石灰石、原砂、膨润土、煤粉	粉尘
		炉料称量	粉尘
2	熔炼、浇注	冲天炉	粉尘、焦炭粒、烟气、炉渣、SO_2、CO、有机挥发物、废水
		电弧炉	粉尘、烟气、炉渣、有机挥发物
		感应电炉	炉渣、有机挥发物、烟气
		孕育处理	氧化渣、烟气
		球化处理	氧化渣、光、烟气
		浇注	烟气、有机挥发物、氧化渣、水蒸气、CO、NO_x
3	造型、制芯	造型	粉尘、噪声
		热固性有机粘结剂制芯	烟气、有机挥发物
		冷芯盒制芯	有机挥发物
4	落砂	落砂	粉尘、烟气、水蒸气、噪声
5	砂处理	粘土型砂的制备	粉尘
		有机粘结剂型砂、芯砂的制备	粉尘、有机挥发物
6	铸件清理及精整	喷丸、抛丸清理	粉尘
		打磨	粉尘、噪声
		涂漆、喷漆、浸漆	有机挥发物

(续)

序号	工部	作业	污染物种类
7	精密铸造	水玻璃粘结剂制壳	粉尘、废水
		硅溶胶粘结剂制壳	粉尘
		硅酸乙酯粘结剂制壳	粉尘、氨
		脱蜡	废水、蒸汽
		清除型壳	粉尘、噪声、碎壳料

这些污染严重危害铸造工作者和人民群众的身体健康，对自然环境造成危害，因此在进行铸造车间和工厂设计、铸造生产的组织过程中应按照国家环境保护法的有关要求，采用先进的铸造工艺设备和方法，减少铸造过程中生成的污染物质，从源头上减少污染物的生成数量。在污染物生成之后，应采取有效的工艺手段减少污染物对环境造成的影响，实现污染物质的资源再利用，以降低污染造成的危害，保护自然环境和自然资源，创造一个清洁适宜的劳动、学习和生活环境，保障铸造工作者和广大人民群众的健康。

9.2　铸造生产的环境要求

为了保障铸造工作者和广大人民群众的身体健康，保护自然环境，GBZ 2.2—2007《工作场所有害因素职业接触限值　第2部分：物理因素》、GBZ 1—2010《工业企业设计卫生标准》、GB 9078—1996《工业炉窑大气污染物排放标准》、GB 3095—2012《环境空气质量标准》、GB 20426—2006《煤炭工业污染物排放标准》等对工作场所空气粉尘浓度、工作及非工作地点噪声声级、工业炉窑污染物排放、大气污染颗粒物排放等做出了相应的规定，具体要求见表9-2～表9-7。

表9-2　工作场所空气中粉尘允许浓度

序号	名称	总尘允许浓度 /mg·m^{-3}	呼尘允许浓度 /mg·m^{-3}
1	沉淀 SiO_2（白炭黑）	5	—
2	酚醛树脂粉尘	6	—
3	滑石粉尘（游离 SiO_2 含量<10%）	3	1
4	铝金属、铝合金粉尘	3	—
5	氧化铝粉尘	4	—
6	煤尘（游离 SiO_2 含量<10%）	4	2.5
7	木粉尘	3	—
8	凝聚 SiO_2 粉尘	1.5	0.5
9	膨润土粉尘	6	—
10	砂轮磨尘	8	—

（续）

序号	名称	总尘允许浓度 /mg·m^{-3}	呼尘允许浓度 /mg·m^{-3}
11	石膏粉尘	8	4
12	石灰石粉尘	8	4
13	矽尘（10% < 游离 SiO_2 含量 < 50%）	1	0.7
14	矽尘（50% < 游离 SiO_2 含量 < 80%）	0.7	0.3
15	矽尘（游离 SiO_2 含量 > 80%）	0.5	0.2
16	稀土粉尘（游离 SiO_2 含量 < 10%）	2.5	—
17	萤石混合性粉尘	1	0.7
18	珍珠岩粉尘	8	4
19	蛭石粉尘	3	—
20	石墨粉尘	4	2
21	炭黑粉尘	4	—
22	其他粉尘	8	—

注：表中列出的各种粉尘，凡游离 SiO_2 高于 10% 者，均按矽尘允许浓度对待。

表 9-3 工作场所噪声职业接触限值

接触时间	接触限值/dB（A）	备注
5d/w，=8h/d	85	非稳态噪声计算 8h 等效声级
5d/w，≠8h/d	85	计算 8h 等效声级
≠5d/w	85	计算 40h 等效声级

表 9-4 工作场所脉冲噪声职业接触限值

工作日接触脉冲次数 n	声压级峰值/dB（A）
n < 100	140
100 < n < 1000	130
1000 < n < 10000	120

表 9-5 铸造车间常用炉窑大气污染物排放限值

炉窑类型	标准级别	烟（粉）尘浓度/mg·m^{-3}	烟气黑度/林格曼级
冲天炉	一	禁止	0
	二	150	1
	三	200	1
金属熔化炉	一	禁止	0
	二	150	1
	三	200	1

(续)

炉窑类型	标准级别	烟(粉)尘浓度/mg·m^{-3}	烟气黑度/林格曼级
干燥炉	一	禁止	0
	二	200	1
	三	300	1
其他炉窑	一	禁止	0
	二	200	1
	三	300	1

注:污染源所处的空气质量功能区类别和污染物排放限值级别相对应,即位于一类区的污染源排放限值执行一级标准,其余类推。

表9-6 环境空气污染物基本项目浓度限值

序号	污染物项目	平均时间	浓度限值 一级	浓度限值 二级	单位
1	二氧化硫(SO_2)	年平均	20	60	$\mu g/m^3$
		24h平均	50	150	
		1h平均	150	500	
2	二氧化氮(NO_2)	年平均	40	40	
		24h平均	80	80	
		1h平均	200	200	
3	一氧化碳(CO)	24h平均	4	4	mg/m^3
		1h平均	10	10	
4	臭氧(O_3)	日最大8h平均	100	160	
		1h平均	160	200	
5	颗粒物(粒径≤10μm)	年平均	40	70	$\mu g/m^3$
		24h平均	50	150	
6	颗粒物(粒径≤2.5μm)	年平均	15	35	
		24h平均	35	75	

表9-7 环境空气污染物其他项目浓度限值

序号	污染物项目	平均时间	浓度限值/μg·m^{-3} 一级	浓度限值/μg·m^{-3} 二级
1	总悬浮颗粒物(TSP)	年平均	80	200
		24h平均	120	300
2	氮氧化物(NO_x)	年平均	50	50
		24h平均	100	100
		1h平均	250	250
3	铅(Pb)	年平均	0.5	0.5
		季平均	1	1
4	苯并[a]芘(BaP)	年平均	0.001	0.001
		24h平均	0.0025	0.0025

9.3 通风除尘设备

9.3.1 除尘器的种类

在工业生产中把气体与粉尘的多相混合物的分离操作称为除尘,其目的是将粉尘微粒从气体中分离出来,以降低工作场所及空气排放时的含尘量。为了达到工业除尘的要求,需要建立含尘气体的收集、输送、除尘、粉尘收集、空气排放等一套完整的系统,称为通风除尘系统。除尘系统中将粉尘微粒从气体中分离出来的设备称为除尘器。除尘器有时也可用于从气流中收集有用的物料,如铸造车间粉料输送过程中、混砂过程中收集到的粉尘可以直接重新回到生产系统中去,这时的除尘器可称为收尘器。

除尘器是通风除尘系统的关键设备,其工作性能好坏直接影响到排至室外的粉尘浓度,从而影响工作场所周围环境的卫生条件。根据生产实际的需要,生产现场有多种多样的除尘器,分类方法各有侧重。按照 HJ/T 11—1996《环境保护设备分类与命名》的分类方法可将除尘器分为七种类型。

1) 重力与惯性除尘装置:重力沉降室,挡板除尘器。
2) 旋风除尘器:单筒旋风除尘器,多筒旋风除尘器。
3) 湿式除尘器:喷淋式除尘器,冲击式除尘器,水膜式除尘器,泡沫除尘器,斜栅式除尘器,文氏管除尘器。
4) 过滤层除尘器:颗粒层除尘器,多孔材料除尘器,纸质过滤器,纤维填充过滤器。
5) 袋式除尘器:机械振动式除尘器,电振动式除尘器,分室反吹式除尘器,喷嘴反吹式除尘器,振动式除尘器,脉冲喷吹式除尘器。
6) 静电除尘器:板式静电除尘器,管式静电除尘器,湿式静电除尘器。
7) 组合式除尘器:为提高除尘效率,往往"在前级设粗颗粒除尘装置,后级设细颗粒除尘装置"的各类串联组合式除尘器。

除尘器的种类繁多,每一种除尘器适应的粉尘性质及工作条件各不相同,因此并非每一种除尘器都可在铸造车间应用,本章将选择具有代表性的几种铸造车间常用除尘器加以介绍。

9.3.2 铸造车间常用除尘器

1. 重力与惯性除尘装置

重力除尘器是利用粉尘颗粒的重力沉降作用使粉尘与气体分离的除尘技术,其工作原理如图 9-1 所示。当含尘气体由进气口进入除尘装置后,通流断面积迅速扩大,气流速度降低,气流对粉尘的挟带作用减弱,粉尘在重力作用下沉降并落入灰斗之中,净化后的气体从出气口排出。

重力除尘器是所有除尘器中结构最简单的一种,维护容易,阻力低,压力损失小,但除尘效率低,设备庞大。其主要用作多级除尘系统的预除尘器,用于捕集大于 $50\mu m$ 的粉尘颗粒。

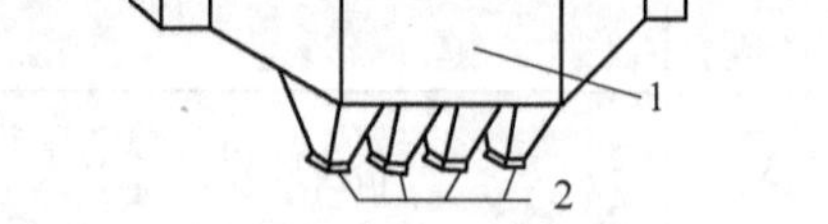

图 9-1 重力除尘器工作原理
1—室体　2—灰斗

惯性除尘器是借助挡板使气流改变方向，利用气流中粉尘的惯性力使之分离的技术。图 9-2 所示为碰撞式惯性除尘器的几种结构形式。在除尘器内通过使气流急速转向或冲击在挡板上再急速转向等方式，使气流中的颗粒产生惯性效应，从而使粉尘颗粒的运动轨迹与气流运动轨迹发生变化，使二者分离。气流速度越高，惯性效应越大，除尘效果越好。惯性除尘器可用于高温和高粉尘含量的场合，捕集大于 $10\mu m$ 的粉尘颗粒。

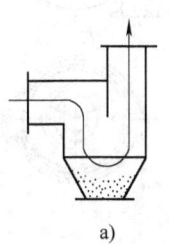 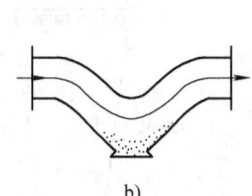 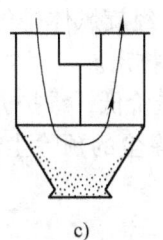 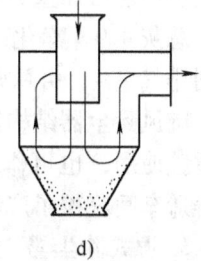

a)　　　　　　　b)　　　　　　　c)　　　　　　　d)

图 9-2　碰撞式惯性除尘器的结构形式
a) 挡板式　b) 反转结构　c) 挡板反转结构　d) 冲击反转结构

2. 旋风除尘器

旋风除尘器是铸造车间应用较多的除尘设备之一，它利用旋转气流对粉尘产生的离心力使其从气流中分离出来。普通旋风除尘器的工作原理如图 9-3 所示。旋风除尘器由筒体、锥体、进气管、排气管及卸灰管等组成。当含尘气体由切向进气口进入旋风除尘器时，气流将由直线运动变为圆周运动。旋转气流沿器壁呈螺旋形向下运动，通常称此为外旋气流。含尘气体在旋转过程中产生离心力，将相对密度大于气体的尘粒抛向器壁。运动的尘粒一旦与器壁接触，在摩擦力作用下动能逐渐被消耗，在重力作用下沿器壁下落进入灰斗。旋转下降的外旋气流到达锥体时，因圆锥形的收缩而向除尘器中心靠拢。根据"旋转矩"不变的原理，其切向速度不断提高，尘粒所受离心力也不断加强，可将粒径较小的粉尘颗粒抛到器壁上而被去除。当气流到达锥体下端某一位置时，即以同样的旋转方向从旋风除尘器中部由下反转向上，继续作螺旋形流动，形成内旋气流向上流动。净化后的气体经排气管排出，一部分未被捕集的尘粒也随气流从除尘器中排出。

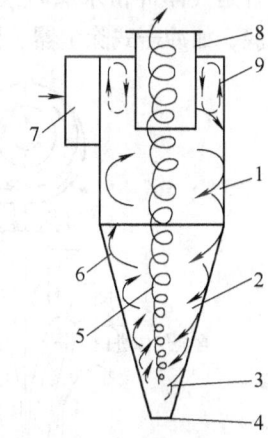

图 9-3　普通旋风除尘器的工作原理
1—筒体　2—锥体　3—回流区
4—排灰口　5—内旋气流
6—外旋气流　7—进气管
8—排气管　9—二次气流

图 9-4 所示是在一般旋风除尘器上增设了旁路分离室的一种旋风除尘器，其工作原理如图 9-5 所示。含尘气体从进气口沿切向进入，气流在获得旋转运动的同时，气流上、下分开形成双旋涡运动，粉尘在双旋涡的分界处产生强烈的分离作用。较细、较轻的尘粒由上部旋涡气流带往上部，在顶盖下面形成强烈旋转的粉尘环，产生尘粒的聚集，并从旁路分离室上部的洞口引出，经旁路分离室下部与内部气流汇合，粉尘被分离而落入灰斗。另一部分较大的粉尘颗粒则在下旋涡气流的带动下，在除尘器内向下呈螺旋状回转的过程中从旁路分离室中部洞口进入旁路分离室内，在旁路分离室的下部落入灰斗。经除尘后的气体从排气口排出。

图 9-6 所示为多管旋风除尘器的结构原理，由若干个并联的旋风除尘单元组成。含尘气体由总进风管 2 进入气体分布室 3，随后分别进入各旋风体和导流片 1 之间的环形空隙。导流片使气体产生旋转，在离心力的作用下将尘粒甩到除尘器壁上，尘粒失去动能后靠重力沉降到旋风体排灰口 8，最终送入总灰斗 9。净化后的气体经旋风体排气管 6 汇集到排气室 4，由总排气口 5 排出。

旋风除尘器结构简单，造价低，维护方便，既可单独使用，也可作为多级除尘的预除尘器使用，在铸造车间获得了广泛应用。

3. 湿式除尘器

湿式除尘器也叫洗涤式除尘器，利用水与含尘气体相互接触，经过洗涤使尘粒与气体分离的原理进行工作。在湿式除尘中，气体与液体的接触方法有两种：一种是气体与水膜或已被雾化了的水滴接触，如文氏管除尘器、水膜除尘器及喷淋除尘器等；另一种是气体冲击水层时鼓泡，以形成细小的水滴或水膜，如冲击式除尘器、自激式除尘器等。从除尘机理上湿式除尘可归结为如下几点：

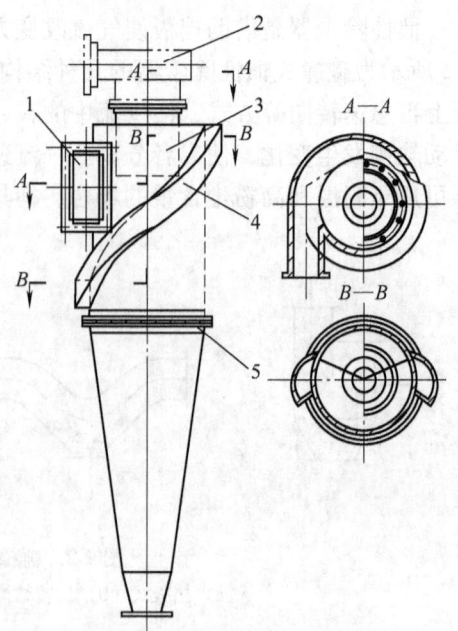

图 9-4　XLP/B 型旋风除尘器
1—进气口　2—排气口　3—导向筒
4—螺旋状旁通室　5—垫片

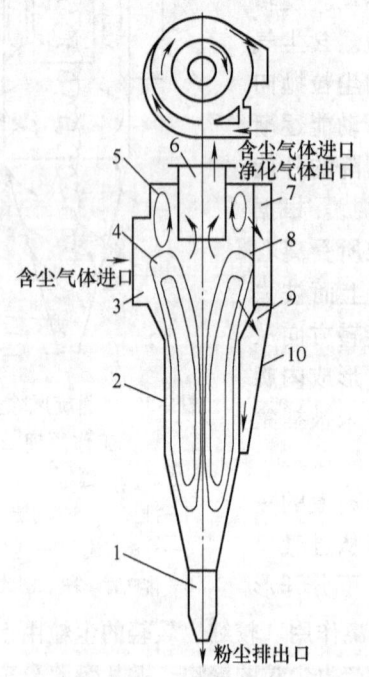

图 9-5　旁路式旋风除尘器工作原理
1—灰斗　2—筒体外壁　3—含尘气体进口　4—下粉尘环
5—上粉尘环　6—排风管　7—旁路分离室上部洞口
8—双旋涡分界处　9—旁路分离室中部洞口　10—回风口

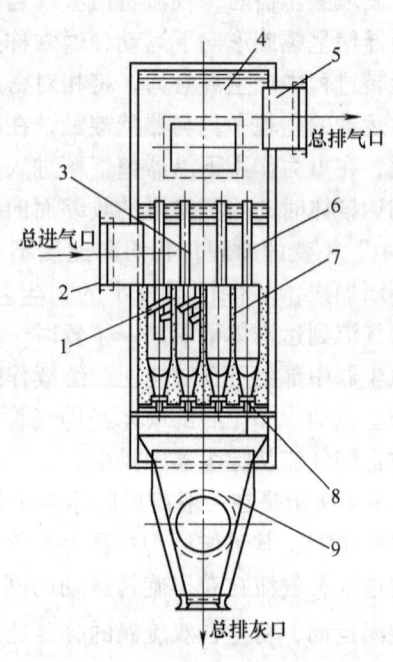

图 9-6　多管旋风除尘器结构原理
1—导流片　2—总进风管　3—气体分布室
4—排气室　5—总排气口　6—旋风体排气管
7—旋风体　8—旋风体排灰口　9—总灰斗

(1) 惯性碰撞　气流在运动过程中如果遇到水滴会改变气流的方向，绕过水滴由直线变为曲线流动。在此过程中细小的尘粒随气体一起绕流，而粒径（大于 $0.3\mu m$）和密度较大的尘粒具有较大的惯性，不能随气体产生绕流，便脱离气流的流线仍保持直线运动，从而和水滴相撞。尘粒和水滴间的惯性碰撞是湿式除尘最基本的除尘作用。

(2) 扩散　对粒径在 $0.3\mu m$ 以下的尘粒，在气体分子的撞击下，尘粒像气体分子一样作复杂的布朗扩散运动，在此过程中，尘粒和水滴接触而被捕集。

(3) 粘附　当粉尘粒径的半径大于粉尘中心到水滴边缘的距离时，粉尘被水滴粘附而被捕集。

(4) 凝集　凝集有两种情况：一种是以微小尘粒为凝结核，如水蒸气的凝结使微小尘粒凝集增大；另一种是由于扩散漂移的综合作用，使尘粒与液滴移动凝集增大，通过惯性的作用加以捕集。

湿式除尘器可根据其工作原理和结构形式进行分类。图 9-7 所示为泡沫式除尘器的工作原理。除尘器体 8 内装有挡水板 1 和多孔板 3。水从上部喷入，当含尘气体以较小的速度通过多孔板 3 进入液层时，气体在孔眼处形成气泡并逐渐变大。当气泡本身的浮力超过气泡与多孔板间的附着力时，气泡离开多孔板开始上升。气泡到达液层表面时，由于液体表面张力的作用并不立即破裂，而是逐渐积累增多浮在液体表面，形成由许多连在一起的气液组成的

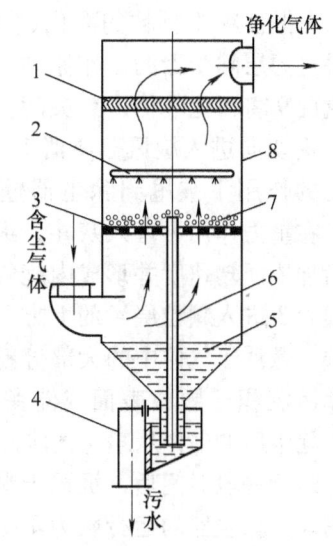

图 9-7　泡沫式除尘器工作原理
1—挡水板　2—环状喷水管　3—多孔板
4—水封装置　5—水池　6—溢流管
7—泡沫层　8—除尘器体

气泡层。气泡层的顶部拱形薄膜逐渐变薄，最终破裂放出气体并溅起细小的泡沫。在此过程中，气泡提供了巨大的气液接触界面，且这些界面随气泡合并、破裂、再形成的过程不断更新，气体也在这一过程中产生激烈搅动，提供了使气体中夹带的尘粒碰撞粘附到液膜上的条件，达到洗涤分离气体中尘粒的效果。

冲击式除尘器是另一种湿式除尘器，一般由风机、淤泥清理装置、水位自动控制及除尘单元组成，其结构原理如图 9-8 所示。当含尘气体由进风口 4 进入除尘器后，由于断面积增加，气流对尘粒的挟带作用降低，部分尘粒便在重力作用下落入水中而被捕集，产生重力除尘的效果。未被除去的细小粉尘颗粒随气体向下冲击水面，卷起大量水滴进入两叶片间的 S 形通道 3，气水充分接触，尘粒被水滴粘附而沉降。含水气流经过 S 形通道进入净气分雾室，由于重力的作用，水滴以及部分被水粘附的细小尘粒返回水中，净化了的气体向上流动，经过挡水板再次分离细小水滴后排入大气。被捕集的尘粒靠自重沉降于除尘器底部，通过泥浆排放装置排出，或通过人工定期清除。

湿式除尘器结构简单，维护方便，除尘效率高，主

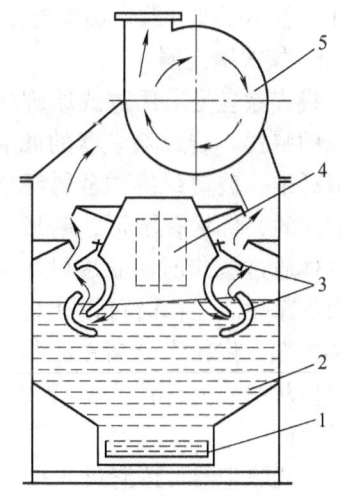

图 9-8　冲击式除尘器结构原理
1—排泥用刮板输送机　2—水池
3—S 形通道　4—进风口　5—风机

要适用于常温或高温非纤维性粉尘的除尘。其缺点是泥浆处理较麻烦。

4. 过滤层除尘器

过滤层除尘是利用多孔体过滤材料从气体中除去分散性粉尘颗粒的净化过程。图 9-9 所示是一种过滤层除尘器的工作原理。工作时液压缸驱动阀门 9 将再生气体入口关闭。含尘气体从进气口 2 沿切向进入旋风分离器 1，较大的尘粒在离心力的作用下被甩到除尘器壁上，最终失去动力，在重力作用下落入灰斗，细小尘粒进入锥形筒后加快回转速度并形成内旋气流由下向上通过连通管 3 进入颗粒层 4 的上方。由上向下穿过颗粒层，悬浮于气体中的大部分粉尘颗粒经颗粒层过滤后沉积于颗粒表面或滞留于过滤层的空隙中，除尘后的气体从净化气体排出口 10 排出。除尘器运行一段时间后，沉积于颗粒表面的粉尘逐渐增厚，除尘器的运行阻力不断增加，除尘效率降低，这时就需对颗粒层进行清灰再生。液压缸

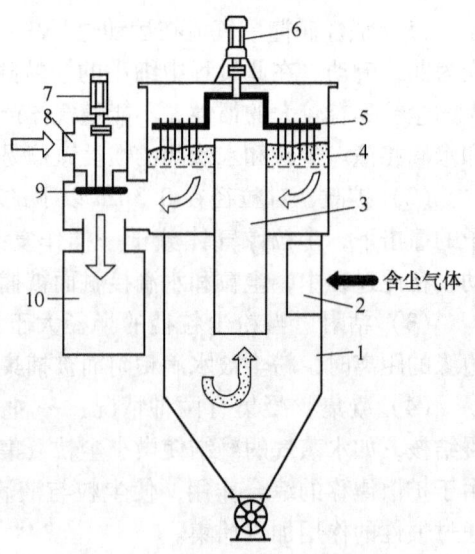

图 9-9　旋风颗粒层除尘器工作原理
1—旋风分离器　2—进气口　3—连通管
4—颗粒层　5—梳耙　6—电动机
7—液压缸　8—再生气体入口
9—阀门　10—净化气体排出口

7 驱动阀门 9 将净化气体排出口关闭，开启再生气体入口 8，鼓入气体，同时开动电动机 6 驱动梳耙对颗粒层进行搅拌。沉积在颗粒层表面的粉尘被重新吹起，经连通管落入旋风除尘器下方的灰斗中。过滤层再生后除尘器重新进入除尘工作状态。

颗粒层除尘器多采用洁净的石英砂作为过滤材料，除尘效率高，对粉尘温度、含尘量的适应性强，维护方便，多用于非纤维性高温含尘气体的除尘。

5. 袋式除尘器

袋式除尘是采用过滤原理将空气中的固体颗粒物分离的装置。袋式除尘器的滤袋是由天然纤维、化学合成纤维、玻璃纤维、金属纤维等材料编织的滤布缝制而成的，形状有圆形、扇形、波纹形或菱形。当含尘气体通过滤袋时，滤袋可捕集气体中的粉尘，使气体得到净化。工作时可以让含尘气体从滤袋内部流向滤袋外部，将粉尘分离在滤袋的内表面，也可以让含尘气体从滤袋外部流入滤袋内部，将粉尘分离在滤袋的外表面。

袋式除尘器可按清灰方式、含尘气体的进气方式、滤袋缝制的形状、含尘气体与分离粉尘下落方向、风机布置的位置等进行分类。

图 9-10 所示为脉冲袋式除尘器工作原理。含尘气

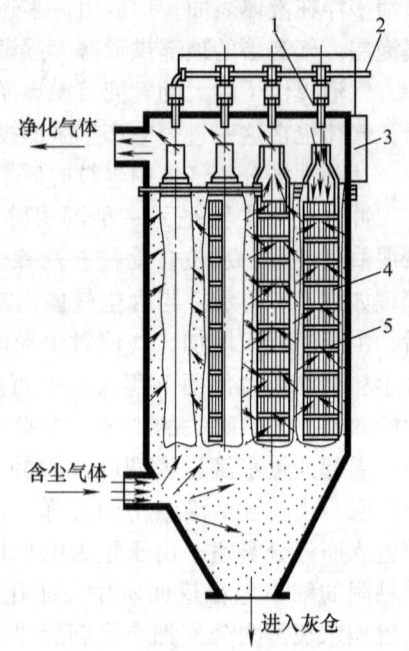

图 9-10　脉冲袋式除尘器工作原理
1—喷嘴　2—压缩空气管　3—反吹箱
4—滤袋　5—吊架

体由进风口从下端进入除尘器,气流断面突然扩大,流速降低,气流中颗粒粗、密度大的尘粒在重力作用下沉降到灰斗之中。粒度细、密度小的尘粒随气体上升,从滤袋外部通过滤袋进入内部,经滤袋筛滤将粉尘分离在滤袋的外表面上,净化后的气体进入滤袋内部并汇集到排风口排出。随着滤袋表面粉尘厚度的增加,气体通过滤袋的阻力增加,当其阻力达到某一规定值时,脉冲控制仪开启脉冲阀,压缩空气通过脉冲阀经喷吹管上的小孔向滤袋内部吹高压气流,使沉积在滤袋外侧的粉尘脱落,掉入灰斗内,达到清灰的目的。

脉冲袋式除尘器的脉冲清灰方式可分为高压喷吹和低压喷吹两类。高压喷吹的压力为 0.5~0.7MPa,低压喷吹的压力为 0.1~0.4MPa,其中最常用的是高压喷吹清灰方式。脉冲喷吹的时间一般为 0.03~0.3s,根据过滤风速、入口粉尘含量、喷吹压力及除尘器运行阻力来确定,喷吹周期一般≤60s。

图 9-11 所示为回转反吹扁布袋除尘器,由过滤室、清洁室、反吹系统等组成。含尘气体由蜗形进风口沿切向进入除尘器过滤室上部空间的蜗壳旋风圈,形成高速回转的外旋气流,一部分颗粒粗、密度大的尘粒在离心力的作用下被甩到除尘器壁上,沿除尘器内壁向下运动逐渐落入灰斗。粒度细、密度小的尘粒随气体上升弥散在过滤室滤袋的周围,

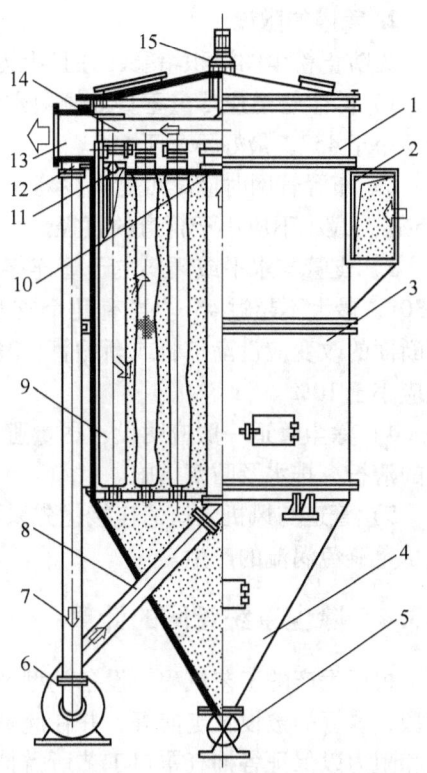

图 9-11 回转反吹扁布袋除尘器
1—清洁室 2—蜗形进气口 3—过滤室
4—灰斗 5—排灰阀 6—反吹风机
7—循环风管 8—反吹风管 9—滤袋
10—花板 11—滤袋导口 12—喷口
13—出气口 14—转臂
15—转臂减速机构

经滤袋筛滤后,将粉尘分离在滤袋的外表面上。净化后的气体通过布袋进入清洁室,然后从排风口排出。随着除尘工作的进行,阻留于滤袋外表面的粉尘逐渐增多,气流通过滤袋的阻力也随之增大,当达到一定值时,开启由反吹风机、脉动阀及转臂组成的清灰反吹机构,将具有足够动量的反吹气流,通过脉动阀经转臂上的吹口、滤袋导口吹入滤袋内部,使滤袋内压力瞬间发生变化,引起滤袋振动,抖落附着在滤袋表面的粉尘。转臂每次仅可对径向分布的一排滤袋进行清灰,通过转臂回转可对所有滤袋逐次进行反吹清灰,未被吹到的滤袋仍处于除尘工作状态。

袋式除尘器除尘效率高,可用于非粘结性、纤维性工业粉尘的除尘,对含尘气体中大于 $5\mu m$ 的粉尘可除去 99% 以上。

9.3.3 除尘系统管网的布置

1. 管网布置的原则

除尘系统管网的布置应在满足除尘要求的前提下力争简单、紧凑,操作和检修方便,管道不积灰、磨损少,并且管路短、占地少、投资省。

2. 管道的敷设

为防止粉尘的沉积堵塞，并且阻力小，管道的敷设应满足以下要求：

1) 除尘管道应尽量垂直或倾斜敷设。管道的倾斜角度应不小于粉尘的自然堆积角，一般不小于45°，最好不小于60°。

2) 布置管网时应尽可能减少弯头的数量。在转弯处弯管的半径一般取管道直径的2~2.5倍，最小不应小于管道的直径。

3) 支管与水平或倾斜主干管连接时，应从下面或侧面接入，三通管的夹角一般取15°~30°，最大不超过45°。当有几个支管汇集一个主管时，汇合点最好不在同一断面上。直管断面的改变应设渐扩管或渐缩管，其长度为管道直径的5倍以上。各支管间的不平衡压力差应小于10%。

4) 除尘管道一般应明设，尽量避免暗设。必须地下敷设时，应设专门地沟，并采取有效的清扫、排水及防腐措施。

5) 管道与风机入口的连接优先采用直管入口的方式，其次为弯头。风机出口管的连接应尽量避免涡流的产生。

9.3.4 除尘系统管网的计算

根据生产的工艺流程、设备类型及厂房的布置，首先确定抽风罩、除尘器、除尘系统的类型、风管的敷设及走向等，并在此基础上画出除尘系统布置图，然后计算确定各管段的直径和阻力以保证各抽气罩口工艺所需抽风量，为风机的选择提供依据。

1. 管道内的最低风速

最低风速是指防止粉尘在管道内沉积和堵塞所必需的最低气流速度。这一流速取决于粉尘的性质和管道的走向。不同粉尘气体在除尘管道内气流的最低设计速度见表9-8。此外，管道中的流速也不宜太高。流速过高，虽然管道断面可以减小，但会增加管网中的压力损失，致使能量消耗增加，还会增加对管道的磨损。因此设计管网时，要综合几个方面的因素来确定除尘管道中的风速和管道的直径。表9-9为铸造车间工艺设备除尘系统常用管道内气流最低设计速度，供设计时参考。

表9-8 不同粉尘气体在除尘管道内气流最低设计速度

粉尘性质	最低设计风速/m·s^{-1}		粉尘性质	最低设计风速/m·s^{-1}	
	水平管道	垂直管道		水平管道	垂直管道
粉状的粘土和砂	13	11	钢铁尘	15	13
耐火材料粉尘	17	14	钢铁屑	23	19
重矿物粉尘	16	14	灰土、砂尘	18	16
轻矿物粉尘	14	12	碳化硅、刚玉	19	15
煤粉	13	11~12	铅尘	16	14
湿土（水分2%以下，质量分数）	18	15	木锯末、木刨花	14	12

2. 风管直径的计算

除尘器管道直径按下式计算

$$D = \sqrt{\frac{4Q}{3600\pi v_G}} \tag{9-1}$$

式中，D 为除尘管道直径（m）；v_G 为管道内风速（m/s），参照表9-8、表9-9选取；Q 为通过除尘管道的气体流量（m³/h），在实际计算中应在按工艺求得风量的基础上加上漏风量，因此管道位于除尘器之前和位于除尘器之后的计算公式是不同的。

表9-9　铸造车间工艺设备除尘系统管道内气流最低设计速度

铸造工艺设备		设计风速/m·s⁻¹	铸造工艺设备	设计风速/m·s⁻¹
炼钢电弧炉	炉外排烟	12.5~17.5	料仓	17.5
	炉内排烟	10~15	斗式提升机、粘土拆包机	17.5
落砂机	上部排风	17.5	筛砂机	18
	下部排风	20.5	混砂机、固定或移动式砂轮机	17.5
清理滚筒	由空轴排风	18.5~21.0	冲天炉	17.5
	由密闭小室排风	18	磨芯机	18
喷砂、抛丸室		17.5~20.0	铸件浇注、铸型冷却	17.5
带式输送机转运点		17.5~18.0	坩埚炉	8.0~10.5

管道位于除尘器之前

$$Q = Q_{计}(1 + \varphi_1 L) \tag{9-2}$$

式中，$Q_{计}$ 为按工艺要求需处理的扬尘点风量（m³/h），可从相关资料中查取；L 为除尘管道的长度（m）；φ_1 为每1m管道长度的滤风系数，对于设有清扫孔、调节装置及采用法兰连接的金属风管取 $\varphi_1 = 0.008 \sim 0.01$，对于没有清扫孔及调节装置的金属风管取 $\varphi_1 = 0.002 \sim 0.005$。

管道位于除尘器之后

$$Q = Q_{计}(1 + \varphi_1 L)\varphi_2 \tag{9-3}$$

式中，φ_2 为除尘器的滤风系数，袋式除尘器 $\varphi_2 = 1.2 \sim 1.3$，其他除尘器 $\varphi_2 = 1.05 \sim 1.15$。

由式（9-1）计算出管道直径后，应将直径圆整到定型化、统一规格的基本管径，以便于加工和配备阀门及法兰。

3. 管道压力损失的计算

1) 管道摩擦阻力的计算。

对于干净气体

$$\Delta p_L = f \frac{L v_G^2}{2D} \rho \tag{9-4}$$

对含尘气体

$$\Delta p_L = f \frac{L v_G^2}{2D} \rho \left(1 + C \frac{v_G^2}{v_g^2}\right) \tag{9-5}$$

式中，Δp_L 为管道的摩擦阻力（Pa）；f 为摩擦阻力系数；L 为直管道的长度（m）；D 为直管道的直径（m），对于矩形管道 D 为管道的当量直径；v_G 为管道内气体的流速（m/s）；v_g 为管道内粉尘的流速（m/s）；ρ 为管道内气体的密度（kg/m³）；C 为气体的含尘量（kg/m³）。

由于 v_G/v_g 接近1，且 C 通常很小，所以也可以近似用干净气体阻力计算式计算含尘气体的阻力。

2) 管道局部压力损失计算

$$\Delta p_\zeta = \zeta_z \frac{\rho v_G^2}{2} \tag{9-6}$$

式中，Δp_ζ 为异形管件的局部压力损失（Pa）；ζ_z 为异形管件的局部阻力系数，可根据异型管件的种类和结构从有关资料中查取。

3）除尘管道的总压力损失

$$\Delta p = \sum \Delta p_L + \sum \Delta p_\zeta \tag{9-7}$$

式中，Δp 为除尘管道的总压力损失（Pa）。

4. 风机的选择

通风除尘管网设计计算的目的是根据工艺特点及管道的配置，确定系统的总抽风量、管道尺寸及系统的总阻力，然后选择与其相匹配的风机。在生产实际中选择风机时，还要考虑系统管网的漏风及风机运动工况与标准工况不一致等因素，在选择风量和风压时增加一定的附加系数和气体状态的修正。

风机的风量按式（9-3）计算。

在计算风机风压时考虑到风机性能的波动，在管网计算所确定风压的基础上增加10%的附加系数，然后进行气体状态修正，所得到的风压值作为选择风机时的计算风压，即

$$p = 1.1(\Delta p + p_C)\frac{T_0}{T_1} \tag{9-8}$$

式中，p 为标准状态下风机的工作压力（Pa）；p_C 为除尘器的压力损失（Pa）；T_0 为标准状态下的气体温度（K），$T_0 = 293K$；T_1 为工作状态下的气体温度（K），$T_1 = 273K + t_1$，其中 t_1 是工作状态下气体的摄氏温度。

通过上述计算所得到的流量及压力是对风机风量及压力的基本要求，然后对照风机的特性曲线，选择所需的风机型号。如果在满足风量要求的情况下，风机的工作压力略高于上述计算所得工作压力，或者是在工作压力满足上述计算结果的情况下，风机的流量略大于上述计算所得的风量，并且工作效率较高，这时所选择的风机就是所要求的风机，否则，应重新选择风机类型，直到选到满足工作需要的风机为止。

9.4 废气净化设备

人类在活动过程中，不停地向周围的大气排出污染物。这些污染物分为两大类：一类是固体或液体的悬浮粒状污染物；另一类是气态污染物，含有污染物的排出空气称为废气。空气污染物可分为固态、液态、气态三种类型，粒状污染物是指粒径在 $0.001 \sim 100 \mu m$ 范围内固态和液态无机物和有机物粒子，这些粒子作为分散相，以空气作为分散介质构成了一种称为气溶胶的分散体系，而气态污染物是指在常温下呈气态的无机物和有机物。

9.4.1 铸造车间对空气净化的要求

铸造车间空气中污染物种类繁多，常见的如一氧化碳、二氧化碳、二氧化硫、氟化物、游离甲醛及游离酚等。随着新型造型材料的引入，污染物的成分会越来越复杂，这些有害气体、有害物质及废气主要来自生产中熔化铸铁的冲天炉、熔炼铸钢的电弧炉、工频感应炉，以及来自制芯工部、砂处理工部、造型工部及浇注铸型产生的废气等。

1. 主要有害物质的性质及其危害

（1）一氧化碳　冲天炉熔化和铸型浇注时产生大量的一氧化碳，冲天炉炉气中一氧化碳的量约占5%～10%；电弧炉炼钢产生一氧化碳的量极高，可占烟气的50%。一氧化碳为无色无臭气体，它与血色素的亲和力相当于氧的250倍，可造成身体组织缺氧，致使头痛、眩晕、恶心、呕吐、昏迷甚至死亡。

（2）二氧化碳　冲天炉熔化、地坑铸造以及水玻璃砂造型采用化学硬化法时，都有二氧化碳存在。二氧化碳为无色气体，密度为$1.527kg/m^3$，比空气大，接触低含量二氧化碳时，会降低工作能力；含量一高，则会呼吸困难，意识丧失，生命危险。

（3）二氧化硫　有色金属熔炼时，会产生二氧化硫，冲天炉炉气成分中也含有它，主要来自燃料（焦炭）的燃烧。二氧化硫还是冷芯盒制芯的一种硬化剂。二氧化硫是无色而有恶臭的气体，遇水形成亚硫酸。二氧化硫对眼有刺激，可引起鼻炎、咽喉炎、支气管炎及牙齿酸蚀症。它又是污染大气的最主要的公害之一。

（4）氟化氢　有色金属熔炼时，加入的覆盖剂、氧化剂、精炼剂等会产生氟化氢。冲天炉熔炼中若加入萤石，则烟气中便含有氟化氢。它为无色而有刺激性的气体，遇水形成氢氟酸。氟化氢的毒性比二氧化硫大20倍，使鼻粘膜溃疡出血、肺部增殖性病变、肝大，还能使骨质变松而骨折。

（5）游离甲醛　呋喃树脂中含有甲醛。由它配制的芯砂在热芯盒中硬化时，有游离甲醛析出。甲醛可使呼吸道粘膜溃烂，引起肺部化脓，刺激眼和皮肤，厌食、失眠。

（6）游离酚　树脂类粘结剂中含有酚。游离酚有恶臭，对皮肤、粘膜、呼吸道有强腐蚀性和刺激作用。

（7）其他　如氨、苯等。氨可通过皮肤、呼吸道及消化道引起中毒，溅入眼内会引起晶体混浊或失明；苯和甲苯对神经系统和造血组织均有一定的损害。

2. 铸造车间对有害物质的要求

根据我国环境保护的有关规定，铸造车间空气中有害物质的最高允许含量见表9-10。

表9-10　铸造车间空气中有害物质的允许含量

序号	物质名称	最高允许含量 /$mg \cdot m^{-3}$	时间加权平均允许含量 /$mg \cdot m^{-3}$	短时间接触允许含量 /$mg \cdot m^{-3}$	备注
1	一氧化碳		20	30	
2	二甲苯（全部异构）		50	100	
3	二氧化硫		5	10	
4	甲苯		50	100	
5	甲醛	0.5			
6	苯（皮）		6	10	摘自 GBZ 2.1—2007
7	氨		20	30	
8	臭氧	0.3			
9	氧化氮（换算成NO_2）		5	10	
10	氢化氰				
11	甲醇		25	50	
12	糠醛		5		

9.4.2 废气净化的基本方法

废气的处理应从两方面进行：一是针对悬浮粒状污染物的废气除尘；二是针对气态污染物的废气净化。气态污染物的控制主要是利用物化性质，如溶解度、吸附饱和度、露点及选择化学反应等的差异，将污染物从废气中分离出来；或者将污染物转化为无害或易于处理的物质。废气净化的基本方法有吸收法、吸附法、冷凝法、催化转化法及燃烧法等。本节主要介绍废气净化的吸收法和吸附法。

1. 吸收法

吸收法是利用有害气体的物理或化学性质，采用适当的吸收剂将有害物质进行吸收去除的方法，气体吸收可分为物理吸收与化学吸收两种。物理吸收主要依靠气体组分在吸收液中的物理溶解过程，在吸收过程中不伴有显著的化学反应。在化学吸收的场合，吸收过程伴有化学反应，情况比较复杂。

吸收剂的选择原则：使混合气体中被吸收组分具有良好的选择性和较大的吸收能力；同时吸收剂的蒸气压要低、不易起泡、热化学稳定性好，粘度低且价廉易得。例如，水是一种常用的吸收剂，常用于洗涤除尘后废气中的 CO_2、SO_2、HF 及 NH_3 等气体。用水清除这类气态污染物主要是依据它们在水中溶解度大的特性。

常用的有害气体吸收装置有三种类型，即填料塔、板式塔、喷淋塔。

（1）填料塔　具有结构简单、操作稳定、适用范围广、耐腐蚀等优点，用于处理气体量较小、液气比要求较高、低压降的情况，也适用于小直径塔和液体容易起泡的场合。图9-12所示为填料塔的结构示意图。填料塔中的填料是气液接触的基本构件，塔体为直立圆筒，筒内支承板上堆放一定高度的填料。有害气体从塔底送入，经过填料间的空隙上升。吸收剂自塔顶经喷淋装置均匀喷洒，沿填料表面下流，填料的润湿表面就成为了气液连续接触的传质表面，净化气体最后从塔顶排出。随着性能优良的新型填料的不断涌现，填料塔的适用范围正在不断扩大。

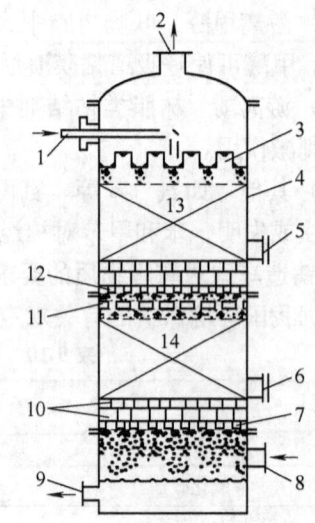

图 9-12　填料塔结构示意图
1—液体入口　2—气体出口　3—液体分布器
4—外壳　5—填料卸出口　6—人孔
7、12—填料支承板　8—气体入口
9—液体出口　10—防止支承板堵塞
的大填料和中等填料层　11—液体
再分布器　13、14—填料

（2）板式塔　用于处理废气量大、液气比较小、允许气速较大的场合。图9-13所示为板式塔结构示意图。它通常由一个呈圆柱形的壳体及沿塔高按一定的间距水平设置的若干层塔板所组成。工作时吸收剂从塔顶进入，依靠重力作用由顶部逐板流向塔底排出，并在各层塔板的板面上形成流动的液体层；有害气体由塔底进入，在压力差的推动下，由塔底向上经过均布在塔板上的开孔，以气泡形式分散在液体层中，形成气液接触界面很大的泡沫层，气相中部分有害气体被吸收，未被吸收的气体经过泡沫层后进入上一层塔板，气体逐板上升与板上的液体接触而被吸收，被净化气体最后由塔顶排出。

（3）喷淋塔　是最简单的气体吸收设备，包括一个空塔和一套喷淋液体的喷嘴，图9-14所示为逆流喷淋塔示意图。污染气体由塔底进入，经气体分布系统均匀分布后向上穿过整个设备，同时由一级或多级喷嘴喷淋液体，气体与液滴呈逆流接触，净化后的气体除雾后由塔顶排出。该设备的优点是结构简单、造价低、阻力小、压降小及操作管理方便，可作为除尘器和冷却器使用。其主要缺点是吸收效率较低，不适宜用于以液膜阻力控制的过程，操作弹性小。

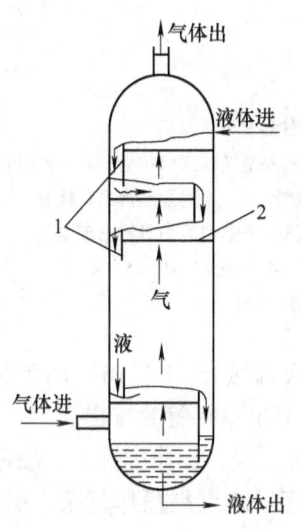

图9-13　板式塔结构示意图
1—溢流管　2—塔板

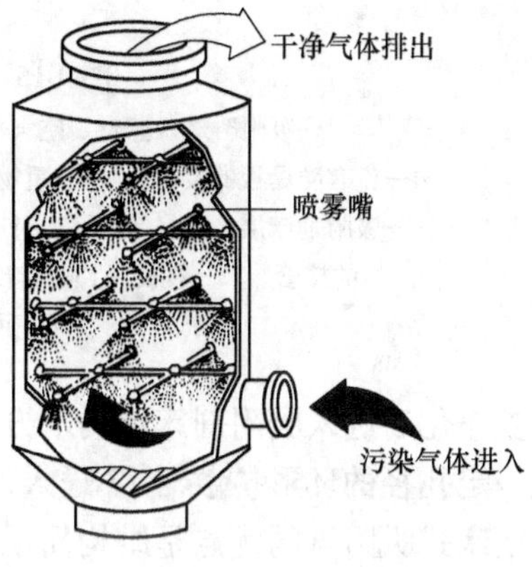

图9-14　逆流喷淋塔示意图

2. 吸附法

吸附法是利用多孔性固体吸附剂处理气态污染物的方法，在吸附过程中气体污染物的一种或数种组分被吸附于固体表面上，以达到分离的目的。气体在固体表面上的吸附，可分为物理吸附和化学吸附。影响吸附过程的因素很多，主要有操作条件、吸附剂的性质，以及吸附器的设计等。吸附剂不仅应有大量的内孔表面积，而且其选择性要好，机械强度要高，与被处理气体不起化学反应，颗粒尺寸要均匀，易再生，成本要低等。常用的工业吸附剂有活性炭、两性交换树脂、硅胶等。其中以活性炭对有机污染物的吸附效果最好。常用吸附剂的表面积约为 $50 \sim 500 m^2/g$，平均孔径约为 $1 \sim 100 nm$。

吸附设备根据吸收剂的流动状况可分为固定吸附器、移动吸附器及流动床。固定吸附器构造简单、可靠性好，是废气净化中使用最多的吸附器，可用于间歇式和半连续式流程。对于稳定、连续量大的气体净化，用流动床比固定床要好。流动床吸附器的吸附和再生都在吸附装置中进行，吸附操作是连续的，且气量大小均可使用。

（1）固定床式吸附器　图9-15所示是BTP卧式固定床吸附器。待净化的气体从入口接管2进入吸附剂床层的上方空间，在压力差的作用下待净化的气体由吸附剂床层的上方穿过

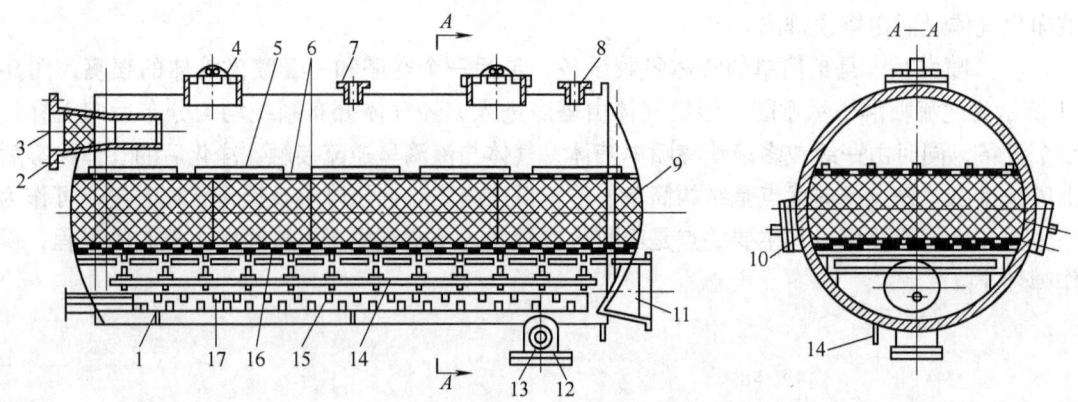

图 9-15　BTP 卧式固定床吸附器

1—壳体　2—吸附时送入蒸汽、空气混合物及干燥和冷却时送入空气的入口接管　3—分布网
4—带有防爆板的装料孔　5—重物　6—网　7—安全阀接管　8—脱附段蒸汽出口接管
9—吸附剂床层　10—卸料孔　11—吸附阶段导出净化气体及干燥和冷却时导出废空气
的接管　12—视孔　13—排出冷凝液和供水的接管　14—梁的支架　15—梁
16—可拆卸栅板　17—扩散器

吸附层被净化后进入吸附剂床层的下方，经吸附剂床层底部接管 11 排出。用于脱附的饱和蒸汽经一定孔径的环形扩散器 17 送入，然后从吸附器顶部出口接管 8 排出。

固定床式吸附器的优点是结构简单、操作简便、价格低廉，操作弹性大，吸附固定床磨损小，特别适用于小型、分散、间歇式的吸附器污染处理。缺点是操作复杂，劳动强度高，设备体积大，必须间歇操作。

(2) 移动床吸附器　在固体吸附剂和含污染物气体的连续逆流运动中完成吸附过程。一般吸附剂自上而下运动，而气体则由下向上流动，形成逆流操作。图 9-16 所示是一种移动床吸附装置的典型流程，其流程为：被污染的气体从吸附器中段引入，与从吸附器顶端下降的吸附剂逆流相遇，吸附剂在下降过程中，经历了冷却、降温、吸附、增浓、汽提、再生等阶段，交错完成了吸附和脱附过程。

移动床吸附器的优点是处理气量大，吸附剂可以循环使用，吸附和脱附连续完成。其缺点是动力和热量消耗较大，吸附剂磨损比吸附器严重。

(3) 流化床吸附器　流化床吸附器工作原理如图 9-17 所示。这种类型的吸附器的吸附段和脱附段设在同一个塔内，塔上部为吸附工作段，下部为脱附工作段。废气从吸附段下部进入，在流化床吸附器内，废气以较高的速度通过床层，使吸附剂呈悬浮状态形成流化床，与多孔板上较薄的吸附剂层逆流接触，经过充分吸附净化后从上部排出；吸附剂颗粒从吸附段上部加入，经每段流化床的溢流管流下，最后进入脱附段内再生。经再生的吸附剂由气流输送到吸附段顶部循环使用。

流化床吸附器的优点是气体与固体接触相当充分，气流速度是固定床的 3~4 倍，吸附速度快、吸附床体积小，适合于连续、稳定的大气量污染源治理。其缺点是吸附剂的磨损较大。由于吸附剂和容器的磨损严重，流化床的排出气体中常带有吸附剂粉末，故其后面需加除尘设备。

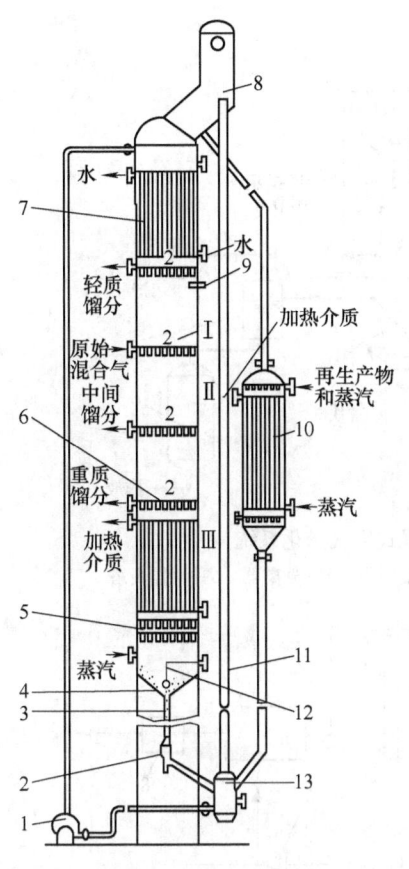

图 9-16 活性炭移动床吸附装置的典型流程
Ⅰ—吸附段 Ⅱ—精馏段 Ⅲ—脱附段 1—鼓风机 2—闸门
3—水封管 4—水封 5—卸料板 6—分配板 7—冷却器
8—料斗 9—热电偶 10—再生器 11—气流输送管
12—料位指示器 13—收集器

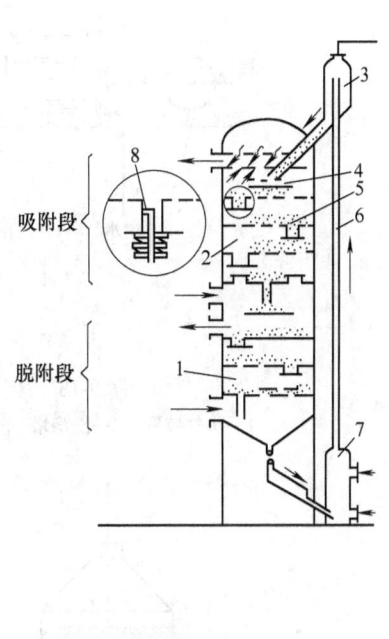

图 9-17 流化床吸附器工作原理
1—脱附器 2—吸附器 3—料斗
4—分配板 5—吸附剂
6—气流输送机 7—冷
却器 8—溢流管

9.4.3 铸造车间废气净化的实例

在铸造车间里，从各种污染源释放出来的废气中都含有多种有害气体，所以必须根据具体情况，甚至结合除尘措施一起来综合考虑。

图 9-18 所示是壳型铸造车间的废液吸附处理的湿式废气净化系统。该车间的废气中含有较多的 NH_3 成分。一般在含有较多 NH_3 的壳型铸造废气中，除了少部分的 NH_3 会与废气中的甲醛发生反应而被除去外，由于吸收液（水）变成碱性，大部分 NH_3 无法被除去。所以，该车间在湿式洗涤装置上段的塔盘中的吸收液中添加了硫酸。这样 NH_3 就很容易被除去，而废液即成为硫酸氨水溶液。该车间废气处理为 10 万～20 万 m^3/h，而对于这种场合排出的废液不能用焚烧炉来处理。因此，该车间采用活性炭吸附处理法来除去废液中的酚成分，采用了五套处理量为 $1500m^3/min$ 的处理装置。

图 9-19 所示为铸造车间空气净化装置示意图。车间废气经全面机械通风系统收集后，

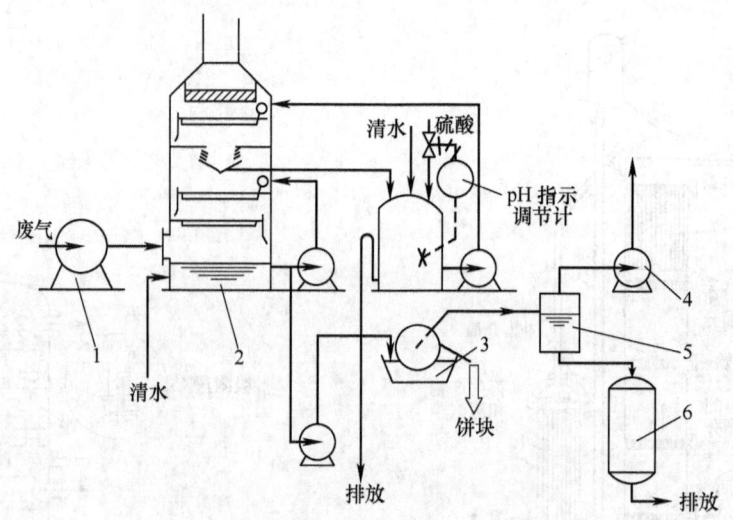

图 9-18　废液吸附处理的湿式废气净化系统
1—排气装置　2—洗涤塔　3—过滤器　4—真空泵　5—分离器　6—活性炭塔

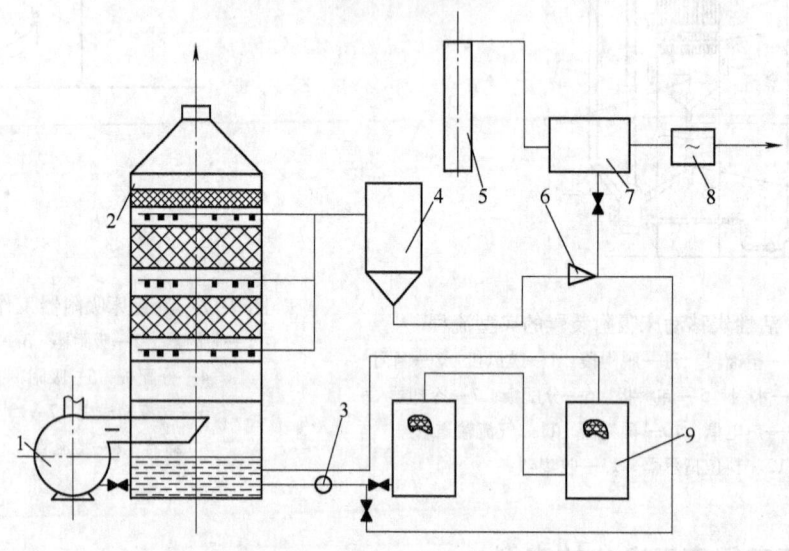

图 9-19　铸造车间空气净化装置示意图
1—风机　2—吸收塔　3—泵　4—蒸馏塔　5—储氧瓶　6—喷射器
7—臭氧发生器　8—供电　9—过滤器

经风机 1 进入吸收塔 2 的底部，在吸收塔中气体和液体逆向运动。废气在上升过程中与喷射器喷射的吸收液充分接触，含有臭氧的吸收液在较短的时间内将有机污染物全部吸收掉，净化后的空气由捕雾器除雾后经塔顶排出。含污染物的吸收液经净化后可循环使用。恶臭的吸收液首先经过滤器 9 再生，然后在蒸馏塔 4 中与臭氧发生器产生的臭氧充分混合，形成新的吸收液循环使用。

这种装置吸收塔的填料层分为三段，可以避免"塔壁效应"，有利于所有的填料能够充分加湿，能提供更好的气液混合条件，从而提高了废气吸收效率。此装置的优点是处理气量较大，处理范围广，耐强腐蚀。

9.5 污水处理设备

9.5.1 铸造车间污水来源与特征

铸造车间产生的污水主要有以下几种：

（1）冷却水 用于电弧炉炉体冷却和电弧炉、冲天炉烟气冷却的水。此类废水中不含有毒有害物质，仅温度升高。

（2）除尘废水 铸造车间中各种湿式除尘器产生的废水。此类废水中的主要有害物质为固体悬浮物。

（3）炉渣粒化废水 其主要污染物为固体悬浮物。

（4）旧砂湿法再生废水 砂处理工部湿法再生系统排出的废水。

（5）清砂废水 清理工部水力清砂系统、水爆清砂系统排出的废水。其主要污染物为固体悬浮物。

铸造车间所排出的废水水质会因工部的不同、生产工艺的不同、原材料的不同而有所差异。对水质要求较高的生产工艺或用水量大的场合，仅靠污水池沉淀后循环使用是不够的，必须对污水进行净化处理，以保证处理后的水质达到工艺要求和排放标准。

9.5.2 铸造车间的污水治理特点

（1）冲天炉除尘和炉渣粒化的废水 从冲天炉除尘器出来的废水和炉渣粒化的废水，大都采用自然沉淀法处理，但是由于冲天炉雨淋式火花捕集器捕集的煤尘含量约为 $1 \sim 2$ g/m^3，不能满足 $0.1 \sim 0.8 g/m^3$ 的环保规定标准，所以冲天炉应尽量采用高性能的湿式除尘装置。由于湿式除尘器工作时吸收了炉气中的二氧化硫气体，使废水呈酸性，因此，这种废水的处理应先调整 pH 值，再进行自然沉淀或凝聚沉淀。对于炉渣粒化废水，由于悬浮物和胶状物质的量比较少，可以采用自然沉淀或旋流器等来澄清。

（2）砂处理工部湿式除尘的废水 从砂处理工部湿式除尘器排出的废水，仅用自然沉淀法来处理其效果不是很好。因为这些废水中除直径较大的颗粒可以沉淀外，其他像木炭粉、膨润土等微粒，往往会成胶体状态而几乎不能沉淀。因此，这种废水应先进行 pH 值的调整，然后用凝聚剂来进行强制沉淀。经处理后废水中的悬浮物、生化需氧量、化学需氧量等问题都可以解决。但是，当废水中含有糖浆时，仅用这种沉淀法是不能完全达到生化需氧量和化学需氧量指标的。

（3）含油废水 空气压缩机是铸造车间废水中油分的主要发生源，这种废水一般可与砂处理工部湿式除尘器排出的废水混合，用凝聚法进行沉淀。但是，在含油废水排放量很大的情况下，首先应将上浮的油分离，然后进行凝聚反应，再进行加压上浮分离或者经过塔板过滤，最后就可得到澄清的水。如果废水处理不够充分，还可以用活性炭来进行吸附处理。

9.5.3 铸造污水净化设备

一般来说，铸造车间的废水治理必须有四类装置：①为了分离比较重的大颗粒物质，应该设置一个废水池，使废水至少能短时间保持在池内 $10 \sim 15 min$，一般这种沉淀蓄水池能用上一个月左右,应设置两个以上池子,交换使用比较理想;②应设置添加凝聚剂等的混合反应池,根据所用的凝聚剂和混凝剂的不同,处理水力清砂废水、水玻璃砂废水及粘土砂废水;③应设置污泥沉淀池,一般以澄清水液为目的的称澄清池,以浓缩悬浮物为目的的称浓缩池;④应设置使污泥脱水装置。

YZJ型、YZJ—A型、GWJ型及GZJ型系列产品是铸造企业常用于处理高浊度泥浆污水的净化设备。其净化原理是利用物理化学混凝机理,选择最佳混凝药剂和配方,依靠水泵负压与污水一同吸入管道,经混合后进入一个小型金属罐体,使悬浮微粒迅速凝聚成致密的絮团,与水快速分离,清水经过泡沫塑料珠过滤层过滤后流出,出水浊度达到国家规定的自来水浊度标准3mg/L以下,脱水分离出的湿态泥渣为综合循环利用提供可能。

污水净化装置工艺流程如图9-20所示,GWJ系列高浊度污水净化器的主要技术规格见表9-11。

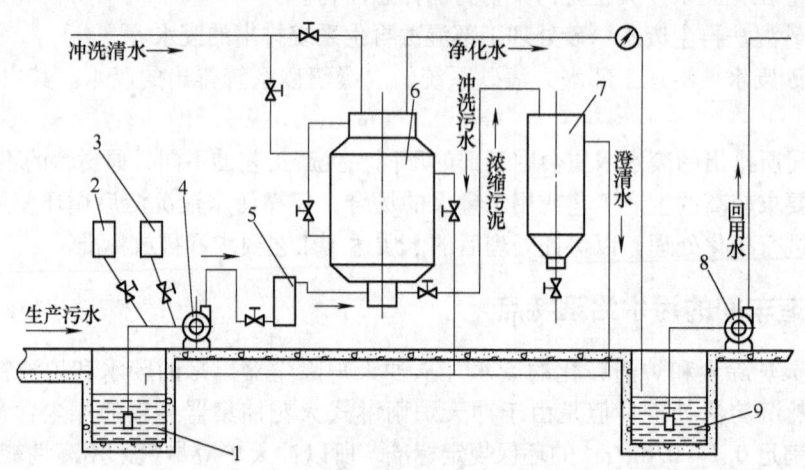

图9-20 污水净化装置工艺流程图
1—污水池 2—药剂2 3—药剂1 4—污水泵 5—反应罐 6—净水器
7—污泥储罐 8—清水泵 9—清水池

表9-11 GWJ系列高浊度污水净化器主要技术规格

规格 \ 型号	GWJ—50	GWJ—30	GWJ—17	GWJ—8	GWJ—2
每台处理水量/$m^3 \cdot h^{-1}$	50	30	17	8	2
允许吸入污水浊度/$mg \cdot L^{-1}$	20~5000				
耗药剂费用/元·m^{-3}	0.15				
处理污水耗电量/$kW \cdot m^{-3}$	0.12~0.25				
滤料反冲周期/h	>4				
排放污泥周期/h	2~8				
滤料反吹时间/min	8	5	3	3	3
污泥排放时间/min	15	10	5	3	2
污泥含水率(质量分数,%)	<90				
净水器主体直径/mm	4000	3000	2000	1600	800

(续)

规格 \ 型号	GWJ—50	GWJ—30	GWJ—17	GWJ—8	GWJ—2
污水净化器主体高度/mm	7560	5700	5100	4120	3100
污水净化装置占地面积/m²	140	100	40	24	8
适用污水（介质）温度/℃	5~40				

图 9-21 所示是灰铸铁车间的废水处理工艺流程。该车间的废水是由冲天炉、电炉、砂处理、机修等工部排出的。处理流程为：废水→污水池→混合池（粉剂和辅助剂）→凝聚池→沉淀池→排水。该系统处理水量的能力为 $200m^3/h$，最大可达 $250m^3/h$。

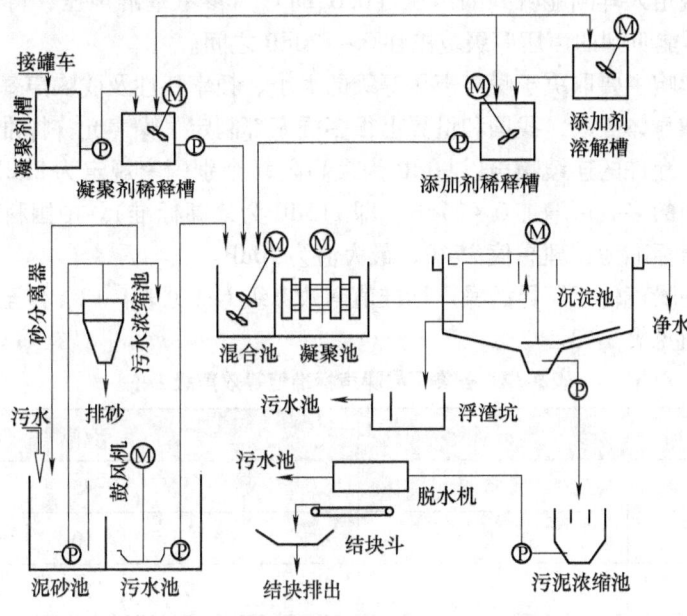

图 9-21　灰铸铁车间的废水处理工艺流程

9.6　铸造车间噪声防治设备

任何不需要的声音均称为噪声。噪声会使人烦躁和让人讨厌，影响人们正常生活、工作及学习，甚至能引起疾病。

噪声的类型很多，有工业噪声、交通噪声、公共活动噪声等。工业噪声按其发声机理，可分为固体机械噪声和空气动力噪声等；按其频率和时间特性，可分为稳态噪声和脉冲噪声两种；按其传播方式，可分为空气传声和固体传声等。

固体机械噪声是固体材料或结构部件受到撞击、摩擦，或在刚体往复运动中受到不平衡的作用力，引起机械振动，并通过某个表面所产生的噪声。空气动力噪声是气流的起伏运动或物体相对于气流运动所产生的噪声。

稳态噪声是周期性作用力激发起的稳定状态的振动而产生的噪声。脉冲噪声是瞬时突变性的作用力激发起的衰减状态的振动而产生的噪声。

空气传声指的是从声源直接通过周围的空气向前传播的噪声。固体传声指的是机械振动，首先以弹性波形式在各种具有刚性连接的结构中传递，然后再在这类结构的振动表面部分地间接转化为空气传声。

铸造车间是噪声很高的工作场所，大多数铸造机械工作时都会产生不同程度的噪声，特别是机械噪声，随着机械化程度的提高，噪声问题也越来越突出。

9.6.1 噪声的危害及噪声标准

噪声是对人们影响很大的一种公害。频率高、强度大的噪声不仅影响人们的工作、交谈、学习及听觉，而且会损害人的神经系统、消化系统，直接威胁人们的身体健康。

国际上统一规定人耳刚能听到的声压（0.02Pa）为参考基准声压，将这时的声压等级规定为0dB。人耳能听到的声压等级范围在0~120dB之间。

噪声对人的影响主要取决于噪声声压等级的大小、频率特性及受噪声暴露的时间。为了保护工人的听力和身体健康，我国和世界上很多国家都制定了噪声允许标准。多数国家规定每天八小时工作，允许的连续噪声以90dB为最高限（个别国家规定为85dB），短时间的噪声按照有噪声时间的多少可增加0~25dB（即115dB为最高标准）。中国科学院物理研究所建议听力保护噪声标准为：理想值75dB，最大值为90dB。

铸造厂产生的噪声传至厂界的噪声标准值等效声级 Leq 见表9-12，传至厂区内各类环境的室外噪声限制值见表9-13。

表9-12　各类厂界噪声标准值等效声级 Leq　　　　　　　　　　[单位：dB（A）]

类别	昼间	夜间
Ⅰ	55	45
Ⅱ	60	50
Ⅲ	65	55
Ⅳ	70	55

注：Ⅰ类标准适于以居住、文教机关为主的区域；Ⅱ类标准适于居住、商业、工业混杂区及商业中心区；Ⅲ类标准适于工业区；Ⅳ类标准适于交通干线道路两侧区域。

表9-13　厂区内各类环境室外噪声限制值

序号	地点类别	噪声限制值/dB（A）
1	主控制室、集中控制室	70
2	通信室、电话总机室、消防值班室	70
3	厂部办公楼、会议室、设计室、中心试验室（包括试验、化验、计量室）	70
4	车间所属办公楼、实验室、设计室	80
5	医务室、教室、哺乳室、托儿所、工人值班室	65

注：室外环境噪声级是按照国家标准规定的测量方法，在受影响的建筑室外1m处测得的A声级（对于非稳态噪声为等效声级）。

9.6.2 铸造车间的噪声污染

1. 铸造车间噪声的种类和来源

噪声源按其产生噪声的机理可以分为空气动力噪声、机械噪声及电磁噪声等。当然，实际中的噪声很少是单一的，就是一种机械设备噪声，也往往是由几种不同机理噪声组合而成的。

（1）空气动力噪声　是由气流流动过程中的相互作用产生的，如鼓风机、空气压缩机等设备的进、排气噪声，通风除尘系统在运转时产生周期性的进、排气噪声。这些高强噪声通过进排气口、风机的机壳、风管的管壁以及配用的电动机等处，辐射出一定强度的噪声。

造型、制芯工部造型机、射芯机的辅机中的气缸、气动起重机、风动捣固机、清扫吹嘴、振动器等气动设备产生的高强混合噪声，如射压造型机和制芯工部的射芯机在射砂筒排气时均会发出巨大的噪声，可高达100dB，有时甚至高达130dB。

在熔化工部，冲天炉工作时往往会发出异常的噪声，燃油或煤气烘炉的喷嘴、用作砂型表面烘干的喷枪，工作时由于燃料在喷嘴中与空气混合，并以一定的压力经喷嘴喷出，与周围的空气发生强烈的紊流混合，使气体的稳定状态受到破坏而产生巨大的扰动，激发出强烈的喷射噪声。采用氧乙炔焰切割铸件浇冒口时，也会产生喷射和燃烧噪声。

此外，大型铸件在进行水爆清砂时，也会产生很大的爆炸声和振动。

（2）机械噪声　由各种机械设备部件在外力激发下振动或互相撞击而产生的噪声。

震击造型机的震击机构，由于工作台与震铁（或工作台与砧座）之间的撞击，以及机构的运动部件、模板、砂箱的振动和撞击，都会产生很大的噪声。

振动落砂机工作时产生的高强度噪声和落砂机上铸件的浇冒口、芯骨、铁丝、毛刺或小铸件和栅格之间撞击、振动会产生连续性的噪声。

清理工部的噪声源更多。例如，小型铸件在清理滚筒内进行清理时，由于铸件与筒体、星形铁的摩擦、撞击，铸件之间的摩擦、撞击，都会产生很强烈的机械噪声；各种抛丸机、风铲、砂轮等清理设备，均会发出高频率噪声，声压等级可达105dB以上。

在整个铸造车间，各种振动机械及辅助机械，只要运转就会使设备本身发出机械噪声。

（3）电磁噪声　主要是由于交替变化的电磁场激发金属零部件和空气间隙周期性振动而产生的噪声。如感应电炉、电弧炉在炼钢过程中发出的噪声；各种电磁振动器、电磁分离器、电动给料器在通电工作时，也会发出高强度电磁噪声。

2. 铸造车间噪声的特点

（1）噪声源多且声压等级高　铸造车间的噪声源遍及车间各处，每一工序都有比较高的噪声，而且大部分都超过了噪声标准的规定值。表9-14列出了铸造车间主要设备产生的噪声级和其频率特性。

表9-14　铸造车间主要设备产生的噪声级和其频率特性

序号	设备名称	噪声级/dB（A）	测点距离/m	频率特性
1	造型机（震压式）	100～105	1	低中频
2	砂舂	90～95	1	低中频
3	射芯机	100～120	1	高频

(续)

序号	设备名称	噪声级/dB（A）	测点距离/m	频率特性
4	气动起重机	100～105	1	高频
5	烘炉	98	2	中低频
6	电弧炉	80～115	3	中高频
7	冲天炉鼓风机	95～120	1	宽频
8	除尘风机	90～110	1	低中频
9	清理滚筒	95～105	1	中高频
10	振动筛	90～100	1	中高频
11	抛丸室	103	1	中低频
12	抛丸机	95～105	3	中低频
13	风铲清砂	103	1	中高频

（2）噪声持续时间长　除了金属撞击声外，大部分设备的噪声是长时间持续不断发出的，如造型机、熔化炉、鼓风机等。

（3）频率范围广　铸造车间的噪声既有高频的，也有低频的。因此，控制噪声的难度较大。

9.6.3　铸造车间噪声的控制措施及设备

1. 噪声控制措施

铸造车间的噪声问题随着铸造机械的增多越来越显突出，目前已成为铸造车间机械化设计时必须注意的问题。降低噪声的方法可以从以下几方面考虑：

1）在噪声传播的途径中，可把噪声隔绝起来，或使之受到阻挡。实施时可把高强度噪声设备全部密封起来，设置隔声间或隔声罩；或者在声源与接受者之间用障板屏蔽起来，建立隔声操作室。凡不影响工艺操作的高噪声设备可采用隔声罩降低噪声。例如，落砂机采用移动式密闭隔声排风罩，抛丸室采用密闭隔声罩，除尘风机采用隔声罩等；冲天炉鼓风机应设在单独的隔声间内，其他有可能设在隔声间内的高噪声铸造设备都应将其安装在隔声间内。

2）采用噪声较低的工艺与设备。在选择机械设备时，对产生高噪声的设备应尽可能用噪声较低的设备代替。例如，震击和微震造型机由于噪声太大现已逐渐淘汰，可以根据生产要求不同，选用顺序压实、真空负压造型法、静压造型法、射压或气流冲击造型机等代替；采用容易封罩隔声的落砂滚筒代替振动落砂机；采用电液压清砂、抛丸清砂等清砂工艺，所产生的噪声都比较小，可达到标准规定值。这些设备及工艺对降低整个铸造车间的噪声会起到很大的作用。

2. 采用消声设备消声降噪

消声设备有消声器、隔声器、吸声器、隔振器、阻尼减振器等。如气缸、射砂机构、鼓风机的排气噪声可以在排气管道上加装消声器使之降低。

消声器是既能允许气流通过又能阻止声波传播的一种消声装置，将它安装在气流通道上或进、出口处便能降低空气动力噪声。根据其消声机理可将消声器分成四大类：阻性消声器、抗性消声器、阻抗复合式消声器及扩散消声器。

（1）阻性消声器　它是利用声波通过串通的多孔吸声材料传播时因摩擦和粘滞阻力，使沿管道传播的空气部分声能转换为热能耗散掉，从而达到消声的目的。图9-22所示是常见阻性消声器的形式。阻性消声器的结构简单，能充分利用对中、高频吸声特性较好的吸声材料，降低中、高频噪声。各类阻性消声器特性与适用范围见表9-15。

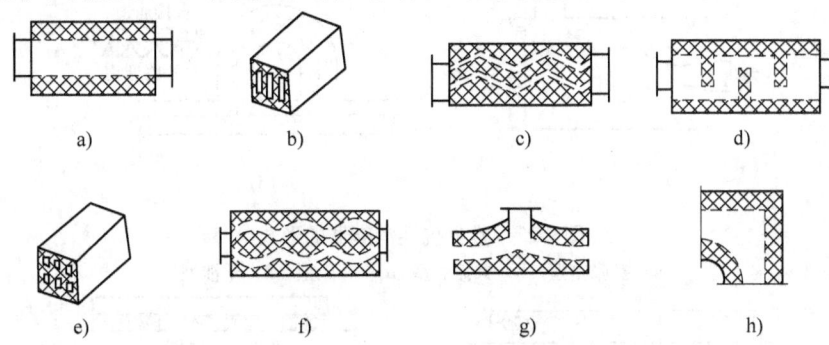

图9-22　常见阻性消声器的形式
a）直管式　b）片式　c）折板式　d）迷宫式　e）蜂窝式　f）声流式
g）盘式　h）弯头式

表9-15　各类阻性消声器的特性与适用范围

直管式	结构简单，阻力损失小，适用于小流量管道及设备的进、排气口
片式	单个通道的消声量即为整个消声器的消声量，结构损失大，不适于流速较高的场合
折板式	是片式消声器的变型，提高了高频消声性能，但阻力损失大，不适于流速较高的场合
声流式	是折板式消声器的改进型，改善了低频消声性能，阻力损失较小，但结构复杂，不易加工，造价高
蜂窝式	高频消声效果差，且阻力损失较大，构造相对复杂，适用于气流流量较大、流速不高的场合
弯头式	低频消声效果差，高频消声效果好，一般结合现场情况，在需要弯曲的管道内衬贴吸声材料构成
迷宫式	在容量较大的箱（室）内加衬吸声材料和吸声障板，具有抗性作用，消声频率范围宽，但体积庞大

（2）抗性消声器　它与阻性消声器的消声原理不同，不直接吸收声能。它是依靠管道断面的突变或旁接共振腔等在声传播过程中引起阻抗的改变，而产生声能的反射、干涉或气柱共振使噪声衰减，从而达到消声的目的。它的优点是构造简单，耐高温，耐气体侵蚀。但体积较大，对高频噪声降噪性差，适用于窄带噪声和低、中频噪声的控制，能在高温、高速、脉动气流下工作。抗性消声器主要有扩张室型、共振腔型、文氏型、干涉型等，如图9-23所示。

（3）阻抗复合式消声器　它综合了上述两种消声器的特点。图9-24所示为几种阻抗复合式消声器。阻性消声器在中、高频范围内有较好的降噪效果，而抗性消声器可以有效地降低低、中频噪声。而在实际生产中，经常遇到宽频带噪声，即低、中、高频的噪声都很高。为了在较宽的频率范围内获得较好的消声效果，可把阻性结构和抗性结构按照一定的方式组合起来，就构成了阻抗复合式消声器。常用的阻抗复合式消声器有扩张室-阻抗复合式消声器、共振腔-阻抗复合式消声器、阻性-扩张室-共振腔复合消声器。

阻抗复合式消声器具有宽频带、高吸收的消声效果，主要用于降低各种风机和空压机的

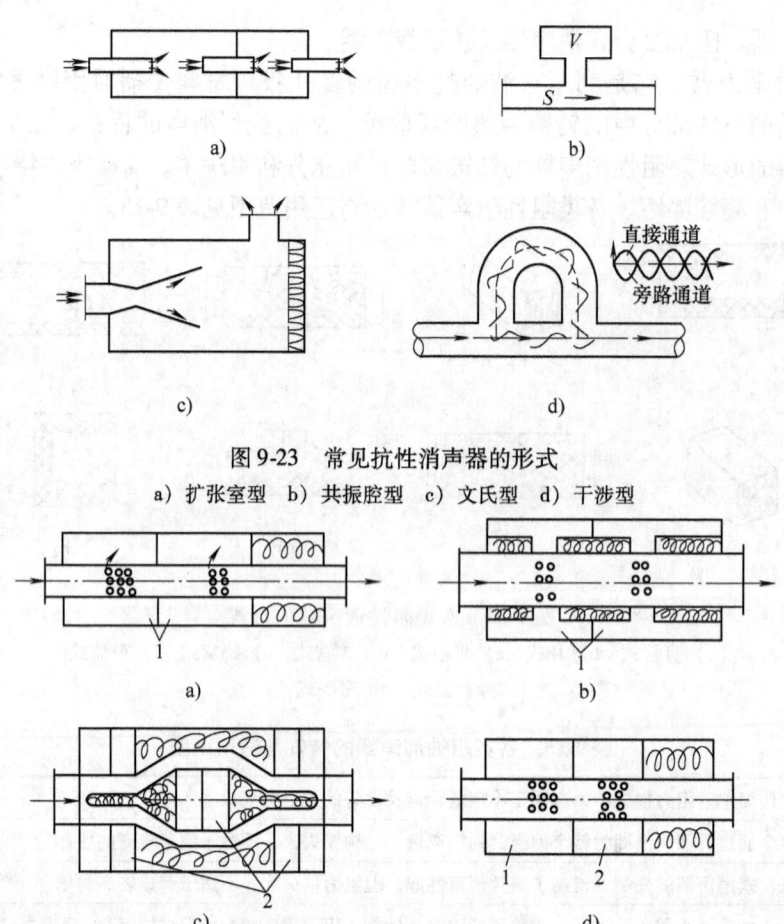

图 9-23 常见抗性消声器的形式
a) 扩张室型 b) 共振腔型 c) 文氏型 d) 干涉型

图 9-24 几种阻抗复合式消声器
a)、b) 扩张室-阻抗复合式消声器 c) 共振腔-阻抗复合式消声器 d) 阻-抗-共复合式消声器
1—扩张室 2—共振腔

噪声。但由于阻性段有吸声材料,因此阻抗复合式消声器一般都不适于在高温和含尘的环境中使用。

(4) 扩散消声器 放空排气噪声的特点是噪声等级高,排气压力和气流流速均很高,是工业噪声中一个突出的污染源。如射砂机构的排气噪声,其频率高,声压等级大,排气速度很高,气流中又可能夹带一些粉末和树脂粘结剂,因此采用多孔扩散消声器较为合适。

多孔扩散消声器是一根直径与排气管直径相同,末端封闭的管子,管壁上钻有

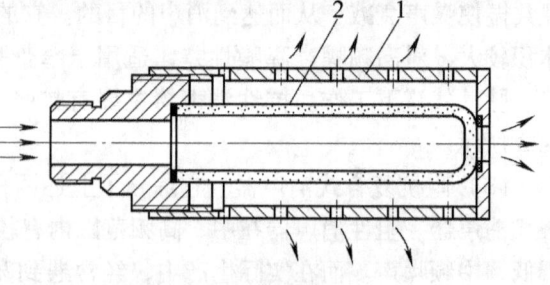

图 9-25 多孔陶瓷消声器
1—金属外套 2—陶瓷管

众多小孔的消声器。小孔直径越小,降低噪声的效果就越好。图 9-25 所示是一种多孔陶瓷消声器,气体通过陶瓷的小孔排出。它的降噪效果好,不易堵塞,而且体积小,结构简单。

9.7 固体废弃物治理设备

凡在生产、加工、流通、消费等过程中被丢弃的固体和泥状物质，包括从废水、废气中分离出来的固体颗粒，如垃圾、炉渣、矿渣、废制品等，统称为固体废弃物，简称废物。

废弃物中的细颗粒会挟带有害物质随风飘扬，造成大气污染；废物中所含的病原菌也会进入人体，危害人体健康，使人致病；废弃物还会对土壤、水源造成污染，恶化人们的生活和工作环境。

铸造厂在生产过程中，从原材料的投入到最终产品（铸件）的产出，其间会产生许多废弃物，主要包括熔炼时的炉渣、铸型的废砂、除尘器收集的灰分和污泥以及碎砖等。铸造生产中所产生的固体废弃物种类见表 9-16。

表 9-16 铸造厂生产过程产生的固体废弃物种类

电弧炉炉渣/t	每吨钢液	0.15~0.16
	每吨铸件	0.25
冲天炉炉渣/t	每吨铁液	0.08
	每吨铸件	0.12
煤渣/t·吨燃煤$^{-1}$		0.2~0.3
铸钢废砂/t·吨铸件$^{-1}$	树脂砂工艺	0.15~0.45
	粘土砂工艺	1.23~1.66
铸铁废砂/t·吨铸件$^{-1}$	树脂砂工艺	0.15~0.30
	粘土砂工艺	0.80~1.21

在铸造厂产生的固体废弃物中，绝大部分为废砂。有人统计，我国铸造行业每年排放的旧砂约为 1430~1650 万 t，将这些旧砂再生处理后回用一直是许多铸造工作者长期以来追求的目标。旧砂再生可以减少新砂消耗量，降低生产成本，可以减少废砂丢弃量，节约运输费用，保护环境，因此在国外，旧砂再生问题已日益受到重视。旧砂再生技术及设备请参考本书 7.2 节。

复习思考题

1. 说明重力与惯性除尘器、旋风除尘器、袋式除尘器、泡沫式除尘器的工作原理。
2. 说明除尘系统管网布置的原则。
3. 概述工业废气的排放标准及其净化方法。
4. 铸造车间的噪声是如何构成的？
5. 简述噪声控制的原理与方法。
6. 简述铸造车间废水的特点及常用的处理方法。

附录 铸造设备型号的编制方法

铸造设备型号是铸造设备的代号，由正楷大写汉语拼音字母（以下简称"字母"）和阿拉伯数字（以下简称"数字"）组成。

标准 JB/T 3000—2006 规定了通用、专用铸造设备的型号表示方法和统一名称及类、组、型（系列）的划分。

1 通用铸造设备型号

1.1 型号的表示方法示意图

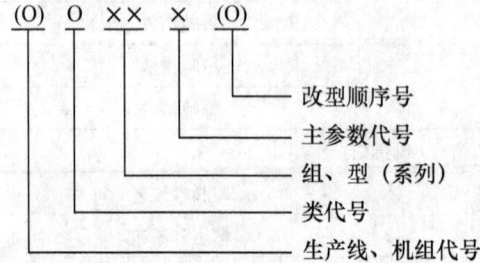

注：O——用字母表示；×——用数字表示。

如果铸造设备生产企业为了区别其他企业的同类产品，而需要在型号上表示时，允许在类代号处加特定的代号以示区别。

1.2 铸造设备的分类及其代号的表示方法

铸造设备分为 10 类，用字母表示。分类及字母代号见附表 1。

附表 1 铸造设备分类及字母代号

类别	砂处理	造型制芯	落砂	清理	金属型	熔模	熔炼浇注	运输定量	检测控制	其他
字母代号	S	Z	L	Q	J	M	R	Y	C	T

1.3 铸造设备的组、型（系列）代号及主参数

1.3.1 每类铸造设备分为若干组、型（系列），分别用数字组成，位于分类字母代号之后。

1.3.2 型号中的主参数用折算值表示，位于组、型（系列）代号之后，当主参数折算值小于 1 时，则应在折算值前加数字"0"组成主参数代号。当折算值大于 1 时，则取整数。

1.3.3 组、型（系列）的划分及型号中主参数的表示方法，见本编制方法的第 3 条"铸造设备统一名称及类、组、型（系列）的划分"。

1.4 铸造生产线型号的表示方法

可在生产线上主机（通用或专用）型号前加字母 X。

1.5 铸造机组型号的表示方法

可在机组上主机（通用或专用）型号前加字母 Z。

1.6 铸造设备改型顺序号

对有些铸造设备的工作参数、传动方式及结构等方面的改进，应在原设备型号之后按 A、B、C…等字母的顺序加改型顺序号（但"I"及"O"两个字母不允许选用）。

1.7 型号示例

1) 盘径为 1800mm 的碾轮混砂机，其型号为 S1118。经第一次改型的 1800mm 碾轮混砂机，其型号为 S1118A。

2) 砂箱内尺寸为 1200mm×1000mm 的多触头高压造型机，其型号为 Z3112。

3) 以 Z3112 型多触头高压造型机为主机组成的生产线，其型号为 XZ3112。

2 专用铸造设备型号

专用铸造设备的型号表示方法，统一用 ZJ 与设计顺序号表示，设计顺序号从 001 开始。该类设备的型号举例为：

1) ZJ001 真空吸铸机。

2) ZJ009 齿轮表面强化抛丸机。

3 铸造设备统一名称及类、组、型（系列）的划分

详见 JB/T 3000—2006 的表 2～表 11。

参 考 文 献

[1] 陈士梁. 铸造机械化 [M]. 北京：机械工业出版社，1999.
[2] 吴浚郊. 铸造设备 [M]. 北京：中国水利水电出版社，2008.
[3] 万仁芳. 砂型铸造设备 [M]. 北京：机械工业出版社，2007.
[4] 樊自田. 铸造设备及自动化 [M]. 北京：化学工业出版社，2009.
[5] 李魁盛. 铸造工艺设计基础 [M]. 北京：机械工业出版社，1981.
[6] Boenisch D. Recent thoughts on green sand control and mold production [C] // BCIRA International Conference, 1988.
[7] Schaarschmidt E. Modern green sand moulding systems [J]. CPT-Casting Plant and Technology, 1985 (4)：113-123.
[8] 吴浚郊. 型砂紧实率对空气冲击造型紧实效果影响的研究 [J]. 铸造设备研究，1991 (3).
[9] 吴浚郊. 微电子砂型强度计 [J]. 测量仪器，1993 (2)：61-63.
[10] 陈士梁，李国勤，王启铜，等. 高速压实型砂研究 [J]. 铸造设备研究，1998 (1)：1-13.
[11] 陈士梁，施军. 低压气流型砂紧实过程的研究 [J]. 铸造设备研究，1984，(1)：1-11.
[12] 贾宝林. 国外几家铸机公司的湿型砂造型方法的简介 [J]. 铸造，1996 (2)：9-12.
[13] 计永毅. 静压造型方法 [J]. 铸造，1992 (3)：43-46.
[14] 郭曙勤. 静压造型主要工艺参数的实验研究 [J]. 铸造，1989 (1)：27-34.
[15] 蔡济昊. 静压造型技术的进展 [J]. 中国铸造装备与技术，1999 (5)：7-11.
[16] 厉珂瑾，应忠堂，唐力. 静压造型技术在我厂的应用 [J]. 现代铸铁，2000 (2)：30-34.
[17] 陈士梁，谢祖锡. 砂型的紧实工艺对砂型成型性能的影响 [J]. 铸造设备研究，1997 (2)：10-11.
[18] 陈士梁. 气流冲击造型型砂紧实的漏斗堵塞 [J]. 中国铸机，1999 (6)：7-10.
[19] 谢祖锡，向青春，毛萍莉，等. 两种高紧实度砂型回弹的检测与分析 [J]. 铸造，2004 (9)：705-708.
[20] 清华大学，华中工学院，郑州工学院. 铸造设备 [M]. 北京：机械工业出版社，1983.
[21] 十四院校铸造专业教材联合编写组. 铸造生产机械化 [M]. 北京：国防工业出版社，1979.
[22] 王德胜，于正仁. 真空压实造型技术的研究 [J]. 中国铸机，1993 (6)：12-14.
[23] 李文军. BMD 气流冲击造型线的使用 [J]. 铸造设备研究，1999 (4)：38-40.
[24] 贾瑛. 气流冲击造型技术在我国的发展及应用 [J]. 铸造设备研究，1997 (2)：3-4.
[25] 贾瑛. XZ458B 型气冲造型自动线设计 [J]. 中国铸机，1991 (3)：26-40.
[26] 卢湘，朱小钢，余自. 空气冲击造型冲击阀数学模型的研究 [J]. 中国铸机，1992 (6)：3-8.
[27] 董超，李建国，陆自刚，等. 利用气冲生产发动机缸体铸型的若干实践 [J]. 铸造设备研究，1993 (2)：42-46.
[28] 任天庆. 铸造自动化 [M]. 北京：机械工业出版社，1989.
[29] 魏华胜. 铸造工程基础 [M]. 北京：机械工业出版社，2002.
[30] 周锦照. 铸造机械设备 [M]. 武汉：华中理工大学出版社，1989.
[31] 黄甲岷，杜春源. 冷凝树脂砂工艺试验及设备使用 [C] // 山东省机械工程学会第六届铸造年会论文集，1989.
[32] 张俊德，黄乃瑜，阳田柱，等. 树脂砂造型制芯技术 [J]. 中国铸机，1992 (3)：54.
[33] 张之仪. 机械化运输设计手册 [M]. 北京：机械工业出版社，1997.

[34] 李远才. 铸造涂料及应用 [M]. 北京：机械工业出版社，2007.

[35] 蔡振升，戎豫. 实用铸造耐火涂料 [M]. 北京：冶金工业出版社，1994.

[36] 赵克法. 铸造设备选用手册 [M]. 北京：机械工业出版社，2001.

[37] 滕讷. 铸造车间和工厂设计手册 [M]. 北京：机械工业出版社，1995.

[38] 倪龙章. 无箱造型在树脂砂流水线生产上应用 [J]. 中国铸机，1991 (2)：19-26.

[39] 邱彪义，王延春. 树脂砂造型线的应用 [J]. 中国铸机，1992 (4)：18-19.

[40] 运输机械设计选用手册编委会. 运输机械设计选用手册 [M]. 北京：化学工业出版社，2005.

[41] 谢明师. 呋喃树脂自硬砂实用技术 [M]. 北京：机械工业出版社，1995.

[42] 张国清. 真空吹 CO_2 硬化水玻璃砂生产工艺装备 [J]. 机械工人，1994 (8)：29-31.

[43] 潘红霞，周剑东，李青绵. 水玻璃砂造型线的开发和应用 [J]. 机电工程，2004 (11)：19-21.

[44] 黄天佑. 消失模铸造技术 [M]. 北京：机械工业出版社，2004.

[45] 黄乃瑜. 消失模铸造原理及质量控制 [M]. 武汉：华中科技大学出版社，2004.

[46] 崔春芳，邓宏运，赵琦. 消失模铸造技术及实例 [M]. 北京：机械工业出版社，2007.

[47] 董秀奇. 消失模铸造实用技术 [M]. 北京：机械工业出版社，2005.

[48] 章舟. 消失模铸造生产及应用实例 [M]. 北京：化学工业出版社，2007.

[49] 谢一华. V法铸造生产及应用实例 [M]. 北京：化学工业出版社，2009.

[50] 铸造设备选用手册编委会. 铸造设备选用手册 [M]. 北京：机械工业出版社，2000.

[51] 王伟军. KEY-CORE 自动锁芯工艺系统 [J]. 现代铸铁，2001 (2)：62-64.

[52] 兰佩尔公司北京办事处. Laempe 制芯中心 [J]. 特种铸造及有色合金，1994 (5)：20，43.

[53] 王伟军. SCANIA 铸造厂新型制芯中心 [J]. 中国铸造装备与技术，1999 (3)：53-54.

[54] 康宽滋，彭群伟. 对引进制芯单元的技术改进 [J]. 中国铸造装备与技术，2003 (5)：54-57.

[55] 瞿芝碧，郭建荣. 应用冷芯制芯中心，迈向现代精益铸造 [J]. 柴油机设计与制造，2006 (4)：43-44.

[56] 曹文龙. 铸造工艺学 [M]. 北京：机械工业出版社，1990.

[57] 董超. 铸造设备设计 [M]. 北京：机械工业出版社，1980.

[58] 铸造车间和工厂设计手册编委会. 铸造车间和工厂设计手册 [M]. 北京：机械工业出版社，1995.

[59] 曹善堂. 铸造设备选用手册 [M]. 北京：机械工业出版社，1990.

[60] Eric Sjodahl，许云东，乔伟骏. 现代铸造工厂的浇注方法 [C] // 中国铸造工业首届高层论坛论文集. 2005.

[61] 乌恩其. 铸造车间浇注的机械化与自动化 [J]. 中国铸机，1993 (6)：8-14.

[62] 蔡震升. 造型材料及砂处理 [M]. 北京：化学工业出版社，2010.

[63] 吴士平，杜之明. 材料成型及控制工程生产实习教程 [M]. 哈尔滨：哈尔滨工业大学出版社，2008.

[64] 中国机械工程学会设备与维修工程分会，《机械设备维修问答丛书》编委会. 铸造设备维修问答 [M]. 北京：机械工业出版社，2008.

[65] 阎荫槐. 铸造机械基础 [M]. 沈阳：东北工学院出版社，1990.

[66] 刘树藩. 铸造机械设计基础 [M]. 北京：机械工业出版社，1990.

[67] 上海市机电设计院. 铸造车间机械化：造型材料的制备和型砂处理 [M]. 北京：机械工业出版社，1981.

[68] 沈国良. 喷丸清理技术 [M]. 北京：化学工业出版社，2004.

[69] 杨清林，武炳焕，刘永安. 钢丸粒度对铸件抛丸清理效率和表面粗糙度的影响 [J]. 中国铸造装备与技术，2002 (6)：10-13.

[70] 陈家庆. 环保设备原理与设计 [M]. 2版. 北京：中国石化出版社，2008.
[71] 蒋建国. 固体废物处置与资源化 [M]. 北京：化学工业出版社，2007.
[72] 孙明湖. 环境保护设备选用手册 [M]. 北京：化学工业出版社，2002.
[73] 周敬宣. 环保设备及课程设计 [M]. 北京：化学工业出版社，2007.
[74] 孙可伟，孙力军. 铸造车间环境保护 [M]. 重庆：重庆大学出版社，1992.
[75] 董浩，孙远洋，李健，等. 铸造车间的环境保护 [J]. 铸造技术，2000 (4)：32-35.
[76] 曹培，巴吾东，王永兵，等. 铸造车间树脂砂有害气体祛除的研究 [J]. 铸造设备研究，2008 (3)：25-28.
[77] 解清杰. 铸造旧砂再生废气治理工程实例 [J]. 环境工程，2009 (1)：52-54.
[78] 《三废治理与利用》编委会. 三废治理与利用 [M]. 北京：冶金工业出版社，1995.
[79] 唐敬麟，张禄虎. 除尘装置系统及设备设计选用手册 [M]. 北京：化学工业出版社，2004.
[80] 谭天祐，梁凤珍. 工业通风除尘技术 [M]. 北京：中国建筑工业出版社，1984，8.
[81] 张殿印，张学义. 除尘技术手册 [M]. 北京：冶金工业出版社，2002，2.
[82] 化工设备设计全书编写委员会. 除尘设备设计 [M]. 上海：上海科学技术出版社，1985.
[83] 铸造车间通风除尘技术编写组. 铸造车间通风除尘技术 [M]. 北京：机械工业出版社，1983.
[84] 王纯. 除尘器手册 [M]. 北京：化学工业出版社，2005.
[85] 范芷芳. 铸造设备 [M]. 北京：机械工业出版社，1992.
[86] 田建强，宁拥军. 采用气冲造型线生产三开模壳体铸件 [J]. 铸造设备研究，2003 (4)：48-50.